现代物理基础丛书　77

电弧等离子体炬

〔俄〕M. F. 朱可夫 等　编著
陈明周　邱励俭　译
王文浩　黄文有　校

科学出版社
北　京

图字:01-2014-6875

内 容 简 介

本书由俄罗斯科学院西伯利亚分院理论与应用力学研究所朱可夫(M. Ф. Жуков)院士领衔编著,全面介绍了朱可夫院士团队在电弧等离子体炬的特性、设计及应用等领域的研究成果,是对其四十多年研究工作的总结。

全书共11章。第1、2章阐述电弧等离子体炬的原理及等离子体炬电极中的电物理和气体动力学过程;第3、4章介绍电弧等离子体炬的研究方法;第5、6章讨论电弧的能量特性和等离子体炬电弧室中的换热过程;第7~9章分别讨论直流轴线式等离子体炬、双射流等离子体炬和交流等离子体炬;第10章讨论影响等离子体使用寿命的重要问题——电极的烧蚀及减缓方法;第11章介绍等离子体反应器。

本书可供从事等离子体炬的研究与设计、等离子体加工(切割、焊接、喷涂)、等离子体材料处理(等离子体化工、废物处理及资源化)的科研人员和工程技术人员使用,也可作为等离子体物理、热物理、电气工程以及环境工程等专业的高年级本科生和硕士、博士研究生的学习用书。

图书在版编目(CIP)数据

电弧等离子体炬/(俄罗斯)M. F. 朱可夫等编著;陈明周,邱励俭译. —北京:科学出版社,2016

(现代物理基础丛书:77)

ISBN 978-7-03-049146-6

Ⅰ. 电… Ⅱ. ①M… ②陈… ③邱… Ⅲ. 电弧-等离子体-研究 Ⅳ. ①O461②O53

中国版本图书馆 CIP 数据核字(2016)第143590号

责任编辑:刘凤娟 / 责任校对:张凤琴
责任印制:赵 博 / 封面设计:陈 敬

科学出版社出版
北京东黄城根北街16号
邮政编码:100717
http://www.sciencep.com
北京建宏印刷有限公司印刷
科学出版社发行 各地新华书店经销
*
2016年6月第 一 版 开本:720×1000 B5
2024年4月第五次印刷 印张:30 3/4
字数:600 000

定价:178.00元

(如有印装质量问题,我社负责调换)

序

我从20世纪60年代应用电弧加热等离子体进行烧蚀研究以来，一直关心等离子体炬的研究和发展。积多年来的体验和观察，我认为朱可夫院士的研究，使这一领域拥有了充分的科学基础和实验研究依据，形成了系统理论的分支学科，并实现了许多创造性高水平应用。他是这一学科的创始人和研究带头人。他和他的同事，形成了有特色的学派，所出版的丛书系统地总结了他们数十年的研究成果，代表着热等离子体学科的最高水平。丛书的第17卷《电弧等离子体炬》，从电弧的基础知识开始，对电弧等离子体炬的内部过程进行了基于实验和计算的详细描述和分析；提出了有关的相似准则，对关键的问题如电弧特性、传热与流动、电极烧损等做了深入的研究；介绍了各种类型的等离子体炬，其中不少是他们所创造的，并介绍了一些重要的应用。可以说，任何研究或使用等离子体炬的工作人员都应该好好阅读和学习这本经典著作。它的英译本也早在2007年问世。现在中译本由邱励俭和陈明周同志翻译，科学出版社出版，这对我国的有关研究人员、学者、教师和学生是一个非常及时和有意义的事。

邱励俭是我的老同事，早在1958年就由当时的中国科学院动力研究室派往苏联动力研究所学习，后来又多年和我同在力学研究所工作，任职电磁流体与等离子体研究室主任。其后调往合肥中国科学院等离子体所，历任所长、合肥分院院长等职。他在等离子体科学与技术方面有很深的造诣，具有高度的创造力和三严作风。这本著作由他翻译并把关，是再合适没有的了。陈明周博士，在等离子体所研究生期间以及2010年毕业后一直从事等离子体处理危险废物的研究。他在等离子体所期间就开始学习并翻译本书英文版，前后将近5年方得定稿。他们的这本译作，内容准确，文字流利易读，无愧于原著，为在我国介绍推广这一重要著作做出了贡献。

我还想借此机会回忆1988年我和力学所沈青研究员到苏联新西伯利亚参加等离子体研讨会期间，到朱可夫院士家中做客的情景。朱可夫院士那时虽年事已高，但还是精神很好，十分和蔼可亲。他以经典的俄罗斯丰盛晚餐招待我们并和我们亲切交谈。他赠送给我的刻绘着俄罗斯乡村冬景——积雪小屋和白桦林的精美小礼品，一直珍藏在我家的书柜中。我十分敬佩和怀念他。

非常高兴能为这本重要的著作中译本作序。可以肯定，此书的出版将在我国等离子体研究中起到非常重要的作用。

吴承康

中国科学院院士

2016 年 5 月

译者的话

电弧等离子体炬，又称等离子体发生器、电弧气体加热器，工业中常称等离子体枪，是太空事业、核工业和军事工业发展的成果，如今在我国工业领域中得到了广泛应用，包括化工、冶金、切割、焊接、喷镀、材料制备与处理和电弧风洞等。近年来，随着环境问题的凸显，电弧等离子体技术在环保领域的应用也逐渐得到重视，包括放射性废物的最小化、稳定化和常规废弃物的无害化与资源化等。从事等离子技术研究与应用的相关人员都希望进一步了解电弧等离子体炬中的物理过程，掌握其设计与计算基础，以便更好地进行研究、开发和应用。

在朱可夫(М. Ф. Жуков)院士的领导下，俄罗斯科学院西伯利亚分院理论与应用力学研究所于 1990～2000 年出版了《低温等离子体丛书》，这是低温等离子体领域的巨著。本书为该丛书的第 17 卷，也是其核心卷，出版于 1999 年，2007 年被译成英文。

本书综合了对电弧等离子体炬进行实验研究和理论分析的成果，对电弧与气流、电弧与磁场的相互作用规律，电极烧蚀及影响因素等基本现象进行了深入讨论，给出了关于等离子体炬研究的大量实验数据和处理实验数据的工程方法，提供了归纳成准则形式的等离子体炬中电弧的电、热特性，具有重要的参考价值。

本书中的部分内容(等离子体炬电极中的气体动力学过程、研究电弧的数学方法以及相似性准则等)在作者早期的著作 ***ПрикладнаяДинамикаТермическойПлазмы***(М. Ф. Жуков，А. С. Коротеев，Б. А. Урюков Новосибирск：Наука，1975. 中译本：热等离子体实用动力学. 赵文华，周力行译，北京：科学出版社，1981)中做了初步阐述，本书进一步丰富了这方面的内容。

基于上述原因，我们认为本书是电弧等离子体方面相当好的参考书之一，值得向国内等离子体界推荐。

由于译者的水平所限，译文中疏漏和不足在所难免，恳请读者不吝指正。

陈明周

2016 年 5 月

前　言

本书所讨论的大量研究成果，都直接或者间接地与等离子体炬（电弧气体加热器）和等离子体工艺反应器的计算与设计有关。电弧气体加热器利用放电产生焦耳热的原理把电能转化为热能。在这些系统中，对气体的加热主要通过电弧与气流之间的传导换热和对流换热实现。

人们对电弧的研究与应用感兴趣的原因在于：

(1) 电弧等离子体的体积小而能量密度高；

(2) 在电弧等离子体中化学反应速率高，因而有可能建立起高生产率的装置（反应器）；

(3) 利用电弧能够在气压高达 20 MPa 的条件下，把气体的平均质量温度平稳地加热到 15×10^3 K 的量级；

(4) 利用比较简单的设备就能把电能高效地转变成热能；

(5) 设备运行稳定、可靠；

(6) 几乎可以加热所有气体，包括还原性、氧化性、惰性气体和混合气体；

(7) 电弧的运行形态自动控制简便；

(8) 等离子体技术的设备尺寸小，金属需求量少。

电弧的产生最早是由彼得罗夫（V. V. Petrov）教授于 1802 年实现的。仅 100 年之后，在 20 世纪初，工业上就出现了使用电弧从空气中制取氮氧化物的硝酸生产工艺系统。在基于伯克兰（Birkeland）与艾德（Eide）提出的电路制造的等离子体炬上，鲍林（Pauling）和希伯（Siebe）使用了交流电；而在森凯尔（Sencher）建立的系统中，电弧是直流的，长 7m，在吹入空气的竖直管道中燃烧。

在 20 世纪 30 年代，德国引入了利用电弧由天然气制取乙炔的方法。所使用的电弧用旋转气流稳定，长度超过 1m，运行电压为 7000V，电流高达 1000A。如今，这种方法已被多个国家采用。

20 世纪 50 年代末，在模拟航空器超音速飞行，以及研究空间系统进入地球或者其他星球大气层的条件时，由于需要在风洞中加热气体，人们对电弧等离子体炬给予了特别关注。

在 20 世纪 60 年代，等离子体炬技术的应用重心快速向化工、冶金和其他传统以及新兴产业转移。低温等离子体具有体积小而能量密度高、温度和化学反应速率高等特点。低温等离子体引起人们关注的主要原因在于，利用该技术有可能建立起全新的高产率设备与工艺。

今天，完全可以说低温等离子体已经成为工业技术的重要组成部分。它使工艺流程实现极高的反应速率，而这在通常条件下是不可能的。

在等离子体科学与技术中，对基础科学和应用科学的兴趣与生产紧密相连。应用低温等离子体是现代生产的一种典型现象，等离子体炬在许多产业中都代表着一种强大的工具。

等离子体技术为闭环工艺提供了适宜条件，这为解决全球问题——降低环境污染程度创造了最佳条件。

还应当指出，等离子体炬在喷涂中的应用同样重要，这也是工业中一个快速发展的新兴领域。

俄罗斯科学院西伯利亚分院理论与应用力学研究所等离子体动力学部发展出了计算轴线式等离子体炬电特性和热特性的半经验方法。这些方法建立在实验确定的相似准则关系的基础上，奠定了等离子体炬工程计算方法和选择等离子体炬电源参数的基础。

等离子体技术在工业中的应用领域的进一步扩展与这些因素有关：改进等离子体炬和电弧反应器的所有特性；电极（等离子体炬中承受热负荷最大的部件）的工作寿命增加 1～2 个数量级，即把等离子体炬持续运行时间增加到几百小时甚至上千小时；提高使用不同化学成分的工作气体的热效率；考虑工艺流程的具体特征，能够确保目标产物的产率最高。

本书对处理固体材料的电弧等离子体炬反应器也给予了特别关注。其意义在于这些反应器要满足特定的需求，其中主要有高产率、工作气体消耗低而固体材料消耗高。除此之外，在这类反应器中，还有必要在一个大反应室内把有可能同时发生的化学过程与电物理过程有机地结合起来。这就要求电弧在特殊布置的外磁场的作用下，以相对较高的速度在反应室中运动，有效地充满反应室的空间。

等离子体炬尽管外形上设计简单，却具有复杂的电磁、热和气体动力学物理过程；这些物理过程发生在电弧放电的近电极区域内、电极的表面上以及制造电极用的金属的晶格中。为了了解这些过程，必须对电弧室中的大量现象进行系统的实验研究，这些现象决定了等离子体炬的电热特性和烧蚀特性。

在电弧中，弧斑在与通道壁、内禀磁场以及外磁场相互作用的过程中发生了各种各样的复杂过程。这些过程阻碍了从理论上研究接入不同直流和交流电路的等离子体炬中的电弧行为。这也是对实验研究特别关注的原因。

关于电弧室内最重要的物理过程、不同工作气体中电弧的能量特性、电弧与热气流和电弧室壁之间的热交换，以及保护电弧室壁免受高强度热流损坏的方法等，都可以通过实验获得丰富的信息。对于在电极本体中发展并加剧电极烧蚀的过程，本书给出了这方面的数据。设计用于等离子体化学合成气体介质和处理粉末材料的等离子体工艺反应器，本书对其电路给予了特别关注。本书还提供了发生在电弧室中的那些过程的相似准则材料，这些材料被用作归纳等离子体炬电、热特性的基础。

目前，研究者已经开发出轴线式、同轴式、混合式、多弧式以及其他类型的直流和交流等离子体炬。等离子体炬系统的类型取决于具体的技术应用要求。炬的功率范围涵盖了几百瓦到几兆瓦。

作者希望本书能够对以下读者有所帮助：在不同技术应用领域中使用等离子体炬的技术人员，关心等离子体炬中物理过程的研究、致力于改进等离子体炬电热特性和烧蚀特性的研究者。

目　　录

第 1 章　热等离子体和电弧加热气体简述

按照现行术语,“等离子体炬”或者“热等离子体发生器”是指一种装置:设计用来产生热等离子体,即被加热到(3～50)×10^3 K 的气体。目前,利用电弧加热气体是产生热等离子体的最通用途径。

1.1　电弧的形成和电弧等离子体的特性

电弧放电既可产生于分离起初互相接触的电极,也可源自于电极间气隙击穿形成的火花放电,或者形成于辉光放电电流的增大。图 1.1 显示的是,在从辉光放电向电弧放电转变的过程中阴极电位降与电流的关系曲线。这种转变的特征是,随着电流的增大,阴极电位降急剧降低,同时总电压降也降低。

如果辉光放电的阴极电位降近似有 100 V 或者更高量级,那么在电弧放电中,这个电位降则仅有 10～15 V。造成这一差异的原因在于近阴极区内电荷传输的过程不同,以及电场向气体传递能量的方式不同。在辉光放电中,阿极的电子发射源自于近阴极区域内的正离子被电场加速对阿极的轰击以及气体放电中辐射产生的光效应。在与离子或者光子碰撞获得所需的动能后,电子能够克服势垒而从金属逸出。然后,电子在近阴极的电场中被加速,达到足以使原子碰撞电离的能量,同时使从阴极发射电子的过程得以维持。

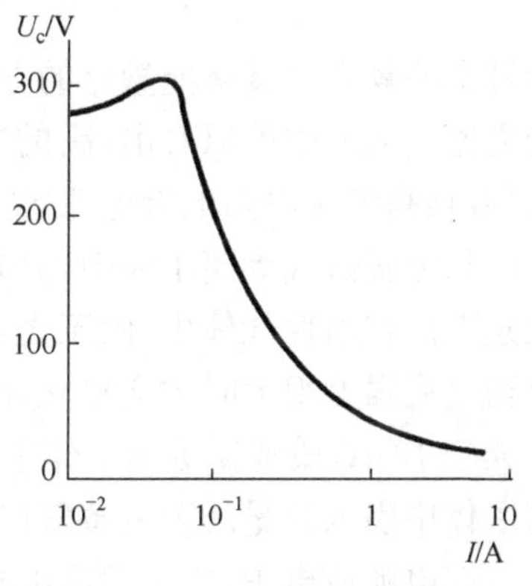

图 1.1　辉光放电过渡到电弧放电时阴极电位降与电流强度的关系

如果增大放电的电流强度,那么电子碰撞的次数就增加,这样就使阴极附近区域内的气体温度升高;并且从某一时刻起热致电离开始在气体电离中起主导作用。在热致电离中,电子的温度接近于离子和中性粒子的温度。因此,为了使电子获得很高的能量,必须保证在阴极附近存在较大的电位降。此时,电子从阴极逃逸的主要机制是自动电子发射(阴极温度低)或者是热电子发射(阴极温度高)。

在大电流密度下形成的具有低阴极电位降特征的放电形式被称作电弧。电弧有高气压和低气压两种形式。

在高气压电弧的弧柱中,电子温度和重粒子(离子和中性粒子)温度在放电的每一个给定位置上都接近，即这时的电弧等离子体近似于局域热力学平衡，后者认为等离子体是准等温的。然而，电弧等离子体无法达到绝对局域热力学平衡，原因在于电场能量主要传递给了电子，然后通过碰撞再传递给重粒子。下面来估算电弧等离子体可以被认为是准等温的条件。

假设电子从电弧的电场中获取的能量通过弹性碰撞全部传递给了重粒子，则

$$\sigma E^2=\frac{3}{2}k(T_e-T_g)\delta\nu_{eg}n_e \tag{1.1}$$

其中，σ 是等离子体电导率，等于 $e^2\cdot\lambda_e n_e/m_e\upsilon_e$，$e$ 是电子电荷，λ_e 是电子在气体中的自由程，取决于等离子体中所有成分的稀疏度和碰撞截面 Q_{ek}，$\lambda_e=(\sum\limits_k n_k Q_{ek})^{-1}$，$\upsilon_e$ 是电子热运动的速度；T_e 和 T_g 分别是电子和重粒子的温度；$\delta=2m_e/m_g$ 是电子通过一次弹性碰撞转移的能量份额（m_e 和 m_g 分别为电子和重粒子的质量）；$\nu_{eg}=\upsilon_e/\lambda_e$ 是电子与重粒子碰撞的频率；n_e 是电子密度。

方程(1.1)可以化为如下形式

$$\frac{T_e-T_g}{T_e}=\frac{3\pi}{32}\left(\frac{\lambda_e eE^2}{\frac{3}{2}kT_e}\right)^2\frac{m_g}{m_e} \tag{1.2}$$

括号中的复合量具有能量比的含义，即电子从电场中获取的能量与其热运动的动能之比。从式中可以看出，高的电场强度 E 和低的气体压强不利于平衡的建立。例如，在高气压电弧的近电弧区，强电场无法使准等温条件得到满足。在空气等离子体和金属蒸气等离子体中，弧光正柱中的平衡在 $p\geqslant1.013\times10^5$ Pa 的条件下才能建立。在惰性气体中，由于光学过程占据主导地位（等离子体中不吸收辐射），只有当电流强度很大时才会建立起准等温条件。例如，只有当氩等离子体中电流强度大于 10 A，或者氦等离子体中电流强度大于 200 A 时才能建立平衡。向电弧等离子体中引入足量的金属蒸气（>1%）可以更快地建立平衡。

在电弧放电中，由于单次电离从中性粒子中产生的离子数与电子数相等，因而离子总数等于电子总数。通常而言，可能存在一些过程，使个别小放电区域内带某种电荷的粒子数多于带另一种电荷的粒子数。这些过程包括（譬如说）电子扩散和强电场中的电荷分离等。然而，电荷分离所产生的力非常大，以至于可以不用考虑这种效应，从而可以认为在几乎所有情况下电弧放电都是准中性的，即离子和电子的局域密度彼此接近。我们可以估算电弧放电等离子体形成准中性的条件。采用泊松方程

$$\mathrm{div}E=\frac{e}{\varepsilon_e}(n_i-n_e) \tag{1.3}$$

其中，n_i 和 n_e 分别是离子和电子密度；ε_e 是介电常数。由于弧柱中心部分的电场强度沿径向几乎保持恒定，因此 $\mathrm{div}E$ 的值应根据电场强度沿通道轴向的变化来计

算。假设已知电场强度的最大变化为 10^3 V/cm 的量级，由此可以得到 $n_i - n_e \approx 10^8\ cm^{-3}$，这个值明显与观测到的密度值（～$10^{14}\ cm^{-3}$ 甚至更高）相差很大。应该说，在电弧放电的外围区域，这里温度低但电场的径向梯度很陡，电荷分离可能较为明显。当被电弧加热的气体薄层接触到电位与弧电位不同的放电通道壁时，这种情况尤其明显。例如，在通道轴线上两个电极之间的圆管状冷却通道内，对电弧进行肉眼观察就会发现许多这种特别放电特征[1]*。

弧柱沿轴向收缩并且是均匀的。然而，在电极附近，弧柱收缩得更厉害，并且阴极附近的弧柱直径通常比阳极附近的小。造成电弧在电极表面附近收缩的物理过程与电极所处的条件和电弧的特性有关，这些过程的性质还没有完整的解释。电弧中磁压强的轴向梯度形成的近电极射流在这里起了重要作用。当电流强度高达 10^4 A 时，弧柱的收缩本质上是由热压缩导致的，与热能从弧柱中心向周边导出有关。对于炽燃在无气流冷却通道中的电弧，热能的导出主要是依靠分子热传导实现的。对于自由燃烧的电弧，热量的导出主要依靠自然对流。对于纵吹气流（气流的运动方向与电弧的轴线平行）的情形，与横吹气流（气流运动方向垂直于电弧轴线）一样，热量的导出依靠强迫层流或者湍流对流。当电流强度很大时，电弧的内禀磁场很强，从而产生了对弧柱的附加（磁）压缩，即箍缩效应。

当讨论弧柱的直径时，有必要考虑这样一个事实：测量这个参数得不到明确的结果。这与电弧参数在电弧截面上的连续变化有关。例如，电弧柱传导电流的直径可以确定为一定量的电流所流经区域的直径。通过该区域的电流与总放电电流相差某个很小的数值，这种差异通常都会存在。另外，传导电流的有效直径可以由电弧的总电导率与其轴线上的最大电导率的比值确定。区分电弧的光学直径（由电弧照片上明暗对比最大的点确定）和传导电流直径（由等离子体局域电导率下降到其最大值的一半处的点确定）也很重要（图 1.2）。

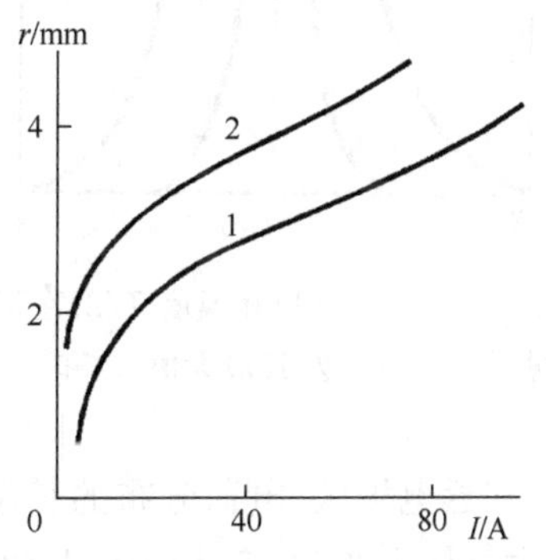

图 1.2 燃烧在氩气中的电弧的传导电流半径(1)和发光半径(2)与电流强度的关系

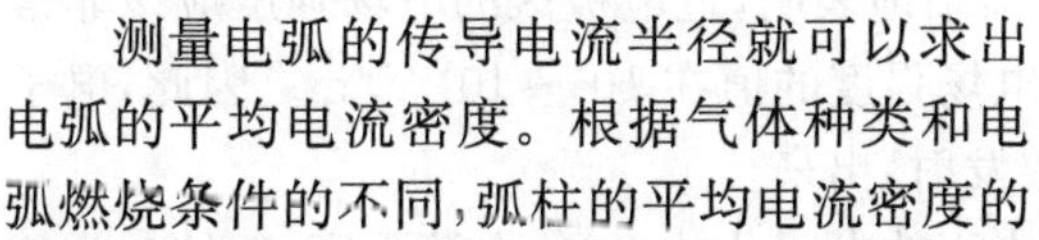

测量电弧的传导电流半径就可以求出电弧的平均电流密度。根据气体种类和电弧燃烧条件的不同，弧柱的平均电流密度的范围是 $10 \sim 10^3\ A/cm^2$，阴极上的平均电流密度是 $10^3 \sim 10^8\ A/cm^2$，阳极上的平均电流密度是 $10^4 \sim 10^5\ A/cm^2$。当然，可以人为地创造最佳条件使弧柱的平均电流密度远高于通常的电流密度值（如在毛细管中引燃大电流电弧）。但是在大多数实际情况中，弧柱的电流密度都处在上述范围内。

* 参考文献统一见全书正文后。

图 1.3 定性地给出了弧柱横截面上的温度分布。在轴心区域中，温度 T 非常高（$1\times10^4\sim2\times10^4$ K）；从弧柱轴线沿径向向外，温度近似按二次曲线急剧下降；而在放电通道壁区域，温度呈对数分布。在弧柱横截面上，等离子体的电导率 σ（对于给定的电流密度值，σ 决定了电场强度）下降得比温度更快，这是因为电导率是温度的指数函数。辐射通量密度分布的形式与电导率近似，因为辐射通量对温度也呈指数关系，并且幂次远大于 1。

如果不考虑次生效应的影响，电势沿弧柱长度方向的分布（图 1.4）基本上是均匀的，即电场强度近似为定值。但是，在后文中将会看到，外部条件（如气体流动、磁场以及放电通道壁等）可能导致电势沿弧柱长度方向发生很大变化。在尺度为 δ_c 和 δ_a 的近电极区域，弧柱与电极之间的电流传输过程造成电势急剧变化。在这些区域内，电弧等离子体的热平衡和准中性被破坏了。在近阴极区，电流传输是通过电子从阴极表面发射出来，以及离子从弧柱到达阴极表面来实现的。在近阳极区域，电流传输主要依靠电子离开弧柱到达阳极。

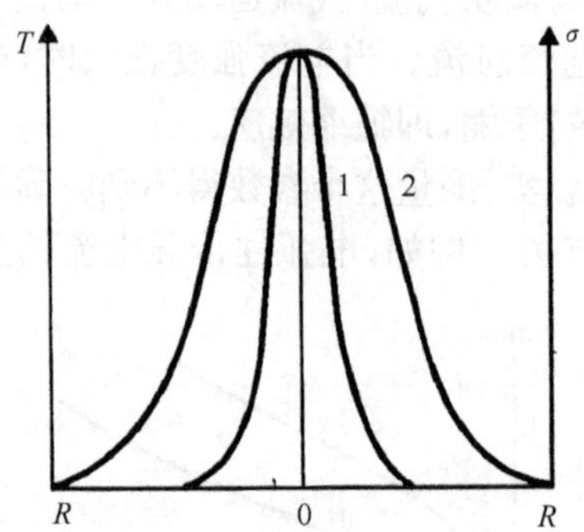

图 1.3　电导率 σ(1)和温度 T(2)在弧柱截面上的分布及其最大值 σ_m 和 T_m

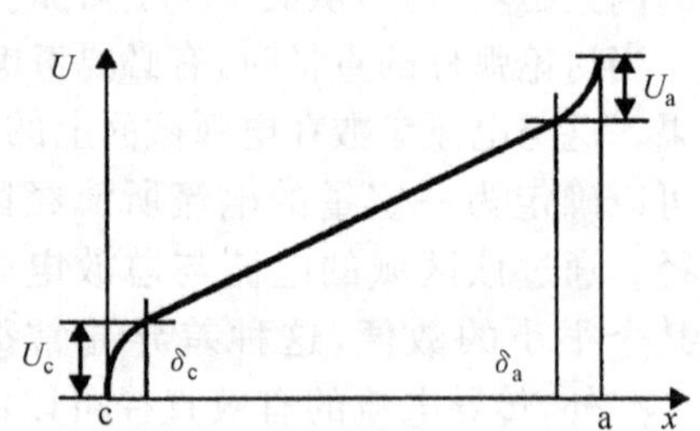

图 1.4　电势沿弧柱的分布
（U_c 和 U_a 分别是阴极和阳极的电位降）

在近电极区，电荷分布的长度很小。据估计，该长度的量级仅为粒子自由程（在大气压下约为 10^{-4} m）的几倍。这清晰地表明，近电极区的电场强度应该非常大。例如，在紧邻阴极表面的区域内，电场强度的值在 $10^6\sim10^8$ V/m。因此，电子就有可能从冷阴极自动发射（或者场致发射）出来。

弧柱的电场强度在很大程度上取决于放电通道的直径、电流强度、气体种类与气流形态以及其他一些条件。例如，在大气压条件下，当放电通道直径为 1 cm、电流强度为 100 A 时，对于不同气体，电场强度（V/m）的典型值是：氩气，5～8；氮气，10～15；氦气，15～20；氢气，30～50。电场强度在一定程度上与物质的原子序数成反比：随着原子序数增大，电场强度降低。此外，如果放电通道具有使层流转变为湍流的特征，电场强度就可能增大几倍；借助磁场维持横穿气流的弧柱，有可能获得高达 50～100 V/m 量级的电场强度。

电弧最重要的电特性是伏安特性，其形式决定了电弧电源参数的选取和电弧装置的电效率。

1.2　电弧气体加热器——等离子体炬

正如前言中所言，对电弧的研究已经有两个世纪。在 20 世纪初就已经出现了第一批电弧气体加热器。这些装置包含了现有等离子体系统的主要部件：电极(两个或者多个，电弧在电极之间燃烧)，电弧室(用于约束气流)，通入工作气体的部件[2]。在很长一段时期内，阻碍等离子体炬应用的主要原因有：运行寿命短、工况再现性差以及包括电源在内的设备可靠性不高。后来，其中的一些问题得到了解决，尤其是研发了可靠的交流和直流电源。

目前已经发展出大量的电弧预热器和等离子体炬的设计方案。这些装置或者采用高频电流，或者采用微波电流、激光和其他系统加热气体。下面我们将只讨论广泛应用于许多科技领域中的直流和交流电弧等离子体炬。

根据应用领域和所使用的电源不同，目前已经发展出了许多等离子体炬设计方案。然而，无论有多少种设计方案，这些系统都是基于有限的几种设计思想，它们的主要区别在于稳定放电的方法有所差异。我们暂且不考虑文献[1]，[3]中研究的同轴式等离子体炬和某些交流等离子体炬，先来讨论应用最广泛的等离子体炬——轴线式等离子体炬。

在轴线式等离子体炬中，电极(如棒状、管状、圆柱状等)与气流方向位于同一直线上。这种等离子体炬的最简单构形如图 1.5 所示。等离子体炬电弧室由内电极(后端电极)1、圆管状输出电极 2 和位于 1 和 2 之间的绝缘件 3 组成；绝缘件 3 同时也是通入工作气体的部件；电弧 4 在内电极和输出电极之间引燃；流量为 G 的工作气体通过绝缘件 3 中的导气件上的径向或者切向小孔，以一定的切向速度通入放电通道。在气流速度的轴向分量作用下，电弧的闭合部分(径向部分)沿着通道移动，使弧长增大弧电压升高。弧长和弧电压的这种增大会受到分流过程的限制，即受到电弧与电极壁之间的电击穿(这种现象在第 2 章中会有更详细的描述)的限制，由此得到了平均电弧长度，即由自身确定(自稳)的弧长。这个弧长还取决于电流密度、电弧室直径、气体种类与压强、通道的几何结构以及其他因素等。

通入两个电极之间的工作气体有一部分会吹进弧柱(图 1.5 中的 G_1)。由于产生了焦耳热，这部分气体的温度会达到电弧的温度。其余的气体 G_2 在电弧与放电通道壁之间的管道中流动，或者更准确地说，在电弧导电部分形成的热边界层与电弧室壁之间流动。由于电弧与主气流之间不存在对流传热，所以这部分气体仅被轻微加热，热边界层阻止了热交换。电弧与气流之间的相互作用始于分流区，

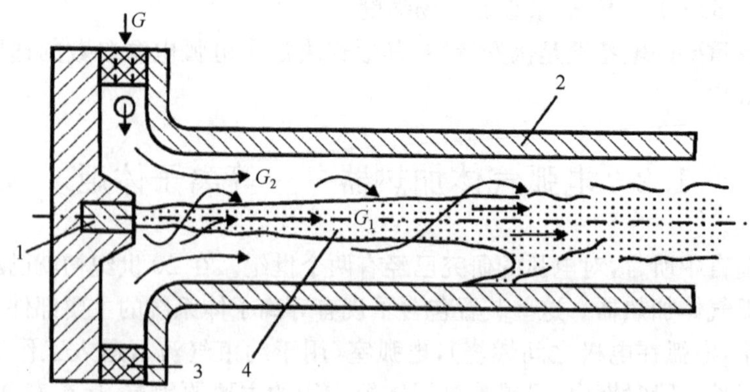

图 1.5 轴线式单电弧室自稳弧长型等离子体炬示意图

也就是热边界层与壁面边界层交汇的区域(更多详情参见第 2 章)。在这里,冷气流与高温气流剧烈混合。在等离子体炬的出口处,形成了核心区温度很高、沿弧柱径向向外温度急剧下降的等离子体流。

由于设计简单,自稳弧长型等离子体炬应用很广泛。这种类型的等离子体炬的几种构型如图 1.6 所示。

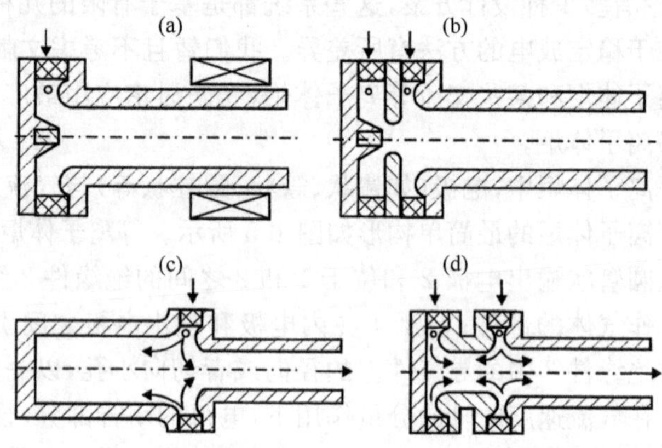

图 1.6 一些自稳定弧长型等离子体炬的示意图

(a) 带有平端内电极的单电弧室炬;(b) 带有平端内电极的双电弧室炬;
(c) 带有杯状内电极的单电弧室炬;(d) 带有管状内电极的双电弧室炬

如前所述,电弧的伏安特性曲线表明等离子体炬最重要的能量特性。对于自稳弧长型的电弧,其特性曲线是下降的(图 1.7 中曲线 1)。这是因为电流强度增大导致弧长变短,结果弧电压降低。下降的伏安特性为电弧与电源之间的匹配带来了困难。例如,对于具有硬特性的非稳压电源,为了确保电弧稳定,需要在电路中设置可变镇流电阻器,但是这会降低等离子体系统的效率。另外,这种构形的等离子体炬还有一项缺陷，电弧的大尺度分流决定弧电压会大幅度脉动，尤其是在低电流情况下。

在电流密度变化的一定范围内，(采取某种措施)固定平均弧长可以消除上述缺陷。例如，在圆管状通道内，可以在管状电极末端突然将通道的直径从 d_2 扩大成 $d_3>d_2$，即在电极上形成一个台阶。在这种情况下，电弧的伏安特性曲线比自稳弧长型的低，并且呈 U 形(图 1.7 中的曲线 2)。当然，当电流超过某一特定水平时，带有台阶形电极的等离子体炬中电弧的 U-I 特性曲线将会演变成燃烧在直径为 $d=d_2$ 的平滑通道中自稳弧长型电弧的特性曲线。电弧的径向部分被拉长到直径为 d_2 的通道中。

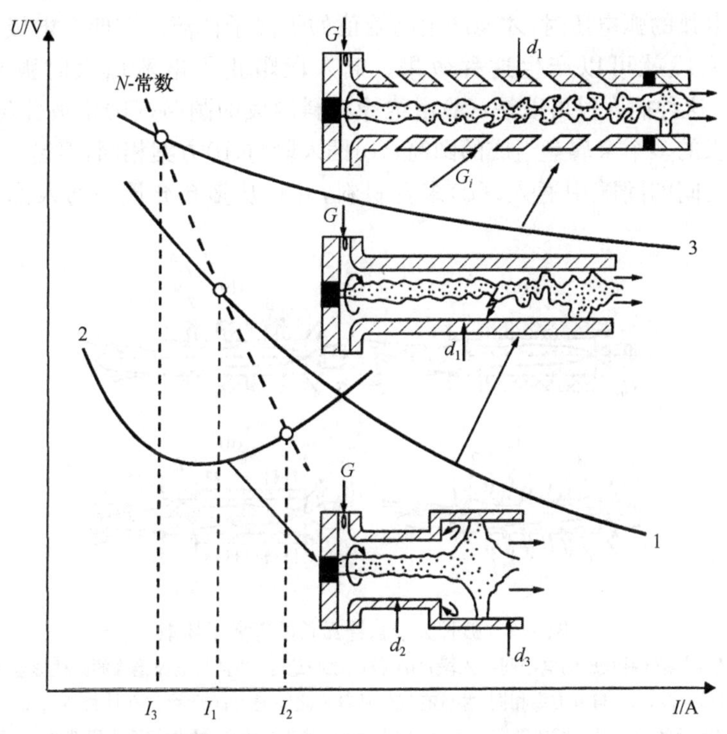

图 1.7　三种等离子体炬的伏安特性

在圆管状通道中固定平均弧长的方法有很多，图 1.8 仅给出了其中的两种。图 1.8(a)是通过垂直台阶固定弧长；图 1.8(b)具有一个垂直台阶，在台阶之后又减小通道横截面的直径。总之，自稳弧长型电弧的电特性和热特性都是这种具有台阶的等离子体炬系统的电弧特性的上限。

利用垂直台阶固定弧长的等离子体炬如今仍在使用，因为这种等离子体炬简单、可靠，并且没有自稳弧长等离子体炬的诸多典型缺陷。

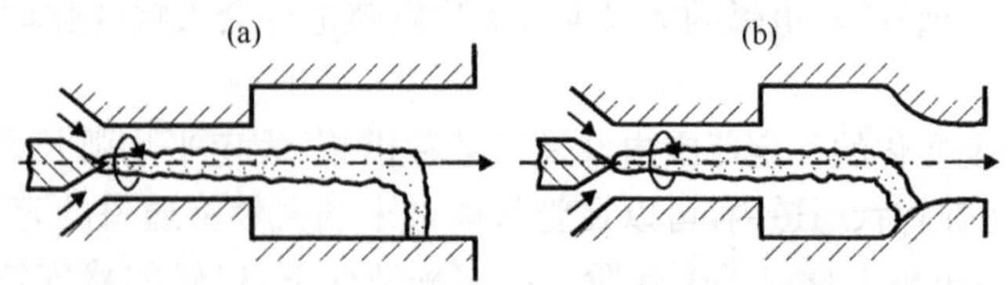

图 1.8 平均弧长固定且小于自稳弧长的等离子体炬示意图

(a) 输出电极带有垂直台阶;(b) 输出电极带有垂直台阶,随后通道直径逐渐减小

在弧长小于自稳弧长的等离子体炬中,不可能产生比自稳弧长通道中的等离子体温度更高的等离子体射流。只有当电流和其他参数相同,而弧电压远高于自稳弧长型电弧的弧电压时,才能产生高焓值的等离子体流。在两个电极之间插入绝缘的插入段就可以产生这种效果。插入段阻止了电流增大时弧长的缩短(图 1.9)。这种插入段可以是:(a)由绝缘材料制成的圆筒;(b)由彼此绝缘,并且与电极绝缘的多个金属盘组成的圆筒;(c)插入段与(b)方案相同,但是有气流从各绝缘部件之间的间隙中通入;(d)多孔材料,并且从多孔介质中通入部分工作气体等。

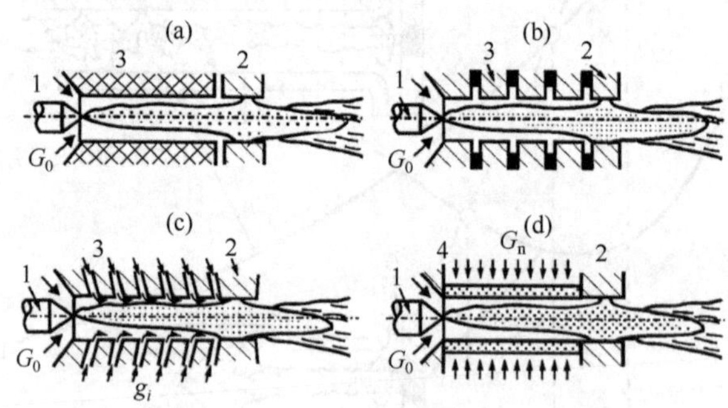

图 1.9 弧长大于自稳弧长的等离子体炬

(a) 用绝缘耐热材料制成的电极间插入段;(b) 彼此之间绝缘,并且与电极绝缘的圆柱形金属部件制成的电极间插入段;(c) 与 b 方案相同,并且有气体从部件之间通入;(d) 由多孔性材料制成的、工作气体从中通入的电极间插入段。图中数字表示:1. 内电极;2. 输出电极;3. 电极间插入段部件;4. 多孔插入段

如图 1.7 曲线 3 所示,在这类等离子体炬中,电弧的伏安特性曲线位于前述两类之上。在很宽的电流范围内,这条曲线是轻微下降的。

如果比较这些等离子体炬的电弧功率,就可以看出产生相同功率的电流强度是不同的(如图 1.7 所示,$I_2 > I_1 > I_3$)。在 U-I 平面上给定的参数范围内,每种系统都有其自身的优点。

图 1.7 给出了等离子体炬的三种构型,包括完整的 U-I 特性平面。这种图能够给出任何所需的电弧的伏安特性曲线,以便选定具有这种伏安特性曲线的等离

子体炬。

在描述轴线式等离子体炬的时候，我们没有提及工作电流的性质。图 1.7 所呈现的特性曲线是直流等离子体炬和工频单相等离子体炬的典型曲线[1,2]。甚至三相交流等离子体炬，也包含了这些方案中的要素[3]。

向放电通道中通入工作气体的方法不宜单独讨论，因为在这些等离子体炬运行时工作气体不仅沿切向通入，还沿轴向通入，尤其在解决了把弧斑稳定在内电极轴线上的问题的情形下。

下面几章将会表明，理解发生在轴线式直流和交流等离子体炬电弧室中的基本物理过程之后，就可以提出这些等离子体炬的简单分类方案。电弧与吹到电弧上的气体之间的相互作用的特点决定了平均弧长，它是分类的主要参数。因此，对于设计差异很大的各种轴线式等离子体炬，我们能够把它们归并为下列三大类[4]：

(1) 自稳弧长型等离子体炬；

(2) 固定弧长且弧长小于自稳弧长型的等离子体炬；

(3) 固定弧长且弧长大于自稳弧长型的等离子体炬。

其他方案，尤其是在工艺流程中应用范围正日益扩展的双射流等离子体炬方案，实质上是这三种方案的不同变型。

第 2 章　等离子体炬中的电物理和气体动力学过程

2.1　长圆管状通道中冷气体的流动特性

在研究等离子体炬长圆管状通道中的电弧的燃烧特性之前，我们先来关注冷气体在通道中的流动。我们最感兴趣的是气流的湍流度沿轴线的分布，而不论通道壁面是平滑的还是带有狭缝的；这些狭缝用来模拟具有电极间插入段的等离子体炬各插入段部件之间的间隙。此外，了解平均轴向速度的分布也很重要。

湍流运动的特征由其运动强度来描述。湍流脉动强度是衡量湍流相对强度（湍流度）的物理量：

$$\varepsilon=\sqrt{1/3(\overline{u'^2}\ \overline{v'^2}+\overline{w'^2})}/\bar{u} \tag{2.1}$$

其中，$\overline{u'^2}$、$\overline{v'^2}$、$\overline{w'^2}$ 是坐标轴上的三个速度分量的脉动对时间平均的平方；$\bar{u}$ 是给定点上气体速度的时间平均值。

借助一些平均值可以相当精确地描述脉动。这些平均值包括湍流度 ε 和（湍流成分的）特征长度 L。如果 L 与等离子体炬通道的尺寸相比非常小，那么对于要描述的流体的脉动行为，仅了解湍流度 ε 就足够了。在电弧室的初始段，湍流成分的特征线度（其直径）可以与电弧室的特征尺度（放电通道的直径）相比较，但远大于电弧的直径。显然，在通道的湍流段，L 可以与电弧的特征尺度相比较。由于确定 L 存在困难，特别是在电弧燃烧的情况下，所以这里仅限于说明 ε 沿通道轴线的分布。

我们对一个旋气稳弧的轴线式等离子体炬模型（图 2.1）进行研究。该模型的通道内径 $d=10\times10^{-3}$ m，电极间插入段的归一化长度 $\bar{a}=a/d=32\sim55$。实验中空气从插入段各部件之间的缝隙中通入。如果要模拟自稳弧长型等离子体炬，把插入段替换成长度为 $\bar{l}=l/d=72$ 的光滑通道。如果要对电弧拍照，可在通道的特征段装上石英管或者带有横向狭缝的插入段。

图 2.2 给出了当气体分别在表面光滑通道和电极间插入段通道中流动时湍流度 ε 分布的实验数据。通道中的气流具有切向速度分量。由气体的平均质量损耗和通道直径计算得到的雷诺数远大于临界值。这意味着，在通道入口处，气流呈湍流状态。由于在圆管状通道的入口处有一个旋流装置（一种大功率气体湍动增强器），所以气流的初始湍流度非常高，达到 6%～10%（如曲线 1～3 上截面 A 处）。这之后，气流的湍流度沿流动方向不断增大，且与通道的壁面条件无关。这与其他作者的研究结果（如文献[1]）是一致的。对于壁面光滑的通道（见曲线 1），湍流度

在湍流边界层的闭合区域显著增大；该区域形成于出口处的通道壁并沿气流方向向下游发展，在 $\bar{z}\approx\dfrac{z}{d}=40\sim50$ 的距离处(截面 B)可以观察到此现象；$\bar{z}$ 的坐标值从通道的气流入口截面 A 计起。长度为 AB 的通道部分称为初始段($\bar{z}_i$)。这些结果与文献[2]中详细评述的计算和实验数据符合得很好。在截面 C 上，ε 达到了最大值，然后沿着流动方向减小到决定近壁湍流的值(截面 D，$\varepsilon\approx3\%\sim5\%$，$\bar{z}\sim65$)。$BD=\Delta\bar{z}_i$ 是过渡段，湍流在这一段中发展(从截面 B 开始，到截面 D 终止)。在截面 D 之后，气流呈现出高度湍动状态。

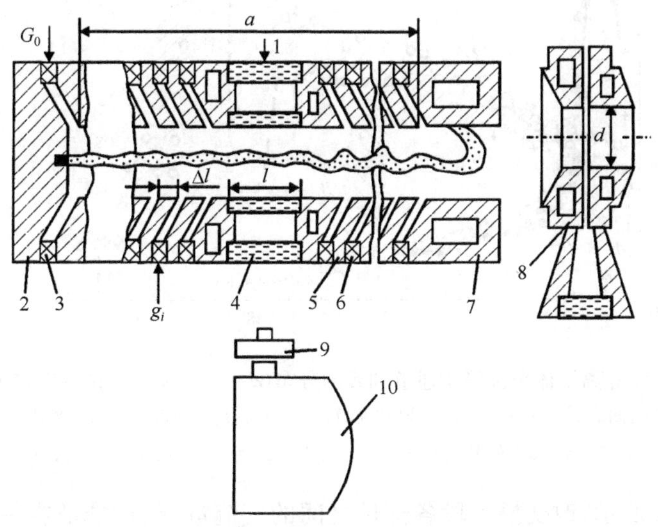

图 2.1　研究电弧脉动特性并对电弧拍照的等离子体炬系统

1. 石英玻璃冷却气体入口；2,7. 分别为内电极和输出电极；3. 近电极旋气环；4. 带有石英插件的光学部件；5. 电极间插入段；6. 插入段之间的旋气环；8. 带有横向狭缝的光学段；9. 快门；10. 超高速摄像机(SFR-M)

因此，整个通道可以分为三段，分别对应于三种典型的流动状态：初始湍流、过渡湍流和高度发展的湍流。另外，对于具有切向速度分量、在长圆管状通道中运动的气流，也有一些研究给出了其特性数据，如文献[3]。这些研究结果与本章的描述定性地一致。

如果通道带有电极间插入段，那么初始段的长度就会减小(参见图 2.2 中的曲线 2 和 3)。这与通道表面边界层的加速增长有关。在第一种情况(曲线 2)中没有从插入段的各部件之间通入气体，而第二种情况(曲线 3)中则通入了气体。气体既通入位于电极的末端的主通道，也通入旋气室。如果通入主通道的气流速度切向分量的方向与通入旋气室的气流方向相同(该方向并没有特别规定)，这种供气方式被称为同向供气；当二者的方向相反时，称为逆向供气。对于从插入段各部件的间隙中通入气体的情况，当评估气体消耗量 g_i 的影响时，我们用无量纲参数 $m_i=(\rho u)_i/(\rho u)_0$ 来衡量。这里的 0 和 i 分别是通道中的气流和第 i 个插入段间隙中的气流参数的下标。

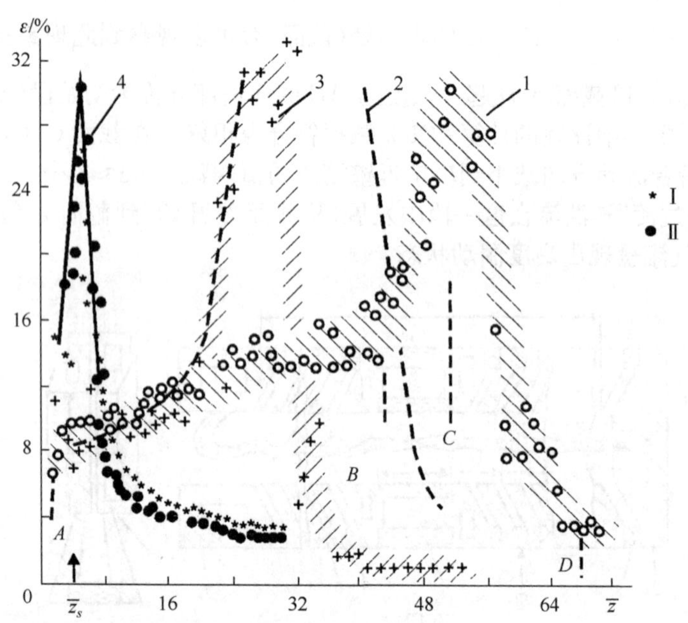

图 2.2　ε 沿等离子体炬圆管状通道轴线的分布($d=10\times10^{-3}$ m;$G=5\times10^{-3}$ kg/s)

1. 光滑壁面通道,$\bar{l}=77$;2～4. 分段式通道,$\bar{a}=32$(2. $g_1=0$;3. $g_1=0.5\times10^{-3}$ kg/s;

4. 在 $z_s=4.3$ 的截面上,$m_s=1.0$):Ⅰ—$g_1=0$;Ⅱ—0.5×10^{-3} kg/s

如图 2.2 所示,改变插入段各部件之间的气流量 g_i,就能够在一个很宽的范围内改变气流初始段的归一化长度 $\bar{z}_i$。然而,g_i 的大小受到各部件之间总的气体消耗量的限制,即总消耗量不得超过工艺流程决定的等离子体炬的气流量。因此,在实践中 g_i 仅用于保证对各部件间隙通气,用以降低传向插入段表面的热损失,并保护电绝缘件免受因对流换热造成的过热。另外,由于各部件间隙中气体温度的降低,部件之间的击穿电压升高了;部件两两之间的电势差,尤其是位于电弧室末端的间隙上的电势差可能达到几十伏甚至几百伏。插入段表面与高温气体接触,气流对插入段表面进行保护使之免受高密度热流的损坏,这个问题将在第 6 章中专门研究。

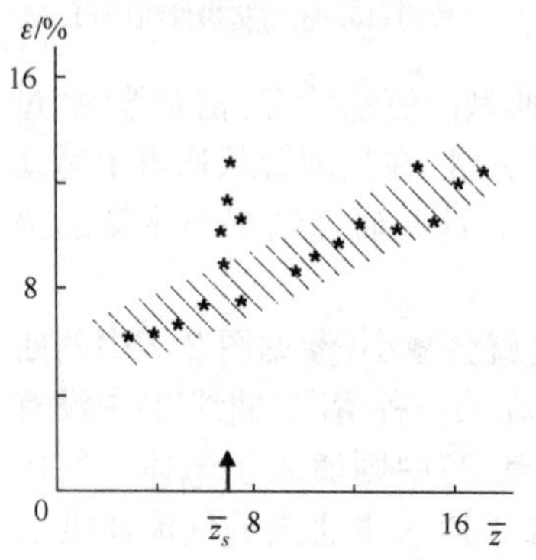

图 2.3　在同向供气的情况下 ε 沿着分段式圆管状通道轴线的分布

$d=10\times10^{-3}$ m;$g_1=0$;

$m_s=0.3$;$\bar{z}_s=6.9$

我们来讨论单个间隙中的气流量 g_s 对 ε 沿通道轴向分布的影响。这个间隙的位置为 $\bar{z}_s\leqslant\bar{z}_i$,供气采用局部同向供气方式(图 2.3)。在气体通入位置 $\bar{z}_s$(图中箭头所示位置)处,ε 值有一个明

显高于 $g_i=0$ 所对应的大量实验数据点背景(阴影区域)的峰。除此之外,沿着流动方向向下游,在距离气流通入截面 2~3 倍 $\bar{z}$ 处开始的整个阴影区段内,平均湍流度都与“未扰动流”的特征值一致。因此,向插入段部件的一个间隙中同向通入工作气体,即使气体消耗量相对很高,对 $\varepsilon=f(\bar{z})$ 曲线的形状也没有显著影响。与此相应,沿相同方向通入气流对边界层的影响相对较弱。该边界层仅局部变厚,即通道的“流通”截面的宽度减小了,结果收缩段截面上的 ε 值和气流速度相应提高。

下面来研究逆向气流的影响。图 2.4 给出了在通道入口附近初始段的 $\bar{z}_s$ 位置上的逆向供气情形下的 $\varepsilon=f(\bar{z})$ 关系,供气参数为 $m_s=1.0$。需要注意的是,即使 m_s 值很小(参见文献[4]),边界层的厚度也增大很快。过渡段实际上起始于气体通入截面之外。参数 $m_s=1.0$ 接近最佳值,进一步增大该值会起到反作用[4]。在逆向气流和 $m_s=1.0$ 的情况下,在 $\bar{z}_s$ 段之后沿着气流方向通入的气流量 $g_i(m_i)$ 对 $\varepsilon=f(\bar{z})$ 的分布几乎没有影响。

在发展湍流段中,气流的湍动水平 ε 很大程度上取决于通道壁面的粗糙程度,以及是否从插入段部件之间通入气体。这个湍流度水平在 3%~5%的范围。

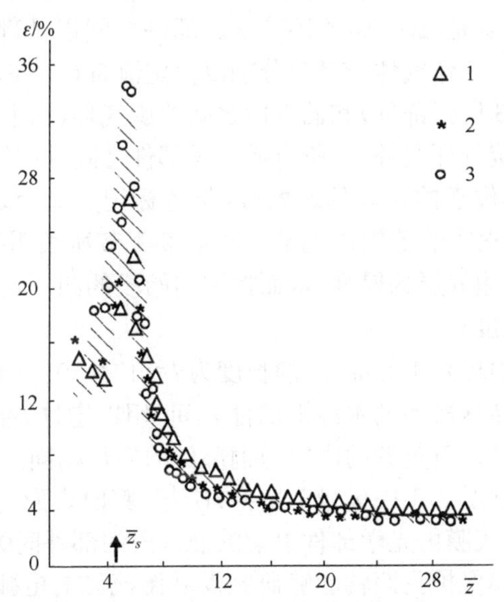

图 2.4　对于不同的 g_i 值,在逆向气流中 ε 沿着分段式圆柱通道轴线的分布

$d=10\times10^{-3}$ m;$G_0=5\times10^{-3}$ kg/s;$\bar{a}=32$;$\bar{z}_s=4.3$;$m_s\approx1.0$;g_i,kg/s; 1—0;2—0.5×10^{-3};3—1×10^{-3}

有趣的是,对通道轴线上从不同部件通入的气流的脉动特性[4]进行比较发现,在邻近 ε 最大值的部件中气流脉动的频率相对较低(5~10 kHz)而振幅较大。在受到大振幅、低频率振荡的气流内部,气流在运动过程中引发了振幅相当小(气流振荡幅度的几分之一)的高频振荡。发展湍流段的主要特点是小振幅、高频率(20 kHz量级)的脉动。

文献[5]指出，人为地发展湍流的强度减弱得非常快，并且 ε 的值近似相同，与初始扰动的水平无关。ε 的值在 4%～5%的范围内，与此前讨论的数据一致。

正如许多研究结果所表明的，ε 的值在圆管状通道轴线上最小，从轴线沿半径方向向外不断增大。在邻近壁面的区域 ε 有一个水平较低的最大值。进一步接近壁面时，该最大值快速减小，同时流体脉动的频率降低而振幅不变。

2.2 长圆管状通道中电弧的燃烧特性

前面我们讨论了长圆管状通道中冷气体的流动特征，本节来研究通道中电弧与气流的相互作用。首先，炽燃的电弧影响了电弧室壁上热流沿气体流动方向的分布。在这种情况下，电弧的电势分布(电场强度)与流入电弧室壁的热流之间，应该存在更加密切的关系。

研究是在一个具有多部件电极间插入段的等离子体炬(图 2.1)上进行的。插入段与阳极的内径均为 2×10^{-2} m，电极间插入段的归一化长度是 $\bar{a}=20\sim21$。插入段每一个部件的厚度是 $\Delta l=10\times10^{-3}$ m。部件之间以及部件与电极之间保持电绝缘，并通水冷却。工作气体(空气)分别以恒定流量 $G_0=6\times10^{-3}$ kg/s 和 g_i 从主旋气环(图中标号 3 所指部件)和插入段之间的旋气环(图中标号 6 所指部件)通入电弧室；除了一个旋气环之外，从所有插入段部件之间的旋气环通入气体的方向都相同。这个旋气环位于插入段的初始段，位置标记为 $\bar{z}_s$，该环用来通入逆向气流，其流量 g_s 可以在很宽的范围内调节。正如 2.1 节所表明的，利用这种气体给进方式可以控制湍流边界层的厚度，从而控制初始段的归一化长度 $\bar{z}_i$ 和插入段长度 a 确定的湍流区长度 $\bar{z}_t$。

石英管(图 2.1 中标号 4 的部件)的长度为 $l=42\times10^{-3}$ m，壁厚为$(2.5\sim3)\times10^{-3}$ m，固定在两个特殊成型的水冷铜部件之间，用以定性(在许多情况下还可以定量)研究电弧的脉动。石英管的内径与铜部件的内径相同。为了避免过热，石英管的外表面用冷气流(图 2.1 中标号 1 所指)冷却，其内表面(流过热气流的一侧)采用气膜进行保护。气膜由光学部件上游的插入段的部件间隙中通入的冷工作气体形成，采用这种气膜保护我们就能够研究发展湍流区的电弧。这里的热流密度非常高，如果没有特殊保护石英玻璃就会软化。

采用逆流供气方式，从 0 到 1 改变供气参数 m_s，这样就能够通过研究等离子体炬单次启动来研究不同气流条件下(即不改变光学部件的位置)的电弧。我们对长度为 27×10^{-3} m 的电弧室进行了拍照。研究电弧的发光与时间的关系时，通过一个宽度为 2.5×10^{-3} m 的横向狭缝(与此对应的相机快门的缝宽设置为 1×10^{-3} m)记录电弧的一个单元。覆盖有石英玻璃的漏斗形狭缝是在厚度为 $\Delta l=24\times10^{-3}$ m 的水冷部件 8 上加工成型的。用 SFR-1M 超高速摄像机对电弧拍照。使用辅助快门使曝光时间控制在 $1.7\times10^{-2}\sim1\times10^{-3}$ s，反射镜的转动速度从 $3.75\times10^{-3}\sim6\times10^{4}$ r/min

不等。在“分时-对焦”制式下，反射镜和内置双透镜的转速，即最高拍摄速率为 2.5×10^5 帧/s，拍摄速度为 750 m/s。为了提高整个系统的分辨率，相机安装在距离目标物为(200～250)$\times10^{-3}$ m 的位置，并采用了 RF-3、Izopanchrom T-24 和 T22 等型号的高感光度胶片。某些情况下还使用了 Zh-17 滤光片。

对电弧进行高速照相研究的同时，还测量了电弧的电场强度以及流向放电通道壁的热流(关于这些测量的更多细节将在第 5 章和第 6 章中给出)。

根据在通道不同位置上电弧元发光的时间演化结果[6]，电弧的初始段(图 2.5(a))不存在横向脉动，对电弧扫描得到的是一条平直的带。显然，当有旋转气流存在时，电弧就被浮力非常有效地固定在空间中(电弧室的轴线上)。在过渡段(图 2.5(b))，电弧元的特征是径向振荡。除此之外，还可以看到同时存在两个电弧分支(圆圈中的部分)。最后，图 2.5(c)给出了电弧在气流的第三个特征段(湍流段)中横向振荡的信息和振荡频率。

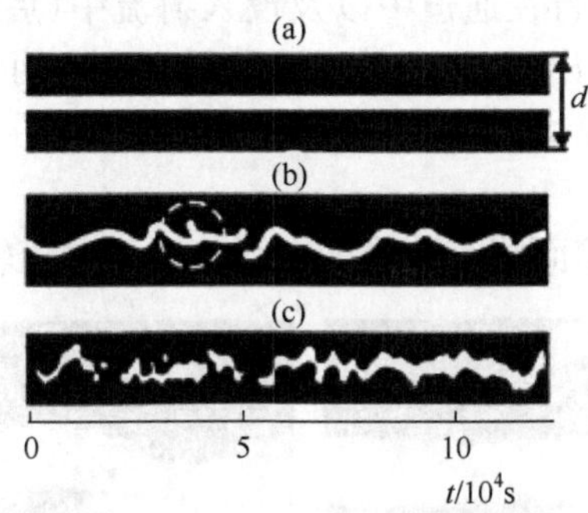

图 2.5　通道特征段上电弧元发光形态随时间的演化

(a) 初始段：$\bar{z}_s=5.5$，$m_s=0$，$I=100$ A；(b) 过渡段：$\bar{z}_s=535$，$m_s=1.0$，$\bar{z}_s=3$，$I=100$ A；(c) 发展湍流段：$\bar{z}_s=15$，$\bar{z}_s=3$，$m_s=1.0$，$I=180$ A

因此，即使在电弧室长度方向上定性地研究电弧的径向振荡问题，也能证实在 2.1 节中研究湍流度 ε 沿通道轴线的分布时得出的结论。根据这项研究，在通道中燃烧电弧的情况下，气流也可分为三个特征区域。

电弧的电场强度 E 的平均轴向分量沿通道有怎样的变化？它的大小取决于通道直径、气体流量与压力、电流密度以及其他诸多控制参数。作为例子，图 2.6 给出了 E 沿电弧室长度的分布。从这条曲线可以很清楚地看到三个特征区域：区域 1 对应于大小恒定的场强；区域 2 的特征是电场强度沿通道增大；随后的区域 3 具有恒定的 E 值，如果气流量、气压和通道直径沿气流方向保持恒定。

图 2.7 给出了通过石英管对电弧拍摄得到的通道各特征段上的电弧照片。在初始段(a)，电弧没有任何横向脉动；在过渡段(b)的起始部分，已经可以清晰地看到横向脉动；在过渡段的末尾以及完全发展湍流段(c)，径向脉动清晰可见。此外，电弧之间的“弧-弧”分流非常明显；分流使电弧分裂成许多随时间变化的导电通道

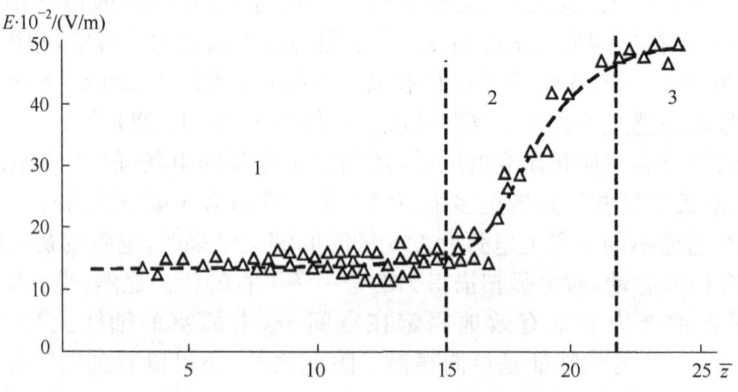

图 2.6 电弧电场强度沿电弧室长度的分布

(图(c)和图(d))。对于运行在通道中以及没入射流中(后续将讨论)的电弧,详细分析其形状可以清晰地看出,在流动的过渡段同时发生两个过程:

(1) 周期性过程,它取决于电弧出现螺旋形以及弧柱作为一个整体的磁流体动力学不稳定性;

(2) 随机脉动,即由壁面湍流造成的电弧相对于通道轴线的小幅振荡。

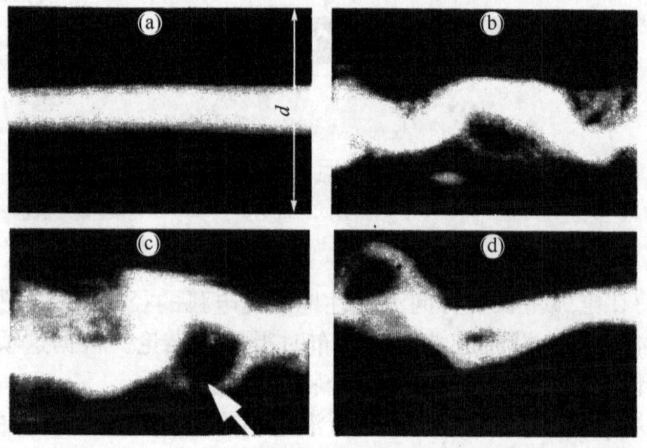

图 2.7 通道各个特征段中的电弧照片

$d=2\times10^{-2}$ m,$G=15\times10^{-3}$ kg/s,$I=100$ A,$\tau=8\times10^{-6}$ s

(a) 气流初始段中的电弧;(b) 在过渡段中随机振荡的电弧;(c) "弧-弧"分流;(d) 电弧的分裂

现在讨论电弧的热边界层问题,这个问题与一些特定现象直接相关。图 2.8 给出了电弧与周围气体的相互作用的照片(a),以及在浸没射流中运行的电弧的托普勒(Topler)纹影照片(b)和阴影照片(c)。由于弧柱具有高辐射强度的特征,其直径极有可能接近于照片记录到的电弧直径。因此,r_0 的尺度通常可以看作是导电通道的半径(图 2.8(a))。导电通道区域直接以电弧的热边界层为界。热边界层的外边界非常清晰(图 2.8(b)),实验中由纹影照片上的最小照度确定。电弧热边界层的特征是辐射强度较低,其径向尺寸很大程度上比 r_0 更依赖于外流速度(对于目前的情形,则取决于气流量)。电弧热层外部边界的形状(图 2.9)也强烈地依赖于外侧气流的速度(气体消耗量)。

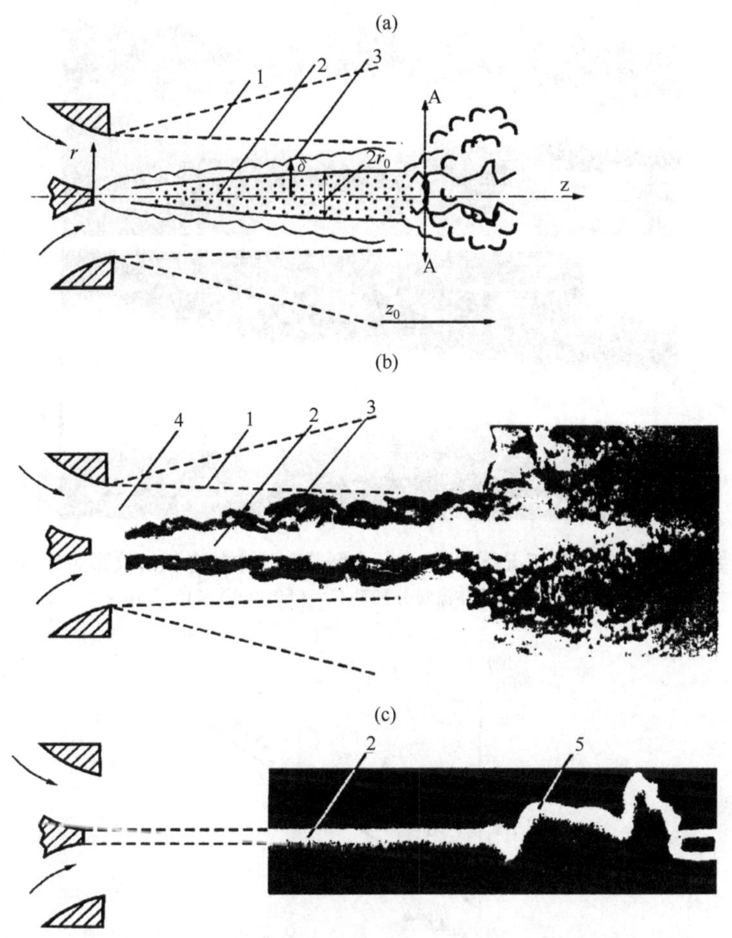

图 2.8　电弧与周围气体的相互作用(a);向浸没空间(气体速度的切向分量为 0)中放电的空气射流中的电弧的托普勒纹影照片(b)和阴影照片(c)

1. 射流核心的边界;2　电弧;3. 电弧热边界层的边界;4. 气流的外边界;5. 电弧射流的湍流段

文献[7]估算了密度梯度最大的区域中气体的焓值,结果表明,在气体温度从 $T \approx 5000$ K 下降到环境温度的地方,电弧的热边界层沿半径方向的"厚度"很小,不超过 1.5～2.0 mm。文献[8]采用数值方法计算了热层边界的半径,给出了如下关系

$$\eta = 2.82 \cdot \xi^{0.315}$$

其中，$\eta=(\delta/I)2\pi(\lambda_0 h_0\sigma_0/C_{p_0})^{0.5}$；$\xi=(z/I^2)h_0\sigma_0\lambda_0^2\pi^2\cdot(\rho_\infty u_\infty C_{p_0}^2)^{-1}$。这里的$\lambda_0$，$h_0$，$C_{p_0}$分别为自由气流的热导率、焓和热容的特征值；$\sigma_0$是电导率的特征值（假设等于 430 S/m）；$\rho_\infty$，$u_\infty$分别是自由气流的密度和速度；$z$是从阴极计起的轴向坐标。计算值（直线）与实验值（点）的比较如图 2.10 所示，它们符合得很好。

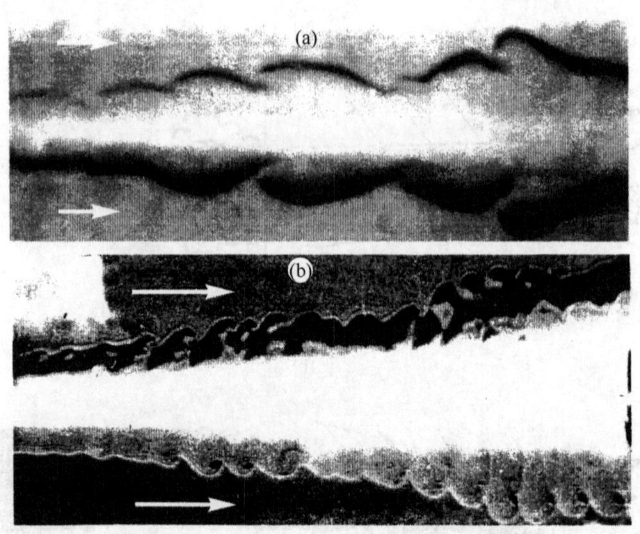

图 2.9 当喷嘴喷出的气流工况不同时，运行在浸没射流中的电弧的纹影照片（$I=70.5$ A）
(a)，(b)对应的气体流量分别是 $G=(50,100)\times10^{-3}$ kg/s

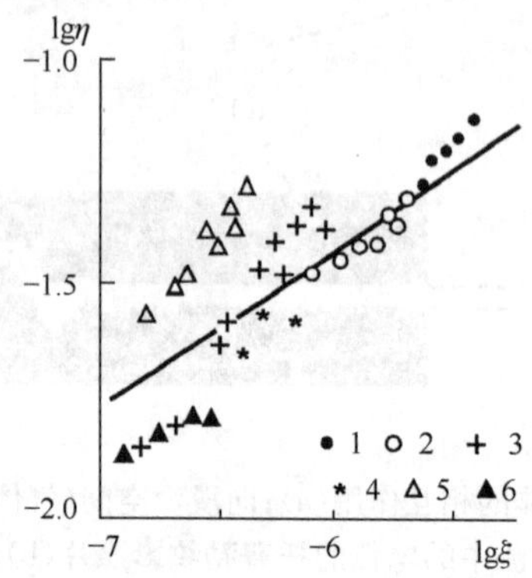

图 2.10 热层边界的计算值和实验值的比较
1. $U_\infty=12$ m/s；2. 24.8 m/s；3，4. 62 m/s，3. 基于δ的最大值，
4. 基于δ的最小值；5，6. 124 m/s，5. δ的最大值，6. δ的最小值

对实验数据的分析表明，当参数ξ的值很小时（这种情形对应于流动速度比如为$u=124$ m/s），δ的值大幅离散，其原因在于随着速度增加，热层的边界发生扰动，并且难以确定其真实厚度。例如，对于低速（图 2.9）的情况，边界的形状呈相

对平滑的曲线。随着流速增大，轴对称扰动开始形成并且沿边界发展，扰动情形等同于不同密度的两种介质表面的波。这种扰动一经形成便会越来越深地渗透入热边界层。对于强烈扰动，电弧热层的边界由 δ 的最大值与最小值确定，见图 2.10 中的适当符号[9]。

上述关系式是在稳定燃弧区域获得的。在与热边界层接触的区域，弧柱开始显现出不稳定性。个别情况下(图 2.8(b))，电弧的热层被射流外侧区域取代的过程具有爆炸性，这是因为在电势区，沿外侧气流方向以 15～20 m/s 的速度运动的弧柱的局部轴对称变形导致了射流的形成。随着射流体积的增大，射流使热层的边界发生了变形并逼近于两种边界层(1 弧柱边界与热层内侧，中译注)接触的区域，似乎要爆炸似的。对电弧运动的照片进行了处理，结果表明，在湍流区域，弯曲扰动沿轴线传播的速度近似与外流气流的流速相当。

电弧与气流之间的相互作用自然会表现为流入电弧室通道壁的热流沿着电弧室呈现一定的分布。因此可以预想到电弧的电势分布(电场强度)$V(\bar{z})$与热流 $\bar{Q}(\bar{z})$之间存在着密切联系。事实上，比较图 2.11 中的曲线 1 和曲线 3 就可以发现，电弧电势与热流增大的起始坐标几乎是相同的。进一步研究表明，随着电流强度的增大或者减小，$\bar{Q}(\bar{z})$增大的坐标也会跟着移动，这是由于热层的厚度发生了变化的缘故。

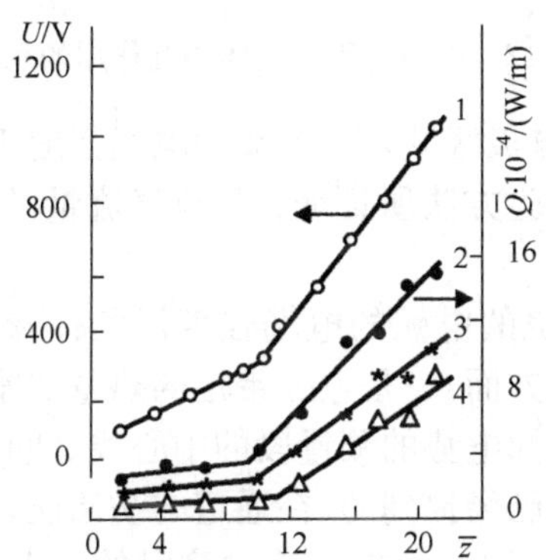

图 2.11　电弧电势 1 和热流(2～4)沿放电通道的分布，工作气体为空气

$d=10^{-3}$ m; $\bar{a}=22.1$; $G=15\times10^{-3}$ kg/s; $g_1=0.7\times10^{-3}$ kg/s;

I(A):1. 120;2. 150;3. 120;4. 90

大量研究成果——包括对冷气流的湍流度、电弧电场强度、流入通道壁的热流等沿通道轴线的分布的研究，以及利用光学方法对运行在通道中的电弧或者浸没弧脉动的研究——奠定了构建存在电弧的长圆管状通道中气体流动方案的基础。

应当指出，实际工作中最感兴趣的是这样一种流动状态，在这些状态下基于冷气流输入参数计算出的雷诺数相对较高，并且即使通道中不存在电弧，流动仍呈湍流态。

气体沿着通道流动的最简单情形可以描述如下(图 2.12)。在初始段 AB,电弧以层流的形态炽燃。AB 段的长度由电弧的热层 3 与通道壁上发展起来的湍流边界层 1 相接触的区域决定。电弧初始段的纹影照片显示了热的边界层 3 和导电电弧区域 2。在 BC 段,热层破裂。如果电弧是在石英通道内炽燃,这个过程就可以用高速摄影系统有效地记录下来。从截面 B 开始,弧柱(电流主要部分流过的区域)开始与湍动气流相互作用。BCD 各段的区别在于:电弧在这三段逐渐向发展湍流形态过渡(即 BCD 为过渡区)。最后,在 DE 段电弧形成了稳定的湍流。

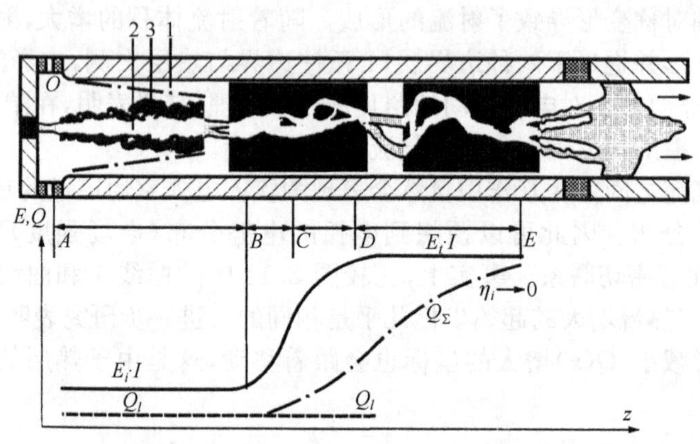

图 2.12 电弧与周围气体相互作用的示意图

在初始段(不考虑近电极区域)中,电弧的电场强度 E_i 沿通道保持恒定。这一点已为各种相互独立的实验方法所证明;E_i 与气流量的关系很弱,并且不存在电弧的横向振荡。

在过渡区 BCD 中燃烧的电弧的电场强度沿气体流动方向单调增大。显然,造成这种现象的原因有两方面:一是电弧带走的热量加剧,二是在所测量的范围内(即在两个相邻的、具有不同电势的测量段的中心线之间)弧柱显著扭曲,使其实际长度有所增加。正如前文已经提到的,在通道的初始段,电弧沿着通道轴线稳定燃烧,没有横向振荡(图 2.7(a))。而在气流过渡段的起点与终点(图 2.7(b)、(c)),不仅存在电弧的径向振荡,还存在电弧环中的电击穿(分流)把电弧分裂成两个导电通道的现象。在发展湍流段(图 2.7(d)),电弧的径向振荡更加明显,就像导电通道形成与消失的过程。在过渡段的终点,电弧电场强度的平均值比初始段的要高出几倍。从截面 B 开始(图 2.12),流入通道壁的热流强度持续增大。截面 D 之后的区域对应于完全发展湍流段,在电极表面平滑的等离子体炬中流入通道壁的热流强度难以通过实验来确定,因为弧长受到在该区域起点发生的电弧与壁之间的分流过程的限制。然而,这种现象在带有电极间插入段的等离子体炬中就非常明显,这时的弧长大于自稳弧长型电弧的长度。如果不从插入段的间隙中另外通入气体,该区域中的电场强度 E_i 近似恒定,并等于过渡段的最大值。

因此，在上述的研究基础上，我们可以绘制出气体流动的模式，以及轴线式电弧等离子体炬圆管状通道的特征区域中电弧的空间形态。流动区域本身就具有复杂的结构和特殊的边界情况，需要进一步仔细研究。

2.3　电弧元的速度和脉动特性

2.2 节给出了运行在长通道中电弧的照片，这些照片定性地给出了通道中所发生的过程信息。在研究等离子体流动的相关实验中，广泛采用了光学方法来记录这种复杂运动。

文献[4]通过分析电弧元的运动和脉动，确定了等离子体流动的一些特征。由 SFR-1M 获取的电弧照片被用来确定电弧元运动的平均速度和脉动速度，以及脉动的频率。

电弧的边界会在适当的方向上发生位移。根据该位移可以计算出典型的扰动电弧单元的轴向和径向运动速度。在连续几帧 CFR 胶片上，这个位移可以看成发生在两帧之间给定的时间周期之内。

电弧元位移的脉动速度和平均速度通过处理测量结果的标准方法确定；扰动边界的平均运动速度 u_{av} 由选定方向上测得的多个速度值的算术平均确定。

图 2.13 给出了通道轴线上的电弧元的平均运动速度沿通道轴线的分布（曲线 1）。曲线 2 描述了通道内高温气体的平均质量速度的分布特征，其中考虑了电弧产热以及电弧室壁的热损失。实验表明，仅在通道的过渡段曲线有轻微的离散，而在发展湍流段这两条曲线几乎完全重合。这意味着电弧元沿通道传播的速度接近于气流的平均质量速度。在过渡段，电弧元运动的平均速度与气流的平均质量速度之间的差异，与气体在通道轴线上的最大速度与其平均质量速度之间的明显差别有关，因为此处冷气流与高温气流的取代过程还没有完成。

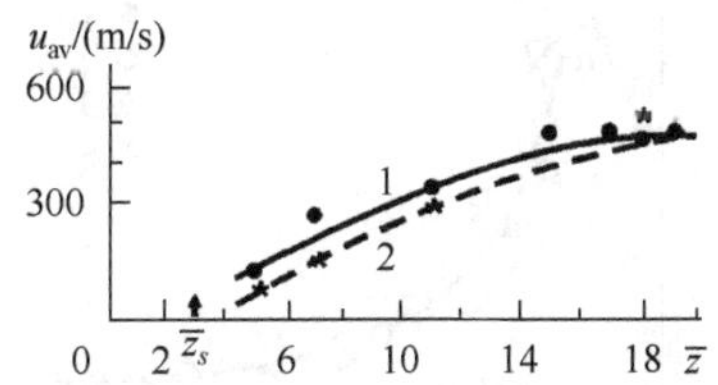

图 2.13　通道轴线上电弧元运动的平均速度(1)和气流的平均质量速度(2)沿电弧室轴向的分布
$d=20\times10^{-3}$ m；$\bar{a}=20$；$G_0=6\times10^{-3}$ kg/s；$I=100$ A；$\bar{z}_s=3$；$g_s=6.3\times10^{-3}$ kg/s($m_s\approx1.0$)

我们有大量连续拍摄的电弧照片和对电弧的时间扫描数据可供使用。利用这些信息，不但能够确定在所研究的通道段内电弧元运动的平均速度，还能确定其脉动速度，假设电弧元以脉动速度运动。

测量的均方差使用如下方程确定

$$\sigma_{ni} = \left[\sum_{i=1}^{n} (\Delta a_i)^2 / n(n-1) \right]^{1/2}$$

其中,n 是测量次数;Δa_i 是第 i 次测量值对平均值的绝对偏差。对于轴向脉动,$\Delta a_i = u'_i$;对于径向脉动,$\Delta a_i = \upsilon'_i$。气流湍流度沿给定方向的度量可以分别表示为 $\varepsilon_z = \sigma_{nzi} / u_{av}$ 和 $\varepsilon_r = \sigma_{nri} / u_{av}$。气流总的湍流度由公式 $\varepsilon = [0.5(\varepsilon_z^2 + \varepsilon_r^2)]^{1/2}$ 确定。电弧振荡的特征频率由振荡图像的时间扫描数据计算得到。

ε_z 的分布如图 2.14 所示。有趣的是,在邻近气体通入的区域,ε_z 达到 25%或更高,即与通入冷气流时的数值相同。随后,湍流度沿流动方向快速降低,并且在 $\bar{z} \approx 12$ 的截面之后降低到 3%～4%的水平。湍流度的径向分量 ε_r 沿通道轴线具有同样的分布。

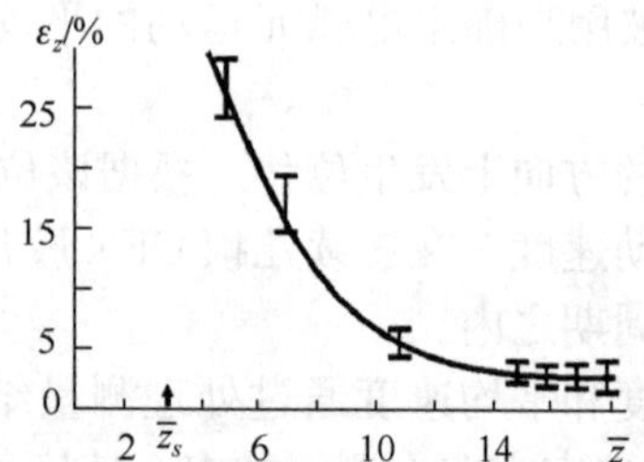

图 2.14 通道中存在电弧时气流湍流度轴向分量 ε_z 的分布

$d = 20 \times 10^{-3}$ m;$G = 18.5 \times 10^{-3}$ kg/s,$I = 100$ A;$\bar{z}_s = 3$;$G_0 = 6.1 \times 10^{-3}$ kg/s;

$g_s = 6.3 \times 10^{-3}$ kg/s;$m_s = 1.0$;$\bar{a} = 20$

气流的总湍流度 ε 沿通道轴线的分布如图 2.15 所示。为了便于分析,将曲线沿 z 轴偏移 z_s。其中,z_s 是引入湍流增强气体截面的坐标。这些数据是综合了几种不同的测量方法得到的。第 2 类数据点是用热风速计记录到的通道轴线上旋转

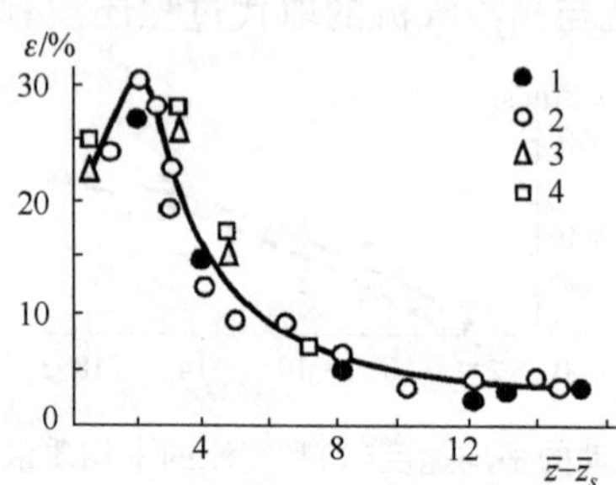

图 2.15 总湍流度 ε 沿通道的分布,(1) 通道中存在电弧,(2) 通道中无电弧

1. $d = 20 \times 10^{-3}$ m;$G = 18.5 \times 10^{-3}$ kg/s;$I = 100$ A 和 180 A;$\bar{z}_s = 3$;

$G_0 = 6.1 \times 10^{-3}$ kg/s;$g_s = 6.3 \times 10^{-3}$ kg/s;$m_s = 1.0$;$g_3 = 2.3 \times 10^{-3}$ kg/s;$\bar{a} = 20$;

2. $\bar{z}_s = 4$;$G_0 = 5 \times 10^{-3}$ kg/s;$m_s = 1.0$;$\bar{a} = 32$;$d = 10 \times 10^{-3}$ m;$G = 10 \times 10^{-3}$ kg/s;

$g_i = (0 \sim 1) \times 10^{-3}$ kg/s;3,4. 文献[10]中的数据

冷气流的湍流度;第 1 类数据点是对用高速摄影装置透过石英玻璃拍下的弧柱的连续照片进行处理得到的结果[6];第 3、4 类数据点是对电弧两个截面之间的电势差的平均值与离散度进行处理和计算的结果[10]。如果说第 1、2 类数据点是气体动力学中广泛使用的热风速计法以及其他无接触且相对耗时的方法得到的,那么最后这组点则是经典的探针测量方法定性应用的新例证。

尽管工作参数和测量条件不同,但这三种方法都给出了比较一致的结果,尤其对发展湍流段而言。在过渡段,ε 值的细微差别可能是由于采用最后一种方法测得的湍流度对通道的整个截面取平均的缘故。如果电弧在所占据的截面上的 ε 值近似恒定,则可以预料各种方法测得的 ε 值是一致的。用经典测量法获取的结果可以用新方法处理。因此,应用先进的计算方法和对传统方法测得的结果进行新处理,能够为我们提供电弧与气流之间相互作用的额外信息。

现在来讨论由对电弧亮度的时间扫描得到的电弧的频率特征[4]。如前所述,在通道的初始段不存在电弧的大尺度径向脉动。但是,在过渡段就观察到电弧相对于轴线的径向偏离,振荡的频率相对较低。在发展湍流段,振荡频率增大而振幅稍微降低。研究照片底片上的黑化程度可以看出,运行在发展湍流段的电弧黑化程度较低,在此情形下电弧的可见光的发光直径也比较小。

在通道的不同特征段,弧柱脉动的频率特征是不同的。过渡段的特点主要是低频电弧振荡(500～1000 Hz),其上叠加了 4～5 kHz 的振荡。在发展湍流段,主要是频率为 10～50 kHz 的脉动。这些频率与冷气流脉动的特征频率是一致的。因此,在所研究的参数范围内,电弧并没有显著地改变气流脉动的频率特征。

因此可以认为,通道中存在电弧时气流的脉动特征取决于气流流经通道的壁面特征。这是因为在这两种情况(热气流与冷气流)下,这些壁面特征(电弧室的几何尺寸、根据壁面温度下气流的黏度计算得到的气流的雷诺数等)都是相似的。实验中,气流中不存在电弧时壁面的温度约为 300 K,存在电弧时约为 400 K。

因此,可以得出如下结论:电弧的脉动特征基本上取决于气流的脉动特征。在所研究的电流强度范围(达 180 A)内,内禀的电磁力没有对电弧的脉动特性产生实质性的影响。这个结论确认了如下假设:当电流强度相对较低时,电弧与气流的相互作用属于流体力学性质的作用。文献[7]及其他研究在计算湍动电弧时均采用这项假设。

2.4　电弧的 X 射线层析成像研究

2.4.1　简述

在对等离子体对象进行物理研究时,通常必须研究其复杂结构的形成。这就极大地增加了等离子体诊断的复杂性,并要求我们发展出特殊的方法和设备。为了研究结构复杂的对象，有必要采用 X 射线层析成像法[11]。

根据具体问题的性质，研究对象结构的重建可以依据电子束、离子(包括质子和 α 粒子)束、中子束、光束和声波的记录来进行。对研究对象的内部结构及其投影进行重建是计算机辅助 X 射线层析成像技术(CT)的主要思想，这里的投影是通过从不同方向照射对象或者利用对象的内禀辐射得到的。

因为利用 X 射线层析成像技术进行等离子体诊断正逐渐成为科学家感兴趣的课题，因此简要地讨论一下计算机辅助 X 射线层析成像技术的算法在具体等离子体中的研究或数值模拟中的应用将对我们有所帮助。

有关非对称平面任意形状的光学薄等离子体的发射层析成像技术应用的文献首次发表于 1968 年[12](在这些作者之前的研究都是关于具有对称平面的形状)。这项研究描述了在接近 1 个大气压($p=1.1\times10^5$ Pa)的氩气中稳定自由燃烧的电弧。电弧所处的横向磁场的磁感应强度为 $B=30\times10^{-4}$ T，弧电流强度为 $I=400$ A。实验中使用了录像技术。15 个探测器均布于 0°～180°的半圆上，从这 15 个方向对电弧进行了测量，每个方向测量 73 次，然后运用算法重建了图像。这里的算法是基于对信号作于转动方向正交的特殊多项式展开的原理。电弧温度由连续谱的绝对强度确定。这项研究重建了电弧的两个纵向截面和一个横向截面上的等温线。

文献[13]，[14]的作者首次描述了对带有横吹气流的稳定氩电弧的温度场与其气流量和弧电流强度关系的系统研究结果。他们在进行 X 射线层析成像测量时使用了由反射镜、干涉滤光片和照相机等器件构成的系统。在 0°～90°范围内，从非均匀分布的 8 个方向上获取了数据。利用这些数据和一个具有镜面对称变量中的马尔多纳多(Maldonado)算法(译者注：Maldonado C. D. -J. Math. Phys.，1965，v. 6，p. 1935)进行了图像重建。温度是假定局域热力学平衡(LTE)利用基于连续光谱绝对强度的特殊方法确定的。这些研究者得到的结果表明：增大气体的流量会减小电弧的横截面积，并提高等离子体的最高温度。

文献[15]和[16]首次描述了从 6 个方向对等离子体进行 X 射线层析成像研究的结果，并给出了运用 X 射线层析成像和 X 射线层析成像图片测量湍流等离子体温度场的方法。

文献[17]研究了带有横吹氮气流并用横向磁场稳定的稳态弧。使用光谱仪以 15°的间隔(镜面对称的典型分布)从 7 个方向对电弧进行测量。每个方向上的测量次数高达 80 次。测量得到的温度场被用来构建速度场、探测涡流区和气流的减速点。

在文献[18]中，X 射线层析成像法被用于测量大气压电弧等离子体的温度，电弧运行在 40% H_2 和 60% N_2 组成的混合气体中，弧电流强度为 5 A，在一个旋转磁场的作用下以 15～16 Hz 的频率运动。假设在内禀参考系下等离子体在转动过程中保持稳定，于是可以从 360°任意一个方向获取 24 个投影。每个投影的测量次数是 $N=200$。气体的温度由 H_β 线的绝对强度测量确定(假设部分局域热力学平衡条件近似成立)，实验给出了对等离子体电场强度 E 进行测量的结果。

文献[19]描述了在一个大气压的氩气中自由燃烧的环形电弧。电弧燃烧在两个表面平行的圆盘之间，通过内禀磁场和外加(竖直方向)磁场维持平衡。在 0°～90°范围内以 15°的间隔连续记录氩气的辐射($\lambda=(443\pm5)$ nm)。

由此给出不同电流强度和电弧半径下的温度场，并通过计算得到速度场。

在文献[20]中，作者首次报道了利用在光纤的平行平面输出部件之后输入的信息和输入计算机的图像矩阵来重建等离子体 X 射线层析的图像。计时时间为 0.2 μs。文献[21]和[22]描述了具有复杂外形的非稳定等离子体(更详尽的结果描述见下文)。文献[23]对等离子体 X 射线层析成像的研究以及等离子体 X 射线层析成像的算法进行了综述。

文献[24]研究了等离子体辐射诊断的方案(2 个和 6 个观察窗)，此外，还给出了处理关于纵向磁场中螺旋形氩电弧辐射的测量数据的结果。

2.4.2　非稳态电弧等离子体的实验研究

为了计算等离子体炬中的电弧，有必要获取有关各方面的实验数据，包括不同放电条件下发生在电弧等离子体炬中的物理过程，电弧室内的气体的种类和压力、气体流量，以及所施加的外部磁场等放电参数对等离子体局部特性和整体特性的影响等。

下面考虑载流等离子体弧柱的行为。这里，电流的内禀磁场不可以忽略，并且使等离子体弧柱稳定在通道轴线上的因素(热导率和黏滞性)的作用很小。假设在某一时刻，弧柱发生随机形变，最简单的情况是发生弯曲或者伸长。当弧柱的角向磁场的内侧磁力线与外侧磁力线存在密度差异时，弧柱便会发生弯曲。这时该区域会出现磁场梯度，随机形变在这个磁压强的作用下会增大。因而等离子体弧柱发生的弯曲具有多种可能性，呈现出右旋或者左旋的螺旋形。

将具有有限电导率特征的载流等离子体弧柱置于纵向磁场中，等离子体便会出现螺旋状扰动，随之产生洛伦兹力；洛伦兹力的方向垂直于磁场中的电流方向。如果洛伦兹力指向电弧室的中心，就会稳定等离子体弧柱；如果指向电弧室壁，则形变将继续发展。

图 2.16 说明了纵向磁场稳定左旋(沿磁场方向观察)扰动(图(a))、增强右旋扰动(图(b))的机理。

对于一个圆管状通道中的电弧等离子体，关于气流量和纵向磁场对其温度场形态和电特性的影响的研究结果将在下文中讨论[21,22]。

实验研究了在一个长 90 cm 的分段式圆管状通道中的放电。插入段的相互绝

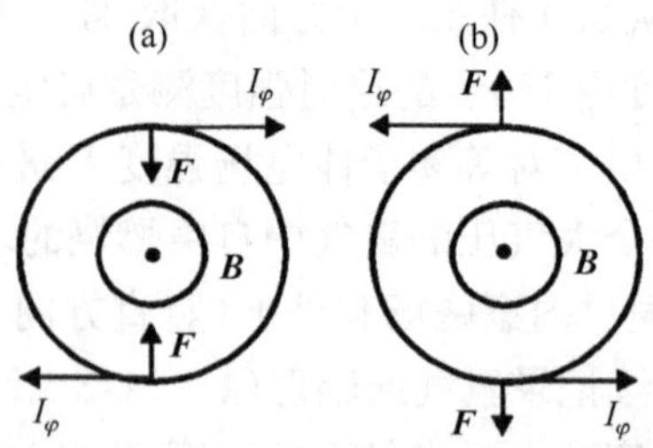

图 2.16 纵向磁场对载流等离子体弧柱的作用
(a) 磁场使螺旋形扰动趋稳；(b) 磁场促使螺旋形扰动发展

缘部件的厚度为 1.4 cm，内径为 $d=3$ cm。阴极为水冷钨棒，端部锥度为 60°，阳极材料为铜。工作气体（氩气）从阴极的侧面通入，流量范围为 $G=0.034\sim12.7$ g/s，电弧室的气压维持在 $p=1\times10^5$ Pa 的水平，弧电流为 $I=100\sim130$ A。在大量的实验中，电弧的中心部分被置于两个总长 30 cm 的螺线管产生的纵向磁场中。在螺线管的轴线上，磁感应强度 B 的范围为 0～0.44 T。研究发现，如果电极被置于强磁场区域内，由于弧斑在电极表面跳跃，电极将很快耗尽，而且等离子体的成分也变得更加复杂。为了防止电极材料对等离子体产生影响，电极被移到距离螺线管末端 30 cm 的位置。

形态复杂的等离子体的温度场由辐射层析成像的方法测量。用一套等离子体层析成像系统从几个方向同时记录等离子体辐射强度的横向投影（图 2.17）。该系统包括一段光学观察通道（该通道呈盘状，是等离子体通道的一部分，在通道的圆周上以 30°间隔均匀分布 12 个观察窗）、透镜、光导、一系列滤光片和电影摄像机构成的探测器阵列（共 12 套）。光学通道安装在螺线管的两个绕组之间。通道横截面作为观测对象由 n 个方向上的短焦距透镜 L_n 聚焦到对应的光导 C_n 的末端表

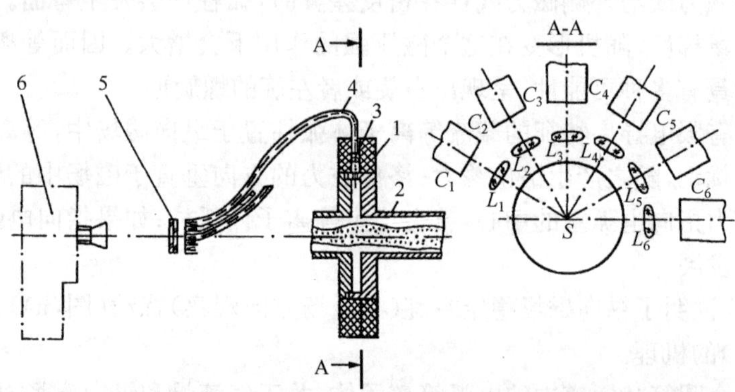

图 2.17 等离子体层析成像测量系统示意图
1. 测量用盘状光学通道；2. 电弧室；3. 透镜；4. 光导；5. 滤光片；6. 摄影机

面，经过光导模块传输、滤光片滤光，最后被照相机或者电影摄影机记录下来。对于光学透明的等离子体，仅用 6 套初始设置的光导进行测量就足够了，因为在此情形下从相反方向得到投影是完全相同的。在图 2.18 中，电影胶片显示了由光导模块记录的弧柱在电弧室 S 横截面上的位置与形状的变化。该图还展示了光导模块记录到的处于适当位置的等离子体弧柱的图像。如果位于两个横截面 S_1、S_2 之间的弧柱 S 相对于电弧室的轴线是倾斜的，处于沿着方向 1 的某个位置上(图 2.19)，我们看到的图像如图 2.19(a)所示，那么在另外一个方向上，观察到图像就会如图 2.19(e)所示。弧柱的倾角取决于观察的方向。螺旋形电弧的“倾斜”程度可以由其最大倾斜角来确定。

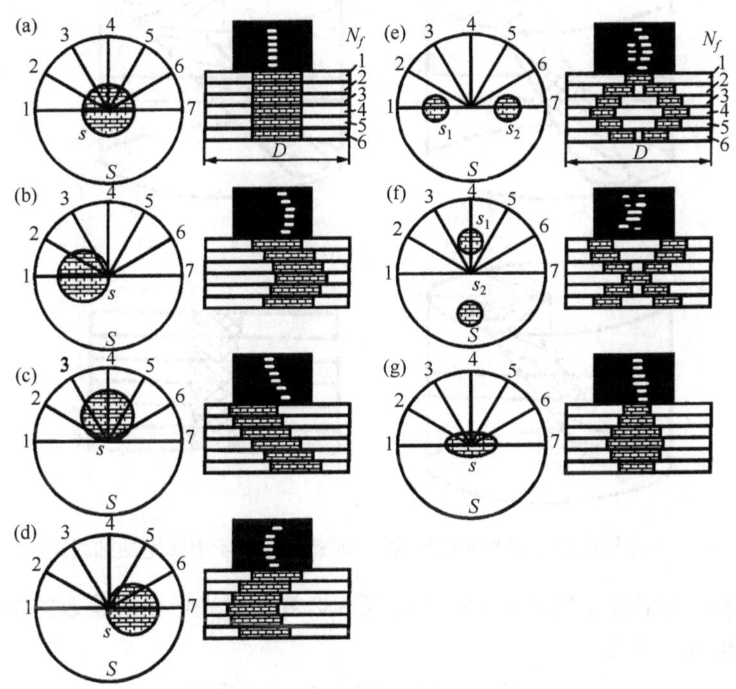

图 2.18　光导模块记录到的图像

(a) 弧柱处于电弧室的轴线上；(b)～(d) 弧柱偏离轴线；(e)、(f) 弧柱分裂成两束；(g) 沿另一个方向扩展。编号 1～6 为光纤 N_f 的编号和对应的观察方向

由光导模块获取的图像还用于确定等离子体的温度场。为此需要在一个很窄的光谱范围内测量辐射的横向投影。该光谱的半宽为 $\Delta\lambda=5$ nm，最大值在 $\lambda=465$ nm 处。测量由干涉装置和玻璃滤光片组成的系统进行。实验认为只通过氩的连续谱来确定记录到的信号。测量通道的能量标定按照传统的方法采用 SI-10-300钨带灯进行。

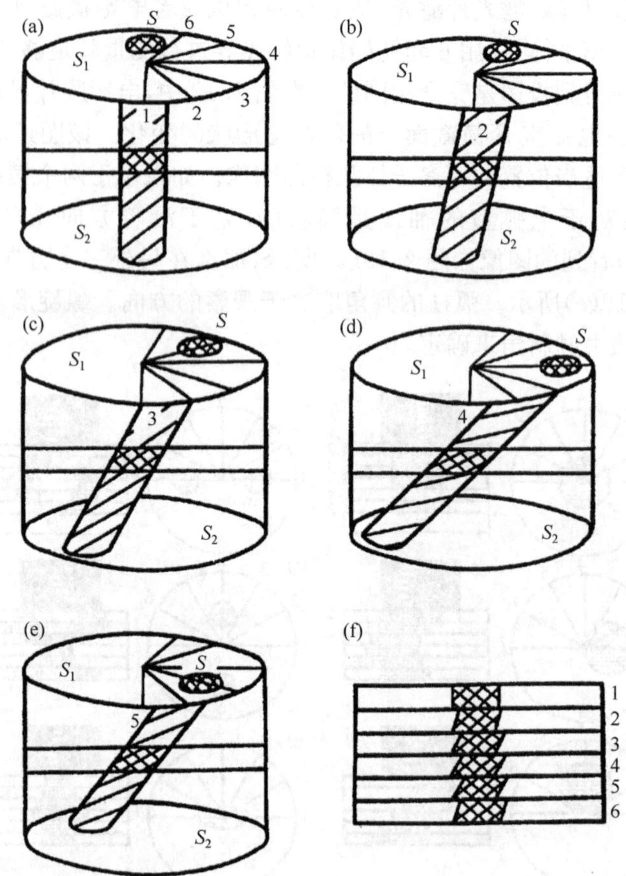

图 2.19 在光导模块上观察到的图像，此时弧柱相对于电弧室的轴线是倾斜的

等离子体的辐射系数 $\varepsilon(x,y)$ 利用 RICSS2 算法对光导模块获取的图像进行计算得到。利用关系式[25]

$$\varepsilon_\lambda(T)=A(n_e^2/\lambda^2\sqrt{T})\xi(\lambda,T) \tag{2.2}$$

即可将计算得到的等离子体辐射系数换算成等离子体温度。其中，n_e 是等离子体电子密度；λ 是辐射波长；T 是等离子体温度；A 是由所选单位制确定的常数；系数 $\xi(\lambda,T)$ 考虑了氩原子不同于氢原子这一事实，计算中采用了文献[26]中给出的该系数值。其数值精度是 25%，并且与其他研究中得到的数据一致。式(2.2)适用于局域热力学平衡的等离子体。大量研究表明，在大气压氩气等离子体中，当温度 $T\geqslant 8200$ K 时就能发现系统处于局域热力学平衡状态。在此温度下，使用沙哈方程、气体状态方程和宏观电中性方程可以计算得到等离子体的成分。计算结果与文献[27]中的数据符合得很好，并且在建立氩连续谱的 $\lambda=465$ nm 谱线的 $\varepsilon(T)$ 关

系式时被用于式(2.2)。在测量范围内，氩连续谱的辐射系数(在误差范围内)与波长无关，从而可以被看作常量，并且等于波长 $\lambda=465$ nm 时的辐射系数。

文献[28]分析了大量的研究之后发现，在所研究的范围内，等离子体的辐射特性主要取决于电弧中心的特性。也有报道称，这些特性不受壁面区域出现的非平衡状态的影响。

为了比较温度场，这里用如下公式来计算等离子体的有效电场强度 $\langle E\rangle$

$$\langle E\rangle = I\Big/\iint_S \sigma(x,y)\mathrm{d}x\mathrm{d}y \tag{2.3}$$

其中，I 是弧电流强度；$\sigma(x,y)$ 是等离子体电导率(在计算中，$\sigma(T)$ 的值取自文献[27])；S 是由测得的温度场给出的积分区域。用本工作中所采用的方法(尤其是图像记录法)确定了 $(8\sim10)\times10^3$ K 温度范围内氩等离子体的辐射系数，误差范围为 20%～30%。计算温度时的误差不超过 5%～6%，相当于 ±500 K。

然而，利用光谱测量的结果计算 $\langle E\rangle$ 所带来的误差会复杂得多。这是因为：①该误差与确定温度场时的误差存在非线性关系；②对于温度场存在几个最大值的情况，$\langle E\rangle$ 的误差依赖于将电流的区域与有等离子体电流的区域分开的精度。

令人遗憾的是，文献[21]，[22]的作者并没有对 $\langle E\rangle$ 的值与给定条件下氩电弧电场强度的测量值 E 作比较。因此，$\langle E\rangle$ 的值仅用于分析下文中给出的结果。

图 2.20 给出了无外部纵向磁场且电流强度为 $I=100$ A 的条件下，弧电压对流过通道的气体流量的依赖关系。在该曲线上，文献[21]，[22]的作者定义了三个特征段。在第一段，流量范围为 $G=0.034\sim0.255$ g/s，$Re=70\sim600$(根据通道直径和通道进口的气体参数确定雷诺数[29])，弧电压总体上随着气流量的增大快速下降；在第二段，$G=0.25\sim4.4$ g/s，$Re=600\sim10000$，弧电压几乎恒定；在第三段，$G=4.4\sim12.7$ g/s，$Re=10^4\sim3\times10^4$，弧电压增大。

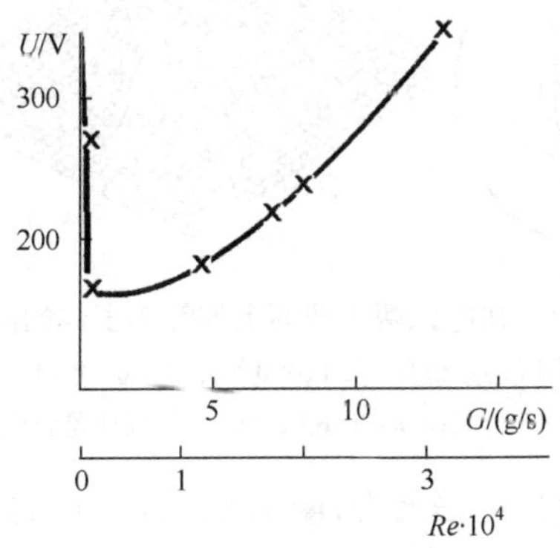

图 2.20　电弧电压 U 与氩气流量 G 的关系(弧长为 80 cm)

所得到的 $U=f(G)$ 关系曲线可以通过研究电弧不同截面上的温度场的行为

来解释。

如前所述,温度场在所测量到的 X 射线层析成像的基础上得到了重建。各径向位置上的温度是对于长度为 0.25 cm 的电弧取平均的结果。曝光时间为 50 μs。图 2.21 和图 2.22 给出了当氩气流量为 0.034 g/s 的条件下记录到的电弧不同截面内的温度场。在邻近阴极表面的区域,等离子体弧柱的直径很小(图 2.21(a)),并且弧柱偏离电弧室轴线。温度场不是轴对称的,但是在时间演化上是稳定的,最高温度为 $T_{\max}=12\ 480$ K,$\langle E\rangle=2.87$ V/cm。随着与阴极的距离增大,弧柱的横截面积增加。从 $z=5$ cm 处的截面开始(图 2.21(b)),温度场和 $\langle E\rangle$ 随时间变化(在这里和本节后面的内容中,等温线从弧柱外侧向内侧数起)。

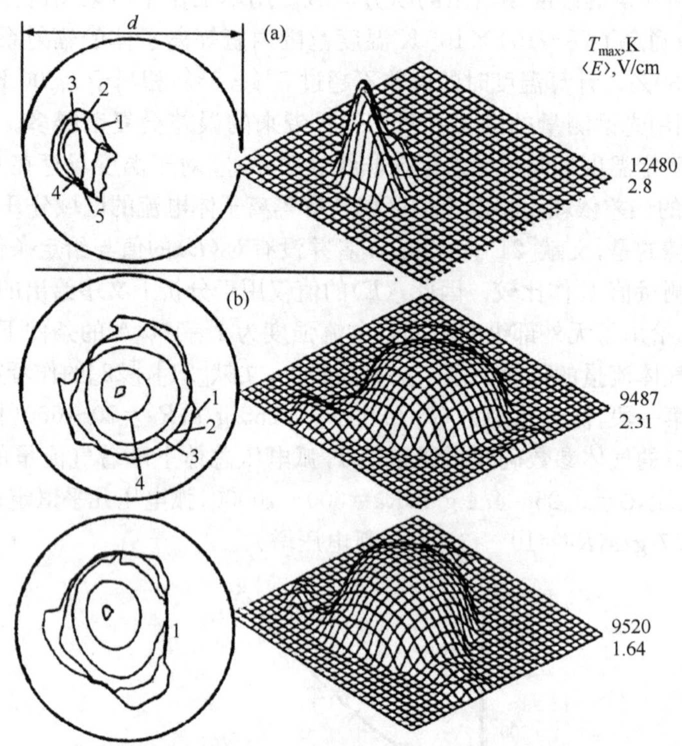

图 2.21　在电弧两个截面上的等离子体的温度场

(a) $z=0.1$ cm;(b) $z=5$ cm;等温线的数值(a) 1. 11000 K;2. 11500 K;3. 12000 K;4. 12500 K;5. 13000 K;(b) 1. 8500 K;2. 8800 K;3. 9100 K;4. 9400 K;气体是氩气,$G=0.034$ g/s

随着离开阴极的距离进一步增大(图 2.22(a),$z=10$ cm),最高温度的位置偏离电弧室轴线的距离也增大,温度场变形程度更大。在某些时刻,等温线沿着一个方向伸展,这表明等离子体中的扰动以 $m=2$ 的模式发展。如果在一段时间内连续观测温度场(图 2.22(a)),就可以看出等离子体弧柱在电弧室的横截面上随机运动。

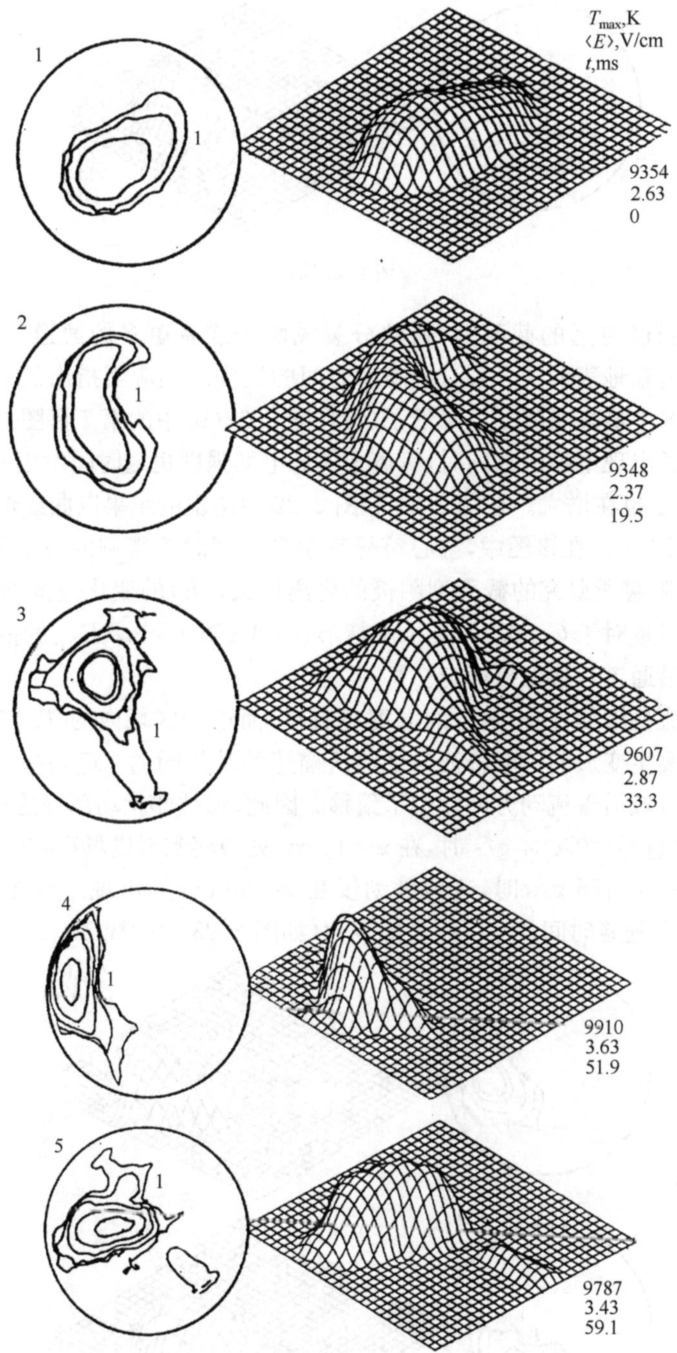
T_{max},K
⟨E⟩,V/cm
t,ms
1
1
9354
2.63
0
2
1
9348
2.37
19.5
3
1
9607
2.87
33.3
4
1
9910
3.63
51.9
5
1
9787
3.43
59.1

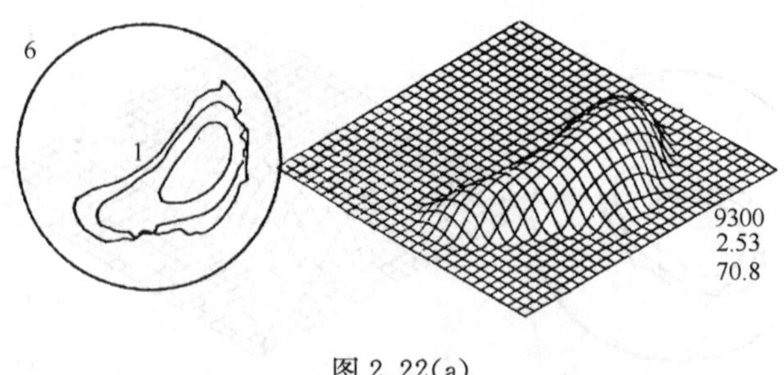

图 2.22(a)

在距离阴极更远的截面上，弧柱分裂成两个或者更多的通道。图 2.22(b)(z=20 cm)清晰地表明了分裂过程随着时间的演变。还应当指出的是，在电弧分裂的某些情况中最高温度 T_{max}降低了(参见图 2.22(b)中的第 7 幅图)。

在温度场出现不稳定的同时，等离子体的电场强度也随时间发生变化，同时算术平均值$\langle E\rangle_{av}$也在增大。在图 2.21 和图 2.22 中给出的结果以曲线形式(曲线 1)呈现在图 2.23 中。在该图中，空心符号表示在不同时刻得到的$\langle E\rangle$值，实心符号表示$\langle E\rangle_{av}$。随着所研究的截面到阴极的距离增大，$\langle E\rangle$的变化范围增加，$\langle E\rangle_{av}$的值也增大。但是对于 G=0.034 g/s 的情形，一旦 $z\geqslant$10 cm，$\langle E\rangle_{av}$的值和变量$\langle E\rangle$的离散度就沿通道近似保持恒定。

随着气流量增加，阴极附近的温度场收窄，而这个区域内的 T_{max}和$\langle E\rangle$增大。但弧柱截面发生变形的一般特征与之前所描述的是相同的。应当指出，出现非稳态温度场的区域沿着流动方向发生了偏移。因此，弧柱非扰动部分的长度增加了。事实上，当流量 G=0.034 g/s 时，在 z=10 cm 处观察到温度场存在强烈的径向脉动，那么当 G=0.175 g/s 时，这些脉动仅在 z=30 cm 处出现。在同一个横截面上，表现出$\langle E\rangle$随着时间发生了很大的变化(如图 2.23 中曲线 2)。

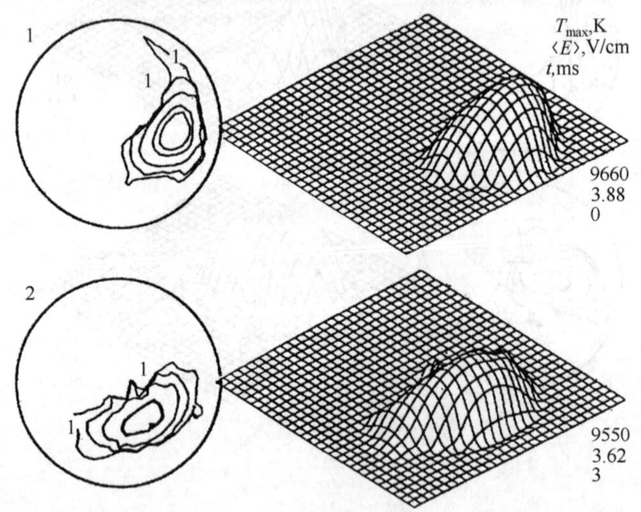

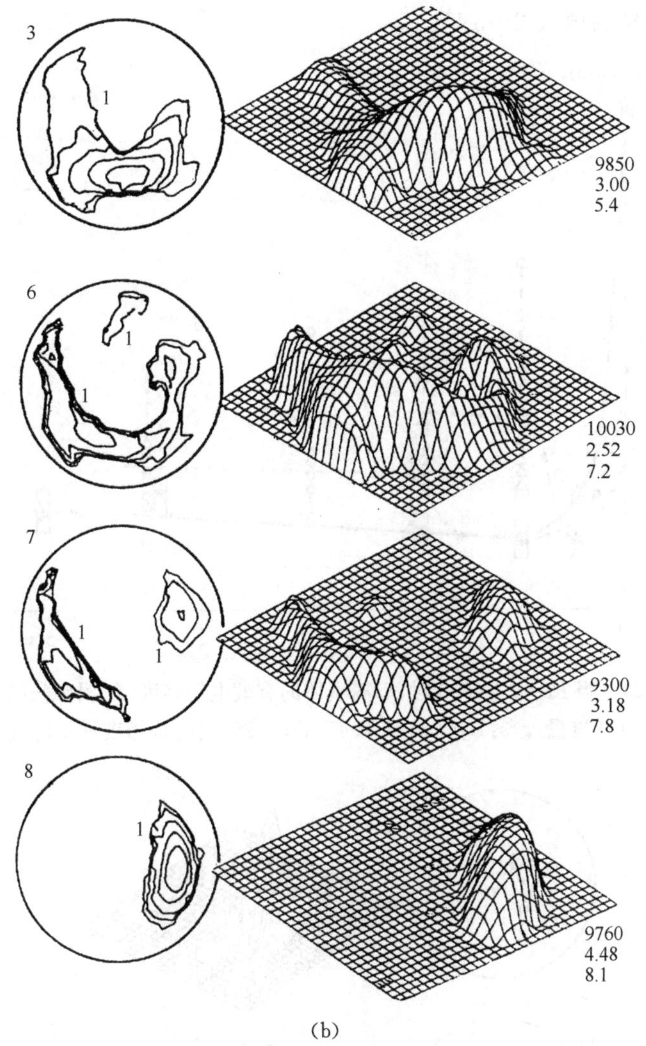

图 2.22　电弧等离子体在截面 $z=10$ cm(a)和 $z=20$ cm(b)上的温度场

(译者注:原书图(b)中缺少编号为 4、5 的图)

等温线的值:1.8500 K;2.8800 K;3.9100 K;4.9400 K;

气体是氩气,流量 $G=0.034\times10^{-3}$ kg/s

由于电弧非扰动段的长度随气流量的增加而增大,那么对于气体的某些流量值,弧柱应该在所研究整个长度范围内保持稳定。对于前述参数,当流量 $G=0.25$ g/s时,弧柱在 $z=55$ cm 之前均保持稳定并占据着放电通道中央的对称位置(图 2.23 曲线 3)(没有研究 z 值更大的情况)。图 2.24 给出了这种情况下电弧的不同横截面上的温度场。从图中可以看出,温度场在大部分弧柱内都是轴对称的,并且初始热段的长度(根据文献[30]中使用的术语)是 10~20 cm。这比文献[30]

中通过近似得到的值大 2～3 倍。

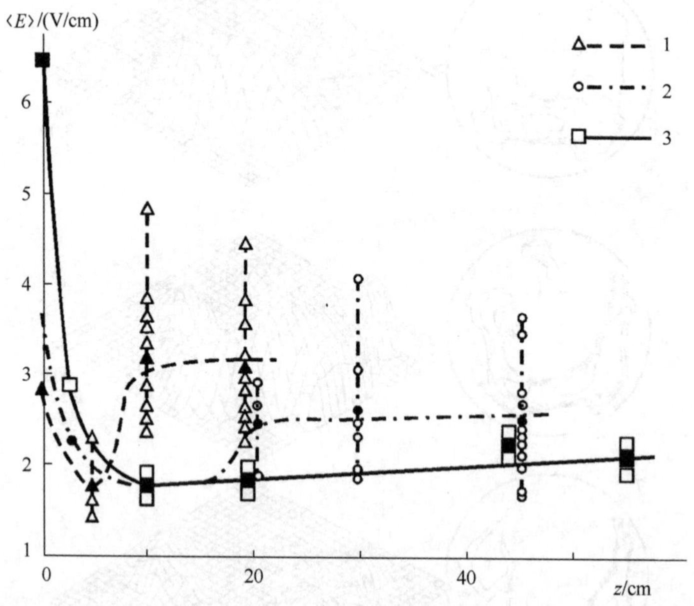

图 2.23　当 Re=70～600 时，等离子体的有效电场强度⟨E⟩沿弧长的变化
氩气流量，g/s：1. 0.034；2. 0.175；3. 0.25，实心符号表示平均值

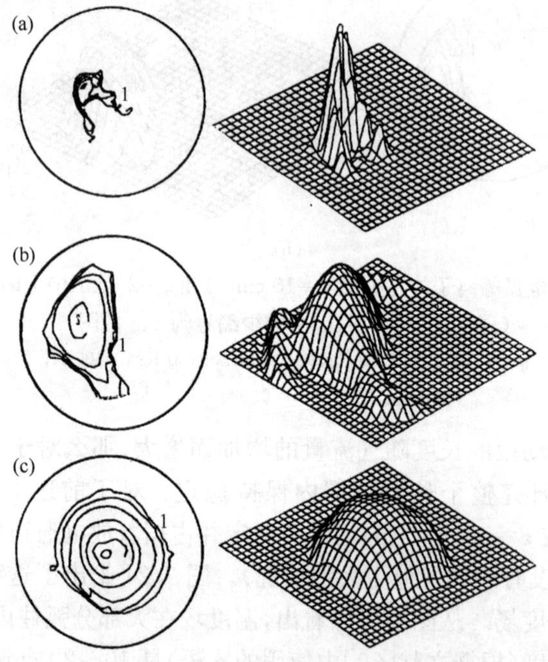

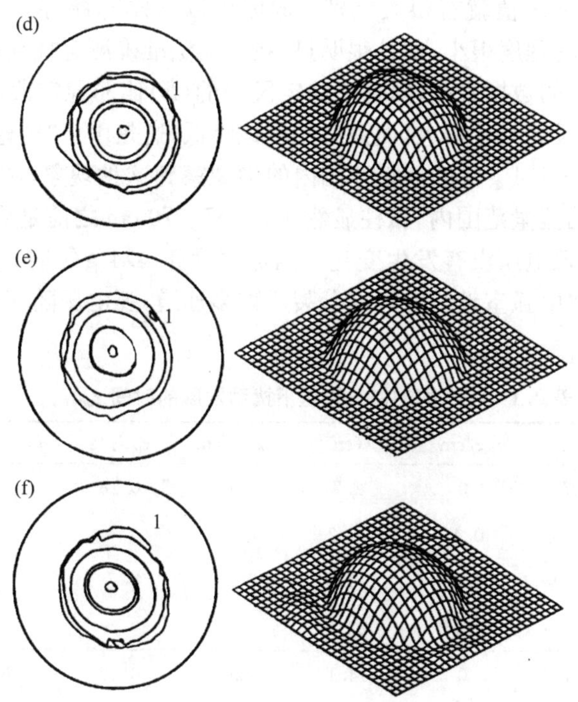

图 2.24　电弧等离子体不同截面上的温度场，在截面上氩流量为 $G=0.25$ g/s
(a) $z=0.1$ cm；(b) 3 cm；(c) 10 cm；(d) 20 cm；(e) 45 cm；(f) 55 cm；
等温线的标志见图 2.21(a)；等温线(e)、(f)见图 2.21(b)

不稳定非对称温度场出现区域的位置坐标随着气流量的增大而移动，由此可以得到如下结论：等离子体沿着气流运动的同时伴随着扰动的发展。假设扰动在阴极处产生并被气流带向下游，那么如果把研究相对发展的扰动的区域与横截面中的平均流动速度联系起来，就能够确定扰动发展的时间 τ。氩气流(在通道截面内)的平均速度相对于 z 的变化可以通过如下公式估算

$$v_{\mathrm{av}}=\frac{4\int_0^d vr\,\mathrm{d}r}{d^2} \tag{2.4}$$

为此，需要知道速度的径向分布[30]以及在相同条件下所测得的气流沿着通道轴线相对于 z 的速度变化[28]。对于不同的气流量 G，表 2.1 给出了 $m=1$ 和 2 模式下的 v_{av} 值，以及扰动发展的时间

$$\tau=\int_0^l \frac{\mathrm{d}z}{v_{\mathrm{av}}(z)} \tag{2.5}$$

从表中可以看出，在低流量($G=0.034\sim0.175$ g/s)下，得到的 τ 值是一致的。而

当 $G=0.25$ g/s 时，τ 值就有很大差别。原因可以这样解释：在这个流量下，弧柱偏离电弧室轴线的程度很小；此外很明显，我们无法准确测定扰动区域的范围。

图 2.23 所示的数据表明，弧柱在稳定段中的 $\langle E\rangle$ 比非稳定段中的低。气流量的增加会使稳定段的尺寸增大，而弧电压应该降低，这是由于“理论”电场强度会降低。在 $G=0.25\sim4.4$ g/s 的流量范围内的确观察到这种现象（图 2.20）。在 $G=0.25\sim4.4$ g/s 的流量范围内，弧柱显然在 $z=55\sim70$ cm 之前是稳定的。因此，在这个流量范围内弧电压没有发生变化。当流量大于 4.4 g/s 时，通道内的流动变成湍流，弧柱偏离电弧室轴线并可能分裂成许多通道，弧电压随着气流量的增大而升高。

表 2.1　在不同的氩气流量下扰动发展的时间 $\tau_{m=1}$，$\tau_{m=2}$

G/(g/s)	l/cm	z/cm	v_{av}/(cm/s)	$l_{m=1}$/cm	$\tau_{m=1}$/s	$l_{m=2}$/cm	$\tau_{m=2}$/s
0.034	1.7	0	2.7	5	0.18	10	0.40
		0.41	14.2				
		0.85	19.3				
		1.75	22.4				
0.175	8.7	0	14.1	20	0.13	30	0.43
		2.1	74.9				
		4.4	100.2				
		8.7	115.5				
0.25	12.5	0	20.2	55	0.38	—	—
		3	107				
		6.3	143.4				
		12.5	165				

注：$d=3$ cm；$p=0.1$ MPa；$I=100$ A；l 为电弧的初始流体力学段的长度；v_{av} 为横截面上氩气流的平均速度；$l_{m=1}$，$l_{m=2}$ 是分别对应于模式 $m=1$，$m=2$ 由阴极到相对完全发展的扰动所在横截面的距离。

此外，文献还研究了纵向磁场对等离子体整体参数和局部参数的影响。在氩气流量为 0.25 g/s、其他参数与前述相同的条件下进行了实验。磁场由两个总长度为 30 cm 的螺线管产生，加载到电弧的中部。如前所述，对于这些参数，至少 $z=55$ cm 之前电弧细丝是稳定的。

图 2.25 给出了弧电压与纵向磁场强度的关系。由图可见，在 $B=0\sim0.03$ T 范围内电压 U 大幅增加。实验对这种情况下温度场的性态进行了研究。众所周知，当 $B=0$ 时，温度场在 $z=45$ cm 的横截面上是轴对称的。但当磁感应强度一达到 $B=0.01$ T（图 2.26），弧柱的轴对称性就被破坏了。这时的温度场类似于一

颗被沿电弧室壁拉长的“小扁豆”。这颗“小扁豆”随着时间绕电弧室的轴线转动(图 2.27)。最高温度的转动速度从每秒钟 75～170 次变化。从弧柱绕电弧室轴线的单次转动中可以得到温度场分布,进而确定 $T_{\max}$ 和 $\langle E\rangle$ 的值。尽管 $T_{\max}$ 在单次转动中也会发生变化,但其变化在测量误差范围内,并且此温度与稳定弧中的温度最大值只是稍有不同。随着电弧向电弧室壁偏移,流入壁的热流增加(这是通过冷却光学通道的水温变化发现的)。同时,弧柱的横截面减小,结果等离子体辐射的能量减少。

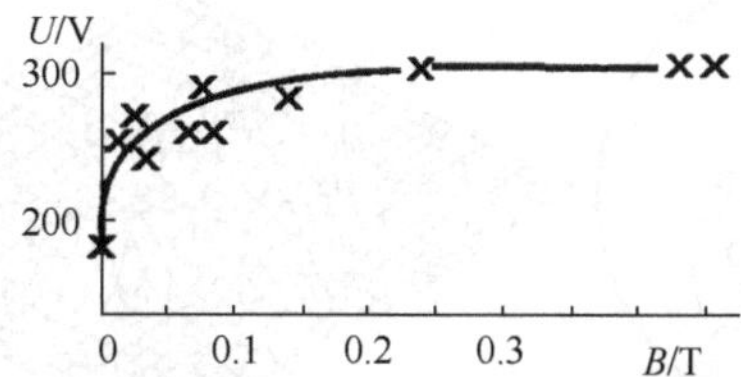

图 2.25 弧电压和外加磁场磁感应强度的关系

电极的间隙宽度为 80 cm;$I=100$ A;磁场加载到电弧的 1/3 长度处

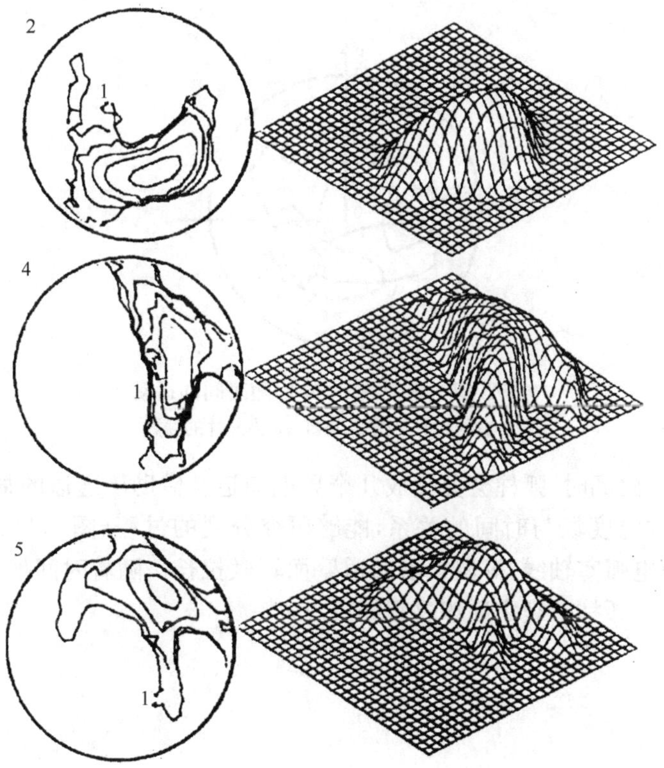

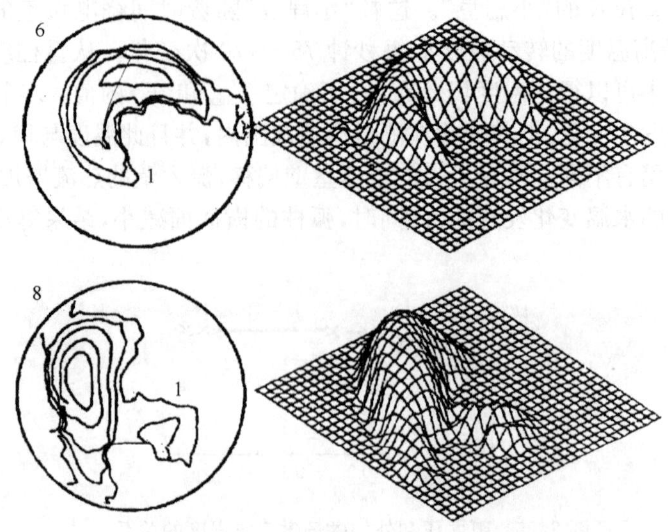

图 2.26 在横截面 $z=45$ cm 处电弧等离子体的温度场与时间的关系

$I=100$ A；$p=1\times10^5$ Pa；$B=0.01$ T；等温线的含义见图 2.21(b)；气体为氩气，$G=0.25$ g/s

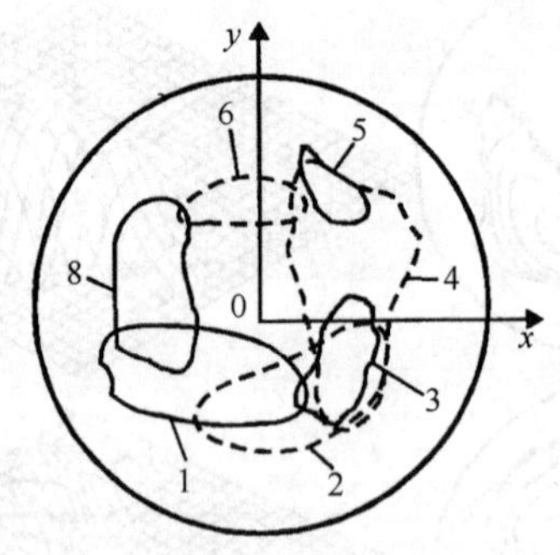

图 2.27 等温线 9200 K 随时间的运动

参数的含义见图 2.26，1～8 为照片的帧数

当存在强磁场时，弧柱会分裂成几个导电通道。借助于通道的某些截面上电弧等离子体的温度场与时间的关系，能够研究分裂的过程（图 2.28）。在起始时刻，弧柱偏离电弧室轴线，等温线沿通道壁面轻微拉长。随着时间推移，等温线延伸的范围加大；弧柱断裂之后该过程结束。

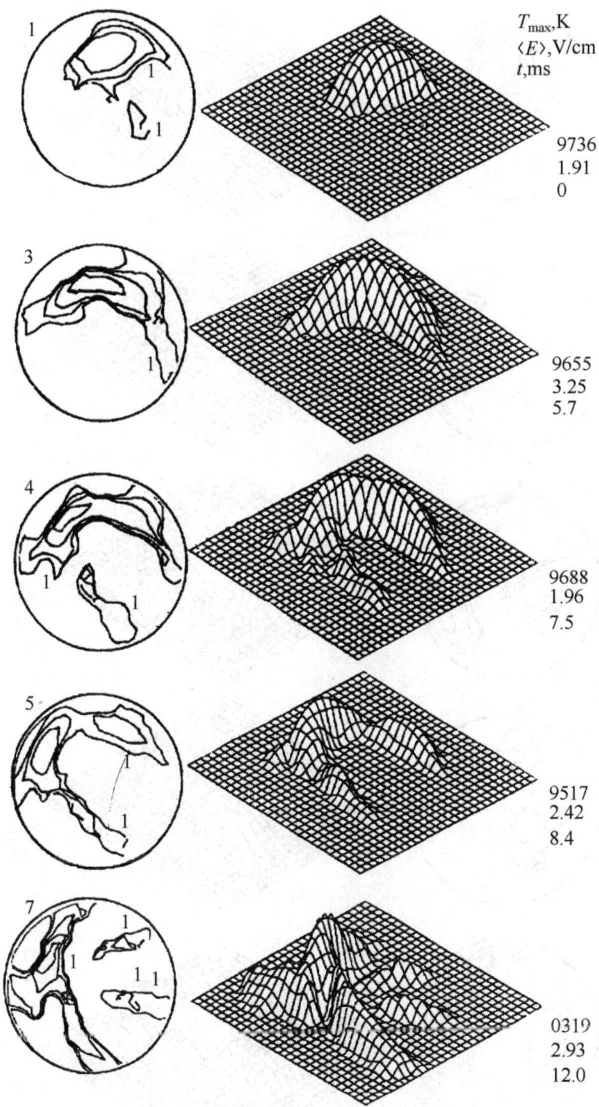

图 2.28　电弧等离子体的温度场随时间的变化

I=130 A;B=0.02 T;其他参数见图 2.26

进一步增大磁场的磁感应强度,发生在等离子体中的过程随时间变得非常快(图 2.29),温度最大值的数量增加,弧柱更加偏向电弧室壁。与此同时,流入壁面的热流强度增大而温度 T 降低,等离子体辐射的能量减少,电场强度⟨E⟩的振荡程度增加。这方面的研究在专著[31]中有更详尽的描述。

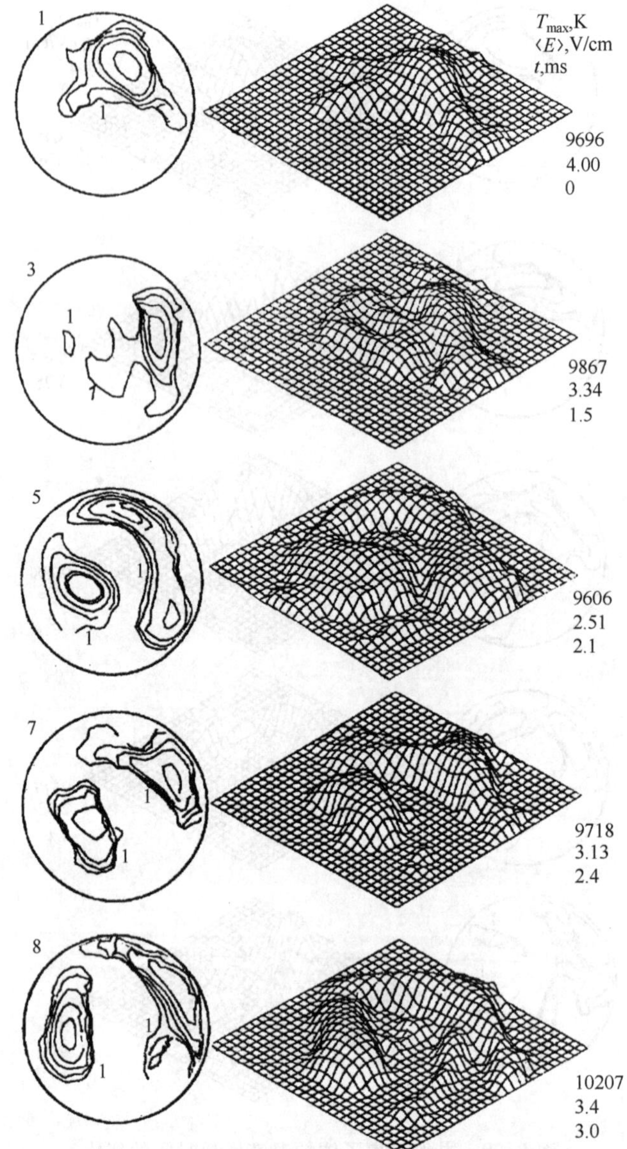

图 2.29 电弧等离子体的温度场随时间的变化

B=0.076 T;等温线:1.8000;2.8150;3.8300;4.8450;5.8600 K;其他参数见图 2.26

2.5　电弧的分流

2.5.1　定性分析

分流是轴线式等离子体炬电弧室中发生的最典型的电物理过程。所谓分流，是指弧柱与电弧室壁之间或者弧柱与弧柱之间的电击穿。分流包括大尺度分流和小尺度分流。大尺度分流是指主弧柱(如图 2.30 中的标号①)与电弧室壁之间的分流(如图 2.30 中的标号②)。这种分流决定了弧长、电弧中电压降的平均值、电极内表面受损区域 AB 的长度(该区域的照片如图 2.31 所示)、电弧与等离子体炬的脉动特性以及其他特性，并且是形成下降伏安特性的原因。弧长首先取决于主要控制参数——电流强度，还取决于气体压强、气体种类、输出电极的极性以及其他一些因素。这些因素造成弧长的变化是自稳弧长型等离子体炬的特征。

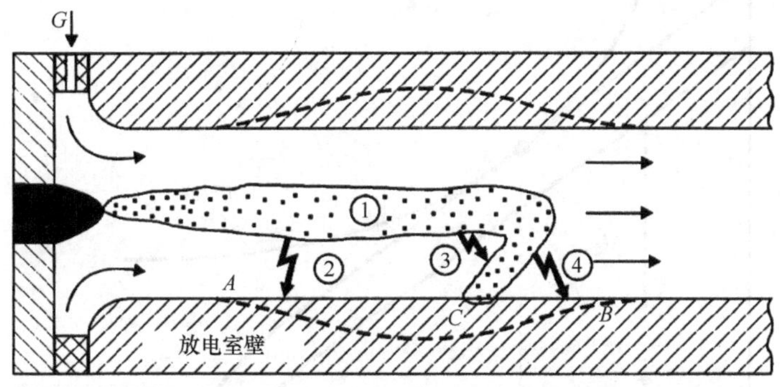

图 2.30　电弧在等离子体炬放电通道中分流的原理

电弧与电极表面之间的小尺度分流(如图 2.30 中的标号④)发生在壁面附近的气体中，它主要决定了材料的具体烧蚀情况。小尺度分流还包括弧与弧之间的电击穿(如图 2.30 中的标号③)。这种电击穿发生在电弧环上，对电极的烧蚀速率间接影响。小尺度分流影响电极烧蚀的意义在于，当电弧斑点稳定在 C 点时，电极的烧蚀速率和重量损失取决于弧斑停留的时间。弧斑在 C 点的停留主要取决于两个因素：

(1) 防止发生分流④、使弧斑维持在 C 点的电极表面氧化膜的形成；

(2) 分流③，它可以决定是否形成电击穿④。

铜阳极(输出电极)表面的烧蚀类型和形貌如图 2.31 所示。

下面来定性分析单电弧室等离子体炬的输出电极中电弧大尺度分流的特性(图 2.32)。在分析中，假设电源的电压远高于弧电压。

假设在某一时刻 t_1 电弧的位置为 ABC。在气动力和电动力的作用下，电弧的 AB 段沿气流方向向前移动，从而使弧长和弧电压均增大，因为弧长与弧电压之间

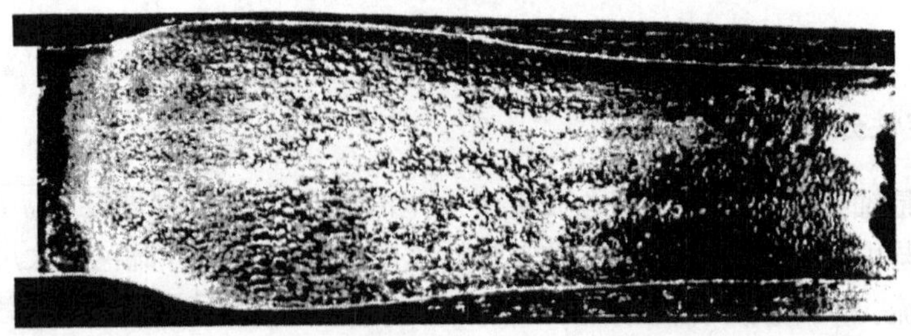

图 2.31　铜阳极(输出电极)表面的烧蚀形貌

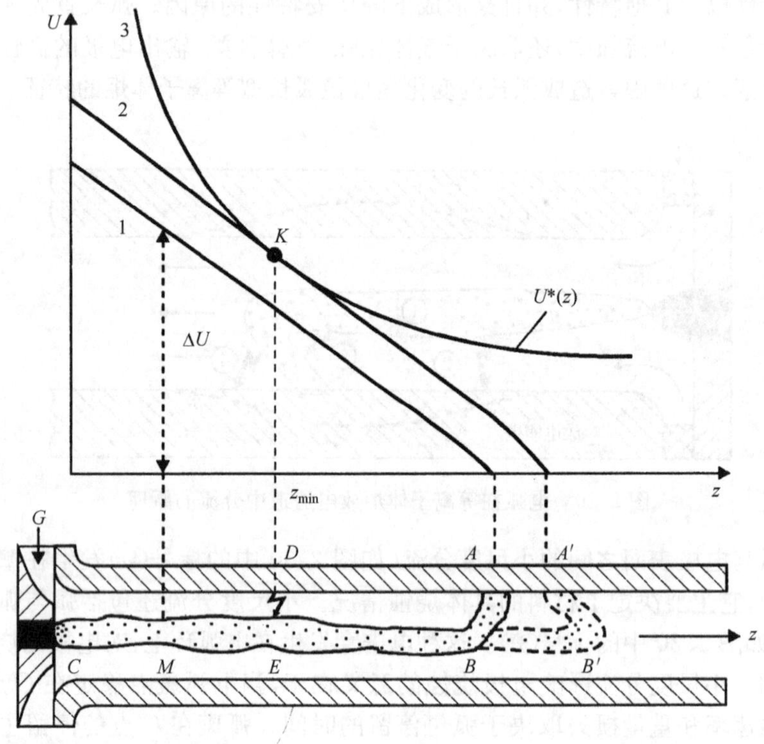

图2.32　等离子体炬的电弧与电极壁之间形成电击穿(分流)的定性研究示意图

存在如下关系

$$U = \Delta U_e + \int_0^{l(t)} E(l)\mathrm{d}l \tag{2.6}$$

其中,ΔU_e 为近电极区的总电位降;$E(l)$是弧柱的电场强度;$l(t)$是 t 时刻的弧长。由此可以解释当通道轴线上的电弧电场强度 $E(l)$=常数时的分流过程。出于简化考虑,假设阳极(输出电极)的电势为 0,z 轴的坐标原点选在阴极的端点(C 点)。

因此，对于某一时刻 t_1，电弧电势沿 z 轴的分布可定性地用图 2.32 中的曲线 1 表示。发生击穿所需的电压 U^* 沿 z 轴依照曲线 3 变化。由于气体的平均质量温度升高，电压沿着气体流动方向降低。在弧柱 M 上任选一个坐标为 z 的点，它与输出电极表面之间的电势差有如下关系

$$\Delta U(z)=U(t)-Ez \tag{2.7}$$

在上述电势差的作用下，在通道的某一截面上电弧与输出电极壁之间可能发生击穿。为此，所必需的击穿条件是 $\Delta U \geqslant U^*$。

显然，在 t_1 时刻发生击穿的条件并非在通道的任何横截面上都能满足。在随后的某一时刻 t_2，电弧变成 $A'B'C$ 位置，此时弧电压沿 z 轴的分布用曲线 2 表示。曲线 2 与曲线 3 相切于 K 点。在这种情况下，通道截面 DE 上的 $\Delta U(z)$值等于击穿电压。这时，弧柱与输出电极之间就会发生击穿，并且该击穿在横向电弧通道中维持的时间很短。随着新导电通道的出现，弧电流按照各条电弧分支的电阻进行重新分配，通道 $A'B'B$ 开始消失。电弧新形成的径向部分被气流“冲”向下游，重复上述分流过程。

电弧分流机制的存在已经通过多种方法得到证实和确认，其中之一是用示波器记录弧电压。图 2.33(a)给出了两个大尺度分流(图 2.30 中的标号②)周期的弧电压波形图，脉动振幅为 ΔU_1。波形图还清晰地呈现了由小尺度分流(图 2.30 中标号③和④)形成的较小振幅(ΔU_2)的电压脉动。当电弧室中的气流接近层流时，就可以观察到这种独特性质的分流过程。当然，在实际使用的等离子体炬的运行工况中气流要复杂得多。

当气流量恒定时，大尺度分流的弧电压 U 脉动的振幅和频率取决于电流强度的变化(如图 2.33 中的(b)、(c)所示)。随着电流强度的增大，脉动的振幅减小而频率提高。如果电流强度保持不变而气流量增大，那么 ΔU_1 增大而频率降低。

如果实验是在一个壁面透明的水平长放电通道中进行，我们就可以清楚地观察到小尺度分流。

图 2.34 是小尺度分流过程的高速摄影照片[7]。在初始时刻(第 1～6 帧)，弧斑是静止的，并且电弧的闭合段由于受到气动力和内禀磁场的作用而具有连续变形的复杂的空间环状结构。这个时间段内的特征是电弧环中发生了小尺度分流(见第 4～6 帧)，个别电弧段消失而新电弧段形成。电弧环脉动、变形，直到电弧与通道壁之间发生小尺度分流为止。第 7 帧照片清晰地呈现了分流向电极上表面的转移，而对应第 8 帧照片的时刻，我们可以看到，这时不但形成了新的电弧通道，而且先前的电弧环完全消失了。此后，这一过程又周而复始。然而，电弧的闭合段通过壁面分流沿着气流方向向下游移动的过程会受到大尺度分流的限制。

正如前面所表明的，小尺度分流会造成弧电压的附加脉动。这些脉动的振幅和频率比大尺度分流引起的脉动相差约一个量级。

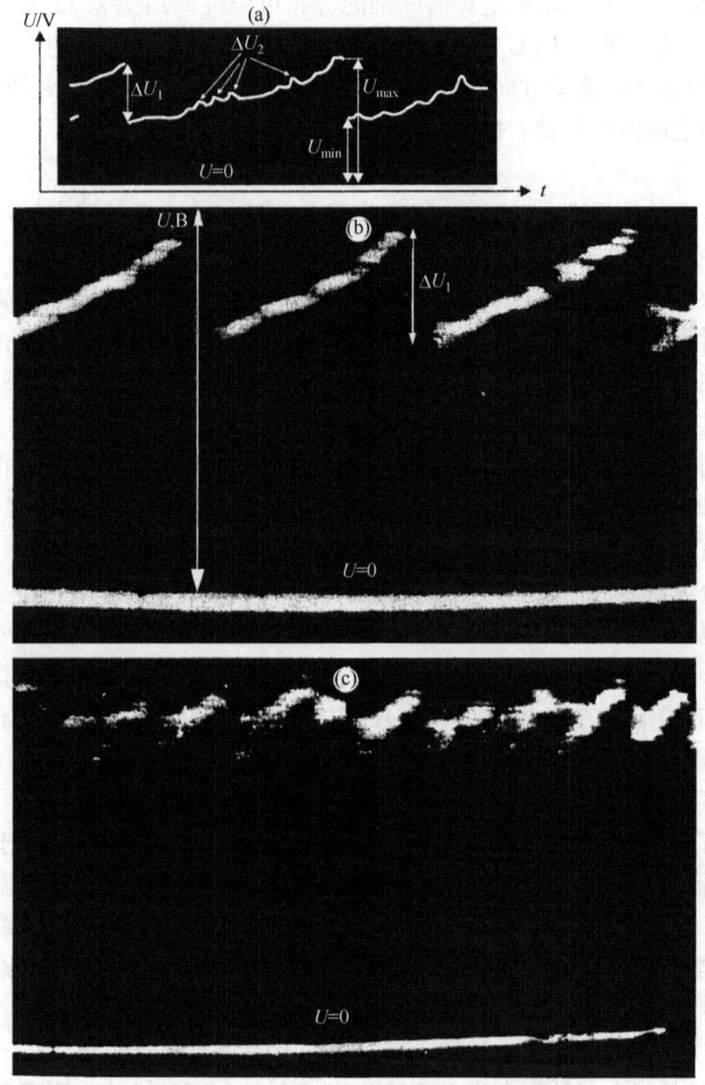

图 2.33　弧电压的波形图

(a) ΔU_1 和 ΔU_2 分别是自稳弧长电弧的大尺度和小尺度分流的电压脉动；气体为空气，流量为 $G=10\times10^{-3}$ kg/s；圆管状输出电极——阳极的直径为 2×10^{-2} m；$I=150$ A；(b) $I=50$ A；$G=14\times10^{-3}$ kg/s；(c) $I=150$ A；$G=14\times10^{-3}$ kg/s

电弧分流不仅带来弧长的脉动，还造成气体流速和温度的改变，从而可能使等离子体炬喷嘴出口处记录到的等离子体的亮度发生变化（图 2.35）。由于等离子体亮度的变化明显随等离子体的组分和温度的改变而变化，因此利用光学和光谱

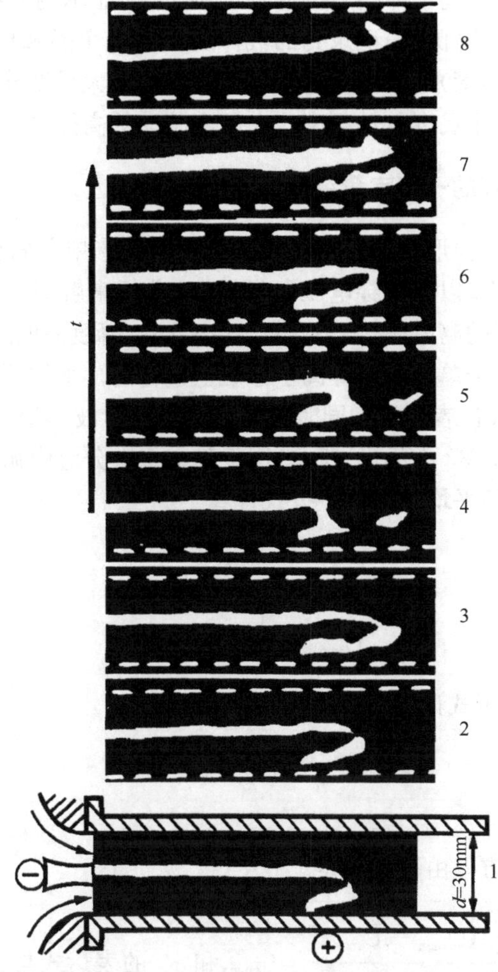

图 2.34　水平通道中电弧放电的发展(箭头代表胶片运动的方向)

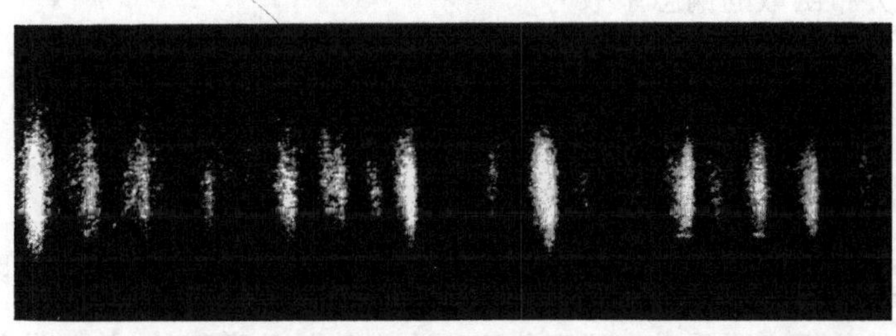

图 2.35　在等离子体炬喷嘴出口处记录到的气体的发光,大尺度与小尺度脉动均清晰可见

仪器能够记录下这种等离子体亮度的脉动。图 2.35 显示的是在单相交流等离子体炬喷嘴出口处(从喷嘴侧面)记录到的气体亮度在一个燃弧周期内的变化,等离子体炬的输出电极(喷嘴)是阴极。电弧中显然存在与大尺度分流有关的弧长的脉动以及小尺度脉动。小尺度脉动频率比大尺度脉动的高得多。

2.5.2 研究分流过程的一些定量结果

气流参数、通道几何形状和弧电流对大尺度分流影响的特性可以通过对弧电压脉动分量 $U_{\max}$ 和 $U_{\min}$ 以及击穿电压 U^* 的统计分析来解释。统计分析基于这些量偏离它们的平均值的离散度、偏态系数、峰态系数(峰度)和相关系数等进行。

定量研究是在一个单电弧室等离子体炬上进行的。平均弧电流 I 和平均弧电压 $\overline{U}$ 由高精度指针式仪表测量。同时这些参数也被示波器记录下来,以便分析脉动分量。波形(如图 2.33 中的(a)所示)用于确定每次分流中弧电压的最大值 $U_{\max}$ 和最小值 $U_{\min}$,响应的平均值用如下公式计算

$$\overline{U}_{\max}=\frac{1}{n}\sum^{n}U_{\max} \tag{2.8}$$

$$\overline{U}_{\min}=\frac{1}{n}\sum^{n}U_{\min} \tag{2.9}$$

平均击穿电压 U^* 用下式计算

$$\overline{U}^*=\frac{1}{n}\sum^{n}(U_{\max}-U_{\min}) \tag{2.10}$$

其中,n 是测量次数。

此外,测量的均方差由下式确定

$$\bar{\sigma}_{\max}=\sqrt{\frac{\sum^{n}(U_{\max}-\overline{U}_{\max})^2}{n}}\quad(\bar{\sigma}_{\min}\text{ 和 }\sigma^*\text{ 的表达式与 }\bar{\sigma}_{\max}\text{ 相似}) \tag{2.11}$$

分析结果表明,所要求的量的分布不同于正态分布。因此,有必要计算偏态系数和峰态系数。分布函数的偏态系数为

$$\alpha_{\max}=\frac{\sum^{n}(U_{\max}-\overline{U}_{\max})^3}{n\bar{\sigma}^3_{\max}}\quad(\alpha_{\min}\text{ 和 }\alpha^*\text{ 的表达式与 }\alpha_{\max}\text{ 相似}) \tag{2.12}$$

峰态系数为

$$i_{\max}=\frac{1}{n\bar{\sigma}^4_{\max}}\sum^{n}(U_{\max}-\overline{U}_{\max})^4-3\quad(i_{\min}\text{ 和 }i^*_{\max}\text{ 的表达式与 }i_{\max}\text{ 相似}) \tag{2.13}$$

对实验材料的分析主要是对大尺度分流所决定的脉动进行的,并假设分流过程是各态历经的,即与时间无关。这一假设通过测得的平均值与样本数增加后的离散度之间的一致性而得到了证实。为了弄清楚 $U_{\max}$、$U_{\min}$ 及 U^* 之间存在的统计关

系，(对每一组 U_{max}、U_{min} 及 U^*)利用如下公式计算它们之间的相关系数

$$K_{1,2}=\frac{\sum^{n}(U_1-\overline{U}_1)(U_2-\overline{U}_2)}{\bar{\sigma}_1\bar{\sigma}_2 n} \tag{2.14}$$

对电压的每一个特征值，计算其各个($\overline{U},\bar{\sigma},\alpha_i$)和概率密度分布函数 $f_{max}=\frac{1}{\bar{\sigma}_{max}\sqrt{2\pi}}e-\frac{(U_{max}-\overline{U}_{max})^2}{2\bar{\sigma}_{max}^2}=\frac{n_i}{nh_\sigma}$，然后利用所得的结果根据皮尔逊准则对所得到的分布与正态分布函数之间的相似性进行确认(对 f_{min} 和 f^* 也采用同样的方法)。其中，h_σ 是偏差的步长；n_i 是用于计算平均值和离散度的分流次数；n 是测量次数。

在等离子体炬的几乎整个被研究的运行范围内，分布曲线 f_{max} 都表现得与正态分布函数非常相似，如图 2.36(a)所示。但对于 f^*(图 2.36(b))和 f_{min}，情形则有所不同。当气流量很小和比较大(G 分别等于 0.8 g/s 和 12 g/s)时，二者的分布曲线近似符合正态分布规律，尽管曲线存在不对称性，曲线的离散度很小。但在气流量的大小取中间值(G=6 g/s)时，离散度急剧增加，曲线表现为双峰分布。

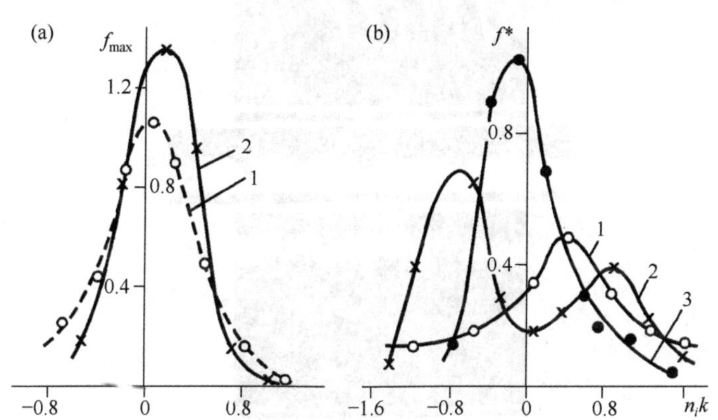

图 2.36　f_{max}(a)和 f^*(b)的分布曲线

$d=20\times10^{-3}$ m；I=150 A；K=0.08 V^{-1}

(a) G,kg/s：1. 12×10^{-3}；2. 6×10^{-3}；(b) G,kg/s：1. 12×10^{-3}；2. 6×10^{-3}；3. 0.8×10^{-3}

分布曲线 f_{min} 和 f^* 形成双峰，而曲线 f_{max} 则不出现双峰，这意味着电弧的分流存在两种大不相同的形态。从一种形态向另一种形态转变通常会伴随着击穿电压 U^* 和最小弧电压 U_{min} 的数值变化。这两个量在分流形态转变过程前后的关系也通过相关系数表现出来，该系数在所研究的情形中接近于 1。在 0.8～12 g/s 的流量范围之外，相关系数远小于 1。由带有纵向狭缝的等离子体炬的电压波形图和弧长脉动 Δl 的照片(图 2.37)都清晰地证实了这些推断。当气流量较小(G=0.8 g/s)时，分流过程具有稳定性高、电压和弧长脉动幅度大的特征(分别如图 2.37中的图 1 和图 2 所示)。当气流量增大时(G=2 g/s)，现有过程存在的范

围内出现了新过程——具有较低脉动振幅 U^* 和 Δl 的分流行为(分别见图 2.37 中的图 3 和图 4)。在这种情况下,这些量出现的概率约为 0.2。随着流量的增大,概率也增大;最后当 $G=12$ g/s 时,低振幅 U^* 和 Δl 的形态得到完全确立(如图 2.37 中的图 5 和图 6)。这些效应也解释了 $f_{\min}$ 和 f^* 分布曲线呈现双峰的原因。

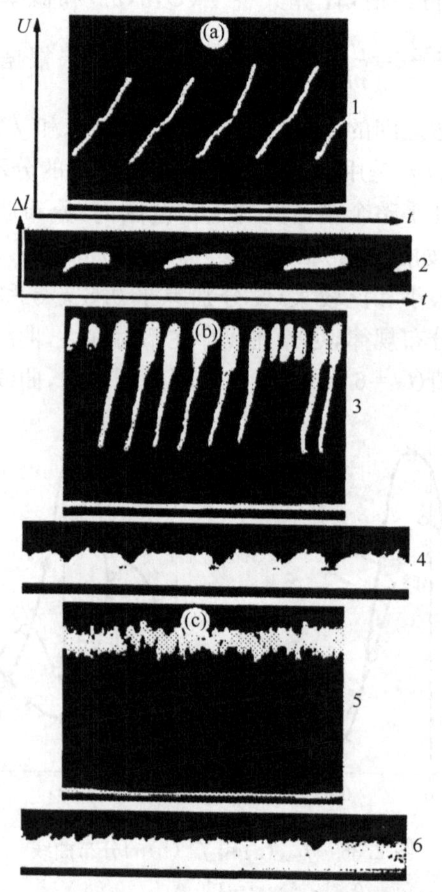

图 2.37 电压脉动的波形图(1,3,5)和弧长脉动的照片(2,4,6)

气流量(kg/s):(a) 0.8×10^{-3};(b) 2×10^{-3};(c) 12×10^{-3}

从一种分流形态向另一种形态的转变取决于气体流动性质的改变,并且可以解释如下[32-34]:当气流量低时,在整个通道中都是层流,电弧的位置稳定在通道轴线附近。这时,电弧与通道壁之间的电击穿可以看成是两个同轴圆柱体之间由电弧引入的、特定条件下的击穿[35,36];随着气流量的增大,气体的流动形态发生了由层流向湍流形态的转变,电弧与湍流之间的相互作用造成了电弧的横向振荡,从而电弧与通道壁之间的距离缩短了,通道横截面上的温度场被均匀化;结果,击穿电压降低了。图 2.38 给出了在冷气流条件下计算得到的平均击穿电压 U^* 关于雷

诺数 $Re_d=\frac{u\cdot d}{\nu}$的函数曲线。这些曲线表明，两种流动形态之间存在明确的边界。流动形态转变时的雷诺数可以认为是精度足够高的定值，等于 $Re_d=1.4\times10^4$。这个结果可以看作是对有关电弧分流性质变化的气体动力学性质的假设的直接确认。

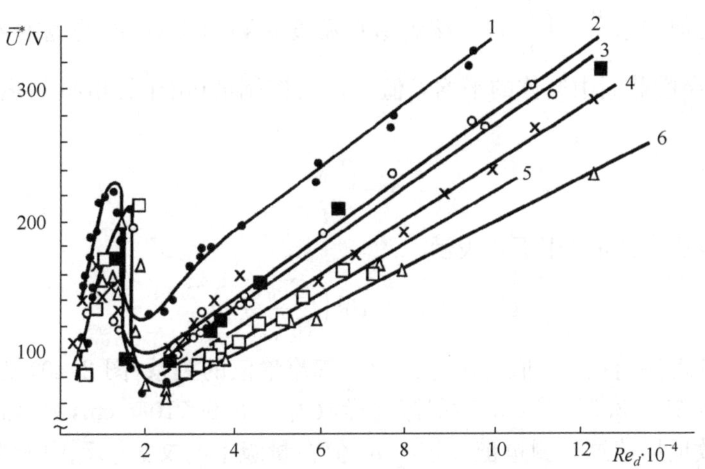

图 2.38　对于不同的 d 和 I 值 $\overline{U}^*$ 与 Re_d 的关系

1. $d=20\times10^{-3}$m；$I=100$ A；2. $d=20\times10^{-3}$ m；$I=150$ A；3. $d=10\times10^{-3}$ m；$I=100$ A；4. $d=15\times10^{-3}$m；$I=100$ A；5. $d=10\times10^{-3}$ m；$I=150$ A；6. $d=15\times10^{-3}$ m；$I=150$ A

在实验中，平均弧长 l_a 由弧斑留在电极表面的烧蚀痕迹确定。l_a 对气流量的函数关系曲线如图 2.39 所示。当雷诺数接近转变数值时（$G\sim5$ g/s），曲线的形状出现了很大变化。

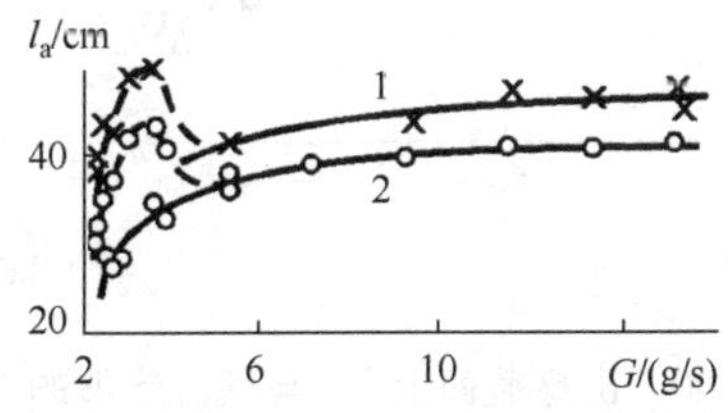

图 2.39　燃烧在单电弧室等离子体炬中的电弧的平均长度与气流量的关系（$d=20\times10^{-3}$ m）

1. $I=100$ A；2. $I=150$ A

对湍流和层流两种形态的击穿距离的厚度 δ^* 进行估算也很有用处。我们不妨相当精确地假设：全部击穿电压都施加在冷气流薄层上，该薄层的厚度通常情况下取决于气体的流动状况。基于这项假设，要研究击穿条件与参量之间的关系，就必须考虑电极表面的曲率（假设击穿发生在两个平板电极之间，其中一个是金属材

质)。这样,在确定击穿距离 δ^* 时,我们就能够使用窄间隙中击穿电压的经验公式[36]

$$\overline{U}^* = 3.33\times10^4\left(\frac{\rho}{\rho_0}\delta^*\right)^{0.9} \tag{2.15}$$

其中,ρ_0 是标准状况下空气的密度。

引入近似关系 $\frac{\rho}{\rho_0}=\left(\frac{h}{h_0}\right)^{-1}$,该近似在温度直到约 4000 K 的范围内都是有效的,并将击穿横截面中气体的平均焓值 h 设为控制值(由于经电极的热损失很小,故可忽略)

$$h=\frac{I\overline{U}_{\min}}{G} \tag{2.16}$$

平均击穿电压 $\overline{U}^*$ 可以用下式表示

$$\overline{U}^* = 3.33\times10^4\left(\frac{Gh_0}{I\overline{U}_{\min}}\delta^*\right)^{0.9} \tag{2.17}$$

通过处理测得的 $\overline{U}^*$ 值与击穿截面上气流焓值的关系(图 2.40)发现,如果对湍流情形取 $\delta_t^*=3.310^{-2}$ cm,对层流情形取 $\delta_l^*=6.9\times10^{-2}$ cm,那么式(2.17)就能非常有效地描述这些测量值。这些 δ^* 值在量级上与文献[37]中所发表的结果是一致的,这样就证实了如下假设:电弧与通道壁之间击穿的形成取决于冷气流在近电极薄层中的过程,薄层的厚度取决于等离子体炬通道中的流动形态。

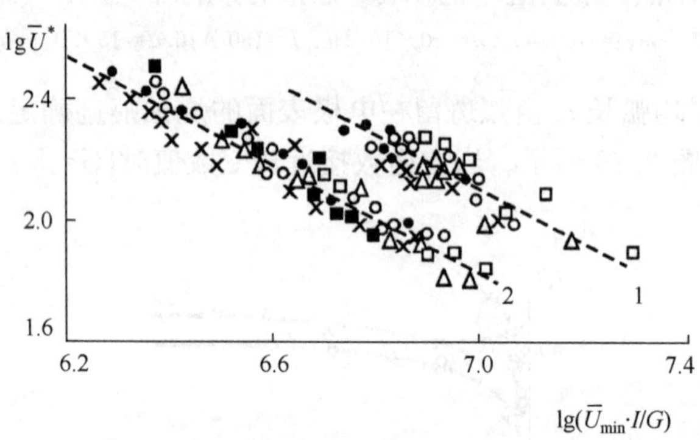

图 2.40　击穿截面上 $\overline{U}^*$ 与气流焓值的关系

1,2 分别为层流和湍流工况

基于上述结果,我们可以提出一种描述电弧在层流气流中炽燃时,在电弧与通道壁之间的间隙中形成击穿的模型。该间隙通常可以划分为三个特征区域:第一个区域是平衡区,包括弧柱及其邻近区域,这里带电粒子的浓度是平衡的,并且满足准中性条件;第二个区域是扩散区,毗邻平衡区,这里带电粒子的浓度是非平衡的,取决于带电粒子在浓度场、温度场和电场中的双极扩散,准中性条件在这个区域也成立;第三个区域是近电极区,给定截面上电弧与通道壁之间的电势差全部降落在这个区域上,这个区域的特点是被电场从扩散区域或者从电极中"拖曳"出来(视输出电极连接的极性而定)的电子浓度不平衡。分流过程起始阶段的基础由近电极区域的击穿奠定,在该区域中电子的能量高到足以使原子电离。该区域中的击穿过程以及随后电弧分流通道形成的过程显然具有类似于雪崩的性质,这是因为在相对较低的温度下介质的电导率与温度的关系呈指数关系。在扩散区,击穿形成的控制过程是热过程,这个过程的性质近似于热击穿。

在湍流中燃弧时,电弧具有大幅横向脉动的特征。这时必须研究更加复杂的模型,其中不仅要考虑电弧的脉动对通道截面上温度分布变化的影响,还要考虑电弧的闭合段与电极之间形成击穿的可能性。

弧电压的脉动与气体湍流的横向脉动之间的密切联系已经由实验确定的分流频率 f 与物理量 G/d^3 之间的函数关系所揭示,f 与通道内气体的湍流运动的特征时间尺度 $t=\dfrac{d}{u}$ 成反比(图 2.41)。类似的结果可以解释如下:假设在湍动气流中燃弧时,连续两次击穿所间隔的时间与通道的轴线和壁之间的电弧段在速度横

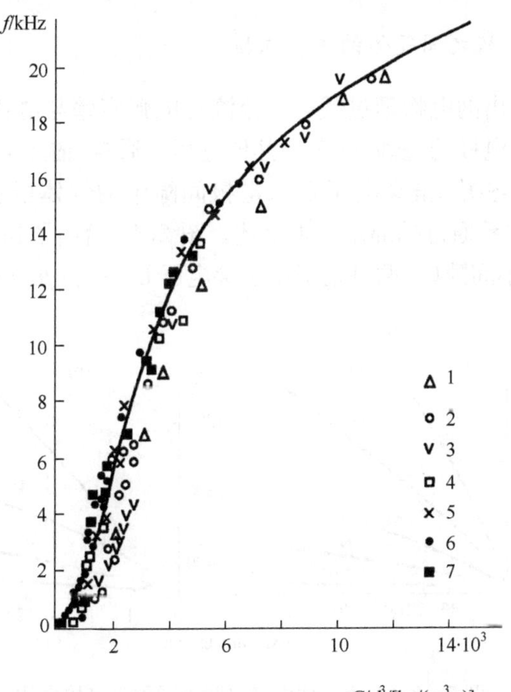

图 2.41 弧电压脉动的频率与特征时间尺度的关系

$d=1\times10^{-2}$ m:1,2,3 分别对应于 $I=80$ A,100 A,150 A;

$d=1.5\times10^{-2}$ m:4,5 分别对应于 $I=100$ A,150 A;

$d=2\times10^{-2}$ m:6,7 对应于 $I=100$ A,150 A

向脉动作用下维持的时间有关，二者的关系为 $t \sim 0.5d/\upsilon'$，其中，d 是电极直径，υ' 是气流速度的径向脉动分量；因为在湍流中 $\upsilon' \sim \bar{u}$，那么 $t \sim \frac{d}{\bar{u}} \sim \frac{d^3}{G}$，因此分流发生的频率为 $f = \Phi\left(\frac{G}{d^3}\right)$。

对单电弧室等离子体炬中燃弧的关系和特点的研究表明，电弧的电特性、燃弧稳定性以及分流过程在很大程度上取决于气流的流动形态和特点。只有在深入了解电弧与气流的相互作用机制之后我们才有可能对该过程作进一步研究。

2.5.3 两个固体之间的放电

在 2.5.2 节，着重讨论了基本的电物理过程，它是我们理解并进一步认识发生在等离子体炬电弧室中的复杂过程的基础。在这里，我们将给出在研究击穿电压对诸多可能因素的依赖关系中已经获得的实验结果。这些结果能够使人们理解或者获取在等离子体炬的不同运行工况下有关电击穿的更多信息，以便找到降低电极烧蚀速率的新方法。

1. 两个金属电极之间气体的击穿电压

电弧室中最突出的电物理过程——分流是电弧室壁与电弧之间的电击穿，该过程决定了弧长和电极的烧蚀，并影响其他过程。通常，描述金属电极之间的击穿现象的有如下这些参数：击穿电压 U^*、电极间隙中的气体压强 p 和电极的间距 Δz。它们之间的关系通过帕邢定律来描述。图 2.42 给出了在气体种类不同的条件下大间隙(a)和小间隙(b)两种情形中击穿电压 $U^* = f(p, \Delta z)$ 与乘积 $p \cdot \Delta z$ 的关系。

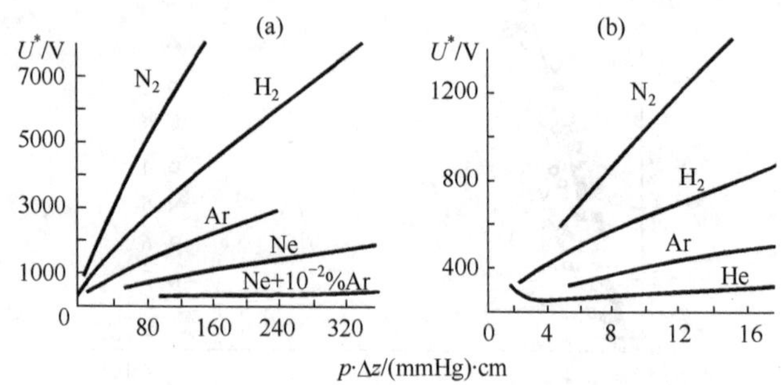

图 2.42 两个金属电极之间不同种类气体中的击穿电压与帕邢参数的关系，(a) 对大 Δz，(b) 对小 Δz

实验中的电极由铂金制成[38]。图 2.42(a)中的一条曲线给出了向氖气中添加少量的氩气对气体击穿电压的影响，即击穿电压大幅降低。在对击穿电压做进一步研究时必须考虑这一特性，因为对产生这种现象的物理过程的理解可能开启降低电极烧蚀速率的新途径。

2. 电弧与冷电极之间的电击穿[39]

在轴线式等离子体炬中，决定自稳弧长型电弧平均长度的大尺度分流与电弧-电极表面之间的击穿电压 U^* 有关。U^* 的值取决于输出电极（部件）的极性、电弧室的直径 d、击穿截面上或者附加电极中气体的平均质量温度 T_{av}，以及工作气体的种类。

电弧与附加电极（用作阴极和阳极）之间氩气的击穿电压对温度的两种函数关系如图 2.43 所示。电弧与附加电极之间不同极性的电压由与主阳极连接的附加脉冲电源通过附加电极提供，并确保以 10^5 V/s 的速率线性升高。电弧的平均质量温度通过改变电流强度和气流量来测定。

当附加电极为负极性（图 2.43 中的实心圆点数据）并且温度高达 10000 K 时，击穿电压的水平相当于辉光放电中的阴极电位降（实验数据很大的离散性可以用弧柱的流体力学脉动来解释）。此外还发现，当温度高于 10000 K 时击穿电压也降低了。

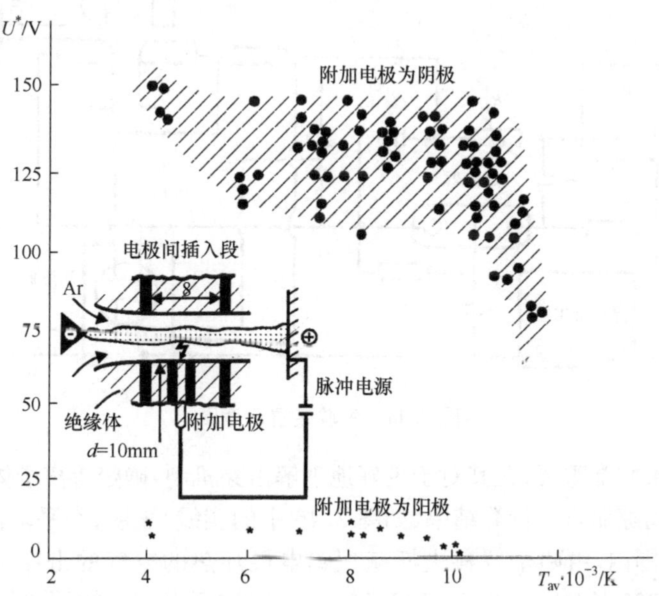

图 2.43　电弧与冷电极之间的击穿电压与击穿截面上气体的平均质量温度的关系

当附加电极为阳极时（图 2.43 中的星号数据），击穿电压 U^* 比附加电极为阴极时的值低大约一个数量级。值得注意的是，这时的击穿电压非同寻常地低（仅有几伏）。产生这种结果的原因可能是放电间隙中形成的电离不稳定性。电场强度的增加提高了电子温度，从而增大了局部的电导率。由此导致了在给定区域内电流密度有更大幅度的提高，并导致对气体的额外加热；该过程会一直持续，直到最终形成高电导率的高温通道，这便是击穿。在其他气体介质的击穿中也发现了同样的关系。

3. 空气中两个铜电极之间的击穿电压与温度的关系

实验装置如图 2.44[39] 所示：水冷圆柱状铜电极的直径为 10 mm，两个电极之间的距离为 Δz；被等离子体炬加热后的气体从这里通入。在等离子体炬喷嘴的出口处，旋转气流的切向速度分量为零，这是因为流量分别为 G_2 和 G_3 的气体以切向速度沿相反的方向喷入旋气室。实验结果表明，气体平均质量温度的提高会使两个电极间的击穿电压大幅降低(图 2.45)。

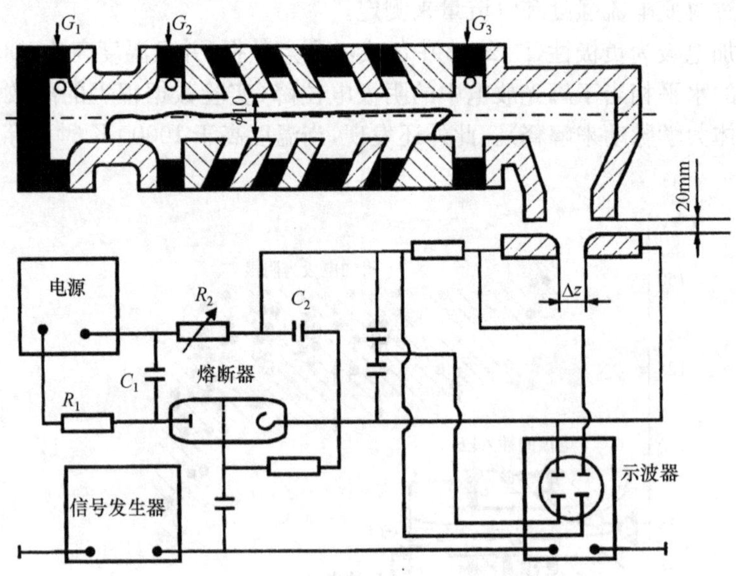

图 2.44　实验装置示意图

这些结果非常重要，尤其对于更好地理解击穿机制，确定等离子体炬插入段各部件之间的间隙而言。计算结果(如图 2.46 中的实线)表明，在平均温度达 $T_{av}\sim$ 2200 K 的范围内，由两个罗科夫斯基型钨电极加热的空气的击穿电压 U^* ($p=10^5$ Pa, $T_0=300$ K, $\Delta z=(0.5\sim5)\times10^{-3}$ m)内均可由广义帕邢定律来确定。高温区的结果与此定律偏离很大(如图 2.46 的 1～3 类数据点)：这些实验数据对应于不同的放电间隙 Δz，放电间隙中的气压均为 $p=10^5$ Pa。

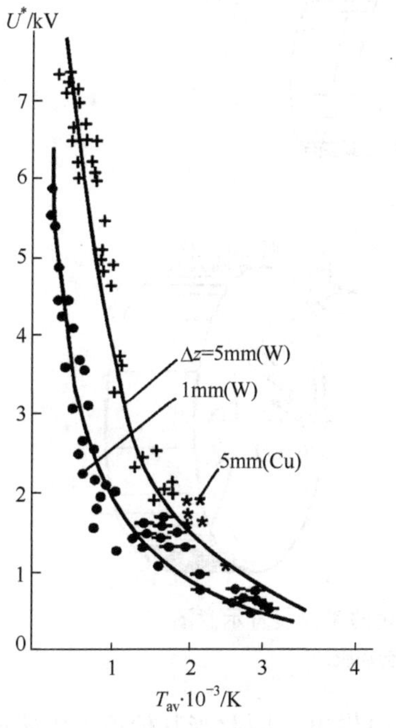

图 2.45　两个电极之间空气的击穿电压与气体平均质量温度的关系

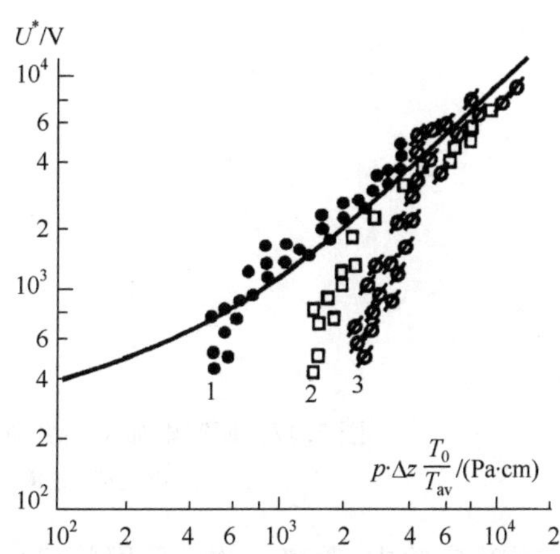

图 2.46　击穿电压与放电参数的关系 $U^*=f(p\cdot\Delta z\cdot T_0/T_{av})$，数据 1,2,3 分别对应于 $\Delta z=1\times10^{-3}$ m，3×10^{-3} m，5×10^{-3} m

把空气加热到 $T_{av}=3300$ K，击穿间隙尺寸为 $\Delta z=5\times10^{-3}$ m 时，击穿电压比用帕邢定律给出的数值的 1/4 还要低。图 2.46 所示的实验数据可以用来估算 2000～3500 K 温度范围内空气的击穿电压。

2.6　轴线式等离子体炬的输出电极中电弧径向部分的脉动

电弧与气流的脉动采用摄影的方法来研究。在所研究的单电弧室、轴线式、旋气稳弧等离子体炬的输出电极 1 上有一条纵向狭缝 AB(图 2.47)，实验中放电产生的弧光通过该狭缝被拍摄下来。狭缝在电极内表面的最小宽度为 0.3 mm，纵向长度约等于水冷电极的长度。在电极的外表面，狭缝由硅酸盐玻璃片密封。

狭缝 AB 的像通过透镜 2 聚焦到移动胶片 3 上。由一个转速为 50 r/s 的转鼓摄影机对图像进行拍摄记录。曝光时间为 1/50 s。实验确认了旋气稳弧型等离子体炬的电弧末端存在脉动。实验还表明，这种类型的等离子体炬的脉动性质与电极的极性、电流强度以及其他一些因素有关，并且与采用直流电源和工频交流电源的弧的脉动特性定性相同[7]。

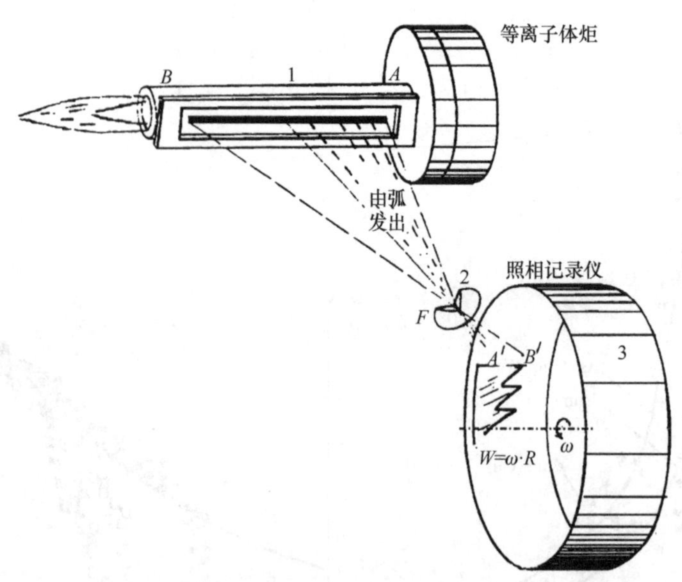

图 2.47　研究电弧末端纵向振荡的实验装置示意图

1. 电极；2. 透镜；3. 转动胶片

在前述实验中，等离子体炬采用单相交流电供电。因此当其他条件恒定时，摄影机胶片转鼓转动一周就可以记录到两种极性的电弧末端的振荡（如图 2.48 所示，胶片运动方向：从右到左；气流运动方向：从下到上）。图 2.48(a)对应于输出电极为负极性的情形。在该图上，有时齿状波纹的边缘为实线，这反映了阴极斑点的轨迹：斑点时不时地落在狭缝的边缘并沿狭缝运动。图 2.48(b)对应于输出电极为正极性的情形。图片表明阳极斑点的活动性更强（而且已经被更详细的实验所证实）。即使在锐利的狭缝边缘，阳极斑点的运动也从没有减缓。摄影的研究方法还表明，对于选定的等离子体炬设计方案和实验条件，电弧的阴极段和阳极段的脉动频率是不同的。电弧阳极段的脉动频率更高，这与更小振幅的振荡有关。因为在分流过程中，从电弧到壁的击穿电压比相反极性的更低。

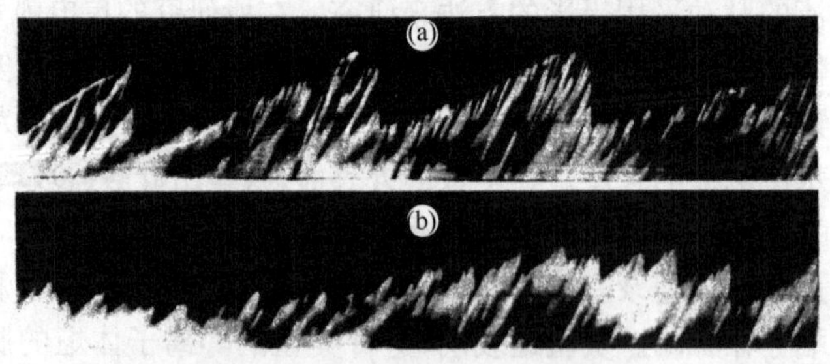

图 2.48　电弧末端振荡的照片记录

(a) 输出电极负极性；(b) 输出电极正极性

如果电流强度很小，则不论输出电极是正极性还是负极性，电弧末端振荡的振幅都相对较大，且数值相近。随着电流强度的增大，正极性的电弧末端振荡的振幅大幅减小，而负极性的变化则不明显。

电弧的横向振荡也很容易用摄影的方法记录下来，只要在输出电极上加工出横向狭缝即可。这种装置的示意图如图 2.49 所示。圆管状输出电极上刻有三条横向狭缝 A、B 和 C，狭缝外面用透明的云母片密封以免漏气。在实验中，狭缝的间距设定为 30×10^{-3} m；狭缝的深度与电极的壁厚一致。狭缝的像通过由棱镜 1、2 以及透镜 3 组成的光学系统投影到装有胶片 4 的转鼓上，沿转鼓的母线排列(A',B',C')并垂直于等离子体炬输出电极的轴线。转鼓转动时对三条狭缝后面电弧段的亮度进行同步扫描。根据纵向狭缝实验得到的结果，电极内表面(在狭缝的背面)由于反射系数小，因而(“有害”背景)反射光并不强。在等离子体炬的中心，如果在某一时刻弧斑位于电极表面，那么电弧和电极表面发光的亮度要比气体的发光强得多。因此，对弧的亮度的观测可以同时记录下弧柱和弧斑的位置。

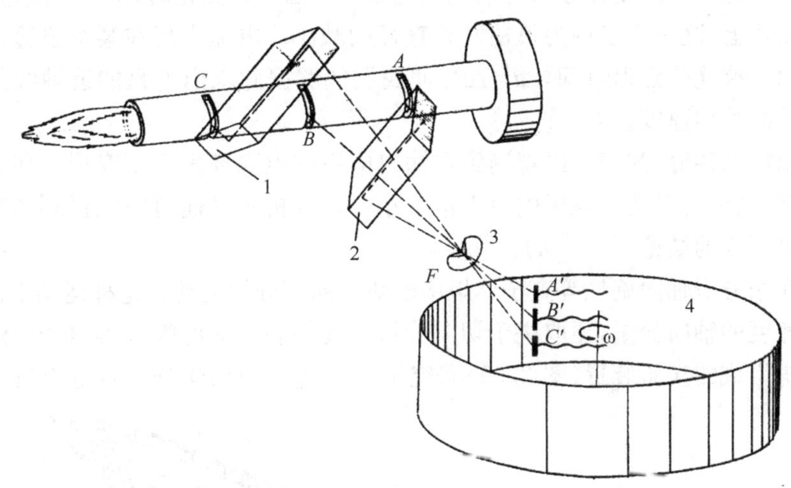

图 2.49　研究单个弧段振荡的实验装置示意图

图 2.50 给出了的是当输出电极分别为阴极和阳极时，在频率为 50 Hz 的交流电的一个周期内通道的三个截面上弧柱横向振荡的照片记录。基于该记录结果可以得出如下结论：电弧横向振荡的频率和振幅会沿电弧长度方向发生变化。在电弧室的初始段，弧柱振荡的幅度不大，为 0.5～1 mm。这表明弧柱在空间的位置是稳定的。沿着流动方向向下游去，弧柱的稳定性变差，横向振荡振幅增大，如图 2.50左上方的照片所示。左边的三条记录呈现的是输出电极为阴极时电弧在 A、B、C 三个截面上运动的特征。电弧在接近于第三个狭缝 C 的横截面上分流，这一点可以从上方的不连续轨迹看出。狭缝中亮度的横向激增是电弧近电极段经过

狭缝时发出光所致。

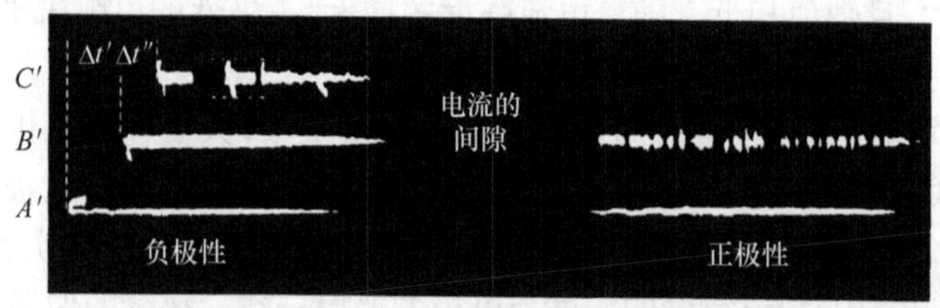

图 2.50　在单相等离子体炬的三个截面上，单个电弧段横向振荡的记录图片

右边的照片显示了输出电极用作阳极时的电弧特性。这些振荡图线表明，分流就发生在第二个狭缝区域内，即当输出电极连接给定的正极性时，弧长短得多(仅 30×10^{-3} m 多点)。输出电极作为阳极和阴极两种记录之间的暗区对应于电流中断的情况。

电弧发光直径的变化显然与电流强度有关。当极性变化时，电流强度过零，在记录的照片上，这一点表现为弧柱发光直径的减小。电弧出现在某个狭缝相对于出现在前一狭缝的延迟时间($\Delta t'$，$\Delta t''$)使我们能够据此求出电弧的近轴线部分沿气流运动的平均速度。

利用横向狭缝，我们可以观测到在输出电极中电弧环发生了变形。在这些实验条件下，其值可以达到电极内径 1 倍大小。在分析水平通道中电弧环的变形时也得到过同样的结论(图 2.34)。

现在来分析轴向旋气等离子体炬中电弧径向部分的运动。这种运动不仅取决于气流速度的轴向分量，还取决于切向分量。我们利用双电弧室等离子体炬和高速摄影机组成的实验装置(图 2.51)研究了气流速度的切向分量对电弧近电极段

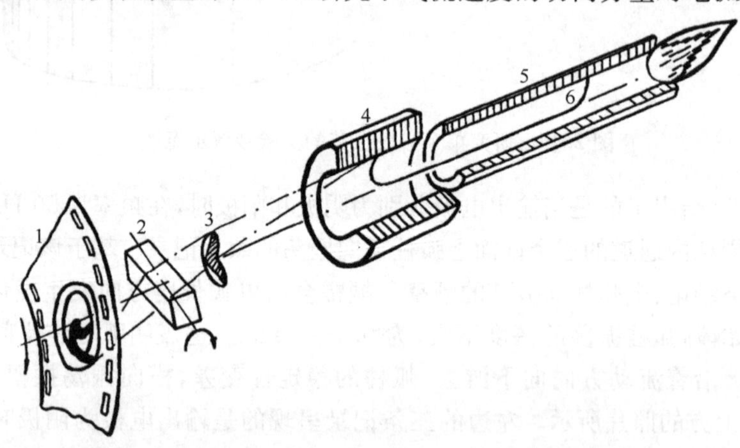

图 2.51　对电弧径向部分(近电极闭合段)拍照的实验装置图

1. 胶片；2. 棱镜；3. 透镜；4，5. 内电极与输出电极；6. 电弧

运动的影响。该等离子体炬的设计使得研究者能够通过等离子体炬后盖的石英玻璃观察电弧径向部分在内电极4和输出电极5两部分中的运动。选择好通入旋气室中气体流量的适当比例，避免内电极中出现大尺度分流。在这种情况下，弧斑在电极壁面上以轴向速度为零沿着宽度为$(3\sim4)\times10^{-3}$ m的狭窄区域运动。因此，我们能够对电弧的径向部分进行高质量的拍摄。

为了避免内电极和输出电极中电弧近电极段图像的重叠，以便明确判断哪部分电弧属于内电极，哪部分属于输出电极，内电极的直径选得比输出电极的稍大一些。

对电弧的拍摄由高速摄影机（拍摄速度上限为每秒5000帧）和以“分时-对焦”制式运行的高速图像记录仪实现。在第一种情况下，电弧径向部分转动一周的过程拍摄在4～5帧或更多帧上。这些记录足以解释电弧近电极段运动的平均速度以及形变特性。为了更好地描述电弧中心的特征并去除气体发光的背景，实验中必须使用多种滤光器件的组合。

由“分时-对焦”（记录速度为每秒124 000帧）获得的电弧径向部分的典型图片如图2.52(a)所示。这一部分的形状类似螺旋形，凸出的部分朝向气体运动一侧。弧柱直径在电极表面附近明显减小。照片的中心是电极轴线上的整个弧光正柱的投影。在电弧转动过程中，内电极的壁与邻近的电弧段之间可能出现微尺度分流（图2.52(b)）。微尺度分流的概率随着气压的降低和电流的增加而增大。

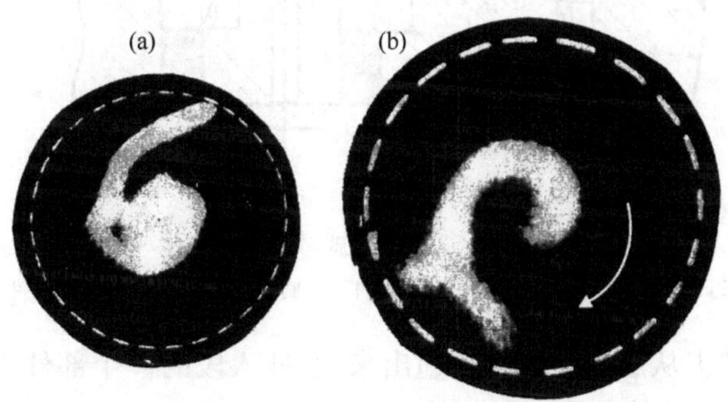

图2.52　电弧径向部分的照片
(a) 电弧与电极壁之间不存在小尺度分流；(b) 电弧分流到电极壁上

2.7　电弧参数的自振荡

对于在圆管状通道中运行并受到气流影响的电弧而言，其参数通常是不稳定的。电弧的电场强度、温度和气体压强随时间的变化不仅起因于动态过程（譬如分流），还取决于放电参数的振荡，这种振荡具有声学和磁流体动力学的性质。电弧参数的这种变化在电弧和射流的辐射记录上形成了范围很宽的亮度脉动谱，许多实验都对此进行了研究[40-42]。人们之所以对这种现象产生兴趣，原因在于确定电弧温度时需要考虑脉动。此外，研究辐射脉动有助于了解造成这些脉动的原因，从而为研究发生在电弧系统中的复杂过程提供额外的信息来源。

下面给出的结果[43]是研究带有电极间插入段的等离子体炬得到的，其中气体以流量 g_i 从插入段的部件之间通入(图 2.53)。用来产生旋转气流的装置与阴极部件和电极间插入段具有相同的直径，$D_0=5\times10^{-2}$ m。在阴极部件中，气体从切向小孔通入；在插入段中，气体从方形截面上的双螺纹通道通入，通道的出口与 z 轴成20°。阴极与插入段第一个部件之间的绝缘件的厚度，以及插入段各部件之间的绝缘件厚度均为定值，等于 2 mm。

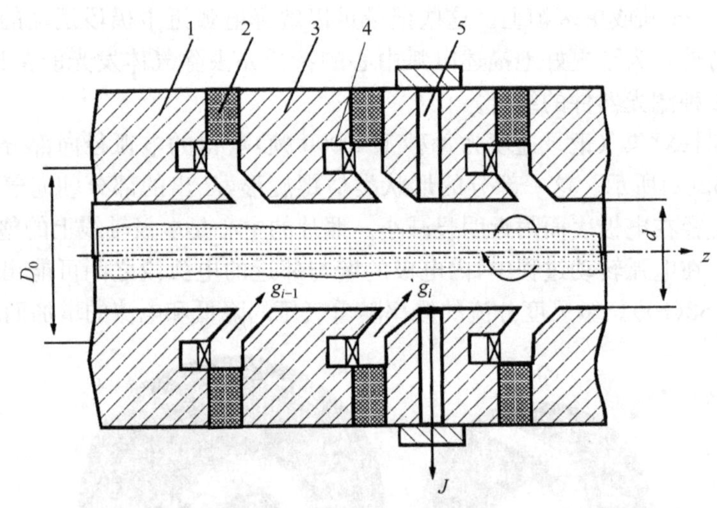

图 2.53　分段式放电通道

1,3. 电极间插入段部件；2. 绝缘件；4. 旋气件；5. 带有狭缝的部件

为了使辐射 J 从放电通道中传递出来，在插入段的一个部件上开了一条宽度为 2 mm 的狭缝。狭缝的深度近似等于放电通道的内径 d。狭缝外面用石英玻璃密封。电弧的像通过透镜 L 被投射到单色仪的输入口(图 2.54)。单色仪由 ISP-30 型光谱仪改造而成。使用 FEU-29 型光电倍增管记录波长为 393 nm 的连续辐射。由电力驱动的横向狭缝 K 安装在 ISP-30 光谱仪入口狭缝的平面上。光电倍增管的信号通过电流放大器传递给 N-115 示波器，或者通过 FEU-29 传递给声波范围的频谱分析器 SK-4-26。为了研究电弧在放电通道空间中的行为，实验中采用了一台连续扫描的 SKS-1M 高速摄影机。

实验用等离子体炬的放电通道的归一化长度为 $z/d<10$，即小于初始段的长度。电源采用空载电压固有脉动频率为 $\nu_0=1350$ Hz、脉动幅度不超过 1%的发电

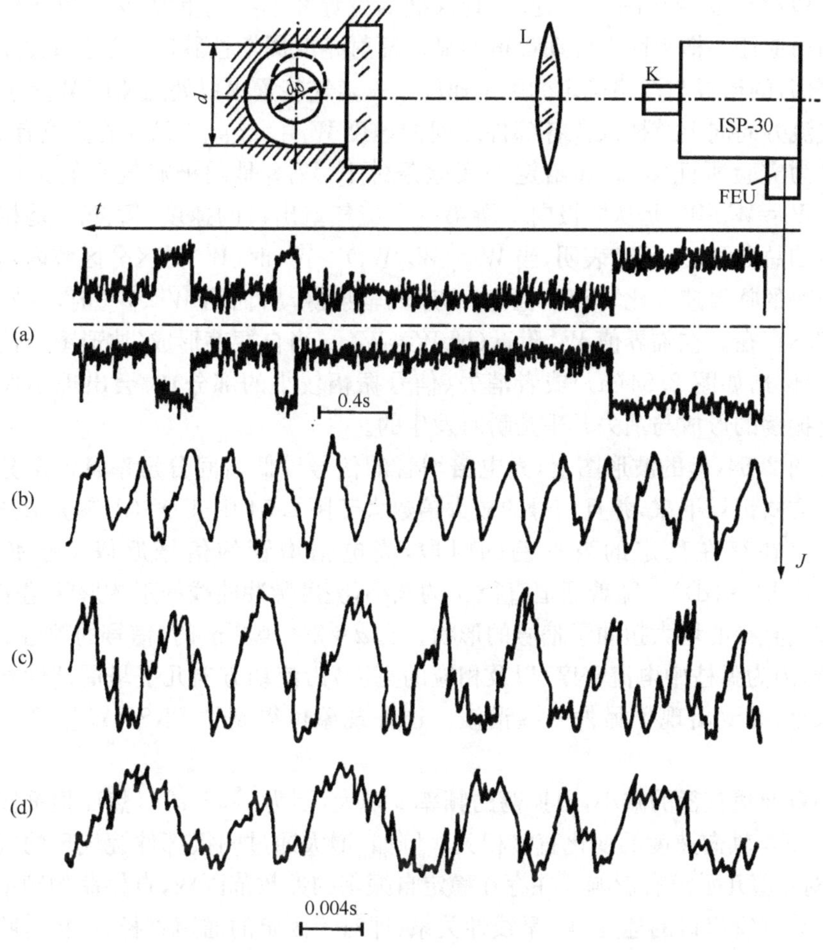

图 2.54　进动弧柱的辐射记录装置和辐射脉动波形(I=200 A)

(a) 过渡形态；(b) $d=10^{-2}$ m, ν=350 Hz；(c) $d=1.5\times10^{-2}$ m, ν=163 Hz；(d) $d=2\times10^{-2}$ m, ν=60 Hz

机供电。弧电流的变化范围为 I=100～600 A，插入段中的总气流量为 G_i=0.5～3.5 g/s，工作气体为空气。

实验记录到的亮度的脉动清晰地分为两组。第一组包括高频脉动(图 2.54(a))。这些脉动的物理本质很明确——输出电极中发生了分流，这一点研究分析器 SK-4-26 中产生的脉动频谱可以确认；这些复杂频谱的最大脉动幅值在 1～2 kHz范围内。所得到的数据与之前的研究结果[40,41]符合得很好。

第二组脉动谱线(图 2.54(b))包括近乎周期性的脉动形态，其频率为 50～1500 Hz。这些脉动也是在前述等离子体炬上(图 2.54)研究的。带有狭缝的电极间插入段部件安装在阴极附近，尽管狭缝的位置并不特别重要，因为在 $z/d<10$ 范围的通道任一横截面上脉动都很明显。辐射亮度周期性脉动(或者如文献所称的自振荡)的形成与严格确定的两个速度——旋气装置出口处的速度 $W_i=g_i/\rho F_i$ 和沿气流方向向上游插入段各部件之间的速度 $W_{i-1}=g_{i-1}/\rho F_{i-1}$ 的比值有关(这一点已为实验所证实)。在给定的实验条件下，W_{i-1} 是阴极旋气室的出口速度 W_c，而 $W_i=W_s$(W_s 是从阴极向下游第一个旋气室出口的速度；F_i、F_{i-1} 是相应的旋气器的总面积)。研究表明，当 $\overline{W}=(W_c/W_s)>\overline{W}^*$ 时($\overline{W}^*$ 是区分区域内是否存在自振荡的临界速度比)，存在稳定、有序的辐射脉动；而当 $\overline{W}<\overline{W}^*$ 时，这些辐射脉动则不存在。在临界值 $\overline{W}^*$ 附近(即 $\overline{W}\approx\overline{W}^*$)，当自振荡形成(波形图上信号振幅大的部分，如图 2.54(a))或者消失(信号振幅较小的部分)时会出现不稳定工况。自振荡的形成与消失几乎是瞬时发生的。

在图 2.54(a)的波形图上，光电倍增管的信号以低时间分辨率且恒定分量等于零的方式记录下来，并且信号的放大倍数大于图 2.54 中(b)～(d)各波形图的放大倍数。在存在稳定的自振荡的时段，光电倍增管的信号近似于正弦曲线(图 2.54(b)～(d))。随着通道直径 d 的减小，亮度脉冲曲线的正弦形状越来越明显。放电直径的增大扭曲了信号的形状。当 $d=2\times10^{-2}$ m 时，信号的频谱变得更加复杂，因为弧柱中电流密度(以及相应的亮度)沿流动方向几乎呈周期性地增大或者减小，导致出现了另外一些谐波。这种现象也得到了 SKS-1M 记录图像的确认。

随着通道直径的减小，自振荡的频率 ν 增大，因为 $\nu\approx I/d^2$。然而根据实验结果，ν 并不与轴向速度的变化直接相关。例如，增大通过阴极部件旋气环的气体流量 g_c 对 ν 值几乎没有影响。在存在稳定自振荡的参数范围内，自振荡的频率与阴极部件旋气室出口的速度 W_c 呈线性关系，即对于固定的通道直径，斯特劳哈尔数 $Sh=\nu d/W_s$ 为定值；这是旋气装置自振荡的特点。不过，当通道直径变化时，斯特劳哈尔数也会随之变化。

图 2.55 给出了 W_c-W_s 坐标平面上电弧从稳定状态过渡到自振荡状态的实验数据点。对于 1～5 中的每条直线，右半平面是不存在自振荡的区域，$\nu=0$；左半平面是存在自振荡的区域($\nu\neq0$)。从稳定状态(如 W_c-W_s 平面上的 A 点)到不稳定状态的过渡可能通过两种机制实现：第一，当流速 W_s 不变时，增大 W_c；第二，当阴极部件旋流器中气体的流速 W_c 不变时，减小 W_s。当 $\overline{W}<\overline{W}^*$ 时，直径为 d_0 的高温弧柱($T>10^4$ K)开始绕通道的轴线转动。类似的进动在运行涡流声音发生器和研究涡流室中的燃烧时也发现了，并且正如文献[44]所报道的，这种进动是旋转流动的特征。在这些情况下通常会形成势涡型的外围旋转流动和按照固体规律缓慢转动的内流。在特定条件下，两种流动的相互作用使气体速度矢量和压强产生声波形式的自振荡。长旋气室的中心部位由二次流占据，这种二次流由主涡从周

围的介质中卷吸气体形成。层流结构的二次涡依照固体规律转动；主流和二次流的轴向速度在界面上的方向相同。在这种情况下，自振荡由二次涡的进动造成。这里形成自振荡的必要条件是：

(1) 主涡和二次涡的气体(液体)具有相同或者相似的物理性质；

(2) 旋气室具有某个最小长度 $l_{\min}$，确保形成二次涡，该长度由参数 $A=D_0^2/F_i$ 决定。

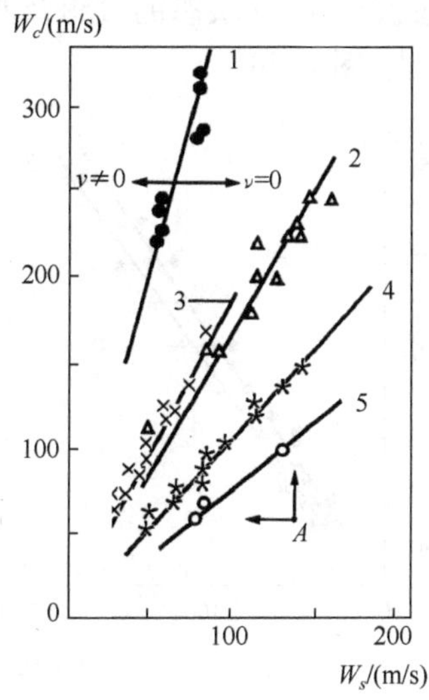

图 2.55　产生自振荡的边界条件($I=200$ A，$G_i=0.48\times10^{-3}\sim2.2\times10^{-3}$ kg/s，$z=3\times10^{-2}$ m)
1. $F_c=3.5\times10^{-6}$ m^2，$F_s=4.5\times10^{-6}$ m^2，$\bar{F}=0.778$；2. 7×10^{-6}，4.5×10^{-6}；1.556；3. 15.2×10^{-6}；8.8×10^{-6}；1.73；4. 15.2×10^{-6}；4.5×10^{-6}；3.378；5. 15.2×10^{-6}，4.5×10^{-6}，3.378；对于 1～4，$d=1\times10^{-2}$ m；对于 5，$d=1.5\times10^{-2}$ m

如果旋气室的长度 $l<l_{\min}$，就不会形成类似于固体转动的二次涡，也不会激发振荡。在我们研究的情形中，形成自振荡的条件取决于相同的因素。例如，需要达到某一个最小速度 W_c 才能形成自振荡，这个最小速度值决定了流体内部核心的转动速度(对于当前的情况就是弧柱)。

正如图 2.55 所表明的，由相同直径 d 得到的直线 1～4 按照参数 $\bar{F}=F_c/F_s$ 的不同而彼此分离。过渡层出现这种行为可由旋流器中的摩擦力影响了内流与外流的真实转动速度 W_i 来解释。内流的真实转动速度 W'_c 取决于速度 W_c；外流的真实转动速度 W'_s 取决于速度 W_s。这些在边界附近将内流与外流区分开的速度值与旋流器出口处的传输速度成正比，并通过参数 A，即 $W'_c=W_cf(D_0^2/F_c)$，与传输速度相关联。这个关系也适用于外流的速度 W'_s。可以看出，旋流器的几何结构并不影响真实速度与传输速度之间的函数关系——对于两种旋流器，函数关系都具有相同的形式(对 W'_c 和 W'_s)。因为对于两种旋流器而言,参数 D_0 都是相同的,在两种流动相互作用的边界附近的真实速度值与旋流器的有效截面成正比。这同样会造成前文已经提到的直线 1～4 因参数 $\overline{F}=F_c/F_s$ 不同而出现分离。直线 4 是从通道直径为 1×10^{-2} m 的等离子体炬上得到的,在该直线附近,有一些来自通道直径为 1.5×10^{-2}m(直线 5)的同样满足参数 $\overline{F}=F_c/F_s$ 的过渡形态的数据点。当 $\overline{F}=1$ 时,自振荡能够形成的条件是内流的切向速度接近于外流速度值的三倍,$W_c=2.8W_s$。从 $\nu=0$ 状态过渡到 $\nu\neq0$ 状态的过程及其逆过程都具有滞后现象,实验中清晰地记录到了这一点(图 2.56)。

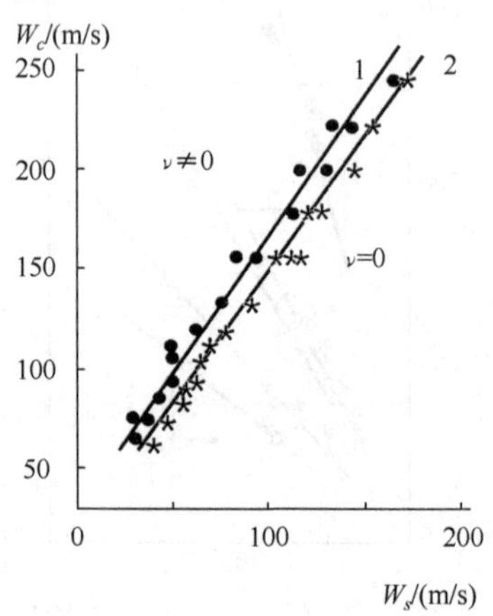

图 2.56　弧柱形成自振荡的滞后现象($d=1\times10^{-2}$m,$I=200$A)

1. 自振荡形成;2. 自振荡消失

弧电流也会影响从稳定到自振荡状态过渡的边界的位置(图 2.57)。弧电流的增大减小了自振荡存在区域的宽度。电流的变化主要改变径向温度分布。例如,对于 $I>200$ A 的电流强度,温度分布轴线附近区域内的梯度很大(接近矩形分布)。这与电弧的直径的增大和轴线温度的升高有关。这一过程可能对由稳态向自振荡状态过渡的边界位置具有双重影响。事实上,如文献[7]所估计的,电弧温度的升高将导致弧柱边界附近气流速度切向分量的减小。另外,弧柱径向尺寸的增大明显地使内外流动相互作用的边界偏移到高 W_s 值的地方。如图 2.57 所示,两个因素——减小 W_c 和增大 W_s——将使不存在自振荡($\nu=0$)的区域变宽。

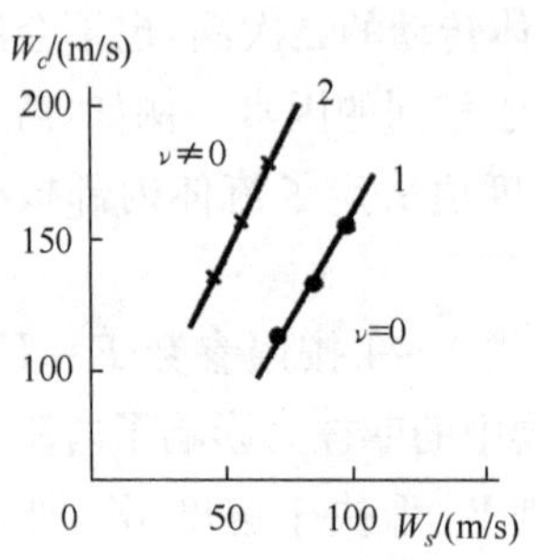

图 2.57　对于不同电流强度自振荡形成的边界条件($d=1.2\times10^{-2}$ m,$\overline{F}=1.73$)

1. $I=150$ A;2. $I=400$ A

对旋流装置的以及存在内流自振荡(如文献[7])时的速度场、压强场和湍流特性进行的仔细测量表明,自振荡的特征频率明显取决于内流准固体性质的转动速度。因此,掌握了自振荡频率和内流的直径,就可以估算两种流动边界处的切向速度。假定在所研究的情况中也发生相同模式的流动,要研究在弧柱边界的切向速度。对于图 2.54 中曲线(b)～(d)所描述的形态(这种情形中的弧柱半径接近于 $r_0=d/4$),切向速度很小,不会超过 $W_{r_a=r_0}<10$ m/s。由于弧柱的轴向速度 $\overline{U}>100$ m/s,那么比值 $W_{r_a=r_0}/\overline{U}\ll 1$,即弧柱中气体的流动可以看成几乎是完全轴向的,气流旋转对弧柱中静压分布的影响可以忽略。这些结果在模拟所述条件下的电弧时很重要。

这些结果除了描述了稳定电弧的旋转气流的流体力学特性外,从控制等离子体炬射流的参数以及确保稳定放电的观点来看,它们也是很重要的。研究人员在实验中已经注意到,等离子体炬射流的有序脉动总是伴随着声音的变化,以及电弧向插入段部件的短时间击穿。轴线式等离子体炬通常分别通入不同种类的气体,即等离子体炬有两个或者更多个旋气室。显然,从实践的角度看,前文所述的与可能形成自振荡有关的那些效应是非常重要的,在发展等离子体系统时也必须予以考虑。

2.8　内电极的气体动力学研究

带有末段封闭的杯状内电极的单电弧室等离子体炬(图 2.58(a),(b))和双电弧室等离子体炬(图 2.58(c))在工业中有广泛的应用。这与如下事实有关:与具有棒状内电极的单电弧室等离子体炬相比,这些等离子体炬中的工作介质可以是多种气体,并且这些等离子体炬的使用寿命很长。对这些等离子体炬的进一步改进主要依靠更深入地理解气流在杯状内电极空腔中的气体动力学特性,因为这种特性对等离子体炬的电特性、烧蚀特性、脉动特性及其他特性都有很大影响。

后端封闭的杯状电极和两个旋气室的存在,使气流在内电极空腔中产生复杂的流动形态(图 2.58(d),(e)),进而使弧电压和电弧的空间位置与等离子体炬的气流量和几何特性的关系变得更加复杂[7]。

我们在抛光有机玻璃制成的模型上研究了内电极的气体动力学特性。在实验中,旋气室的尺寸、旋气室进气孔的面积、内电极与输出电极的直径等都可以在相当宽的范围内变化。内电极的长度不超过 $20\bar{z}$,输出电极的长度等于或者大于内电极的归一化长度。

采用不同方法观察气流:向气流中加入烟气、沙粒或者液体射流;从圆管内表面特定孔中通入油,或者用石墨将油染色等。在某些情形中,油和沙粒在实验开始之前就送入杯状电极的空腔中。在使用液体进行观察时,可利用沿着电极母线布

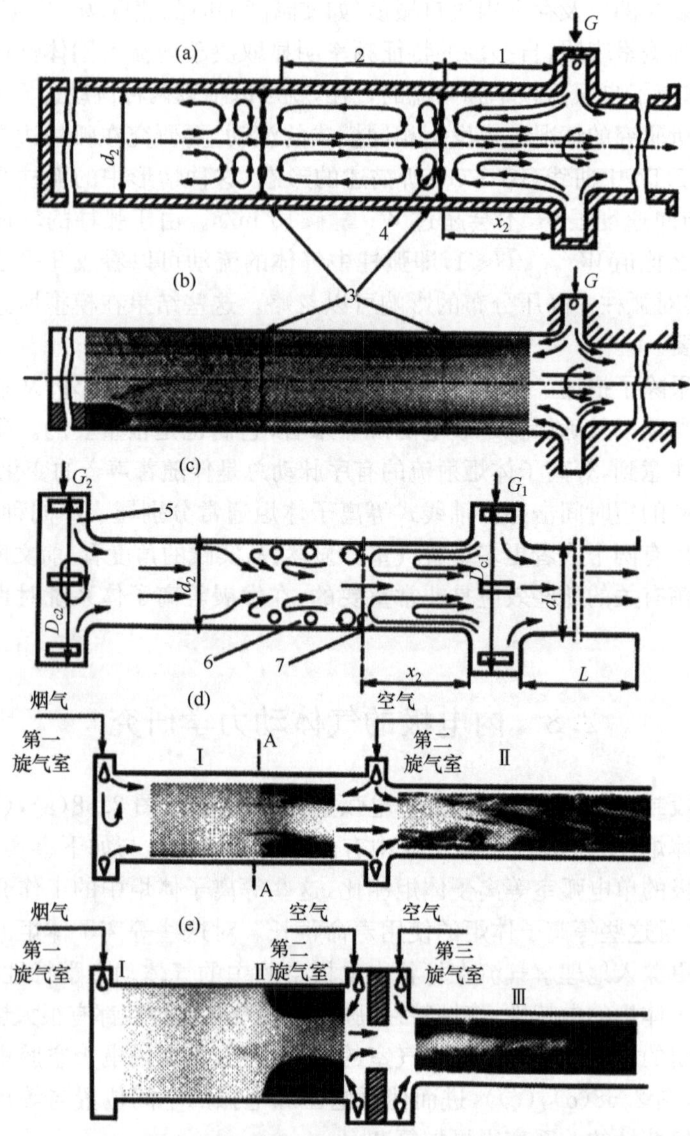

图 2.58　等离子体炬中气流的气体动力学

(a) 具有杯状内电极的单电弧室等离子体炬中的气流：1,2. 第一、第二轴向循环区，3. 零速度区，4. 缓冲区；

(b) 具有杯状内电极的单电弧室等离子体炬通道中的油膜照片；

(c) 双电弧室等离子体炬中的气流：5. 附加旋气室，6. 近壁涡流，7. 流线端丛；

吹入烟气的等离子体炬中气流形态的典型照片：(d) 是双电弧室等离子体炬；(e) 是三电弧室等离子体炬

置的一系列疏排孔来获得最佳结果。利用烟气观察气流和研究沙粒、油膜或者油滴的运动轨迹所取得的结果，以及分析静压值的分布所获取的数据，都被用来确定气流在内电极空腔中的气体动力学特性。为了破解具有高度不稳定特征的放电形态,我们还对实验过程进行了摄像。

只有当这些通入冷气流的实验具有与"热态实验"(等离子体炬中有电弧燃烧)等同的效果时,才能够认为通过它们可以达到目的。为了验证二者的可比性,我们在有电弧燃烧的等离子体炬上进行了一系列实验,这些等离子体炬的电弧室完全复制由抛光有机玻璃制成的透明模型。除了测定电弧的电参数,实验对电弧径向部分在内电极中的位置给予了特别关注。实验在带有纵向的狭缝的电极上进行,如 2.6 节所述,这样能够得到电弧末端沿通道轴向运动的图像记录。实验完成后,通过弧斑在仔细清洁过的电极内表面留下的痕迹,我们就能够确定弧斑移动的区域。

图 2.58(a)示意性地给出了不从内电极末端额外通入气体(单电弧室的变型)时气流在内电极空腔中的空间分布图。在旋气室截面上,静压沿半径方向的降低使一部分通入旋气室的气体流入内电极端部的空腔中。在内电极端部中,气流的最重要特点之一就是在电极轴线附近形成了反向流动区域。反向流动区域的存在与气体转动的减弱有关。这种减弱是由气体与内电极通道壁之间的摩擦造成的。摩擦使杯状内电极轴线上的压强随着进气截面的距离的增加而增大,同时,气流速度的轴向分量很小。无补偿的压强降导致轴向反向流动的形成。

正如许多研究中提到的,在水平管道中二次流区域的长度可以达到管道直径的几倍到几十倍。后文将会表明,在这里所研究的情形中,这个被称为第一轴向循环区同样也很长。在该区域的末端(即电极表面)通常有直径很小(2～3 mm)的漩涡带,在轴向速度为零的区域内整体绕电极的轴线转动。第二个轴向循环区位于第一个的后面,并且是闭合的。与第一循环区相比,本区内气流速度的切向分量相当小。

显然,在第一和第二循环区之间应该存在一个轴向长度很小的缓冲区。在模拟装置上进行的实验未能确认该区域的形成。不过只有该区域的存在才可以解释气流在第二循环区内径向环流运动(图 2.58(a))的方向。在内电极空腔中形成的缓冲区的数量通常不会超过 2,即使在某些条件下会形成大量的环状流线端丛。这些端丛可以通过具有窄带形状的、以 $0.5d_2$ 间距分布在第二循环区之后的沙粒或油的聚集来观察。这些缓冲区的出现是由内电极空腔中强大的声波振荡造成的,这个结论已被专门的实验所证实。

我们最感兴趣的是第一循环区,因此这里给出仅与该区域有关的定性结果。

在吹冷气体的过程中,我们需要关注一个特征几何判据——杯状电极的归一化深度——对电极空腔中气体流动性质的影响。为此,实验用杯状电极的底部是可移动的。实验表明,当杯状电极底部到第一循环区末端的距离大于电极归一化深度的三倍时,电极深度对气体流动性质几乎没有影响。一旦电极底部趋近临界区域,第一循环区就快速充满杯状电极的整个空间。在相反过程中,即增大电极的深度后，流动形态又会马上恢复，只是稍有滞后。

在一个末端封闭的电极中，气流的气体动力学影响电弧在电极中的具体位置。在低电流情况下，如果之前没有发生大尺度分流，那么电弧的径向部分和弧斑被滞留在第一缓冲区前面。弧斑沿一个窄的带状区域运动，电极材料的烧蚀清晰地证明这一点。随着电流强度的增加，电弧轴向部分的内禀磁场与径向部分相互作用产生的洛伦兹力有可能大于气动力，把弧斑维持在缓冲区附近。这时，电弧的径向部分形成一个向第二循环区凸起的环。在电弧闭合段的这种构型中，可能发生从电弧环到通道壁的分流。以凸起方式透入第二循环区的电弧的径向部分朝电极底部运动；如果电弧闭合段的运动没有受到大尺度分流的限制，那么最终的分析表明电弧的径向部分将与电极底部短路。

在双电弧室等离子体炬（图 2.58(c)）中，当没有从附加旋气室通气（$G_2=0$）时，气体的流动形态显然与前述的一致。然而，即使从附加旋气室通入少量气体（$0<\overline{G}=G_2/G_1<0.05$）并保持 $G=G_1+G_2=$ 常数也会改变了流动的形态，尤其是改变第二循环区中的流动形态。首先，朝向输出电极的流动出现在从附加旋气室末端到第一循环区的整个空间。其次，第二循环区的漩涡带消失了。进一步增大 $\overline{G}$ 会形成特定的近壁涡流（图 2.58(c)中标号 6 的位置）。当 $\overline{G}>0.1$ 时，第二循环区中的所有特征都消失了。只有构型复杂的漩涡带 7 仍然保留在两种流动接触区域的壁上。

我们最感兴趣的是与 $\overline{G}>0.1$ 对应的流动形态，因为这种情况下通过改变相对流量 $\overline{G}$ 能够在很宽的范围内调节第一循环区的归一化长度 $\overline{x}_2=x_2/d_2$。在 $\overline{G}=0.2\sim0.3$ 的范围内，气流具有漩涡带相对于稳定状态脉动的特征。应当指出的是，漩涡带的脉动在 $\overline{G}$ 的另一个变化范围也能够形成。这取决于通入主旋气室和附加旋气室的气流的进口速度，以及 D_{c_1}/d_1 和 D_{c_2}/d_2 等直径比。对于我们研究的漩涡带的脉动，其特征是随着流量 $\overline{G}$ 的增大，其电压相对于稳态会发生变化，脉动的振幅会相应地减小。当 $\overline{G}\to1$ 时，第一循环区变短，并且内电极后端的漩涡带移动到内电极的出口边缘。

对双电弧室和三电弧室等离子体炬的放电通道的气流进行的观察（图 2.58(d)、(e)）证实了流动具有复杂的形态，包括存在稳定的回流区和近壁区域涡流的形成（图 2.58(d)）。

现在来分析一些“冷吹”的定量结果。正如已经展示的，在内电极空腔中，第一循环区的形成取决于径向压强梯度的存在；这个压强梯度是向电弧室中切向供气使气体转动的结果。势涡区的压强梯度是气流量和旋气室几何参数的函数：

$$\frac{\mathrm{d}p}{\mathrm{d}r}=\rho\frac{w^2}{2} \tag{2.18}$$

$$w=\frac{\Gamma}{2\pi r} \tag{2.19}$$

$$\Gamma = 2\pi r_c u_{in} \tag{2.20}$$

$$u_{in} = \frac{G}{\rho_{in} F_{in}} \tag{2.21}$$

其中，w 为速度的切向分量；u_{in}为气体在旋气环进口孔（或者狭缝）中的速度；r_c 为旋气室的半径；r 为流动半径；F_{in}为所有旋气环进口孔的面积。

通入旋气室的气体流量的增加提高了压强梯度，反过来，压强梯度的增大又增强了气体从后端电极空腔中的喷射，从而扩展了气流第一轴向循环区的范围。

边界层运动的性质取决于摩擦系数和边界层与沿相反方向流动的近轴向气流之间的相互作用。因此，气体流量 $\overline{G}$ 的改变对内电极空腔中的过程具有复杂的影响。一方面，气体流量的增大会增加旋气室中的气流速度，从而增大势涡区内的压强梯度；另一方面，其逆过程——与输出电极中压强降低有关的过程也将发生，此时压强的变化与速度的平方成正比

$$\Delta p = \frac{L}{d_1} \lambda \rho \frac{u^2}{2} \tag{2.22}$$

其中，u 为输出电极中的气流速度；λ 为是摩擦系数，取决于雷诺数 Re。这些因素的总体影响只有通过实验来确定。因此，即使对影响内电极空腔中流动的因素进行简单的分析也会表明回流的长度 $\overline{x}_2$（图 2.58 中的(a)、(c)）是多个参数的函数

$$\overline{x}_2 = f(G, F_{in}, D_c, d_1, d_2, \cdots) \tag{2.23}$$

下面将研究其中一些参数的影响。

图 2.59 给出了当 G=4 g/s、比值 $\overline{d}=d_2/d_1$ 和 D_{c_2}/d_2 为常数，以亚音速向单电弧室等离子体炬的旋气室中通入气流时 $\overline{x}_2$ 与 F_{in}之间的关系。按照前述的考虑，F_{in}的增大会减小第一循环区的长度。如果 $\overline{d} \ll 1$，基本上不会形成第一循环区；并且，电弧室中的气流高度不稳定，导致电弧的电参数和气动力参数强烈脉动。

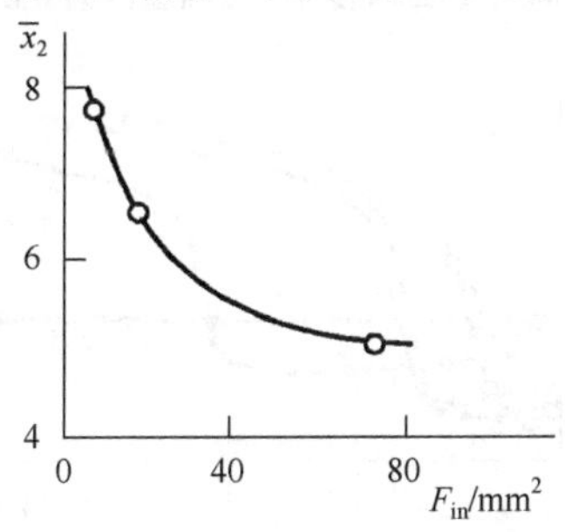

图 2.59　$\overline{x}_2$ 与旋气室入口面积的函数关系

在节流通道中的输出电极末端静压强的变化对 $\overline{x}_2$ 的间接影响如图 2.60 所示。图中横坐标的值是总压强（不是静压强），实验中可以很容易在旋气环前面的第一电弧室中测得。图 2.59 和图 2.60 清晰地表明，采用某种方法减小通入旋气室的气流量会减小第一循环区的透入深度。

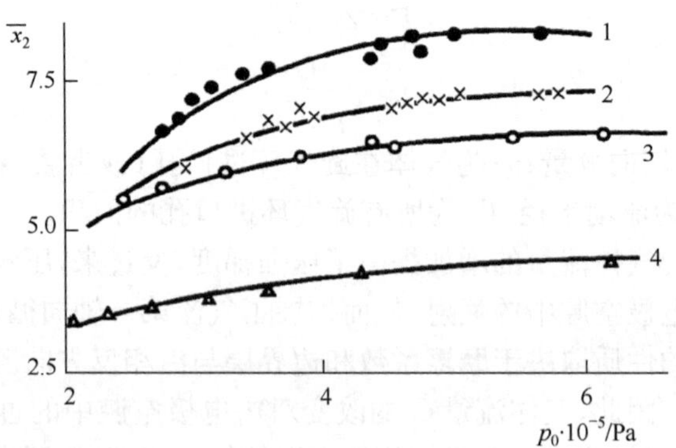

图 2.60 对于不同的 $\overline{d}$ 值压强对 $\overline{x}_2$ 的影响

1～4 分别对应于 $\overline{d}$=1,1.24,1.33,2

流量在很宽范围内的变化对参数 $\overline{x}_2$ 的影响如图 2.61 所示,该图给出了对于不同的归一化直径 $\overline{d}$ 值第一循环区的深度与气体流量的关系曲线。这些曲线表明,对于每一个 $\overline{d}$ 值都存在一个临界气流量值 G_{cr},此临界值将漩涡带区分成稳定位置 $\overline{x}_2$ 不同的两种状态。从一种状态向另一种状态过渡时流体会发生强烈的纵向脉动。我们一直认为,这种不稳定性与输出电极中的流体从层流过渡到湍流有关。对实验材料的分析表明,从一种不稳定状态过渡到另一种不稳定状态的判据或许可以用 Re_{d_1} 与 $\overline{d}$ 的乘积来表示。这里 $Re_{d_1}=\dfrac{\rho u d_1}{\mu}$ 取决于输出电极中气流速度的轴向分量。正如图 2.62 中表明的,当 $Re_{d_1}\overline{d}=1.2\times10^5$ 时,不稳定程度最高,并且发生了第一循环区的 $\overline{x}_2$ 从一个水平向另一个水平的转变。或许还可以指出,对于每一个稳定区域,参数 $\overline{x}_2$ 仅轻微依赖气流量,并且只是 $\overline{d}$ 的函数。

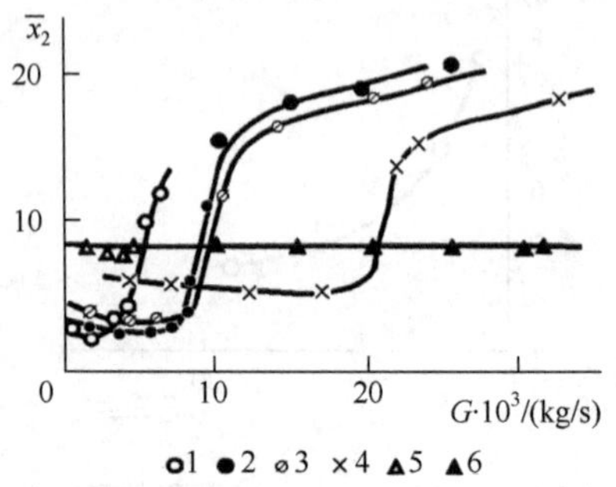

图 2.61 对于不同的 $\overline{d}$ 值气流量对 $\overline{x}_2$ 的影响

$\overline{d}$:1.2(10 mm/5 mm);2.2(20 mm/10 mm);3.1.5(15 mm/10 mm);

4.1.33(20 mm/15 mm);5.1(10 mm/10 mm);6.1(20 mm/20 mm)

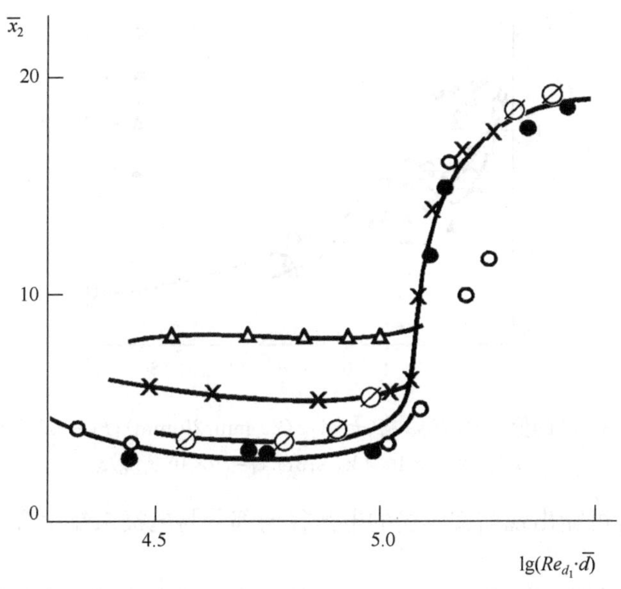

图 2.62　对于复合量 $Re_{d_1}\cdot\overline{d}$ 归纳的 $\overline{x}$ 的测量数据(图标含义同图 2.61)

现在来讨论双电弧室等离子体炬“冷吹”的一些定量结果。等离子体炬中第一循环区长度的变化可以通过改变旋气室中气流量的比值来实现。这样就可以调节电弧径向部分和内电极中的弧斑在 0 速度区(第一循环区中的漩涡带)内的位置。

图 2.63 给出了总气流量值相差 3 倍的两种情形中 $\overline{x}_2$ 对 $\overline{G}$ 的依赖关系。从图中可以看出,在选定的流量变化范围内,气流量变化的绝对值对第一循环区的长度仅有轻微的影响:比值 $\overline{G}$ 的增大会使 $\overline{x}_2$ 的值减小。所研究的曲线包含了特征段,反映了漩涡带存在强烈的不稳定性($\overline{G}\approx0.1\sim0.3$)。在图 2.63 中,落在曲线之外的实验数据点表明了这一点。这些数据点可以用来估算相对于某一个稳定(最小或者最大)位置喷射的幅度和方向(一侧)。比例 $\overline{G}=0.2\sim0.3$ 是临界范围,如果 $\overline{G}$ 超出这个范围,那么直到漩涡区完全消失漩涡带的位置都是稳定的。

在真实装置上进行的“热态”实验表明,单电弧室或双电弧室等离子体炬中弧斑的运动对应于“冷吹”中观察到的流动形态。在电流强度较低的情况下,弧斑的位置由漩涡带决定。金属烧蚀带的纵向宽度不超过 2～3 mm。这种情况下,从弧斑传递到电极表面的热流分布相对均匀,我们可以就此近似计算出电极中的温度场。在电流强度相对较高的情况下,单电弧室等离子体炬中的电弧的径向部分在洛伦兹力和气动力之差的作用下有可能跳跃到第二循环区。基于得到的照片判断,该区域中轴向气流的平均速度在 5 m/s 的量级,与速度切向分量的量级相同。因此,通过弧斑传递到电极的热流可以看作是集中于局部,从而导致电极快速损

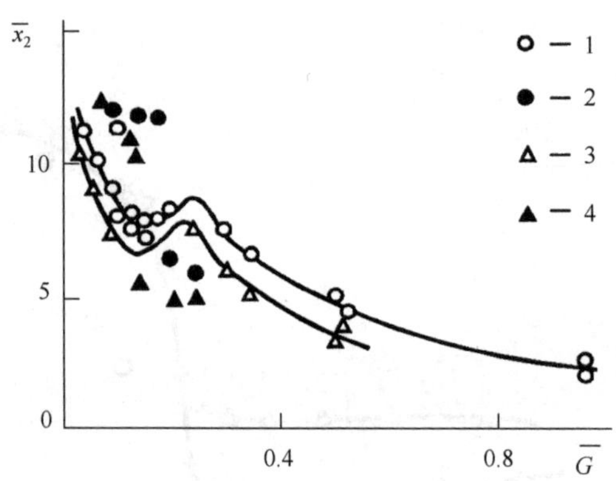

图 2.63　$\overline{G}$ 的值对 $\overline{x}_2$ 的影响($\overline{d}=1=(20\ \text{mm}/20\ \text{mm})$；$F_{\text{in}}=36.8\ \text{mm}^2$)
1,2. $G=10\times10^{-3}$ kg/s；3,4. $G=30\times10^{-3}$ kg/s

坏。此外，也有可能出现前文所述的电弧径向部分与电极末端闭合，或者发生分流等情况。

总的来说，电弧通过缓冲区的转变不但受到电动力的影响，还可能受到气流脉动的影响。从这个意义上讲，单电弧室等离子体炬中的放电稳定性要比双电弧室等离子体炬中的差。在后者(双电弧室等离子体炬)中进行“热试”的结果证实了气流量之比的临界值范围为 $\overline{G}=0.2\sim0.3$。弧斑在$(2\sim3)d_2$ 的范围内脉动。内电极空腔中气流性质的变化会影响到弧电压(图 2.64)。然而，需要指出的是，尽管第一循环区的长度随着 $\overline{G}$ 从 0.2 增大到 0.8 而大幅改变，但弧电压却可以看作几乎恒定。这与内电极空腔流出的和输出电极流出的气流的再分配有关。这样尤其能够解释为什么运行在双电弧室等离子体炬中的电弧对于不同的 $\overline{G}$ 值，其伏安特性都具有完全令人满意的一般形式。在 $\overline{G}>1$ 的条件下，当第一循环消失并且弧斑只在内电极进口的边缘上运动时，多种原因造成弧电压开始快速下降，其中之一是电弧在输出电极中较早地发生了分流。

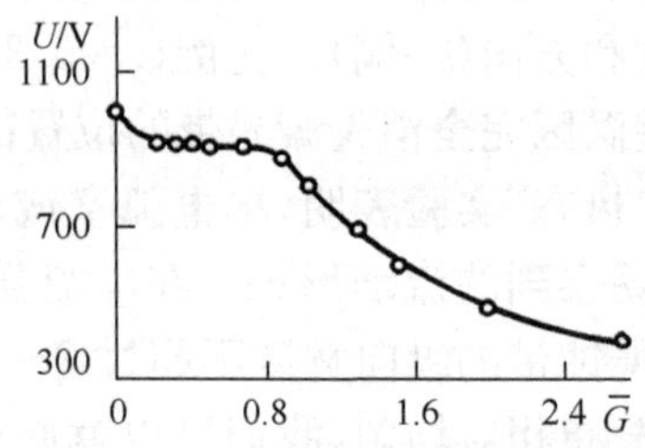

图 2.64　双电弧室等离子体炬中气流量的再分配对弧电压的影响
$\overline{d}=1(20\ \text{mm}/20\ \text{mm})$；$I=100$ A；$G=16\times10^{-3}$ kg/s

这些结果表明，电弧在内电极中的运动过程取决于气流的气动力，不论是冷态还是热态情况都非常相似。当弧电压几乎恒定时，通过改变流量比 $\bar{G}=G_2/G_1$ 来调节弧斑在轴向的位置，这为我们大幅延长内电极的使用寿命提供了相当大的可能性。

2.9　具有突扩结构的圆管状输出电极的气体动力学研究

在采用旋气将弧柱稳定在通道轴线上并固定平均弧长的各种等离子体炬方案中，都有另一种相同的物理过程产生对弧长变化的限制，尤其是限制分流。各种方案的唯一区别在于影响电弧的外部因素，如利用磁场来维持电弧的径向部分(该磁场决定了优先分流的性质和区域)，或者采取某些措施比较严格地把电弧径向部分的转动固定在通道的某一给定截面上。许多等离子体炬的设计方案都利用带有通道有效截面突扩的圆管状输出电极来固定平均弧长。为什么在控制参数(如弧电流和气流量)比较宽的变化范围内，电弧在分流的空间内能够产生恒定的情形？要解释其中的物理原因，我们有必要首先考虑气流的流体动力学特点。如果通道中存在台阶，流体通常会在通道突扩截面后分离并形成回流区。任何分离区都代表着一种强大的湍流源，它增加了湍流脉动的强度，促使温度场、浓度场、速度场以及其他参数的分布趋于均匀。

主气流与分离区之间的相互作用机理是什么？分离区内气体流动的性质及其与主气流的相互作用机制是什么？导热系数在台阶后沿管道壁是怎样分布的(这一分布决定着热量损失)？

下面的简要综述是在实验基础上展开的。这些实验都是与平直通道和圆管中突扩台阶后的湍流和换热有关。

对平直的、轴对称非旋转流动的大量研究表明，在紧邻突扩台阶的区域内，流体形成了闭合的回流区，如图 2.65(a)所示。回流区可划分为三个特征区域：两个稳定涡流区Ⅰ和Ⅱ和一个非稳定涡流区Ⅲ。主气流向空腔中供气主要发生在区域Ⅲ的外边界；(以近似相同的质量)流出空腔的气流(外向流)发生在区域Ⅰ的边界，并在这里与外部气流相接触。湍流主要沿同样的边界形成。湍流脉动通过平均外向流沿流线传递，逐渐减弱并从流线向不同方向扩散。因此，从台阶开始向流动方向的下游，邻近的两条射流之间发生运动和热量的横向传递。因此，闭合空腔的 A 点(坐标为 z_A)是不稳定的。

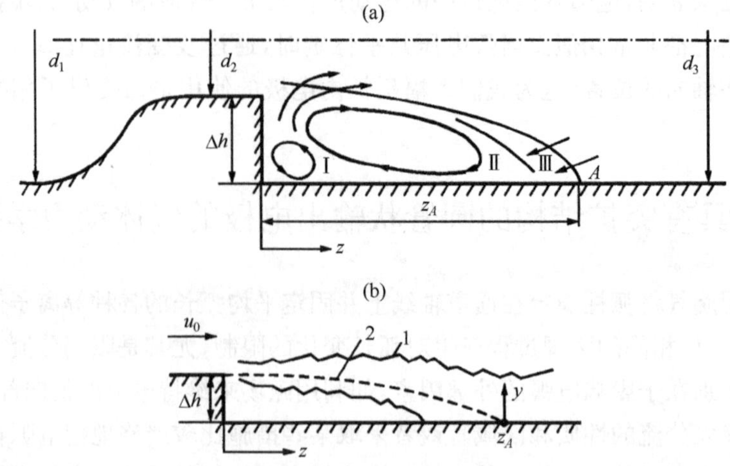

图 2.65 气流在管道中台阶后的气体动力学

1. 剪切层的边界；2. 流线分离线

台阶后的流动是最简单的分离流之一，它取决于物体几何形状的显著变化。然而，尽管这种流动看起来简单，研究历史很长，并且在工程实践中得到了广泛的应用，但在流动参数很宽的变化范围内的剪切层有关的计算还没有得到完全清楚的解释。造成这种局面的原因在于湍流分离流理论总体上仍不够成熟，并且尽管实验上做了大量研究，但描述接触流参数的系统性数据仍然非常少。

下面将给出一些结果来说明这种流动的复杂性。在寻求最优设计和如何控制这种传递性湍流分离流的过程方面，这些结果也许仅起到引导解决问题的方向的作用。讨论中我们将特别关注平直通道内的流动。

1. 台阶后流动的主要特点

台阶后的流场结构比较复杂(图 2.65(b))。来流的边界层从台阶的凸起边缘处开始分离，形成自由剪切层。在分离区的前半部分，分离的剪切层非常类似于常规的平面混合层。自由剪切层的厚度很小，因此可以忽略约束壁的影响。然而在这种情形中，有一项重要因素使得它不同于自由平面混合层：与典型的平面混合层中低湍流流动相比，来自于剪切层低速侧(回流区)的气体呈高度湍动状态。

在流向壁面的连接流的正面，流体的分离线剧烈扭曲。在强大的正向压强梯度作用下，剪切层的流体被折返并流入回流区。根据实验得到的数据，回流速度约为外部来流的 20%。

在附着区，流动呈高度不稳定。在流线曲率和正向压强梯度的致稳作用下，剪切层在与壁面强烈作用的条件下逐渐发展。

在附着区之后，边界层的一个新的亚层开始在连接剪切层中形成。由不同研究者完成的测量表明，沿流动方向向下游在距离附着点 50 倍台阶高度(Δh)量级的位置，连接剪切层的外层部分保留着自由剪切层的特点，即在分离的自由剪切层中形成的大尺度漩涡仍然得到保留。

测量台阶后的流动的特征极其困难，了解这一点很重要。困难的原因在于流动呈现高度湍动以及流体运动方向频繁变化，这在最重要的流动区域之一——附着区内尤其如此。

回流区的长度是所研究的流动的最重要参数之一。根据不同研究者获取的数据，该长度的值为台阶高度的 4.9～8.2 倍不等。文献[45]的作者在分析这些数据之后，阐明了下列几点：

(1) 分离区中边界层状态(湍流或层流)的影响。不同研究者获得的数据表明，边界层的状态对回流区的长度影响很大(图 2.66)。我们有理由认为当边界层完全发展成为湍流时，流动将不依赖于雷诺数。

(2) 有关分离边界层厚度 δ_s 影响的实验结果使我们能够得出明确的结论。

(3) 现有由不同作者发表的与完全湍流分离边界层有关的少量数据。利用这些数据能够得出参数 $z_A/\Delta h$ 与通道扩张面积之比呈线性关系的结论(图 2.67)，因而可以通过增大这个比值来增加回流区的长度。

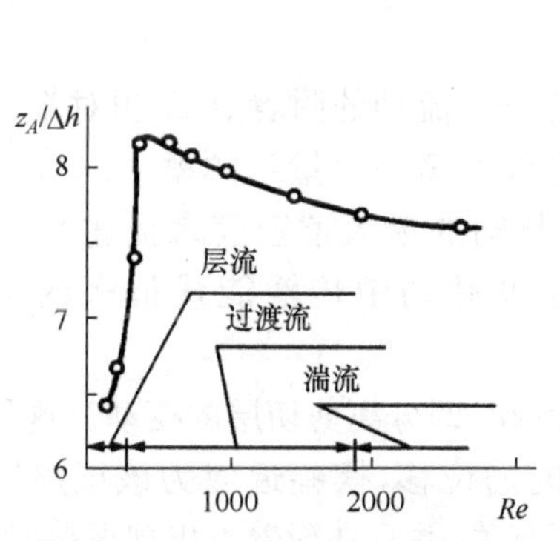

图 2.66　回流区的归一化长度与分离边界层状态的关系(雷诺数 Re 根据脉动损失的厚度计算)

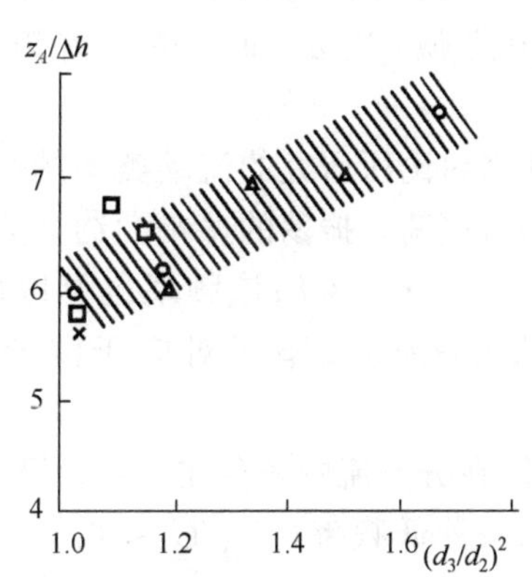

图 2.67　在通道扩张处 $z_A/\Delta h$ 与面积比的关系

(4) 没有对附着区压强梯度分布的影响作系统研究。

(5) 关于台阶后的通道宽度与台阶高度(通道堵塞部位)之比(纵横比)的研究表明，当该比值大于 10 时，该比值的影响可以忽略；当该比值小于 10 时回流区的长度与分离点边界层的状态有关：如果边界层在分离点是层流，回流区域的长度增加;如果是湍流,则减小。

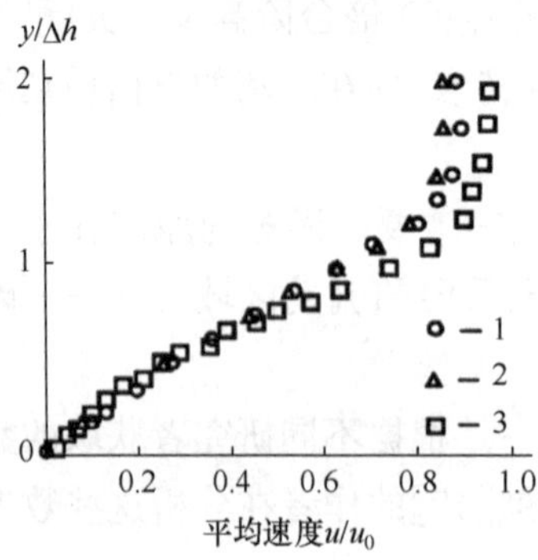

图 2.68 通过附着点的通道截面上的速度分布
1,2 为文献[45]的数据;
3 为文献[46]的数据

2. 附着点附近的初始条件对流动特性的影响

图 2.68 给出了通过附着点的通道截面上的气体平均速度分布,这些数据点取自文献[45]、[46]中的实验结果。实验中的初始条件包括非常厚的($\delta_s/\Delta h=2$)湍流边界层和很薄的($\delta_s/\Delta h\approx 0.2$)层流边界层。回流区长度的变化范围为台阶高度的 5～7.9 倍。研究表明,从不同的实验获得的数据都高度一致。并且,尽管这些实验的初始条件差别很大,但是湍流切应力的分布仍然一致。因此,所述的实验研究表明在剪切层的附着区内初始条件的影响很小。

文献[47]和[48]发表了关于台阶几何形状对湍流分离流结构的影响的研究结果。图 2.69 给出了当雷诺数 $Re=47000$ 时对于不同的倾角 α 的台阶附近的流线[47],其中的雷诺数根据通道进口速度的最大值以及当$(h+\Delta h)/\Delta h=1.48$ 的通道高度 h 计算得到。附着点的相对坐标 $z_A/\Delta h$ 与倾角 α 的函数关系如图 2.70 所示。该图表明,当倾角 α 从 90°减小到 25°时,$z_A/\Delta h$ 的值缓慢降低;当 $\alpha<15°$ 并且雷诺数 $Re>33000$ 时,则不会形成回流区(图 2.70)。

下面来讨论所研究的流动类型的一些特点——流动的附着点 A 相对某个平均值作随机振荡。振荡的振幅大约为 $2\Delta h$。这种振荡的无量纲频率 f 取决于比值 $fz_A/U_0=0.6\sim0.8$;该频率也可以由压强脉动的最大谱密度来描述[49]。文献[49]认为,振荡频率 f 对应于混合层的速度脉动中传输能量最多的脉动频率。

此外,在分离流中还存在一种大尺度涨落运动,即分离剪切层的摆动。这种摆动表现为一种低频率($fz_A/U_0<0.1$)竖直方向的位移,摆幅近似为该层厚度的 20%。剪切层的摆动与回流区内流体的强循环有关,并且在附着点出现振荡时(对应于较短的分离区情形),这些摆动的强度减小;而在与较长分离区相关的情形中,摆动的强度增大,同时伴随着剪切雷诺协强的增加。

因此,台阶后分离流的特点是延迟了的贴壁流,形成于流体与分离剪切层中的大涡结构的相互作用。可以预料,在湍流分离流的情形中,壁面区域的性质——它对流体与约束壁面之间的换热有重要影响——与传统的湍流边界层的壁面区域的性质大不相同。

所研究的流动具有共同的特征,即边界层都不满足壁面的对数规律。还有一

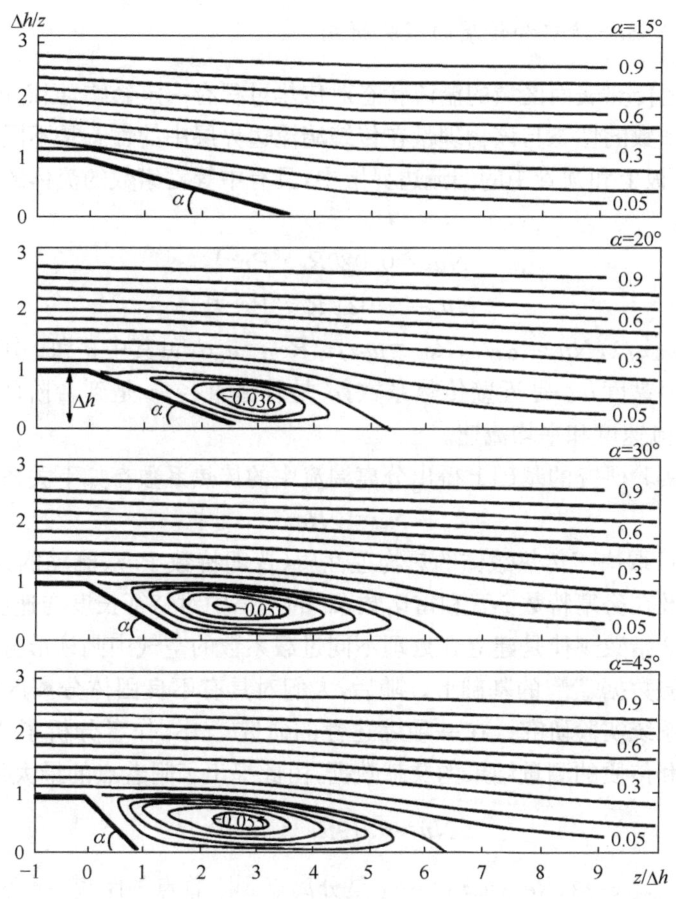

图 2.69　不同倾角的台阶附近的流线

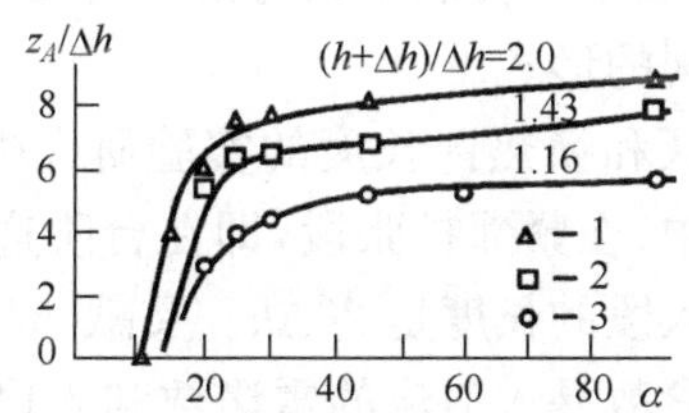

图 2.70　附着点的坐标与 α 角的函数关系

1,2 为文献[47]的数据;3 为文献[48]的数据

些数据表明,湍流浪涌——用以描述发生在正常湍流边界层的边界生成过程的活动——在分离流的壁面区域内是相当罕见的。

3. 分离湍流中传热和传质的实验研究

由于临近传热表面区域的湍流状态对传热过程有一定影响，因而可以预料，分离流中传热系数的性态与该物理量在传统湍流边界层中的性态是不同的。应该指出的是，在平板上和圆管中的湍流边界层中，具有中等雷诺数的流体的传热规律具有如下形式：

$$Nu_z = 0.029 Re_z^{0.8} Pr^{0.4} \tag{2.24}$$

$$Nu_d = 0.021 Re_d^{0.8} Pr^{0.43} \tag{2.25}$$

这里，$Nu_z = \alpha_w z/\lambda$；$Nu_d = \alpha_d/\lambda$；$Re_z = u_0 z/\nu$，$Re_d = u_m d/\nu$；其中 α 和 ν 分别是流体的热导率和动力黏度；α_w 是近壁传热系数；d 是管道直径；z 是到台阶的距离；u_0 和 u_m 分别是来流速度和平均流速。

在大量实验研究的基础上得出分离湍流中的传热系数有如下关系[50]：

$$Nu = CRe^{2/3}$$

这里的常数 C 取决于传热载体的热物理性质（普朗特数 Pr）、流动的几何构型、来流的状态以及在努塞特数 Nu 和雷诺数 Re 的判据中对特征长度与速度的选择。

这个 2/3 指数规律是建立在处理不同过载系数的空气中圆柱形分离区中的传热和传质实验数据[51,52]的基础上。随后，人们对具有不良固体分离区中的传热进行了大量的系统实验研究。在一项综述性的研究[53]中，作者分析了 44 份关于分离流中传热和传质的测量结果的文献数据，由此提出了附着点的最大传热系数：

$$Nu = 0.19 Re^{2/3} Pr^{1/3} \tag{2.26}$$

这里，$Nu = a_{w,\max} z_A/\lambda$；$Re = u_0 z_A/\nu$；$z_A$ 是分离点到附着点的距离（循环区的长度）。该关系式也适用于具有固定分离点的流动。

因此，与传统湍流边界层中的传热系数与雷诺数关系相比，分离湍流中传热系数与雷诺数的关系具有不同的形式。

下面还将给出对回流区和换热区长度的实验研究中获得的数据[54]。实验中将高温气体通入突扩通道中；在紧邻扩张段，即在台阶边缘后，通过多孔插入段均匀地通入冷空气。多孔插入段的长度是 $20\Delta h$。文献[54]得到的结果表明，决定回流区和换热区尺寸的主要参数是入射流的雷诺数和入口温度（雷诺数由入射流的速度和平直入口通道的高度计算得到）。图 2.71 给出了对于不同温度的入射流，雷诺数对回流区归一化长度 $z_A/\Delta h$ 的影响。对于高温流体，随着雷诺数增加到 $Re \sim 7000$，回流区的尺寸快速增大。随后，回流区的变化不再明显。当通入空气的质量流量不变时，入射流的温度越高，则回流区就越长。当从多孔插入段通入的气体体积流量为 250 L/min 时，对于相同的雷诺数，冷气流回流区的长度远小于热气流的情况。

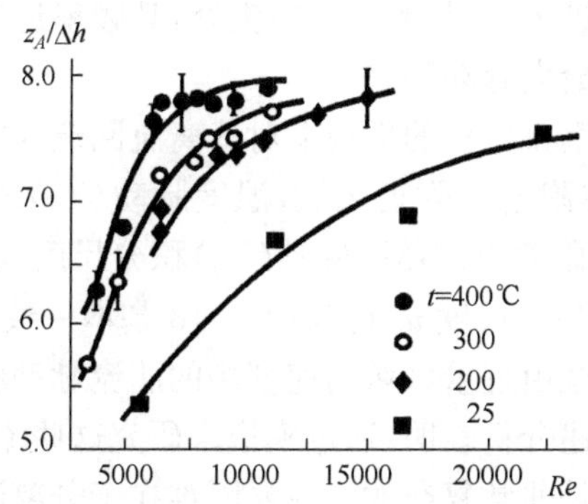

图 2.71　回流区的归一化长度与雷诺数 Re 的关系

从多孔插入段通入的气流速度对回流区尺寸的影响如图 2.72 所示。图中气体的体积流量分别为 0 L/min、150 L/min、250 L/min 和 350 L/min。当气体流量增大时，冷气流的 $z_A/\Delta h$ 降低很大(图中对应于 $t=25$ ℃)。对于高温气流也记录到相同的情形，但在使雷诺数相对小时，回流区尺寸的减小速度更快，当 $Re>8600$ 时，这种效应再次变得不明显。最后，图 2.73 给出了从多孔壁通入气流的强度对台阶边缘后的传热系数的影响。

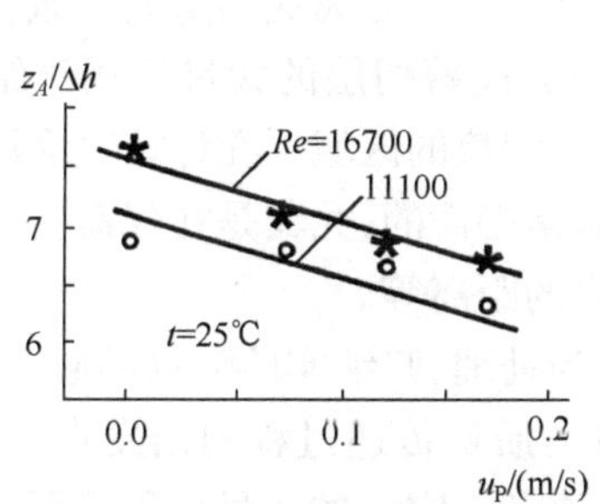

图 2.72　从多孔壁通入气流的速度对回流区长度的影响

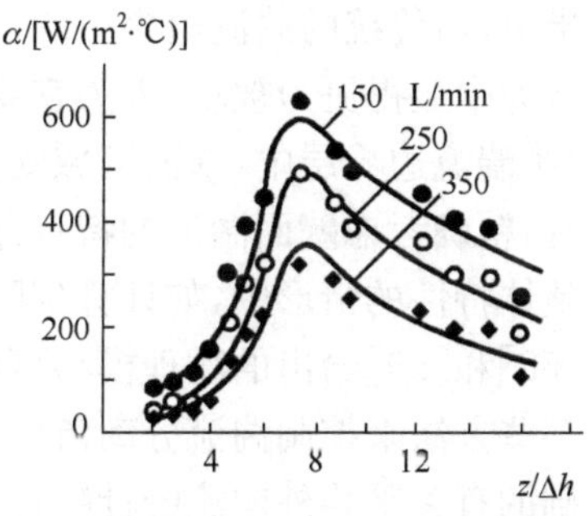

图 2.73　从多孔壁通入气流的强度对台阶后局部换热系数分布的影响

在分析湍流分离流中的传热、传质过程时，将回流区中由湍流的非稳态性质所决定的这些过程中的非稳态因素考虑进来是很重要的。文献[55]研究了壁面上有恒定热流的情况下，在台阶之后分离流的附着点附近瞬态传热系数的行为特征。作者使用了一个特殊传感器来确定附着点的瞬态位置，正如后来所发现的，附着点以坐标的方均根误差 $\sigma_x=1.0\Delta h$ 为振幅在平均值 $z=z_A$ 附近振荡。在上述研究中，通过对瞬态传热系数的时间扫描证实，努塞特数 Nu 随着特征周期为 T 的大尺度准周期性脉动。这种脉动的周期可以与分离区摆动的特征周期相比拟。

在大尺度脉动的背景上，传热系数存在尖峰，其频率近似对应于附着点附近速度和压强的传输能量的最大脉动频率。

文献[56]在一个带垂直挡板的平板上对分离流回流区中的温度脉动进行了谱分析。分析结果表明，在附着点附近区域，温度脉动(T_θ)的无量纲积分时间尺度为$u_0 T_\theta/z_A \approx 0.24$，它与附着点的压强脉动($T_p$)积分尺度$u_0 T_p/z_A \approx 0.22$、分离混合层的速度脉动($T_u$)的积分尺度$u_0 T_u/z_A \approx 0.18$基本一致[57]。这些数据显示，分离流中的传热和传质完全由近壁区域内速度场的湍流脉动状态决定。

对湍流分离流的综述分析表明，通过模拟来研究这些流体的流体力学性质、热交换和质量交换等问题是非常复杂的。主要困难在于分离流中的壁面湍流的特性与传统的湍流边界层中的壁面湍流的特性之间存在根本差别，尤其是动力学速度方面缺乏相似性，以及前者不满足湍流的壁面对数规律。分离流的壁面湍流不遵从湍流的壁面对数规律使得数值模拟变得大为复杂化，因为近壁区域内平均速度的对数规律假设

$$u_+ = k^{-1}\ln y_+ + B$$

这里$k=0.4$，$B=5.0$，使我们能够避免计算流向壁面的黏性亚层的流量。该亚层的厚度要比外部流的特征尺度小至少几个量级，而与局域的柯尔莫哥洛夫(Kolmogorov)尺度相当。

应当指出，与传统的湍流边界层的壁面区域相比，分离流的壁面区域在流体的流体力学行为中显得更为被动，因为它要受到分离剪切层的大尺度湍流结构的影响，而在传统湍流边界层中，壁面区域则是产生湍流的区域。在计算壁面湍流的大尺度结构时，精确考虑壁面湍流的特点并不总是必需的，尤其是在仅需要计算平均速度场的整体特性的情形中，如计算到附着点的距离等。

文献[58]和[59]给出的物理模型可以作为处理、归纳实验数据的起点，也可以作为寻求某些方法来控制湍流分离流中能量与质量传递过程的出发点。当然，作为模型基础的有关平均外向流统计特性的主要渐进定律的数量也很重要。这个模型是基于这样一种观点：壁面区域内的流动是一种受到剧烈加速的流动，这种瞬时加速是由大尺度涡结构引发的。

下面我们讨论文献[60]给出的有关高温气体(氩气)沿台阶后管道局部传热的大量非常有趣的实验材料。这些研究表明，在此情形中，气流的总体结构与常温下的结构仅有细微的差别。我们给出管道(图2.74)和流体的几个主要参数：$d_2=19$ mm；$d_3=49.5$ mm；$\bar{l}_3=l_3/d_3$是管道的归一化长度，等于9.7和3.1；气流进入突扩通道口的马赫数$M=0.11$。实验分别对旋转气流和无旋气流进行了研究。平均输入焓的范围为5560～18400 kJ/kg，静压的范围为0.11×10^5～0.3×10^5 Pa，雷诺数的范围为210～450(由管道直径和管道进口处的气流速度确定)。

实验的主要结果(图 2.74)表明,流入通道壁的比热流 q 起初增大,在距台阶的某个距离处(z_A 附近)达到最大值,随后沿着流动方向向下游减小。在回流区的末端,大流量热流流入的主要原因在于附着点附近边界层厚度很小,以及在垂直于管道表面方向上温度(焓)的梯度很大。在管道的比热流增加段上,压强也增大了。这与下述公认事实一致:在圆管状混合室中速度场拉平的过程会伴随静压强的升高。比较 q 与 p_3/p_2 的分布曲线(如图 2.74 中的(a)和(b))可以推断出,混合在闭合的空腔内几乎就已经完成。随着雷诺数的减小,附着点沿着流动方向稍微向下游偏移。这里需要注意一项重要结果:附着区的总焓值与管道进口处总焓值之比 h_{0_3}/h_{0_2} 的分布表明,不仅台阶后的总热量损失很高,而且分离区内通过壁面的热损失也很高。文献[60]认为,在管道长度为归一化长度的 9.7 倍时,管道中的能量损失接近于输出电极中能量的 80%;并且对流换热在传热过程中占主导地位。空腔中的能量占初始能量损失的 20%～30%。在计算和设计带有台阶形电极的等离子体炬时,必须考虑这两项结果。

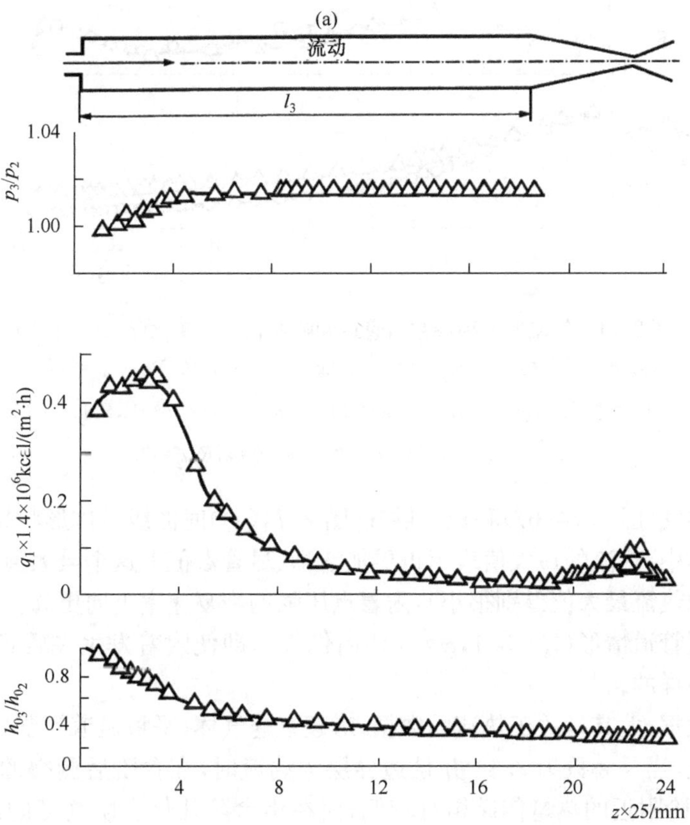

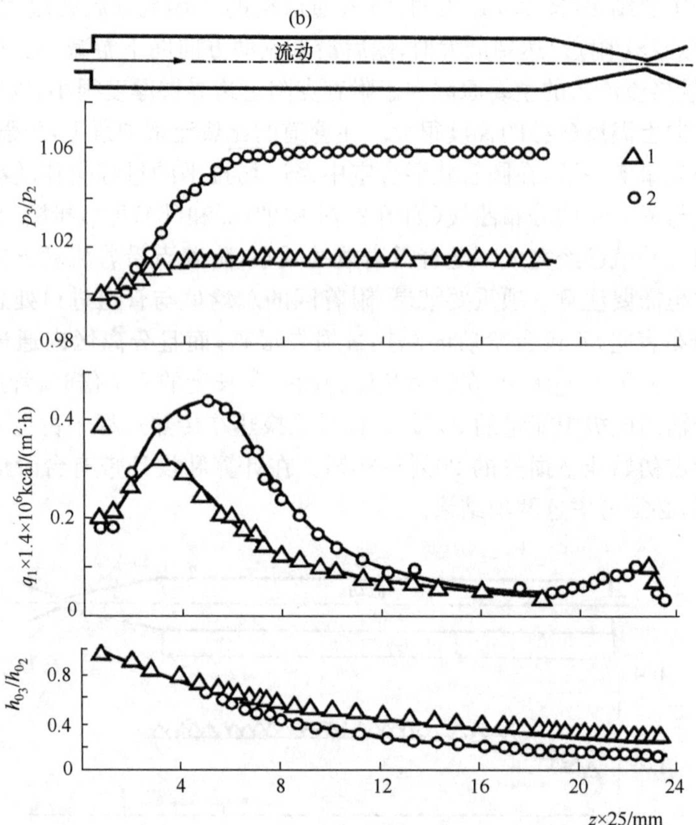

图 2.74　气流的各种参数沿管道和喷嘴长度的变化($l_3/d_3=9.7$)

(a) 径向供气($\varphi=0$),$h_{0_2}=5480$ kJ/kg,$p_2=0.28\times10^5$ Pa,$Re_{d_2}=450$;

(b) 切向供气($\varphi\neq0$);1. $h_{0_2}=6080$ kJ/kg,$p_2=0.29\times10^5$ Pa,$Re_{d_2}=420$;

2. $h_{0_2}=1000$ kJ/kg,$p_2=0.17\times10^5$ Pa,$Re_{d_2}=330$

切向供气(图 2.74(b))和径向供气(图 2.74(a))时曲线总体形状相同。然而,在前一情形中,热流的最大值表示得更加清晰(尽管数值上这个最大值与通入无旋流气体时的热流最大值差别很小),附着点压强的恢复速率走向更高。

对于短管道情形($\bar{l}_3=3.1$,$\varphi\neq0$ 切向供气),即使附着发生在管道的其他段,结果也是一样的。

这些数据,尤其是关于热流的数据,对超音速气体(平板通道问题)也适用。对于这种情况,当马赫数为 2.44 并且边界层为湍流时,在台阶后测得的传热系数 α 表明[61],台阶附近的热量传递相对较低,而在距台阶几倍台阶高度的区域内快速增加,并在分离区的附着点附近达到最大值,随后减小。因此,对于所有温度的气体,在任何气流条件下,气体沿管道流动和传热的总体模式保持不变。

所有这些分析都清晰地说明带有台阶形电极的等离子体炬对平均弧长进行“固定”的物理原理。最近的研究也没有发现台阶后的气体流动以及气体与通道表面之间的传热有什么新特征。事实上，在传统的轴线式等离子体炬中，弧长取决于分流过程。“平均”弧长由电流、气流量、气压和其他参数共同决定。例如，气体流量的增大会使雷诺数增大，结果通道初始段（一直延伸到气流的边界层与电弧的热层接触的区域为止）的长度，即电弧优先分流的区域的长度，会变动。对于电流和其他参数变化的情形，同样可以作类似分析。

在带有台阶形电极的等离子体炬中，也会发生限制弧长的分流。差别在于，台阶后气流所具有的独特的气体动力学特征，造成气流发生强烈的横向湍流脉动，破坏了冷边界层，使空腔与壁面接触点附近的温度场变得均匀。台阶后气流还会带来其他一些物理现象，形成某些条件，使得空腔末端以及紧邻其后的区域在很宽的控制参数变化范围内成为优先发生大尺度“弧-壁”分流的地方。

大量的电弧实验结果完全证实了这一点。这可以通过铜输出电极（阳极）的烧蚀表面（图 2.31）和沿管状电极的母线的印记来说明。该阳极在一个大气压的空气中以平均 650 A 的直流电流强度运行了大约 300 h。很明显，不同原因造成的气流和电弧的随机波动使得弧斑按照某种统计规律接触到电极表面，使分流区具有完全确定的长度（在实验中其最大值为 $4\sim5\Delta h$）。然而，正如分布图所清晰表明的，材料烧蚀最严重的地方是在最高热流区，即速度场和温度场的均匀化已经完成的区域（空腔末端）。这与在通道的给定段内大尺度“弧-壁”分流的最高频率有关。

因此，本节给出的材料表明，在带有台阶形电极的等离子体炬中，对平均弧长的“固定”取决于流体的温度场和流体力学参数。

所有这些结果——对台阶后沿壁面的热流密度分布的测量结果，通道不同段内速度场和湍流脉动强度的数据，空腔内及其线性维度上气体流动的气体动力学报告，最后一项还有长时间运行在大电流强度下的被烧蚀电极的表面形貌——都表明通道中的气流性质与电弧的分流之间存在很强的联系。这些结果揭示了发生在等离子体炬通道中的过程的物理原理，有助于制造在很宽的控制参数（如电流、气流量、气压等）变化范围内保持平均弧长恒定的等离子体炬。

在对带有台阶形电极的等离子体炬的研究中，需要解决的问题是寻求一些方法来降低台阶后电极壁上的热损失，同时维持电弧分流到空腔内电极表面上的有利条件。这样就能够大幅提高等离子体炬的热效率。

第3章　研究电弧放电的数学方法

电弧放电的大量应用均与产生热能和辐射能的主要部分——弧柱有关。在高气压(大气压或者更高气压)条件下,发生在弧柱中的物理过程决定了电弧的整体行为。对于发生在电弧等离子体中的物理过程的理解,目前已经取得了重大进展。这些进展的具体表现就是发展出了弧柱的数学建模方法[1-4]。

为了构建理论模型,有必要求解平衡态等离子体中的具体问题。这些问题包括等离子体辐射输运的性质、能量和脉动传递的控制机制等。为此,研究者建立了一个基于复杂的非线性辐射磁性气体动力学方程组和适当边值条件的普适的数学模型。为了封闭该方程组,我们必须计算或选取作为温度和压强函数的等离子体的输运系数和热力学参量。

目前,电弧放电的理论研究主要向两个方向发展,区别在于过程的详细程度、研究方法和结果的准确性。

第一个方向是基于解析法,即通过对问题合理的简化来获得主要放电参数之间清晰、具体的关系。尽管这种方法不能有效运用于描述放电过程的每一个细节,但其结果对于确定等离子体流的物理形态和直接用于估算等离子体炬的参数还是很重要的。

为了获得电弧等离子体区域中的信息,数值方法的发展和出现更先进的计算技术的可能性促使成了电弧放电研究的第二个方向——计算机模拟。这种方法可以更详细地描述电弧放电过程,它将气体动力场和电磁力一并考虑,从而导致等离子体的箍缩效应、等离子体加速、等离子体的辐射输运、非平衡态效应以及其他一些效应等概念的出现。

从某种程度上说,过去对近电极过程的研究属于独立研究,能够"从电极到电极"计算电弧放电的前景仅仅在近几年才出现。这个问题之所以能够解决是采用了基于综合运用解析法与数值模型的实验与理论相结合法;并且,如有必要,还可以利用实验数据表示初始条件和边界条件。这样描述该问题的方程组就可以封闭,从而获得对电弧放电(包括近电极区域)最完整的,以及许多情况下充分真实的描述。

3.1　描述电弧等离子体的主要方程组

高气压电弧等离子体被描述为一种具有气体动力学、热学和电磁学等过程相互关联的复杂综合体系。通常情况下，我们采用磁流体力学方程组（MHD）——包括质量、动量和能量守恒定律，以及电动力学方程和辐射输运方程——来描述电弧等离子体。这里，我们认为等离子体满足如下假设：

—介质具有连续性，据此可以认为介质的任何无限小体积内都有物质填充；

—电弧等离子体具有理想等离子体性质。

在给出电弧等离子体方程组之前，我们简要分析一下描述大气压量级的压强下弧柱的其他基本假设。

1. 等离子体的局域热力学平衡

所谓等离子体处于完全热力学平衡状态是指它满足以下条件：粒子的速度分布用麦克斯韦分布函数描述，原子与离子各能级上的粒子数用玻尔兹曼方程描述，辐射谱强度用普朗克方程计算，等离子体的组成用沙哈方程确定[1-3]。然而，完全热力学平衡只可能存在于空间均匀、稳态、光学厚的等离子体中，在此情形中，碰撞过程与辐射过程取得平衡。

现实的电弧等离子体远不是热力学平衡等离子体，其原因在于电弧等离子体存在温度梯度和浓度梯度，等离子体各组分的温度存在差异以及存在辐射输运过程。对电弧等离子体的描述广泛采用的是局域热力学平衡（LTE）假设。该假设认为，虽然电弧等离子体整体上不处于热力学平衡状态，但其单个微观小体积内的粒子是处于热力学平衡的。因此，在介质连续性的框架内，我们可以对等离子体系统的小体积引入局域热力学平衡的概念，用温度、压强、数密度以及其他热力学参数的局域值来描述这些小体积等离子体。此外，我们还假设该小体积内所有粒子的温度等于同一个值——等离子体温度。

为了满足局域热力学平衡假设，等离子体各组分之间的碰撞频率必须足够高[5]，以确保小体积元从等离子体一个区域过渡到另一个区域时能够使麦克斯韦分布得到恢复。在这种情况下：

—电子能够将大部分从电场中获取的能量传递给重粒子；

—电离过程几乎完全与复合过程相平衡；

—大部分激发态原子通过碰撞过程传递能量。

对于粒子分布大幅偏离麦克斯韦分布的等离子体，或者各组分温度差别较大的等离子体，必须采用部分局域热力学平衡（PLTE）概念。当等离子体的电子与重粒子温度大不相同时，可采用多温度模型，尤其是双温模型来描述。

2. 等离子体的体辐射性质

等离子体中的辐射输运很复杂。当工作气体压强足够高、放电的电流强度足够大并且等离子体炬的几何尺寸足够大时，等离子体中可能存在大量的辐射再吸收过程[6]。为了描述这种输运,我们必须运用辐射能量输运方程,这里吸收系数对辐射频率、温度和等离子体压强的依赖关系为已知条件。这使得等离子体方程的求解变得极其复杂,因为辐射输运过程与温度场和速度场之间均存在相互耦合[7]。

因此,为了描述大气压级别下电弧放电的辐射能量损失,通常有必要使用等离子体辐射性质的假设。这样能够简化问题及其分析的数学表述,但是该模型的适用范围局限在特定的等离子体参数范围内。

3.1.1 磁流体力学方程组

考虑到上述因素,描述层流、光学薄的平衡态电弧等离子体的磁流体力学方程组以如下形式给出[1-4]。

—连续性方程(质量守恒)

$$\frac{\partial \rho}{\partial t}+\mathrm{div}(\rho \boldsymbol{V})=0 \tag{3.1}$$

—运动方程(动量守恒)

$$\rho\frac{\partial \boldsymbol{V}}{\partial t}+\rho(\boldsymbol{V}\cdot \mathrm{grad})\boldsymbol{V}$$
$$=(\rho-\rho_{\infty})\boldsymbol{g}+\boldsymbol{E}\cdot \mathrm{div}\boldsymbol{D}+\boldsymbol{j}\times\boldsymbol{B}-\mathrm{grad}\left(p+\frac{2}{3}\mu\cdot \mathrm{div}\boldsymbol{V}\right)+2\mathrm{div}(\mu\dot{\boldsymbol{S}}) \tag{3.2}$$

—能量方程

$$\rho\frac{\partial}{\partial t}\left(h+\frac{V^2}{2}\right)-\frac{\partial p}{\partial t}+\rho\boldsymbol{V}\cdot \mathrm{grad}\left(h+\frac{V^2}{2}\right)$$
$$=\boldsymbol{j}\cdot\boldsymbol{B}-\varphi+\mathrm{div}\left(2\mu\boldsymbol{V}\dot{S}-\frac{2}{3}\mu\boldsymbol{V}\cdot \mathrm{div}\boldsymbol{V}+\frac{\lambda}{c_p}\cdot \mathrm{grad}h\right) \tag{3.3}$$

外部磁场和由电流产生的内禀电磁场的分布用麦克斯韦方程组来描述:

$$\mathrm{rot}\boldsymbol{E}+\frac{\partial \boldsymbol{B}}{\partial t}=0,\quad \mathrm{rot}\boldsymbol{H}=\boldsymbol{j}+\frac{\partial \boldsymbol{B}}{\partial t},\quad \mathrm{div}\boldsymbol{B}=0,\quad \mathrm{div}\boldsymbol{D}=0 \tag{3.4}$$

作为方程组(3.1)~(3.4)的补充,这里的电流密度 $\boldsymbol{j}$、电场强度 $\boldsymbol{E}$ 和磁感应强度 $\boldsymbol{B}$ 通过广义欧姆定律联系起来:

$$\boldsymbol{E}+\boldsymbol{V}\times\boldsymbol{B}=\frac{\boldsymbol{j}}{\sigma}+\frac{1}{en_e}(\boldsymbol{j}\times\boldsymbol{B}-\mathrm{grad}p_e) \tag{3.5}$$

再加上气体状态方程 $p=R_0\rho T/M$(这里 M 为分子量;R_0 是气体常数),上述方程组得到闭合。方程组所含有的输运系数和热力学参数,都是温度 T 和压强 p 的已知函数。

方程组(3.1)~(3.5)用到了以下符号:V—速度,t—时间,p—气体的压强,ρ—质量密度,σ—电导,λ—热导率,μ—黏度,φ—辐射的体积密度,h—比焓,c_p—定压比热容,g—自由落体加速度,e, n_e, p_e—分别为电子的电荷、数密度及压强,$\dot{S}$—

速度应力张量，其各分量为 $S_{ik}=(\partial V_i/\partial x_k+\partial V_k/\partial x_i)/2$，这里 V_i 和 V_k 为速度矢量的分量。

磁感应强度 $\boldsymbol{B}$、磁场强度 $\boldsymbol{H}$、电位移矢量 $\boldsymbol{D}$ 和电场强度 $\boldsymbol{E}$ 由下述关系相联系：

$$\boldsymbol{B}=\mu_0\boldsymbol{H},\quad \boldsymbol{D}=\varepsilon_0\boldsymbol{E}$$

对于电弧系统的大多数等离子体的过程，这些方程允许做某些有效的简化[1-4]。

在运动方程(3.2)中，可以省去库仑力(即等号右边的第二项)。浮力也可以省去，因为 $\rho\ll\rho_\infty$。例如，对于电弧发生器的等离子体速度的典型值 $V\approx100\text{m/s}$，阿基米德数(阿基米德数的意义是流体的浮力与其重力的比值——译注)为 $\text{Ar}\sim10^{-2}$。然而需要指出的是，对于运行在大气压环境中的低电流电弧，浮力必须予以考虑，因为这时浮力决定了动量的输运。

在能量方程(3.3)中，对于马赫数 $M<0.3$ 的电弧等离子体，考虑到其动能和由黏滞性造成的动能耗散很小，因此这两项均可忽略[8]。

欧姆定律(3.5)也可以大幅简化。估算表明[1]，与弧电流的电流密度相比，该方程中的感应电场的电流密度、霍尔电流密度以及由电压梯度决定的电流密度等都很小。因此对于电弧放电，欧姆定律通常采用最简单的形式：

$$\boldsymbol{j}=\sigma\boldsymbol{E} \tag{3.6}$$

考虑了上述这些因素后，描述无外部磁场的稳态轴对称等离子体流的方程(3.1)～(3.5)在圆柱坐标系(r,z)下各分量可以写成如下形式：

$$\begin{aligned}
&\frac{1}{r}\frac{\partial}{\partial r}(\rho vr)+\frac{\partial}{\partial z}(\rho u)=0\\
&\rho v\frac{\partial(wr)}{\partial r}+\rho u\frac{\partial(wr)}{\partial z}=\frac{1}{r}\frac{\partial}{\partial r}\left[r\mu\left(\frac{\partial(wr)}{\partial r}-2w\right)\right]+\frac{\partial}{\partial z}\left[\mu\frac{\partial(wr)}{\partial z}\right]\\
&\rho v\frac{\partial v}{\partial r}+\rho u\frac{\partial v}{\partial z}-\rho\frac{w^2}{r}=-\frac{\partial p}{\partial r}-j_2B_\varphi+\frac{2}{r}\left(\mu r\frac{\partial v}{\partial r}\right)\\
&\qquad-\frac{2\mu v}{r^2}+\frac{\partial}{\partial z}\left[\mu\left(\frac{\partial u}{\partial r}+\frac{\partial v}{\partial z}\right)\right]-\frac{\partial}{\partial r}\left[\frac{2}{3}\mu\left(\frac{1}{r}\frac{\partial vr}{\partial r}+\frac{\partial u}{\partial z}\right)\right]\\
&\rho v\frac{\partial u}{\partial r}+\rho u\frac{\partial u}{\partial z}=-\frac{\partial p}{\partial z}-j_rB_\varphi+\frac{1}{r}\frac{\partial}{\partial r}\left[\mu r\left(\frac{\partial u}{\partial r}+\frac{\partial v}{\partial z}\right)\right]\\
&\qquad-\frac{\partial}{\partial z}\left[\frac{2}{3}\mu\left(\frac{1}{r}\frac{\partial vr}{\partial r}+\frac{\partial u}{\partial z}\right)+2\frac{\partial}{\partial z}\left(\frac{\partial u}{\partial z}\right)\right]\\
&\rho v\frac{\partial h}{\partial r}+\rho u\frac{\partial h}{\partial z}=j_rE_z+j_zE_r-\varphi+\frac{1}{r}\frac{\partial}{\partial r}\left(r\lambda\frac{\partial T}{\partial r}\right)+\frac{\partial}{\partial z}\left(\lambda\frac{\partial T}{\partial z}\right)\\
&\frac{\partial E_r}{\partial z}-\frac{\partial E_z}{\partial r}=0
\end{aligned} \tag{3.7}$$

$$\frac{1}{r}\frac{\partial H_{\varphi}}{\partial r}=j_z,\quad -\frac{\partial H_{\varphi}}{\partial z}=j_r$$

$$j_z=\sigma E_z,\quad j_r=\sigma E_r$$

边界条件的形式如下。

对于轴对称情形

$$r=0,\quad z>0:\quad v=0,\quad \frac{\partial u}{\partial r}=0,\quad w=0$$

$$\frac{\partial T}{\partial r}=0,\quad \frac{\partial E_z}{\partial r}=0,\quad H_{\varphi}=0 \tag{3.8}$$

对于自由燃烧弧(与周围介质平滑接触)情形

$$r\to\infty,\quad z>0:\quad u\to 0,\quad v\to 0,\quad w\to 0,\quad T\to T_{\infty},\quad p\to p_{\infty} \tag{3.9}$$

对于通道中的弧(在计算区域的进口与出口截面上)

$r=R$，$z>0$：$u=0$，$T=T_R$，$v=0$，$p=p_R$，$w=0$

$z=0$：$u=u^0(r)$，$v=v^0(r)$，$p=p^0(r)$

$T=T^0(r)$，$E_r=E_r^0(r)$，$w=w^0(r)$

$z=L$：$u=u_1(r)$，$h=h_1(r)$，$w=w_1(r)$

上述方程组是针对处于局域热力学平衡状态的层流电弧等离子体提出的。同时应指出，在许多等离子体系统中，等离子体流是湍流的，这样会对放电过程中的各种参数——热物理参数、气体动力学参数和电参数——产生很大影响。除此之外，对于弧电流强度较低的情形，等离子体在冷的通道壁和电极表面附近的状态与平衡态相去甚远。这些问题将在稍后的讨论中单独研究。

3.1.2　磁流体力学边界层的近似

对电弧磁流体力学方程组的进一步简化与具体的燃弧条件有关。对于运行在纵向气流或者自由气氛中的相对较长的电弧，主要放电参数沿径向的变化率远高于沿轴向的变化。因此，我们可以将电弧的磁流体力学方程组简化成下述由文献[1]～[4]导出并具体化为电弧边界层方程组的形式。

——连续性方程

$$\frac{\partial}{\partial r}(\rho v r)+\frac{\partial}{\partial z}(\rho u r)=0 \tag{3.10}$$

——运动方程

$$\rho u\frac{\partial u}{\partial z}+\rho v\frac{\partial u}{\partial r}=-\frac{\partial p}{\partial z}+\frac{1}{r}\frac{\partial}{\partial r}\left(r\mu\frac{\partial u}{\partial r}\right) \tag{3.11}$$

——能量方程

$$\rho u c_p\frac{\partial T}{\partial z}+\rho v c_p\frac{\partial T}{\partial r}=\sigma E^2-\varphi+\frac{1}{r}\frac{\partial}{\partial r}\left(r\lambda\frac{\partial T}{\partial r}\right) \tag{3.12}$$

电场强度、压强的径向分布和弧柱中的磁场强度由以下关系确定：

$$E = I/2\pi\int_0^\delta \sigma r\,\mathrm{d}r \tag{3.13}$$

$$p(r) = P_R + \mu_0 E\int_r^\delta \sigma H\,\mathrm{d}r + \frac{\mu_0 H^2}{2} \tag{3.14}$$

$$H(r) = \frac{E}{r}\int_0^r \sigma r\,\mathrm{d}r \tag{3.15}$$

对于无气流吹过的自由燃烧弧，边界条件具有如下形式：

$$\begin{aligned} &r=0:\quad v=0,\quad \frac{\partial u}{\partial r}=0,\quad \frac{\partial T}{\partial r}=0 \\ &r=\delta:\quad u=0,\quad T=T_\infty \\ &z=0:\quad u=u^0(r),\quad T=T^0(r) \end{aligned} \tag{3.16}$$

在自由燃烧弧的边界 $\delta=\delta(z)$ 处规定了电弧与周围介质平滑接触的条件。电弧的边界条件由满足下列条件中的两个坐标 δ_T、δ_u 的最大者表示：

$$\left.\frac{\partial T}{\partial r}\right|_{r=\delta_T}=0,\quad \left.\frac{\partial u}{\partial r}\right|_{r=\delta_u}=0$$

3.1.3 积分形式

不论是定性分析还是定量分析，微分形式的电弧等离子体方程组都相对复杂。因此，在许多情况下人们倾向于采用其积分形式。这些积分形式的方程组可以就某个体积内的等离子体，运用力学定律的一般形式，由相应的微分方程组推导出来。

连续性方程、运动方程和能量方程由如下形式确定[1]：

$$\begin{aligned} &K = K_0 + \frac{\mu_0 I^2}{4\pi}\left(\ln\frac{\delta}{\delta^0} - \int_0^\delta \frac{I^2(r)}{I^2}\frac{\mathrm{d}r}{r}\bigg|_{z=0}^{z}\right) \\ &\mathrm{d}G/\mathrm{d}z = -2\pi\rho_\delta\delta v_\delta \\ &\mathrm{d}Q/\mathrm{d}z = IE - F \end{aligned} \tag{3.17}$$

这里电弧的焓流量 Q、辐射能量通量 F、气体流量 G 通过如下关系式确定：

$$Q = 2\pi\int_0^\delta \rho u(h-h_\delta)r\,\mathrm{d}r,\quad F = 2\pi\int_0^\delta \varphi r\,\mathrm{d}r,\quad G = 2\pi\int_0^\delta \rho u r\,\mathrm{d}r \tag{3.18}$$

方程组(3.17)和(3.18)用于建立弧柱的各种积分模型[1-4]。

3.2　电弧放电的解析模型

对电弧等离子体进行解析描述的可能性主要取决于弧柱的几何结构，而弧柱的几何结构又取决于外部条件。实际上，放电是在外部气动力和外磁场控制下进行的。在这种情况下，电弧的形状相对复杂，其形态有可能是空间三维的。同时，在许多情况下，我们遇到的多是轴对称放电。因此，在大多数情形中弧柱都具有圆柱对称的特征。

3.2.1 圆柱形电弧的温度分布

1. 圆柱形电弧的方程组

从理论描述的角度看，运行在圆柱形通道中的稳态电弧是最简单的等离子体对象。这是因为在足够长的通道里，电弧可以形成轴向均匀、柱对称的弧柱，其特性不受电极的影响。在这样的弧柱中，温度的径向分布用能量平衡方程——艾伦巴斯-海勒(Elenbaas-Heller)方程——来描述：

$$-\frac{1}{r}\frac{\mathrm{d}}{\mathrm{d}r}\left(r\frac{\mathrm{d}S}{\mathrm{d}r}\right)=\sigma(S)E^2-\varphi(S),\quad S=\int_0^T\lambda(T)\mathrm{d}T \tag{3.19}$$

这里 S 是热流的势，它是温度的单值函数；E 是电场强度，仅有轴向分量 $E=E_z$，而与径向坐标无关。该方程描述了不考虑辐射损失的条件下电弧产生的焦耳热通过热传导向通道壁传递的稳态过程。

为了分析方程(3.19)，推荐使用电弧轴线上的边界条件：

$$r=0:\quad S=S_0,\quad \mathrm{d}S/\mathrm{d}r=0 \tag{3.20}$$

通道半径 R 或者电场强度 E 通过附加条件 $S(r=R)=S_R$ 确定，这里的 S_R 是与通道壁温度 T_R 对应的 S 值。

总的弧电流由欧姆定律计算得到

$$I=2\pi E\int_0^R\sigma r\mathrm{d}r \tag{3.21}$$

方程(3.19)～(3.21)的解析解只有通过简化假设来确定，这些简化主要与非线性的等离子体输运系数取不同近似有关。

2. 通道模型

弧柱的通道模型已经得到最广泛应用和有效发展。该模型提供了弧柱参数之间最简单的关系(参见文献[1]中的综述)。这个模型是建立在实验研究基础上的。这些实验表明，在通道壁得到较为有效冷却的情况下，电弧被压缩到轴线附近一个较小的区域内。因此，我们有充分理由认为，电流的主要部分也流经该高温等离子体通道。这个最简单模型将弧柱分为半径为 r_* 的内部通道及其外部通道；内部通道中的电导率 $\sigma=$常数，在外部通道中，$\sigma=0$，即

$$\sigma=\bar{\sigma},\quad 0\leqslant r\leqslant r_*$$

$$\sigma=0,\quad r_*\leqslant 0\leqslant R$$

假设所有的辐射均不被导电通道吸收，则方程(3.19)具有如下解：

$$S(r)=S_0-(S_0-S_*)r^2/r_*^2,\quad 0\leqslant r\leqslant r_*$$

$$S(r)=S_*-(S_0-S_*)\ln(r^2/r_*^2),\quad r_*\leqslant r\leqslant R$$

$S(r)$在导电区域内呈抛物线分布，在外围区域中以对数形式减小。

通道模型给出了用于确定电弧参数的如下关系式：

$$r_*^2=R^2\exp\left(-\frac{S_*}{S_0-S_*}\right)$$

$$I=\pi r_*^2\bar{\sigma}E$$

$$4(S_0-S_*)=r_*^2(\bar{\sigma}E^2-\bar{\varphi})$$

通道模型方程组的开放形式需要寻求补充关系式[9-13]，我们不妨从斯廷贝克(Steenbeck)的弧电压最小值原理[14]开始。文献[15]基于变分原理进行的分析表明，不论采用何种确定方法，补充关系式都可以通过阶梯函数化简成关于实函数$\sigma(S)$和$\varphi(S)$的不同近似的方程。对不同通道模型结果的比较以及大气压氩电弧的实例表明，文献[12]中的模型最恰当地估算了弧柱参数。

3. 非线性模型

等离子体的非线性特性形式可以通过函数$\sigma(S)$和$\varphi(S)$的指数近似[16-18]来考虑。例如，在式(3.19)中忽略辐射项，并将$\sigma(S)$写成如下形式[16]

$$\sigma(S)=(S/a)^{1/k}$$

就可以给出如下电弧参数的关系式

$$E=\mu_1 a^{1/2k}S_0^{(k-1)/2k}/R,\quad I=2\pi\lambda_1 RS_0^{(k+1)/2k}/\mu_1 a^{1/2k}$$

这里μ_1是无量纲方程(3.19)的解$s(x)$的第一个根，$s=S/S_0$，$x=\mu_1 r/R$和

$$\lambda_1=\mu_1^2\int_0^1 S^{1/k}x\,\mathrm{d}x$$

然而，前述模型没有给出方程(3.19)解的全范围。全范围解必须借助于等离子体的实际特性才能得到，并有定性的差别。

在热传导占主导地位的电弧放电条件下，$T(r)$的分布近似为抛物线形，并可能包含由热导率$\lambda(T)$的非单调性造成的“凸起”。这种电弧的一个恰当例子是大气压下氮气中$T<12\ 000\mathrm{K}$的电弧。

在能量平衡的情形中，等离子体温度的升高将造成辐射贡献的增大，使得其对$T(r)$形状的影响加大。温度的径向分布特征遵从轴线上的能量微分方程：

$$-2\left.\frac{\mathrm{d}^2S}{\mathrm{d}r^2}\right|_{r=0}=\sigma_0E^2-\varphi_0$$

这里$\sigma_0=\sigma(S_0)$，$\varphi_0=\varphi(S_0)$。从方程中可以看出，表达式$\sigma_0E^2-\varphi_0$的符号决定了二阶导数$\mathrm{d}^2S/\mathrm{d}r^2$的符号，即紧邻电弧轴线区域的分布线的符号。如果近轴线区域内焦耳热的强度大于辐射能量损失，那么温度将随离轴线距离增大而降低，反之

亦然。

假定温度的最大值在电弧的轴线上，这意味着电场强度需要满足如下条件：

$$E^2 > \varphi_0/\sigma_0 \tag{3.22}$$

光学薄电弧的 $T(r)$分布强烈依赖于复合量 φ/σ 随温度变化的特性[19]。如果 φ/σ 随 T 的增大而增大，则对于任意给定的电场强度值 E，电弧的轴向温度由式(3.22)确定。这种情况下，$T(r)$的分布接近于具有宽中心的、温度近似恒定的等温分布。这类电弧的一个例子是大电流、高气压空气等离子体。对于 φ/σ 随温度升高呈下降关系的气体，对于给定的 E 值，T_0 的值大于 $E^2=\varphi_0/\sigma_0$ 时的温度值。这种情况下，$T(r)$的分布可能包含一个急剧下降的窄的核心区，即电弧为收缩型的。一个恰当的例子是在稀土元素蒸气中的小电流、低气压电弧。

对电弧中 φ 和 σE^2 的变化进行的分析表明[7]，对于给定的 E 和 T_0 值，方程(3.19)既可以有从轴线沿径向向外单调递减的 $T(r)$解(区别在于填充分布的程度不同)，也可以有不满足边界条件 $r=R$：$T=T_R \ll T_0$ 的发散解或者振荡解(图 3.1)。后者的出现是由于等离子体内局部存在 $\varphi > \sigma E^2$ 的情况，并且一般来讲它们与真实电弧的描述无关。

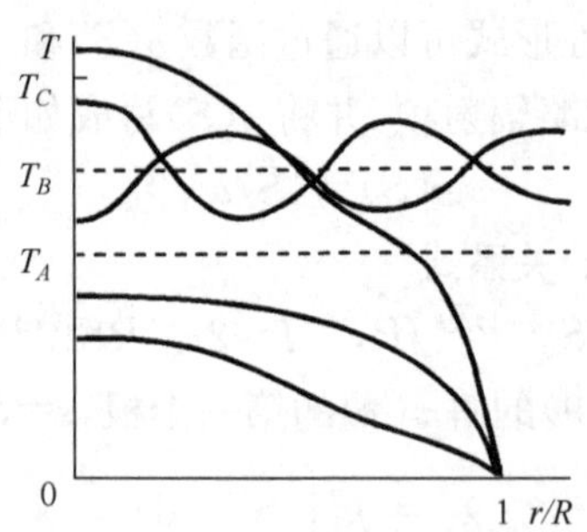

图 3.1　圆柱形电弧温度分布的定性形式(对应于不同的 $\sigma E^2(T)$关系式)

4. 定性分析

利用 $\sigma(S)$和 $\varphi(S)$的任意函数定性分析方程(3.19)就能够回答电弧在两种情形中的存在性问题：①$S(r)$非单调分布且 $S(r=R)=0$ 的解[20]；②$r\to\infty$时 $S=0$ 的解，这个解描述自由运行的圆柱形电弧。在这种情况下，为了便于分析，可以使用如下函数：

$$V(S,E)=\int_0^S(\sigma E^2-\varphi)\mathrm{d}S$$

对于不同的电场强度 E 值，$V(S)$的特征曲线如图 3.2 所示。

在许多情况下，如果 $V(S,E)$已知，且 S_0 和 E 的值给定，那么我们(无需计算)就能够定性确定圆柱形弧柱的 $S(r)$的分布。对于电场强度更高 $E>E_*$(如对于

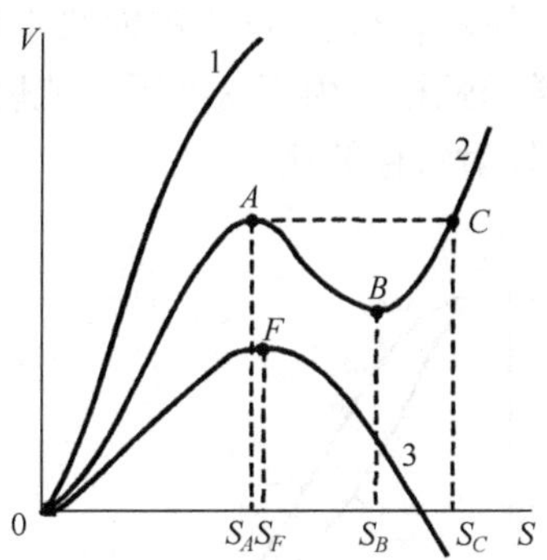

图 3.2　对于不同 E 值 $V(S)$ 的特征函数关系

大气压下的氩弧 $E_* \approx 11.3$ V/cm)的情形，当 $V(S,E)$ 只是 S 的增函数时(如图 3.2中的曲线 1)，则对于轴上任意 S_0 的值，方程(3.19)都有单调递减的解$S(r)$。如果方程(3.19)中不考虑辐射，那么这个解对任意 $E>0$ 都成立。对于 E 值相对较小的第 3 类 $V(S,E)$，解在 $S_0<S_F$ 时存在；如果 $S_0=S_F$，那么 $S(r)=$常数(等温分布)；当 $S_0>S_F$ 时，热流势 S 随 r 的增大而增大(发散解，不满足 $S(r=R)=0$)。通过分析在$(S,\mathrm{d}s/\mathrm{d}r)$平面上建立的更复杂的 $V(S,E)$ 关系式，我们能够得出如下结论：对于任意的 $\sigma(S)$ 和 $\varphi(S)$ 关系式，艾伦巴斯-海勒(Elenbaas-Heller)方程(3.19)没有任何非单调解 $S(r)$ 能够满足条件 $S(r=R)=0$。

此外，定量研究表明，等离子体的特定性质(尤其是低温下随体辐射增大的特性，这里 $\mathrm{d}V/\mathrm{d}S<0$)，方程(3.19)可能存在满足自由燃烧弧的边界条件 $S(r\to\infty)=0$ 的解(如果该条件满足，则条件 $\mathrm{d}S/\mathrm{d}r=0$ 也满足)。下面的指数关系清晰地表明了这一点：

$$\sigma(S)=k_\sigma S^m,\quad \varphi(S)=k_\varphi S^n,\quad m>n$$

这种情况下，方程(3.19)具有解析解，各解的差别在于指数 m 和 n：

(1) $n=(1+m)/2, m>n>1$。

$$S(r)=S_0/(1+ar^2)^{2/(m-1)} \tag{3.23}$$

这里，$a=\dfrac{(1-m)^2(1+m)k_\varphi^2}{16k_\sigma E^2}$，$S_0=\left[\dfrac{(1+m)k_\varphi}{2k_\sigma E^2}\right]^{2/(m-1)}$，且当 $r\to\infty$时满足条件 $S=\mathrm{d}S/\mathrm{d}r=0$。

(2) $n=2m-1, 1/2<m<1, 0<n<1$。

$$S(r)=S_0(1-r^2/R^2)^{1/(1-m)} \tag{3.24}$$

这里 $R=\dfrac{2\sqrt{k_\varphi}}{(1-m)\sqrt{mrk_\sigma E^2}}$，$S_0=\left(\dfrac{k_\varphi}{mk_\sigma E^2}\right)^{1/(1-m)}$。

在这种情况下，条件 $S=\mathrm{d}S/\mathrm{d}r=0$ 在有限的 $r=R$ 时是满足的。解(3.23)和

(3.24)的定性形状如图 3.3 所示(分别如图中的曲线 1 和曲线 2)。这些解描述了全部焦耳热均由体辐射传递的弧柱。由于这些弧可能燃烧在没有壁面约束的情形中,因此它们可以被称作是辐射致稳的弧。

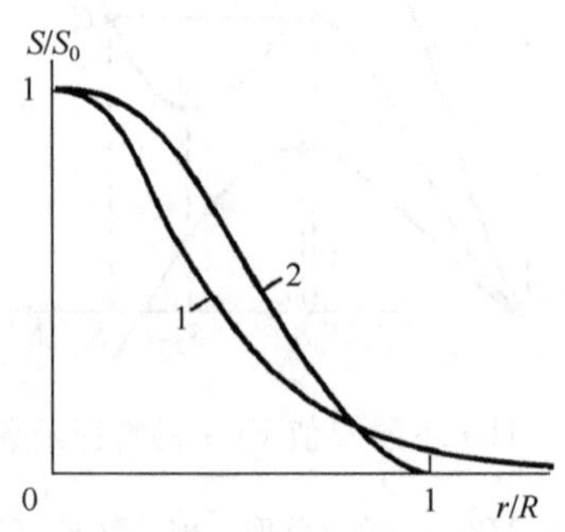

图 3.3 解(3.23)和(3.24)的定性形式,其中当 $S\to 0$ 时满足条件 $dS/dr\to 0$

5. 解的非单值性与稳定性

当弧电流强度足够高时,等离子体辐射会变得非常强,以至于在电弧通道的某些区域弧电流产生的焦耳热与辐射热损失达到局部平衡。对于这个区域中的弧柱,可以写出方程 $\sigma E_*^2=\varphi$,由此得到 $E_*=\sqrt{\varphi/\sigma}$。函数 $\sqrt{\varphi/\sigma}$ 对温度的依赖关系存在最大值,以及相关的 $T(r)$ 分布随轴向温度的变化存在复杂的演化,这两点将使电弧的伏安特性具有一些新特征[19]。

下面以氢气中的电弧为例来研究这样一种情况:确定的弧电流无法单值地决定电弧放电的条件。对氢电弧而言,函数 $\sqrt{\varphi/\sigma}$ 起初随着温度的升高而增大,随后减小(图 3.4(a))。这种关系能形成两个稳定燃弧的条件:第一,伏安特性曲线呈上升态势时的低温条件,由辐射稳弧;第二,在伏安特性曲线的下降阶段,由热传导稳弧。

图 3.4(b)给出了解方程组(3.19)~(3.21)得到的具有滞后形状的伏安特性曲线[21]。从中可以看出,在一定的电流范围内,方程组有三个不同 E 和 T_0 值(图 3.4(c))的可能解。电弧环的形成对 E-I 特性曲线的影响随着放电通道半径的增大(伴随着热导率的相对重要性的降低)和气压的升高(增加了辐射热损失)而变得更大。

伏安特性曲线的滞后形状导致形成不稳定的电弧放电条件。研究表明,$T(r)$ 的分布曲线 1 和 3 是稳定的,收缩的曲线 2 是不稳定的[22]。

6. 极限特性

假设弧柱发出的全部能量都通过辐射传递出去,并且温度分布 $T(r)$ 是均匀

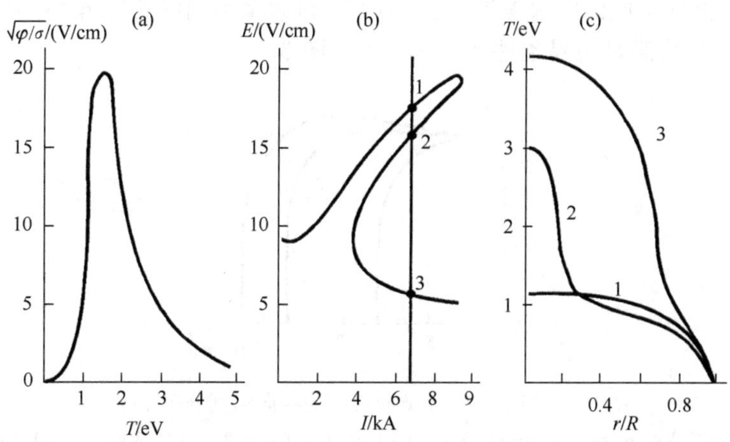

图 3.4　大气压下氢弧($R=2$ cm)的 $\sqrt{\varphi/\sigma}(T)$、$E(I)$和 $T(r/R)$的关系曲线

的，那么，我们就能够从关系式 $\sigma_0 E^2=\varphi_0$ 确定这个电弧的电场强度 E 和电流强度 I 的值[23]：

$$E=\sqrt{\varphi_0/\sigma_0},\quad I=\pi R^2\sqrt{\sigma_0\varphi_0}$$

这些公式确定了极限辐射的 E-I 特性，限定了方程组(3.19)和(3.21)的解的范围。

7. 非单调温度分布

由于等离子体的热导率、电导率和体辐射率的实际值依赖于气压，因此气压沿半径的变化影响电弧中温度分布 $T(r)$的径向变化，甚至很小的压强梯度也可能造成温度分布性质的改变。

对于与 p_∞ 稍有不同的气体压强而言，可以认为等离子体的热导率和电导率均与压强无关，其辐射体密度的变化如下。

$$\varphi(S,p)=\varphi(S)(p/p_\infty)^2 \tag{3.25}$$

通过对能量方程

$$-\frac{1}{r}\frac{\mathrm{d}}{\mathrm{d}r}\left(r\frac{\mathrm{d}S}{\mathrm{d}r}\right)=\sigma(S)E^2-\varphi(S,p)$$

麦克斯韦方程

$$j_z=\frac{1}{r}\frac{\mathrm{d}}{\mathrm{d}r}(rH_\varphi),\quad r=0:\quad H_\varphi=0$$

决定压强梯度的动量守恒方程

$$\mathrm{d}p/\mathrm{d}r=-\mu_0 j_z H_\varphi,\quad r=R:\quad p=p_\infty$$

以及欧姆定律(3.21)构成的方程组(并考虑方程(3.25))进行地定性分析和数值分

析表明[20]，根据不同的电弧参数，我们能够获得大量不同的定性解 $S(r)$（包括非单调解），这些解均满足边界条件 $S(r=R)=0$（图 3.5）。

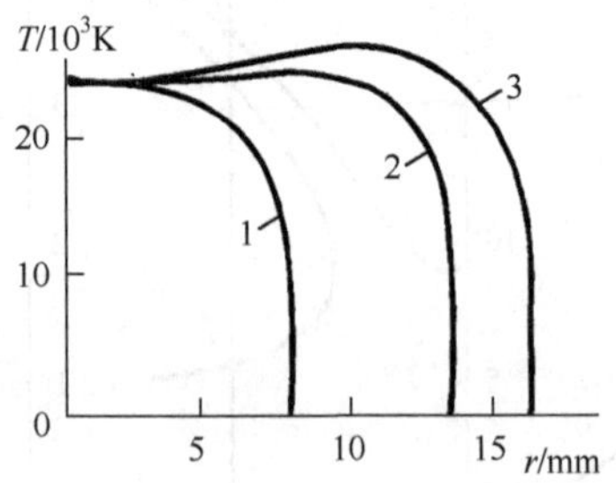

图 3.5 当 $p_\infty=1$ atm 时氩弧的径向温度分布 $T(r)$

1. $I=2.35$ kA, $p_\infty=1.03$ atm; 2. $I=7.8$ kA, $p_\infty=1.1$ atm; 3. $I=11.3$ kA, $p_\infty=1.15$ atm

对于图中第 2 种和第 3 种非单调分布的 $S(r)$，条件 $\sigma E^2<\varphi$ 在近轴区域内是满足的。随着离轴线的距离增大，等离子体中的压强因箍缩效应而降低；并且由于 $\varphi(p)$ 的关系，导致 $\sigma E^2>\varphi$。文献[24]中给出了电弧中 $T(r)$ 的非单调分布，其中考虑了等离子体的所有输运系数对压强的依赖关系。

8. 辐射稳弧动力学

分析边界条件 $r=0: \partial S(r,t)/\partial r=0; r\to\infty: S(r,t)\to 0$ 下的非稳态能量方程

$$\frac{1}{\chi}\frac{\partial S}{\partial t}=\frac{1}{r}\frac{\partial}{\partial r}\left(r\frac{\partial}{\partial r}\right)+\frac{\sigma I^2(t)}{\left(2\pi\int_0^\infty \sigma r\,\mathrm{d}r\right)^2}-\varphi \tag{3.26}$$

能够求出描述辐射稳弧动力学方程的解[25]。对等离子体特性作如下近似

$$\chi(S)=k_\chi S^n,\quad \sigma(S)=k_\sigma S^{1-n},\quad \varphi(S)=k_\varphi S^{1-2n},\quad 0<n\leqslant 1/2$$

方程(3.26)可以简化成常微分方程组

$$\begin{aligned}&\mathrm{d}a/\mathrm{d}\tau=a^{2n-1}x_R^{-4/n}i^2(\tau)-a^{1+n}\\&\frac{2}{n(1-n)}\frac{\mathrm{d}x_R}{\mathrm{d}\tau}=a^n x_R-a^{-n}x_R^{-1}\end{aligned} \tag{3.27}$$

对于给定的电流强度 $i(\tau)$，该方程组描述了无量纲分布

$$y(x,\tau)=\begin{cases}a(\tau)\left[x_R^2(\tau)-x^2\right]^{1/n}, & 0\leqslant x\leqslant x_R(\tau)\\0, & x_R(\tau)\leqslant x\leqslant\infty\end{cases}$$

的演化。这个关系式里使用到如下代换

$$y=S/S_*,\quad x=r/R_*,\quad x_R=R/R_*,\quad \tau=t/t_*$$

$$S_*^{2+n}=\frac{n^2k_\varphi I_m^2}{16\pi^2(1-n)k_\sigma},\quad R_*=\frac{2}{n}\sqrt{\frac{1-n}{k_\varphi}S_*^n},\quad t_*=\frac{(1-n)S_*^n}{k_\varphi k_\chi}$$

在直流电路中(i=常数),方程组(3.27)用如下参数描述了电弧放电条件向稳态的过渡

$$x_s = i^{2n/(2+n)}, \quad a_s = i^{-2/(2+n)}, \quad e_s = i^{-n/(2+n)}$$

这里 $e=E/E_*, E_*=4\pi S_*/(nI_*)$。电弧的这种稳态伏安特性曲线呈下降特性。稳态的稳定性取决于非线性参数 n 和电弧燃烧的电路的类型。在最简单的情形中,电路由电弧和伏安特性为 ie^{α}=常数($\alpha \geqslant 0$)的电源组成。n-α 平面上存在三个区域(图 3.6),电弧在这些区域中的行为各不相同,且取决于方程组(3.27)所描述的平衡状态的类型。区域 1 和 2 分别对应于电弧的稳定聚焦区和稳定区,电弧在此达到稳定状态而与初始状态无关。在区域 3(平衡点-鞍点),电弧不能表现出稳定燃烧状态。对于阶梯状的伏安特性曲线,这种电弧的参数会表现出自振荡[25]。

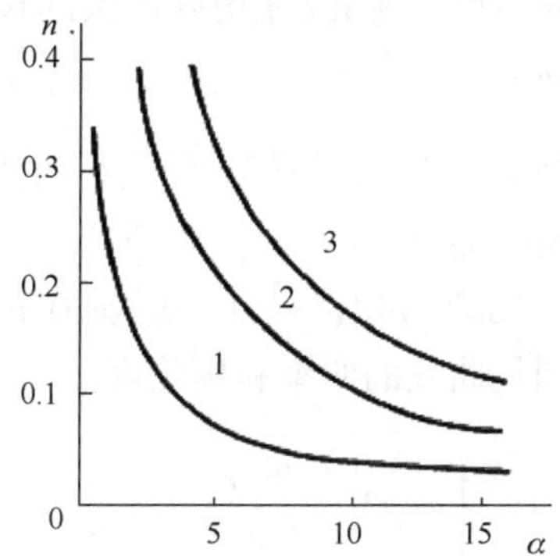

图 3.6 当弧电源的伏安特性为 $ie^{\alpha}=1$ 时,方程组(3.27)描述的动态系统的不同平衡状态区域

1. 稳定聚焦区;2. 稳定区;3. 鞍形区

3.2.2 外场中长电弧的动力学

在大多数情况下,电弧的几何外形和特征由外部气动力和外磁场控制。如果这些场的作用方向与放电的纵向轴线不一致,电弧就会出现横向移动。在某些条件下,可以假设电弧处于一种不同于初始非扰动状态的新的稳定状态。电弧在新条件下的形状取决于电弧参数、外场几何结构、稳弧方法以及其他因素,并可能演变成空间三维结构。因此,为了确定一般情况下电弧的形状,需要解三维磁流体力学方程组,但这通常很困难。为此,文献[26]和[27]考虑到电弧放电的物理运动模式,发展出了能够大幅简化问题的求解方法。

根据这些研究,电弧的运动可看作是在其温度场内的位移,这种位移是两种速度——电弧中等离子体气体运动速度和温度场相对于气体(热波)的位移速度——合成的结果。后一类型的运动由电弧的滑移产生,并取决于非扭曲电弧中能量产生和热流的不对称性。对这些过程的分析是基于电弧的能量方程。方程的形式可

以认为取决于空间中特征等温线的位置。对于稳定的电弧而言，文献[27]给出了该问题的解(等同于平面曲线)。考虑了这种处理方式，我们提出了外场中电弧的时空动力学模型[28]。

为此，研究能量方程

$$\frac{1}{\chi}\left[\frac{\partial S}{\partial t}+(\mathbf{V}\cdot\boldsymbol{\nabla})S\right]=\Delta S+\sigma E^2-\varphi \tag{3.28}$$

和麦克斯韦方程

$$\mathrm{rot}\boldsymbol{E}=-\partial\boldsymbol{B}/\partial t \tag{3.29}$$

电弧的形状由表示等离子体最高温度的几何范围的曲线给出。选择与电弧关联的、由三个正交单位向量决定的直角坐标系，三个单位向量分别是法向量 $\boldsymbol{v}(l,t)$、切向量 $\boldsymbol{\tau}(l,t)$和副法向量 $\boldsymbol{\beta}(l,t)$。这里 l 是电弧的实际长度(图 3.7)。沿 $\boldsymbol{v},\boldsymbol{\beta}$ 方向的坐标 n,b 分别替换成 ρ,ω

$$n=\rho\cos\theta,\quad b=\rho\sin\theta,\quad \theta=\omega-\int_0^s\kappa(s)\mathrm{d}s$$

电弧的长度微元可以写成如下形式：

$$\mathrm{d}l^2=\mathrm{d}\rho^2+\rho^2\mathrm{d}\omega^2+(1-k\rho\cos\theta)^2\mathrm{d}s^2$$

这里的 $\kappa(l,t)$和 $k(l,t)$分别是曲线的曲率和螺旋度。

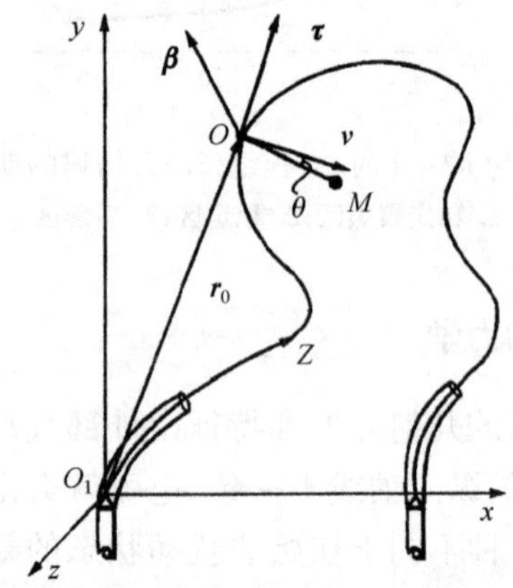

图 3.7 用于研究长弧模型的坐标系

当电弧以适当速度运动时，其运动着的温度场在最高温度附近仅轻微改变。因此，在方程(3.28)的近似解的基础上，对 $T\approx T_{\max}$的区域可以写出如下方程：

$$S(\rho)=S_0-a\rho^2+O(\rho^4/R^4) \tag{3.30}$$

这里 R 是电弧的横向特征尺寸，并且从方程(3.29)可以得到

$$E_l=E_0/(1-k\rho\cos\theta)\approx E_0(1+k\rho\cos\theta)+O(\rho^2/R^2)$$
$$E_\rho=E_\omega=0 \tag{3.31}$$

其中，E_0 是 $T \approx T_{\max}$ 曲线上的电场强度。

将式(3.30)和(3.31)代入式(3.28)，得到关于速度分量的方程组：

$$u_v(l,t) = -k(l,t)\chi_0\left(1+\frac{4}{1-\varphi_0/\sigma_0 E_0^2}\right)$$

$$u_\beta(l,t) = 0 \tag{3.32}$$

这些方程将气体的相对速度 $\boldsymbol{u}$（在所研究的坐标系下它是最大值等温线滑移的速度）、电弧的瞬时局部曲率 κ 以及最大温度值曲线上的参数 φ_0,σ_0,E_0 联系起来。

对曲线的局部曲率和方向余弦应用微元几何关系，就能够将描述电弧形状在其最高温度区域内以已知速度进行空间演化的方程(3.32)化成微分形式[28,29]。具体来说就是，对于形式为 $y=y(x,\tau)$ 定义曲线的平面几何问题，动力学方程具有如下形式：

$$\frac{\partial y}{\partial \tau} = \frac{\partial^2 y/\partial x^2}{1+(\partial y/\partial x)^2} + u_y - u_x\frac{\partial y}{\partial x}$$

这里 $\tau = At/d^2, u = Ud/A, A = \chi_0[1+4(1-\varphi_0/\sigma_0 E^2)]$。

分析电弧周围冷气流横向运动模式能够推导出近似关系 $u_0 \approx u_\infty(\rho_\infty/\rho_0)^{1/2}$，这个关系式将电弧温度最高区域内的等离子体速度 u_0 与气流速度 u_∞ 联系了起来。对于外磁场中的电弧，等离子体的速度可以从安培力与黏性力之间的平衡这一补充条件来估算

$$\boldsymbol{j}\times\boldsymbol{B} = \mu_0 \Delta \boldsymbol{U}$$

这里的 μ_0 是 $T=T_{\max}$ 处等离子体的黏度。

这些方程能够用于对不同几何形状的气动力场与磁场下作用的电弧形状的动力学进行解析和数值分析(图 3.8)[28,29]。

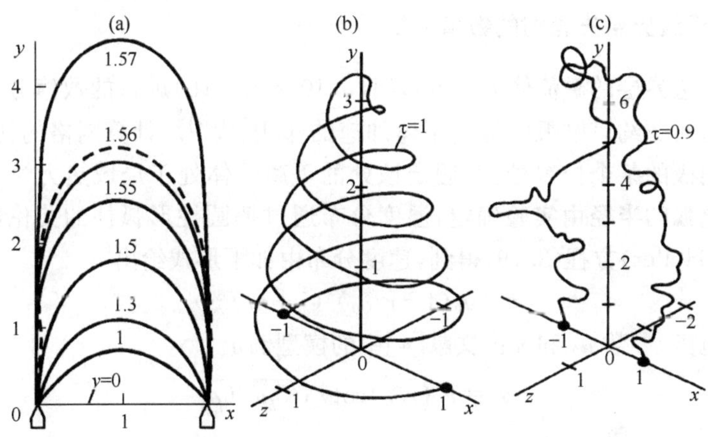

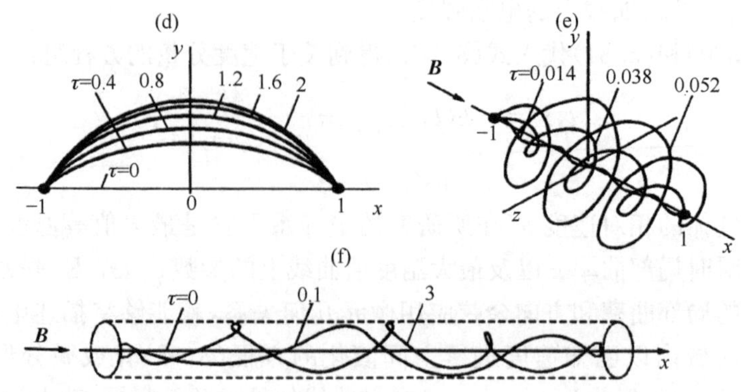

图 3.8 低电流长弧的动力学

(a)在横向气流中;(b)在旋转气流中;(c)在脉动气流中;(d)在横向外磁场中;(e),(f)在纵向外磁场中

3.3 电磁力对电弧等离子体流形成的影响

实验结果[30]表明,等离子体以每秒钟几百米的速度沿从电极表面流出。在大电流电弧中形成等离子体流的主要原因是电磁力(安培力)

$$\boldsymbol{F}=\mu_0\boldsymbol{j}\times\boldsymbol{H} \tag{3.33}$$

对等离子体轴向速度和等离子体流(等于作用在电极表面的相对压强)的估算可以基于如下关系式得到

$$u_0=(2\mu_0 jI/\rho)^{1/2},\quad K=(\mu_0 I^2/4\pi)\ln(\delta/\delta_0)$$

其中,δ 和 δ_0 分别是弧柱的当前截面和初始横截面上的电流传导半径。

3.3.1 基于边界层方程组的数值分析

基于对边界层的磁流体力学方程组(3.10)~(3.16)进行的数值分析,我们来研究电磁力对非约束电弧中等离子体加速的作用[1,4,31]。计算网格的初始横截面设在距离阴极的某个位置处,并假定该处的等离子体处于局域热力学平衡状态。该截面上电弧的半径由实验确定,温度分布通过解圆柱形弧柱的艾伦巴斯-海勒(Elenbaas-Heller)方程(3.19)得到,速度分布由如下形式给出

$$u=u_0(1-r/\delta_0)^n(1+nr/\delta_0)$$

对于锥形电极,参数 u_0 和 n 由文献[4]中的模型确定

$$u_0=I/(\pi\delta_0)\cot\theta\sqrt{5\mu_0/6\rho_0}$$

$$\int_0^{r_k}\rho u^2 r\mathrm{d}r=-(I/4\pi\delta_0)^2(1+2\sec^2\theta-\ln\sin\theta) \tag{3.34}$$

对于平端电极($n=1$),轴向速度值由以下方程计算得到[4]

$$u_0^2=\frac{\mu_0 I^2}{8\pi^2}\left[\ln\frac{\delta_0}{\delta_e}+\frac{1}{2}-\int_0^{\delta_0}\left(\frac{2\pi E}{r}\int_0^r\sigma r\mathrm{d}r\right)^2\frac{\mathrm{d}r}{r}\right]\Big/\int_0^{\delta_0}\rho\left(1-\frac{r^2}{\delta^2}\right)^2 r\mathrm{d}r$$

在该方程中，基于实验数据，电极表面参数选取以下数值：

$$\delta_e=0{,}065\sqrt{I},\quad j_e=\text{常数},\quad u(r)=0$$

图3.9给出了当电流$I=200\mathrm{A}$，$\delta_0=1.5\mathrm{mm}$，$p_\delta=0.1\mathrm{MPa}$时计算得到的大电流大气压氩弧的等离子体特性的轴向变化。从图中可以看出，这些计算结果与实验数据[32-35]之间具有令人满意的一致性。锥形电极的等离子体轴向速度几乎是平端电极的两倍，并且随着离开电极的距离增大而快速减小。在锥形电极的尖端处，方程(3.34)给出的速度分布对应于$n\approx10$，即与平端电极($n=1$)或者球形电极的情况相比，锥形电极的电磁力形成了一个更窄的近轴线高强度等离子体流。

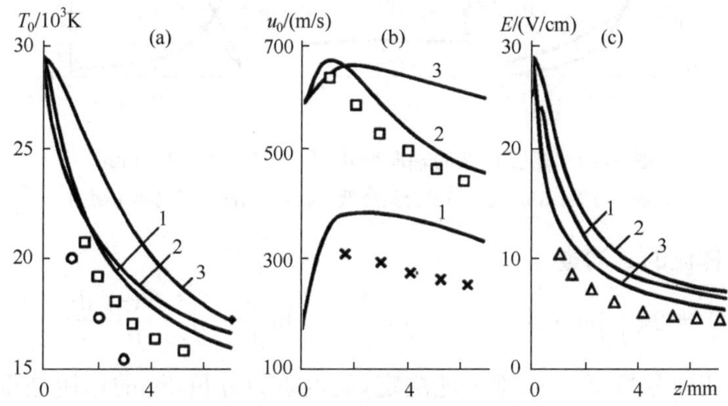

图3.9 氩等离子体流特性的轴向分布($I=200$ A，$\delta_0=1.5$ mm)

1. 圆柱形电极，$n=1$；2. 锥形电极，顶角$\theta=60°$，$n=10$；3. 圆柱形电极，$n=10$；

实验数据取自文献：×[32]，□[33]，○[34]，△[35]

为了确定电弧对等离子体加速的主要机制，研究以下数值。

方案1：基本方案，气体为氩气，$I=200\mathrm{A}$，$\delta_0=1.5\mathrm{mm}$；

方案2：氩气的黏度减小到1/10；

方案3：氩气的黏度增大到10倍；

方案4：不考虑电磁力($\mu_0\boldsymbol{j}\times\boldsymbol{H}=0$)。

图3.10表明，电弧中对等离子体加速的主要机制是电磁力。尤其是在从初始截面($z/\delta_0<1$)开始的第一个计算层内这些力相当大。在这里，等离子体的特征是温度高达$T\approx25000\mathrm{K}$，因此气体的黏度和密度很小。

电磁力的作用表现在：

首先，通过电流密度的径向分量与内禀磁场相互作用

$$F_{1z}=\mu_0 j_r H_\varphi=-\mu_0 H_\varphi\partial H_\varphi/\partial z$$

$$=-\partial(\mu_0 H_\varphi^2/2)/\partial z=-\partial p_m/\partial z$$

造成磁压强 $p_m=\mu_0 H_\varphi^2/2$ 沿纵向轴线分布不均匀。

其次，由于箍缩效应，力 $F_{2z}=-\partial p/\partial z=\partial\left(\mu_0\int_r^\delta j_z H_\varphi \mathrm{d}r\right)/\partial z$ 造成对弧柱的不均匀电磁压缩。

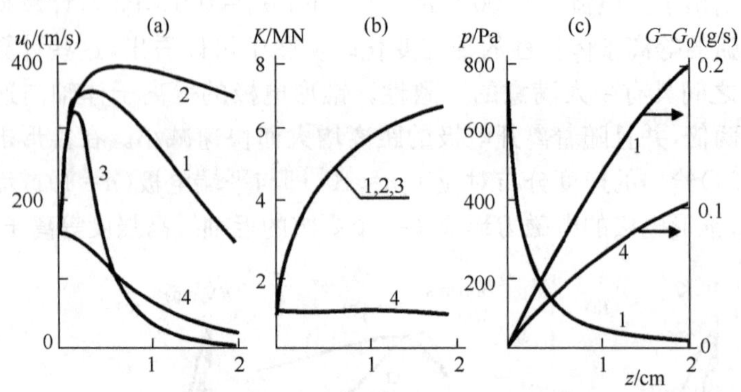

图 3.10 氩弧特性的轴向变化($I=200$A,$\delta_0=1.5$mm)

1. 基本方案；2,3. 氩气黏度分别降低、提高 10 倍；4. 不考虑电磁力

等离子体流的总动量

$$K=2\pi\int_0^\delta \rho u^2 r\mathrm{d}r=K_0+\mu_0\frac{I^2}{4\pi}+\left[\ln\frac{\delta}{\delta_0}+\int_0^\delta\frac{I^2(r)}{I^2}\frac{\mathrm{d}r}{r}\bigg|_0^z\right]$$

由电磁力的正向分量 $F_{1z}>0$ 唯一地决定，而电磁力分量 F_{2z} 的作用是重新分配电弧截面上恒定的电磁压强：在弧柱中心区域，等离子体被加速，这里 $F_{2z}<0$；在弧柱的外围区域，等离子体以同样的数值减速，因为 $F_{2z}>0$。电磁力将周围的气体拖曳到弧柱中，使气体加热并沿轴线方向抽吸(图 3.10)。这个过程与电磁压缩(箍缩效应，一种动压强导致弧柱收缩的效应)一起，通过气流和冷气流注入造成的弧柱边缘区的冷却(热箍缩效应)来压缩弧柱。总体上，电弧中的气流量由电磁力和黏性力共同决定(图 3.9)。

在距离初始计算截面 $z/\delta_0\approx1\sim2$ 的位置上，电磁力与黏性力相当，轴向速度达到最大值。在 $z/\delta_0>2$ 的区域内，黏性力在气体动力学流动形态的形成中占据主导地位。它们重新分配了电弧横截面上的总电磁动量，降低了轴线区域的等离子体流动，使电弧外围的气体以相同的动量运动。这一点通过比较图 3.5 中的计算方案 1～3 可以清晰地看出来。在 $z/\delta_0<1$ 的区域，所有方案中的轴向速度值几乎都相等，这表明黏性力的作用不再重要。在 $z/\delta_0>1$ 的高黏度等离子体区域，轴向速度快速减小，然而在低黏度的情形中速度降低得很缓慢。

当忽略电磁力的影响时(如图 3.10 中的方案 4)，气流流动的总动量实际上是恒定的并等于初始动量。从初始截面开始，轴向速度立即随着坐标 z 的增大和电弧的横向尺寸的增大而减小。在 $z/\delta_0\approx 7$ 的截面处，轴向速度达到方案 1 中的两倍。因而，电弧中的气流量取决于初始动量和黏性力的作用。

3.3.2 基于磁流体力学方程组的数值分析

文献[1]～[4]中给出的数值模拟结果表明，对于无涡流动，采用边界层磁流体力学方程组来描述拉长电弧的特性，其结果与实验数据符合得很好。在模拟具有复杂电极形状的短电弧时，考虑到涡流和回流，必须使用完整的磁流体力学方程组。用该方程组对等离子体炬通道中电弧放电的特征进行的计算[1]表明，通过电弧放电可能产生等离子体环向涡漩、阴极射流和阳极射流。

下面我们来研究氩气中大电流电弧的特征。电弧运行在锥形阴极和平板阳极之间，电流强度 $I=200$ A，弧长 $L=1$ cm，锥形电极的顶角为 60°(图 3.11)。基于边界层方程组构建的温度场(图 3.11(a))，在 500 K 等温线限定的载流弧柱内(邻近阳极的区域除外)，都与实验结果具有很好的一致性。但气流的气体动力学特性与实验结果不尽相符。这是因为在边界层近似的电弧描述中，假设了第二个电极(阳极)位于无穷远处的缘故。因此，计算中没有考虑到等离子体流与阳极射流之间的相互作用、等离子体流在阳极表面的减速以及等离子体流在径向的扩展等因素。

加热后的气体在阳极表面的扩展使得通道内导电区域的尺寸，以及由此引起的电流密度、电场强度和阳极表面压强等物理量都比阳极上的值要小。电磁力在此使作用方反转(从阳极表面指向阴极)，开始阻滞等离子体流动。这为阳极等离子体射流的形成提供了合适的条件。阳极射流从阳极表面带走热量，从而减少了从弧柱流向阳极表面的热流。阳极射流与阴极射流之间相互作用的区域具有这样的特征——电弧的横向尺寸增大了，并形成了典型的带状弧。

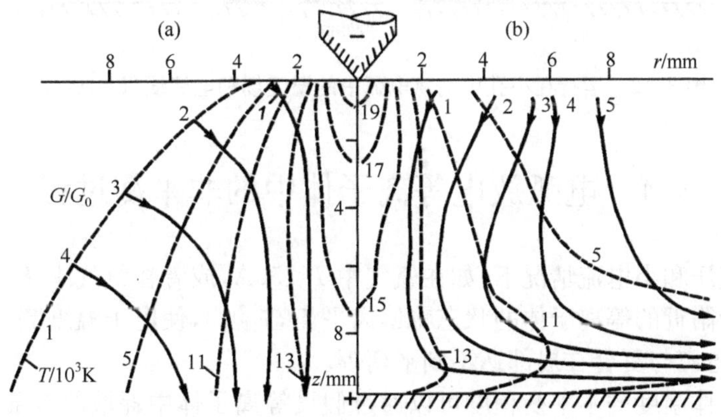

图 3.11 $I=200$A 氩弧的温度场和电流线

(a) 长弧；(b) 短弧

为了探求大电流电弧中磁流体流动的性质，在文献[36]所进行的实验中，弧柱穿过一个圆孔直径为 2.5 mm、厚 4 mm 的水冷铜质孔板。下面来研究 $I=200$ A 时的电弧特性（图 3.12）[1]。从图中可以看出，小孔区域内的温度高达 $T\approx 30000$K；实验中，高强度等离子体流以～300 m/s 的速度对称地从小孔喷出，与电极射流碰撞，形成“等离子体盘”形状。在孔内靠近壁面的低压区，气体沿着孔壁被吸入到小孔厚度的中间位置。电极附近形成了各种涡流：在锥形阴极附近区域内来自小孔的射流与强度较低的阴极射流（$u\approx 250$ m/s）碰撞，然后以某个角度沿径向扩散；在平板阳极附近，等离子体在阳极表面流动。

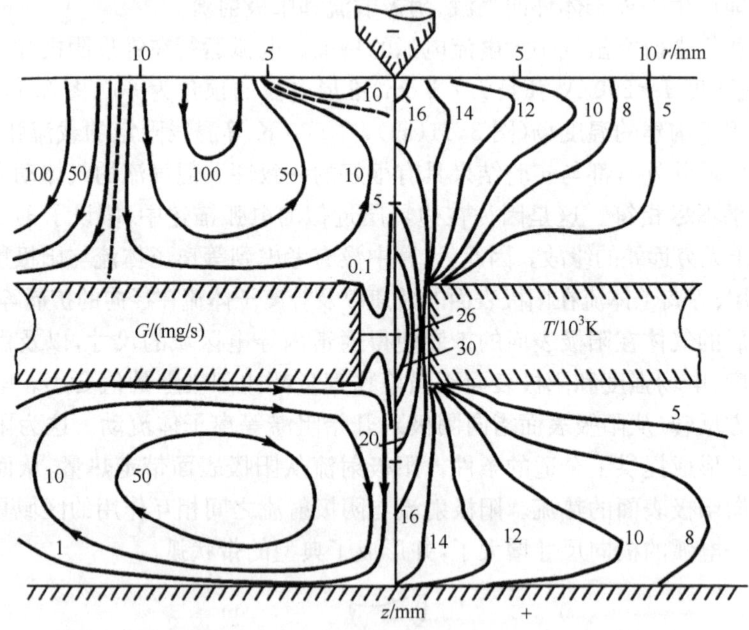

图 3.12　运行在小孔中的氩电弧中的温度场和电流线（$I=200$ A）

3.4　电弧放电等离子体中的非平衡过程

在低气压和小电流情况下（如在氩气中 $I<50$A，或者在氦气中 $I<200$A），电极和通道壁附近的等离子体的状态将偏离平衡态[37,38]，使电子温度高于重粒子温度，气体的电离与复合在局部达不到平衡等。

等离子体温度的不平衡程度可以通过假设等离子体中耗散的全部能量（焦耳热）都经由碰撞由电子传递给重粒子来估算[14]：

$$1-\frac{T}{T_e}=\frac{\sigma E^2}{\delta_e n_e \nu_e 3kT_e/2}=\frac{3\pi}{16\delta_e}\left(\frac{l_e eE}{3kT_e/2}\right)$$

其中，δ_e 是电子与重粒子碰撞所传递能量的份额；ν_e 是碰撞频率；n_e 是电子密度；k 是玻尔兹曼常数；l_e 是电子的自由程。

考虑到等离子体偏离局域热力学平衡温度和电离平衡，描述弧柱的方程体组具有如下形式[1]：

$$\nabla\left(\frac{5}{2}kn_eT_e\boldsymbol{V}_e\right)=\nabla\lambda_e\,\nabla T_e-\varphi_e-U_I\dot{n}_e-Q_e+\boldsymbol{V}\,\nabla p_e+\boldsymbol{jE}$$

$$\nabla\left(\frac{5}{2}k(n_i-n_a)T\boldsymbol{V}\right)=\nabla\lambda\,\nabla T+Q_e+\boldsymbol{V}\,\nabla p,\quad \nabla(n_e\boldsymbol{V}_e)=\dot{n}_e$$

$$\nabla(\rho\boldsymbol{V})=0,\quad \nabla(\boldsymbol{V}\,\nabla\boldsymbol{V})=-\nabla p+\mu_0\boldsymbol{j}\times\boldsymbol{H}+\nabla\tau_{ik}$$

$$\nabla\times\boldsymbol{H}=\boldsymbol{j},\quad \nabla\times\boldsymbol{E}=0,\quad \boldsymbol{j}=\sigma\boldsymbol{E},\quad \boldsymbol{V}_e=\boldsymbol{V}+\boldsymbol{V}_d+\boldsymbol{V}_a+\boldsymbol{V}_t$$

$$\dot{n}_e=K_In_en_a-K_rn_e^2n_i,\quad \rho=m_a(n_i+n_a)$$

$$\delta_e=2m_e/m_a,\quad Q_e=\delta_ev_en_e\,\frac{3}{2}k(T_e-T)\tag{3.35}$$

这里的 $\boldsymbol{V}_a=-D_a\,\nabla(\ln n_e)$，$\boldsymbol{V}_t=-D_a\,\nabla(\ln T_e)$ 和 $\boldsymbol{V}_d=\sigma E/en_e$ 分别是双极扩散速度、热扩散速度和电子的漂移速度；U_I 为电离电位；K_I 和 K_r 分别为碰撞电离系数和三体复合常数。

基于方程组(3.35)，下面来研究大气压下氩等离子体的流动特征。实验条件是[38]：电流强度 $I=25\sim300$ A，通道直径 $d=5\sim30$ mm，气流量 $G=0\sim3$ g/s(如图 3.13 和表 3.1 所示)。为了比较，还给出了用平衡态等离子体模型(方程组(3.7))进行的类似计算所得到的结果。正如计算结果所表明的，与平衡态等离子

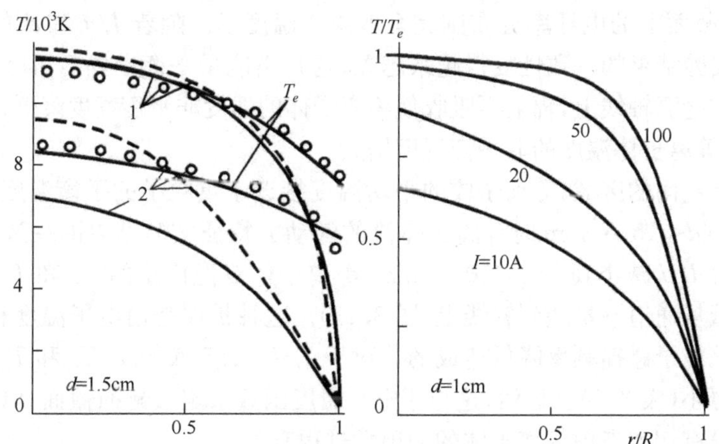

图 3.13　电子和重粒子温度的径向分布，以及通道截面上等离子体温度非平衡态的程度

1. $I=150$ A；2. $I=75$ A

虚线—平衡态温度；圆圈—实验数据[38]

体模型得到的数值相比，局域热力学平衡模型计算得到的 $T_e(r)$，E，$u(r)$，$\mathrm{d}p/\mathrm{d}z$ 的分布与实验数据符合得更好。计算得到的电子温度的平衡温度分布，在电弧轴线上通常比实验结果高，而在外围则较实验结果低；由于当 $I/d<15$ A/mm 时，等离子体的平衡态模型给出的电流传输通道比实验的双温模型的结果窄，这也决定了电场强度的值会更大(表 3.1)。

表 3.1 大气压下氩弧的特性

实验条件	I/A	d=5 mm			d=3 cm				
		T_{e0} /10^3 K	E /(V/cm)	U /(m/s)	T_{e0} /10^3 K	T_{eR} /10^3 K	E /(V/cm)	u/G /(m/g)	$\mathrm{d}p/(\mathrm{d}z\cdot G)$/ [Pa·s/(g·cm)]
LTE 模型		13.7	10.4	15	9.7	0.3	2.1	23.5	0.69
PLTE 模型	75	12.8	9.2	7	8.8	5.3	1.8	24.3	0.72
实验[38]		12	10	7.5	9.2	5	1.7	25	0.65
LTE 模型		21.5	15.2	55	10.5	0.3	2.3	36.6	1.35
PLTE 模型	225	16.2	16.7	15	10.3	6	2.1	37.3	1.39
实验[38]		15	21	18.5	10	6.3	2	36	1.28

在实验测量中以及在部分局域热力学平衡(PLTE)模型中，电弧外围的电子温度通常高于重粒子温度，二者的温度差在通道壁上可达 5000 K，并随着 I/d 的增大而增大。另外，当 $I/d>15$ A/mm 时，采用局域热力学平衡模型计算得到的电弧的电场强度值偏小，这是因为在该模型中，导电传输通道的半径与实验中的相当，而电弧截面上的电导率分布则完全取决于温度场。随着 I/d 和 d 的增大，计算结果与实验结果的一致性变得越来越差，这是由能量平衡中辐射再吸收的增大导致的。在电弧轴线上，辐射再吸收使等离子体的温度非平衡程度降低；而在电弧外围，则使等离子体温度的非平衡程度增大。

在邻近壁面的区域，等离子体的平衡温度接近于重粒子的平衡温度。这个计算结果与 $I/d<15$ A/mm 时等离子体流的气动力特征实验结果的一致性很令人满意。随着 I/d 减小到 $I/d<10$ A/mm，等离子体双温模型的 T_e 和 T 之间存在差异的区域从通道壁扩展到轴线上(图 3.13)。这种扩展是由电子温度和密度，以及电子与重粒子碰撞频率降低造成的。对于 $I/d<2.5$ A/mm，T_e 和 T 的计算值比测量值更小(表 3.1)。显然，这与用电子温度函数来定义碰撞截面，以及定义碰撞截面时没有切实考虑等离子体的动理学过程有关。

因此，当 $2.5\leqslant I/d\leqslant 50$ A/mm 时，双温等离子体模型得到的结果与实验结果最为一致，而当 $10\leqslant I/d\leqslant 50$ A/mm 时，平衡态模型也符合得较好。当 $I/d\leqslant$ 10 A/mm时，局域热力学平衡和部分局域热力学平衡模型给出的电弧导电通道内的结果彼此间几乎完全一致，电弧外围区域的结果却不一致，这里电子温度通常高于重粒子温度。对于给定的初始参数，等离子体偏离电离平衡对等离子体的热性质和电磁性质没有显著影响。对比基于沙哈方程得到的结果，通道横截面上粒子密度的分布有所不同，例如，在电弧轴线上，n_e 的值下降为几分之一，而在电弧外围则要高出几个量级。这与文献[38]中的测量结果一致。

文献[1]，[2]，[39]描述了基于边界层方程组得到的电弧流动的发展过程，其中考虑了等离子体偏离温度平衡和电离平衡的因素，也考虑了内禀电磁力。在文献[2] 中，作者用方程组(3.35)对具有轴向气流的等离子体炬通道初始段内的流动进行了数值分析。文献指出，为了对计算结果与实验结果进行比较，必须确保边界条件足够充分，因为这些条件的影响在整个初始段上都很显著。

文献[31]的作者计算了平板电极表面上的电弧。在定义边界条件时，假设在邻近电极的区域内重粒子的温度分布等同于电极端面上的温度分布：

$$T=(T_K-T_R)\exp(-r^2/R_K^2)+T_R$$

其中，T_K 是电极材料的熔点；R_K 是电极上电弧的半径，由实验确定。这样，无需采用考虑了近电极过程和电极熔融的模型就可以从电极开始计算电弧的特性。电弧的温度分布和电子密度分布通过解一维方程组(3.35)确定，等离子体速度等于零。计算结果表明(图 3.14)，当弧电流从 50 A 增大到 200 A 时，电子温度变化很小(10 000～12 000 K)，只是由非等温区沿与电流相反的方向向电极移动；$z=50R_K/I$。当 $I/2r_*>10$ A/mm 时，电弧的电流传输通道内的等离子体几乎都是平衡态的(除了外围区域)。

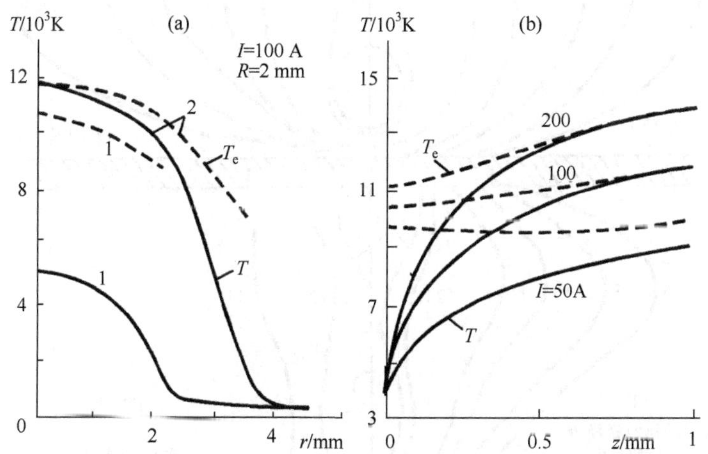

图 3.14　电子温度(虚线)和重粒子温度(实线)的分布

(a) 在 $z=0$ 处(1)和 10 mm 处(2)的径向分布；(b) 沿弧轴线的分布

当电弧的横向尺寸与纵向尺寸相当时，电极对等离子体特性的影响就变得很大。文献[40]基于考虑了等离子体温度的非平衡因素的“强化”方程组，计算了从电极出口附着到平板阳极上的短弧。文献[1]和[31]中也在考虑了与双极扩散和热扩散相关过程的基础上，计算了窄缝中的电弧。

文献[31]计算了从阴极出口附着到平板铜阳极(T_k=1600 K)上的大气压氩弧，初始数据采用文献[36]中的实验结果。图 3.15 表明，短弧中的流动形态和气体加热模式与长弧中的过程有着本质的不同：计算区域内形成了具有特定旋转方向的环状涡漩，旋转方向取决于阳极上的电弧尺寸。当 R_a=8 mm 时，等离子体流

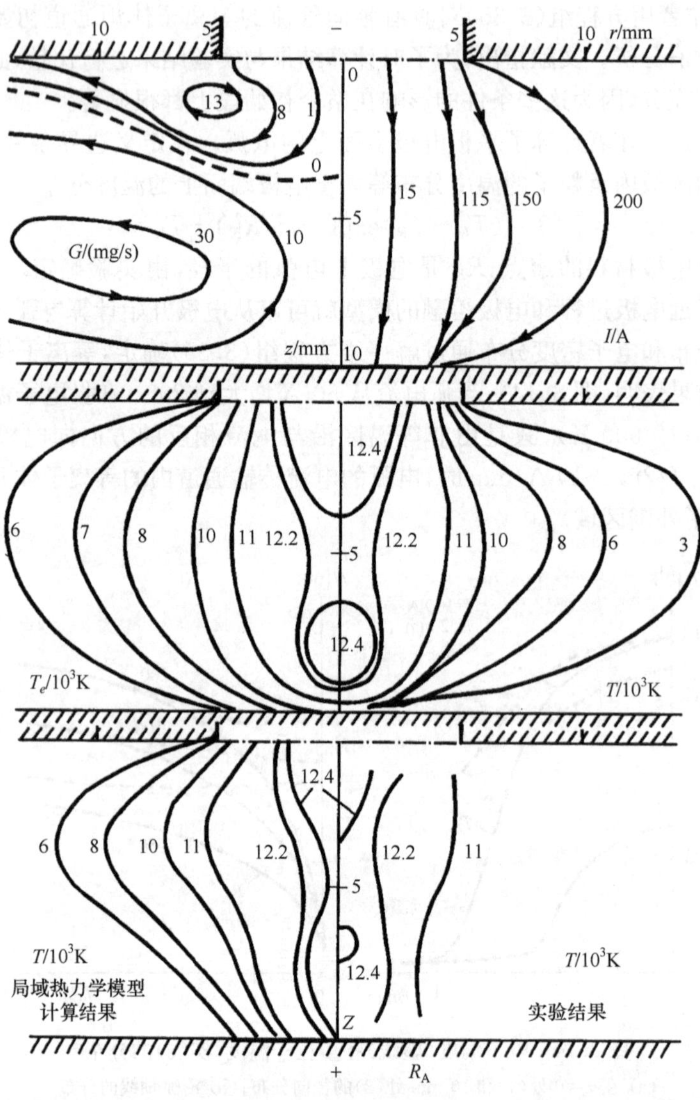

图 3.15　在大气压下自由燃烧的氩弧中的气体的流线、电流场和温度场

I=200 A, G_0=0.5 g/min

离开喷嘴后膨胀到 $r_{*\max}=15$ mm，然后被电磁力加速流向阳极表面并沿径向扩展。由于内禀磁场的压缩（箍缩效应），在指向阳极表面的方向上，电弧尺寸减小了，这会增大电流通道中的热压强，从而使流向阳极表面的等离子体流减速。附着到阳极上的等离子体流与“微弱”的阳极射流相互作用，使能量向射流碰撞区传递，电弧主干的可见光区形成了典型的带状。在电弧外围和阳极表面均探测到很大的温度差异。

随着阳极上电弧尺寸减小到 $R_a=4.25$ mm，流动形态发生了定性变化。阳极表面电流密度的增大提高了从阳极表面到高强度等离子体弧柱的压强和生热强度，方向从阳极指向阴极。阳极射流与弧柱中等离子体流的相互作用，以及后者在附着区表面沿径向扩展形成了“等离子体盘”形的可见电弧边界。电子温度的计算结果比采用平衡态等离子体模型进行相同计算的结果更好地符合实验数据。

对窄缝中电弧特征的数值研究[1]揭示了通道壁的影响，即使在 $I/2r_*>10$ A/mm 的条件下，等离子体在弧柱的整个截面上也偏离平衡状态。与阳极射流（$R=2R_K$）相比，阴极上的小尺寸电弧（I/R_K 值高）能产生更高强度的阴极射流。这些射流在窄缝中相互作用产生一系列环状涡流。等离子体流的动量等于电磁动量 $\mu I^2\ln|r_{*\max}/R_K|$，电弧好像试图凭借这个力“挤开”狭缝的壁面。

3.5　湍流中的电弧

大量的理论与实验已经研究了电弧在湍流气流中的行为[1,2,41,42]。按照文献[42]中的分类方法，电弧放电分为两类：

——湍流气体中的电弧；

——湍动电弧。

第一个概念包括由湍流流体围绕的层流电弧的情况，以及小尺度湍流渗透入稳定电弧的电流传输通道的情况。这类放电可以基于磁流体力学方程组来模拟。

“湍动电弧”表示的是一种与大尺度湍流相互作用的电弧放电。对于这种情况，必须采用概率统计描述。

在大多数情况下，湍流中电弧的计算采用的是半经验的湍流理论，并利用与某些物理量性质有关的假设和实验数据作为补充。基于混合长度概念的模型对应于一级模型。然而在许多情况下，必须使用多参数模型，如湍流尺度传递模型、湍动动能模型等[43]。

3.5.1　湍流模型

下面来研究其中有炽燃电弧的气体的稳态运动[44]，假设这种运动用方程组(3.7)描述。由于湍流的存在，气流的速度、温度、气体密度与压强、电导率、电场强度以及气流的其他参数的实际瞬时值都表现出对某个稳定的平均值的随机偏离。利用雷诺法，脉动量可以用如下形式表示：

$$\varphi=\bar{\varphi}+\varphi'(t) \tag{3.36}$$

这里的 φ 是某一个物理量的瞬时值，$\bar{\varphi}$ 是该量的时间均值，$\varphi'(t)$ 为脉动值。我们认为脉动值相对于时间均值而言很小，并且后者与几乎取平均的方法无关。

下面来研究不可压缩气体，忽略压强和电磁量的脉动，并认为只有速度和温度存在脉动。把方程(3.36)代入方程(3.7)，并取平均，然后应用布辛涅司克(Bussinesq)定律：湍流的切应力与平均应变率的函数关系形式上与层流的切应力的牛顿方程一致。从中可以看出，如果气体的黏度和热导率分别由层流和湍流的黏度和热导率之和来表示：

$$\eta=\eta_l+\eta_t,\quad \lambda=\lambda_l+\lambda_t \tag{3.37}$$

那么方程组(3.7)对于时间平均下的湍流仍然保持其原有形式。为了求出 η_l 和 λ_l，必须运用经验数据和适当的、具有半经验性质的湍流理论。我们将给出用于计算电弧等离子体流的这些理论的方程[44]。

将普朗特的混合长度理论用于通道壁附近区域，得到湍流黏度的分布。按照该理论，湍流的黏度和热导率分别等于：

$$\eta_t=\rho l_u^2\left|\frac{\partial u}{\partial r}\right|,\quad \lambda_t=\rho c_p l_u l_t\left|\frac{\partial u}{\partial r}\right|,\quad l_u=K(R-r) \tag{3.38}$$

这里的 l_u,l_t 分别是动量和热容的混合路径长度；$K=0.41$ 是卡尔曼常数。描述湍流黏度和热导率之间关系的湍流普朗特数

$$Pr=\frac{\eta_t c_p}{\lambda_t}=\frac{l_u}{l_t} \tag{3.39}$$

通常接近于1，因此可以认为 $l_u=l_t$。

利用普朗特-柯尔莫哥洛夫关系

$$\eta_t=C_\eta\rho k^2/\varepsilon \tag{3.40}$$

我们确定了湍动能耗散率的壁面分布。这里的 $k=\sum_{i=1}^{3}(u'_i)^2/2$ 为湍流脉动动能；$\varepsilon=\frac{\eta_t}{\rho}\sum_{i,k}\left(\frac{\partial u'_i}{\partial x_k}\right)^2$ 为湍动能的耗散率；C_η 为经验常数。

k-ε 模型被用于计算整个范围内气流的速度与温度分布，除了很窄的壁面层以外[43]。在这种情况下，湍流黏度由普朗特-柯尔莫哥洛夫方程(3.40)给出。湍流的导热系数由方程(3.39)确定。用于确定场 $k(r,z)$ 和 $\varepsilon(r,z)$ 的方程组由脉动分量方程组导出，而这个脉动分量则通过运用雷诺程序与平均值方程组一起导出，并具有如下形式：

$$\frac{\partial}{\partial z}(\rho ukr)+\frac{\partial}{\partial r}(\rho vkr)-\frac{\partial}{\partial z}\left[\Gamma_k r\frac{\partial k}{\partial z}\right]-\frac{\partial}{\partial r}\left[\Gamma_k r\frac{\partial k}{\partial r}\right]-rS_k=0$$

$$\frac{\partial}{\partial z}(\rho u\varepsilon r)+\frac{\partial}{\partial r}(\rho v\varepsilon r)-\frac{\partial}{\partial z}\left[\Gamma_{\varepsilon}r\frac{\partial\varepsilon}{\partial z}\right]-\frac{\partial}{\partial r}\left[\Gamma_{\varepsilon}r\frac{\partial\varepsilon}{\partial r}\right]-rS_{\varepsilon}=0 \tag{3.41}$$

这里 $\Gamma_k=\eta_l+\frac{1}{\sigma_k}-\eta_t,\Gamma_\varepsilon=\eta_l+\frac{1}{\sigma_\varepsilon}-\eta_t$,

$$S_k=\eta_t G-\varepsilon,\quad S_\varepsilon=\frac{\varepsilon}{k}(C_{\varepsilon1}\eta_t G-C_{\varepsilon2}\varepsilon)$$

$$G=2\left[\left(\frac{\partial u}{\partial z}\right)^2+\left(\frac{\partial v}{\partial r}\right)^2+\left(\frac{v}{r}\right)^2\right]+\left[\frac{\partial u}{\partial r}+\frac{\partial v}{\partial z}\right]^2$$

模型中经验常数的取值为 $\sigma_k=1,\sigma_\varepsilon=1.3,C_{\varepsilon1}=1.44,C_{\varepsilon2}=1.92$。

应用多参数模型能够更好地理解电弧中的湍流动力学和空间演变。解方程组(3.41)就能够清晰地把握每一种具体情况下湍流能量在电弧温度场中的产生、耗散和对流输运的作用,从而能够描述更加复杂的湍流,计算结果也比简单的一级半经验模型更加符合实验结果。

有一点很重要:选择最佳的模型常数存在一定的困难。因为我们缺乏了解有关电弧中具体等离子体流所必需的实验信息。而且,近壁湍流的各向异性也会导致 ε 的边界条件难以确定。

现在来分析基于 k-ε 模型得到的圆管状通道中被湍流气流冷却的电弧的特性[44]。计算条件是:通道半径 $R=3$ mm,弧电流 $I=100$A,气流量 $G=3$ g/s,等离子体形成气体为氩气,气体的热力学参数和输运参数取自文献[1]。

计算的边界条件如下:

$$z=0:\quad T=T^0(r),u=u^0(r),\frac{\partial v}{\partial z}=0,k=k^0(r),\varepsilon=\varepsilon^0(r)$$

$$z=L:\quad \frac{\partial^2 T}{\partial z^2}=0,\frac{\partial^2 u}{\partial z^2}=0,\frac{\partial^2 k}{\partial z^2}=0,\frac{\partial^2 \varepsilon}{\partial z^2}=0,p=p^0$$

$$r=0:\quad \frac{\partial T}{\partial r}=0,\frac{\partial u}{\partial r}=0,\frac{\partial k}{\partial r}=0,\frac{\partial \varepsilon}{\partial r}=0$$

$$r=R:\quad T=T_w,u=0,v=0,k=0$$

近壁区域中的 ε 的边界值通过方程(3.40)从 η_t 的分布中得到。

3.5.2 结果分析

计算结果如图 3.16～图 3.18 所示。图 3.16(a)清晰地表明,①压强梯度造成气体和等离子体沿轴向加速;②$\partial u/\partial r$ 的值在近壁区域随坐标 z 的增大而增大,最终形成$\frac{\partial u}{\partial r}\gg\frac{\partial u}{\partial z}$的边界层湍流。图 3.16(b)表明,计算区域中的主导效应是气流进入电弧,气体向电弧外流动仅在放电截面的外围区域观察到。径向速度的最大值随着 z 的增大而向电弧的外边界偏移。进入电弧的气流在这种情形中出现的偏移的原因有一种解释:气体的密度依赖于温度。在初始截面附近的电弧外围,等离子体的移动与对外部气体的加热有关,但随着 z 的增大,电弧对外部气流的加热和对内部的冷却(图 3.17)导致形成回流进入放电的中心区域。我们还注意到,当 $z/R>4$ 时,$v \ll u$ 这一典型的边界层条件是满足的。

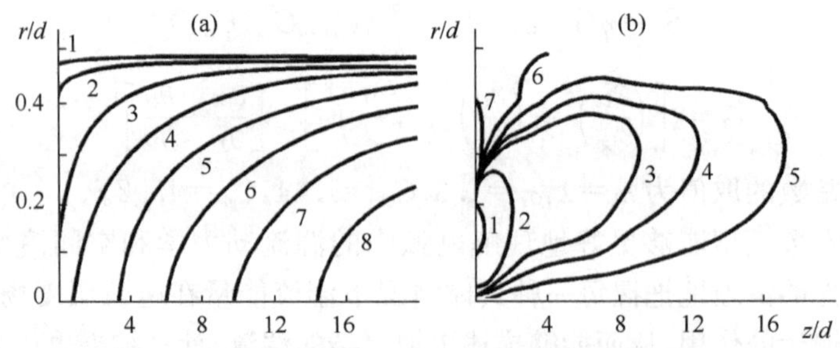

图 3.16　湍流中电弧的轴向速度(a)和径向速度(b)的等值线

(a)u,m/s:(1)200,(8)1600,等值线步长为 200 m/s;

(b)v,m/s:(1) 25,(2)10,(3)5,(4)3.3,(5)1.7,(6)0,(7)5

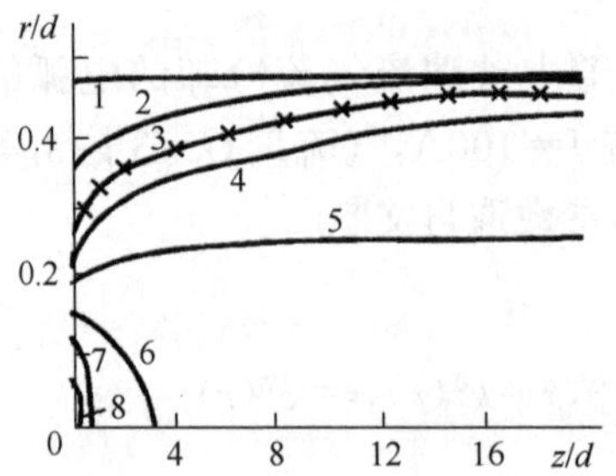

图 3.17　温度场 T/K:(1)2000,(7)14000,等温线的步长为 2000 K,"×"表示弧的边界

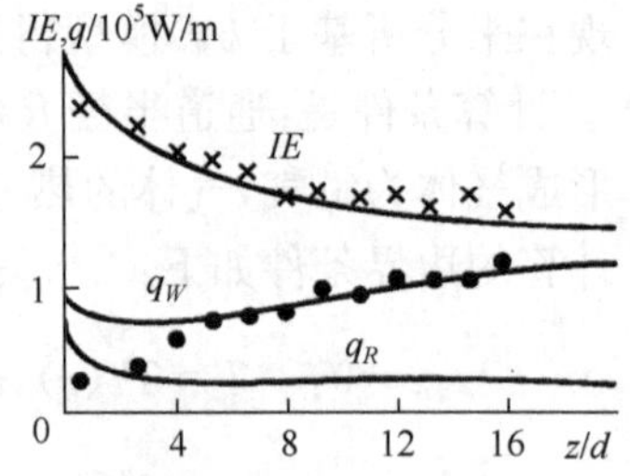

图 3.18　电弧中的比热流 IE、流向通道壁的热流 q_W、辐射热流 q_R 的轴向变化

●和×是取自文献[45]的实验数据

图 3.17 中的温度场的特征是,温度在近壁面区域内变化很大,而在近轴线区域内变化很小。这是典型的低热流湍流分布。还有一点也很重要,在初始截面附近,温度沿轴线 z 变化很大,这意味着在该区域运用边界层近似是有问题的。

图 3.18 表明电场强度和流入通道壁的热流 q_W 的计算值与实验值有很好的一致性。在初始截面附近,q_W 的计算值与实验值之间的差别显然与初始条件的定义有关(所定义的初始条件并不完全复核实际情况)。还应注意到能量产生曲线 IE 和 q_W 的收敛趋势,因为这种趋势表征着完全发展的湍流态的建立过程。然而,在所研究的情况下,通道的长度还不足以在最终的分析中建立起这种完全发展的湍流态。

对计算结果的分析表明,湍流动能的产生主要集中在 $0.6<r/R<0.9$ 的区域

内，并通过气流的对流和壁面的扩散沿着 z 方向传递。湍动能耗散的最大区域是近壁面区。湍流黏度比冷氩气分子的黏度高两个数量级。

因此，作为研究电弧系统特性的手段，对电弧放电中的物理过程进行理论分析和数值模拟具有重要的作用。在实验数据能够用于封闭模型并用于表述初始条件和边界条件时，这种方法能够最有效地将复杂的实验-理论方法运用于实验现象的分析。此外，模拟计算还能给出因某些原因无法通过实验来确定的等离子体特性和参数。

对于将理论法和理论-实验结合的方法应用于研究电弧系统而言，重要的任务是将这些方法扩展到工程实践中去。为此，我们有必要发展出计算简便、工作量少而结果又充分精确可靠的物理模型和数学模型。

第 4 章　电弧等离子体炬中过程的模拟

4.1　过程模拟的概念

现有的电弧理论，由于难以将等离子体炬中发生的所有过程都考虑进来，因而还不能提供一种精确计算电弧等离子体炬的方法。因此，在等离子体炬的发展和设计中，经常有必要采用电弧研究中得到的实验数据。然而，在研发更大功率的等离子体炬时，将这些数据简单地外推到没有研究过的参数区会造成很大误差，并且，原则上说，这么做也是无效的。不过，每次都在新条件下进行实验研究会非常耗时，成本也高，尤其在高功率条件下进行这类实验更是如此。因此，我们有必要先来回答如下问题：为了解决新问题，如何利用在低功率系统中获取的结果？相似性与量纲理论为解决这个问题提供了答案，这就是“模拟”。

模拟就是发展出这样一些方法：在较小尺度的模型上研究与我们感兴趣的自然现象类似的现象，然后将研究结果应用到其他条件下。这种方法很久以前就发展出来了，最初应用于流体力学和热能工程领域[1-5]，在过去几十年中，它被应用于等离子体动力学领域[6-11]。

模拟方法的基本思想是利用模型实验的结果来预测各种效应、其数值大小以及它们与自然条件下发生的效应之间的关系。因此，用对物理上相似现象的研究来替代自然现象的研究，这不仅更加方便、简单、快捷，而且可以低成本地实现。不过，需要牢记的是，这种对某个现象的一般意义上的定量关系只有建立在大量信息的基础上才是可行的。因此在定量研究前，我们需要对所研究的现象进行长期的物理探索。

两个过程相似的充要条件是某一组待定的复合参数（相似准则）在数值上相等。人们已经找到了一些导出这些准则的方法。然而，仅确定两种现象相似是不够的。在等离子体动力学研究中，模拟的主要任务和目的是归纳这些模型研究所取得的结果，并根据前述的相似准则用数学表达式将这些结果表示出来。具体到电弧等离子体炬，要解决的问题，或者说实验数据的归纳，就是要确定每一种类型的等离子体炬中电弧的伏安特性和热特性的控制参数的广义方程。这两类方程代表着设计工作的基础，而且目前它们还不能通过其他方法（如解析法）得到。

4.2　确定相似准则的方法

确定相似准则的方法主要有两种:系统法和参数法。系统法是用一组方程来描述所研究的现象,然后对其运用应用相似性原理中的 π 定理。

确定相似准则的参数法是基于对给定现象的物理理解并最大可能地考虑所有控制参数,然后对这组参数值运用量纲理论的 π 定理。如果说系统法相对熟悉,并且在一定程度上很标准,那么参数法则要求具有更深厚的知识和敏锐的直觉。

在描述某一过程的基本方程组的基础上对相似性条件进行分析会给出比基本量纲分析更加丰富的信息,即使这些方程组不能成功求解。然而,这种方法总会遇到关于如何有效选择方程组和边值条件的问题。因此,在电弧理论的发展中这两种方法通常一起运用。

根据相似性原理,不同的物理现象之间仅当满足同一组封闭的方程体组和边值条件时,才是相似的。

一组描述某个具体物理现象的方程在用无量纲的形式表达之后,就不仅表示某个具体现象,而是表示一类相似现象。

纯形式化的量纲分析可用于信息仅限于影响给定过程的基本参数和物理特性的情形。然而,在此情形中,我们没有足够的依据来选择相似准则的数目,更有甚者,我们无法据此分析它们之间可能存在的关系。

就无量纲的方程组而言,有必要区分归纳所必需的复合相似准则和单一相似准则。复合相似准则由量纲不同的近似量组成;单一无量纲相似准则由同类量组成,即这些量都具有相同的量纲。例如,属于单一相似准则的有常数 π,它等于圆的周长与直径之比,以及前述的无量纲坐标 $\bar{z}=z/d$,这里 d 是通道直径,z 是轴向坐标。

根据相似性理论的 π 定理,决定相似现象类别的方程组的解可以用复合相似量和单一相似量的任意关系式来表示。找到这样一个解的最适当方式是用这些单一量与复合量的幂的乘积形式来表示这个解。

1. 参数法

该方法的运用可通过一个黏性不可压缩流体在管道中流动的例子来演示。假设流动由这些主要参数决定:管道直径 d,管道长度 l,压差 Δp,流体的黏度 ν、密度 ρ 以及流体运动速度 υ。然后假设存在一个方程将这些参数联系起来

$$f(p,\nu,\upsilon,\rho,d,l)=0 \tag{4.1}$$

所谓 π 定理,就是说如果一种现象由 n 个有量纲量决定,令 k 是基本量纲的数目,则由 k 个基本量纲决定的导出的量纲的数目为$(n-k)$,于是该现象可以用关于

这$(n-k)$个无量纲准则的关系式来表示，该关系式由不同幂次的基本量纲组成。

下面，我们运用这条π定理来导出有关管道中不可压缩黏性流体的相似准则。

在方程(4.1)中有6个有量纲量($n=6$)，我们可以用三个基本量纲来表示这些量：米、千克、秒($k=3$)。按照π定理，该方程可以表示成$(n-k)=6-3=3$个无量纲量之间关系式的形式。

作为一般形式，无量纲相似准则可以表示成由n个有量纲量的不同幂次的乘积形式：

$$K_i = p^{n_1} \cdot \nu^{n_2} \cdot \upsilon^{n_3} \cdot \rho^{n_4} \cdot d^{n_5} \cdot l^{n_6} \tag{4.2}$$

该表达式中的有量纲量将用适当的基本量纲来替换：L(m)，M(kg)，T(s)。按照广泛接受的规则，某个物理量置于方括号内表示其量纲：

$$[p]=\mathrm{M}\cdot\mathrm{L}^{-1}\cdot\mathrm{T}^{-2},\quad [\nu]=\mathrm{L}^2\cdot\mathrm{T}^{-1},\quad [\upsilon]=\mathrm{L}\cdot\mathrm{T}^{-1}$$

$$[\rho]=\mathrm{MT}^3,\quad [d]=\mathrm{L},\quad [l]=\mathrm{L}$$

如果某个相似准则是一个无量纲量，那么其量纲就应该记为$[K_i]=1$。因此，从方程(4.2)得到

$$[K_i]=(\mathrm{M}\cdot\mathrm{L}^{-1}\cdot\mathrm{T}^{-2})^{n_1}(\mathrm{L}^2\cdot\mathrm{T}^{-1})^{n_2}(\mathrm{LT}^{-1})^{n_3}(\mathrm{ML}^{-3})^{n_4}(\mathrm{L})^{n_5}(\mathrm{L})^{n_6}=1$$

打开括号，合并同类项，得到

$$\mathrm{M}^{n_1+n_4}\,\mathrm{L}^{-n_1+2n_2+n_3-3n_4+n_5+n_6}\,\mathrm{T}^{-2n_1-n_2-n_3}=1$$

这表明所求的(复合或者单一)相似准则的无量纲形式的条件是每一个基本量的幂指数等于零：

$$n_1+n_4=0$$

$$-n_1+2n_2+n_3-3n_4+n_5+n_6=0$$

$$-2n_1-n_2-n_3=0$$

因此

$$\begin{aligned} n_1 &= -n_4 \\ n_3 &= 2n_4-n_2 \\ n_6 &= -n_2-n_5 \end{aligned} \tag{4.3}$$

将方程(4.3)中的n_1，n_3和n_6的值代入方程(4.2)分别替换第i个相似准则，得到

$$K_i = p^{-n_4}\nu^{n_2}\upsilon^{2n_4-n_2}\rho^{n_4}d^{n_5}l^{-n_2-n_5} \tag{4.4}$$

根据线性代数的运算法则[12]，当一个方程系统中未知量的数目大于方程的数目时，在方程(4.4)中就可以任意选择量n_2，n_4和n_5。为了简化计算，将对每个n_i依次赋值1，其他量等于0。

因此，如果$n_2=1$，$n_4=n_5=0$，就有

$$K_1=\nu^1\upsilon^{-1}\cdot l^{-1}=\frac{\nu}{\upsilon l}\equiv\frac{1}{Re}$$

如果$n_4=1$，$n_2=n_5=0$，就有

$$K_2 = p^{-1} \upsilon^2 \rho^1 = \rho \upsilon^2 / p \equiv Eu$$

如果 $n_5 = 1, n_2 = n_4 = 0$，就有

$$K_3 = d^1 \cdot l^{-1} = d/l$$

这样，我们便得到众所周知的复合相似准则——雷诺数和欧拉数，以及单一相似准则 $K_3 = d/l$。

根据相似性理论，这种情况下流体运动方程的通解可以表示成关于相似准则的函数：

$$f(Eu, Re, d/l) = 0$$

该方程被称为准则方程，通常用于求解一个未确定的准则。例如，如果已确定的量是压强梯度，未确定的准则是欧拉数，那么这个准则关系式的形式为

$$Eu = \Phi(Re, d/l) \tag{4.5}$$

2. 系统法

系统法的基础是所有物理方程满足典型的量纲和谐原理（homogeneity principle，或称齐次原理）。根据这一原理，这些方程的所有项应具有相同的量纲。系统法有几种变型，这里仅研究其中之一：将方程组无量纲化的方法。

作为例子，我们运用该方法来确定一组描述管道中不可压缩黏性流体运动特征的相似准则。这个方程被称为纳维-斯托克斯方程

$$(\boldsymbol{\upsilon}, \text{grad})\boldsymbol{\upsilon} = g - \frac{1}{\rho}\text{grad } p + \upsilon \nabla^2 \boldsymbol{\upsilon} \tag{4.6}$$

这里采用与矢量理论[13]一致的符号，以便简化方程的形式：

$$(\boldsymbol{\upsilon} \cdot \text{grad})\boldsymbol{\upsilon} = \boldsymbol{i}\left(\upsilon_x \frac{\partial \upsilon_x}{\partial x} + \upsilon_y \frac{\partial \upsilon_x}{\partial y} + \upsilon_z \frac{\partial \upsilon_x}{\partial z}\right) + \boldsymbol{j}\left(\upsilon_x \frac{\partial \upsilon_y}{\partial x} + \upsilon_y \frac{\partial \upsilon_y}{\partial y} + \upsilon_z \frac{\partial \upsilon_y}{\partial z}\right)$$
$$+ \boldsymbol{k}\left(\upsilon_x \frac{\partial \upsilon_z}{\partial x} + \upsilon_y \frac{\partial \upsilon_z}{\partial y} + \upsilon_z \frac{\partial \upsilon_z}{\partial z}\right)$$

$$\text{grad } p = \boldsymbol{i}\frac{\partial p}{\partial x} + \boldsymbol{j}\frac{\partial p}{\partial x} + \boldsymbol{k}\frac{\partial p}{\partial x}$$

$$\nabla^2 \upsilon \equiv \Delta \upsilon = \boldsymbol{i}\left(\frac{\partial^2 \upsilon_x}{\partial x^2} + \frac{\partial^2 \upsilon_x}{\partial y^2} + \frac{\partial^2 \upsilon_x}{\partial z^2}\right) + \boldsymbol{j}\left(\frac{\partial^2 \upsilon_y}{\partial x^2} + \frac{\partial^2 \upsilon_y}{\partial y^2} + \frac{\partial^2 \upsilon_y}{\partial z^2}\right) + \boldsymbol{k}\left(\frac{\partial^2 \upsilon_z}{\partial x^2} + \frac{\partial^2 \upsilon_z}{\partial y^2} + \frac{\partial^2 \upsilon_z}{\partial z^2}\right)$$

$\boldsymbol{i}, \boldsymbol{j}$ 和 $\boldsymbol{k}$ 为笛卡儿坐标系中的单位向量（单位矢量）。我们引入无量纲参数：速度 υ，密度 ρ，重力加速度 g，黏度 ν，坐标 x, y, z，以及压强 p：

$$\frac{\upsilon}{\upsilon_0} = \upsilon^*, \quad \frac{\rho}{\rho_0} = \rho^*, \quad \frac{g}{g_0} = g^*, \quad \frac{\nu}{\nu_0} = \nu^*, \quad \frac{x_i}{L} = x_i^*, \quad \frac{p}{p_0} = p^*$$

这里 $\upsilon_0, \rho_0, g_0, \nu_0, L$ 和 p_0 是流动参数的特征值。把它们代入方程(4.6)并将该方程改写成如下形式

$$\frac{\upsilon_0^2}{L}(\upsilon^* \cdot \text{grad})\upsilon^* = g_0 g^* - \frac{p_0}{\rho_0 L} \cdot \frac{1}{\rho^*} \cdot \text{grad } p^* + \frac{\nu_0 \upsilon_0}{L^2}\nabla^2 \upsilon^*$$

将式(4.6)中的各项除以$\frac{\upsilon_0^2}{L}$,就得到

$$(\upsilon^* \ \text{grad})\upsilon^* = \frac{g_0 L}{\upsilon_0^2} g^* - \frac{p_0}{\rho_0 \upsilon_0^2}\frac{1}{\rho^*}\text{grad } p^* + \frac{\nu_0}{\upsilon_0 L}\nabla^2 \upsilon^*$$

其中每一项都含有通常被称为相似准则的无量纲复合量:

$$\frac{g_0 L}{\upsilon_0^2} = Fr(\text{弗劳德数}), \quad \frac{p_0}{\rho_0 \upsilon_0^2} = Eu(\text{欧拉数}), \quad \frac{\upsilon_0 L}{\nu_0} = Re(\text{雷诺数})$$

因此,系统法能够确定无量纲量之间的关系,包括工艺参数的数值和介质的物理特征量。根据量纲理论,这些无量纲复合量即可被用作相似准则。

基于某一过程的基本方程组的系统法所提供的信息远多于用参数法进行基本分析所得到的,即使这些方程不能成功求解。这一点在研究同时发生多种物理现象的电弧过程时尤为明显。不过,在寻求等离子体动力学的相似准则时,使用这两种方法都很方便。到底选取这两种方法中的哪一种既取决于对物理过程的认识,也取决于能否给出描述这些过程的相应的方程组。

4.3 电弧过程的相似准则

近似描述发生在电弧等离子体炬电弧室中的过程的方程组包括:

运动方程 $\rho\frac{\partial \boldsymbol{\upsilon}}{\partial t} + \rho(\boldsymbol{\upsilon}, \text{grad})\boldsymbol{\upsilon} = \rho \boldsymbol{g} + \text{grad } p + \boldsymbol{j} \times \boldsymbol{B} + \rho\nu \nabla^2 \boldsymbol{\upsilon}$

气流的连续性方程 $G = \int \rho \boldsymbol{\upsilon} \cdot \text{d}\boldsymbol{S}$

电流的连续性方程 $I = \int \boldsymbol{j} \cdot \text{d}\boldsymbol{S}$

单位长度弧柱上的能量方程

$$\frac{\pi D^2}{4}\rho\boldsymbol{\upsilon} \cdot \text{grad}\left(h + \frac{\upsilon^2}{2}\right) + \pi D\alpha(T - T_w) = \pi d_a \sigma_i \varepsilon_i T_a^4 + \frac{4I^2}{\pi\sigma d_a} + \pi d_a \lambda \cdot \text{grad } T$$

——磁场的旋度方程 $\text{rot } \boldsymbol{B} = \mu_M \boldsymbol{j}$

——欧姆定律 $\boldsymbol{j} = \sigma \boldsymbol{E}$

——电位差方程 $U = \int E \text{d}x$

——分流条件[7,14] $a_1 \frac{Ex}{pD} > U_i$

这里

$$\boldsymbol{j}\times\boldsymbol{B}=\boldsymbol{i}(j_yB_z-j_zB_y)+\boldsymbol{j}(j_zB_x-j_xB_z)+\boldsymbol{k}(j_xB_y-j_yB_x)$$

$$\mathrm{rot}\,\boldsymbol{B}=\boldsymbol{i}\left(\frac{\partial B_z}{\partial y}-\frac{\partial B_y}{\partial z}\right)+\boldsymbol{j}\left(\frac{\partial B_x}{\partial z}-\frac{\partial B_z}{\partial x}\right)+\boldsymbol{k}\left(\frac{\partial B_y}{\partial x}-\frac{\partial B_x}{\partial y}\right)$$

其中，μ_M 是物质的磁导率，1H/m＝1T/(A/m)；U_i 是原子的离解势；B 是磁感应强度，单位为 T；$a_1=8kT/\pi d^2$；玻尔兹曼常数 $k=1.38\times10^{-23}$，单位为 J/K；d_a 是弧柱直径。

为了封闭方程组，还应包括与温度 T，压强 p 和与气体种类有关的如下参数：密度 ρ，焓值 h，电导率 σ，热导率 λ，辐射系数 ε 以及等离子体炬设计所决定的边界条件。

为了确定相似准则，需要将方程组中的有量纲参数替换成下列无量纲参数，以便将方程组中的所有方程表示成无量纲形式：

$$v^*=\frac{v}{v_0},T^*=\frac{T}{T_0},\rho^*=\frac{\rho}{\rho_0},p^*=\frac{p}{p_0},j^*=\frac{j}{j_0}$$

$$h^*=\frac{h}{h_0},\lambda^*=\frac{\lambda}{\lambda_0},E^*=\frac{E}{E_0},\sigma^*=\frac{\sigma}{\sigma_0},\nu^*=\frac{\nu}{\nu_0},\mu_M^*=\frac{\mu_M}{\mu_{M,0}}$$

$$\chi_i^*=\frac{\chi_i}{\chi_0},B^*=\frac{B}{B_0},U^*=\frac{U}{U_0},t^*=\frac{t}{\tau_0},I^*=\frac{I}{I_0}$$

$$D^*=\frac{D}{L},d^*=\frac{d}{L}$$

于是方程组的形式改写为

$$\frac{\rho_0v_0}{\tau_0}\rho^*\frac{\partial v^*}{\partial t^*}+\frac{\rho_0v_0^2}{L}\rho^*(v^*,\mathrm{grad})v^*=\rho_0g_0\rho^*g^*+\frac{p_0}{L}\cdot\mathrm{grad}\,p^*$$

$$+j_0B_0\boldsymbol{j}^*\times\boldsymbol{B}^*+\frac{\rho_0v_0v_0}{L^2}\rho^*v^*\nabla^2v^* \quad \text{(a)}$$

$$G_0G^*=\rho_0v_0S_0\int\rho^*v^*\mathrm{d}S^* \quad \text{(b)}$$

$$I_0I^*=j_0L^2\int j^*\mathrm{d}S^* \quad \text{(c)}$$

$$\rho_0Lv_0h_0\frac{\pi}{4}D^{*2}\rho^*v^*\cdot\mathrm{grad}\,h^*+\rho_0Lv_0^3\frac{\pi}{4}D^{*2}\rho^*v^*\cdot\mathrm{grad}\frac{v^{*2}}{2}+L\alpha_0T_0\pi D^*\alpha^*(T^*-T_w^*)$$

$$=L\sigma_i\varepsilon_iT_0^4\pi d_a^*\sigma_i^*\varepsilon_i^*T_a^{*4}+\frac{I_0^2}{\sigma_0L^2}\frac{4}{\pi}\frac{I^{*2}}{\sigma^*d_a^{*2}}+\lambda_0T_0\pi d_a^*\lambda^*\cdot\mathrm{grad}\,T^* \quad \text{(d)}$$

$$\frac{B_0}{L}\mathrm{rot}\,\boldsymbol{B}^*=\mu_{M,0}j_0\mu_M^*\boldsymbol{j}^* \quad \text{(e)}$$

$$j_0j^*=\sigma_0E_0\sigma^*E^* \quad \text{(f)}$$

$$U_0U^* = E_0L\int E^* \mathrm{d}l^* \tag{g}$$

$$a_1 \frac{E_0}{p_0}\frac{E^* \chi^*}{p^* d^*} > U_0U_i^* \tag{h}$$

方程(a)中的所有项除以$\frac{\rho_0 \upsilon_0^2}{L}$,方程(b)除以 G_0,方程(c)除以 I_0,方程(d)除以 $\rho_0 L\upsilon_0 h_0$,方程(e)除以 B_0/L,方程(f)除以 j_0,方程(g)除以 U_0,方程(f)除以 U_0。

经过上述运算后,方程组转化成无量纲形式:

$$\frac{L}{\tau_0 \upsilon_0}\rho^* \frac{\partial \upsilon^*}{\partial t^*} + \rho^* (\upsilon^*, \mathrm{grad})\upsilon^* = \frac{g_0 L}{\upsilon_0^2}\rho^* g^* + \frac{p_0}{\rho_0 \upsilon_0^2} \cdot \mathrm{grad}\ p^* + \frac{j_0 B_0 L}{\rho_0 \upsilon_0^2} \boldsymbol{j}^* \times \boldsymbol{B}^*$$

$$+ \frac{\nu_0}{\upsilon_0 L}\rho^* \upsilon^* \nabla^2 \upsilon^* \tag{a'}$$

$$G^* = \frac{\rho_0 \upsilon_0 L^2}{G_0}\int \rho^* \upsilon^* \mathrm{d}S^* \tag{b'}$$

$$I^* = \frac{j_0 L^2}{I_0}\int j^* \mathrm{d}S^* \tag{c'}$$

$$\frac{\pi}{4}D^{*2}\rho^* \upsilon^* \cdot \mathrm{grad}\ h^* + \frac{\upsilon_0^2}{h_0}\frac{\pi}{4}D^{*2}\rho^* \upsilon^* \cdot \mathrm{grad}\ \frac{\upsilon^{*2}}{2} + \frac{a_0 T_0 \pi}{\rho_0 \upsilon_0 h_0}\alpha^* (T^* - T_w^*)$$

$$= \frac{\sigma_n \varepsilon_i T_0^4}{\rho_0 \upsilon_0 h_0} 4 d_a^* \sigma_i^* \varepsilon_i^* T_a^{*4} + \frac{I_0^2}{\sigma_0 L^3 \rho_0 \upsilon_0 h_0}\frac{4}{\pi}\frac{I^{*2}}{\sigma^* d_a^{*2}} + \frac{\lambda_0 T_0}{\rho_0 L \upsilon_0 h_0}\pi d_a^* \lambda^* \cdot \mathrm{grad}\ T^* \tag{d'}$$

$$\mathrm{rot}\ \boldsymbol{B}^* = \frac{\mu_{M,0} j_0 L}{B_0}\mu_M^* \boldsymbol{j}^* \tag{e'}$$

$$j^* = \frac{\sigma_0 E_0}{j_0}\sigma^* E^* \tag{f'}$$

$$U^* = \frac{E_0 L}{U_0}\int E^* \mathrm{d}l^* \tag{g'}$$

$$\frac{a_1 E_0}{p_0 U_0}\frac{E^* \chi^*}{p^* d^*} > U_i^* \tag{h'}$$

在无量纲方程组中,每一项之前的无量纲系数就是相似准则。依次列举如下:

$$K_1 = \frac{L}{\tau_0 \upsilon_0},\quad K_2 = \frac{g_0 L}{\upsilon_0^2},\quad K_3 = \frac{p_0}{\rho_0 \upsilon_0^2},\quad K_4 = \frac{j_0 B_0 L}{\rho_0 \upsilon_0^2}$$

$$K_5 = \frac{\nu_0}{\upsilon_0 L},\quad K_6 = \frac{\rho_0 \upsilon_0 L^2}{G_0},\quad K_7 = \frac{j_0 L^2}{I_0},\quad K_8 = \frac{\upsilon_0^2}{h_0},\quad K_9 = \frac{a_0 T_0}{\rho_0 \upsilon_0 h_0}$$

$$K_{10} = \frac{\sigma_i \varepsilon_i T_0^4}{\rho_0 \upsilon_0 h_0},\quad K_{11} = \frac{I_0^2}{\sigma_0 h_0 L^3 \rho_0 \upsilon_0},\quad K_{12} = \frac{\lambda_0 T_0}{\rho_0 L \upsilon_0 h_0},\quad K_{13} = \frac{\mu_{M,0} j_0 L}{B_0}$$

$$K_{14}=\frac{\sigma_0 E_0}{j_0},\quad K_{15}=\frac{E_0 L}{U_0},\quad K_{16}=\frac{a_1 E_0}{p_0 U_0}$$

描述电弧等离子体的相似准则不仅限于上述所列出的这些，而且它们中的大多数准则不适合实际应用或者没有物理意义。由相似理论可知，相似准则的任意组合也是相似准则。因此我们可以将上述准则体系转化成为更加适合应用的形式。其中有些准则可以通过不同的组合进行转化：

$$K_{17}=K_{11}\cdot K_6=I_0^2/\sigma_0 h_0 G_0 L,\quad K_{18}=K_9/K_{12}=\alpha_0 L/\lambda_0$$

$$K_{19}=K_{10}/K_{11}=\sigma_0\sigma_i\varepsilon_i T_0^4 L^3/I_0^2$$

$$K_{20}=K_{10}\cdot K_6=\sigma_i\varepsilon_i T_0^4 L^2/h_0 G_0$$

$$K_{21}=K_{15}/K_{16}=p_0 L/a_1,\quad K_{22}=K_9\cdot K_6=\alpha_0 T_0 L^2/h_0 G_0$$

$$K_{23}=K_{14}\cdot K_7=\sigma_0 E_0 L^2/I_0$$

$$K_{24}=K_4/K_3 K_7=B_0 I_0/p_0 L,\quad K_{25}=1/K_5 K_6=G_0/\rho_0\nu_0 L$$

$$K_{26}=K_4 K_{13}/K_3 K_7^2=\mu_{M,0} I_0^2/p_0 L^2$$

$$K_{27}=K_{14}K_7/K_{15}=\sigma_0 U_0 L/I_0$$

$$K_{28}=K_4 K_6^2/K_7=B_0 I_0 L^3\rho_0/G_0^2$$

这样得到的相似准则体系可以分成两类：决定性准则和被决定准则。决定性准则主要是指含有电弧过程工况参数的那些准则，如 L,I,B,G 和 p。这类准则包括：

$$K_{17}=I_0^2/\sigma_0 h_0 G_0 L,\quad K_{21}=p_0 L/a_1,\quad K_{25}=G_0/\rho_0\nu_0 L$$

$$K_{26}=\mu_{M,0} I_0^2/p_0 L^2,\quad K_{24}=B_0 I_0/p_0 L\quad 或\quad K_{28}=B_0 I_0 L^3\rho_0/G_0^2$$

被决定准则是指那些包含待定量(待确定量，如 U,E,α 等)的数。这一类包括如下这些准则：

$$K_{27}=\sigma_0 U_0 L/I_0,\quad K_{23}=\sigma_0 E_0 L^2/I_0$$

$$K_{22}=\alpha_0 T_0 L^2/h_0 G_0,\quad K_{20}=\sigma_i\varepsilon_i E T_0^4 L^2/h_0 G_0$$

其中，α 是换热系数；$\sigma_i=5.7\times10^{-8}\,\mathrm{W/(m^2\cdot K^4)}$是斯特藩-玻尔兹曼常数；$\varepsilon_i$ 是法向辐射的总辐射率。

4.4 相似准则的物理含义

既然相似准则是由齐次物理方程无量纲化后推导出来的，那么每一项准则就自然在某种程度上与特定的物理过程或现象有关。这里我们将尝试描述准则的具体内容，这些准则可能在电弧等离子体炬起重要作用，并可以用于对实验结果进行归纳。

准则 $K_{22}=\alpha_0 T_0 L^2/h_0 G_0$ 通过与等离子体射流热功率的比较，描述了由对流造成的通过电弧室壁的热损失的水平；准则 $K_{24}=B_0 I_0/p_0 L$ 给出的是电弧中内禀磁场决定的磁压强与气体动力压强之比。由于磁压强表现为箍缩效应，因而在弧柱直径小、电流密度大的地方，即电弧受到压缩的地方，磁压强的值较大。通常来讲，在电极附近和小直径的孔板中，弧柱的横截面会快速减小(收缩)。因此，对于短弧或者窄通道中的电弧(这里大部分弧长都在孔板区内)，应该考虑这项准则。如果对放电直径没有强制限制，弧长将远大于近电极区内的部分，内禀磁场对电弧中的过程和对放电特性的这种影响就可以忽略不计，即可以将 K_{26} 从决定性准则体系中排除掉。

准则 $K_{20}=\sigma_i\varepsilon_i T_0^4 L^2/h_0 G_0$ 反映电弧辐射能量与等离子体流热能的比值。对于大电流、弧柱温度很高的情况，该准则尤其重要。

准则 $K_{19}=\sigma_0\sigma_i\varepsilon_i T_0^4 L^3/I_0^2$ 表示电弧辐射能量与电弧中产生的焦耳热的比值。

准则 $K_{17}=I_0^2/\sigma_0 L h_0 G_0$ 是一项能量准则。该准则决定了弧柱与被加热介质之间的能量交换强度。K_{17} 表示电弧的热功率 N_a 大于射流的热功率 N_t 的程度，即描述了等离子体炬作为热系统的效率，它可以表示如下

$$K_{17}\sim\frac{N_a}{N_t}=\frac{1}{\eta}$$

这里 $\eta=N_t/N_a$ 是等离子体炬的热效率。

$K_{18}=\alpha_0 L/\lambda_0$ 是努塞特数(Nu)。该数描述了边界层中的传热与温度场之间的关系，表示热对流大于热传导的倍数。

$K_{25}=G_0/\rho_0 \upsilon_0 L$ 是雷诺(Re)数，它决定了流体惯性力与黏性力之间的关系。雷诺数大于临界值 Re_{cr}，层流转变成湍流。在管道流中，雷诺数可以解释为射流的运动功率与摩擦力功率之比。

在某些情况下，在归纳电弧的伏安特性时，能量准则 $K_{17}=I_0^2/\sigma_0 L h_0 G_0$ 替换成另外一项由 K_{17} 和 K_{25} 组合而成的准则

$$K_{21}=\sqrt{K_{17}\cdot K_{25}}=\frac{I_0}{L}\sqrt{\frac{1}{\sigma_0 h_0 \rho_0 \nu_0}}$$

准则 $K_{21}=p_0 L/a_1\sim 1/Kn$ 是一个与克努森数 $Kn=\lambda_e/L$ 互为倒数的数。该数描述了等离子体炬电弧室中大尺度分流的电物理过程的发展。这个过程的基础是弧柱与电弧室壁之间的击穿。在物理上，K_{21} 是弧柱与电弧室壁之间间隙中的电场强度。由于 $\lambda_e\sim 1/p$，K_{21} 还反映了该间隙相当于电子的自由程长度的倍数。

准则 $K_{28}=B_0 I_0 L^3 \rho_0/G_0^2$ 给出了电弧的电磁力效应与气动力效应之间的关系。在电弧放电的截面上，当电磁力与惯性力相当时就需要考虑这项准则。例如，利用电磁力使电弧旋转的同轴式等离子体炬就属于这种情况。

准则 $K_8=\upsilon_0^2/h_0$ 反映的是流体的分子动能与热能之间的关系。它正比于 M^2，这里 $M=\upsilon/a$ 是马赫数，它描述了流体的内能转化为动能的程度。这项准则在等离子体动力学中通常不重要，因为电弧放电区内流体的动能与热能相比可以忽略。对于具有旋气稳弧的等离子体炬，这个比例约为 10%或者更低，因而 M 数对放电

特征影响很小，可以从决定性参数中排除。然而，在许多系统中，如在轨道炮加速器中，由于强磁场（1 T 量级以及更高）的存在，电弧的运动速度可以达到甚至超过声速，因此 M 数必须包含在决定性准则体系之内。

准则 $K_{27}=\sigma_0 U_0 L/I_0$ 描述了原子放电的强度，它属于决定性准则，正如 $K_{23}=\sigma_0 E_0 L^2/I_0$ 是电弧电场强度的准则一样。

确定等离子体炬热损失的主要实验方法是量热法。在该方法中，区分热损失的物理本质——是辐射、对流还是热传导——并不重要。因此，为了估算热损失，将与热损失有关的准则 K_{10}，K_9 和 K_{12} 组合成一个准则是很方便的。对这些准则求和，再乘以 K_6 得到的复合量表示等离子体炬中总的热损失 Q_{loss} 与等离子体射流中的热能 Q_{j} 的比值，即

$$(K_9+K_{10}+K_{12})K_6=Q_{\text{loss}}/Q_{\text{j}}$$

此关系式可以称为热损失系数 $Q_{\text{loss}}/Q_{\text{j}}$。如前所述，作为将电能转化为集中热能的装置，等离子体炬的热效率通过热效率系数来描述，这是等离子体炬的主要输出参数。热效率 η 与热损失系数 $\tilde{\eta}$ 之间的关系为

$$\tilde{\eta}=\frac{1-\eta}{\eta}\quad \text{或}\quad \eta=\frac{1}{1+\tilde{\eta}}$$

4.5　归纳实验结果的方法

对实验数据进行准则化处理的最终目的，是要以明确的方程组的形式确定所研究类别的等离子体炬中电弧的广义伏安特性和广义热特性。这些方程组，加上与外部条件相关的阴极和阳极的烧蚀数据、等离子体炬部件冷却系统的数据和其他数据，被用作设计和发展更高效、更先进的电弧气体加热器的基础。

在整理用相同工质（如空气）获取的实验材料的过程中，人们通过改变部分准则发展出了一套用量纲复合量的形式来简化相似准则表达的通用方法。在这些方法中，对于给定的气体，反映物理特性的系数值被认为是常数，并且是由无量纲相似准则转化而来。经过这样整理之后，得到的有量纲复合量就由工艺状态参数 G，I，d，p 等组成。采用这种方法很有必要，因为目前还没有对所有气体都有效的通用的一般方程组。

基于上述考虑，我们必须设法略去所选准则的物理特性，并用更合适的形式来表达这些准则。等离子体炬的特征尺寸 L 通常用电弧室的直径 d 表示。

决定性准则组包括

$$I^2/Gd,\ G/d,\ pd,\ BI/pd,\ I^2/pd^2\ \text{等}$$

被决定准则组包括

$$U,\ Ed,\ Ud/I,\ Ed^2/I,\ \tilde{\eta}\ \text{等}$$

著名的电击穿定律——帕邢定律——作为对静止气体中的电弧放电应用相似性原理和量纲理论所得到的结果，在归纳关于气流中的电弧的实验数据中起到了重要作用。

对于等离子体炬中存在气流时电极与电弧之间的电击穿（分流），击穿电压 U_s 不仅依赖有量纲准则的 pd，还取决于雷诺数和能量准则的有量纲部分，即

$$U_s = f(pd, I^2/Gd^2, G/d)$$

因此，我们得到的是一组决定性准则和被决定准则，它们分别承担自变量和函数的角色：

$$Ud/I = f_U(I^2/Gd^2, G/d, pd, \cdots)$$

$$\tilde{\eta} = f_{\tilde{\eta}}(I^2/Gd^2, G/d, pd, \cdots)$$

通常，得到的近似函数采用相似准则幂指数的乘积形式：

$$Ud/I = A_U(I^2/Gd)^{n_1}(G/d)^{n_2}(pd)^{n_3} \tag{4.7}$$

$$\tilde{\eta} = A_{\tilde{\eta}}(I^2/Gd)^{n_1'}(G/d)^{n_2'}(pd)^{n_3'} \tag{4.8}$$

在准则 K_i 中确定指数 n_i 的方法，可以用求出方程(4.7)中的 n_1, n_2, n_3 的例子来说明。对方程(4.7)取对数

$$\lg\frac{Ud}{I} = \lg A_v + n_1\lg\frac{I^2}{Gd} + n_2\lg\frac{G}{d} + n_3\lg(pd) \tag{4.9}$$

然后，依次令方程右边 n_i 的每一项准则变化而保持其他参数为常数。如果指数 n_i 是常数，那么方程(4.9)便退化成斜率为 n_i 的直线方程

$$\lg\frac{Ud}{I} = C_i + n_i\lg K_i$$

利用图解法，便可以从中确定第 i 个指数 n_i 和准则 K_i。

利用实验数据点确定了所有指数之后，再来计算常数乘数 A_U 并取其平均值。

由于准则的组合也表示一项准则，因此可以写出如下准则组合：

$$(I^2/Gd^2 \cdot G/d)^{0.5} = I/d = K^*$$

利用准则 K^*，电弧的广义伏安特性方程 $Ud/I = A_U(I^2/Gd)^{n_1}(G/d)^{n_2}(pd)^{n_3}$ 可以表达成更适合对弧电压求解的形式。为此，方程的左右两边各乘以数 $K^* = I/d$，经过简单变形之后得到

$$U = A_U(I^2/Gd)^{n_1+0.5}(G/d)^{n_2+0.5}(pd)^{n_3}$$

在归纳实验数据的基础上得到的准则方程只能在一定限度范围内有效使用。在这些范围内，包含在给定的一般方程中的相似准则已经被证实并且可靠。但将相似准则外推到有效范围之外则存在不确定性，甚至会出现定性错误的风险。

如前所示，相似准则的数量很多。在归纳实验数据时，应当从这些准则中选出最重要的准则。选取的原则很简单：如果增加一项新准则会带来在实验精度范围内的修正，那么引入该准则就是不合理的。因此，随着实验精度的提高，选择影响

电弧特性的最重要准则的效率也应提高。

对未知关系式做近似的准确性也非常重要。如果一个方程由于精度问题不足以描述参数的整个研究范围,那么就将实验曲线分成许多特征段,然后分别对每一段给出其一般表达式。

在后面的章节中,我们将展示应用准则关系式来归纳不同类型的等离子体炬中电弧特性的例子。

第 5 章　不同气体中电弧的能量特性

在电弧等离子体炬中，炽燃的电弧的主要能量特性是伏安特性，它与其他同等重要的条件一起，决定了电弧中弧电压与弧电流强度的关系。第 1 章中给出的轴线式等离子体炬的分类就是基于等离子体炬中电弧伏安特性的差别。因此，了解了电弧的伏安特性，并且能够计算各种具体情形下的伏安特性曲线，我们就可以开发出参数给定的电弧等离子体炬（电弧热等离子体发生器）。要想将等离子体炬研究的实验结果归纳成准则形式[1-3]，首先需要表述用于计算不同类型等离子体炬中电弧伏安特性的基本原理。在第 4 章中，我们已经表述了可用于描述电弧等离子体炬中过程的相似准则。下面，我们通过具体例子研究如何应用复合准则来归纳不同情况下电弧的能量特性。

5.1　不同气体中电弧的广义伏安特性

正如在第 4 章分析采用相同化学介质工作的等离子体炬的研究结果时提到的，用具体实验条件下最重要的有量纲复合量替代无量纲相似准则是非常有效的。事实上，用无量纲复合量表示气体的热物理特性和输运特性以及选取等离子体特征温度下的无量纲复合量用于简化计算已经证明了这一点[4]。下文给出的一些结果就是按照这种方法进行归纳的。

自稳弧长型等离子体炬和利用台阶形电极固定弧长的等离子体炬在工业界已经得到了极其充分的研究。这不仅仅是因为这两类等离子体炬设计简单、可靠性好，而且还在于其他类型的气体加热器都不适合工业应用。对这两类等离子体炬进行的大量研究[4-9]表明，可以利用广义的电、热特性来对它们的设计参数进行计算。在给定等离子体炬的几何结构、采用相同的工作气体的条件下，等离子体炬的电、热特性仅取决于少数几个决定性参数。

自稳弧长、电极采用正极性连接（输出电极为阳极）的直流空气电弧单电弧室等离子体炬的伏安特性方程具有如下形式

$$U^{+}=1290(I^2/Gd)^{-0.15}(G/d)^{0.30}(pd)^{0.25} \tag{5.1}$$

实验值与计算值的一致性如图 5.1 所示。在复合量的如下变化范围内，实验数据与计算曲线的最大偏差不超过 6%～8%，

$$I^2/Gd=1\times10^7\sim4\times10^{10}\ \mathrm{A^2\cdot s/(kg\cdot m)}$$

$$G/d=0.1\sim2.0\ \mathrm{kg/(m\cdot s)},\quad pd=(5\sim35)\times10^2\ \mathrm{H/m}$$

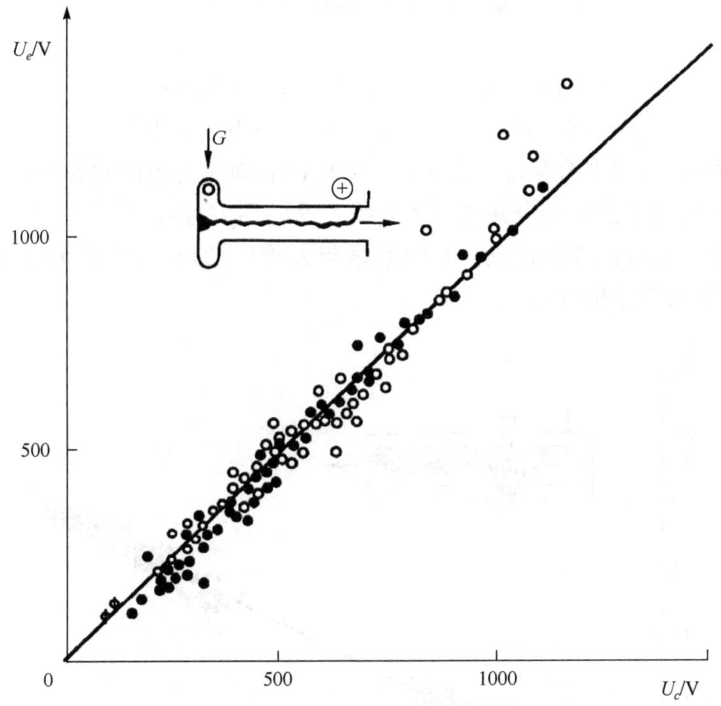

图 5.1　单电弧室、自稳弧长型等离子体炬伏安特性的实验值与计算值的比较
U_e—电压的实验值;U_c—根据方程(5.1)的计算值

对于同一支等离子体炬,当电极连接为负极性(输出电极为阴极)时,电弧的伏安特性可以写为这样的形式

$$U^{-}=1970(I^2/Gd)^{-0.17}(G/d)^{0.15}(pd)^{0.25} \tag{5.2}$$

比较方程(5.1)和方程(5.2)可以看出,在单电弧室等离子体炬中电弧的 U-I 特性在量级上差别很大,这与输出电极处于正极性和负极性时的电弧分流有关。(G/d)(或者 Re_d 数)的指数差异很可能反映了这样一个事实:当输出电极为负极性时,电弧的分流比电击穿(从冷阴极到电弧的击穿)的影响更大。因此,分流频繁发生在电弧环中,而电极上弧斑位置保持固定。

在双电弧室等离子体炬中,输出电极正极性连接时空气电弧的伏安特性利用如下方程给出[5]

$$U^{+}=1360(I^2/Gd)^{-0.20}(G/d)^{0.25}(pd)^{-0.35}=1360\varphi \tag{5.3}$$

实验数据点与方程(5.3)的计算曲线之间的最大偏差在复合量和决定性参数很宽的变化范围内都小于 12%

$$I^2/Gd=1\times10^6\sim4\times10^9\ \text{A}^2\cdot\text{s/(kg}\cdot\text{m)}$$

$$G/d=5\times10^{-2}\sim26\ \text{kg/(s}\cdot\text{m)}$$

$$pd=1\times10^3\sim8\times10^5\ \text{H/m}$$

决定性参数

$$I=50\sim5000\ A,\quad G=1\times10^{-3}\sim3.5\ \text{kg/s}$$

$$d=(5\sim76)\times10^{-3}\ \text{m},\quad p=(1\sim100)\times10^5\ \text{Pa}$$

也有人指出，当电流强度大于 300～400 A 时，对于电极的两种极性连接方式，电弧的伏安特性几乎完全合并成一条曲线。这时用方程(5.3)作为两种极性下电弧特性的唯一方程计算是正确。实验数据与方程(5.3)计算结果的比较如图 5.2 所示(输出电极为正极性)。

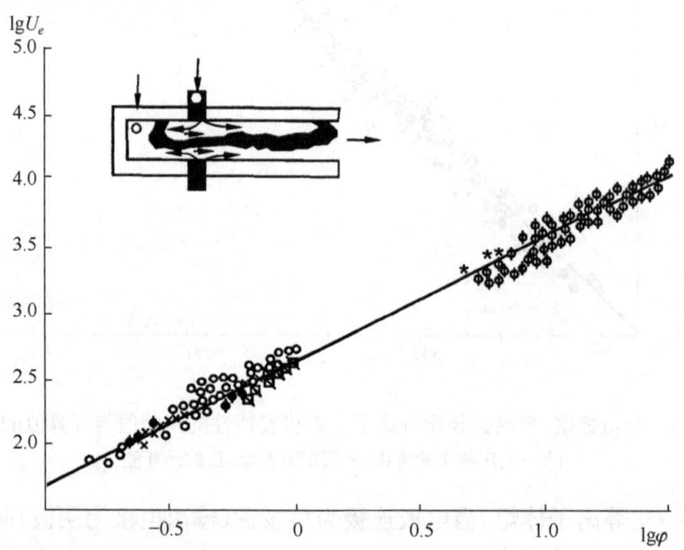

图 5.2　双电弧室等离子体炬中电弧伏安特性的实验值与按照方程(5.3)的计算值的比较[5]

在决定性参数很宽的变化范围内，双电弧室等离子体炬中电弧的伏安特性可用如下方程令人满意地描述

$$U=3060(I^2/Gd)^{-0.17}(G/d)^{0.12}(pd)^{0.25} \tag{5.4}$$

这个方程与方程(5.2)相似，复合量指数不同。方程(5.4)中有量纲复合量的系数近似等于方程(5.2)和方程(5.1)的系数之和。显然，双电弧室等离子体炬可以看成是一个具有两段自稳弧长的电弧组合起来的单电弧室等离子体炬。

对于高频交流空气电弧，单电弧室等离子体炬的伏安特性具有如下形式

$$\widetilde{U}=3930(I^2/Gd)^{-0.18}(G/d)^{0.28}(pd)^{0.20} \tag{5.5}$$

其中，决定性参数的变化范围为

$$I^2/Gd=10^7\sim4\times10^{10}\ \text{A}^2\cdot\text{s/(kg}\cdot\text{m)}$$

$$G/d=0.1\sim20\ \text{kg/(s}\cdot\text{m)},\quad pd=500\sim3500\ \text{H/m}$$

对于双室等离子体炬，有

$$U=2150(I^2/Gd)^{-0.15}(G/d)^{0.16}(pd)^{0.20} \tag{5.6}$$

对于氢电弧[6]，伏安特性方程可以写成如下形式

$$U^+=9700(I^2/Gd)^{-0.20}(G/d)^{0.50}(pd)^{0.36} \tag{5.7}$$

在甲烷中[7]，带有杯状内电极的单电弧室等离子体炬中电弧的伏安特性具有以下形式

$$U^+=1.525\times10^5(I^2/Gd)^{-0.35}(G/d)^{0.35}(pd)^{0.185}(\bar{d})^{0.475} \tag{5.8}$$

决定性参数的变化范围为：$I=40\sim1000$ A，$d=(1.2\sim8.6)10^{-2}$ m，$G=0.009\sim0.525$ kg/s；$p=(1\sim1.8)\times10^5$ Pa，$\bar{d}=d_c/d$，同时 $d_c\geqslant d$。

在带有多孔输出电极（阳极）的等离子体炬中，电弧的 U-I 特性则可以归纳为[8]

$$Ud/I=10^4(I^2/Gd)^{-0.75}\cdot Re^{-0.5}[1/(1+\tilde{j}_w)]^{-2.6} \tag{5.9}$$

其中，$Re=(0.35\sim11.0)\times10^3$；$I^2/Gd=(3\sim656)\times10^2$ $\mathrm{A^2\cdot s/(g\cdot cm)}$；$\tilde{j}_w=0.014\sim0.125$；$d=(4\sim16)\times10^{-3}$ m；雷诺数 Re 和 I^2/Gd 的值由主气流，即气流量 G_0 计算得到；黏度由平均质量温度计算得到。$\tilde{j}_w=(\rho w)_w/(\rho w)_0$ 是物质通过通道壁横向流动的相对质量流量。方程(5.9)的最后一项表明，从电极表面额外通入的气体对电弧造成更强的压缩。当 $\tilde{j}_w=0$ 时，方程(5.9)转化成关系式 $U\sim(I^2/Gd)^{-0.25}$，其中不考虑数 Re_d 和 Kn 对弧电压的影响，这仅对很窄的压力范围和相对较低的气流量有效。

其他气体（氩气、氢气和二氧化碳）中的自稳弧长型电弧的伏安特性也得到了研究，但是参数的变化范围通常很小，实验数据也没有归纳成准则形式。

前文我们讨论了自稳弧长型等离子体炬中电弧的伏安特性。这些方程以通用的形式导出，其中考虑了主要准则。同时，在许多应用中，尤其是对于参数变化范围很窄的情况，有必要对方程进行修正，这是因为有量纲准则的任意组合仍然是一项准则。准则复合量的变化部分可以写成 I/d，I/G，$I/(Gd\cdot p)$等形式。例如，在将 I^2/Gd 换成 $I/(Gd\cdot p)$之后，方程(5.1)就可以采用如下形式

$$U^+=1290\,(I/Gdp)^{-0.30}(G/d)^{0.15}(pd)^{-0.05} \tag{5.10}$$

对于 G/d 和 pd 变化相对较小的情况，该方程中只有一个复合量 $I/(Gd\cdot p)$可以用来归纳实验数据[4]。

采用这种方法归纳不同气体中电弧的伏安特性的一个合适例子是文献[9]的研究，作者给出了在杯状内电极、管状输出电极等离子体炬中电弧的伏安特性（图5.3）。这里 D 是杯状内电极的直径，并且 $D\geqslant d$。由于直径的差别很小，因而不会增加所整理的数据的分散性。这里我们仅讨论等电极直径（$D=d$）的情况。实验数据的归纳按如下形式进行

$$Ud\sigma_0/I=A\,(I^2/Gd\sigma_0h_0)^{-b}(\sqrt{\rho_0/p_0}\,pd^2/G)^c \tag{5.11}$$

方程(5.11)的第二个括号中的项是克努森准则和雷诺准则的组合，其中的变化部分分别是$(pd)^{-1}$和G/d。对于不同种类的气体，得到系数A和指数b和c的值，以及方程的计算值与实验数值的最大偏差(表5.1)。

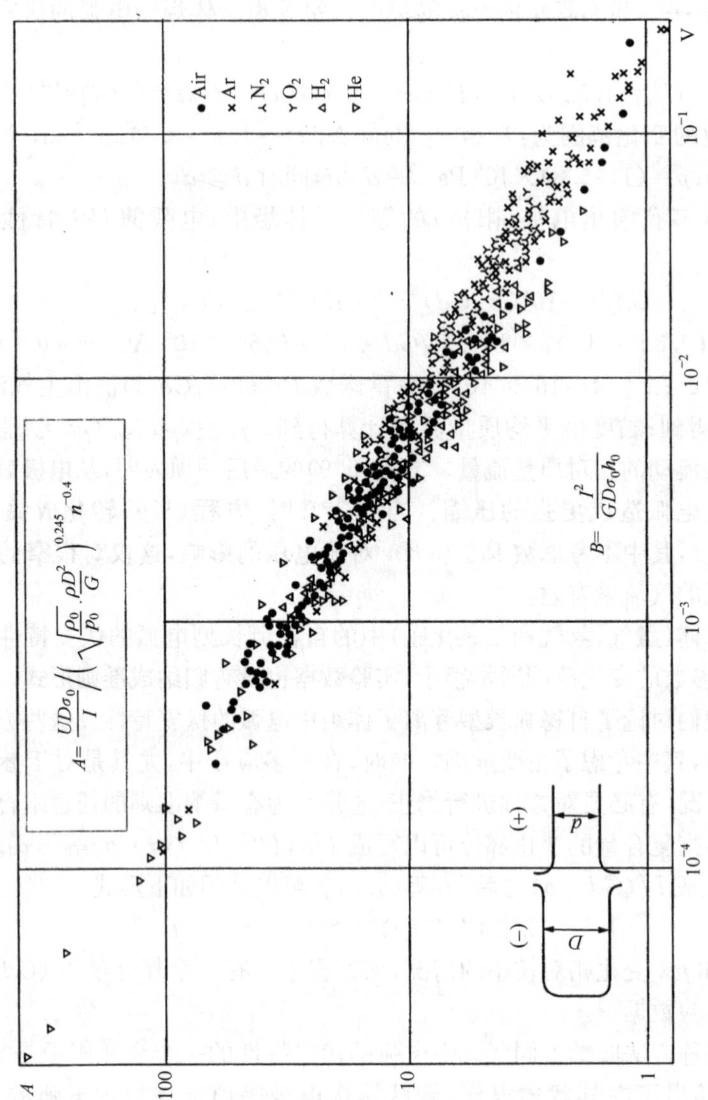

图5.3　旋气稳弧的轴线式等离子体炬中的复合量

$[(UD\sigma_0)/I]/[(\sqrt{\rho_0/p_0})\cdot(pD^2/G)]^{0.245}n^{-0.4}$与能量准则的关系[9]

$D=0.01\sim0.04\ \text{m};d=0.008\sim0.04\ \text{m}$

表 5.1　对于不同种类的气体，方程(5.11)的指数值与系数值

气体	b	c	A	最大偏离值/%	n
N_2	0.7032	0.1625	0.5757	±17	1.21
H_2	0.6910	0.0936	0.6359	±16	1.38
Air	0.6016	0.2254	0.5105	±16	1.19
O_2	0.6172	0.1558	1.153	±5	0.81
He	0.6748	0.4025	0.1051	±41	0.514
Ar	0.6122	0.2360	0.5645	±14	0.48

这项工作之所以有趣，就是因为我们试图将不同气体的实验数据提炼成一个方程。显然，我们不可能不考虑工作气体的特性。文献[9]的作者建议将气体的电导率 $\sigma=\sigma_0(h/h_0)^n$（该参数决定了电弧特性）作幂指数展开后取一阶近似，并由此确定了不同气体的指数 n 的值(在表 5.1 的最后一列给出)。这样，方程(5.11)得到一个补充因子 n^{-k}。最后，文献[9]的作者处理了不同气体的可用数据，得到如下方程

$$UD\sigma_0/I=0.4293(I^2/GD\sigma_0 h_0)^{-0.6127}(\sqrt{\rho_0/p_0}\,pD^2/G)^{0.245}n^{-0.4} \tag{5.12}$$

如果将此前讨论的方程简化成关于单个一维有量纲复合量准则的关系式，就会发现它们总体上的差别很小，尤其当我们考虑了气体的物理特性的相似性时，这一点很容易理解。差别较大的是准则复合量的系数。这些系数取决于包含在有量纲准则复合量中气体输运系数值的选择，包括气体的焓值 h_0、电导率 σ_0 和黏度 μ_0。在文献[4]中，起决定性作用的量是 h_0 和 μ_0 的值，而电导率 σ_0 则取电离度为1%时的值。这样选取数值能够兼顾电弧和周围气流的流体力学和电磁学影响。在文献[9]中，决定性参数是温度，出现在函数 $\sigma=\sigma_0(h/h_0)^n$ 的线性近似的拐点上，它可以精确地计算出来。然而，在这种情况下，归纳给出的显式方程没有使用雷诺准则，而必须采用其他不考虑气流流体力学参数的关系式。由于气流参数与电弧特性之间存在很强的关系，因此文献[4]的方法似乎更合适。

这些结果和方程在很久以前就得到了，当时的研究者付出了相当大的努力来获取实验数据，寻求数据归纳方法和电弧特性的工程计算方法。这些数据对于计算和设计工艺应用的高效率等离子体炬、建立气流中电弧的分析模型都是必不可少的。后来，实验研究的方法得到了改进，人们发展出了分析和处理实验结果的新方法。在这方面，需要特别关注文献[10]，[11]的研究。文献[10]研究的是关于平端棒状(或平截圆锥状)内电极、自稳弧长型、电弧运行在氩气和氮气中的等离子体炬，文献[11]研究的是杯状内电极、电弧运行在空气中的等离子体炬。这些研究测量了电弧的整体特性，例如电流强度、弧电压、流向通道壁的热流和脉动特性等。脉动特性包括等离子体射流的电压、电流强度、等离子体的发光度的振荡以及射流

的声振荡。我们感兴趣的是伏安特性的归纳结果,归纳的方法见文献[1]～[4]。决定性准则有

$$S_U=Ud\sigma_0/I,\quad S_i=I^2/Gd\sigma_0h_0,\quad Re=G/\mu_0d$$

等离子体的输运系数取工作气体的电离度为1%时的值(表5.2)。

表5.2　计算方程用到的气体物理参数的特征值

参数＼气体	N_2	Ar	空气
T_0/K	8600	9400	8600
σ_0/[A·s/(kg·m³)]	1200	2350	1280
μ_0/[kg/(m·s)]	0.00022	0.000261	0.000222
k_0/[J/(m·K)]	2	0.487	1.61
h_0/(J/kg)	45.8×10^6	5.2×10^6	42×10^6

在文献[10]中,当等离子体炬的阴极为平截圆锥状时,通过整理不同的氮气流量和通道直径下电弧伏安特性的实验数据,可得到如下关系式

$$Ud\sigma_0/I=4.95(I^2/Gd\sigma_0h_0)^{-0.654}(G/\mu_0d)^{-0.327}\tag{5.13}$$

这里,决定性参数的变化范围很小(如电流强度的变化范围为$I=200\sim400$ A),并且通道内的气压与大气压差别不大。

对于等离子体炬的阴极为平端的情形(参见图1.6a),得到的方程则稍有不同

$$Ud\sigma_0/I=2.5(I^2/Gd\sigma_0h_0)^{-0.643}(G/\mu_0d)^{-0.137}\tag{5.14}$$

作者将方程(5.13)和方程(5.14)中雷诺数指数的差别归因于不同类型的阴极中气流旋转存在的差异。

在氩气中,对于平端阴极的情形,得到如下关系式

$$Ud\sigma_0/I=4.95(I^2/Gd\sigma_0h_0)^{-0.565}(G/\mu_0d)^{-0.183}\tag{5.15}$$

接着,作者试图推导出对氩气和氮气都适用的方程,因而引入一个新的无量纲参数——普朗特数$Pr=\mu_0\cdot h_0/(k_0\cdot T_0)$。在新方案中,普朗特数由表5.2中给出的气体的特性常数(即对每一种气体来说这个数都是常数)确定。计算伏安特性的方程具有如下形式

$$Ud\sigma_0/I=2.04(I^2/Gd\sigma_0h_0)^{-0.57}(G/\mu_0d)^{-0.12}(\mu_0h_0/k_0T_0)^{-0.386}\tag{5.16}$$

这个方程以±2.4%的精确度归纳了氩气和氮气的实验数据。

很容易看出,当气体类型不同时电弧U-I特性的差异由方程(5.16)中的最后一项决定,这一项是常数并且约等于2。当然,这个方程只能在作者研究的很窄的参数变化范围内使用。

对于文献[10]中的方程,如果采用与文献[4]中相同的关系式$U=f(I^2/Gd;G/d)$,就会发现得到的结果与文献[4]中的结果仅在指数和准则复合量上有差别,

并且差别很小。

文献[11]对空气中的杯状内电极等离子体炬进行了研究[11]。引入单一量(d_c/d_a)，即阴、阳极的直径比，用于数据归纳。当输出电极为正极性连接时，得到如下方程

$$Ud_a\sigma_0/I=K(I^2/Gd_a\sigma h)^{-0.616}(G/\mu_0 d_a)^{-0.284}(d_c/d_a)^{-0.586} \tag{5.17}$$

当输出电极为负极性时也得到类似方程。输出电极为正极性时系数 K 等于文献[12]中的值，而对于负极性的情形则为 1175。

研究者将这些结果与文献[4]中的做同等研究得到的方程进行了比较，发现差别仅在常系数(这很自然，因为二者选择了不同的决定性温度作为无量纲参数)和准则复合量指数小数点后第二位。因此，在质量水平更高的装置上进行的新研究，只是改进了结果精度，证实了之前发表的结果和采用所选准则复合量归纳电弧整体特性的正确性。

第 2 章已经表明，在具有平滑电极和旋气稳弧的等离子体炬中，平均弧长取决于弧柱与电弧室壁之间的电击穿(分流)。电弧的分流是形成下降的伏安特性的原因之一。这种伏安特性限制了被加热气体的温度。为了使电弧持续燃烧，电路中需要设置镇流电阻。我们当然期望在电弧室中创造条件，使伏安特性特性呈上升、可控的形态。这样既能保证放电稳定，使电效率接近于 1，又可消除对输入功率和气体温度的限制。在轴线式等离子体炬中，产生伏安特性上升的方法之一是设法在工作参数的一定变化范围内固定平均弧长，因为在所有气体中，电弧的伏安特性都呈 U 形。对电弧分流的研究使我们得出一个结论：可以建立不同类型的平均弧长固定的旋流等离子体炬。在这种等离子体炬中，有一类(如带有电极间插入段的等离子体炬)的弧长大于自稳弧长型的长度；而另一类的弧长则小于自稳弧长型的长度。

在第二类等离子体炬中，应用最广的是带有突扩形输出电极(台阶形电极)的等离子体炬[4]。该等离子体炬的典型结构、炬内气流的气体动力学以及电弧伏安特性的形状如图 5.4 所示。

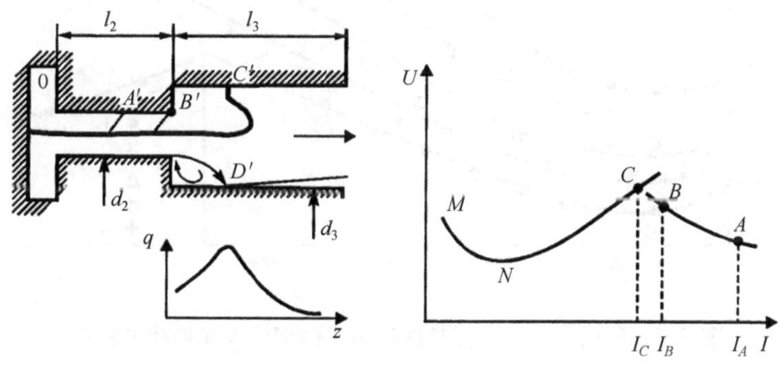

图 5.4　具有台阶形输出电极的等离子体炬及其中电弧伏安特性曲线的形状

在平滑输出电极的等离子体炬中，弧长取决于分流过程。这一点也是台阶形电极等离子体炬的典型特征。但是台阶之后的气体动力学和气体与电极壁之间热交换的不同造成这两种等离子体炬之间有所差别(详见第 2 章)。

在具有台阶形输出电极的等离子体炬中，平均弧长的固定与分离区的存在、流体在台阶之后对电极表面(D'区域)的附着以及在对流区中对边界层的破坏等因素有关。

对带有台阶的平滑通道内的气流进行的定性研究，以及对这些通道内流动与换热的实验研究已经确定了前述区域的存在，包括台阶后面的分离区、气流到电极表面的附着区以及放电射流与台阶之间的回流区。这些实验还确认了电弧离开较窄的通道之后在台阶后面与电极表面接触的区域内存在热流 $q(z)$的最大值(图 5.4)。这些因素在 D'区域的下游为电流强度在很宽的变化范围内发生“弧-电极”击穿创造了非常有利的条件，并把电弧分流区限制在直径为 d_3 的通道内。电弧实验表明，在台阶末端和台阶之后电极的部分表面(近似对应于死区)上，没有弧斑存在的痕迹。根据实验结果，从台阶到分流区开始的距离约为 $5\Delta h$(Δh 是台阶高度)。

由此可见，台阶后的气流和气流与通道壁之间的热交换的特性决定了电弧平均弧长的稳定性。其结果是，在电流强度值直到 I_C 的很宽范围内，电弧的伏安特性包括了下降段 MN 和上升段 NC，如图 5.4 和图 5.5 所示，具体形状取决于电弧的 U-I 特性(图 5.4)。随着电流强度的进一步增大($I>I_C$)，弧斑最初突然“粘”在台阶的边缘(B'点)上，然后随着电流强度的增大逐渐移向直径为 d_2 的通道并开始逆着气流方向运动，这时的伏安特性曲线通常出现下降段(即曲线 BA)。

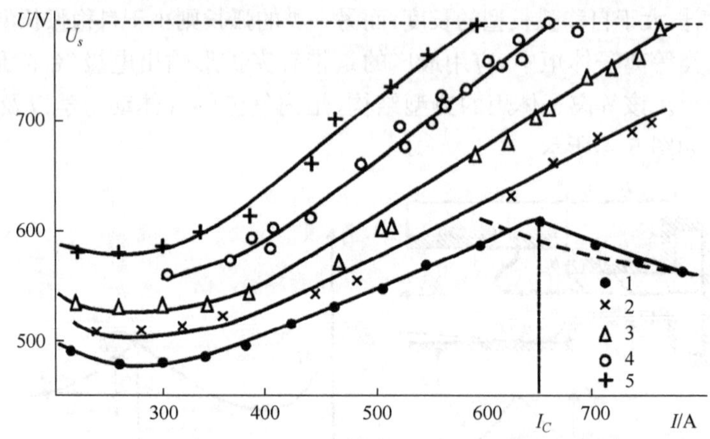

图 5.5 利用台阶固定弧长的等离子体炬中电弧的伏安特性

工作气体为空气，$d_2=2.7\times10^{-2}$ m；$l_2=26\times10^{-2}$ m；

$G\times10^{-3}$，kg/s：(1)40，(2)60，(3)80，(4)100，(5)120

图 5.5 给出了关于 5 个空气流量值的电弧的典型伏安特性。首先，正如曲线 1(其中的虚线是利用给定参数值根据方程(5.3)计算得到的)的形状所表明的，对于给定的 G,d_2,p 值，电弧的伏安特性受到直径 $d=d_2$ 的通道内自稳弧长型的伏安特性的限制。曲线上升段的左侧边界(底部)是伏安特性的最小值。当电弧室的压强接近一个大气压时，对应于此最小值的电流强度由关系式 I/d_2 = 常数 $\approx 10^4$ A/m 来确定。

这些实验表明，使用具有硬特性(U_s = 常数)的电源且电路中无镇流电阻时，电弧也可以稳定燃烧。例如，图中的曲线 4 就是通过改变电源的电压得到的，并且电源的效率 η_e 接近于 1。这个结果的现实意义在于它揭示了用单台电源同时稳定运行几支等离子体炬的新的可能性(这种测试在两台电源上进行过)。这对于产生功率达几十兆瓦的多弧等离子体系统(反应器)非常重要。

在归纳实验数据的过程中，我们只研究伏安特性曲线的上升段，因为曲线的下降段可以通过前述方程之一计算得到。例如对于图 5.4 中的 MN 段，在方程(5.1)中令 $d=d_3$，而对于 BA 段则令 $d=d_2$ 就可以了。

以准则形式处理实验数据使我们能够以高达±10%的精度导出计算电弧 U-I 特性上升段的广义方程

$$U=4.55(1+4.6\times10^{-5}I/d_2)(G/d_2)^{0.22}(l_2/d_2)^{0.95}(pd_2)^{0.23} \quad (5.18)$$

方程(5.18)在决定性复合量的如下变化范围内已被证实

$$I/d_2=8\cdot10^3\cdots4\cdot10^4\ \text{A/m},\quad G/d_2=0.8\cdots6.5\ \text{kg/(m}\cdot\text{s)}$$

$$l_2/d_2=5.6\cdots14.5,\quad pd_2=2\cdot10^3\cdots40\cdot10^3\ \text{H/m}$$

对照广义伏安特性，对于自稳弧长型的等离子体炬，方程(5.18)中含有准则参数 l_2/d_2；(I/d_2) 被复合量 (I^2/Gd) 取代，因为该复合量决定了对应于 U-I 特性曲线上升段起点的电压最小值的位置。在实验中，准则参数 d_3/d_2 在 1.8～1.9 的范围内变化，即这个准则参数近似是常数。当参数的范围变化更宽时，这项准则应包含在方程(5.18)中。

在带有台阶形输出电极的等离子体炬的实验中使用了空气和天然气(CH_4)的混合，此时得到 U-I 特性上升段的关系式如下

$$U=1.51(I/d_2)^{0.28}(G_\Sigma/d_2)^{0.22}(l_2/d_2)^{0.5}[1+(G_{CH_4}/G_{Air})^{0.8}](pd_2)^{0.23} \quad (5.19)$$

这个方程在参数的如下范围内已经得到验证 $G_{CH_4}/G_{Air}=0\sim0.3$，$l=(35\sim60)\times10^{-3}$ m，$d_2=8\times10^{-3}$ m，$p=1\times10^5$ Pa，$G_\Sigma=G_{CH_4}+G_{Air}=(3\sim9)\times10^{-3}$ kg/s，$I=200\sim500$ A，弧电压变化的范围是 $U=200\sim450$ V。由方程(5.19)可见，U 对 I/d 的函数关系不同于以前；并且，与方程(5.18)相比，结构参数 (l_2/d_2) 的影响更弱。在这种情况下，除了上述因素，还有必要加入一个考虑天然气与空气的混合效应的乘数因子。由于这两个方程在有限的参数变化范围内均有效，并且描述了 U-I 特

性的上升部分，因此它们之间的差别仅在于对曲线近似方式的选择上(线性近似或指数近似)，并且这种差别对于归纳实验数据的精确度影响很小(比较方程(5.18)和方程(5.19)即可知)。

鉴于水蒸气作为高温反应剂在各种等离子体化学工艺中有很好的应用前景，研究者对于研发水蒸气等离子体炬一直很感兴趣[12]。加热水蒸气用的等离子体炬的电弧室呈锥状，其横截面沿气流方向变窄过渡成圆形。电弧室的阳极出口是平滑的或者带有一个台阶。炽燃在水蒸气中的电弧的广义伏安特性具有与前述方程不同的形式

$$U=70+17.6[1+0.5\exp(-G_0/(0.025\times10^{-3}))]\times(I^2/GD)^{-0.13}(G/D)^{0.20}(pD)^{0.48}(L/D)^{1+\alpha/88.8} \tag{5.20}$$

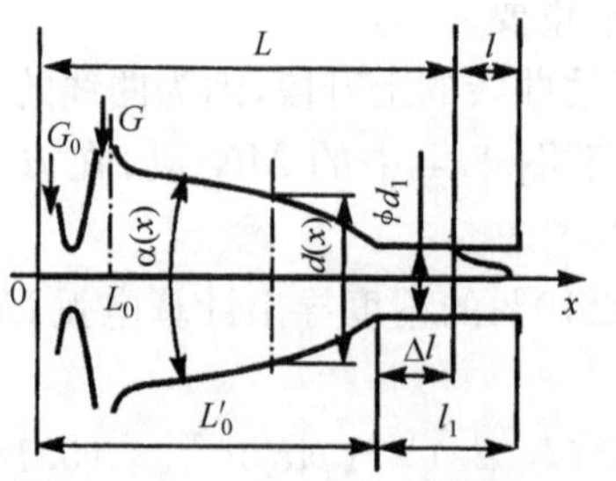

图 5.6　水蒸气等离子体炬电弧室结构的几何参数

其中，$D=[1/(L-L_0)]\int_{L_0}^{L}d(x)\mathrm{d}x$ 是电弧室的平均直径；$\alpha=[1/(L-L_0)]\int_{L_0}^{L}\alpha(x)\mathrm{d}x$ 是流通部分平均总收缩角，其余参数在图 5.6 中给出。

方程(5.20)在等离子体炬出口处气压为 $p\sim1\times10^5$ Pa，准则参数和无量纲参数在如下变化范围内得到验证

$$I^2/GD=(3.0\sim367)\times10^8\ \mathrm{A^2\cdot s/(kg\cdot m)}$$
$$pD=(1.7\sim4.9)\times10^3\ \mathrm{H/m}$$
$$G/D=(0.017\sim0.22)\ \mathrm{kg/(m\cdot s)}$$
$$\alpha=0^\circ\sim22^\circ,\quad \bar{L}=L/D=4.1\sim13.5,\quad D/d_1=1\sim3.5$$

需要特别关注方程(5.20)中出现的自由项。根据文献[13]，这一项数据是近电极电位降与电弧环中的正柱部分电压降的总和。这是一个相对粗略的近似，尤其是对于弧电压为 200～300 V、电流强度变化范围为几百安培的情况。方程中方括号里面的项考虑了在阴极通入保护气(氩气)的影响。这种影响比较显著，即使通入很少量的氩气，弧电压也会降低 1/3。通入保护气体的影响在电压比较低、通道长度不超过 5～7 倍的归一化长度的等离子体炬中得到了验证。在高电压水蒸气等离子体炬中，随着弧长的增加，通入保护气的影响会降低，这是因为氩气从弧柱中逸出。本方程的最后一个因子 $(L/D)^{1+\alpha/88.8}$ 表示通道的归一化长度和形状(变窄)对弧电压的影响。其他准则复合量的影响与空气电弧的近似相同，只有有量纲复合量 $(pD)^{0.48}$ 的指数比之前方程(参见方程(5.1)～方程(5.6))中的更大。在直径恒定的圆管状通道中，方程(5.20)可以大幅简化为

$$U=70+26.4(I^2/Gd)^{-0.13}(G/d)^{0.20}(pd)^{0.48}(L/d) \tag{5.20a}$$

需要注意的是，方程(5.20a)中包含了一个作为参数引入的电弧的归一化长度(L/d)。

关于带有平滑管状输出电极或者台阶形电极的等离子体炬，关于氩气、二氧化碳或者其他气体的电弧的伏安特性[4,7]方程还有许多。然而，这些特性方程通常是在比较窄的电参数和气体动力学参数的范围内利用特定等离子体炬回路得到的。因此，通常不对这些伏安特性进行归纳。

作为一个例子，我们注意到在具有台阶形电极的等离子体炬中炽燃的二氧化碳电弧的 U-I 特性很有用(图 5.7)。对于所有的气流量值，伏安特性曲线都存在上升段(在台阶之后 $d=d_3$ 的通道内分流)和下降段(在 $d=d_2$ 的通道内分流)[14]。

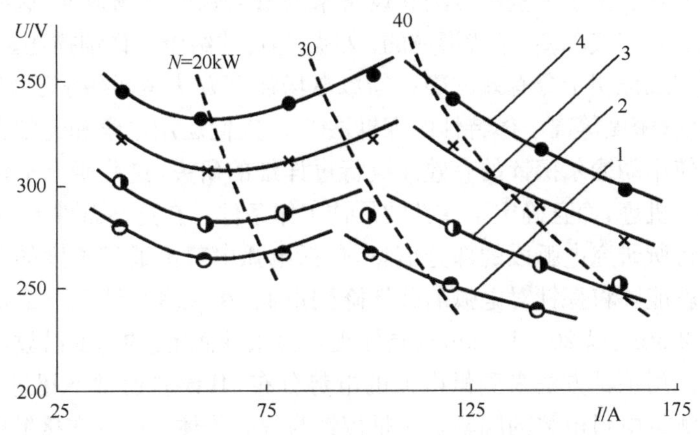

图 5.7　在用台阶固定弧长的等离子体炬中电弧的伏安特性

气体：CO_2，$d_2=0.5\times10^{-2}$ m；$l_2=4\times10^{-2}$ m；G，$\times10^{-3}$kg/s：(1) 1，(2) 2，(3) 3，(4) 4

5.2　带有电极间插入段的等离子体炬中电弧的能量特性

前文提出了以准则形式归纳的电弧伏安特性的方程组，由此我们能够对按照第 1 章中的分类方法给出的前两类等离子体炬的电弧的伏安特性进行计算。这种归纳形式之所以结果简洁、实用，原因在于在几乎整个电弧长度上，除了贡献很小的近电极段外，电弧电场强度的纵向分量沿放电通道保持恒定，通道中工作气体的压强与等离子体炬出口处的压强差别很小。

在第三类等离子体炬，即弧长远大于自稳弧长的等离子体炬中，人们发现了完全不同的模式(第 2 章)。这类等离子体炬带有设计上各不相同的电极间插入段(IEI)：分段式插入段，沿插入方向通入部分工作气体；气动插入段(大直径电极间插入段 $D>d$，通过插入段壁面通入旋流气体使电弧稳定在通道轴线上)；多孔材料插入段等。由于电极间插入段的存在，电弧的电场强度沿着通道不再保持恒定，电弧的形状及其与气流的相互作用在电弧室的不同段也各不相同，电弧的压强与等离子体炬的出口压强也可能差别很大。

在这种情况下，电弧的伏安特性可以通用形式表示成电场强度的函数

$$U=\int_0^L E(z)\mathrm{d}z \tag{5.21}$$

其中，L 是从阴极到阳极附着位置的电弧通道长度；$E(z)$是主要工作参数的函数。了解了不同燃弧条件下电弧电场强度的量级和沿 z 轴的分布，就可以增大气体的焓值且电能损失最小为目标来优化等离子体发生系统的选型。同时，实验中获得的电场强度数据也被用于验证电弧的分析计算模型。

人们已经发展出了大量的方法和设备来测量电弧的电场强度，这些方法主要是在 20 世纪 50 年代和 60 年代形成的，文献[4]对此给予了详细描述。

一种经实践证明十分有效的确定局域电场强度方法是朗缪尔于 1923 年提出的、用于研究低密度等离子体特性的探针法[15]。人们运用电学和光学方法对在高气压电弧中使用朗缪尔探针的有效性进行过详细的研究，这些研究不仅解释了探针放电扰动的机理，而且确定了探针的最佳工作条件。在这些条件下，通过探针诊断至少能获得所研究电弧段的部分信息，包括电弧电势沿通道长度的分布。选择合适的探针就能够将探针对电弧的破坏降到最低：在大多数情况下都推荐使用针直径约为 0.2 mm、以 20～15 cm/s(具体视实验条件而定)的速度沿放电快速移动的钨丝探针。用探针方法来测量电弧的电势分布，其误差通常不超过 5%。用这种方法直接测量电弧电势的问题之一是探针与等离子体之间存在接触电位差。通过与其他非扰动测量法的结果比较后发现，这种方法的接触电位差通常沿电弧保持恒定，约等于 2 V[15]。因此，我们可以根据具体的测量情况以比较高的精度对电位分布(或者电位差)进行测量。文献[4]描述了用于这些目的的移动探针的使用方法，即将探针设计成由多根针构成的探针阵列，将该阵列插入电弧室内[16]，就可以同时测得沿电弧室轴向分布的电位和相邻探针之间的电位差。采用不同方法获得的测量结果的一致性令人满意。

文献[17]提出了测量电势沿(无耗散)稳定弧壁的分布的其他方法。在电弧的外围设置一系列盘形部件，每个部件上等距地安置有一圈探针。这些部件形成电极间插入段，彼此之间以及与电极之间均保持电绝缘。在更进一步的工作中，这种方法得到了发展并且被证明对于被低流量气流吹动的电弧是有效的[18]。对于氩弧，结果表明，由这种盘形部件一侧的探针测得的悬浮电位与该部件另一侧边缘的探针测得的该电弧段的悬浮电位相当。悬浮电位对应点的这种偏移几乎沿整个通道不变。接下来是把环形探针的方法应用于带有分段式电极间插入段的等离子体炬中用旋流稳定的电弧上[19]。这项研究中重点是要观察电弧与电极间插入段部件之间的非独立放电的特征，同时关注由盘形部件得到的悬浮电位，以及盘形部件的尺寸和该部件的泄露电荷对悬浮电位大小的影响。如果测量部件周围气体的电导率足够高，那么我们就可以将这种方法用于研究电弧中的非稳态过程(测量电弧

电位的方法详见文献[4])。

这一方法还被进一步发展,用于确定多种气体湍流中电弧的电场强度,包括从插入段之间通入气体的情况[20]。研究中测量了电弧电位沿放电通道的分布和两个相邻部件之间的电位差。得到的电场强度值与相似条件下用其他方法测得的值做了比较。研究确认了盘形部件测得的悬浮电位与该部件所包含的电弧段的电位对应。总之,在有关改进测量电弧电场强度的方法和改善可靠运用这种方法的条件等方面已有大量的研究。文献[21]对热等离子体的诊断方法做了详细的描述,有关电场强度的测量方法见前述的专著[4]和[20]。

5.2.1　长圆管状通道中电弧电场强度的分布

对电弧的整体特性与局部特性的大多数研究都是在带有分段式电极间插入段的轴线式等离子体炬上进行的。电极间插入段安装在内电极与输出电极之间,由一组盘形部件组成,各部件之间以及与电极之间均绝热、绝缘。图 5.8 示意了这种等离子体炬及其主要结构。图中还给出了电弧电位和电场强度沿电极间插入段分布的测量方法。

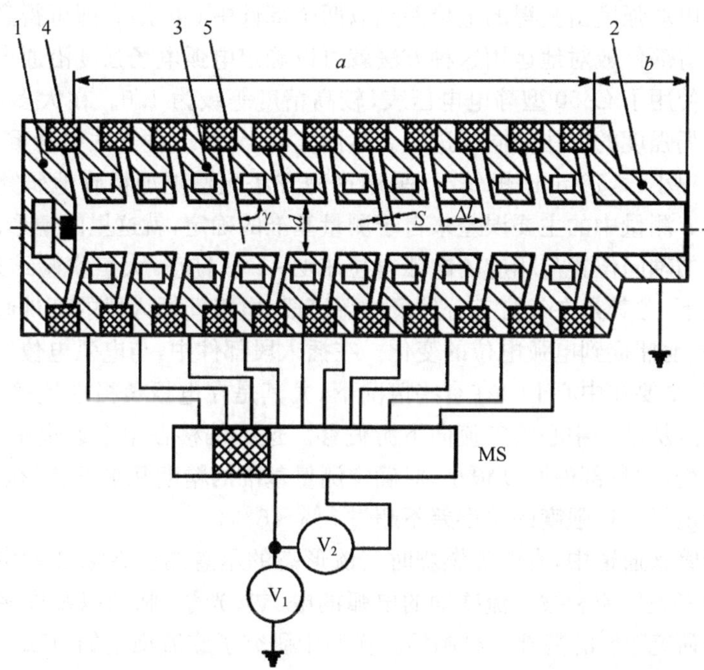

图 5.8　带有电极间插入段的等离子体炬和电弧电场强度的测量方案

1. 内电极;2. 输出电极;3. 电极间插入段的部件;4. 主旋气环;5. 电极间旋气环;

MS 是多触点开关;V_1 是测量各插入段对地电位的伏特计;V_2 是测量极间电位差的伏特计

工作气体从内电极出口附近通入等离子体炬。如果有必要，还可以通过电极间插入段部件的间隙向放电通道中通入少量或大量气体。在大多数实验中，工作气体都是以旋流方式通入放电通道，即气流具有切向速度 w。电极间插入段的各个部件分别用水冷却，作为环形探针测量电弧电位沿电弧室的分布，还被用作量热计来测量通过通道壁的热损失。设计上，电极间插入段允许设置单个窗口或者狭缝，用于光学研究、安装压力传感器或研究不同过程等。因此，带有电极间插入段的等离子体炬可以用来对电弧的不同特性进行广泛研究。

在带有电极间插入段的等离子体炬的放电通道中，电弧的电场强度由前述方法确定。每一个电极间插入段的部件都连接到多触点开关的适当接线端子上，如图 5.8 所示。这样，通过改变连接方式，插入段的部件可以单个地或者成对地与伏特计连接。实验中采用两种方法测量电场强度。第一种是测量插入段部件相对于等离子体炬接地电极的电位。通过将各个电极间插入段部件依次连接到静电电压表上，就可以得到电弧电位沿电弧室轴向的分布 $V(z)$。然后，对曲线 $V=V(z)$ 求关于轴向距离的梯度(距离微商)即可得到电弧的电场强度分布。第二种也是利用静电电压表，但测量的是电极间插入段的两个部件之间的电位差。这样，两个部件之间电弧的电场强度由测得的电位差除以两个部件中心的距离即可得到。依次对插入段的所有部件成对地运用这种方法就可以确定电弧电场强度沿通道的分布。

测量中使用了 C-50 型静电电压表，较高精度等级为 1.0。在大多数情况下，两种测量电场强度的方法都同时进行。然而实际上，第二种方法更看重些，因为对于部件厚度很小(≤10 mm)的情况，采用这种方法能够更加精确地研究电位沿电弧室的变化。测量中的主要误差来自于测量基准的确定，就这里的情形而言，是指插入段部件的轴向位置与相应的电弧电位未必一一对应。大量实验结果表明，在大多数情况下，尤其是在气流充分发展的湍流段，电极间插入段的部件起到探针作用，能够有效地捕捉到电弧电位的变化。在插入段部件中，与电弧电位对应的点位于部件内部，主要在中心上。在有些情况下，尤其是在电极负极性连接时，这个与电位对应的点从部件中心沿气流向下游偏移。这种偏移在整个通道中是平滑的，没有任何突变，并且部件厚度很小，对确定测量基准的精度几乎没有影响。采用这种方法测量电弧电场强度的总误差不超过 5%～6%。

在长圆管状通道中，有电弧燃烧时气流形态的示意图已在第 2 章中描述。这幅图是在对有关气流和被气流吹动的电弧的电、热、光学、脉动以及许多其他特性的大量实验研究[4,20]的基础上绘制的。实验中研究了旋流稳定的电弧。在这种情况下，至少在通道的初始段，气动力大于电磁力，并且无电弧的冷气流的特性与有电弧燃烧的热气流的特性之间存在很好的一致性。

图 2.12 给出了气体流动的示意图、电弧电场强度的分布(实验数据)以及利用高速摄影机在通道不同段上通过电极间插入段之间的石英窗口获取的电弧照片。

在进行电场强度测量时，通过电极间插入段分别通入气体(通入少量气体)。如果研究中不考虑电弧的近电极段，则电场强度沿着通道的分布曲线 $E(z)$ 明显分成三段，分别对应于气体流动图中所给出的部分。

我们简要回顾一下 2.2 节所提供的信息，以便强调电场强度与电弧-气流相互作用之间的对应关系。如图 2.12 所示，电弧的第一段——初始段(从通道的入口开始)——被稳定在气流的流体力学轴线上。这一段的电场强度 E_i 沿通道保持恒定，数值较小。在临近电极的区域有一个“入口”段，其长度为 $\bar{z}$ 的 1～2 倍，其特性受到进入该区域的冷气流的影响。这一段的电场强度朝电极末端方向稍有增大。然而，这一段对总的弧电压的贡献很小，在近似计算中通常可忽略。

由 $E(z)$ 曲线可见，在初始段之后，电场强度单调增大，递增段的长度在所研究的空气条件下通常不超过 $4\bar{z}$～$6\bar{z}$。在此过渡段之后，电场强度再次保持恒定，这一恒定段对应于充分发展的气体湍流。图中照片清晰地展现了在过渡段中电弧脉动的形成和发展，脉动的振幅几乎达到了通道直径的大小。这之后形成了这样一种流动，在这种流动中电弧与气体之间的相互作用得到了充分发展(形成所谓的“湍动电弧”)[22,23]。在气体湍流脉动的影响下，电弧表现出随机的空间振荡。这些脉动在电弧的内禀电磁力的作用下得以维持和进一步发展。随后，弧柱分裂成多个电流传输通道，新的分支出现而旧的分支消失。当然，我们在此只讨论电弧的一些统计平均参数。尤其是根据探针所处位置的电位差与测量基准长度之比计算得到的电场强度，它并不是真实数值，而是平均得来的“技术性”强度。

在充分发展的湍流段，电弧的电场强度 E_t 可能比 E_i 大 2～3 倍。总弧电压中有一部分由输出电极中的电弧段提供。这一段通常按照电弧附着到输出电极上的优先位置来定义，因为自稳弧长型的电弧有一个明显的电弧环。因此，知道了特征段中的电场强度和该段的长度，再考虑到电弧近电极段的贡献，就能够计算出弧电压。下面将更加详细地讨论电弧在气流特征段中的特性。

5.2.2　通道的初始段和过渡段中的电弧电场强度与决定性参数的关系

对于不同成分的气体，有关通道初始段中电弧电场强度的实验测量结果 E_i 在许多文献中都有报道。我们首先来研究在利用电极的台阶固定平均弧长的等离子体炬中得到的空气电弧的 E_i-I 特性[24,25]。电弧工作参数的变化范围很宽：$d_2=(2.0;2.5;3.0\times10^{-2}\ \text{m})$，$G=(30\sim90)\times10^{-3}\ \text{kg/s}$，弧电流强度 I 达到 1500 A。测量结果表明，当 $I=$常数时，E_i 沿通道几乎保持恒定，但是电弧的 E_i-I 特性很复杂(图 5.9)。总体上说，这种 U 形实验特性曲线在 $E=f(I)$ 的初始阶段具有局域的极大值和极小值；并且当电流强度高于 800 A 时，E_i-I 特性曲线表现为图中的曲线1～3。我们不妨将这些实验曲线与文献[26]给出的关于在带有电极间插入段的等离子体炬中运行的电弧的下述经验公式给出的结果(图 5.9 中的曲线 4)做

比较

$$E_i \cdot d = 3.26\times10^{-2}(G/d)^{0.15}(pd)^{0.13}[355-10^{-2}I/d+5.13\times10^{-7}(I/d)^2] \tag{5.22}$$

这个公式在参数的如下变化范围内得到了验证

$$I=50\sim800\ \text{A},\quad G=(1.5\sim70)\cdot10^{-3}\ \text{kg/s}$$

$$p=(1\sim4)\times10^5\ \text{Pa},\quad d=(0.5\sim3.0)\times10^{-2}\ \text{m}$$

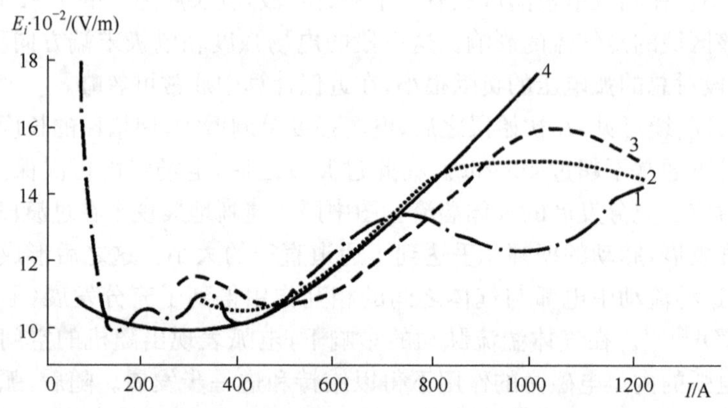

图 5.9　通道初始段中电弧的 E_i-I 特性

工作气体为空气，$d=3\times10^{-2}$ m，1. $G=36\times10^{-3}$ kg/s；2. 70×10^{-3} kg/s；3. 84×10^{-3} kg/s；4. 根据式(5.22)计算得到的结果，$G=36\times10^{-3}$ kg/s

图 5.9 中的曲线 4 是利用曲线 1 对应的工作参数根据方程(5.22)计算出的结果。这里仅归纳了 E_i-I 特性曲线的上升段，自然没有考虑曲线 1 的局部极值。对比计算结果与实验值可以看出，直到电流强度 $I\approx700$ A 的范围内(对应于 $I/d\sim(2\sim2.5)\times10^4$ A/m)，根据方程(5.22)计算得到的曲线都与给出的实验曲线 $E_i(I)$ 近似。在与其他研究中所发表的数据进行比较时也发现了类似的一致性(详见文献[4]，[20])。在那些研究中，实验条件的差异包括等离子体炬方案和气体通入放电通道的方式(一维、二维和三维带有台阶与平滑通道的等离子体炬，带有电极间插入段并沿插入段不均匀通入气体的等离子体炬，带有气动力电极间插入段的等离子体炬等)。因此，基于现有实验数据可以推断，在给定的参数范围内，方程(5.22)令人满意地描述了在通道初始段内的空气电弧的电场强度。对文献[25]中发表的数据与其他数据的比较也表明，当 $I/d>2\times10^4$ A/m 时，E_i 值随电流强度增大的变化不大，因而可以用 $I/d=2\times10^4$ A/m 的 E_i 值以足够的精确度来估算 E_i。有意思的是我们注意到，乘积 $E_i\cdot d$ 对雷诺数和克努森数的依赖关系很弱。这种关系是层流气流中燃弧的特征，这时候在电弧的薄热层中，由于辐射和层流换热，热量从电弧中被传递出去(参见第 2 章)。

沿气流方向向下游，电场强度在过渡段快速增大，某些情况下会增大到 2～3 倍并逐渐达到与发展的湍流对应的 E_t 水平。图 5.10 给出了多位研究者对电弧电场强度沿通道的初始段与过渡段分布进行测量的结果[21-31]。在平滑通道中和带有不同宽度狭缝的分段式通道中，电场强度通常在 $4\bar{z}$～$6\bar{z}$（电流强度为 100～200 A）的范围内以几乎恒定的速率（约 5V/cm）增大。随着电流强度增大，过渡段的长度减小，并且过渡段电场强度的上限 E_t 的值也在减小。考虑现有数据就能够确定 E_{tr} 与主要工况参数之间的准则关系。然而，电场强度在过渡段内近似于线性增长，电场强度的增长率与主要状态参数关系不大，并且过渡段长度很小综合考虑这三项因素我们可以确定：只要过渡段的长度为 $4\bar{z}$～$6\bar{z}$，就可以用 E_i 与 E_t 之间的线性关系来对电场强度 E_{tr} 作近似。

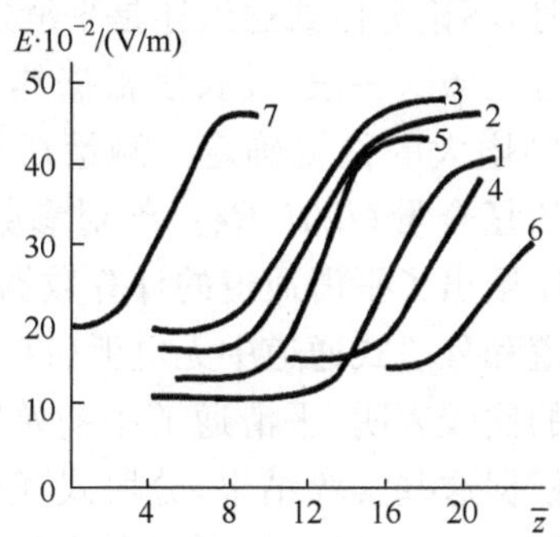

图 5.10　通道过渡段中电弧的电场强度

1. $d=2\times10^{-2}$ m, $G=30\times10^{-3}$ kg/s, $g_i=0.5\times10^{-3}$ kg/s, $I=120$A[20]；2. $d=2\times10^{-2}$ m, $G=17.9\times10^{-9}$ kg/s, $I=120$A[31]；3. $d=2\times10^{-2}$ m, $G=8.5\times10^{-3}$ kg/s, $I=120$A[31]；4. $d=2\times10^{-2}$ m, $G=30\times10^{-3}$ kg/s, $I=160$A[28]；5. $d=2\times10^{-2}$ m, $G=26\times10^{-3}$ kg/s, $I=100$A[30]；6. $d=2\times10^{-2}$ m, $G=38\times10^{-3}$ kg/s, $I=500$～700A[20]；7. $d=2\times10^{-2}$ m, $G=15\times10^{-3}$ kg/s, $I=100$A[27]

为了计算长圆管状通道中的电弧特性，必须知道给定段——初始段（$\bar{l}_i=z_i/d$）、过渡段（$\bar{l}_{tr}=\Delta z_{tr}/d$）和发展的湍流段（$\bar{l}_t=\Delta z_t/d$）的归一化长度。在带有插入段的等离子体炬中，当电极间插入段的长度给定时，各特征段的长度比也决定了弧电压。然而，各种等离子体炬都必须确定初始段的长度，因为这个长度在平滑的圆管状输出电极中决定了弧电压和自稳的弧长，在带有台阶形输出电极的等离子体炬中决定了直到台阶处的通道长度。

对于向平滑圆管状通道中通入双原子气体（包括空气）的情形，初始段的长度 $\bar{l}_i$ 可通过解析和实验来确定[32]。如果气体的温度适中，$\bar{l}_i$ 可通过与雷诺数 Re_d 的如下关系式得到

$$\bar{l}_i=1.35Re_d^{0.25} \tag{5.23}$$

在文献[33]中，平滑通道中电弧初始段长度的确定是通过对长石英管中的弧

柱进行拍照来实现的。过渡段的起点由弧柱随机振荡形成的位置确定。在这项研究中，作者给出了一个初始段的归一化长度与通道入口处气流的雷诺数和能量准则 $\bar{I}=I/(d\cdot\sqrt{\mu h\sigma})$ 的经验关系式

$$\bar{l}_i=1.435Re_d^{0.27}/(1+1.3\times10^{-3}\bar{I}^{1.1}) \tag{5.24}$$

其中，$Re_d=(\rho u)_0 d/\mu$，μ 和 h 分别是气体在通道入口处的温度下的黏度和焓（$T=300$ K）；对于空气，电导率按 $T=6400$ K 计算得到。选择 Re_d 的指数 $\alpha=0.27$ 是基于对实验数据做离散性最小的归纳。方程(5.24)在 $Re_d=10^4\sim10^5$，$I=40\sim160$ A 的范围内得到了验证。

在带有分段式电极间插入段的等离子体炬的通道中，初始段长度基于电场强度和透过通道壁的热损失开始增大的位置来确定，即沿着图 2.12 中的 AB 段来确定。当通道内不存在电弧时，不论分段式通道还是平滑通道，通道的初始段均是从通道入口到壁面边界层闭合区域这一段，其长度根据热差式风速仪测得的通道轴线上气流的湍流度开始急剧增大的位置确定。测量得到的结果如图 5.11 所示。图中曲线表明分段式通道的复合量 $(l_i/d)Re_d^{-0.25}$ 对参数 I 的依赖关系（曲线 1）。为了进行比较，图 5.11 中还给出了平滑通道的计算数据（曲线 2，取自文献[33]）。这幅图还给出了当平滑通道和分段式通道中无电弧（$I=0$）时用热差式风速仪测得的实验数据。对这些结果的比较表明，平滑通道中初始段的长度远大于同等条件下分段式通道中的长度。根据这些实验结果，分段式通道的初始段的长度随着各分段之间狭缝宽度的增大而减小，与插入段之间通入的气体的流量关系不大。因此，我们可以得出这样的结论：当其他条件相同时，初始段的长度仅取决于边界层厚度的增长率，即通道的表面粗糙度。

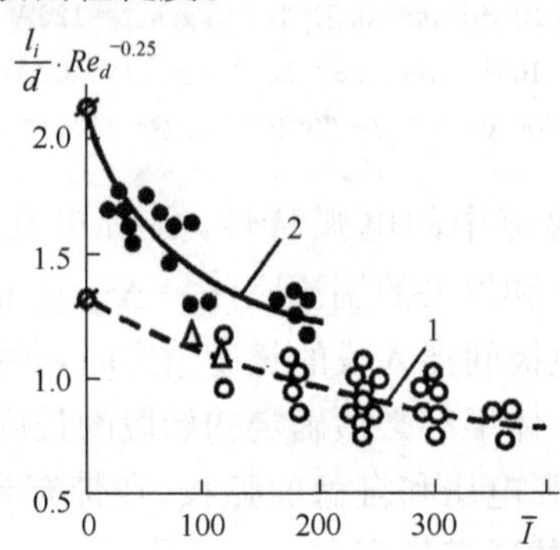

图 5.11 复合量 $(l_i/d)Re_d^{-0.25}$ 与参数 I 的关系

1. 带有电极间插入段的通道：○-d=1×10⁻²m，Δ-d=2×10⁻² m

2. 平滑通道：●-取自文献[33]的数据，○-利用热差式风速仪测量的结果，$d=1\times10^{-2}$ m，$I=0$

对于分段式通道，实验数据归纳为如下关系

$$\bar{l}_i=1.35\cdot Re_d^{0.25}/(1+1.85\times10^{-3}\bar{I}) \tag{5.25}$$

误差在10%以内。该关系式在$Re_d=10^4\sim10^5$，$\bar{I}=0\sim400$ A 的变化范围内得到证实。方程的第一项(分子)是平滑管道中无电弧时气流初始段的长度，并且不考虑通道中气流的旋转(参见方程 5.23)。这种一致性在很大程度上是偶然的，原因在于旋气的影响很微弱，插入段之间狭缝的宽度也很小，这些因素的影响是直接对立的。方程(5.25)的分子决定了电弧热层的存在与否及其影响。由于实验中狭缝的宽度固定并且相对较小($s=1\sim2$ mm)，狭缝的影响没有在表达式中出现。不过，在带有大宽度狭缝的分段通道中，初始段会变得比较短，即一般来说，归纳的关系式中会含有量(s/d)的某种形式。值得指出的是，热差式风速仪对初始段长度的测量表明，冷气流下的测量值与存在电弧时的测量值符合得很好。

由方程(5.25)计算出的初始段长度数据可以用于计算前两类(根据第 1 章的分类方法)等离子体炬的主要工作参数。前文已经提到，过渡段的长度很小且变化不大，因此在估算中可以认为这个长度等于(譬如)$4\bar{z}$，这个值符合大多数带有电极间插入段的等离子体炬系统的实际情况。通道的其余部分是发展的湍流段，知道了这一段的电场强度就可以计算整个电弧的伏安特性。

5.2.3　气动力带来的弧电压变化

对湍流气流中电弧行为的定性分析(见第 2 章)表明，从增大输入电弧的能量的角度看，很容易使发展的湍流段占据大部分放电通道。此外，还可以通过多种方法使气流湍动，例如，在通道中形成台阶、把各种湍流增强器接入放电通道等。对于带有电极间插入段的等离子体炬，从插入段两段之间的狭缝中通入气体就能够使通道初始阶段中的气流发生最简单的湍动[20]。

下面，我们来讨论等离子体炬中弧电压的变化。所研究的等离子体炬带有归一化长度恒定为$\bar{a}$的电极间插入段，具有在通道初始段中发展起来的边界层；边界层仅受到坐标为$\bar{z}_s<\bar{z}_i$的插入段部件之间的狭缝中通入的工作气体的影响。起决定性作用的无量纲气体动力学参数是供气参数$m_s=(\rho u)_s/(\rho u)_{0s}$。这里的下标 0s 和 s 分别是部件$\bar{z}_s$对应的狭缝中和通道中的气流参数。电极间插入段部件的厚度为$(7\sim21)\times10^{-3}$ m，部件的间隙为$s=(1.5\sim2)\times10^{-3}$ m。这些部件成组分布，这样可以减小沿气流方向上的部件厚度。从给定的狭缝中通入的气体流量g_s的变化范围是$0\sim7.5\times10^{-3}$ kg/s，对应的参数m_s的范围是$0\sim2.3$。

从狭缝通入气体的方式有三种，其中两种是沿通道圆周的切线方向(旋流)，一种是沿径向(直流)。沿切向通入气体的方向与阴极区通入电极通道的主气流的方向一致(同向供气)或者相反(逆向供气)。

首先，我们来研究第一种供气方案——从狭缝沿切向同向通入冷气流的情况。图 5.12(a)给出了对于不同的供气参数弧电压沿通道轴线的分布。为了提高曲线研究的精度，我们为曲线 1——无强烈供气($m_s=0.08$)时电压沿电弧分布——建立了刻度，并将曲线 5 沿纵坐标轴平移 100 V。当 m_s=0.08 时，弧电压沿初始段的分布是线性的；并且，从 $\bar{z}$=11～12 开始，电压呈非线性增大(对应于电弧与边界层接触以及与高温气体混合的区域)。m_s 在供气段增大的同时电压也略微增大(如曲线 5)。电压增大段的长度很小，从供气位置沿气流向下 $3\bar{z}$～$4\bar{z}$ 处开始，曲线 1 就和曲线 5 几乎相同了。因此，可以认为总的弧电压在很宽的 m_s 变化范围内都保持恒定。电弧电场强度的相应分布如图 5.12(b)所示；曲线 2～5 分别对应于纵坐标轴偏移(10,20,30 和 15)×10^2 V/m。当不存在强烈通气时，通道中的电场强度直到 $\bar{z}$=11～12 这一段都可以看作是恒定的。此后电场强度呈非线性增大(如曲线 1)。

由于这些实验中电极间插入段的总长度相对较短($\bar{a}$=21.5)，在通道的末端气流还不是湍流，电场强度曲线只是具有向发展湍流中燃烧的电弧特性曲线偏移的趋势。在同向供气(与主气流相同的方向通气)区域内，电场强度存在局部浪涌，其幅度随 m_s 的增大而增大(参见曲线 2～5)。然后，电场强度减小到低于初始段的水平。接下来，沿流动方向，曲线 2～5 与曲线 1 的形状相同，它们几乎重合。研究氩气中的电弧时可以得到相同的结果[34]。

对实验材料的分析表明，就通气区域附近的电场强度而言，同向供气和改变 m_s 影响很小；这种情况只有在边界层处于下述情形时才有可能出现：边界层与通入气体存在很弱的相互作用，并且被气体从壁面“挤开”从而使通道局部变窄而电场强度值增大。对于通道初始段的其他截面，同向供气对电场强度的影响类似。

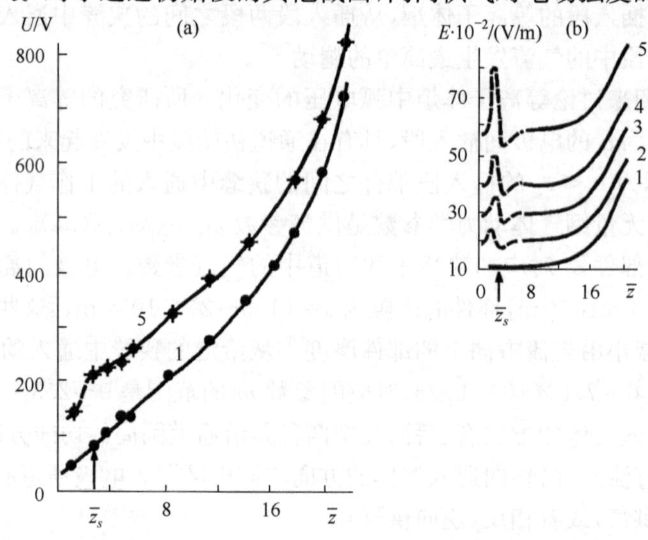

图 5.12　同向供气时弧电压(a)和电场强度(b)沿通道轴线的分布

$d=2\times10^{-2}$ m；$\bar{a}=21.5$；$\bar{z}_s=3.2$；$I=120$ A；$G=30\times^{-3}$ kg/s，$g_i=0.5\times10^{-3}$ kg/s；

G_0+g_s=常数=15×10^{-3} kg/s；1～5. m_s=0.08；0.18；0.39；0.62；1.2

气体以第二种方案——沿相反方向通入，电压的分布将会怎样？对流体的湍流度沿通道变化的研究表明，在这种情况下，通道初始段的长度随 m_s 的增大而减小。

$V(z)$和 $E(z)$对不同的 m_s 值分布分别如图 5.13 和图 5.14 所示。只有当 m_s 值相对较小时，E 开始增大的位置向通气截面偏移(如两幅图中的曲线 2)。当 $m_s=1$ 时，电场强度开始在气体通入区域内增大(如曲线 3)。因为过渡段中的电场强度与 m_s 的关系不大，故当其他条件相同时，发展湍流段的长度就随 m_s 的增大而增大，由此带来弧电压的升高。

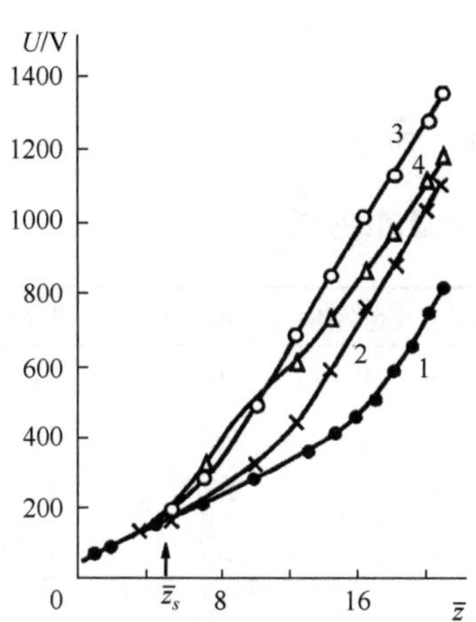

图 5.13　逆向供气时弧电压沿通道轴线的分布
1～4. m_s=0.08，0.37，1.1，2.1
z_s=5，其他符号的含义参见图 5.12

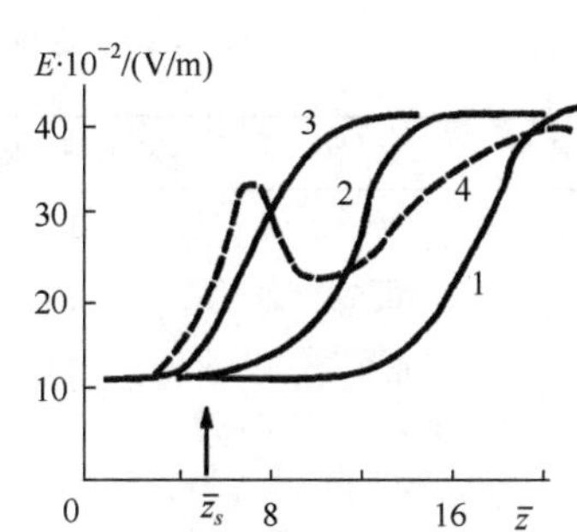

图 5.14　逆向供气时电场强度沿通道的分布
符号含义如图 5.13

逆向供气很有可能强化了边界层与气流核心之间的质量传递。当 $m_s=1$ 时，在坐标 $\bar{z}\approx\bar{z}_s$ 的位置会发现，对于任意的 m_s 值，发展湍流段中的 E 值都保持近似相同的水平。当 $m_s>1$ 时，$E(z)$的分布呈现出局部增大(如图 5.14 的曲线 4)，随后减小，接下来在发展的湍流中单调增大。电场强度的这种分布降低了弧电压(如图 5.13中曲线 4)。显然，这与气流的过度旋转有关。由于沿切向通入的气流的脉动超过了主气流($m_s>1$)，电弧的稳定性可能被通气部件中的旋气破坏，从而使气流的旋转方向发生变化。对于强烈通气的情形，有可能在通气部件之后形成新的初始段。

这里所描述的电弧电场强度沿通道分布的特性对于不同的供气参数均定性保持恒定，而与供气参数无关(如图 5.15 中当 $m_s\approx1$ 时的电势分布曲线 2～4)。如果气体从邻近通道入口的位置通入，供气参数对通道中电场强度分布的影响就非常明显。然而，对于强度相对低的同向供气情况，气流的存在，即使从初始段的末端通入，都会造成电弧电特性发生很大改变。

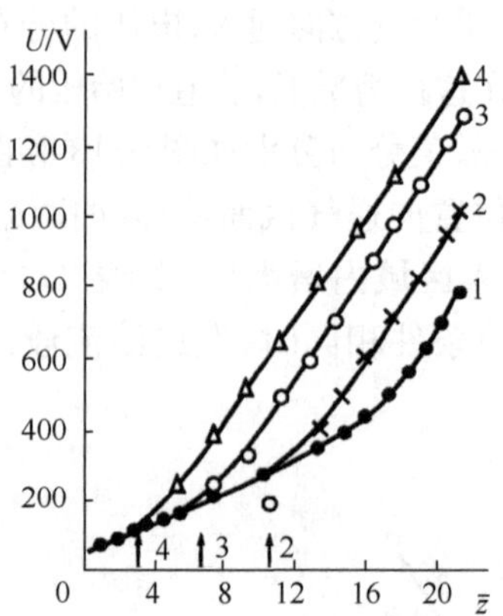

图 5.15 逆向供气时弧电压沿通道的分布

曲线编号	$\bar{z}_s$	$G\times10^{-3}$/(kg/s)	$g_s\times10^{-3}$/(kg/s)	m_s	U/V
1	/	15	0	0	1100
2	10.5	10	5	0.9	1330
3	6.8	10	5	1.0	1660
4	3.2	10	5	1.2	1760

分析图 5.16(a)中所示的结果(这里 U_0 是 $m_s=0.07$ 时的弧电压)可以得到如下结论:①最优电压近似对应于 $m_s=1$ 时的情形,这与气体的湍流度和电弧电场强度沿电弧室轴线分布的数据符合得很好;②随着 $\bar{z}_s$ 的减小,c 的影响变得更强;③当 $m_s>1$ 时,电弧的燃烧变得不稳定,在某些情况下甚至会熄弧,尤其当 $m_s>1$ 进一步增大时。图 5.16(b)表明,逆向供气的位置不应该放在电弧室入口附近($\bar{z}_s<2$)和通道初始段末端($\bar{z}_s\approx12$)。当 $\bar{z}_s$ 值比较小时,弧斑的位置在阴极上变得不稳定,这是因为气流旋转被破坏,加剧了电极材料的烧蚀。

文献[35]对第三种供气方案——直流供气,进行了研究。实验是在带有分段式电极间插入段($d=15\times10^{-3}$ m)的等离子体炬上进行的。为了保证弧斑稳定在阴极的某个位置,气体以流量 G_0 旋转通入阴极与第一个插入段之间的间隙;而对于之后的所有间隙,气体则以与等离子体炬轴线成 30°且无旋转方式通入。各种供气条件下的电场强度沿分段式通道的分布如图 5.17 所示。比较曲线 1 和曲线 3 可以发现,与直流供气的情况相比,旋流供气时初始段的长度要大得多。如果按供气方式对电弧电场强度影响的强弱来排序,则以某一小角度直流供气的方式处于以旋流同向与旋流反向供气方式之间的中间位置。

直流供气方法有时很有效。例如,在通入粉末介质并且不希望固体颗粒发生分散时,或者在其他诸多情形中。

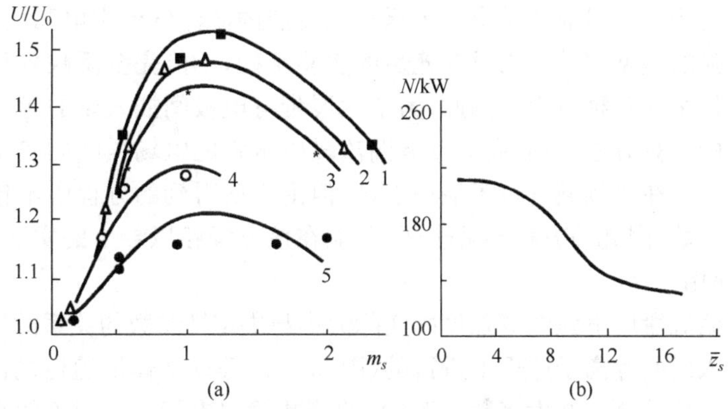

图 5.16 (a)相对弧电压 U/U_0 与 m_s 的关系,(b)弧功率 N 与 z_s 的关系

$m_s=1.0$;$d=20\times10^{-3}$ m;$\bar{a}=21.5$;$G=30\times10^{-3}$ kg/s;$g_i=0.5\times10^{-3}$ kg/s;$I=120$ A

输出电极为阴极;1~5 分别对应于:$\bar{z}_s=3.2,5.0,6.8,8.7,10.5$

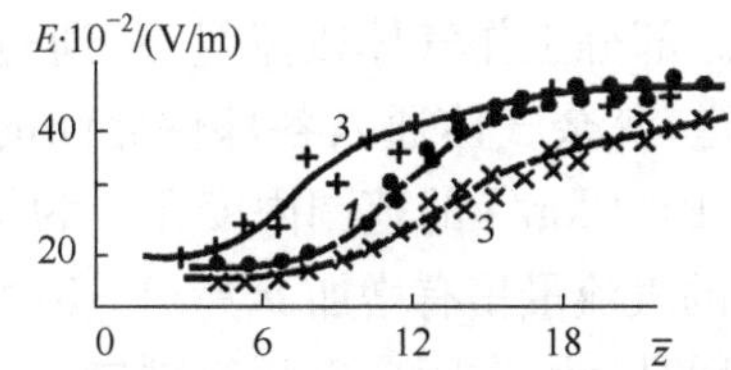

图 5.17 旋流和直流供气时电弧电场强度沿通道轴线的分布

$d=15\times10^{-3}$ m;$G_0=1.5\times10^{-3}$ kg/s;$G=17.9\times10^{-3}$ kg/s;$I=120$ A;$G_n=\sum_{\bar{z}=10} g_i$

1,2. 旋流供气;3. 直流供气(曲线 1、3 $G_n=0.575G$,曲线 2 $G_n=0.27G$)

5.2.4 在气流的发展湍流段中电弧的电场强度与决定性参数的关系

低温等离子体炬的功率的提高可以通过传统方法来实现,即通过增大弧电流,或者提高弧电压。这使得在带有电极间插入段的等离子体炬中,电弧通道的发展湍流段越来越占据主导地位。因此,我们有必要基于实验数据来归纳出电弧电场强度与主要决定性参数——弧电流、通道直径、压强、气体的种类和流量等的关系。

理论上已经对运行在湍流气流中的电弧进行了大量研究[23,36-39]。据文献[38]和[39],气体温度和流量的小幅波动(4%~5%)(通道中气流呈发展湍流的特征)不会造成电弧电场强度任何明显增大。只有当这些量大幅波动(10%~20%的水平)才会使弧电压比无波动时大 3~4 倍。如果将文献[39]中的大幅波动考虑进来,计算得到的电弧特性与文献[40]和[41]中描述的实验结果符合得非常好。研究燃烧在通道的发展湍流段中的电弧的形状,使我们可以认定,电弧电场强度增大的机理很可能不仅是电弧与气体之间热交换的加剧,还包括在通道的插入段中电弧实际长度的增大。目前还没有关于运行在发展的湍流气流中电弧的完整理论，现有湍动电弧的模型[23,36,37]均没有充足的实验基础，不能完全反映各种电弧与湍流气流相互作用的各种过程。因此，为了发展带有电极间插入段的等离子体炬中电弧电特性的计算方法，有必要对发展湍流段中电弧的电场强度的实验数据进行归纳。文献[31]在该领域进行了最初尝试，但由于所得到的方程中不包括如气压这样的控制参数，因此该方程不够全面，只能在该方程赖以导出的实验条件下(就气压而言)使用。

对发展湍流段中电弧电场强度的实际大小与决定性参数的关系的研究是在带有电极间插入段的等离子体炬上进行的(图 5.8)。等离子体炬通道的内径为 $d=(10,20,30)\times10^{-3}$ m。在大多数实验中，圆管状输出电极——阳极的直径和通道直径相同。只有当通道直径 $d=10\times10^{-3}$ m 时使用 $d_a=14\times10^{-3}$ m 的阳极，电极间插入段的归一化长度 $\bar{a}$ 的变化范围是 12～34，插入段部件的厚度为 10×10^{-3} m；当 $d=10\times10^{-3}$ m 时，还使用了厚度为 16×10^{-3} m 和 21×10^{-3} m 的部件，部件之间的间隙为 $(1\sim2)\times10^{-3}$ m。部分工作气体以流量 G_0 通过旋气室通入位于阴极和第一插入段之间的放电通道，其余气体通入各部件之间的旋气室。通入单个旋流环的气流量 g_i 在 $(0\sim1)\times10^{-3}$ kg/s 的范围内变化。为了防止最后一个插入段与阳极之间发生电击穿，这里的气流量稍有增加 $g_a=(1\sim3)\times10^{-3}$ kg/s。在大多数实验中，为了增大发展湍流段的尺寸，在距离电弧室进口 $\bar{z}_s=1\sim5$ 处以流量 g_s 从部件之间的间隙中通入气体。通入等离子体炬的总气流量 $G=G_0+g_a+g_s+\sum g_i$ 的变化范围为 $(6\sim50)\times10^{-3}$ kg/s。实验在弧电流为 $I=40\sim600$ A 的范围内进行。

在归纳自稳弧长或用台阶固定弧长的电弧的总体特性时，决定性参数由电弧室特征段(末端)中的压强和总气流量来代表。在归纳电弧的电场强度时，需要牢记与通道选定段有关的压强、气流量以及通道直径(如果电弧室为非圆管状)。之所以要特别强调这一点，是因为在带有电极间插入段的等离子体炬中，气压和气流量沿通道的变化很剧烈。这一点通过图 5.18 中的压强分布曲线清晰地表现出来。测量结果表明，在气流的发展湍流段(不考虑输出电极)，气压几乎降低了 1/3。

现在来讨论与电弧电特性有关的数据。图 5.19 给出了对应于 4 个空气流量值的典型的 E_t-I 特性曲线。在所研究的电流强度范围内，这些特性曲线都是下降的。气流量的增加增大了电场强度。增大气压和减小通道直径可以对电场强度产生同样的影响。

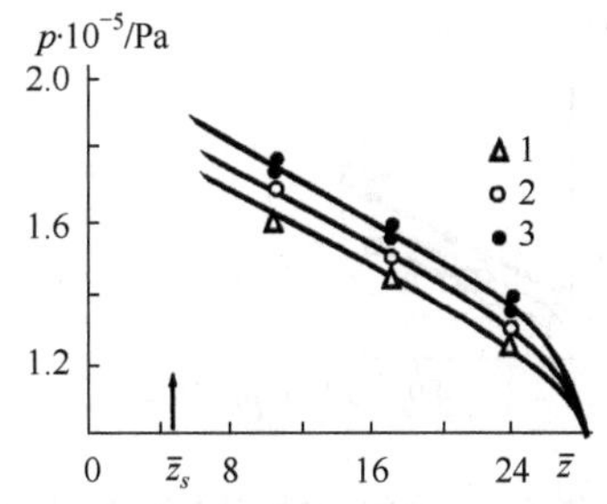

图5.18 气体压强沿通道的分布

$d=20\times10^{-3}$ m;$\bar{a}=25$;$\bar{b}=3$;$\bar{z}_s=4.5$;$m_s=1.0$;$I=1000$ A;1. $G=25\times10^{-3}$ kg/s,$g_i=0$;2. $G=26.3\times10^{-3}$ kg/s,$g_i=0.1\times10^{-3}$ kg/s;3. $G=(27.3\sim27.8)\times10^{-3}$ kg/s,$g_i=0.4\times10^{-3}$ kg/s

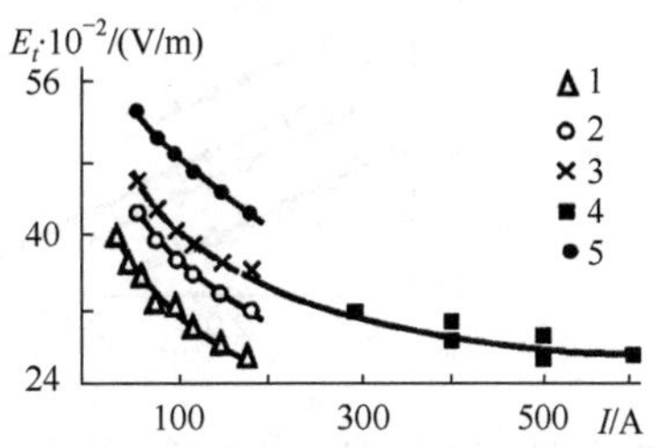

图5.19 电弧的 E_t-I 特性曲线

$d=20\times10^{-3}$ m;$\bar{a}=20.25$;$\bar{z}_s=2$;$m_s=1.0$;$p=1.0\times10^5$ Pa;1. $G=14.8\times10^{-3}$ kg/s,$g_i=0$;2. $G=21.4\times10^{-3}$ kg/s,$g_i=0.15\times10^{-3}$ kg/s;3. $G=25.1\times10^{-3}$ kg/s,$g_i=0.30\times10^{-3}$ kg/s;4. $G=24.5\times10^{-3}$ kg/s,$g_i=0.37\times10^{-3}$ kg/s;$\bar{a}=14.3$,$G_0(N_2)=6.0\times10^{-3}$ kg/s;5. $G=36.9\times10^{-3}$ kg/s,$g_i=0.54\times10^{-3}$ kg/s

在归纳实验数据时,为了选定无量纲准则,我们假设电弧的辐射与内禀磁场都很小。因此,决定性参数为弧电流、气体流量与压强,以及电弧室的直径。无量纲准则有

$$S_E=2(\sigma/\pi\mu h)^{0.5}(Ed),\quad S_I=2(2\pi\mu h\sigma)^{-0.5}(I/d)$$

$$Re_d=4G/(\pi d\mu),\quad Kn=kT/(Q\cdot p\cdot d)$$

其中,μ,σ,h 和 T 分别是气体的黏度、电导率、焓和温度的特征值;k 是玻尔兹曼常数;Q 是电子的有效散射截面。对实验数据采用标准步骤[1,2,4]进行归纳。电弧电场强度的公式可从如下关系式得到

$$S_{E_t}=C\cdot S_I^{\alpha}\cdot Re_d^{\beta}\cdot Kn^{\gamma} \tag{5.26}$$

在后续步骤中,气体的温度、焓、黏度、电导率的特征值都被看作是常数:$T=400$ K;$h=4\times10^5$ J/kg;$\mu=2.3\times10^{-5}$ kg/(m·s)。根据文献[4],在这种情况下,温度为 $T=6400$ K时,空气的电导率为 $\sigma=432$ S/m。克努森数中含有的电弧中电子散射的有效截面与温度的关系不大,对于空气,可以认为 $Q=5\times10^{-20}$ m²[42]。

考虑了这些假设后,如果仅分析方程(5.26)中所有复合量的变化部分,就可以得到

$$S_{E_t}=7.73Ed,\quad S_I=0.0179I/d,\quad Re_d=5.54\times10^4G/d,\quad Kn=0.11(pd)^{-1}$$

下面来更详细地研究 S_{E_t} 与决定性准则复合量的关系。作为一个例子,图5.20(a)给出了 $\lg(S_{E_t})$ 和 $\lg(S_I)$ 的关系。在所研究的参数变化范围内,S_{E_t} 可以认为与 S_I^{α} 成正比,指数 $\alpha=-0.23$。$\lg(S_{E_t})$ 与 $\lg(Re_d)$ 也呈线性关系,系数 $\beta=0.47$(图5.20(b))。

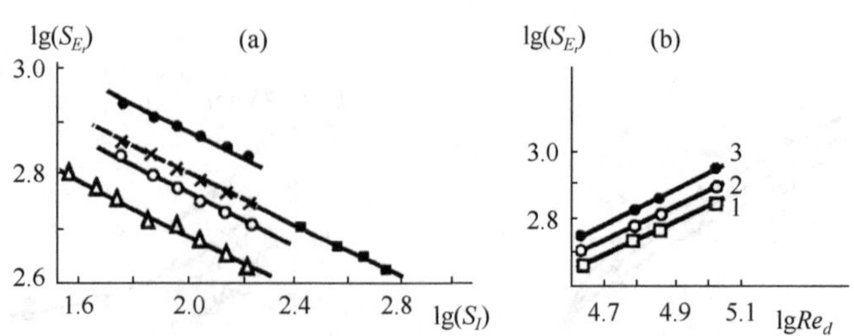

图 5.20　(a)lg(S_{E_t})与 lg(S_I)的关系，所有的参数与图 5.19 中的一样；(b) lg(S_{E_t})与 lg(Re_d)的关系，图中 $d=20\times10^{-3}$ m，$\bar{a}=20.25$，$\bar{z}_s=2$，$\bar{z}=16\sim20$

1. $S_I=53.7(I=60\text{ A})$；2. $S_I=89.5(I=100\text{ A})$；3. $S_I=134(I=150\text{ A})$

需要特别关注电弧电场强度与气压关系的确定。正如前文提到的，在研究 E_t 时，应考虑决定性参数在所研究的横截面上的值。在用直径为 $d=20\times10^{-3}$ m 和 $d=30\times10^{-3}$ m 的电弧室做实验时，测量段内的气压与大气压差别很小；然而，当改用 $d=20\times10^{-3}$ m 和 $d=d_a$ 时，气压比等离子体炬出口压力高$(0.5\sim0.7)\times10^{-5}$ Pa。在发展湍流段，通道中局部气压对电弧电场强度的影响如图 5.21 所示，该图给出的是复合量 $A=S_{E_t}\cdot S_I^{0.23}\cdot Re_d^{-0.47}$ 与克努森准则的关系。在所研究的克努森数的变化范围内，lg$A$ 对 lgKn 的依赖关系应看作是线性的，比例系数 $\gamma=-0.2$。从图中看到，实验数据点存在一定的离散性，这是因为在确定测量区域内的压强时存在误差。

为了近似计算空气中电弧的电场强度，我们用以下方程来归纳所有实验数据

$$S_{E_t}=1.34\cdot S_I^{-0.23}\cdot Re_d^{0.47}Kn^{-0.2} \tag{5.27}$$

在变换准则 $S_I=35\sim540$，$Re_d=(2.7\sim11.0)\times10^4$，$Kn=(1.3\sim11)\times10^5$ 的范围内，实验点与计算曲线的相对误差不超过±6%。在测量电弧在某一段的电势差，以及该段内的气流量和气压变化时，由于该测量基础段的长度相对较小，因此我们可以假设在此测量基准内电场强度是常数。图 5.22 给出了 S_{E_t} 与复合量 $\varphi=S_I^{-0.23}Re_d^{0.47}Kn^{-0.2}$ 的函数关系。

如果只考虑无量纲准则复合量的变化部分，则方程(5.27)具有更适合理论计算电弧电场强度的形式

$$E_t\cdot d=115(I/d)^{-0.23}(G/d)^{0.47}(pd)^{0.2} \tag{5.28}$$

使用方程(5.28)计算电弧电场强度沿整个发展湍流段的分布，可以得到令人满意的结果，图 5.23 中给出的曲线表明了这一点。E_t 的值根据气流量和气压的局部值计算得到[30]。当气流量沿发展湍流段增大很多时，实验数据点与计算曲线的相对偏差不超过 ±10%，信度为 0.95。

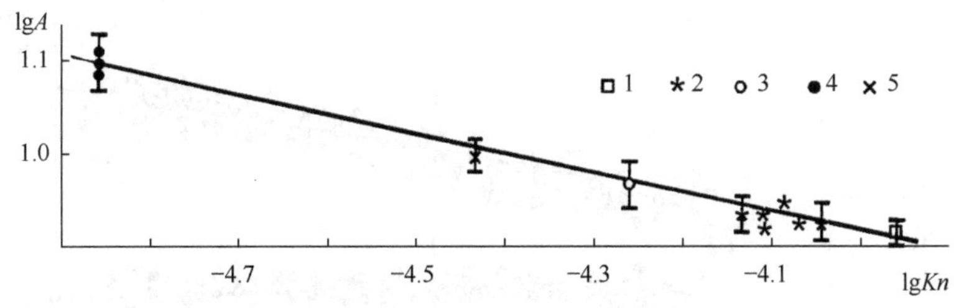

图 5.21　lgA 与 lgKn 的关系

1. $d=10\times10^{-3}$ m, $d_a=14\times10^{-3}$ m, $p=1\times10^5$ Pa; 2. $d=d_a=10\times10^{-3}$ m, $p=(1\sim1.7)\times10^5$ Pa; 3. $d=20\times10^{-3}$ m, $p=1\times10^5$ Pa; 4. $d=7\times10^{-3}$ m, $p=11.2\times10^5$ Pa[40]; 5. $d=30\times10^{-3}$ m, $p=1\times10^5$ Pa

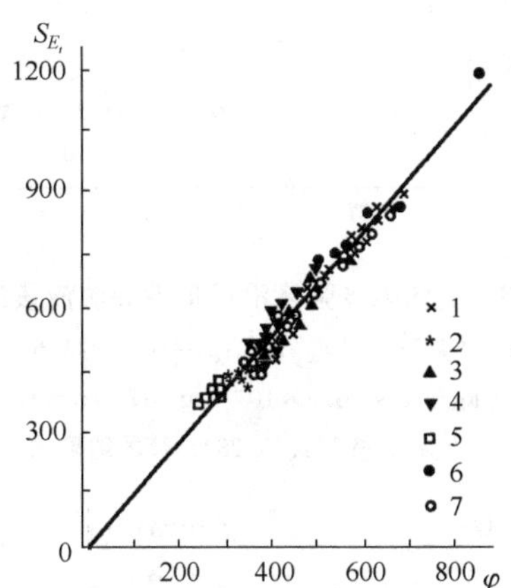

图 5.22　实验数据与归纳的电弧的 E_t-I 特性曲线比较

1. $d=30\times10^{-3}$ m, $p=1\times10^5$ Pa; 2. $d=30\times10^{-3}$ m, $p=(1\sim1.7)\times10^5$ Pa; 3. $d=20\times10^{-3}$ m, $p=1\times10^5$ Pa[35]; 4. $d=15\times10^{-3}$ m, $p=1\times10^5$ Pa[35]; 5. $d=10\times10^{-3}$ m, $p=1\times10^5$ Pa[35]; 6. $d=7\times10^{-3}$ m, $p=11.2\times10^5$ Pa[40]; 7. $d=20\times10^{-3}$ m, $p=1\times10^5$ Pa

因此，在复合量 S_I 的变化范围内，E_i-I 特性曲线是下降的。另外，随着上升段的延伸，E_i-I 特性呈现出 U 形[3,26]。正如文献[25]中所表明的，真正的 $E_i=f(I)$ 关系远比估算方程(5.22)复杂得多，后者只是在参数 I/d 比较窄的变化范围内 $4\times10^3\leqslant I/d\leqslant2\times10^4$ A/m 时有效。在文献[38]和[43]中，已经假设了对于大电流，电场强度 $E_i\to E_t$。文献没有讨论该假设的有效性，也没有分析造成通道不同段内的电场强度值趋同现象的物理本质，不过下文将会表明，这种趋同的确发生了。图 5.24 给出了运行在气流初始段与湍流段的电弧的 $E=f(I)$ 关系。正如前文所表明的，在电流值相对较小的情况下，E_t 比 E_i 大 2～3 倍，但是随着电流强度的增大，二者之间的差别逐渐减小。

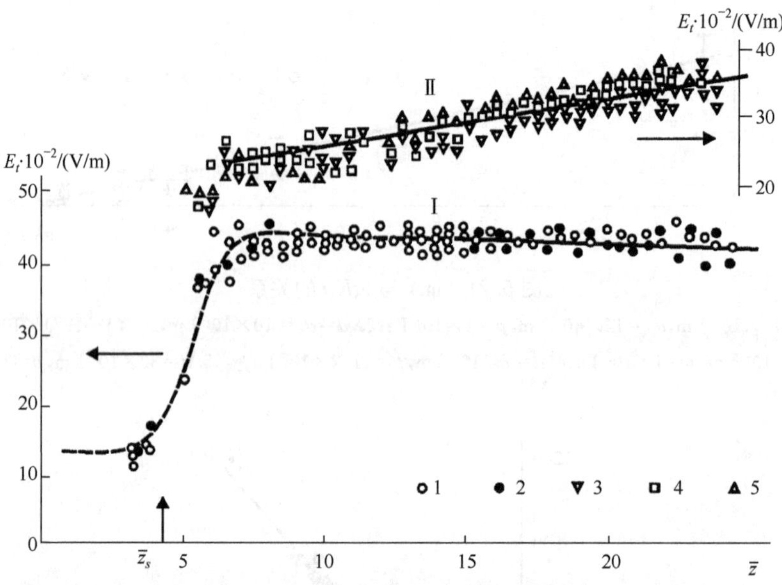

图 5.23 电弧电场强度沿通道发展湍流段的分布

$d=20\times10^{-3}$ m;$\bar{a}=25$;$\bar{z}_s=4.5$;$I=100$ A;Ⅰ:$g_i=0$,$G\approx24.6\times10^{-3}$ kg/s;1. $m_s=1.0$;2. $m_s=1.1$;Ⅱ:$g_i=0.4\times10^{-3}$ kg/s,$G\approx20.8\times10^{-3}$ kg/s;3. $m_s=1.1$;4. $m_s=1.43$;5. $m_s=1.65$。实线为按照式(5.28)计算的结果

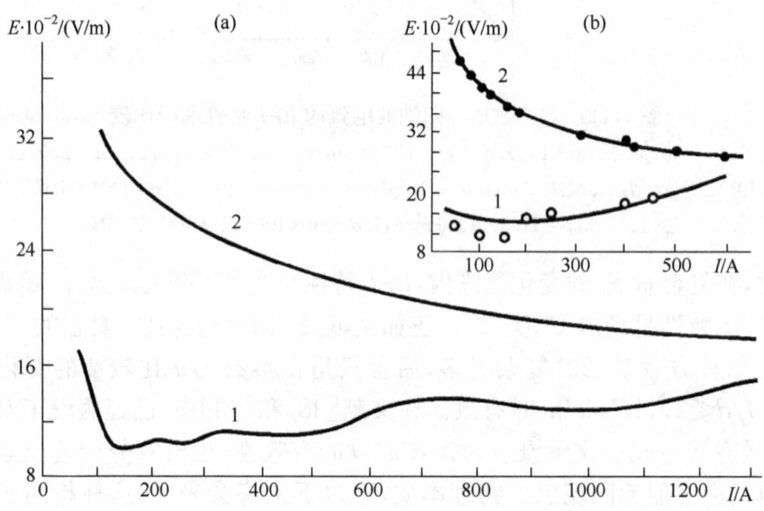

图 5.24 电弧电场强度与电流强度的关系

(a) $d=30\times10^{-3}$ m,$G=36\times10^{-3}$ kg/s,$p=1\times10^5$ Pa;1. 通道初始段的实验数据[25](自动记录);2. 用方程(5.28)计算通道湍流段得到的结果;(b) $d=20\times10^{-3}$ m,$G=24.5\times10^{-3}$ kg/s,$p=1\times10^5$ Pa;1. 用方程(5.22)计算得到的结果,圆圈为实验数据;2. 通道湍流段的实验值

因此,利用电弧电场强度、电极间插入段长度 $\bar{a}$ 和通道特征段长度的有关数据,可以计算电弧的伏安特性。如果 $\bar{a}$ 比 z_i 稍大,并且不存在逆向供气,则伏安特性是 U 形的,这是因为电弧的湍流段的作用不明显。如果 $\bar{a}$ 的值大或者逆向供气"的确起作用",电弧湍流段的作用就成为主导,电弧的伏安特性就是下降的。在这两种极端特征之间的是其他所有特性,这些特性可以通过改变 m_s 得到,如从 0～1。

在放电通道的初始段,电压等于 $\Delta U_i = E_i \cdot \bar{l}_i \cdot d$;在发展湍流段,$\Delta U_t = \int_0^{l_t} E_t(z_t)\mathrm{d}z_t$;在过渡段,可以认为 $\Delta U_{\text{trans}} = (E_t - E_i)\bar{l}_{\text{trans}} \cdot d/2$。再考虑到近电极区域的电压,电弧的电压可由如下方程确定

$$U = \Delta U_i + \Delta U_{\text{trans}} + \Delta U_t + \Delta U_a + \Delta U_c$$

5.3　多孔通道中电弧的能量特性

为了对等离子体炬中电弧放电参数施加有效的流体力学影响,一种值得关注的方法是由电弧室的多孔壁通入等离子体形成气体[4,20,44-48]。这种设计方案是对插入段部件之间通入气体的等离子体炬的发展,因为使用多孔壁可以将掺入段部件之间分散供气变成由电极间插入段通道壁的整个表面供气这样一种极限工况。利用这种方法回收损失的热量,有可能大幅提高这类等离子体炬的热效率。此外,从电极间插入段的多孔壁供气的作用不仅局限于对壁面的蒸发冷却,强烈通入气体还会降低甚至完全消除壁面上的热传导和对流,产生发展湍流的形态,提高电弧与被加热气体之间的换热程度。这种气体通入方式会对放电的电参数,主要是电弧的电场强度,产生积极的影响。

文献[47]的研究表明,以相对较低的强度向多孔壁通气的时候,可使弧柱被稳定在放电通道的轴线上,电弧被分裂成多个导电通道(丝状电弧)。现在我们来研究采用不同方式通入氢气和氮气时的放电结构。文献[47]中注意到,通过多孔壁的低强度供气能够在空间上有效地稳定氢电弧。增大气体的质量通量,同时保持电流强度一定,电弧会被压缩,其轴线上的温度从 13×10^3 K 升高到 16×10^3 K。研究表明,当电流强度和气流量都不变时,电弧轴线上的温度变化出现了幅度为 $(1.5\sim2.0)\times10^3$ K、周期为 60～75 μs,以及幅度为 $(3\sim4)\times10^3$ K,周期为 300 μs 两种状况。根据估算,形成温度平衡分布所需要的时间为 20～30 μs,建立密度平衡分布的时间为 90～100 μs。等离子体处于平衡状态的持续时间约为 165 μs。将 n_e 和 T_e 的实验数据与计算得到的关系式 $n_e(T_e)$ 进行对比表明,电子的温度和密度均偏离局域热力学平衡状态,并且偏差超出了测量误差范围。随着气流量的增加,偏离的程度加剧。

向放电通道通入氮气时[49]，在放电通道的大部分截面上也记录到偏离热平衡态的现象。这种偏离表现为 T_e 和 T_i 均高于 T，并且在通道的外围部分达到 1000～2000 K。

当气流速度很高时，情况就与之前的大不相同[50]。高速摄影研究结果表明，在靠近出口处的通道截面上，随着氮气流量的增大，弧柱被分裂成多个导电通道(图 5.25)。在这种情况下，研究还记录到温度分布发生了连续重新调整的过程，这种重新调整持续的时间为 $10^{-4}\sim10^{-5}$ s。随着气流量的进一步增大，丝状放电的时间进一步延长。在电弧向丝状放电过渡的过程中，通道轴线上的特征温度从 $(14\sim16)\times10^3$ K 下降到 $(10\sim12)\times10^3$ K。通道截面上的温度分布可以描述如下：在(电流传导的)中心部位存在相对均匀的电子温度为 $(6\sim8)\times10^3$ K 的"扩散"区域。在这个区域内，被压缩的电弧丝经历了形成、移动，然后消失的过程。该"扩散"区域显然随电弧丝的轨迹形成，并与电弧丝一起作径向振荡。电弧丝除了发生径向位移，还以螺旋方式移动。这种情形在高强度通入 H_2 和 CO_2 时也可观察到。

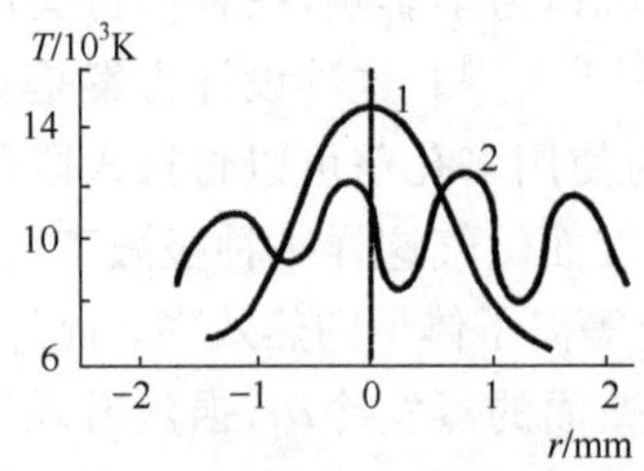

图 5.25　从多孔插入段通入氮气时放电通道横截面上的温度分布

$G=0.18\times10^{-3}$ kg/s, $I=280$ A, $\bar{z}_s=z/d=2.5$[50]；1. 柱状弧；2. 丝状弧

对多孔通道中电弧的电位和电场强度分布的测量表明，气流量的增加会增大电弧通道中的气压，还会增加沿着阳极长度方向的电位降，这一段的电位降达到总电位降的 30%～40%。电场强度 E 随轴向气流量($G=\pi d\dot{m}z$，这里 $\dot{m}$ 是气体相对于通道内表面的质量通量)的增大而增大。

当通过多孔壁的气体种类与通气强度不同时，电弧电场强度与气流雷诺数的关系如图 5.26 所示[51,52]。雷诺数由 $Re=4\dot{m}\bar{l}/\mu$ 确定，其中 $\bar{l}=z/L$ 是沿多孔插入段方向的相对坐标，μ 是进口处的气体黏度，z 是沿多孔插入段的实际坐标，L 是多孔插入段的长度(引入坐标 $\bar{l}$ 是为了区别 $\bar{z}=z/d$——沿通道的无量纲相对坐标)。与之前所研究的情形相比，这里的雷诺数由实际坐标确定，而不是由通道的直径确定。

在通道的初始段，E 的值随气流量的增大而增大(如图 5.26 中的曲线 1～4、5～6、7～8)，并取决于气体压强、气体种类和通道直径。当以相对低的强度通入空气(曲线 1)达到临界值 $Re^*\approx10^5$ 时，电场强度 E 不大，可以看作与 $\sim Re^{0.4}$ 成正比。这个雷诺数的值对应于沿插入段的坐标 $\bar{z}=z/d=2.5\sim3$ 通入气体的情况。当 $Re>Re^*$ 时，随着气流量增大，E 从通道的同一截面开始快速增大。在 $z/d=4$ 的部分，正如文献[51]，文献[52]中所确认的，$E\sim Re^{0.8}$；在多孔插入段的末端($z/d\approx5$)$E\sim Re^{1.6}$。E 在输出电极附近的这种异常快速增大，很难用电弧与湍流气流的相互作用(第 2 章)来解释。电场强度值很高的原因可能是计算过程中出了问题。电场强度的大小由相邻两只探针之间的电位差除以二者之间的距离得到,而输出电极中电弧环的存在和电弧与通道壁之间厚的冷气层都不可避免地影响到电场强度的测量精度。因此,有必要在输出电极的电弧段不影响电弧电位测量精度的条件下进行相同的测量。文献[53]进行了这些测量。

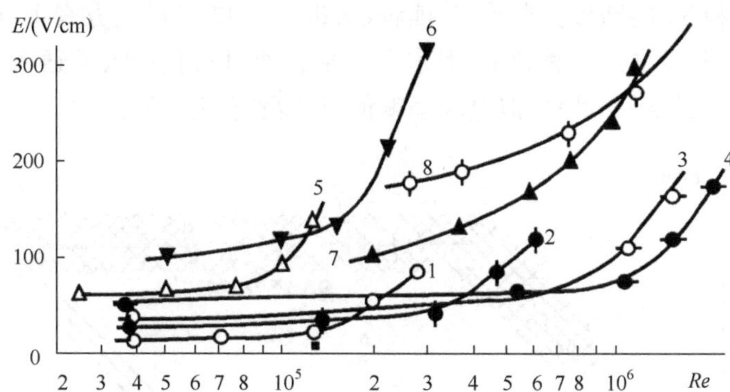

图 5.26　通过多孔插入段供气时电弧的电场强度与 Re 的关系[51]

1～4. 空气;5,6. H_2;7,8. CO_2

为了解释电弧的电场强度沿带有复合壁面(多孔壁+致密壁)的通道的分布,用带有电极间插入段的等离子体炬进行了实验[20]。实验中,电弧室的内径保持恒定,等于 20 mm。特别研发的插入段部件模块[54]可以安装在通道的任何部位,由每段长度为 z 的多孔插入段(用泡沫堇青石制成)组成,各插入段之间通过致密的孔板分隔。实验中使用了两种铜质分隔孔板:20 mm 厚的水冷孔板和约 3 mm 厚的无冷却孔板。模块中多孔部件的数量为 1～6 个。工作气体(空气)总流量的变化范围为 25～85 g/s,这样就能够在 0.5～2 g/(s · cm^2)的范围内研究供气强度 $\overline{g}_p = g_p/F$ 的影响。这里 g_p 是气体通过多孔壁的流量,F 是多孔壁的内表面面积。大多数实验是在 $\overline{g}_g$～1.1 g/(s · cm^2)、电流强度 $I = 120$ A 的条件下进行的。在多孔模块之前及之后的插入段部件之间不通入工作气体。为了实现气体的发展湍流形态,在多孔部件之前距离通道进口 $2z$～$3z$ 的位置通入强烈的逆向气流[3,20]。所有实验,都在多孔模块之后确定了等离子体炬中工作气体的静压。在通道的所有段——在多孔模块之前、在模块区域内以及沿流体向下游的多孔模块之后——都测量了电弧的电场强度。在测量电弧某一段的电位时,插入段部件和多孔模块的孔板都被用作末端探针。测量步骤前文已有描述,用这种方法来确定电弧电场强度,误差不超过±6%。

下面来研究最简单的情况:电弧室仅放置一个长度为 z 的插入段部件,供气强度的变化范围为 $\overline{g}_p = 0.2$～2 g/(s · cm^2)。图 5.27 给出了对于四种供气方式电场强度沿电极间插入段的分布。如前文所述,对于第一种供气方案(斜线 1),分布曲线的突出特征是电场强度为 E_i 的电弧段的起始坐标值很大($\bar{l}_i \sim 15$)。在该段的末端,电场强度增大到 E_t。在第二种方案(网格线 2)中,E 开始增大的位置几乎偏移到通气截面的位置。在这两种情形中,E_t 都是相同的,因而曲线 1 和曲线 2 在通道末端汇合到一起。图 5.27 中的实线分别为由方程(5.22)和方程(5.28)计算得到的 E_i 和 E_t 的结果。在第三、四种(数据点 3 和 4)供气方案中,电场强度分布曲线均在多孔段之后增大到 E_t 的水平。尽管通过多孔插入段通入气体的强度较高($\bar{g}_p = 1.2\ \text{g/(s·cm}^2)$),但电场强度值仍然没有超过 E_t。

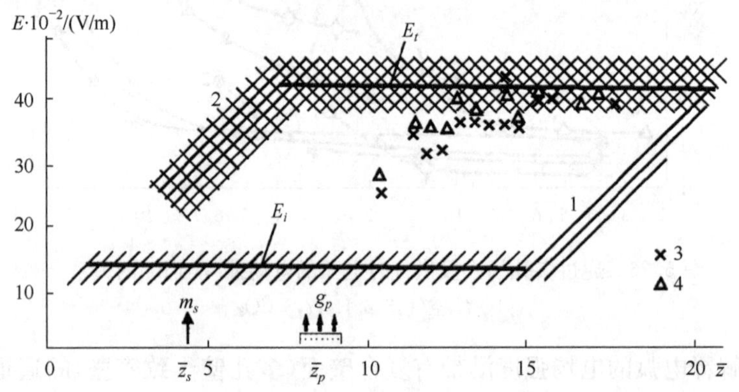

图 5.27 当 $d=20$ mm、$G=25$ g/s、$g_i=0.1$ g/s、$I=100\sim120$ A 时,电弧电场强度沿放电通道的分布

1. 以流量 $g_i=0.1$ g/s 通过分段式通道分散通入气体;2. 在 $\bar{z}_s=4.5$ 的截面上以 $m_s \approx 1.0$ 逆向供气;3. 在 $\bar{z}_g=9$ 的截面上,通过长度为 $\bar{l}_g=1$ 的多孔插入段,以流量 $g_g=15$ g/s、$\bar{g}_g=1.2\ \text{g/(s·cm}^2)$ 通入气体;4. 在 $\bar{z}_s=4.5$ 的截面上,以 $m_s \approx 1.0$ 逆向供气,并且在 $\bar{z}_g=9$ 的截面上通过长度为 $\bar{l}_g=1$ 的插入段以 $g_g=15$ g/s、$\bar{g}_g=1.2\ \text{g/(s·cm}^2)$ 通入气体

如果三个多孔插入段部件如果均位于通道的初始段,且间距均为 z,则即使通过这三个部件通入气体,$E(z)$ 曲线的形状也会定性地保持不变(图 5.28 中的曲线 1)。电场强度增大到 E_t 的水平但是没有超出这个水平。当这些部件仅用无冷却的薄孔板分隔时,气体的通入可以看作沿多孔模块几乎是连续的(图 5.28 中的曲线 2)。在此情形下,电场强度会增长得更快(比较曲线 1 和曲线 2 可知),这是因为在进行测量的部件中的气流量快速增大了。在多孔模块末端,电场强度的水平比给定条件下 E_t 的计算值高 15%~20%。随后电场强度沿流动的方向快速减小到 E_t 的水平。

因此,如果多孔模块安装在通道的初始段,以相对高的 $\bar{g}_p$ 值向该模块通入气体会加速气流的湍流化过程(如同使用致密通道时通过电极间插入段逆向供气的情形)。电弧电场强度的值从第一个部件之前的 E_i 增大到第三个部件末端的 E_t

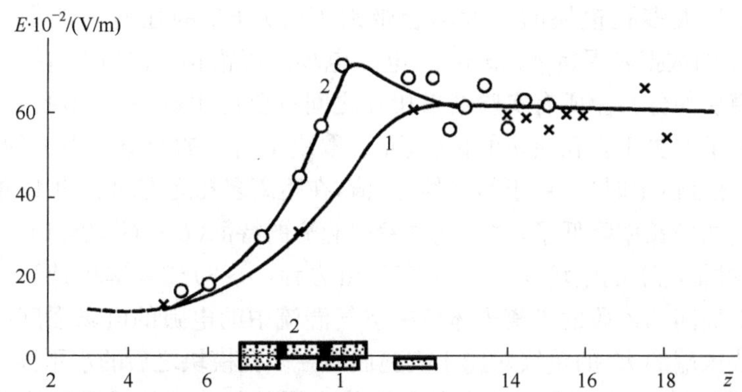

图 5.28 通过三个分离的(1)和距离接近的(2)多孔插入段通入气体时电弧电场强度沿通道的分布

工况: $I=120$ A, $G_0=6$ g/s, $g_g=50$ g/s, $\bar{g}_g=1.3$ g/(s·cm^2)

(图 5.29 中的曲线 1)。但是,如果这个模块位于气流的过渡段或者发展湍流段,多孔供气区域起点的电场强度就接近于过渡段和发展湍流段(通过在 $\bar{z}_s\sim2$ 的截面上以参数 $m_s\sim1$ 逆向供气实现)的 E 值的水平(图 5.29 中的曲线 2)。在多孔插入段的末端,由于两种情形中的总气流量和气压几乎相同,曲线 1 和曲线 2 几乎完全重合。图 5.29 还给出了文献[46]在相似的气流量、电流强度和压强条件下获得的数据(图 5.29 中的曲线 3)。为了更好地理解这些实验数据,多孔插入段的起点坐标(即曲线 3 的起点坐标)与多孔部件模块的起点对齐。需要注意的是,文献[46]中带有多孔壁的通道长度约等于 $5\bar{z}$,内径为 20 mm。在多孔插入段的前 3 个 $\bar{z}$ 中,曲线 3 位于曲线 1 和曲线 2 之间,并取决于边界层的发展。在插入段末端,E 的值(根据最后一对部件探针测量到的数据)高得多。因此,不论在第一个 $\bar{z}$ 中通道多孔部件之前气体流动形态怎样,湍流形态都会形成或者继续发展,从而使电弧的电场强度增大。

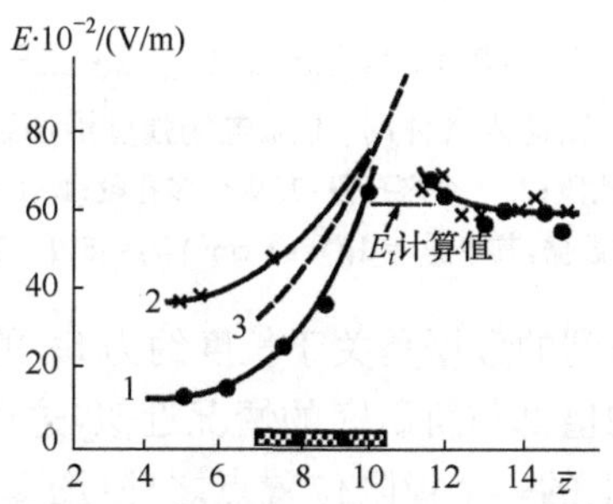

图 5.29 当 $d=2$ cm, $G_0=6$ g/s 时,对于 $I=120$ A, $\bar{g}_g=1.1$ g/(s·cm^2), $\bar{l}_g=3.5$,由三个多孔段组成的组合通道中电场强度沿通道的分布

1. $p=0.21$ MPa, $m_s=0$; 2. $p=0.24$ MPa, $m_s=1$, $\bar{z}_s=2$; 3. 根据文献[46]中的数据,当 $I=120$ A, $\bar{g}_g=1$ g/(s·cm^2), $\bar{z}_g=0$, $\bar{l}_g=5$, $p=0.3$ MPa 时,电场强度在连续多孔段中的分布(虚线)

进一步增大多孔模块的长度不会带来 $E(z)$ 分布的任何定性变化。例如，图 5.30给出的数据是保持 $\bar{g}_p$ 值不变，电弧电场强度沿由 1、3、4 或者 6 个多孔部件组成的模块的分布。所有实验结果相互之间符合得比较好，即多孔供气时电弧的电场强度不取决于多孔模块的长度，而是取决于给定的通道截面上的气流量和气压(电流强度恒定时)。对于给定的 $\bar{g}_p$ 值，在距离多孔通道起点约 $4\bar{z}$ 的位置，电弧电场强度的增长率降低了，这是气体发展湍流的特征($E_t \sim G^\beta, \beta<1$)。根据比较的结果，这种情况下的电场强度 E 稍高于由方程(5.28)或者解析计算得到的、带有分段式电极间插入段的等离子体炬中空气湍流中的电弧的电场强度(计算得到的多孔模块末端的 E_t 的量级对应于实验曲线在多孔模块之后的水平段)。可以看出，E 的值高 20%甚至更多。这尤其与围绕电弧的气体平均质量温度较低(与非渗透性通道相比)有关。正如前文提到的，在很短的多孔段之后($\bar{l}_i<3$)，或者当通气强度较低时，电弧的电场强度都不大于 E_t。多孔段长度增大的作用只有对多孔段的归一化长度较大($\bar{l}_i>3$)和供气强度 $\bar{g}_p \geqslant 0.5$ g/(s · cm^2)的情况才有效。

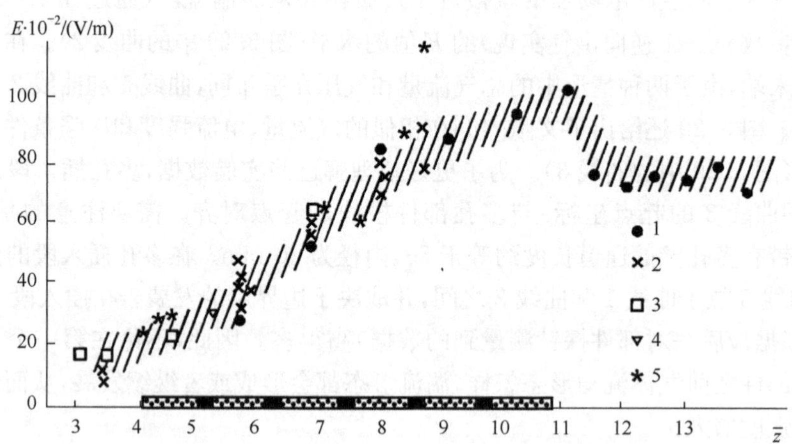

图 5.30 在 $G_0=6$ g/s，$g_g=(20\sim80)$ g/s，$\bar{g}_g=1.1$ g/(s · cm^2)和 $I=120$ A 的工况下通过多孔插入段通入气体时，电弧电场强度沿通道的分布

1. 6 个多孔段；2. 4 个多孔段；3. 3 个多孔段；4. 1 个多孔段；

5. 取自文献[46]的数据，其中 $\bar{g}_p=1$g/(s · cm^2)，$\bar{l}_p=5$，$I=200$ A，$p=0.3$ MPa

文献[46]和[48]中得到的数据是关于长度约为 $5\bar{z}$ 的多孔通道，并且 $\bar{g}_p$，气压和电流强度($I\sim200$ A)的值都与所研究的情况近似，这些数据与所研究的结果很好地一致，除了流动方向上的一个极限位置点之外(图 5.30 中的第 5 类数据点)。在文献[53]中确定的这个点的电场强度值远高于平均水平。在输出电极附近区域内这个很大的 E 值(前文已多次提到)与如下事实有关：从最后一个多孔部件到输出电极上的电弧段的实际长度不能精确确定。

下面研究通过多孔壁供气的强度对电弧电场强度的影响。图 5.31 给出了插入段部件中通气强度不同而通过整个多孔模块的总供气流量不变时的 $E(z)$ 曲线。曲线 2 对应于通过多孔模块的 6 个部件的工作气体流量都相同，且 $\bar{g}_p=1.0\sim1.1\ g/(s\cdot cm^2)$ 的情形。曲线 3 和曲线 1 分别对应于如下情形的电场强度 E 的分布：将多孔部件两两组合，气流量沿多孔模块分别以 1∶2∶3 的比例增大或者以 3∶2∶1 的比例减小。在多孔模块末端，对于上述多孔模块部件中的三种 $\bar{g}_p$ 分配，E 值几乎都相同。

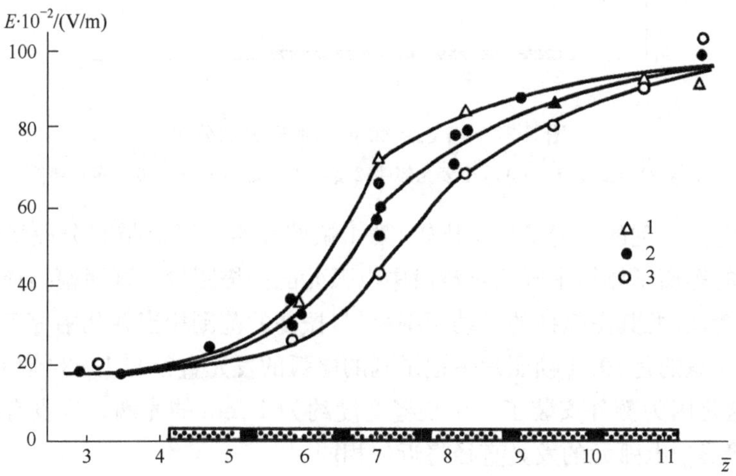

图 5.31　当通过多孔段的气流强度不同时，$E(z)$沿放电通道的分布

1. $\bar{g}_{pi}$，$g/(s\cdot cm^2)$=1.5,1.5,1.0,1.0,0.5,0.5；

2. $\bar{g}_p=1.0\sim1.1\ g/(s\cdot cm^2)$；3. $\bar{g}_{pi}$，$g/(s\cdot cm^2)$=0.5,0.5,1.0,1.0,1.5,1.5

多孔模块的长度和气体总流量恒定时的通气强度对电场强度沿着通道分布的影响如图 5.32 所示。为了便于比较，把由 3 个或者 6 个多孔部件构成的模块组合在一起。当总气流量保持不变时，通道多孔段的长度减半（$\bar{g}_p$ 相应地加倍）对多孔段末端电场强度的水平影响不大，因为这里已经存在发展湍流。只是 E 沿多孔模块长度方向增大的曲率发生了变化，这是因为从 E_i 到 E_t 的过渡段长度减小了。

为了更详尽地分析发生在电弧室中的物理过程，我们希望能够获取湍动气流和湍动气流中的电弧的平均特性与脉动特性等信息。为此，对不同条件下的电弧进行了高速摄影。如文献[20]中一样，用 SFR-1M 影像记录仪记下了电弧元的亮度对时间的变化关系。SFR-1M 通过宽度为 2.5 mm、覆盖有石英窗的横向缝连续扫描。安装在特定截面上的狭缝位于距离最后一个多孔插入段末端约 15 mm。图 5.33(a)中的 1～3 帧图像是通过由 3 个部件组成的比较短的多孔模块（3.5$\bar{z}$）

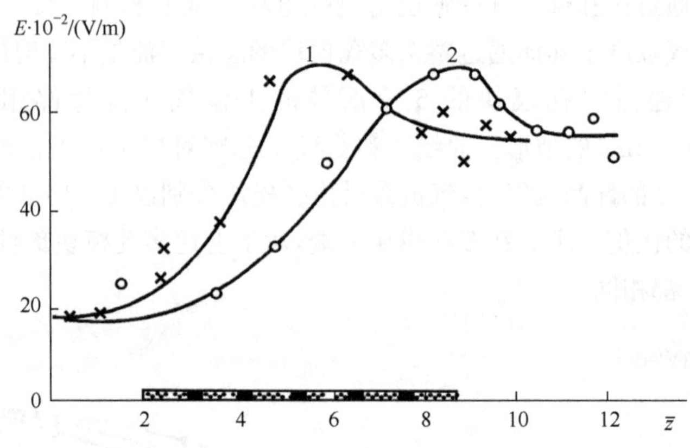

图 5.32 当 $g_p = 40$ g/s 时 $E(z)$的分布

1. $\bar{g}_p = 1.1$ g/(s·cm²),3 个多孔部件;2. $\bar{g}_p = 0.5$ g/(s·cm²),6 个多孔部件

之后的狭缝记录到的。为了便于比较,第 4 帧照片给出了对带有分段式致密电极间插入段的等离子体炬中气流过渡段中电弧元的扫描图像。这两幅扫描图像具有诸多共同特征,尤其是弧柱的脉动频率相似,振荡的范围相当并几乎等于通道的直径。需要注意的是,第 4 帧照片中记录到的电弧的发光直径与 1～3 帧相比显得稍小一些,这是因为额外安装了一个狭缝宽度约为 1 mm 的光圈。当没有这个光圈时,两种情形中电弧元的发光直径将近似相同。

在多孔部件后通道中电弧的照片(尤其在气流呈发展湍流的情况下)表明,电弧通常分裂成两个或者更多个导电通道(图 5.33(b))。这种情形中的多孔插入段的长度约为 $7\bar{z}$(第 1、2 帧)。第 3 帧与分段式致密通道中的发展湍流段有关。第 1 帧和最后一帧之间有许多共同点:电弧的发光直径减小,即对导电通道的压缩程度加剧[20,46],两种情形中弧柱振荡的频率近似相同而幅度减小。弧柱分裂成了独立的导电通道,这一点在第 2 帧中尤其清晰。然而,多孔通道通常表现出小振幅的高频振荡(如第 1、2 帧),这在致密通道(第 3 帧)中是观察不到的。

因此,在较短的多孔插入段($3.5\bar{z}$)之后,当 $\bar{g}_g$ 较小时对电弧进行的时间扫描表明,电弧中的流动具有过渡形态的特征。对于多孔插入段较长($7\bar{z}$)的情况,当 $\bar{g}_g$ 值近似相同(甚至稍微小一些)时,对电弧亮度的扫描表明电弧中存在发展湍流的气体流动。

利用文献[20]中描述的方法处理照片的结果给出了与弧柱平均振荡频率有关的信息,如表 5.3 所示。这里的 ε 是测量的均方差。

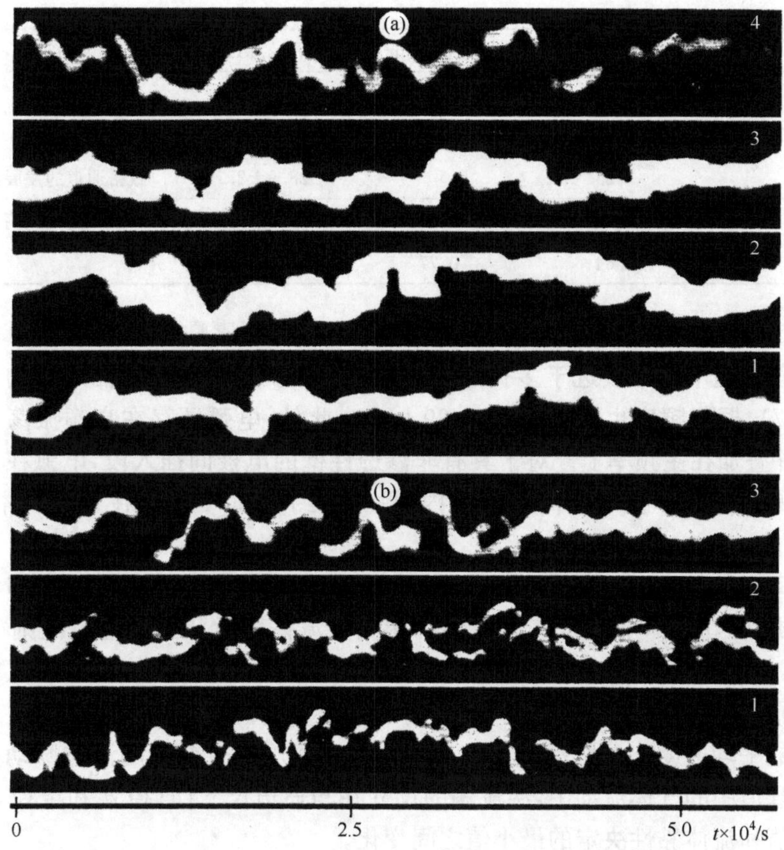

图 5.33　在 $d=2$ cm，$I=120$ A 的条件下，在长度分别为 3.5$\bar{z}$(a)和 7$\bar{z}$(b)的多孔插入段之后电弧元发光的时间扫描

(a)1. $g=34$ g/s；$\bar{g}_p=0.74$ g/(s·cm²)；2. 46；1. 06；3. 80；1. 97；4. 带有致密电极间插入段的等离子体炬通道的过渡段，工况为 $I=100$ A，$G\sim20$ g/s；(b) 1. $g=49$ g/s；$\bar{g}_p=0.57$ g/(s·cm²)；2. 64；0. 77；3. 带有分段式致密电极间插入段的等离子体炬中气流的发展湍流段，工况为 $I=120$ A，$G\sim25$ g/s

表 5.3　多孔通道中电弧脉动的特征频率

$\bar{l}_p$	$\bar{G}$/(g/s)	$\bar{g}_p$/[g/(s·cm²)]	$f\pm\varepsilon$/kHz	备注
3.5	34	0.74	21.9±1.8	
	45	1.01	23.1±2.8	
	46	1.06	20.6±2.8	
	63	1.55	22.5±1.9	
	80	1.97	23.9±3.8	
	20		29.2±3.9	致密通道的过渡段

续表

$\bar{l}_p$	$\bar{G}$/(g/s)	$\bar{g}_p$/[g/(s·cm²)]	$f\pm\varepsilon$/kHz	备注
7	49	0.57	20±2	
	64	0.77	30±2	
	25		28.9±2.7	致密通道的发展湍流段
7	49	0.57	88.6±9.5	高频振荡
	64	0.77	109±10.6	

对于长度为 $\bar{l}_g=3.5$ 的多孔电极间插入段，主导因素是电弧以 20～24 kHz 的频率振荡。这个频率接近于多孔通道的数据[46,50]。随着电极间插入段的长度增加($\bar{l}_g=7$)，振荡频率也增大到 28～39 kHz。此外，电弧还存在高频振荡(～100 kHz)，并叠加在主频率上。对于具有非渗透性壁的电极间插入段，电弧在发展湍流段中的振荡频率处于相同的范围内，平均值约为 30 kHz。在过渡段中，频率稍低[20]。

利用表 5.3 中所示的数据，能够估算该情形中湍流涡的特征尺度，即湍流尺度。根据文献[56]，非定常气体流动中相同的流体力学状态由谐时准则(homochronicity criterion) $Ho=ut/L$ 来描述，这里的 u、t、L 分别是相应的速度、时间和长度。乘积 ut 是某个线性尺度，在本例中决定了湍流。特征速度可以通过声速 a、气流的平均速度 u 与脉动速度 u 来表示。时间 t 通过前述的流体脉动频率给出。在管道中的气体流动中，湍流涡的尺寸在与通道尺寸(直径 d 和半径 r)相关的最大值和流体黏性决定的最小值之间变化。

为了进行估算，使用三个频率值 $f_1=20$ kHz，$f_2=30$ kHz，$f_3=100$ kHz。由于在我们研究的情形中，室温(300 K)下的空气以高流量进入等离子体炬的通道，在壁面附近冷气层较厚，因此特征速度就是 $T=300$ K 时的声速 $a=348$ m/s。因而，$L_1=a/f_1=17.4$ mm，$L_2=a/f_2=11.6$ mm。L_1 近似等于通道的直径，L_2 近似等于通道半径。前文提到，对应于 L_1 的频率的电弧脉动主要在长度为 $3.5\bar{z}$ 的多孔电极间插入段内探测到。在非渗透通道中，该频率对应于流动的过渡段。弧柱振荡的幅度接近于通道的直径，这与估算相吻合。在长多孔电极间插入段($7\bar{z}$)之后，以及在具有非渗透性壁的电极间插入段的等离子体炬的发展湍流段，弧柱波动的幅度接近于通道的半径(正如照片所表明的)。特征尺度 L_2 接近于通道的半径。因此，燃烧在等离子体炬中的电弧的特征频率证实，气体流动以及气体与电弧作用的形态几乎完全相同，不论等离子体炬的电极间插入段是多孔的还是致密的。

我们来估算脉动频率为～100 kHz 的湍流涡旋的尺寸。比值 $L_3=a/f_3$ 表明 $L_3=3.5$ mm，得到的湍流涡尺寸与视觉可见的电弧的发光直径相当。这可能是仍能影响电弧的湍流涡旋的最小尺寸。如果那些特征值取通过多孔壁的气流速度或者其脉动分量，那么 ut 的值就不足 1 mm，这样 ut 显然不能反映出发生在电弧室中的过程的物理性质。

因此，在带有不同长度的多孔电极间插入段的等离子体炬中，对电弧电场强度的测量以及对电弧的高速摄影表明，从多孔壁通入气体时放电通道中发生的过程与非渗透壁电极间插入段中所发生的过程相同。在多孔插入段中，一旦气体 $\bar{g}_p>0.2\ g/(s \cdot cm^2)$，就开始在第一个多孔部件的起点处形成湍流。过渡段的长度通常为 $3\bar{z}\sim4\bar{z}$。然后，流动变成发展的湍流。电场强度水平与文献[20]相比显得稍微高一些，原因在于（与致密通道中的电弧情况相比）电弧周围气体的平均质量温度较低，以及在多孔通道之后研究电弧时发现的高频脉动造成了电弧实际长度的增加。

5.4　氢气和含氢介质中电弧的电场强度

分析关于氢电弧电特性的数据[47,57-63]，可以得到电弧平均电场强度的信息。这些数据通常分为两类。例如，如许多研究[57-60]表明的那样，在电弧室直径为 $d\sim2\times10^{-2}$ m 的等离子体炬中，当气压接近于大气压时，电弧的电场强度为 $E=(15\sim30)\times10^2$ V/m。同时，在带有电极间插入段的等离子体炬中，当插入段初始部件的直径小于通道直径时，在同样条件下电场强度的平均值为 $(40\sim50)\times10^2$ V/m 或者更大[61]。在文献[47]和[62]中，数据的获取是在一个带有多孔陶瓷电极间插入段的等离子体炬上实现的，气流量 G 高达 0.03 kg/s（这个值比前文引用文献中提到的高一个数量级）。在这些研究中，E 的值几乎与电流的变化无关（$I=500\sim600$ A），而与 $G^{0.8}$ 成正比。上述研究并没有发表关于电弧电场强度沿通道的分布、电弧结构以及电弧与气流相互作用的数据。

为了研究氢电弧的电位与电场强度的分布，文献[64]中用一个带有直径为 $d=2\times10^{-2}$ m 和 3×10^{-2} m 电极间插入段的等离子体炬进行了实验。等离子体炬的分段式插入段的归一化长度 $\bar{a}=a/d$ 高达 18，输出电极的归一化长度为 $\bar{b}=b/d=2\sim3$。插入段初始部件（从阴极计起第一个插入段部件）的直径 $d_{s,s}$ 等于或者小于通道直径。测量进行的条件是氢气总流量为 $G=(3\sim7)\times10^{-3}$ kg/s，等离子体炬出口压力为 $p=(1\sim1.5)\times10^5$ Pa。阴极与初始部件之间的氢气流量 G_0 为 $(1\sim2)\times10^{-3}$ kg/s。在电极间插入段直径为 $d=2\times10^{-2}$ m 的部件之间通入氢气的流量为 $g_i=(0.3\sim0.9)\times10^{-3}$ kg/s；当部件直径为 $d=3\times10^{-2}$ m 时，气流量为 $g_i=(0.175\sim0.35)\times10^{-3}$ kg/s。弧电流强度的变化范围为 300～700 A。电弧电场强度的确定按照前文描述的步骤进行，即定义为电极间两相邻插入段部件之间的电位差对部件距离的微商。电位差的测量使用静电电压表进行。当 $d=2\times10^{-2}$ m 时，部件中心线的距离（测量基准）为 2.4×10^{-2} m；当 $d=3\times10^{-2}$ m 为 1×10^{-2} m，测量的仪器误差为±6%。

氢电弧的电场强度在直径为 $d=2\times10^{-2}$ m、电极间插入段的归一化长度高达18[65]的通道中沿电极间插入段的分布如图 5.34 所示。这里，插入段初始部件的直径与通道直径相等(如曲线 3)，或者比通道直径稍小($d_{s,s}=1.2\times10^{-2}$ m，如图 5.34中的曲线 1 和 2)。在这种情况下，初始部件没有造成电场强度的分布曲线发生任何明显变形，仅使电场强度向阴极方向稍微增大。这时，氢气中电弧电场强度沿通道的分布定性地与图 2.12 所示的空气电弧电场强度的分布一致。

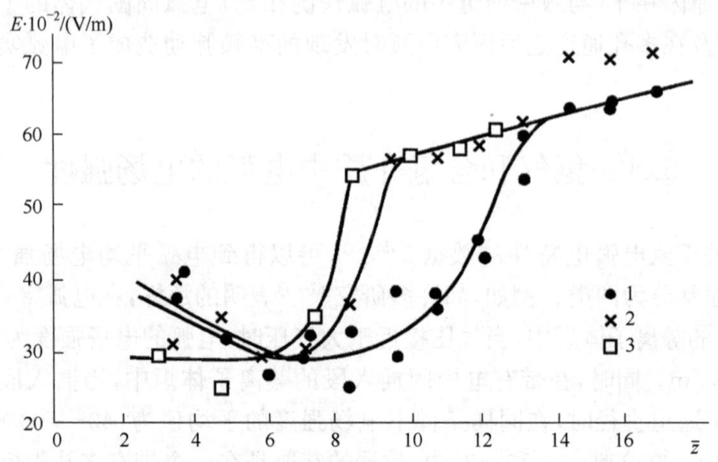

图 5.34 电弧电场强度沿直径为 $d=2\times10^{-2}$ m 的通道的分布

1，2. $d_{s,s}=1.2\times10^{-2}$ m，$l_c=2.2\times10^{-2}$ m，n(插入段部件数量) $=15(\bar{a}=18)$，$G_0=1\times10^{-3}$ kg/s，$g_p=0.3\times10^{-3}$ kg/s，$\sum g_i=4.5\times10^{-3}$ kg/s，I 分别等于 300 A 和 400 A；3. $d_{s,s}=d$，$n=13$，$G_0=1\times10^{-3}$kg/s，$\sum g_i=3.75\times10^{-3}$ kg/s，$I=500$ A

当插入段没有初始部件时，在直径为 $d=3\times10^{-2}$ m 的通道中得到相同的电弧电场强度沿电极间插入段的分布曲线(图 5.35(a))。在通道约 $7\bar{z}$ 处，$E(\bar{z})$的分布曲线只有初始段和过渡段；当电流强度为 $I=600$ A 时，曲线 $E(\bar{z})$偏移到更接近于 E_t 的水平(曲线 3)。E_t 的值从 $I=400$ A 时的 17×10^2 V/m 增大到 $I=600$ A 时的 27×10^2 V/m(如曲线1～3)。等离子体炬安装了强大的湍流增强器(如直径比为 $d/d_{s,s}\geqslant2.5$ 的初始部件)之后，在初始部件之后的整个通道长度上，电场强度都具有典型的发展湍流特征(图 5.35(b))。在所研究的情形中，过渡段末端电场强度的大小(图 5.35 中的曲线 3)与发展湍流末端的大小(图 5.35(b))很好地一致。

我们还给出了在直径 $d=2\times10^{-2}$ m、长达 $12\bar{z}$ 的通道中，$E(\bar{z})$对不同氢气流量的分布(图 5.36)。这些曲线的趋势与图 5.35 中的相同。当氢气流量低时(图 5.36(a))，在通道的起点初始部件对电场强度分布的影响更加显著。

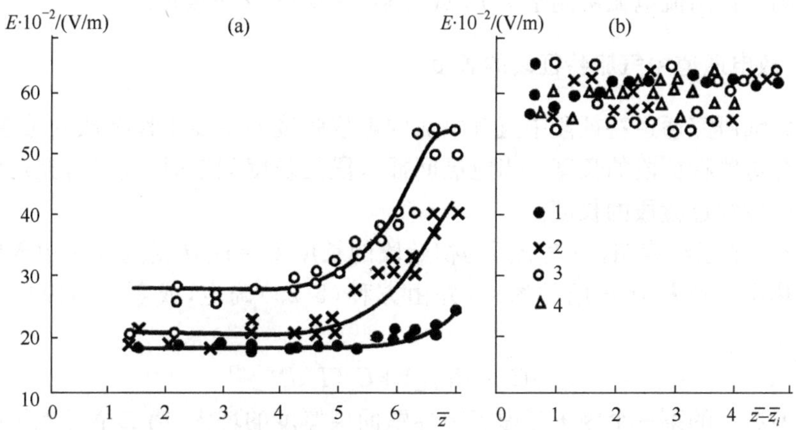

图 5.35　电场强度沿直径 $d=3\times10^{-2}$ m 的通道的分布

1. $I=400$ A;2. $I=500$ A;3. $I=600$ A;4. $I=700$ A;

(a) $d=d_{s,s}$, $a=0.23$ m, $G_0=1.25\times10^{-3}$ kg/s, $\sum g_i=4.5\times10^{-3}$ kg/s;(b) $d_{s,s}=1.2\times10^{-2}$ m, $a=0.12$ m, 0.15 m, $G_0=1\times10^{-3}$ kg/s, $\sum g_i=5\times10^{-3}$ kg/s

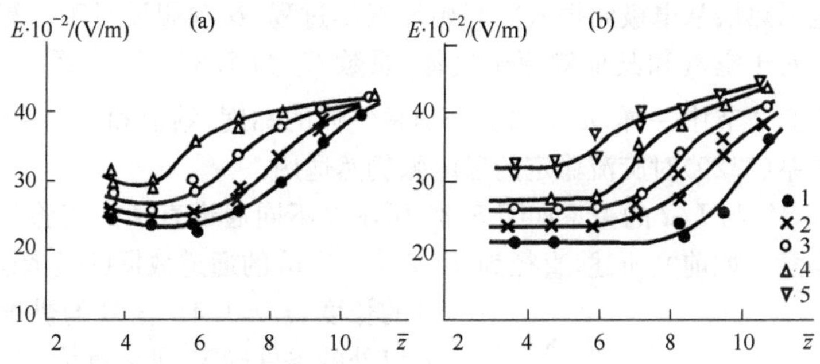

图 5.36　电弧电场强度沿电弧通道的分布

$d=0.02$ m, $d_{s,s}=1.2\times10^{-2}$ m, $l_c=2.2\times10^{-2}$ m, $n=10$, $G_0=1\times10^{-3}$ kg/s;1. $I=300$ A; 2. $I=400$ A; 3. $I=500$ A; 4. $I=600$ A;5. $I=700$ A;(a) $g_i=0.3\times10^{-3}$ kg/s, $\sum g_i=3\times10^{-3}$ kg/s; (b) $g_i=0.4\times10^{-3}$ kg/s, $\sum g_i=4\times10^{-3}$ kg/s

因此可以得出如下结论:在所研究的条件下,氢气电弧电场强度沿通道的分布与其他气体一样有三个特征段:初始段,大小为 $E_i\approx30\times10^2$ V/m;过渡段,E_{trans}逐渐增大;发展湍流段,$E_t>50\times10^2$ V/m。当 $I=300$ A 时,初始段的长度近似为 $9\bar{z}$;当 $I=500$ A 时,近似为 $6\bar{z}$。过渡段的长度随电流强度的增大从 $4\bar{z}$ 减小到 $2\bar{z}$。相应地,发展湍流段的长度会随之增大。由此可以解释前文给出的不同研究者得到的电场强度实验数据的离散性:有些研究中是在稳态电弧中测量了 E_i,而在其他研究则是在湍流电弧中测量了 E_t 或者某个平均电场强度值。

5.4.1　放电通道中气流特征段的长度

在详细研究通道特征段中氢气电弧的电场强度与主要工作参数的关系之前，先来估算这些特征段的长度。当电极间插入段的长度固定时，我们有充足的条件确定初始段和过渡段的长度。

5.2.2 节已经表明，空气电弧的初始段的长度 $\bar{l}_i = z_I/d$ 受到气流边界壁面层与电弧热层开始相互作用的约束，并由方程(5.25)确定，或者表示成更一般的形式：

$$\bar{l}_i = C_1 \cdot Re_d^m [1 + C_2 (I/d)^n]^{-1} \tag{5.29}$$

式(5.29)右边的第一个因子考虑了边界壁面层厚度的增大，第二个考虑了电弧的热层。雷诺数 Re_d 根据通道入口处流体的参数计算得到(由 $T=300$ K 时的流量 G_0 得到)。当直径小于通道直径的初始部件存在时，Re_d 应该利用该部件之后的流体参数计算，因为边界层在该部件之后开始发展。因而

$$Re_d = (\rho u)_1 \cdot d/\mu_w = 4G_1/(\pi d \mu_w)$$

式中，$G_1 = G_0 + g_1$，是初始部件之后的气体流量；μ_w 是壁面温度下气体的黏度。这里不考虑电弧热层从电极间插入段开始发展的过程，这项假设对于估算来讲完全可以接受。对于空气和其他双原子气体，系数 C_1 为 1.35[20,32]。系数 C_2 中包含 $\sqrt{\mu h \sigma}$，与 5.2.2 节中一样，μ，h 和 σ 分别是气体的黏度、焓值和电导率的特征值。假设准则关系(5.29)对旋流稳定的氢电弧仍然适用。

$\bar{l}_i \cdot Re_d^{-0.25}$ 与 I/d 的关系如图 5.37 所示。不同通道直径的实验数据的一致性都令人满意。如前文所述，直径为 $d=2\times10^{-2}$ m 的通道数据已经考虑了初始部件的长度 $\bar{l}_{s,s} \approx 1.4$。氢气的黏度基于通道入口处的条件确定，即温度为 $T=300$ K 时 $\mu=1.38\times10^5$ kg/(m · s)。正如测量结果处理所表明的，对于气体为空气的情形，系数 C_1 应被认为等于 1.35。如果不考虑转换，则平均值 $C_2 \approx 8.3\times10^{-5}$，指数 $n=1.0$。因此，为了估算在所研究的参数范围内氢电弧的长度，给出如下方程：

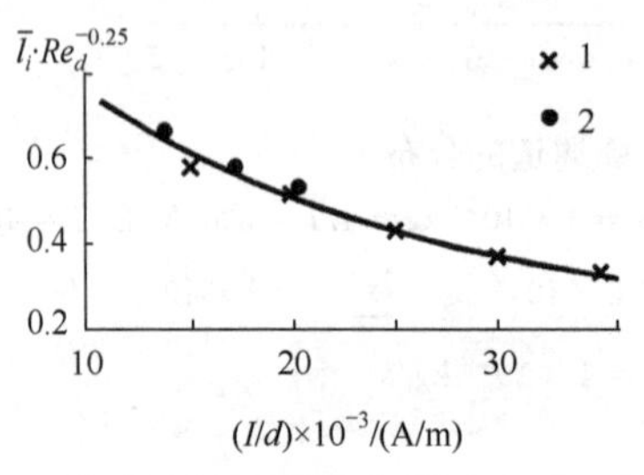

图 5.37　氢电弧初始段的长度与 I/d 的关系

1. $d=2\times10^{-2}$ m，$G_0=(1\sim1.5)\times10^{-3}$ kg/s；
2. $d=3\times10^{-2}$ m，$G_0=1\times10^{-3}$ kg/s

$$\bar{l}_i = 1.35 \cdot Re_d^{0.25} (1 + 8.3\times10^{-5} I/d)^{-1} \tag{5.30}$$

图 5.37 中的连续曲线就是利用这个方程计算得到的。

现在来看图 5.34～图 5.36。过渡段的特征是电弧的电场强度不断增大，位于沿流动方向下游的初始段之后。这一段的长度随着电流强度的增大而减小，平均值约等于 $2\bar{z}$。计算时可以假设 $\bar{l}_{trans}\approx 2$。

这样，我们已经估算了两个特征段的长度。第三段——通道中气体的发展湍流段的长度等于电弧燃烧通道剩余部分的长度，即从电极间插入段的某一部件到输出电极中电弧附着区这一段。根据实验的结果，后者的长度通常为 $1\bar{z}\sim 2\bar{z}$。最后，得到

$$\bar{l}_t=\bar{a}-(\bar{l}_i+2)+2=\bar{a}-\bar{l}_i$$

5.4.2　通道初始段中氢电弧的电场强度

在现有的加热氢气的高功率等离子体炬中，通道入口处气流的雷诺数通常为 $(3\sim 4)\times 10^4$ 甚至更大，即气流已知为湍流。根据研究结果，在通道的初始段很难采用旋气稳弧。因此，对于直径相对较大的通道初始段中的非扰动电弧，测量其电场强度通常有相当大的困难。我们来研究表 5.4。这个表给出了在直径为 2×10^{-2} m 和 3×10^{-2} m 的通道中，以及直径为 $d_{s,s}=1.2\times 10^{-2}$ m 的初始部件中的 E_i 值(初始部件中的 E_i 值是基于阴极与第一个电极间插入段部件之间的电位差计算得到)。测量时的气压接近于大气压 $p=(1\sim 1.5)\times 10^5$ Pa。对表 5.4 的数据分析后发现，E_i 近似与通道直径成反比。乘积 $E_i\cdot d$ 与参数 G/d(或者 Re_d)的关系不大。由于气体压强的变化很小，不太可能研究复合量 $p\cdot d$ 对 $E_i\cdot d$ 的影响。影响电场强度的主要参数是弧电流，同时研究表明，在构建关系式 $E_i\cdot d=f(I/d)$ 时，不同的通道直径得到的曲线之间存在背离。电场强度与弧电流的关系以 $E_i\cdot d=f(I/d)$ 的形式确定，并且实验数据点都位于同一条曲线上。我们还计算了对于不同弧电流的 $E_i\cdot d$ 的平均值(表 5.5)。

表 5.4　氢电弧的 $E_i\cdot d$ 值

I/A	$d\cdot 10^2$/m	$G\cdot 10^3$/(kg/s)	$E_i\cdot d$/V	I/A	$d\cdot 10^2$/m	$G\cdot 10^3$/(kg/s)	$E_i\cdot d$/V
300	1.2	1	51	300	2	1～2	41.6
400	—	—	50	400	—	—	50
500	—	—	56	700	—	—	68.8
600	—	—	57	700	—	—	60.4
700	—	—	59	300	—	—	50
400	—	—	52.4	400	—	—	50
500	—	—	64	500	—	—	60
500	—	—	54.5	500	—	—	50
500	—	—	61.3	400	3	1～2	52.5

续表

I/A	$d\cdot10^2$/m	$G\cdot10^3$/(kg/s)	$E_i\cdot d$/V	I/A	$d\cdot10^2$/m	$G\cdot10^3$/(kg/s)	$E_i\cdot d$/V
600	—	—	59	500	—	—	52.5
700	—	—	66.7	500	—	—	60
300	2	1～2	46	600	—	—	60
400	—	—	47.5	600	—	—	75
500	—	—	52	400	—	—	54.6
600	—	—	56	500	—	—	50
700	—	—	62.5	500	—	—	60
700	—	—	70.8				

表 5.5　E_i 的平均值

I/A	300	400	500	600	700
$E_i\cdot d$/V	47.2	51	56.7	62.4	64.7
$(E_i\cdot d)_{计算值}$/V	47.2	51.4	56.7	61	64.7

$E_i\cdot d=f(I/d)$的曲线如图 5.38 所示。当电流强度约为 200 A 时，电弧的 E_i-I 特性曲线很可能有极小值。因为根据一些研究数据(如文献[57])，当电流强度小于 150 A 时，电弧的 E_i-I 特性曲线是下降的；而根据图 5.38，当 $I>300$ A 时，电弧的电场强度却是上升的。

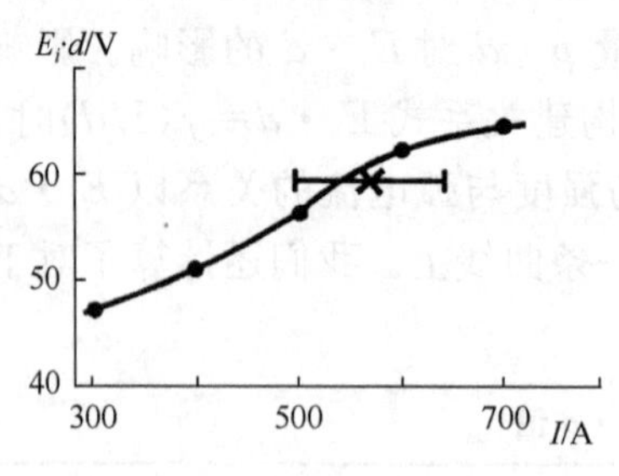

图 5.38　$E_i\cdot d$ 与 I 的关系

$d=1.2\times10^{-2}$ m，2×10^{-2} m，3×10^{-2} m；

$G=(1\sim2)\times10^{-3}$ kg/s；$p=(1\sim1.5)\times10^5$ Pa；

×—取自文献[62]的数据，$I=500\sim600$ A

如果将文献[62]中的数据换算成与其他气流量一致的情况，得到的结果与图 5.38 中的曲线符合得很好。采用文献[4]的方法，关系式 $E_i\cdot d=f(I/d)$可以表示成关于弧电流 I 的负指数的多项式。为了简化计算，这里仅写出前三项，省略了复杂的转化过程，最后的结果可以写成如下形式：

$$E_i\cdot d=94.7-2.6\times10^4 I^{-1}+3.57\times10^6 I^{-2} \tag{5.31}$$

该方程在电流强度为 $I=300\sim700$ A 的范围内近似概括了现有数据，并且精度足够高。利用方程(5.31)计算得到的 $E_i\cdot d$ 值列在表 5.5 的最后一行。

5.4.3　充分发展的氢气湍流中电弧的电场强度

在过渡段中，如果电场强度 E 可以用平均值 $E_{trans}=(E_i+E_t)/2$ 表示，那么我们就可以很有把握地认为 E_{trans} 以线性形式从 E_i 增大到 E_t，这是给定条件下的特征。

下面来研究内径 $d=2\times10^{-2}$ m 和 $d=3\times10^{-2}$ m 时放电通道中电场强度 E_t

的实验数据。图 5.34 的 E 沿通道($d=2\times10^{-2}$ m)的分布表明，由于氢气流量的增加，E_t 沿电极间插入段不断增大。E_t 与弧电流无关，在所研究的情形中均等于$(55\sim65)\times10^{2}$ V/m。在直径为 0.03 m 的通道中，电场强度数据主要取气流在初始部件之后为湍流的情形(图 5.35(b))。气流量和电流强度不同时的一些 E_t 值如图 5.39 所示。图中给出的数据没有表明 E_t 对弧电流有任何依赖关系。事实

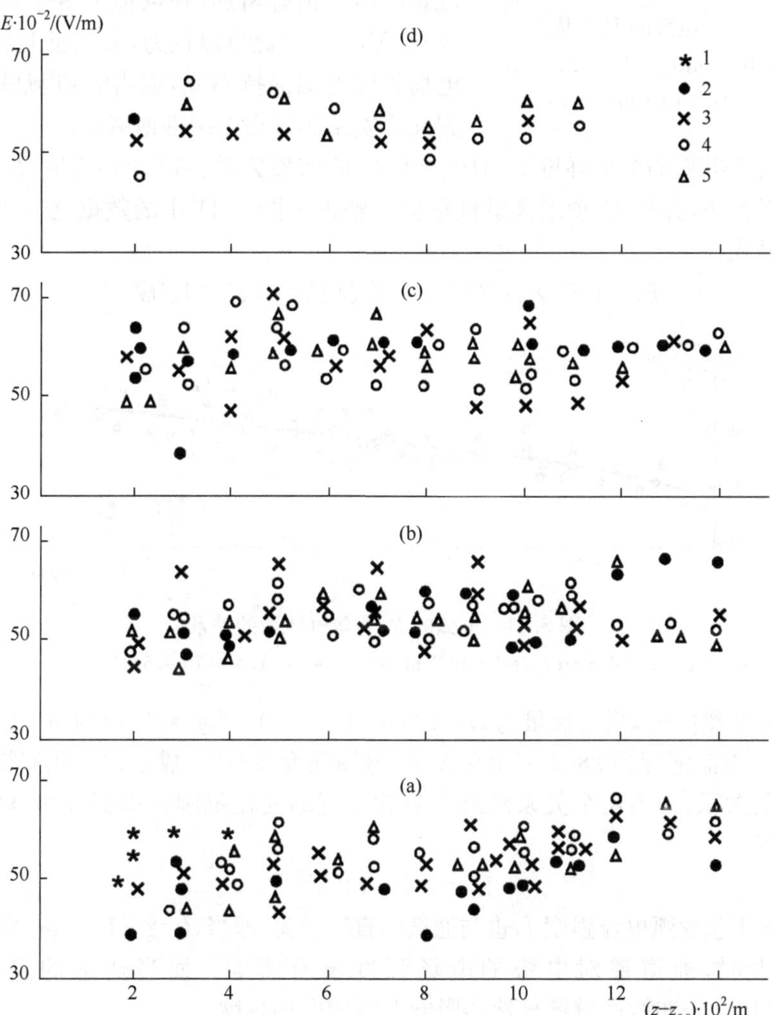

图 5.39　氢电弧的电场强度沿电极间插入段的分布

$d=3\times10^{-2}$ m, $d_{s,s}=1.2\times10^{-2}$ m, $n=12$ 和 15, $l_c=1\times10^{-2}$ m。

1. $I=300$ A; 2. $I=400$ A; 3. $I=500$ A; 4. $I=600$ A; 5. $I=700$ A;

(a) $G_0=1\times10^{-3}$ kg/s, $\sum g_i=3\times10^{-3}$ kg/s; (b) 1×10^{-3} kg/s, 4×10^{-3} kg/s;

(c) 1×10^{-3} kg/s, 5×10^{-3} kg/s; (d) 1.5×10^{-3} kg/s, 4.5×10^{-3} kg/s

上，对长度为 $2\bar{z}\sim3\bar{z}$ 的通道内的 E_t 值求平均（为了消除测量中的随机误差）后，即可看出 E_t 的平均值与电流强度无关（图 5.40）。令人感兴趣的信息来自对大电流交流氢电弧的电场强度进行的测量[66,67]。当气压接近大气压时，在 3～4.5 kA 的电流范围内，电场强度随气流量的增大稍有增加，在数值上等于 $(35\sim50)\times10^2$ V/m。因此可以认为，大气压下氢电弧的电场强度近似保持不变，或者在电流强度增大到几千安培的过程中缓慢地减小。

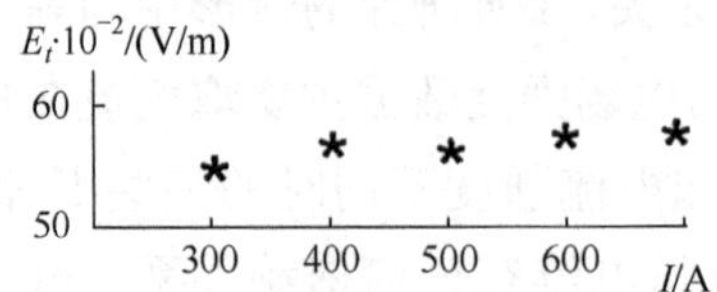

图 5.40　电弧的 E_t-I 特性

$d=3\times10^{-2}$ m；$d_{s,s}=1.2\times10^{-2}$ m，$G=(3\sim3.5)\times10^{-3}$ kg/s

湍流中电弧的电场强度 E_t 对气流量 G 的依赖关系（图 5.41）表明，E_t 与气流量的关系很小，并且 E_t 值的离散性很大。整理了图 5.41 中的数据之后可以得出如下关系式：

$$E_t=1.54\times10^4G^{0.17},\quad 或者\ E_t=1.85\times10^4G^{0.2}$$

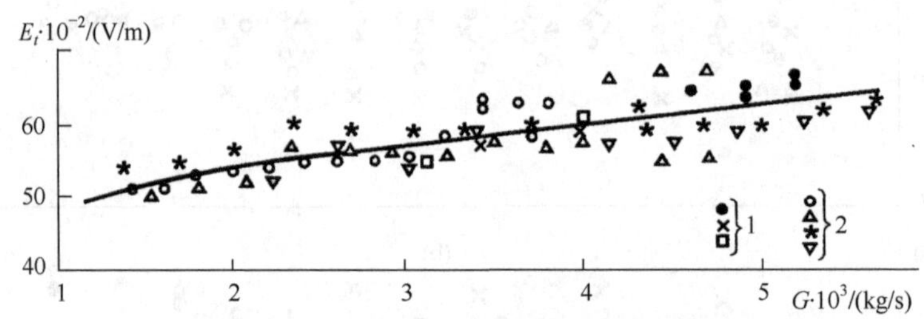

图 5.41　电弧的 E_t 与氢气流量的关系

1. $d=2\times10^{-2}$ m；2. $d=3\times10^{-2}$ m；$I=300\sim700$ A；$p=(1\sim1.5)\times10^5$ Pa

根据文献[66]，当气流量为 $G=(25\sim118)\times10^{-3}$ kg/s、气压为 $p=(1\sim3.5)\times10^5$ Pa、电流强度为 2800～5400 A 时，电场强度与 $G^{0.185}$ 成正比。我们接受这个 E 与 G 的关系，因为这个关系已经在参数很宽的变化范围内得到证实，然后写出如下方程：

$$E_t=1.7\times10^4G^{0.185} \tag{5.32}$$

这个方程不包含弧电流强度 I，也与通道的直径无关，即当 $d=2\times10^{-2}$ m，3×10^{-2} m 或者更大时，通道壁对电弧的电场强度没有影响。而当通道的直径很小（$d<1\times10^{-2}$ m）时，通道壁显然会影响电弧的电场强度。

接下来研究通道中的气压对 E_t 的影响。关于高气压氢电弧的数据很少，读者可以参考文献[68]和[69]。第一项研究是利用等离子体炬在压强为 4×10^5 Pa 的氢气与氦气的混合气体条件下进行的；在第二项研究中，等离子体炬带有多孔电极间插入段，放电通道中的氢气压强高达 1.5 MPa。

现在来分析文献[70]中给出的结果。实验是在前述带有直径为 $d=3\times10^{-2}$ m

的分段式电极间插入段的等离子体炬上进行的。插入段初始部件的直径为 $d_{s,s}=1.2\times10^{-2}$ m，插入段的长度为 $a=0.075\sim0.13$ m（弧长为 0.1～0.15 m），弧电流强度为 $I=300\sim700$ A，气流量为 $G=(3\sim4)\times10^{-3}$ kg/s，通道中的压强为 $(1\sim6)\times10^5$ Pa（图 5.42）。随着通道中的压强从 1×10^5 Pa 升高到 5×10^5 Pa，氢电弧的电场强度几乎增大一倍。这里还给出了多孔通道中气流量很大时获得的电场强度值[69]（如图 5.42 中的第 5 类数据）。

利用图 5.42 中的值，可以用电场强度与通道中气压的关系来补充方程(5.32)，得到

$$E_t=190\cdot G^{0.185}\cdot p^{0.4} \tag{5.33}$$

图 5.42 中的连续曲线给出了由方程(5.33)计算 E_t 的结果。文献[69]中的数据也完全可以用这个方程来描述。大电流交流电弧的电场强度与气压的关系也具有类似的形式，如文献[66]中提出当气压达到 4×10^5 Pa 的范围内，$E\sim p^{0.536}$，而在文献[67]中 $E\sim p^{0.416}$。

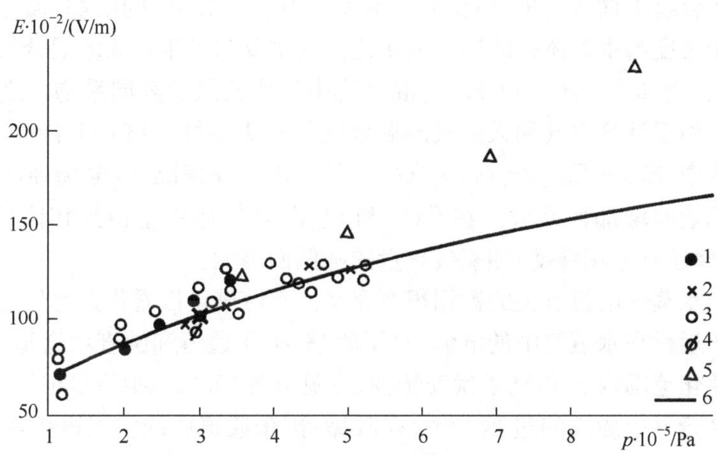

图 5.42　电弧电场强度与通道中氢气压强的关系

1～3. $G=3\times10^{-3}$ kg/s，$I=300\sim600$ A；4. $G=4\times10^{-3}$ kg/s，$I=500$ A；

5. 取自文献[69]的数据；6. 按方程(5.33)计算的数值

因此，我们可以得到关于氢气湍流中电弧电场强度的如下信息：

—在研究的参数范围内，E_t 的值几乎与弧电流强度完全无关；

—E_t 仅轻微依赖于气流量，但是与通道中的氢气压强关系很大；

—E_t 与通道的直径无关，即当 $d>1\times10^{-2}$ m 时，通道的壁面对电弧无影响。在其他气体中，只有当通道直径大很多时这一点才变得明显。

还需要注意的是，在大多数加热氢气的工业等离子体系统中，电弧都燃烧在气流湍流中，即沿整个电弧室长度上的电场强度都用 E_t 的方程来确定。这样就大幅

简化了电弧的伏安特性的计算。

还要指出一点，计算氢气电场强度的方程与其他气体的方程不同，尤其是空气的方程。方程(5.31)和(5.33)含有对决定性参数的直接(而不是准则形式的)关系。最后，研究者可以引入某些 $d^* \leqslant 1\times10^{-2}$ m 的限制值，这时通道壁面的影响会很明显，还可以利用这些值来确定准则复合量。这么做只是改变了方程中的常系数，而没有改变这些方程的本质。

5.4.4 混合气体中的电弧

在许多与等离子体化学工艺相关的技术应用中，氢气经常被用作热载体和反应剂。在实际应用中通常还必须加热多种气体的混合物，如加入甲烷的氢气、加入甲烷的空气等。

文献中经常有一些有关混合气体中电弧能量特性的零散报告。这些报告尽管对电弧的伏安特性进行了归纳，但通常只限于很窄的参数范围内。例如，在氢气与天然气的混合物中加入少量(体积分数不大于10%～12%)的甲烷，弧电压和相应的电弧电场强度与甲烷体积的增大成正比。这主要与发生在高温混合气体中的化学过程有关，例如，在 H_2 和 CH_4 的混合物中生成乙炔及其同系物。之前推导出方程(5.19)用于计算空气和天然气的混合气的 U-I 特性。该 U-I 特性表明，在通道的初始段中，$E_{mix}\sim E_{air}[1+(G_{CH_4}/G_{air})^{0.8}]$。在这种情况下，电场强度也随着混合气中甲烷量的增加而增大。在 CH_4 和 O_2 混合气体中也得到相同的结果[71]。弧电压(显然还有电场强度)随氧气含量的降低而增大。

研究与水蒸气电弧有关的数据很有意义。水蒸气可以看作是氢气与氧气的混合气。对于运行在水蒸气中的电弧，对于收缩-扩张通道和圆管状通道，都在比较宽的参数变化范围内[12]得到了伏安特性(参见方程(5.20)和(5.20a))。前文已经分析了在水蒸气中燃弧的过程[72,73]、在收缩-扩张通道中的空气电弧和水蒸气电弧的 E-I 特性[73,74]，以及假设电弧沿通道的电场强度分布保持恒定时在圆管状通道中固定弧长的水蒸气电弧的 E-I 特性[72]。

典型的 E-I 特性如图 5.43 所示。遗憾的是这类测量的精度不高，只能作一些定性估算。例如，图 5.44 比较了两条 E-I 特性曲线：在水蒸气中得到的曲线 1 与利用方程(5.18)计算空气电弧得到的曲线 2。在推导方程(5.18)的过程中，由于使用了近似相同的方法(保持其他参数不变而改变电弧的长度)来分别测量水蒸气中和空气中电弧的电场强度，因此这些曲线的形状定性地一致，尽管水蒸气中电弧的电场强度大于空气中的值。同样重要的还有在采用氩气作为阴极保护气体的水蒸气旋流中电弧电场强度的数据[73]。当水蒸气流量近似保持 1×10^{-3} kg/s 时，向水蒸气中加入 25%的氩气会使弧电压弧和平均电场强度降低 30%～40%；但进一步增大氩气流量，电场强度却近似保持不变(如图 5.45 所示)。文献[73]把弧电压和电场强度降低的原因解释为，在近阴极区域内，电弧燃烧在氩气流中，然后保护气与工作气体混合，在离心力的作用下氩气在通道外围区域逐渐与水蒸气分离。由于在当前情况下我们关注的是短弧（$L\sim0.1$ m），因而加入氩气的作用就更加明显。

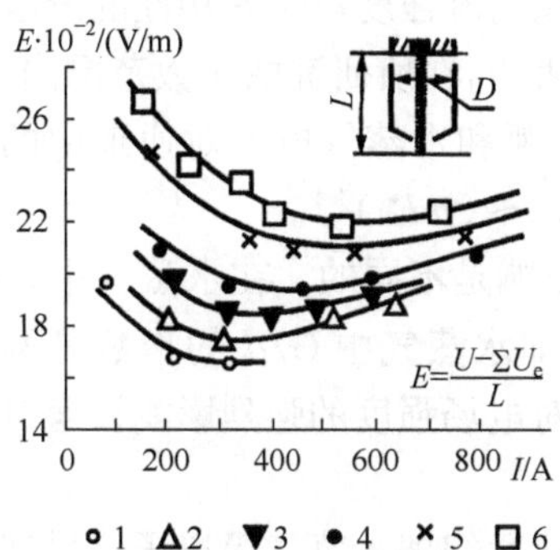

图 5.43　当 $d=2\times10^{-2}$ m、$L=14.5\times10^{-2}$ m 时，水蒸气电弧的 E_i-I 特性

G, g/s：1. 1.3；2. 2.1；3. 3.1；4. 4.3；5. 5.5；6. 6.8

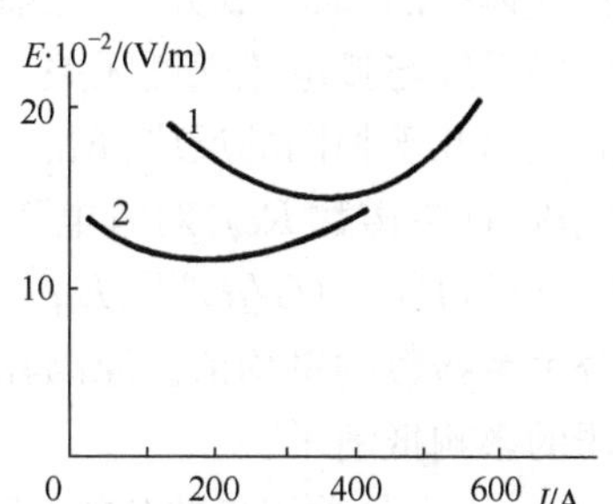

图 5.44　当 $d=1.9\times10^{-2}$ m，$G=5\times10^{-3}$ g/s 时电弧的 E_i-I 特性

1. 水蒸气（300 ℃）；2. 空气（20 ℃），根据方程（5.18）计算的结果

利用电场强度沿放电通道保持不变的假设，可以根据前文所述的水蒸气中电弧的伏安特性计算电场强度的平均值。出于简化考虑，我们来研究圆管状通道的情况。从方程（5.20a）很容易得到关系式

$$E\cdot d\sim(I^2/Gd)^{-0.13}(G/d)^{0.20}(pd)^{0.48} \tag{5.34}$$

这里 $E=(U-\Sigma U_e)/L$，ΣU_e 是近电极电位降的总和。如果方程（5.34）的第一项用 $(I^2/Gd)=(I/d)^2(G/d)^{-1}$ 来表示，就可以得到

$$E\cdot d\sim(I/d)^{-0.26}(G/d)^{0.33}(pd)^{0.48} \tag{5.34a}$$

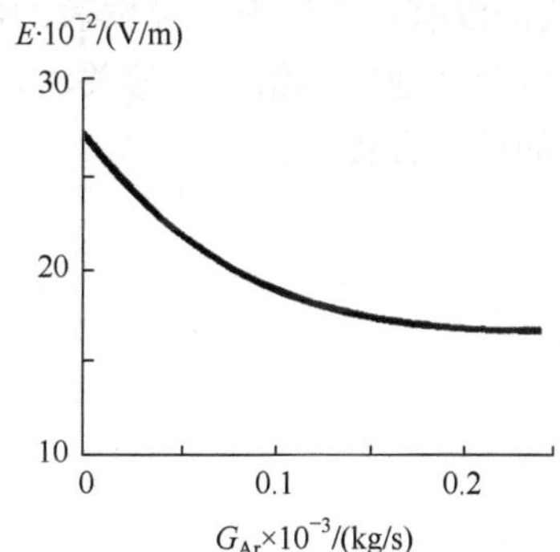

图 5.45　水蒸气电弧的平均电场强度与保护阴极的氩气流量的关系

$d=2\times10^{-2}$ m，$G_{H_2O}=1.3\times10^{-3}$ kg/s，$I=200$ A

把方程（5.34a）与空气湍流和氢气湍流的同类关系式进行比较：

$$E_t\cdot d\sim(I/d)^{-0.23}(G/d)^{0.47}(pd)^{0.2} \tag{5.28a}$$

$$E_t\cdot d^*\sim(G/d^*)^{0.185}(pd^*)^{0.4} \tag{5.33a}$$

这里对于氢电弧而言，d^* 是通道直径的某个极限值，在 5.4.3 节已经讨论过。正

如前文多次提到的，空气电弧的关系式(5.28a)与氧气电弧的相同，差异仅在于与气体转变系数有关的常数系数。

比较方程(5.34a)、(5.28a)和(5.33a)之后可以清晰地看出，我们能够限制水蒸气中气体种类对水蒸气电弧电场强度的影响。例如，参数 I/d 在方程(5.34a)和(5.28a)中都具有近似相同的指数，这就意味着弧电流强度对伏安特性的影响取决于工作气体中的“氧气成分”。之前的研究已经表明，在所研究的参数范围内，氢电弧的电场强度与弧电流强度无关。反过来，氢电弧和水蒸气电弧对通道中的气压变化表现出几乎相同的反应：$E_{H_2O}\sim(pd)^{0.48}$，$E_{H_2}\sim(pd^*)^{0.4}$。

气流量(雷诺数 Re_d)对氢电弧和氧电弧的影响是不同的。在水蒸气中，$E_{H_2}\sim(G/d^*)^{0.185}$，$E_{O_2}\sim(G/d)^{0.47}$，$E_{H_2O}\sim(G/d)^{0.33}$，即水蒸气中 G/d 的指数是两种气体成分关系指数的平均值。原因在于氧气湍流对电场强度的强烈影响被氢气流相对较弱的影响抵消了。

当然，这是非常初步的分析，不过它的确能让我们把水蒸气等离子体描述成氢气与氧气的混合气体的等离子体，并确定气流参数对电弧能量特性的影响。如果其他混合气体中各种气体的特性是已知的，也可以采用同样的方法。

本章分析了电弧在不同气体中的能量特性；研究了电弧的伏安特性和 E-I 特性，对电弧能量特性与等离子体炬主要工作参数之间的关系进行了工程计算。不过，我们没有讨论所有已经发表的成果，尤其没有对一些气体，如氦气、氩气、二氧化碳以及其他气体给予足够关注。这些气体的数据常常不一致，并且还没有得到精确的计算方程。

第 6 章　轴线式等离子体炬电弧室中的热交换

在电弧对气体进行加热的过程中，主要问题之一是保护电弧室壁使其免受高温气流和电弧的热作用，以及最大可能地降低电弧附着区域内电极的烧蚀速率。等离子体炬的热防护一方面要保证各部件正常工作，另一方面要保持高的热效率。为了解决这个重要问题(热防护问题决定了等离子体炬加热气体的效率)，有必要仔细审视弧柱中发生的热过程，以及电弧、气流以及电弧室壁之间的热交换。

结合第 1 章中等离子体炬的分类方法，我们首先来考虑应用最广泛的等离子体炬——自稳弧长型和利用台阶固定弧长型的等离子体炬的总体热特性。在第 5 章中描述这两类等离子体炬的电特性时已经提到，研究概括这些特性时可以简化电弧与气流和电极相互作用的过程。在这种情况下，为了计算等离子体炬的主要参数，得到由少量准则和复合量描述的电弧的整体特性就足够了[1]。

6.1　自稳弧长和(利用台阶形电极)固定弧长的等离子体炬的总体热特性

这两类等离子体炬的热特性可表示成热效率与主要准则复合量的关系的形式。根据定义，等离子体炬的热效率是单位时间内气体从等离子体炬中带走的热量与电弧功率的比值，即

$$\eta=G\cdot\Delta h/(U\cdot I) \tag{6.1}$$

这里的 Δh 是等离子体炬中气体焓值的增加。

η 的值取决于电弧室壁的热损失，即

$$\eta=(U\cdot I-Q_{\text{loss}})/(U\cdot I) \tag{6.2}$$

其中，Q_{loss}是通过等离子体炬部件总的热损失。在第 4 章中提到，等离子体炬热效率的量度通常表示成 $\tilde{\eta}=(1-\eta)\eta$ 的形式，它决定了等离子体炬中的热损失与等离子体射流热的焓值比，即总传热系数。

关于这些等离子体炬的大量研究结果表明，其热特性的一般形式可以表达成主要复合量的函数[1,2]：

$$\tilde{\eta}=(1-\eta)/\eta=A^2(I^2/G\cdot d)^{\alpha}(G/d)^{\beta}(p/d)^{\gamma}(l/d)^{\chi} \tag{6.3}$$

常数 A 和复合量的指数可通过几何结构相似的等离子体炬的实验来确定。例如，对于双电弧室的空气等离子体炬，文献[3]的作者给出了如下关系式：

$$\tilde{\eta}=1.08\times10^{-4}A^2(I^2/G\cdot d)^{0.27}(G/d)^{-0.27}(p/d)^{0.30}(l/d)^{0.5} \tag{6.4}$$

该式在很宽的参数范围内得到了验证，包括电流强度（$I=50\sim3600$ A）、气流量（$G=1\times10^{-3}\sim2.2$ kg/s）和输出电极直径（$d=1\times10^{-2}\sim7.6\times10^{-2}$ m）。在这种情况下，I/d 的值从 5 变化到 40；$I^2/Gd=5\times(10^6\sim10^9)$ $A^2\cdot s/(kg\cdot m)$；$G/d=0.5\sim56$ kg/(s · m)；$pd=1\times10^3\sim8\times10^5$ N/m。

大量的实验结果表明，这个表达式对于单电弧室等离子体炬、双电弧室等离子体炬、具有平滑和台阶形输出电极的等离子体炬（对于后者 $\bar{l}=l_2/d_2+l_3/d_3$）以及直流和交流等离子体炬的热特性计算都是有效的（如果 ±10%的精确度被认为是可以接受的话）。因此，利用方程(6.4)计算得到的热特性适用于自稳弧长和（利用台阶）固定弧长等多种类型轴线式等离子体炬。与热特性对应的 η 与 $\Psi=(I^2/G\cdot d)^{0.27}(G/d)^{-0.27}(p/d)^{0.30}(l/d)^{0.50}$ 的关系如图 6.1 所示。

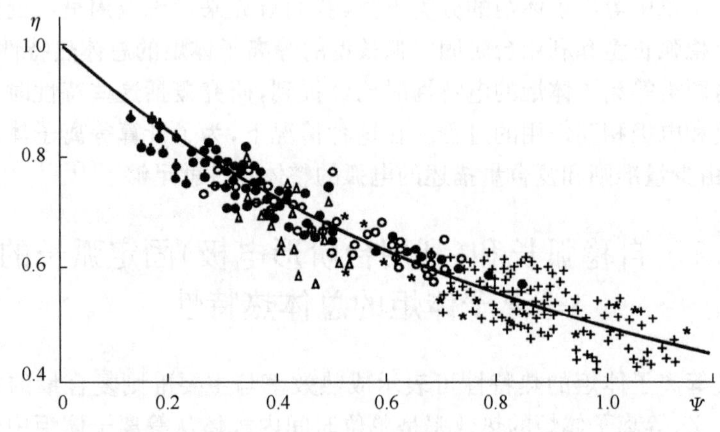

图 6.1 直、交流双电弧室空气等离子体炬的热特性

实验数据点——取自文献[3]～[10]；实线——根据式(6.4)计算的结果

如前文所述，氢气是应用最广泛的工作气体之一，因为这种气体可以作为能量载体和许多等离子体化学工艺中的反应物。氢等离子体炬（电弧氢气加热器）的发展现状在文献[11]中有较详细的综述。

在复合量的如下变化范围内 $G/I=10^{-6}\sim10^{-5}$ kg/(s · A)，$G/d=0.04\sim0.25$ kg/(s · m)，$d=(1\sim2)\times10^{-2}$ m，$l=0.1\sim0.4$ m，自稳弧长型空气等离子体炬的热特性可概括为如下关系式[12]：

$$\tilde{\eta}=6.54\times10^{-8}(I^2/Gd)^{0.20}(G/d)^{-0.20}(pd)^{0.98}(l/d)^{1.38} \tag{6.5}$$

或

$$\tilde{\eta}=6.54\times10^{-8}(I/G)^{0.4}(pd)^{0.98}(l/d)^{1.38} \tag{6.5a}$$

在这个方程中，很重要的一点是 $\tilde{\eta}$ 与 pd 或通道中的气压近似呈线性关系（d 为常数时），并且与通道的归一化长度有很大关系。从实验数据归纳的正确性来讲，这一结果存在某些疑问，但由于对前述两类等离子体炬中氢电弧的热特性尚没有得到其他的归纳结论，因此现有的归纳结果只能说与文献[12]中的实验数据非常接近。

在利用台阶固定平均弧长的等离子体炬中，为了计算电弧的热特性，我们可以根据文献[13]将方程(6.5)改写成如下形式：

$$\tilde{\eta}=6.54\times10^{-8}(I^2/Gd_2)^{0.20}(G/d_2)^{-0.20}(pd_2)^{0.98}(l_2/d_2+l_3/d_3)^{1.38} \quad (6.6)$$

利用伏安特性和热特性方程，可以对自稳弧长和用台阶形电极固定平均弧长的空气和氢气等离子体炬进行工程计算(对氮气和氧气等离子体炬则会有一些误差)[13]。对于其他气体，准则形式的实验数据还没有成体系。第 5 章提到的文献[14]和文献[15]中的研究只提供了与前文给出的数据高度一致的实验结果。文献[16]虽没有对所研究的氢电弧特性进行归纳，但这项研究中的数据也与本书前文所述的数据接近。

这两类等离子体炬的特性缺乏归纳的最可能原因是，在大多数实施等离子体工艺的情形中，人们只关注伏安特性所决定的总能量损失，而较少关注能量损失的优化问题。

6.2　带有电极间插入段的等离子体炬电弧室中的热损失

第三类等离子体炬——弧长大于自稳弧长型的等离子体炬的热效率问题的重要性则具有完全不同的意义。在大多数情况下，这类等离子体炬都是高功率的，其功率达到几个兆瓦，因此电弧室壁的热损失降低哪怕仅几个百分点，也能在降低能量损失方面获得很大收益。第 2 章对发生在这类等离子体炬中复杂的电物理和热物理过程进行了概述。这里，我们将对电弧室中的热过程做更加详尽的研究，这对于提高等离子体炬的热效率，研发大功率、高效率的电弧气体加热器是非常重要的。

带有分段式电极间插入段的等离子体炬[17]更适合于研究电弧室中的热交换过程：向插入段的各个部件通入水就能够测量不同工作条件下等离子体炬的插入段中的热流强度；向插入段之间通入部分工作气体(或者不同气体和混合气体)能够以某种方式形成对电弧室壁的气体保护；改变插入段部件的厚度和整个电极间插入段的长度，能够详细研究通过放电通道壁的热损失，定性和定量地确定换热特性；在一些实验中，某个插入段部件或者插入段的部分部件换成石英窗、研究狭缝或者特殊部件，用来对气体采样或者插入探针，这样便可以对弧柱和电弧的热层、弧柱与热层之间以及它们与通道壁之间的热交换进行光谱研究或者其他研究。

6.2.1 旋气稳弧等离子体炬中的热损失

关于热损失沿带有电极间插入段的等离子体炬的长圆管状电弧室的分布，研究表明存在两个特征段：第一段起始于通道入口，对应于气流的初始段，这一段中流入通道壁的热流近似恒定；第二段是热损失快速增大的部分(图 6.2(a))。曲线 1～4 对应于通过插入段部件间隙供气气流量不同的情况。图 6.2(b)给出了局部热效率 η_i 沿通道的分布，η_i 由单位长度电极间插入段的热损失 Q_i 与电弧在相应段内产生的能量 $E_i \cdot I$ 之比确定：

$$\eta_i = 1 - Q_i/(E_i \cdot I) \tag{6.7}$$

这些数据表明，在电流值较小的情况下，通道初始段内的热损失不大，仅占电弧能量的百分之几。热损失沿插入段缓慢增大，并且与插入段部件之间的气流量完全无关。

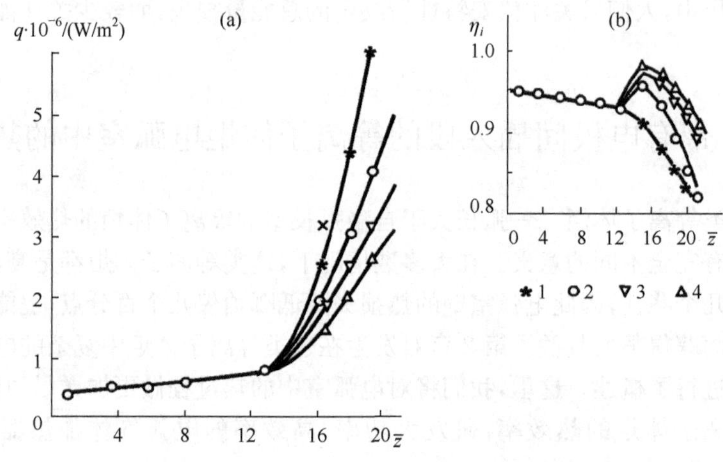

图 6.2 热损失(a)和局部热效率 η_i(b)沿带有电极间插入段的等离子体炬的电弧室的分布
$d=1\times10^{-2}$ m, $\bar{a}=23$, $G=15\times10^{-3}$ kg/s, $I=120$ A；
g_i, kg/s：1. 0；2. 0.15×10^{-3}；3. 0.3×10^{-3}；4. 0.7×10^{-3}

在距离内电极 $13\bar{z}$～$14\bar{z}$ 的位置处，流入通道壁的热流开始急剧增加，对于不从插入段部件之间通入气体的情况尤为如此(图 6.2(a)，曲线 1)。更低的电流强度和从插入部件之间通入气体降低了这一段上电极间插入段的热损失(如图 6.2(a)的曲线 2～4)。局部热效率(图 6.2(b))也发生了一些变化。从插入段部件之间通入气体时，第二个插入部件前端 η_i 的增大取决于输入电弧的能量的增加，这与电场强度的增强有关(参见第 5 章)。

文献[18]对通道初始段中的热交换做了更加详细的研究。研究表明，当部件之间没有通入气体时，沿通道壁面的热流增加缓慢(如图 6.3 中曲线 1)，这是由边界层中的气体温度的升高造成的。边界层中的气体温度显然取决于气体与主气流之间的湍流换热，在某种程度上还取决于壁面层对电弧辐射的吸收。当气体从电极间插入段的部件之间通入时(曲线 2)，壁面周围的气体温度近似保持恒定(从某一个流量值 g_i 开始)，因此初始段中的热流也保持恒定。

弧电流和气压的增大迅速提高了初始段中通过通道壁的热损失水平，然而气流量 G 的增大影响却很小。在初始段之后，热损失由弧电流强度和气流量共同决定。在这一段中，降低热损失的可能性取决于从相邻部件之间通入气体产生气膜对壁面的保护。

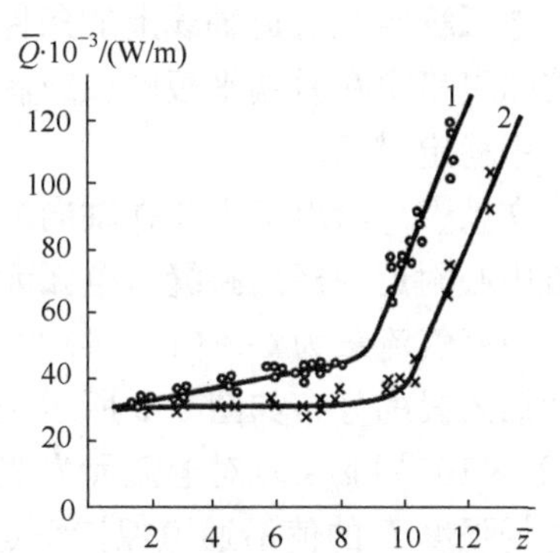

图 6.3　热损失沿电极间插入段的分布

$d=2\times10^{-2}$ m，$\bar{a}=14$，$G_0=6\times10^{-3}$ kg/s，$I=150$ A；g_i，kg/s：1. 0；2. (0.3～0.45)$\times10^{-3}$

研究了第 2 章描述的电弧通道中的气流形态之后，结合图 6.2 和图 6.3 给出的结果，就能够对传热机制做出一些假设。在通道的初始段，经由通道壁的热损失的主要部分很可能来自于电弧辐射，而其他因素的贡献很小，即使不从部件之间通入气体。在过渡段和发展湍流段，除了辐射损失之外又加上了对流损失，后者沿流动方向逐渐增大。然而，这两段的特征还包括输入电弧的能量大幅增加，即等离子体炬的局部效率提高了(图 6.2(b)所示)。总而言之，带有电极间插入段的等离子体炬的热效率高于前两类。这三类等离子体炬的热效率的比较如图 6.4 所示。图中的曲线 1～3 表示利用方程(6.4)计算得到的圆管状电极长度不同的等离子体炬的热效率，曲线 4 和 5 是带有电极间插入段的等离子体炬的实验数据。就提高气体在等离子体炬出口处的焓(或者温度)而言，带有电极间插入段的等离子体炬具有显著的优势[19,20]。

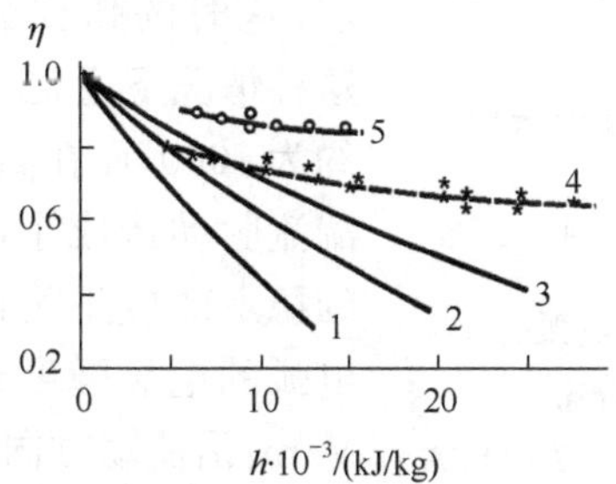

图 6.4　不同类型的等离子体炬的热效率 η 与等离子体炬出口气体焓值 h 的关系

1～3. 自稳弧长型双电弧室等离子体炬；$\bar{l}$ 分别取 20，10，5，根据式(6.4)计算得到；

4. 带电极间插入段的等离子体炬，$d=1\times10^{-2}$ m，$\bar{a}=13$～17，$G=(8$～$15)\times10^{-3}$ kg/s，$I=50$～600 A[19]；

5. 带电极间插入段的等离子体炬，$d=1\times10^{-2}$ m，$\bar{a}=22$～34，$G=15\times10^{-3}$ kg/s，$I=60$～180 A[20]

6.2.2 轴向气流中电弧的特性

我们之前主要讨论了旋气稳弧等离子体炬。如果在两个电极之间装上绝缘插入段,就能够在轴向供气(直流供气)的等离子体炬中引燃电弧,在没有径向压强梯度将电弧稳定在通道轴线上的条件下研究电弧与气流的相互作用。只有以某种方式将弧斑稳定在后端平板电极或者棒状电极上,才有可能在这种等离子体炬的电弧室中稳定燃弧。

文献[21]给出了电弧在轴向氮气流中的电特性和热特性,以及通过电极间插入段中心附近的横向狭缝对电弧元的时间扫描图像。

当氮气流量为 $G=(1,2,4)\times10^{-3}$ kg/s 时,电弧电场强度沿长度为 $\sim7\bar{z}$ 的电极间插入段的分布如图 6.5 所示(分别为曲线 1,2,3),而图 6.6 则给出了当 $G=(1,2)\times10^{-3}$ kg/s 时对电弧元发光强度的时间扫描。当 $G=1\times10^{-3}$ kg/s 时,电弧电场强度 E 的值沿通道保持恒定,并且很小(如图 6.5 中的曲线 1)。电弧呈现出无任何径向振荡的明显柱状(如图 6.6 中的照片 1)。在浮力的作用下,电弧有轻微的“漂浮”,即稍微离开通道轴线向上偏移。基于通道入口处冷气流的参数确定的 Re_d 数大约为 3500,稍高于临界值。沿流动方向向下游,Re_d 数随着被电弧加热的气体温度的升高而减小。在 $\bar{z}_c=4$ 的插入段部件(在这里对电弧进行时间扫描)内,根据气流的平均质量温度计算得到的 Re_d 数约等于 700,即电弧燃烧在层流气流中。电弧的电场强度值和发光强度的时间扫描也证实了这一点。

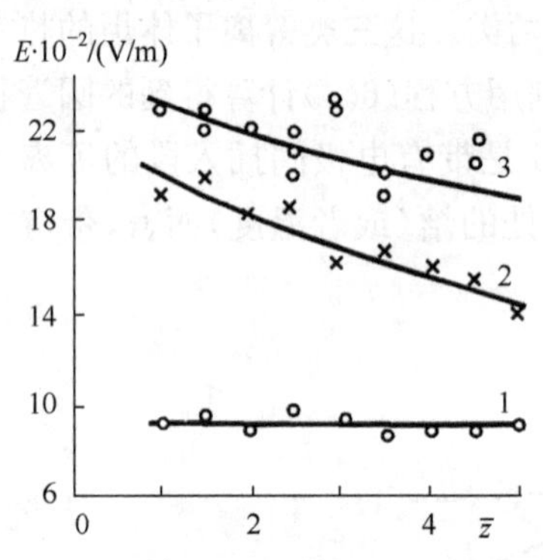

图 6.5 轴向氮气流中电弧的电场强度沿通道的分布

$d=20\times10^{-3}$ m, $d_a=6\times10^{-3}$ m, $I=140$ A

G, kg/s: 1. 1×10^{-3}; 2. 2×10^{-3}; 3. 4×10^{-3}

随着气流量增大,气流的雷诺数 Re_d 也增大。由于无旋气流不产生任何径向压强梯度沿通道轴线稳定电弧,当 $G=2\times10^{-3}$ kg/s 时电弧发生横向随机振荡,振幅与通道半径相当(如图 6.6 中照片 2)。显然,这时的弧柱分裂成了几个导电通道。这种情况下通道入口处流体的雷诺数 Re_d 约为 7000,而在高速摄影区域则大于 1000。湍流脉动造成了电弧的振荡,而气体黏性的稳定效应不足以使气流维持层流状态。电弧的电场强度在通道起点达到 20×10^2 V/m,沿流动方向降低到 14×10^2 V/m(如图 6.5 中曲线 2)。这取决于气体平均质量温度的升高,以及电弧散热的减少。增大气流量会提高弧柱振荡的频率,也会增大电场强度 E(如曲线 3)。这些趋势对应于在湍流气流中燃烧电弧的情况。文献[22]也给出了类似的电弧照片。

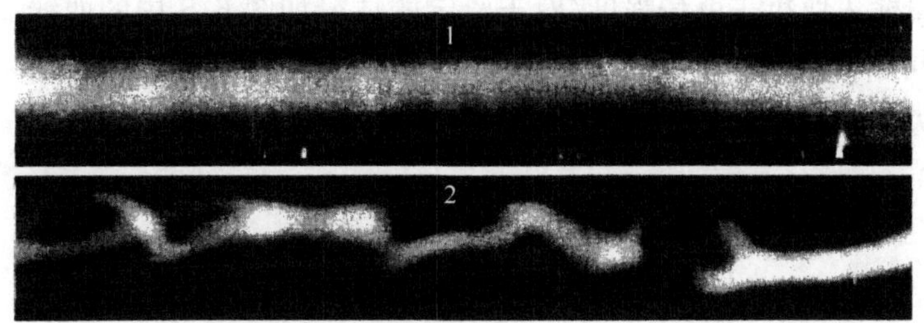

图 6.6　透过通道的横向狭缝获取的电弧元发光的照片

$d=20\times10^{-3}$ m, $d_a=6\times10^{-3}$ m, $\bar{a}=7$, $\bar{z}_c\approx4$, $S=0.5\times10^{-3}$ m, $I=140$ A

G, kg/s: 1.1×10^{-3}; 2.2×10^{-3}

根据输入电弧的能量的分布和热损失沿电弧室的分布，我们可以得到令人感兴趣的信息(图 6.7(a))。当气流量 $G=1\times10^{-3}$ kg/s 时，在通道的第一个 $\bar{z}$ 长度内，单位长度上的热损失 $\bar{Q}$ 取决于弧柱的辐射，并且对于氮等离子体，热损失高达该段的输入能量 $E\cdot I$ 的 40%。除了辐射损失之外，还要考虑对流热损失。在距离通道入口约 $6\bar{z}$ 处，热损失就已经接近输入电弧的能量，即从距离通道入口约 $6\bar{z}$ 处沿流动方向向下游等离子体炬的局部热效率近似为 0。这表明在用于喷涂粉末材料的带有电极间插入段的等离子体炬中，上述工况下的氮电弧的热效率不会超过 0.6。在这种工况下，电极间插入段的长度不应大于 $5\bar{z}\sim6\bar{z}$。

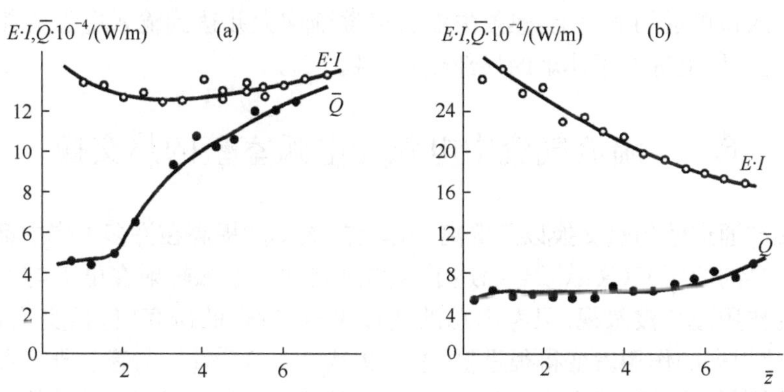

图 6.7　当沿轴向通入氮气时，通道单位长度上的热损失($\bar{Q}$)和输入电弧的能量($E\cdot I$)沿电弧室的分布

(a) $G=1\times10^{-3}$ kg/s; (b) $G=2\times10^{-3}$ kg/s

$D=20\times10^{-3}$ m, $d_a=6\times10^{-3}$ m, $\bar{a}=7$, $I=140$ A

当气流量增大到 2×10^{-3} kg/s 甚至更大时(图 6.7(b))，辐射损失占主导的通道的长度增大。热损失仅在这一段通道的末端开始增大。输入电弧单位长度上的能量在邻近内电极的地方很高，而在这一段通道的末端则近乎减半。由于电弧每

一段的能量输入取决于电场强度(对于给定的情况如图 6.5 中的曲线 2),能量输入的降低同样可以解释为电场强度的降低。对于轴向氩气流中的电弧,文献[23]也得到了类似结果(图 6.8)。

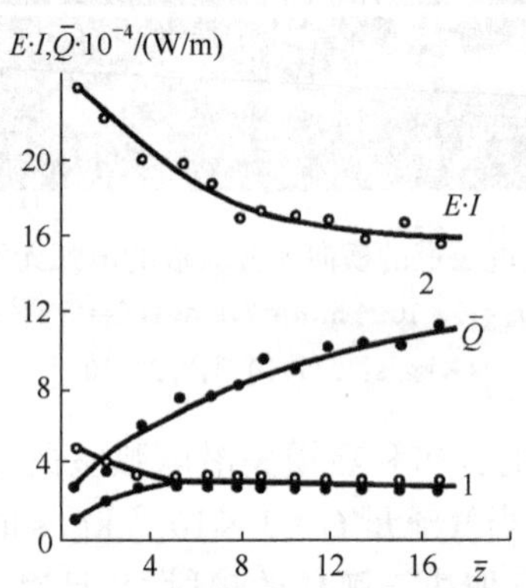

图 6.8　对于轴向氩气流中的电弧,单位长度上输入电弧的能量和热损失沿电弧室的分布
$d=0.6\times10^{-2}$ m,$a=0.12$ m;1. $I=50$ A,$G=0.1\times10^{-3}$ kg/s;2. $I=100$ A,$G=3.0\times10^{-3}$ kg/s

在这些数据的基础上可以得出如下结论:不论工作气体以旋流还是直流方式供应,根据热损失的分布,带有电极间插入段的等离子体炬的放电向通道都可以分成两段。在通道入口附近的一段中,经由通道壁的热损失保持恒定或者缓慢增大;而在距离入口更远的通道上,热损失沿通道逐渐增大并达到输入电弧的能量的水平,即在这一段上等离子体炬的局部热效率趋于 0。

6.3　湍流气流中电弧与电弧室壁的热交换

电弧与通道壁的热交换以及等离子体炬热效率的提高在许多工作中都进行过研究。在早期的研究(文献[24]综述了这些研究)中,电弧辐射在电弧与通道壁热交换中的作用通常被忽视,只考虑总的热损失;在后来的研究(包括实验和分析)中,辐射热损失的作用就变得很重要,参见文献[1],[17],[25] 等。研究者试图区分传热的机制,从总热损失中区分出了辐射、对流和热传导过程导致的热损失。第 3 章已经对电弧产生的这些传热机制的作用以及它们在热平衡中的大小进行了简要研究(更多详情请参见文献[26])。对等离子体炬(主要是带有电极间插入段的等离子体炬)电弧室中热交换过程的实验研究,使我们能够确定许多情况下的热交换与等离子体炬主要工作参数之间的关系,并找到解析计算或者工程计算这些关系的方法。

根据第 2 章描述的电弧与湍流气流相互作用的形态,电弧通道中存在两个换热机制不同的区域:初始段和发展湍流段。从这一立场出发,分析带有电极间插入段的等离子体炬中电弧的实验研究结果。

6.3.1 通道初始段中的热交换

我们来回顾热损失沿带有电极间插入段等离子体炬的分段式通道的分布(参见图 6.2 和图 6.3)。当电流强度值很小(I=100~200 A)时,在通道初始段中通过通道壁的热损失也比较小,根据文献[1],[17],[25],[27],对于空气电弧热损失等于输入电弧的能量的 10%~15%。当不从插入段部件之间通入气体时,热损失沿初始段缓慢增大;当通入气体时,根据在多孔通道中或者分段式通道中测量热流的结果,初始段中的热损失沿着通道几乎保持恒定,等于电极间插入段起始部件中的热损失(参见图 6.3)。热流的测量是用一个直径大于通道直径的圆盘状量热计和特殊辐射探测器一起进行的[1,17,25]。比较文献[26]的结果表明,这些热损失近似等于计算得到的电弧发出的辐射通量(对于 $\lambda \geqslant 200$ nm 的波长)。如前文所述,不从插入段部件之间通入气体时,热损失沿空气电弧初始段增大的速率取决于气体边界壁面层中的热过程。尤其是冷空气(或者更准确地说是大气压水平的氧气)对电弧的紫外($\lambda < 200$ nm)辐射的吸收起了重要作用。如文献[26]所述,吸收电弧紫外辐射的作用很重要。电弧对边界层的加热会造成热流出现对流分量,该分量在给定段中可能等于经由通道壁总热损失的 30%~50%(参见图 6.3)。

文献[27]对热损失的对流分量进行了非常详尽的研究。这份文献提出的用于估算对流分量的方程表明,在大多数情况下,通道的初始段中(雷诺数 Re_z 高达~10^6)都存在层流气流与通道壁的热交换。值得一提的是,对流分量的存在导致(不同研究者)测得的通道初始段的热损失存在某些差异。大多数研究者都认为,经由通道壁的热损失仅取决于电弧的辐射,即 $Q_w = Q_r$。然而,在个别研究中,如在文献[25,26]中,研究者曾试图区分 Q_w 和 Q_r。文献[25]指出,对于空气电弧 $Q_w = (1.5 \sim 1.7) Q_r$。当气压接近于大气压时,文献[17]提出了如下关系式用于计算流入通道壁的热流:

$$\bar{Q}_w - 6.2 \cdot I^{1.6} \, (\mathrm{W/m}) \tag{6.8}$$

该式是对许多空气和氮气研究结果的平均。

这个关系式与文献[27]中得到的相似(在该文献中 $Q_w \sim I^{1.5}$)。如果只考虑热流的辐射分量,则方程(6.8)右侧的系数就会减小。当压强高达 1 MPa、电流强度高达 1 kA 时,为了估算流入初始段壁面的热流,可以采用归纳文献[17],[18],[23],[28]~[36]和许多其他研究成果的方程:

$$Q_r/(p \cdot l) = 4.6 \times 10^{-5} I^{1.6} \, [\mathrm{W/(m \cdot Pa)}] \tag{6.9}$$

图 6.9 给出了在近 30 年里收集到的大量研究中的实验数据和与之对应的计算曲线之间的关系。该图中的实验数据是在大不相同的等离子体炬系统中流入通道初始段壁面的热流数据。这些等离子体炬系统不仅有使用空气作为工作气体

的，还有使用氮气、氩气、氧气和水蒸气作为工作气体的。由于在这些实验数据中，热流的辐射分量和对流分量在大多数情况下都没有区分开来，因此数据点的离散性(图 6.9)主要取决于对流分量的差异。当通道中的气压更高时，Q_r 与 p 的关系是非线性的[17]。例如，文献[37]已经给出当气压为$(50\sim200)\times10^5$ Pa 时 $Q_r\sim p^{0.5}$。

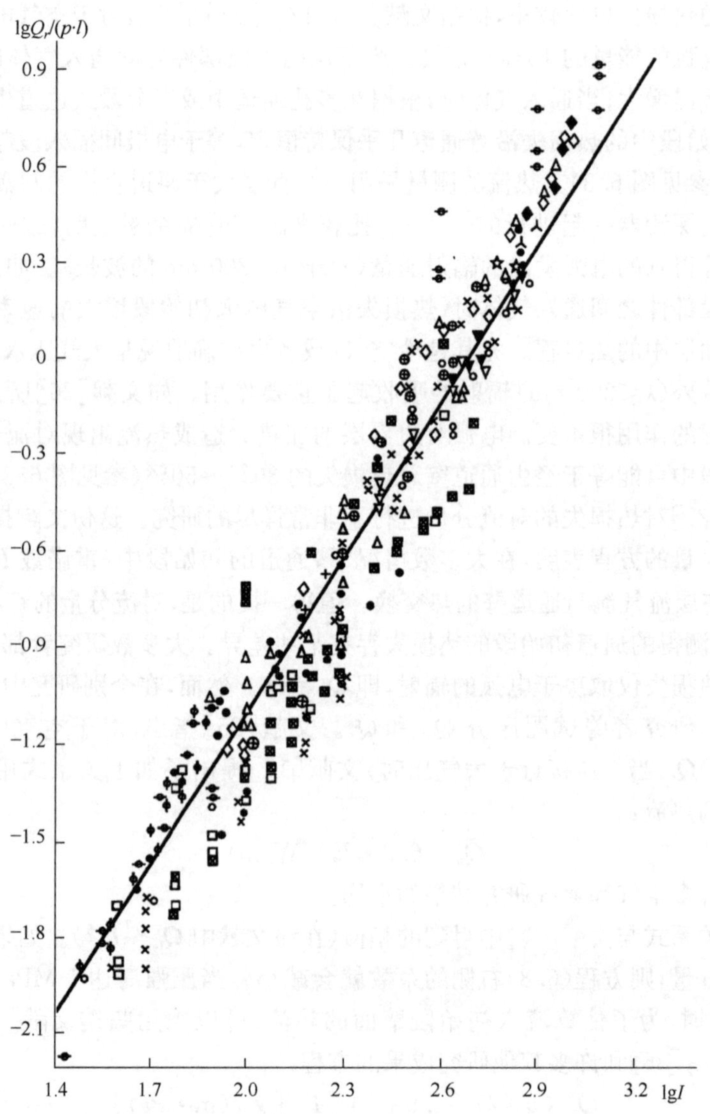

图 6.9 在通道初始段中通过通道壁的辐射热损失与电弧参数的关系

(本书作者、文献[17]～[36]的作者以及其他研究者的数据)

实线为根据式(6.9)计算得到的结果

许多研究者都尝试过将初始段中热流的对流分量区分出来。这些研究已经在如[17]，[27]等文献中进行了综述。他们得到的用于计算对流换热的方程通常仅在很窄的参数范围内有效，只能做一些粗略估算。由于初始段中流入通道壁的辐射热流与总热流差别不太大，因此前文提出的关系式(6.9)使我们能够在很宽的参数变化范围内，对任意几何尺寸的等离子体炬系统的辐射热损失进行估算。该关系式还可用于估算这些等离子体炬的通道初始段中的总热损失。

6.3.2　气流的发展湍流段中的热交换

从气流的初始段沿着流动方向向下游，存在一个电弧的热层与气流的壁面边界层接触的区域(参见图 2.12)。在这个区域中，气体的流动状态得到了重新调整。来自电弧热层的高温气流与壁面冷气流混合的过程从这里开始。气流速度的径向分布和气压分布的变化也发生在这里。在这里，旋流稳定的弧柱被破坏了，因为通道轴线上的低气压区消失了。

冷气流与热气流的混合造成了这样一种情形：壁面层中的气体的平均质量温度升高，不仅是电弧的辐射热流，电弧的对流热流也开始到达通道壁。在通道的几个 z 的长度上(气流的过渡段)，对流热流以非线性方式增大(图 6.2(a))；随后，这个热流强度近似与沿通道逐渐升高的气体的平均质量温度成正比。流入通道壁的总热流快速增大，趋近于输入电弧的能量，尤其没有从插入段部件之间通入气体的时候。对于轴向气流，图 6.7 清晰地表明了这一点。正如前文所述(图 6.2)，即使从插入段部件之间以较低强度通入气体，也会急剧改变发展湍流段中经由通道壁的热损失。因此，为了优化在这一段上对气体加热的工况，研究气膜对电弧室壁保护的效率就很重要。

在气体发展湍流段中，我们将特别关注电弧和气体与通道壁之间的热交换。这些研究主要是利用在空气中燃烧的电弧进行的。

前节表明，从电弧到电弧室壁的辐射热流沿通道的初始段近似保持恒定。根据文献[17]，[25]，[26]中进行的测量，在通道的过渡段和发展湍流段，此热流近似处于同一水平甚至有所减小。由于减小的量不大，因此在估算热交换时可以很稳妥地认为流入通道壁的辐射热流沿整个电极间插入段都保持恒定。在第 3 章中提到，辐射热流和对流热流占热损失的主要部分，而传导换热的份额不大。因此，如果已知辐射损失的值，我们就可以认为，在放电通道的给定段中，流入壁面的对流热流为

$$q_c = q - q_r \tag{6.10}$$

这里，q 和 q_r 分别是流入壁的总热流和辐射热流。

许多研究[1,13,17,18,27,35,36]都对从被加热气体进入通道壁的对流热流进行了计算。这些研究中考虑了通道的圆管形状、换热的高度非等温条件以及其他因素。

最终分析确认[17]，在工作参数（气体的种类、温度、压强）很宽的变化范围内，流入电弧室通道壁的对流热流可以用中等温度条件下得到的气流与圆管状通道壁换热的方程[38]进行计算：

$$q_c = St \cdot (\rho u)_0 (h_0 - h_{\text{wall}}) \tag{6.11}$$

$$St = 0.023 Re_d^{-0.20} \cdot Pr^{-0.57} \tag{6.12}$$

由于方程(6.11)和(6.12)中均含有气体的流动参数，因此计算中的主要困难是选择决定性的气体温度。文献[17]，[27]和[39]表明，气体在通道起点的温度可以用被加热气体的平均质量温度来表示，这样就可以忽略温度因素的影响。雷诺数 Re_d 和普朗特数 Pr 由如下方程确定：

$$Re_d = (\rho u)_0 \cdot d/\mu_0, \quad Pr = \mu_0 \cdot c_{p0}/\lambda_0$$

关于流入带有电极间插入段的等离子体炬的输出电极的对流热损失，由方程(6.11)和(6.12)计算得到的结果和不同气体的实验数据（忽略通过阳极弧斑的热流）的比较如图 6.10 所示。对于氮气和空气，实验值与计算值在所研究参数范围内符合得很好。在氢气中，当温度高于 3000 K 时，实验值比计算值高 20%～25%。研究发现，氢电弧的这种差异恰好处于输运系数反常变化的分子离解温度范围内[11]。

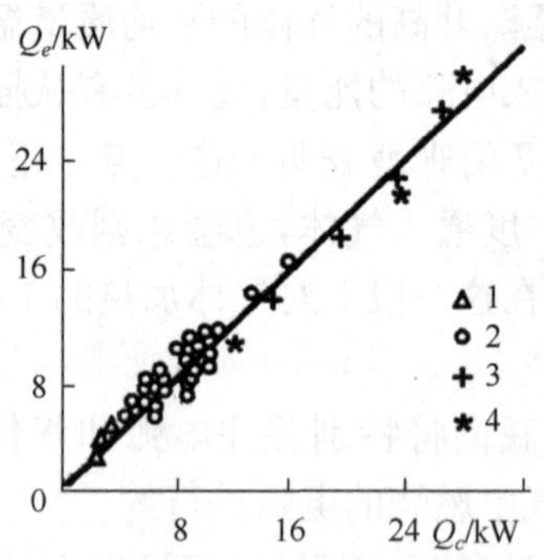

图 6.10　流向阳极的热流的实验值 Q_e 与计算值 Q_c 的比较

1. N_2，$d=2\times10^{-2}$ m，$I=60$～180 A；2. 空气，$d=2\times10^{-2}$ m，$I=40$～180 A；
3. 空气，$d=2\times10^{-2}$ m，$I=300$～600 A；4. H_2，$d=(2$～$3)\times10^{-2}$ m，$I=300$～700 A

因此，在等离子体炬中工作气体的发展湍流段，如果气体的决定性参数可以用计算段内气体的平均质量温度来表示，那么（对于所有双原子分子气体的情形）流入通道壁的对流热流就可以用中等温度条件下得到的换热方程计算，而辐射热损失可用方程(6.9)来估算。

6.3.3　气膜对电弧室壁保护的效率

文献[17]和[35]采用测量段对高温气流与通道壁之间的换热进行了研究。该测量段由一组彼此绝热的铜盘组成(图 6.11(a))。铜盘的厚度为 4 mm,铜盘之间的云母和氟塑料等绝热、绝缘夹层的厚度为 0.3 mm,一组铜盘的数量有 12 个,整个测量段全长 54 mm,内径 20 mm。(外部)限位圆盘经过特殊加工之后可以与相邻电极间插入段部件相连接。气体从测量段的第一个铜盘与上一个插入段之间的缝隙中通入。实验主要在测量段位置固定和工作参数恒定的条件下进行。在测量段之前工作气体(空气)的平均质量温度约为 3300 K。向电极间插入段的所有部件和测量圆盘中都分别通入冷却水,这样就可以测量通过它们的热流。

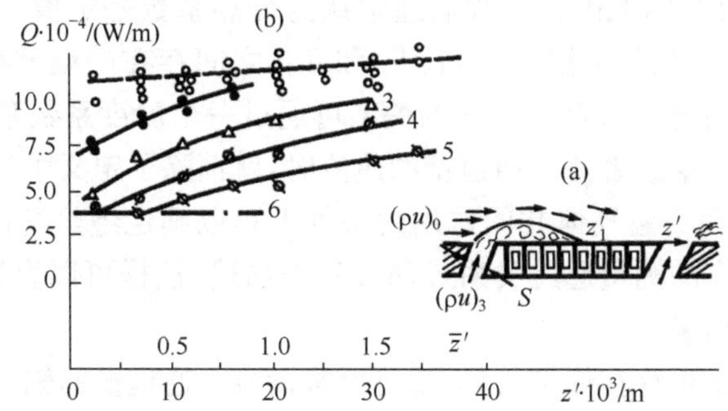

图 6.11　(a)测量段示意图;(b)对于不同的保护气流量热损失沿测量段的分布
$d=22\times10^{-3}$ m,$\bar{a}=22$,$\bar{z}_s=7.5$;$\bar{z}_{scr}=17.5$;$\gamma=60°$,$S=1.3\times10^{-3}$ m;$G_0+g_i=14\times10^{-3}$ kg/s,$m_s=1.0$,$g_i=0$,$I=120$ A;1. $m_{scr}=0$(虚线是利用式(6.9)、(6.11)和(6.12)计算得到的值);2. 0.21($g_{scr}=0.75\times10^{-3}$ kg/s);3. 0.63(2.3×10^{-3} kg/s);4. 1.0(3.6×10^{-3} kg/s);5. 1.51(5.5×10^{-3} kg/s);6. 辐射热流的值

图 6.11(b)给出了从测量段之前通入的气体的流量不同时热损失沿测量段的分布。如同研究低温下气体保护的效率时那样[39],这里描述保护气体通入强度的参数定义为 $m_{scr}=(\rho u)_{scr}/(\rho u)_0=(d/4S)\cdot(g_{scr}/G_0)$。当没有通入保护气体时,热流沿着测量段缓慢地增大(如图 6.11(b)中的第 1 类数据点)。图中的虚线 1 表示利用方程 $q=q_c+q_r$ 计算得到的流入测量段的热流,其中 q_c 是由方程(6.11)计算得到的对流热流,q_r 是由方程(6.9)计算得到的进入通道壁的辐射热流。辐射热流的量级(每个圆盘 155 W)在图中用点划线 6 表示。从图中可以看出,当没有通入保护气体时,实验数据与计算值之间符合得很好。但在测量段之前即使通入少量气体,也会大幅降低流入第一个圆盘的热流(如曲线 2)。增大参数 m_{scr} 能够使越来越多的圆盘得到保护(如曲线 3 和曲线 4)。当 $m_{scr}=1.51$ 时,仅有辐射热流(即完全保护)通过测量段的第一个圆盘,而气膜的保护效应被延伸到测量位置之后更远的地方(如曲线 5)。

气膜对通道壁保护的效率通过无量纲比值 $\theta=(T_0-T_w^*)/(T_0-T_w)$[39]来确定,这里 T_0,T_w 和 T_w^* 分别是气体的平均质量温度、壁面温度和无气膜保护时壁面的绝热温度。这个比值是基于这样一个已经被实验所证实的假设:无论气膜存在与否，流入绝热壁的热流都遵从同样的换热定律 $q_c=\alpha(T_w^*-T_w)$。

在一些研究中采用了 $\theta=(T_0-T_w^*)/(T_0-T_S)$ 的假设，其中 T_S 是通过狭缝通入的气体的温度。对于水冷金属壁的情况，当 $T_0\gg T_w$ 时，这两种定义的差异就很小。

在气流温度 T_0 很低的情形中，物理量 θ 描述了热流 $(q_c-q_{c,\mathrm{scr}})$ 与 q_c 的比值，即

$$\theta'=(q_c-q_{c,\mathrm{scr}})/q_c \tag{6.13}$$

其中，$q_c-q_{c,\mathrm{scr}}$ 是被保护气体带走的对流热流，q_c 是不存在限制性保护气流时的热流。这里的 θ 加了"′"，原因在于我们通常认为传热系数是定值，这在气流温度低的时候是有效的，而当气流温度较高、T_0 和 T_w^* 之间存在的温差很大时就需要区分开来。在这种情况下，θ 和 θ' 之间的关系可通过一个温度系数建立。这样，在将温度转化成气体的焓或者流入通道壁的热流时，就消除了定义中的错误。

由于在冷却和高温气体共同作用的条件下难以确定绝热壁面的温度 T_w^*，这里对气体屏蔽效率的测量通过关系式(6.13)来描述，这样可以直接使用通过测量段圆盘的热损失结果。

无论通道中是否存在保护气膜，都可以假设流入通道壁的辐射热流是恒定的，因此对于测量段的第 i 个圆盘，方程(6.13)简化成

$$\theta_i'=(Q_0-Q_{\mathrm{scr}})_i/(Q_0-Q_r)_i \tag{6.14}$$

这里 Q_0 和 Q_{scr} 分别是无保护气流和有保护气流时流入圆盘的总热流；Q_r 是流入同一圆盘的辐射热流。关系式(6.14)也用作实验数据处理的基础。

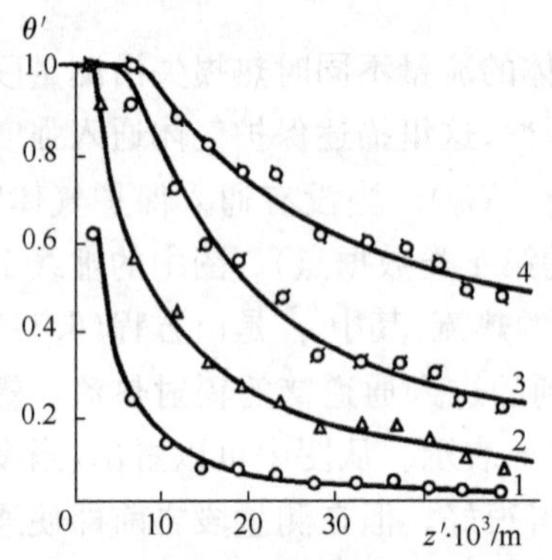

图 6.12　气体保护效率沿测量段的分布
$d=22\times10^{-3}$ m，$\bar{a}=21.5$；$\bar{z}_s=7.5$；$\bar{z}_{\mathrm{scr}}=17.5$；$S=1.3\times10^{-3}$ m，$\gamma=60°$；$I=120$ A；$G_0+g_i=14\times10^{-3}$ kg/s；1～4. 对应的 m_{scr} 值分别为 0.21，0.63，1.0，1.51

对应于图 6.11 的气体保护效率的分布如图 6.12 所示。当 $m_{\mathrm{scr}}=0.21$ 时，保护效率 θ' 不超过 0.6，即使在第一个圆盘中也是如此(如曲线 1)；当 $m_{\mathrm{scr}}=1.51$ 时，不存在流入第一个圆盘的对流热流(意味着完全保护，$\theta'=1$)，并且在下游的圆盘中 $\theta'>0.5$(如曲线 4)，即气膜的有效保护作用沿流动方向延伸到了测量段下游的电极间插入段部件上。

气体对测量段保护的效率不仅取决于通入测量段上游狭缝的气流量，还取决于该狭缝的宽度 S(如图 6.13)，因为根据定义有 $m_{\mathrm{scr}}\sim1/S$。因此，θ' 由多个无量纲参数决定，其中最重要的是测量段上的某一点到测量段起点的距离 $\bar{z}'=(z'-z_1')/S$(z_1' 是完全保护段的长度)和供气参数 m_s。

对于中等温度条件下的气流的情况，气体对绝热壁和非绝热壁保护的效率是

无量纲准则复合量的函数[39]：

$$K=(z'-z_1')Re_S^{-0.25}/(m_{scr}\cdot S)$$

其中，$Re_S=(\rho u)_S\cdot S/\mu_0$。

在带有电极间插入段的等离子体炬中，当气流温度为 3300 K 时，研究气体对测量段保护时获得的实验数据以 θ' 对复合量 K 的依赖关系的形式在图 6.14 中给出。在这种情形中，参数 m_{scr} 的变化范围是 0.2～1.5，狭缝宽度的变化范围是 1.3～4.2 mm。实验结果可以用如下关系式有效归纳：

$$\theta'=(1+0.24K)^{-0.8}(1+K^2)^{-0.14} \quad (6.15)$$

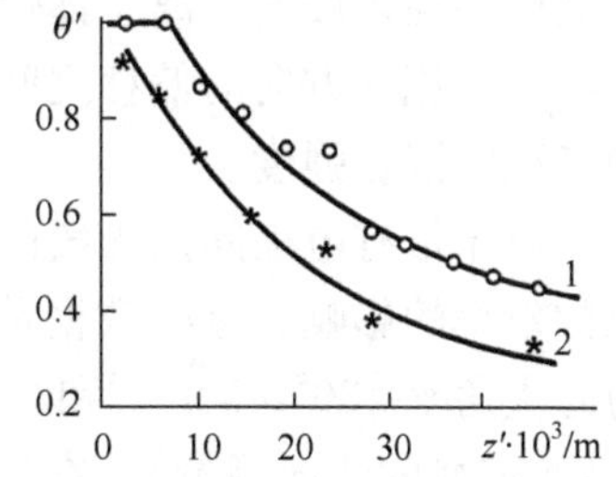

图 6.13　狭缝宽度 S 对 θ' 的影响

$d=20$ mm，$\bar{a}=21.5$，$\bar{z}_s=7.5$，$\bar{z}_{scr}=17.5$；$G_0+g_s=14\times10^{-3}$ kg/s；$g_{scr}=4.8\times10^{-3}$ kg/s；$I=120$ A；$\gamma=60°$；曲线 1、2 对应的 S 值分别为 1.3 mm 和 4.2 mm

实验数据与计算曲线的均方差不超过 2%。当气体保护参数的值 $m_{scr}<0.2$ 时，实验数据与曲线 1 偏离较大，但是在实际应用中对这些 m_{scr} 值并不感兴趣，因为这时 θ' 的值太小。

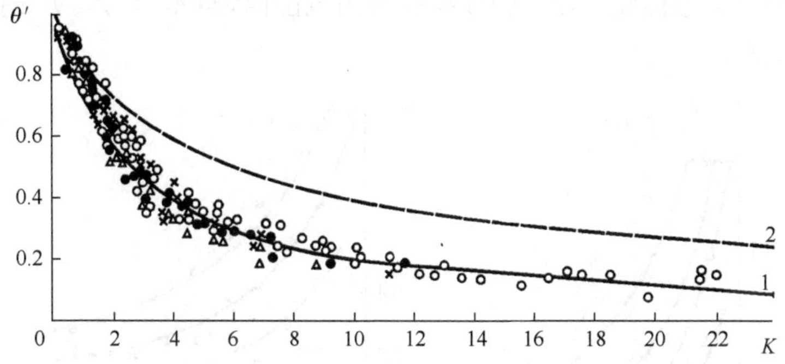

图 6.14　气膜对测量段保护的效率与复合量 K 的关系

1. 根据式(6.15)计算的结果；2. 利用文献[38]和[39]中的公式对平板计算的结果；

S，mm：○—1.33；×—2.2；△—3.2；●—4.2

下面来更详细地研究方程(6.15)。该方程的第一个因子决定了气体对平板保护的效率，此时气流与平板所成的角度为 $\gamma=0$[38,39]。图 6.14 中的虚线 2 反映了这种关系。不过，当圆管状通道中存在旋转气流时的热防护效率低于平板的情况，尤其当 K 值很大时。其中的原因有很多，首先是与通道的圆管形状有关(文献[40]阐明了这一点)。此外，在旋转气流中，热保护的效率应该沿流线进行归纳，这样实验数据点才会与虚线更加接近。不过这是不可能的，因为在所研究的段中缺乏关于速度 v_φ 的实验数据。还有一个原因是气体通入的角度 γ 很大。需要指出的是，在气膜保护平板的情形中，对所有 m_{scr} 值，增大保护气体的通入角度，都会造成沿整个平板的长度方向总体上降低保护的效率[41]。这样，我们自然认为，在带有电极间插入段的等离子体炬的电弧室中，气体的通入角度 γ 与通入段下游气流边界层沿流动方向的偏移之间存在某种联系，偏移量则取决于完全保护段的长度和气流的混合强度。

对于带有电极间插入段的等离子体炬，我们来研究保护气通入的角度对气膜保护效率的影响。这些数据是在通入角度 $\gamma=60°$时得到的。在前述实验中，气体的通入角 $\gamma=30°,45°,75°$和 $90°$。对应的狭缝宽度为$(1.3,1.2,1.8,1.8)\times10^{-3}$ m（沿通道壁的法向测量）。在气体通入的通道截面上，工作气体的总流量为 $G_0+g_s=22\times10^{-3}$ kg/s，g_s 的值从 $0\sim6.5\times10^{-5}$ kg/s 不等，因此供气参数 m_{scr} 从 $0\sim1.1$ 变化。在测量段之前，气体的平均质量温度如前述情形，为 3000 K。流入单个圆盘的辐射热流近似为 165 W。

对于 $\gamma=30°$ 和 $90°$两个值，θ'与 z'/S 的关系如图 6.15 所示。从建立有效的工作结构而言，$\gamma=30°$是最小的可达角度。当 $\gamma=90°$时，部件设计最简单、易于加工并且运行可靠。对这些曲线的比较表明，以 $90°$的角度向电弧室通入气体具有特定优势。为了更有说服力地说明 γ 对 θ'的影响，图 6.16 给出了对于不同的 γ 值 $\theta'=f(z'/S)$的关系曲线。在实验数据分布的范围内，当 $45°\leqslant\gamma\leqslant90°$时均可以认为 θ'与 γ 无关。

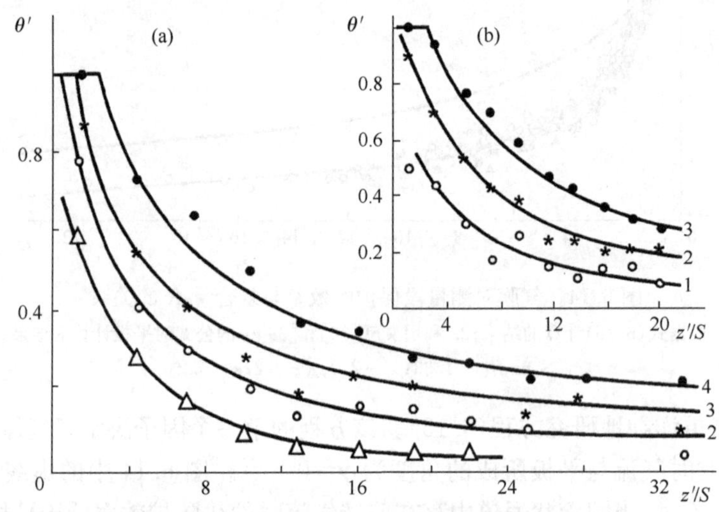

图 6.15 当 $\gamma=30°$(a)和 $\gamma=90°$(b)时 θ'与 z'/S 的关系

$d=20\times10^{-3}$ m，$\bar{a}=25$，$\bar{z}_s=4.5$，$m_s=1.0$，$\bar{z}_{scr}=20$，$I=120$ A，$G_0+g_s=22.1\times10^{-3}$ kg/s；

$a\cdot g_i=1.3\times10^{-3}$ kg/s；1～4 分别为 $m_{scr}=0.35,0.6,0.8,1.1$；

$b\cdot S=1.8\times10^{-3}$ m，1～3 分别为 $m_{scr}=0.36,0.58,0.8$

当参数 m_{scr} 近似不变而气体通入的角度不同时，如果研究热损失沿测量段的分布（图 6.17），就可以看出最有效的方式是在 $\gamma=75°\sim90°$的角度下通入气体。

在降低热损失方面完全保护段起着的重要作用，它的长度随着通气角度的增大而增大（如曲线 2～4）。

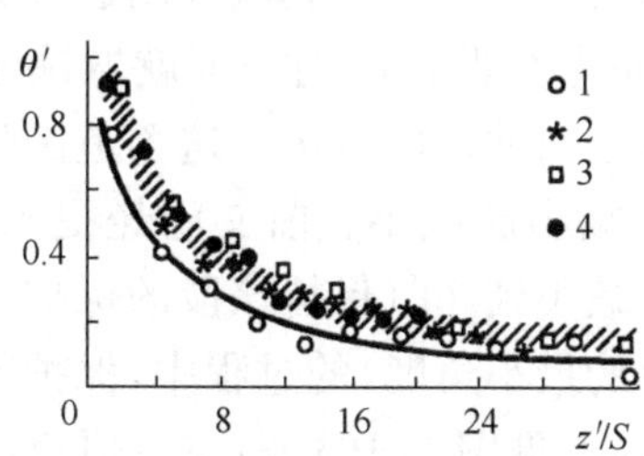

图 6.16 对于不同的 γ 值，θ' 与 z'/S 的关系

参数与图 6.15 中的一致，$m_{scr}=0.6$；1～4 分别对应于 $\gamma=30°,45°,60°,75°$ 和 90°

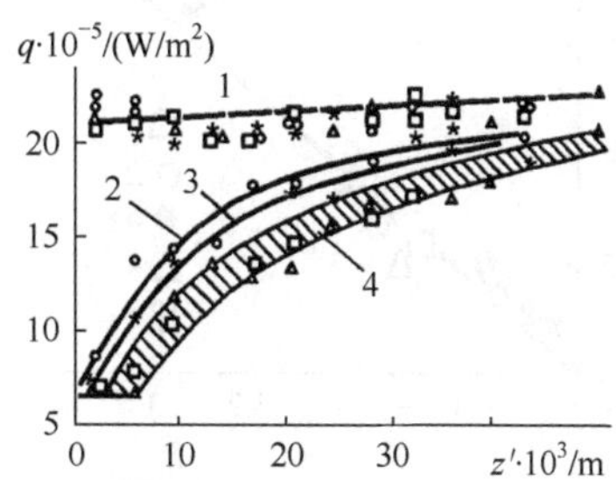

图 6.17 通气角度 γ 对热损失沿通道分布的影响

参数与图 6.15 中的一致，$m_{scr}=$常数；1. $m_{scr}=0$；2. $\gamma=30°$，$m_{scr}=0.8$；3. $\gamma=45°$，$m_{scr}=0.7$；4. $\gamma=75°$ 和 90°，$m_{scr}=0.8$

下面再来研究不通入气体时测量段内的热损失的计算。与图 6.11 中的一样，图 6.17 中的虚线 1 是计算得到的流入测量圆盘的热流密度。辐射热流由实验得到（利用方程(6.9)进行计算给出了近似相同的数值），对流热流由方程(6.11)和(6.12)计算得到。

由于雷诺数 Re_d 和普朗特数 Pr 中含有气体流动参数，计算热损失时的主要困难与归纳电弧电特性的情况一样，在于对气体决定性温度的选择。专项研究的结果[27,39,42]表明，计算的起点应该选取被加热气体的平均质量温度。这时的温度系数等于 1。Re_d 数和 Pr 数的确定如下：

$$Re_d=(\rho u)_0 d/\mu_0,\quad Pr=\mu_0 c_{p0}/\lambda_0$$

这里的 μ_0 是气体在平均质量温度下的黏度。普朗特数与温度的关系根据手册[43]中的数据计算。如图 6.11 和图 6.17 所示，计算结果与实验值符合得很好。

$\theta'=1$ 时形成了完全保护段，其长度随着通气角度和强度的增大而增大。当供气参数接近于 1 或者更大时，z_1' 的值相当于测量段中 1～2 个圆盘的厚度，即完全保护段对总保护效率的影响非常大。基于文献[39]和[40]及其他研究的数据，我们可以确定完全保护段的长度与 $m_{scr}^{\alpha}\cdot\sin^{\beta}\gamma$ 成正比。整理现有实验数据[44]（图 6.18）就会得到在 $\gamma=60°\sim90°$，$S=1\sim5$ mm、$m_{scr}=0.4\sim1.5$ 的范围内有如下关系式成立：

$$z_1'/S=4.28\cdot m_{scr}^2\cdot\sin\gamma \tag{6.16}$$

从形式上研究方程(6.16)发现，当 $\gamma=0$ 时不会形成完全保护效应，因为 $z_1'=0$，这与在平板上研究的结果是一致的[39]。应当指出，在平板上以 $\gamma=0$ 的角度通入气体是通过与表面平行的缝隙进行的，这样就存在一个台阶，其高度等于狭缝的宽度

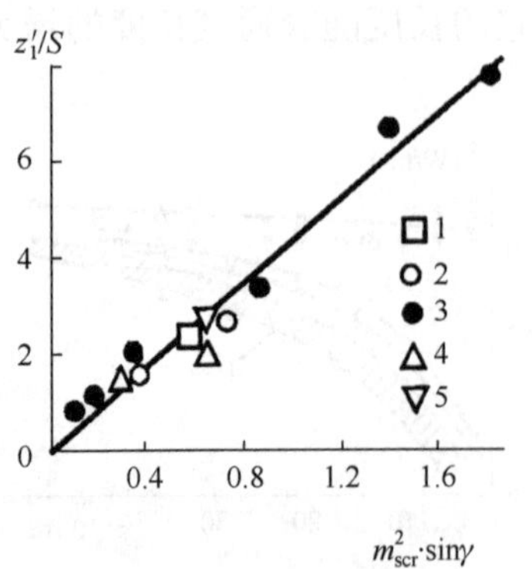

图 6.18　完全保护段的长度与决定性参数的关系

1. $\gamma=30°$，$S=1.3$ mm；2. $\gamma=45°$，$S=1.2$ mm；3. $\gamma=60°$，$S=1.3\sim4.2$ mm；4. $\gamma=75°$，$S=1.8$ mm；5. $\gamma=90°$，$S=1.8$ mm

加上壁面的厚度。在这种情况下，z_1'取决于通入气体的射流核心区的传播范围。在等直径的圆管状通道中无法采用这种通气方式，因而完全保护段的长度就取决于气体射流沿径向冲击的范围。这个范围随着角度γ的减小而减小。前文已经提到，在通气角度减小到30°(保持该段的保护效率所能获得的最小角度)的过程中，保护效率也会降低(参见图6.16)，即在所研究的参数范围内实验数据与方程(6.16)之间是保持一致的。

考虑到完全保护段的长度，文献[44]对每一个通气角度都建立了θ'与$f(K)$的关系曲线(图6.19)。采用$\gamma=60°$时的方法，将每一个角度下获得的所有实验数据都通过参数m_{scr}与K的关系整理成γ与θ'的函数。对于$K=2$和4两个值，θ'与γ的关系如图6.20所示。从图中可以看出，当$\gamma=45°\sim60°$时保护效率最高，当$\gamma=30°$时则开始快速减小。当以75°～90°通入气体时，θ'的值略小于最大值，但是如前文所述此时完全保护段的长度最大。因此，在带有电极间插入段的等离子体炬中，当进行气体保护时，应优先在$\gamma>45°$的角度下通入气体。从设计插入段部件的观点看，沿着垂直于主气流的方向通入气体更加方便，特别是在解决了保护绝缘部件免受电弧辐射影响的前提下。

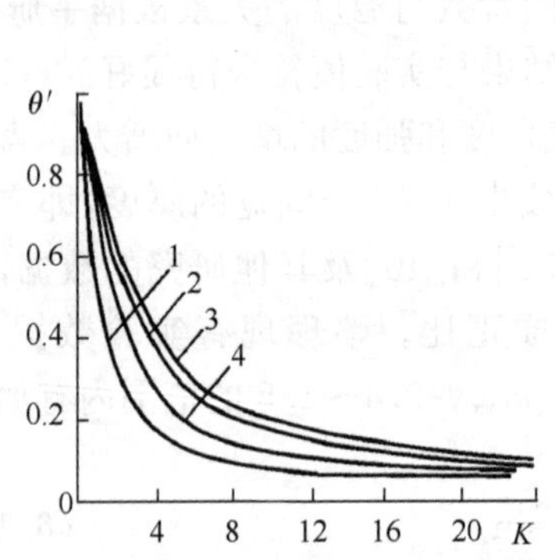

图 6.19　通气角度不同时θ'与K的关系

1. $\gamma=30°$；2. 45°；3. 60°；4. 75°和90°

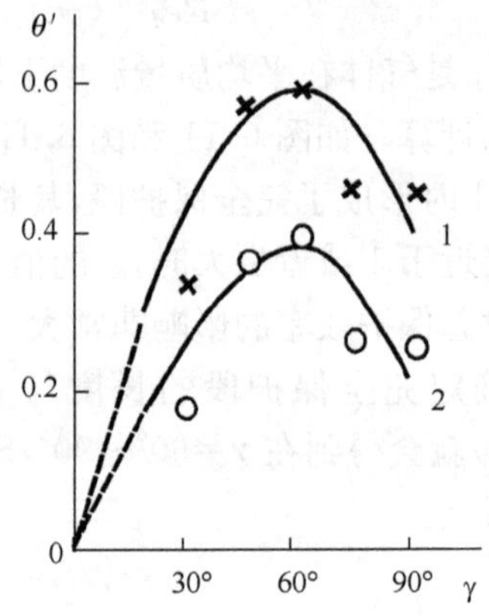

图 6.20　当$K=2.0$(曲线1)和4.0(曲线2)时，θ'与保护气体通入角度γ的关系

我们还研究了通入保护气体的其他方法，包括通过部件之间的间隙沿径向(非旋流)通入和通过电弧室的多孔部件通入[44]。在前一种情形中，保护气体通过旋气环上的许多径向孔以 $\gamma=75°$ 的角度通入放电通道。在后一种情形中，气体通过一个与测量段相连的、由多孔钼材料制成的插入段通入。比较这三种通气方式对测量段保护的效率，如图 6.21 所示。数据是在保护气体流量近似相同的条件下获得的。从图中可以看出，主气流与通入的保护气流都采用旋流方式时的保护效率(曲线 1)高于其他两种方式。在多孔环之后，尤其是在测量段的前端进行保护的效率(曲线 3)高于通过径向缝隙通入气体的情况(曲线 2)。显然，沿径向和通过多孔环通入保护气体时保护效率降低了，其中的主要原因在于高温主气流(旋流)与低温保护气流(非旋流)之间混合得更好了。

前文讨论了在气流的发展湍流段中通过某一段中的间隙通入气体的方法。结果证明，当部件间的间隙宽度为 $S=1\sim5$ mm、以参数 $m_{scr}\sim1$ 从边界通入气体时，有可能在几倍于通道直径的长度上大幅降低流入通道壁的对流热流。这清晰地表明了局部热效率 η_i 沿电极间插入段的分布(图 6.22)，其中曲线 1 对应于不从部件 $\bar{z}_{scr}=17$ 通入保护气体的情况，曲线 2 则通入了保护气体。

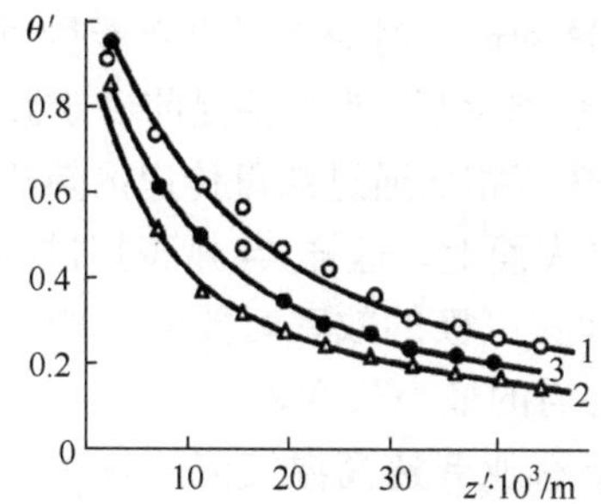

图 6.21　三种通气方式下气膜的保护效率

$d=20\times10^{-3}$ m, $\bar{a}=24$, $\bar{z}_s=4$, $\bar{z}_{scr}=18$, $\bar{z}_{porous}=16.5$, $G_0+g_s=22\times10^{-3}$ kg/s, $g_i=0$, $I=150$ A;

1. $\gamma=75°$, $g_{scr}=3.3\times10^{-3}$ kg/s, $m_{scr}=0.44$ 切向进气；
2. $\gamma=75°$, $g_{scr}=3.3\times10^{-3}$ kg/s, $m_{scr}=0.44$ 径向进气；
3. $\Delta l_{porous}=28$ mm, $g_{porous}=4.3\times10^{-3}$ kg/s 通过多孔段进气

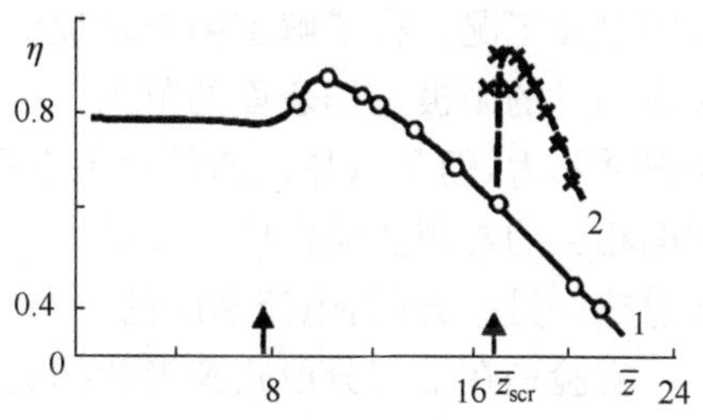

图 6.22　无保护气(1)和有保护气(2)时局部热效率沿通道的分布

$m_{scr}=1.0$; $d=20\times10^{-3}$ m; $\bar{a}=22$; $\bar{z}_s=7.5$; $\bar{z}_{scr}=17$; $S=1.3$ mm, $G_0+g_s=14\times10^{-3}$ kg/s; $g_{scr}=3.6\times10^{-3}$ kg/s, $I=120$ A

在带有电极间插入段的等离子体炬中，通常会以 $m_i\sim0.1$ 的方式向部件的每一个间隙中通入气体。以这种通气方式形成气体保护的效率相对较低(比较图 6.2(b)和图 6.22 可知)。如实验和图 6.22 所表明的，以参数 $m_{scr}\sim1$、在距离为 $3\bar{z}\sim4\bar{z}$ 处局部通入气体则更加有效。事实上，根据文献[44]，对于同一个总气流量值，以均匀分布的气流量 $q_i=0.5$ g/s 通入气体时等离子体炬的热效率为 0.76。对于同一支等离子体炬，在湍流段的四个截面上以 $m_{scr}=0.8\sim1.2$ 通入气体时，热效率增

大到 0.83。此时的对流热流大约降低了 35%。

6.3.4　带有电极间插入段的等离子体炬的输出电极中的电流分布和热交换

在带有电极间插入段的等离子体炬中，作为承受热负荷最大的部件，输出电极在总热量损失中起了重要作用。对于自稳弧长型和利用台阶固定平均弧长的等离子体炬，已经充分研究了总热损失和比热流沿输出电极通道的分布，发展出了提高热效率的方法[1,24]，以及延长持续运行时间、提高被加热气体焓值的方法。航空航天领域特别着重研究了等离子体炬的热特性[37,45,46]。文献[46]对这些研究作了综述。目前，大功率等离子体炬(电弧气体加热器)的主要应用领域是等离子体化工领域；因此，提高等离子体炬的热效率、延长运行时间以及提高结果的再现性等成为最重要的工作[17,47,48]。对于获得高温气体和高单位功率(单台等离子体炬的功率为 10 MW 甚至更高)而言，带有电极间插入段的等离子体炬是最可靠的手段[11,17,46]，因而研究输出电极中的热交换以优化电极的特性具有重要的意义[31]。

要解决输出电极中的热交换问题，就需要准确理解时均相对电流密度在输出电极中两种典型的气流状态——过渡态和发展湍流态——下沿阳极的分布。这两种状态都具有现实的重要性，尤其是后者，因为这种形态对应于对电弧能量贡献最大的燃弧工况。在了解了阳极之前的气体流动状态之后，就能够提前确定弧斑最频繁扫过的阳极工作表面的范围。尽管与对流热流相比通过弧斑传递的热流的绝对值并不大，但是该热流通常只集中在局部阳极表面上。这样，与弧斑扫过的电极表面相关的常规热流密度可能很大。因此，在计算电极的效率时要防止壁面的局部过热。另一方面，电流密度的分布给出电极必需的最小长度。

实验是在带有分段式圆管状阳极、通道中具有亚音速高温气流的等离子体炬上进行的(图 6.23)。电极间插入段各部件的内径与阳极的内径等同。阳极由厚度为 4×10^{-3} m 的水冷圆形铜盘组成，铜盘之间通过石棉夹层保持彼此绝缘，一组铜盘有 12 个。这些铜盘通过阻值相等的小分流电阻($R_r=0.014\ \Omega$)和镇流可变电阻器连接到电源的阳极，实现电路闭合。阳极上电流的分布通过测量分流电阻上的电压来确定。此外，在其他几何尺寸的等离子体炬中，还测量了流入固体阳极的总热损失。这些阳极的归一化长度分别为 $2\bar{z}$、$3\bar{z}$ 和 $6\bar{z}$，内径为 $d=(1.0,2.0,3.0)\times10^{-2}$ m。实验用等离子体炬的工作气体主要是空气。

为了研究在阳极前通入气体对电弧的电特性和热特性的影响，向插入段最后一个部件与阳极之间的宽度为 $S_a=2\times10^{-3}$ m 的狭缝通入气体。气流沿切向，通入角度为 $\gamma=60°$，流量为 $g_a=(0\sim7)\times10^{-3}$ kg/s($m_a=0\sim1.4$)。电极间插入段部件和阳极铜盘分别通入冷却水，由此能够测量通过它们的热损失，进而确定阳极前端气流的焓以及热流密度沿阳极的分布。冷却水的温升用差分晶体管热传感器测量[49]。

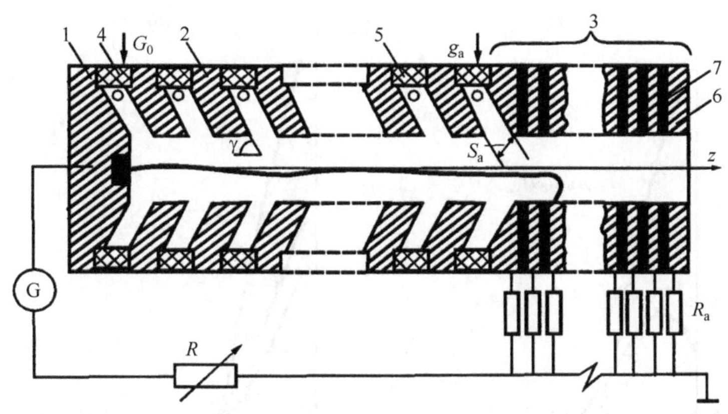

图 6.23　等离子体炬和电路示意图

1. 阴极；2. 电极间插入段；3. 输出电极——阳极；4. 第一旋气环；5. 电极间旋气环；6. 铜盘；7. 绝缘材料；G 为电源；R 为镇流电阻；R_a 为分流电阻

实验中，在弧电流直到 200 A 的范围内测量了流入阳极铜盘的时均相对电流密度和热损失。在确定电弧的总体热特性时还使用了氮气和氢气，此时弧电流强度为 700 A。

时均相对电流密度的分布如图 6.24 所示，变化参数是保护气体的流量 g_a（或者 $m_a=(\rho u)_a/(\rho u)_0$）。先来研究第一种情形（图 6.24(a)）——在阳极上游气体流处于过渡态：这时相对电流密度最大值的位置受气体供气参数 m_a 的影响很大。如果 m_a 等于 0，相对电流密度的最大值位于第一个铜盘处。随着 m_a 的增大，电流密度的最大值逐渐减小，并沿气流方向向下游移动。相对电流密度分布曲线的形状定性地与自稳长度型电弧的相似[50]。曲线的最大值对应于弧斑扫过最频繁的阳极部件。下面来关注随着 g_a 的增大，电弧的平均长度（按照 $\bar{i}$ 的最大值确定）和最大长度同时增加的情形。这种情形需要使用长电极，以确保电弧不会移动到阳极的末端。然而，这样却会增大热损失，降低系统的热效率。

当阳极前端的气流处于发展湍流态时，我们发现此时情形完全不同(图 6.24(b))。这时，即使气体供气参数的变化范围与第一种情形相同，在该范围内通入冷气流对相对电流密度分布曲线也起不到任何明显作用，尤其是不考虑 $m_a=0$ 的工况时。最大相对电流密度仍在第一个铜盘处得到，而大部分电流却从 $1.5\bar{z}_a$～$2.0\bar{z}_a$ 的电极段流出。例如，当 $m_a=0.9$($g_a=4.7\times10^{-3}$ kg/s)时，90%以上的弧电流来自于长度小于 $2\bar{z}_a$ 的阳极表面，这时就可以使用较短的输出电极，把热损失降至最低。为了防止电弧运动到阳极通道之外，最好在阳极末端安装一个电磁螺线管。还应当指出，这种情形中输出电极中电弧的分流频率比自稳长度型电弧的分流频率要高 1～2 个量级(即使其他条件都相同)。这会降低电极的比烧蚀(缩短弧斑停留的

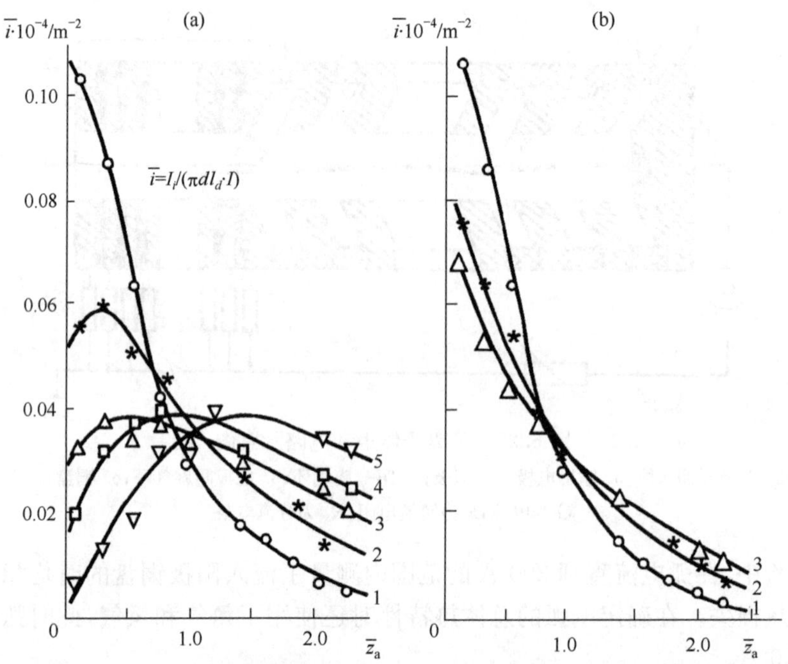

图 6.24　时均相对电流密度沿阳极的分布

$d=20\times10^{-3}$ m；$\bar{a}=20.5$；$I=90$ A；$G_0=10\times10^{-3}$ kg/s；$g_i=0$；

(a) 阳极前的气流处于过渡态；1～5 对应的 m_a 值分别为 0，0.32，0.67，0.98，1.2；

(b) 阳极前的气流处于发展湍流态；$\bar{z}_s=7.5$，$m_s=1.0$；1～3 对应的 m_a 值分别为 0，0.37，0.90

时间)，保证电极表面均匀烧蚀，从而延长阳极的使用寿命。

在所研究的参数范围内，当气流量 g_a 恒定时，时均相对电流密度沿阳极的分布与总电流无关(图 6.25)。这可以作为将实验结果向更大电流外推的基准。

现在，来研究由对流热流、通过阳极弧斑的热流和电弧辐射热流决定的热流密度沿通道表面的分布。当气流处于过渡态时，该分布如图 6.26(a)所示。当 $g_a=0$ 时(曲线 1)，阳极表面的热流密度远高于湍流换热 q_t 决定的热损失，尤其在阳极入口处。这与进入狭缝 S_a 的热气流的位移、热量通过弧斑的流入以及其他因素有关。当 $g_a\gg0$ 时，与湍流换热相比，电极入口处的热流密度较低；气流保护的作用很明显。但是，这并不意味着流入阳极的总热流有任何减少，因为弧斑附着最频繁的位置沿气流向下游偏移，这导致所需的电极长度增加了(图 6.24)。而且，q_a 的值沿着 $\bar{z}_a$ 增大到其最大值，然后才趋于湍流换热决定的热流水平。最大热损失和最大电流密度的坐标彼此近似一致。

如果气流在进入阳极之前处于发展湍流态，那么对于所有的 g_a 值，阳极表面的热流密度都比湍流换热更高，至少与其接近(图 6.26(b))。只有在阳极之前通

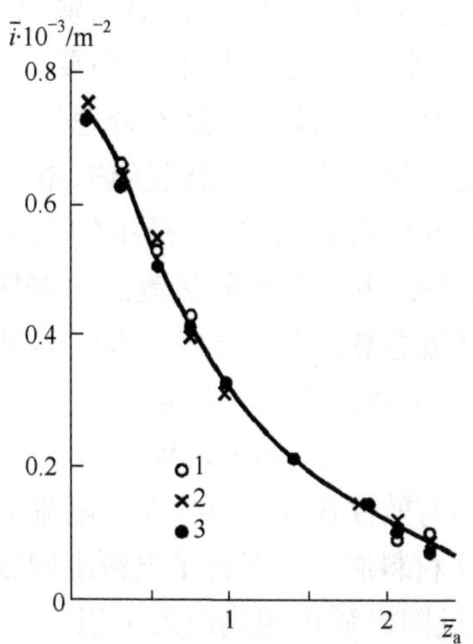

图 6.25　在发展的湍流中时均相对电流密度沿阳极的分布

$d=20\times10^{-3}$ m; $\bar{a}=20.5$; $\bar{z}_s=7.5$; $G_0=10\times10^{-3}$ kg/s;

$g_s=3.6\times10^{-3}$ kg/s; $m_a=0.37$; 1～3. $I=60$ A, 90 A, 120 A

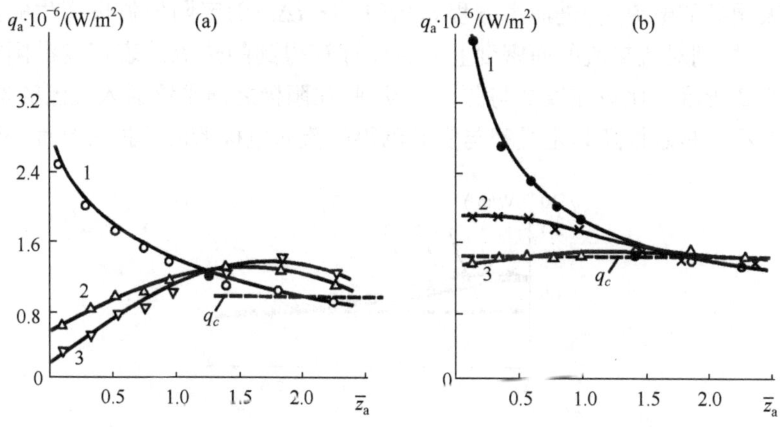

图 6.26　热损失沿阳极的分布

$d=20\times10^{-3}$ m; $\bar{a}=20.5$; $I=90$ A; $G_0=10\times10^{-3}$ kg/s;

(a) 阳极前端的气流处于过渡态：1～3 对应的 m_a 值分别为 0, 0.87, 1.2;

(b) 阳极前端气流为发展湍流态：$\bar{z}_s=7.5$, $m_s=1.0$; 1～3 对应的 m_a 值分别为 0, 0.36, 0.9;

虚线表示对流热流的计算值

入非常强烈的气体的情况(曲线 3)下，流入第一个铜盘的热流才稍低于流入下游铜盘的热流。由此可见，(在 m_a 的变化范围内)气流保护对于降低阳极的热损失而言没有明显作用，尤其在不考虑低流量的前提下。

因此,通过阳极之前的狭缝通入气体只在提高输出电极与相邻部件之间狭缝中的电场强度、防止高温气体进入狭缝时才有必要。为了实现这个目的,获得m_a～0.3的强度就足够了,更强的气体通入是不合理的。

如前文所述,进入阳极的热流取决于湍流换热、电弧辐射和通过弧斑的热流:$Q_a = Q_c + Q_r + Q_s$。上述电流分布表明,当阳极中的气流处于发展湍流状态时,只有在第一个$\bar{z}_a$内才有必要考虑电弧的辐射热流。根据估算,在所研究的参数范围内,辐射热流不超过进入阳极总热流的1.5%～2.0%,即这些热流是无关紧要的。通过氩弧阳极弧斑的热流由下述方程[1,51]确定:

$$Q_s \approx 6 \cdot I(\mathrm{W}) \tag{6.17}$$

方程(6.17)对于空气电弧的有效性在50～200 A的电流范围内专门做了验证。实验用等离子体炬的阳极由铜质材料制成。考虑了电流沿阳极的分布(图6.24)之后,由方程(6.17)计算得到的通过阳极弧斑的热损失可以达到20%以上。因此,在计算通过阳极的热损失时就必须考虑这一部分。

阳极热损失的面密度的计算结果如图6.27所示。流入圆管状输出电极的对流热流的面密度用方程(6.11)计算,这里假设阳极由电弧一侧输入气体的能量等于零,并且气体的温度和流量保持恒定。利用阳极电流分布的数据,能够确定通过单个阳极铜盘的电流I_i,进而由方程$q_s \approx 6I_i/(\pi d \Delta l)$确定阳极弧斑产生的热流密度,然后叠加到对流热流的面密度上。由此计算得到的热流的表密度沿阳极的分布如曲线2所示。比较曲线2与曲线3发现,在阳极之前平缓通入气流的条件下,计算结果不论是定性还是定量都与实验测得的流入电极壁的热损失高度一致。

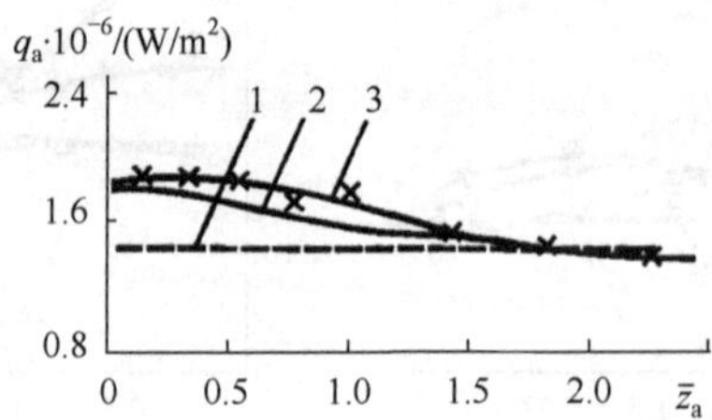

图6.27 阳极热损失分布的计算结果与实验数据的比较

$d=20\times10^{-3}$ m,$\bar{a}=20.5$,$I=90$ A,$G_0=10\times10^{-3}$ kg/s,$g_a=2\times10^{-3}$ kg/s,$\bar{z}_s=7.5$,$g_s=3.6\times10^{-3}$ kg/s;
1. 对流热流密度的计算值;2. 考虑了通过弧斑的热流的计算值;3. 实验数据

正如前文提到的,向阳极前端的狭缝中通入工作气体形成气膜保护的方法并不是特别有效,因此只有通过采用长度最短的输出电极才有可能降低输出电极中的总热损失。

当阳极前端的气流为发展湍流时,为了确定流入归一化长度不同的圆管状阳极的总热流,我们使用了弧电流高达700 A的空气、氮气和氢气电弧进行了研究。

在阳极通道入口之前，气体的平均质量温度为(3.0～6.5)×10^3 K。根据实验结果，流入长度直到 $6\bar{z}$ 的输出电极的热损失都直接与电极内表面的面积成正比。当阳极归一化长度很大时，有必要考虑气体的平均质量温度沿通道降低的效应。由对流换热方程计算得到的湍流气流与圆管状通道壁换热的结果，以及与实验结果的比较见前文的图 6.10。

因此，当输出电极——阳极中的气流为发展的湍流时，需要注意以下几点：

(1) 大部分电流从第一个 $\bar{z}_a$ 中的电弧流出；

(2) 对阳极的气膜保护不会降低经由阳极的热损失，并且只有在防止阳极和插入段部件之间的间隙中出现电击穿时才是必要的，当 m_a≈0.3 时就可以实现这一目标；

(3)为了减少总的热损失，提高等离子体炬的热效率，阳极的长度应限制在 $2\bar{z}_a$ 的范围内；

(4) 在第 3 点描述的情形中，为了防止电弧移动到短阳极的末端，最好在阳极末端安装一个电磁螺线管；

(5) 流入电极的热流面密度(忽略通过阳极弧斑的热流)可以利用众所周知的发展湍流气流与管道壁换热的方程计算，精度足够高。

6.3.5　带有电极间插入段的等离子体炬的热效率

在上一节中给出了自稳弧长型和(利用台阶)固定弧长型等离子体炬的总体热特性和经验关系，这样就能够计算等离子体炬的热效率。前文还给出了在带有电极间插入段的等离子体炬中，在电弧室不同段中的热损失数据。此前的讨论表明有可能计算出热损失。对流入末端内电极——阴极的热流关注较少，因为这些热流很小，对热效率几乎无影响。阴极中的热过程将在后面的章节中讨论。

对于带有分段式电极间插入段的等离子体炬，之前给出的数据表明，能够得到热效率与决定性参数之间单一的解析关系式。其原因在于：在确定关系式 $\eta=\eta(I^2/Gd,\cdots)$时，除了方程(6.3)中使用的准则，还有必要加入考虑边界冷却、在 α=常数的条件下可以改变发展湍流段长度的准则。因此，带有电极间插入段的等离子体炬的效率一定要逐个部件计算。计算所必需的所有数据都可以查到。

为了描述带有电极间插入段的等离子体炬相对于其他轴线式等离子体炬的优势，我们需要返回到图 6.4。该图给出了平滑电极等离子体炬的效率数据(曲线 1～3)，以及描述带有电极间插入段的等离子体炬 $\eta=\eta(h)$关系的两条曲线(曲线 4 和 5)。当气体的焓值较低时，双电弧室等离子体炬和带有电极间插入段的等离子体炬的效率因子均相对较高，并且彼此近似相等，即带有电极间插入段的等离子体炬并不具有特别的优势。随着所要求的气体焓值的增大，这类等离子体炬的优势才变得更加明显。当 $h=20\times10^3$ kJ/kg 时，带有电极间插入段的等离子体炬的效

率 η 值比具有相同焓值的双室等离子体炬的效率高 50%($\bar{l}=5$,曲线 3)。当 $\bar{l}>5$ 时,这种优势会更大。

下面我们来讨论通过增大等离子体炬电极间插入段的长度 $\bar{a}$,即增大通道湍流段的长度 Δz_t 来提高等离子体炬的热效率 η(如图 6.4 中曲线 4、曲线 5)。在特定的情形中,对于选定的 $\bar{a}$、g_i、$\bar{l}$ 和 d 值,效率因子可提高 20%以上。如果分析带有电极间插入段的等离子体炬的热效率

$$\eta=1-(\Sigma Qr_i+\Sigma Q_s+\Sigma Q_t)/[I(l_iE_i+l_sE_s+l_tE_t)] \tag{6.18}$$

那么产生这种效果的原因就非常清楚了。

最简单的情况是,通道所有段上的热损失都保持恒定,如都等于辐射损失 $\bar{Q}_r$,并且 E_r 为常数。这样,随着湍流段长度 Δz_t 的增大,等离子体炬的热效率将逐渐提高并趋于 $\eta=1-[\bar{Q}_r/(I\cdot E_t)]$。由于 $\bar{Q}_r/(I\cdot E_t)\ll 1$,因此当辐射热损失很小时等离子体炬的热效率会非常接近于 1。在实际情况中,$\bar{Q}(z)$的分布会更加复杂。η 的提高或者至少它随着气体焓值的增大而保持恒定,还可以通过在通道的初始段逆向通入气体来到保证。例如,当 $d=20\times10^{-2}$ m,$\bar{a}=21.5$,$G=30\times10^{-3}$ kg/s,$g_i=0.5\times10^{-3}$ kg/s 和 $I=90$ A 时,等离子体炬出口处气体(工作气体为空气)的焓值约为 3.1×10^3 kJ/kg,$\eta=0.8$。在距离为 $\bar{z}_s=7.5$ 处逆向强烈通入气体($m_s=1.0$)时焓值提高了 50%(到 4.6×10^3 kJ/kg),而效率几乎不变($\eta=0.79$)。

正如前文所提到的,对于带有电极间插入段的等离子体炬,其热效率的大幅提高可以通过增大通道湍流段中部件之间的气体流量 g_i(图 6.2),或者重新分配、优化气膜保护(图 6.22)来实现。

因此,带有电极间插入段的等离子体炬的热效率相对较高,设计者还可以根据工艺过程的要求改变 η,如果有必要,还可以设计出更复杂的等离子体炬以提高热效率。

6.4 带旋气电极间插入段的等离子体炬

在电极间插入段壁面的热防护领域,尽管取得了一些进展,但是为了寻求降低(主要由对流换热决定的)电弧室热损失的新方法,研究仍在继续。这与采用了多缝气膜保护有关,因为在冷、热气流界面上发生的高强度湍流混合,导致热防护的效率从通入冷却气流的区域开始沿气流方向向下游快速降低;并且,热防护效率降低的速率随着气体温度的升高而加剧[38]。此外,分散通入冷却气体需要安装大量部件使等离子体炬的设计变得极其复杂。

降低对流热损失的方法之一是在冷、热气流的界面上抑制湍流脉动,如利用冷气体旋流,将电弧稳定在其轴线上并包围住热气流,用径向正密度梯度来约束壁面。这种解决方案在带有旋气电极间插入段的等离子体炬上实现[52,53]。旋流被

约束在圆管状通道(5)中(图 6.28)；通道的直径 D 远大于触发极(2)的直径 d_1。狭缝外围小孔的截面为矩形(4)，这样设计的目的是以 G_1 的流量通入冷气流，方向沿内表面的切向。冷气体旋流 G_0 被通入同一个电弧室，热气流的旋转方向与冷气流相同或者相反。

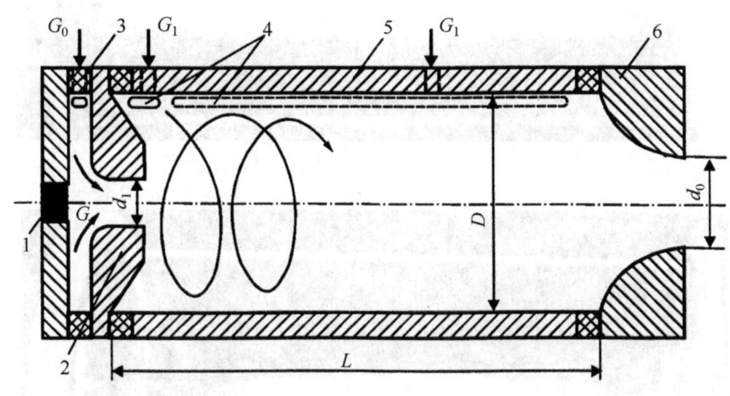

图 6.28　带旋气电极间插入段的等离子体炬示意图

1. 内电极；2. 触发极；3、4. 气体入口；
5. 旋气电极间插入段的外壳；6. 输出电极；G_0 和 G_1 分别是通入主旋流室和附加旋流室的气体流量

下面来定性地研究这种等离子体炬的电弧室中气流的气体动力学。作为一个例子，图 6.29 给出了对于不同 d_0 值和不同外形的喷嘴，旋气室中电弧中心射流的照片。最简单的情况(图 6.29(a))是喷嘴的外形呈圆环状。在更复杂的变型(图 6.29(b))中，喷嘴由两个台阶构成，并且 $d_0''<d_0'<D$(d_0''和 d_0'分别是其他变截面输出电极连续段的直径)。旋气室的圆管状通道由硅酸盐玻璃制成，长度为 0.35 m。为了便于观察射流，向旋气室中加入少量烟草产生的烟。在这种可视化方案中，可以很容易地观察到射流的外边界。

首先来看第一种形态(a)。穿过整个电弧室中心的等离子体射流在空间具有高度稳定性，内流与外流之间有明显边界，射流的形状近似于圆柱形。在某些条件下，即使二次流的初始湍流度较高，也会在两种等温射流界面上被严重地抑制。这种抑制效应定性地表现为射流的小幅位移。气体的这种小幅位移是外部涡流中的径向正密度梯度影响的结果。外流湍流的作用被减弱可以提高其渗透到中心射流的程度[54,55]。

文献[55]中还报道了一种流动形态(b)，即螺旋状。可能还存在第三种形态(例如，当 $d_0=20\times10^{-3}$ m 时)：离开触发极的出口之后，中心射流就沿径向大幅膨胀，然后过渡成直径更小和边界比较明显的圆柱形射流。如果电弧在通道轴线上燃烧(或者射流在这里温度很高)，这种形状的中心射流就会表现出某种“风险性”。一方面，此时已具备在电弧与触发极甚至电弧与旋气室之间形成串弧的适宜条件；

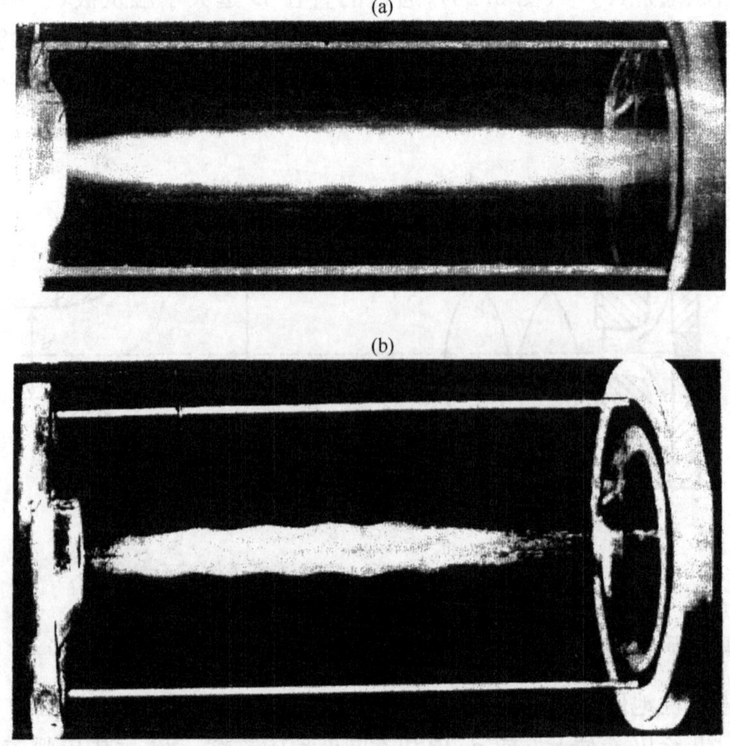

图 6.29 加入烟雾的通道内的射流(气流同向旋转)
$\overline{G}=7$;(a) $d_0=40\times10^{-3}$ m;(b) $d_0':d_0''=40\times10^{-3}:20\times10^{-3}$ m

另一方面,流入旋气室(5)中电极(2)(图 6.28)的热流强度增大了。

人们对带有旋气电极间插入段的等离子体炬的电弧室中的气流结构进行了仔细分析,对旋流的稳定性、壁面旋流与主气流之间的相互作用进行了详细研究,还研究了在直径更大的电弧室中旋转气流中的电弧结构。研究发现,电弧具有稳定的螺旋和双螺旋结构形态。文献[11],[17],[56]~[59]对这些成果和其他一些成果作了详细的描述。

下面,我们来描述运行在所研究的等离子体炬中的电弧的特征。图 6.30 给出了当电弧室长度 L 不同时直流空气电弧的伏安特性。在所研究的电流强度范围内,伏安特性呈下降形态,并且,当 $\overline{G}=G_1/G_0$ 从 2 降低到 0.5 时,电压的变化很小。这些结果间接证实了中心射流的高度稳定性及其与外部气流的混合。利用高频放电消除电流的间断,保证电弧在 40~200 A 的范围内连续燃烧时交流电弧的伏安特性与直流电弧的特性几乎相同。弧电压与旋气插入段长度的关系如图 6.31中给出的曲线所示;该曲线与文献[60]中画出的曲线相同。

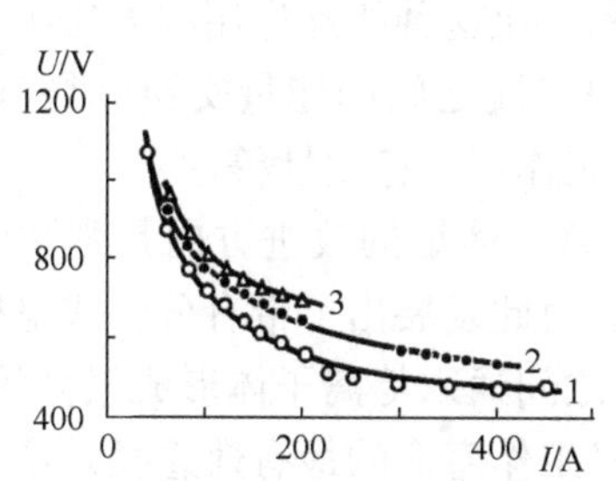

图 6.30　电弧的伏安特性

$d=10\times10^{-3}$ m, $d=20\times10^{-3}$ m, $D=0.15$ m;
1～3. $L=0.10$ m, 0.15 m, 0.18 m; $\bar{G}=2.0$;
$G_0=5\times10^{-3}$ kg/s

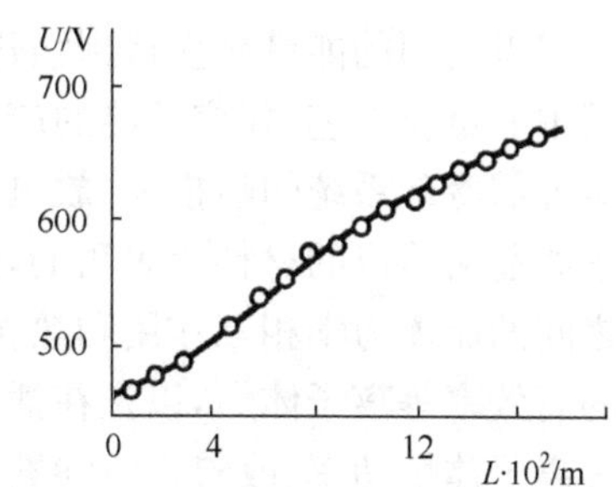

图 6.31　弧电压与旋气插入段长度的关系

$I=300$ A, $G=3$, $G_1=1.5\times10^{-3}$ kg/s,
$d_1=10\times10^{-3}$ m, $d_0=20\times10^{-3}$ m

流入电弧室的热流强度与基于冷气流吹送获得的气流的气体动力学形态有很大关系。量热测量表明，通过旋气室壁的热损失与辐射热损失处于同等水平(图 6.32)。因此，中心射流与壁面之间的对流换热几乎不存在，这样就可以发展出高效率的等离子体炬。

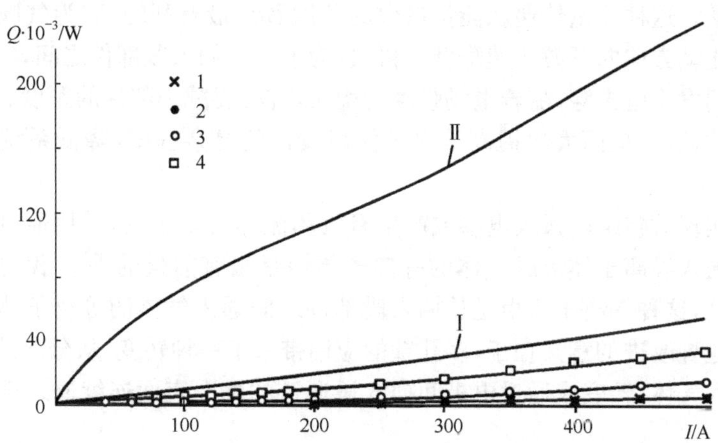

图 6.32　在电弧室部件中的热损失

$G_0=5\times10^{-3}$ kg/s, $\bar{G}=2.0$, $L=0.1$ m, 1. 后端电极；2. 旋气电极间插入段；
3. 引弧电极；4. 输出电极；Ⅰ为总的热损失；Ⅱ为电弧的功率

根据实验结果，这种等离子体炬很有希望在实际中得到应用。

6.5　通入强烈气流的组合通道和多孔通道中的热交换

下面，我们来研究另一种提高电弧功率、气体焓值和轴线式等离子体炬经济参数的有效方法[17]。现在我们再来讨论气流与电弧之间的强迫相互作用，这种相互作用使二者之间的能量交换得到强化。建立和强化这种相互作用的方法决定了实际应用中的重要工艺，如焦耳热的产生、电弧与气流之间的能量交换（对气体的加热）、对外部冷却系统的热损失、放电的空间稳定作用和稳定性等。

正如前文给出的材料所表明的，轴线式等离子体炬的改进方向是强化气流与放电之间的流体力学相互作用和热相互作用。由此发展出了带有分段式电极间插入段的高效率等离子体炬，以及在插入段部件之间通入等离子体形成气体的方法。提高等离子体炬功率、改善经济参数、延长电极工作寿命的最有效途径是增大放电的伏安比和能量产生密度并降低热损失；降低热损失又要求我们解决保护电弧室壁免受强大热流损坏、实现高电场强度、确保电极间插入段具有足够高的电气强度等一系列问题。

在具有分段式水冷通道、无气膜保护的等离子体炬中，要满足上述要求就会遇到许多限制。首先，当使用液体冷却通道壁时，为使通道壁不至于产生过热和开裂，放电功率将受到从通道壁传向冷却剂的有限热流的限制。其次，在温度梯度高的条件下，强烈的外部冷却通常会造成热损失过高并使热效率降低。即使从部件之间通入气体，也不可能完全消除热损失，因为在湍流燃弧状态中辐射和对流会产生热量传递。这种热量传递从能量参数的角度看是最有利的，因为气膜保护的效率沿气体流动方向向下游快速降低。再次，为了防止插入段部件之间，以及电弧与部件壁之间发生电击穿，随着电场强度的增大，有必要减小部件的厚度。这样就会增加部件的数量，从而大幅提高等离子体炬设计的复杂程度，降低系统运行的可靠性。

为了实现对整组电弧放电参数产生有效的流体力学影响，采用通过多孔壁向放电通道通入等离子体形成气体的等离子体炬是很有前景的[61]。我们在第 5 章中已经提到，这种等离子体炬是从插入段部件之间通入气体的等离子体炬的进一步发展。这种改进的意义在于，多孔壁的应用带来了一种转变：从分离的部件之间离散地通入气体，转变成通过电极间插入段通道的整个表面连续通入气体的这种极限情形。

从流体力学的观点看，这种情形中的多孔壁起到了设计元素的作用——用于向放电区域通入等离子体形成气体，形成自然强化的径向气流将电弧与通道壁的内表面隔离开来。从热平衡的观点看，大部分多孔壁都起到了积极作用，因为多孔材料的特征是回收辐射损失，并把这部分损失随通入的气体送回到主气流中。

在边界发生位移的情况下，不论是否达到特定的供气强度，主气流与通道壁之间的热相互作用和动力学相互作用都被阻止，因而热传导和对流造成的热损失降低到了零。也就是说，在回收辐射损失的条件下，电极间插入段部件中的热效率几乎可以达到 100％。

根据实验结果[62]，沿径向通入气体的作用不仅表现为对通道壁的蒸发冷却，还表现为通入气体对放电电参数和气流中的能量交换产生了积极影响。例如，强烈通入的气流增大了电弧的电场强度，其中的原因有很多，包括电弧在与周围介质的强烈换热中压缩了导电通道的作用。横向气流与纵向气流之间的相互作用产生了湍流形态，这种湍流形态反过来又强化了电弧与周围气体之间的能量交换，增大了电场强度。

因此，通过通道多孔壁通入强烈气流的应用使我们能够同时解决两个问题：增强电弧中能量的产生，这是电场强度增大的结果；消除流入电极间插入段电弧室通道壁的热损失，这是在多孔壁中回收热量带来的。

在某些条件下，高强度通入气体还对弧柱起到了空间稳定作用，降低了弧柱径向波动的可能性；并且，对于由导电材料制成的放电通道，通入的冷气流增大了电弧与通道壁之间的电场强度，因而增大了电极间插入段部件的厚度，减少了其数量。值得一提的是，使用蒸发冷却的、非导电(陶瓷)材料制成的多孔通道无需将通道分段就能大幅提高弧电压[63]。在电极插入段部件中采用沿插入段长度变化的多孔材料，即可具备如前述规律沿通道长度通入强烈气流的优势。多孔通气可以与后端电极中的切向旋气或者轴向气流结合起来运用。

上述特征表明，我们完全有可能对所研究系统的放电参数进行气体动力学控制，实现等离子体形成气体对电弧的强烈影响。这样就很有希望发展出一种高效小尺寸等离子体炬：单位体积内能量的产生密度高，将电能转化成气流热能的效率高。

人们对具有多孔冷却壁的等离子体炬进行了大量研究。这些研究包括在第 5 章提到的文献[64]。这项研究不仅描述了带有圆管状多孔电极的自稳弧长型等离子体炬中电弧的电特性，还描述了其热特性。关于这种等离子体炬的热特性，文献[64]给出如下关系：

$$(1-\eta)/\eta=2.9\cdot Re^{-0.5}\cdot Kn^{-0.15}\cdot \tilde{j}_w^{-0.25} \tag{6.19}$$

这个关系式在如下参数范围内得到了验证：$Re=(0.35\sim11.0)\times10^3$，$Kn=(0.14\sim14.50)\times10^{-4}$，$\tilde{j}_w=(\rho v)_w/(\rho v)_0=0.014\sim0.125$，$d=(0.4\sim1.6)\times10^{-2}$ m。此时，实验数据点与计算得到的曲线之间的偏离在±15%以内。

在大量实验数据的基础上，文献[65]用特定的等离子体炬研究了多孔冷却问题。在等离子体炬的电弧室中，热交换具有诸多特征，其中主要的是电弧与湍流气流的相互主用和明显非等温性。遗憾的是，对于带有多孔冷却壁的等离子体炬，大多数研究主要集中于这类等离子体炬中出现的技术问题，而对于多孔壁中的换热过程、边界冷却的效率、电弧结构及其在多孔通道中与气流的相互作用等问题，则少有深入研究。在此值得一提的是之前引用的研究[17,61-63]以及其他一些研究。专著[66]对带有多孔壁的等离子体炬的发展进行了充分详细的研究。该专著还给出了这些等离子体炬的实验结果，以及防止高温气流损坏放电通道的热防护问题的解决方案。本章将给出文献[66]没有提及的一些等离子体炬电弧室热防护材料，以及对带有电极间插入段的等离子体炬电弧室的多孔段中湍流换热进行实验研究的结果。

实验是在通道直径为 $d=20\times10^{-3}$ m、分段式电极间插入段长度约 $20\bar{z}$ 的等离子体炬上进行的。安装在电弧室不同位置的多孔段是一个多孔套筒，内径为 $d=20\times10^{-3}$ m，壁厚为 3×10^{-3} m，长度为 28×10^{-3} m，固定在两个水冷铜盘之间。铜盘经过特殊成形，可以与相邻的电极间插入段的部件进行连接。为了降低热量从多孔套筒末端泄漏必须采用三层夹层：两层厚度为 0.3×10^{-3} m 的石棉环，中间是厚度为 0.1×10^{-3} m 的云母环。实验中使用的是孔隙率为 60%的钼套筒。

实验采用空气作为等离子体形成气体。温度低时，冷却多孔插入段的气体为空气；温度较高时为氮气。实验中还通入了一种其他气体（在空气中加入氦气）。冷却气体的流量 g_p 在 $0.35\times10^{-3}\sim7.2\times10^{-3}$ kg/s 变化，对应的冷却剂比流量（质量通量）$\bar{g}_p$ 的变化范围为 $0.2\sim4.2$ kg/(m^2 · s)。实验中，没有从电极间插入段的部件之间通入空气。

在湍流换热研究中，通过以供气参数 m_s 接近于 1 的高强度逆向供气来缩短 $\bar{z}_p=2.5$ 部件中的初始段长度。等离子体炬通道中气体的平均质量温度根据热平衡确定，在所研究的段中等于$(3.5\sim5.0)\times10^3$ K。主气流的雷诺数 Re_d 根据平均质量温度计算得到，处于$(3.9\sim14.4)\times10^3$ 的范围内。弧电流强度的范围为 100～180 A。

多孔套筒的外表面温度用镍铬-镍铝热电偶测量。热电偶直径为 0.1×10^{-3} m。热电偶的触点被一个特殊设备压到套筒的外表面上。初步实验表明，套筒的外表面温度几乎处处相等。因此，在后续研究中只考虑位于多孔套筒中间的一只热电偶获取的数据。记录仪表是 MPP-254 型微伏计，精度等级为 1.0。

无论采取什么特殊手段，都不可能完全消除通过多孔套筒末端的热损失。随着冷却气体流量的减小，多孔套筒的温度逐渐升高，这样流入多孔段侧面水冷铜盘的热流就将增大。

流入多孔套筒的热流通过如下方程确定：

$$Q=Q_g+Q_r+Q_1 \tag{6.20}$$

其中，Q_g 是气体从单位长度多孔壁上带走的热流；Q_1 是多孔套筒末端单位长度上的热损失，由流入多孔段铜盘冷却水的热流的量热测量确定；Q_r 是多孔套筒外表面单位长度产生的辐射热流，等于

$$Q_r=2\pi r_2\varepsilon\sigma T_2^4 \tag{6.21}$$

在方程(6.21)中，σ 是斯特藩-玻尔兹曼常数；ε 是多孔材料的黑度。根据文献[61]中报道的数据，对于孔隙率为 60%的钼，ε 约等于 0.6。

为了确定气体带走的热量，必须知道在小孔出口处冷却剂的温度 T_{g1}。然而，

在燃弧过程中难以直接测量这个量。不过，T_{g1} 可以从能量平衡方程计算得到。假设在轴向具有低强度的热流，能量平衡方程具有如下形式[61,67,68]：

$$(1/r)\mathrm{d}[\lambda_w r(\mathrm{d}T_w/\mathrm{d}r)]/\mathrm{d}r+[\tilde{g}_p c_p/(2\pi r)](\mathrm{d}T_g/\mathrm{d}r)=0 \tag{6.22}$$

这里的 $\tilde{g}_p$ 是通过单位长度壁面的冷却气体流量。通道材料的热导率 λ_w 可以认为在给定的温度梯度范围内近似保持恒定[61]。方程(6.22)中含有两个独立变量：壁面温度 T_w 和气体温度 T_g。联系 T_w 和 T_g 的第二个方程是壁面与冷却气体局部换热的方程：

$$(1/r)\lambda_w \mathrm{d}[r(\mathrm{d}T_w/\mathrm{d}r)]/\mathrm{d}r=\alpha_v(T_w-T_g) \tag{6.23}$$

其中，α_v 为体积换热系数。

文献[67]认为，物理量 α_v 很大，以至于气体一进入多孔材料温度就达到了 T_w。在当前工作所研究的参数范围内，这项假设的有效性通过分析文献[68]给出的关于壁面和冷却剂的温度场的计算结果得到了证实。当 $T_w=T_g=T$ 时，方程(6.22)的求解被大幅简化，对于边界条件 $r=r_2$：$T=T_2$，$-2\pi r_2\lambda_w(\mathrm{d}T/\mathrm{d}r)=\tilde{g}_p c_p(T_2-T_\infty)+Q_r$ 当 $r_1<r<r_2$ 时方程的形式为[67]

$$[T-T_\infty+Q_r/(\tilde{g}_p c_p)]/[T_2-T_\infty+Q_r/(\tilde{g}_p c_p)]=(r_2/r)^{\tilde{g}_p\cdot n} \tag{6.24}$$

这里 $n=c_p/(2\pi\lambda_w)$；T_∞是冷却剂的初始温度。如果已知 T_2、冷却气体流量和通道材料的特性，就可以通过方程(6.24)确定多孔壁的内表面温度 T_1。按照生产商提供的数据，λ_w 的值为 26 W(m·K)。得到了 T_1 之后，就能够确定气体带走的总热量：

$$Q_g=\tilde{g}_p c_p(T_1-T_\infty) \tag{6.25}$$

现在再来研究实验材料。图 6.33 给出了在 $\bar{z}_p=2$ 处 T_2 与冷却气体比流量的关系。测量结果表明，在弧电流和冷却剂流量都相同的条件下，在 $\bar{z}_p=8$ 处套筒的温度稍高于前述情况。出现这种现象的原因在于，当多孔段位于 $\bar{z}_p=2$ 时，从阴极与电极间插入段之间通入的气流影响了对多孔套筒的冷却。对于不同的 G_0 值，电弧辐射到通道壁上的热流近似保持不变。增大阴极与电极间插入段之间的气流量可以降低 T_2。这一点可由如下事实来解释：热量除了被通入多孔段表面的气体带走一部分之外，高温多孔段与等离子体炬通道中的冷旋转气流也发生了热交换，这种换热随着 G_0 的增大而变得更加剧烈。这种效应发生在流入通道壁的热流强度

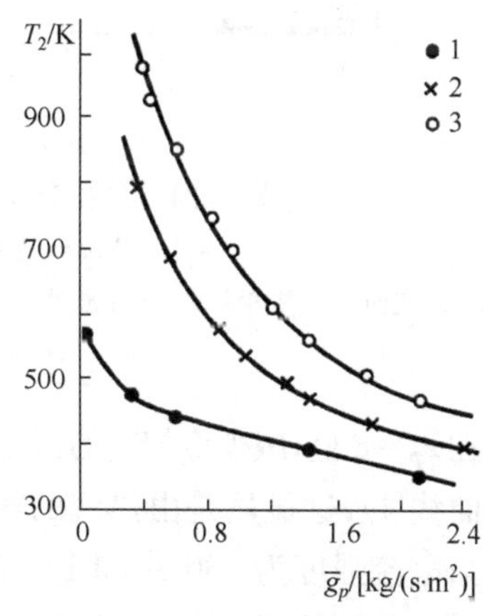

图 6.33　多孔套筒外表面的温度与冷却剂流量的关系

$\bar{a}=14$，$\bar{z}_p=2$，$G_0=(5.2\sim5.6)\times10^{-3}$ kg/s；$g_p=(0.5\sim4.3)\times10^{-3}$ kg/s

(1) $I=100$ A；(2) 150 A；(3) 180A

较低($I \leqslant 100$ A)的情况下,这时即使中断套筒的冷却剂供应,套筒也会冷却下来(如图 6.33 中的曲线 1)。在 $\bar{z}_p=8$ 处,G_0 的变化对多孔套筒的外表面温度没有显著影响。

当弧电流 $I=150$ A 时,考虑到从多空套筒末端密封件散失的热量,多孔套筒在不同位置时的热平衡如图 6.34 所示。与流入通道壁的热损失相比,通过末端密封件散失的热量通常与多孔段的长度有关。多孔套筒外表面的辐射热流(曲线 1)由方程(6.21)确定。辐射热流与从末端密封件散失的热流强度近似相等(如曲线 2)。当温度 $T_2>800$ K 时,就必须考虑这些热量损失(例如,当 $T_2=1000$ K 时 $Q_r=2.7\times10^3$ W/m)。冷却气体带走的热流利用方程(6.24)和(6.25)计算。在 $\bar{z}_p=2$ 处,流入壁的热损失值较小(比较图 6.34(a)和(b)中的曲线 4),原因在于流量 G_0 对多孔套筒的冷却产生了影响。在阴极与电极间插入段之间的间隙中,对于低气流量的情况,当补充冷却的影响很小时,在 $\bar{z}_p=2$ 和 $\bar{z}_p=8$ 处流入多孔套筒的热损失是相等的,当电流强度 $I=150$ A 时,热损失均等于 23×10^3 W/m(如图 6.34(a)中的曲线 5)。

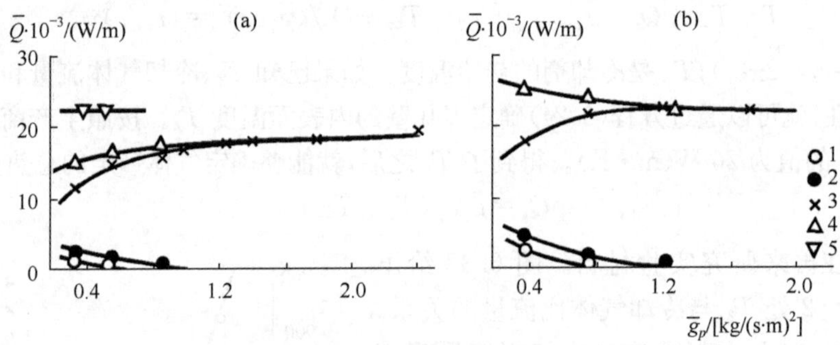

图 6.34 多孔套筒在 $\bar{z}_p=2$(a)和 $\bar{z}_p=8$(b)处的热平衡

$I=150$ A;$\bar{a}=14$,$g_i=0$;$G_0=(5.2\sim5.6)\times10^{-3}$ kg/s;

1. 套筒外表面的辐射热流;2. 通过密封件散失的热流;3. 冷却剂带走的热流;4. 流入多孔套筒的总热流;5. 当 $G_0=1.6\times10^{-3}$ kg/s 时通过多孔套筒的总热流

在 $\bar{z}_p=8$ 处,减少冷却剂的流量($\bar{g}_p<1$ kg/(s·m^2)),热损失稍有增大(如图 6.34 中的曲线 4),这显然是由热流的对流分量的出现造成的。

当电流强度为 150 A 和 180 A 时,利用热平衡方程计算得到的流入多孔套筒的热损失分别等于 2.3×10^4 W/m 和 3.3×10^4 W/m。这些结果在 10%的误差范围内与电极间插入段的第一个部件中热损失的测量值一致。由此可以认为,利用多孔插入段的温度和冷却剂流量的测量值,基于文献[67]提出的模型,可以确定通过多孔壁的热流。这个方法尤其适用于测量电弧辐射的过程,因为当气流量适当时,热传导和对流决定的换热过程趋于消失。图 6.9 所示的一组数据中的一些点就是用这种方法测得的。

现在来讨论湍流换热的研究结果。图 6.35 给出了向通道中通入湍流气流时热损失的分布，气体通入的位置坐标用箭头标识。如前文所述，通过通道初始段的热流由电弧辐射决定。在气体通入段之后，对流热损失的数值沿通道快速增大，逐渐大于辐射热损失。向多孔套筒通入气体大幅减小了通过多孔壁的热损失。在多孔段之后沿着气流向下游的换热情形取决于气膜的保护效果。

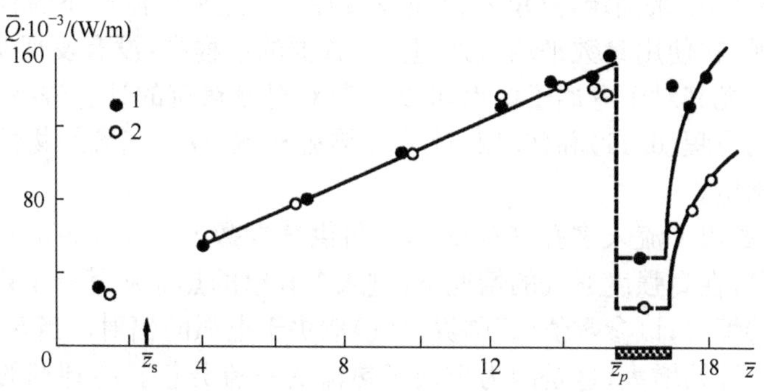

图 6.35　热损失沿通道的分布

$I=150$ A，$\bar{a}=20$，$\bar{z}_s=2.5$，$\bar{z}_p=15.5$，$Re_d=3.9\times10^3$；

1. $g_p=1.7\times10^{-3}$ kg/s；2. $g_p=7.5\times10^{-3}$ kg/s

作为一个例子，图 6.36 给出了通入同一种气体(曲线 1)和通入加入氦气的空气(曲线 3)时，多孔套筒的外表面温度与冷却剂比流量的关系。为了进行比较，该图还给出了通入同种气体时 T_2 与 $\overline{g}_p$ 的关系；在这种情况下，多孔套筒安装在电弧室的初始段中，距离阴极 $8\bar{z}$(曲线 2)。从图中可以看出，对于低强度通气，第一种情形中多孔套筒的壁面温度高得多。随着冷却气体流量的增大，曲线 1 和曲线 2 彼此逐渐接近，因为这时流入多空壁的热流的对流分量在减小而辐射热流却近似相等。

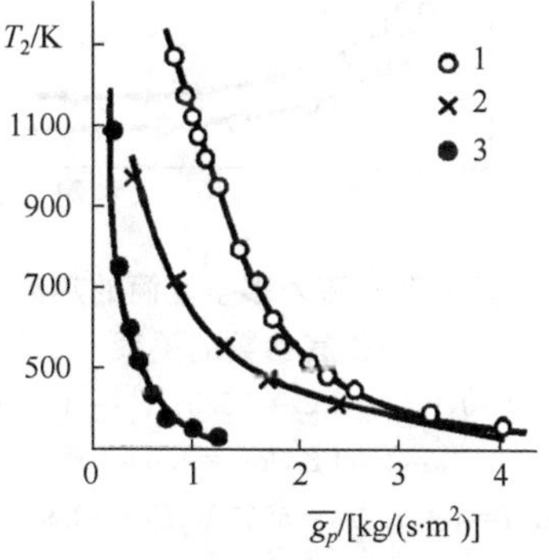

图 6.36　多孔套筒外表面的温度与冷却剂比流量的关系

$I=150$ A；$g_p=(0.3\sim7.0)\times10^{-3}$ kg/s；

1. $\bar{z}_p=15.5$，$\bar{z}_s=2.5$，$Re_d=9.4\times10^3$；

2. $\bar{z}_p=8$(初始段)；3. $\bar{z}_p=15.5$，$\bar{z}_s=2.5$，$Re_d=9.4\times10^3$(向空气中加入氦气)

引入斯坦顿数的相对变化量 $\psi=St/St_0$，这里 St 和 St_0 分别为多孔表面和致密表面上的斯坦顿数。只有对于相同的雷诺数才能对无量纲换热系数进行比较。不过，这个物理量的特征值的选取与一些问题有关。这些问题是由雷诺数中所包含的气体的物理特性的量纲和数值的选取引起的。在文献[39]所描述的理论框架内，对于 St_0 的标准值，雷诺数的特征值可以表示为 $Re^{**}=\rho_0 u_0 \delta^{**}/\mu_w$，其中 δ^{**} 是能量损失的厚度，μ_w 是壁面温度下气体的黏度。这样，在确定 St_0 时就可以分别考虑各种干扰因素(非等温性、可压缩性、物质的横向流动等)对有关热交换规律变化的影响。

然而，根据 Re^{**} 来整理管道中稳定气流的实验数据时略显保守[69]。对于我们研究的流动形态，通常在处理实验数据时必须采用参数的平均值，并且雷诺数由方程 $Re_d=\rho ud/\mu_w$ 来确定，这里 d 是通道直径，μ_w 是平均温度下流体的黏度。但文献[70]表明，在使用参数平均值处理实验数据的过程中，没有发现非等温性对热交换的影响。尤其对于等离子体炬，6.2.3 节对对流热流的计算进行了详细讨论，其中分别采用方程(6.11)和(6.12)计算了热流和 St 数。气流的物性参数基于平均质量参数确定。

图 6.37 给出了流入多孔套筒的热流与供气参数 $b=\tilde{g}_p/(\rho u)_0 \cdot St_0$ 的关系。值得一提的是，在高强度通气的情况下，进入多孔壁的热流从某一个供气参数值开始就几乎保持恒定，该参数值(超临界供气)取决于电弧的辐射。当 b 减小时，流入多孔壁的热流开始增大，这是因为出现了热流的对流分量。冷却剂的最小流量由多孔材料的热阻所限定。

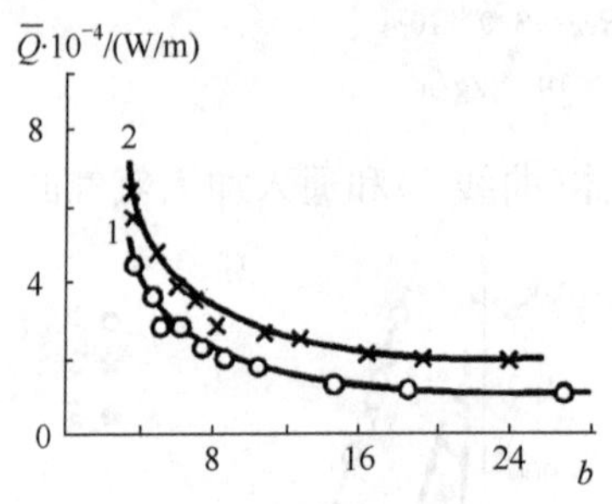

图 6.37 流入多空套筒的热流与供气参数的关系

$\bar{a}=20, \bar{z}_s=2.5, \bar{z}_p=15.5$；1. $I=100$ A, $T_0=4100$ K, $Re_d=4.6\times10^3$；2. $I=150$ A, $T_0=5000$ K, $Re_d=3.9\times10^3$

由于在超临界供气参数下，流入多孔壁的对流热流等于 0，这种情况可以用于确定气体湍流中的电弧辐射。用这种方式确定的发展湍流中的电弧辐射热流的值，比初始段中的辐射损失降低 1.5 倍(图 6.35)，即湍流中电弧的辐射热流比电弧室初始段中的减少了。这种减少在之前用其他方法进行测量时已经提到了。

图 6.38 给出了实验值与采用文献[39]推导出的方程

$$\psi=[1-b/b_{cr}(\varphi)]^2 \tag{6.26}$$

进行计算的结果的比较。其中，$b_{cr}(\varphi)$ 是临界供气参数，是非等温性的函数。根据文献[39]，当 $\varphi<1$ 时，

$$b_{cr}(\varphi)=(1-\varphi)^{-1}\left[\ln\frac{1+\sqrt{1-\varphi}}{1-\sqrt{1-\varphi}}\right]^2 \tag{6.27}$$

$\varphi=T_1/T_0$ 是温度因子。

斯坦顿数的实验值由如下方程确定：

$$St=(Q-Q_r)/[\pi d(\rho u)_0(h_0-h_1)] \tag{6.28}$$

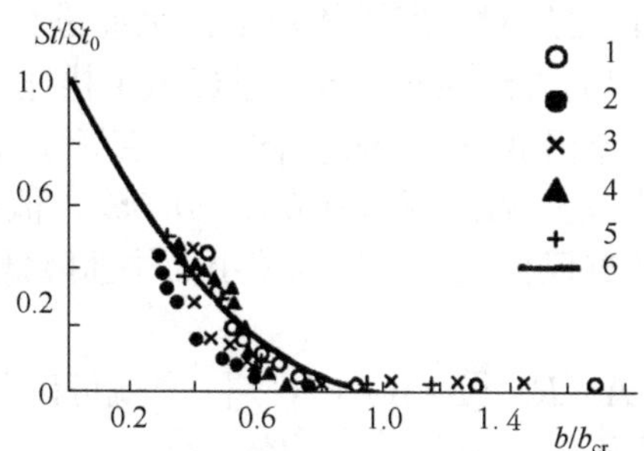

图 6.38 在等离子体炬的多孔通道中的换热实验数据

$\bar{a}=20$；$\bar{z}_s=2.5$；$\bar{z}_p=15.5$；$I=(100\sim150)$ A；

1. $T_0=4100$ K, $Re_d=4.6\times10^3$, $\varphi=0.08\sim0.29$；

2. $T_0=3300$ K, $Re_d=10.6\times10^3$, $\varphi=0.11\sim0.35$；3. $T_0=5000$ K, $Re_d=3.9\times10^3$, $\varphi=0.08\sim0.26$；

4. $T_0=3950$ K, $Re_d=9.4\times10^3$, $\varphi=0.09\sim0.34$；5. $T_0=5000$ K, $Re_d=3.9\times10^3$, $\varphi_1=0.51\sim1.37$（空气中加入氦气）；6. 按照式(6.26)计算得到的结果

在方程(6.28)中，h_0 是气体的平均质量焓值，h_1 是多孔套筒内表面温度下气体的焓值，Q_r 是电弧辐射到通道壁的热流。

对于空气中加入氦气的情形，采用文献[69]和[71]中描述的步骤对有关换热的实验数据进行了处理。文献[69]和[71]表明，如果把温度因子 φ 替换成 $\varphi_1=\rho_0/\rho_w$，那么在非等温条件下为通入同种气体导出的所有限制性方程也都可以用于通入异种气体的情形。根据文献[71]

$$\varphi_1=\rho_0/\rho_w=\varphi[1+(\bar{R}-1)/(K+1)] \tag{6.29}$$

其中，$\bar{R}=R_1/R_0$，$K=(c_{p_1}/c_{p_0})(T_1-T'_\infty)/(T_0-T_1)$；$R_1$ 和 R_0、c_{p_1} 和 c_{p_0} 分别是通入气体和主气体的气体常数与定压比热容。上述方程是针对纯粹对流换热的情形得到的。参数 K 在超临界供气中变成了 0。不过，在这些情形中，辐射和对流换热都很复杂。由于对冷却剂的加热是由电弧辐射到通道壁的热流 Q_r 完成的，因此在 K 的表达式中必须考虑被通入气体的初始温度 T'_∞；$T'_\infty=T_\infty+Q_r/(g_p c_p)$。

当 $\varphi<1$ 时，临界供气参数由方程(6.27)确定；当 $\varphi>1$ 时，则由文献[39]导出的方程确定：

$$b_{\rm cr}=(\varphi_1-1)^{-1}[\arccos(2-\varphi_1)/\varphi_1]^2 \tag{6.30}$$

在这些实验中，φ_1 的值在 0.51～1.37 的范围内变化。

如图 6.38 所示，尽管实验数据的离散性很大，还是与用方程(6.26)计算的结果很好地保持一致。

实验表明，如果 St_0 由方程(6.12)确定，那么不论通入同种气体还是异种气体，对于带有多孔通道的等离子体炬，方程(6.26)都可以用于计算通道内稳定气流中的湍流换热。

现在来分析在多孔段之后对等离子体炬电弧室壁进行气膜保护的研究结果。实验步骤和处理实验数据的方法在 6.3 节中已经做了描述。当通过多孔段的气流量不同时，气膜保护的效率沿通道的分布如图 6.39 所示。通道壁的相对可渗透性 $m_w=(\rho u_w)/(\rho u)_0=\bar{g}_p/(\rho u)_0$ 的范围为 0.022～0.056。值得一提的是，在多孔段之后，气膜冷却的效率随着保护气体流量的减小而快速降低。图 6.35 也清楚地表明了这一点。

采用无量纲复合量 $A=Re_{z'}[Re_w(1+K_1)]^{-1.25}$ 就可以非常有效地归纳边界冷却的实验结果[39]。这里 $Re_{z'}=(\rho u)_0 z'/\mu_0, Re_w=\bar{g}_p\Delta l_p/\mu_0, K_1=(T_{w1}-T_\infty)/(T_0-T_{w1})$。图 6.40 给出了反映 θ' 与 A 的关系的实验结果，这些结果可以用如下方程非常有效地表述：

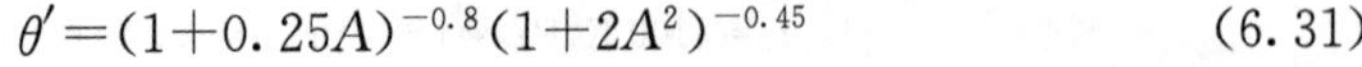

$$\theta'=(1+0.25A)^{-0.8}(1+2A^2)^{-0.45} \tag{6.31}$$

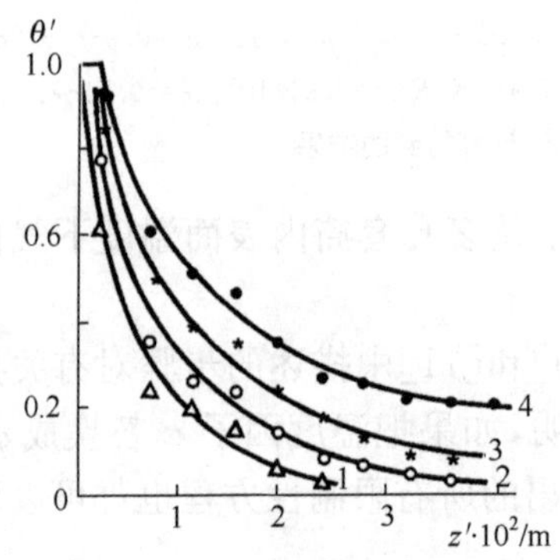

图 6.39　在多孔段后气膜保护的效率

$I=120$ A, $\bar{a}=24, \bar{z}_s=4.0, \bar{z}_p=16.5$,

$Re_d=1.4\times10^4, d=20\times10^{-3}m, T_0=3300$ K;

1～4. $m_w=0.022, 0.034, 0.044, 0.056$

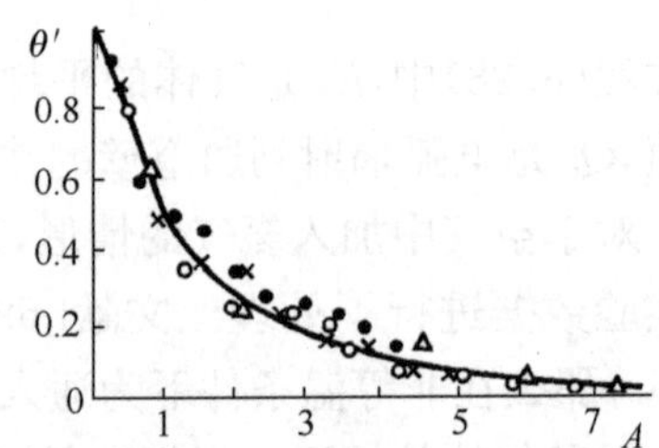

图 6.40　对多孔段之后气膜保护效率实验数据的归纳

所表示的图例见图 6.39，实线是按式(6.31)计算得到的

图 6.21 已经对通过多孔段上游的狭缝通入气体和通过多孔段通入气体这两种情形中气膜保护的效率做过比较。尽管在多孔段下游气膜保护的效率稍低于从狭缝中通入气体时的情形，但通入的气体还是完全带走了流入多孔插入段的热量。考虑到这一点我们可以断定，通过多孔段通入气体时，气膜对壁的冷却效率就至少不会比从插入段部件之间的缝隙中通入气体的效率低。

当等离子体炬的部分通道中存在多孔插入段时，本节中给出的实验结果可用于按照标准步骤[38,39]来计算对等离子体炬电弧室壁的气膜冷却。这些步骤适用于温度较低的气流。有关热防护的更多细节参见专著[66]。

6.6　氢电弧与电弧室壁之间的热交换

我们已经获得的电弧与等离子体炬通道壁之间换热的数据主要与空气弧和氮

气弧有关。然而,在许多工艺过程中,氢气作为一种热载体和反应物变得越来越重要,因此应当研究氢电弧的热特性[11]。

如下信息很重要:研究者已经对氢等离子体的解析分析作了大量计算研究。文献[72]～[76]对这些研究进行了综述。然而,由于缺乏从氢电弧的研究中获取可靠的实验结果,尤其是与氢等离子体中的热交换有关的结果,准确计算氢电弧的热特性仍然存在困难。这些计算研究都是基于对氢气中无耗散放电或者毛细管放电的等离子体的输运特性和光学特性的测量进行的,然而这些测量与实际应用情况差异很大。氢等离子体的辐射在前文提到的放电和激波管等条件下得到了广泛研究[74,76,77],但这些研究并没有给出与氢等离子体其他类型传热有关的实验数据,尤其是湍流氢等离子体中传热的数据。

下面将给出与氢电弧的热性有关的一些数据。等离子体炬的热效率取决于炬各部件中的热损失,即 $1-\eta=Q/(UI)$。这里,η 是热效率,UI 是电弧的功率,Q 是带有电极间插入段的等离子体炬中的热损失,它可以用如下方程确定:

$$Q=Q_{\mathrm{cat}}+Q_{\mathrm{s.s}}+Q_{\mathrm{IEI}}+Q_{\mathrm{a}}$$

在这个方程中,Q_{cat},$Q_{\mathrm{s.s}}$,Q_{IEI},Q_{a} 分别是阴极、触发极、电极间插入段和阳极中的热损失。

下面来分析等离子体炬部件中的热损失与等离子体炬工作参数之间的关系。

6.6.1　流入内电极——阴极的热流

流入等离子体炬内电极(阴极)的热流主要取决于阴极弧斑[1]。文献[78]研究了从氢电弧流入阴极的热流,获得的数据如图 6.41 所示(实线部分)。这些数据可近似归纳为下列关系式

$$Q_{\mathrm{cat}}=4.7I \tag{6.32}$$

图 6.41 还给出了取自文献[11]的实验数据。尽管测量区域过小决定了数据的离散性很大,但这些数据仍接近于文献[78]中的测量值。因此,流入等离子体炬内电极——阴极中的热损失随着弧电流强度的增大而线性增加,不过数值相当小(当电流 $I=700$ A 时,热损失近似为 3 kW)。

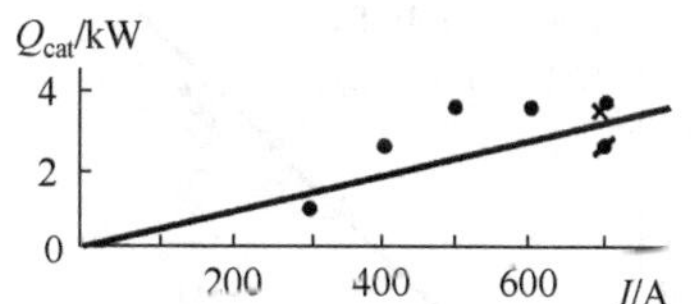

图 6.41　通过等离子体炬阴极的热流
直线是根据文献[78]中的方程(6.32)计算得到的结果;实验数据点取自文献[11]

6.6.2　电极间插入段的部件和触发极中的热流

研究是在带有电极间插入段的等离子体炬上进行的。插入段的内径为 $d=3\times10^{-2}$ 和 $d=3\times10^{-2}$ m,触发极的内径为 $d_{\mathrm{s.s}}=(1.2\sim1.4)\times10^{-2}$ m。

电极间插入段部件中的热损失的测量结果表明,热流沿电极间插入段近似保

持恒定，与通道直径无关，取决于弧电流强度和气压，即与其他气体中的辐射热流一样取决于同样的参数[1,17]。表 6.1 中给出了几个独立部件($d=3\times10^{-2}$ m，$l_c\sim 1\times10^{-2}$ m)中的热流数据。

表 6.1

I/A	$G_0\cdot10^3$/(kg/s)	$G\cdot10^3$/(kg/s)	$p\cdot10^{25}$/Pa	Q_{10}/kW	Q_{11}/kW	Q_{14}/kW
300	1.25	7	1.08	0.41	0.39	0.41
400	1.25	7	1.16	0.95	0.97	0.98
500	1.25	7	1.17	1.62	1.62	1.62
600	1.25	7	1.20	2.26	2.24	2.30
700	1.25	7	1.26	3.21	3.05	3.01
700	1.25	8	1.56	3.20	3.55	3.07
700	1.25	8	1.46	3.03	3.23	3.90
700	1.25	8	1.63	3.13	3.32	2.84

利用文献[13]中的步骤对这些数据进行了处理——建立与压强相关的、通过单位长度通道的热流 $\overline{Q}$(W/m)与弧电流强度的对数关系。测量区域内的气压被认为等于等离子体炬出口处的气压，这样会稍微增大数据的离散性。利用表 6.1 中的数据建立的 $\lg(Q/p)$ 与 $\lg I$ 的关系如图 6.42 所示。从图中可以看出，除了极限电流处数据的离散性较大之外，实验数据可拟合成一条用下列方程概括的曲线：

$$\overline{Q}=5.2\times10^{-6}I^2p \tag{6.33}$$

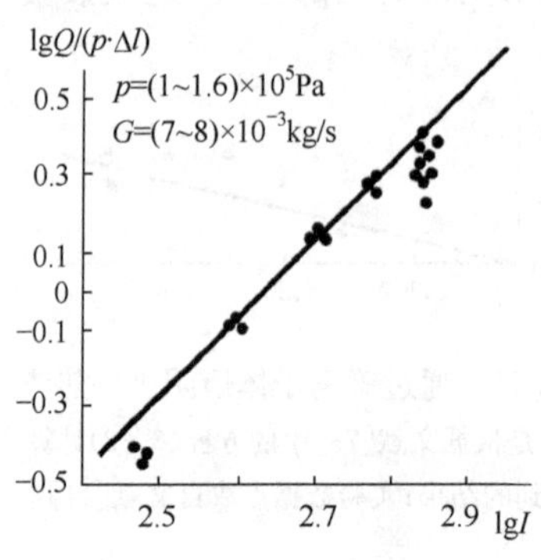

图 6.42　$\lg Q/(p\Delta l)$与 $\lg I$($d=3\times10^{-2}$ m；$d_{s.s}=1.2\times10^{-2}$ m)的关系

对于直径为 1.2×10^{-2} m、长度为 3.1×10^{-2} m 的触发极，流入其中的热损失接近于由方程(6.33)计算得到的数值，但是数据的离散性很大。造成这种离散程度的主要原因是，实验中我们实际上是在等离子体炬的出口处确定了气压，而不是在测量热流的区域内。

下面来研究气体的流量和压强对氢等离子体炬通道壁中的热损失的影响。图 6.43 给出了对于不同的气体流量，电极间插入段的部件中热流的测量结果。第 1 类数据点取自于上一幅图(图 6.42)，即 $G=(7\sim8)\times10^{-3}$ kg/s、$p=(1\sim1.6)\times10^5$ Pa 中的情形。第 2 类数据点是在相同气压下获得的，但是气流量为 $G=(6\sim6.5)\times10^{-3}$ kg/s；第 3 类数据点为 $G=(5\sim5.5)\times10^{-3}$ kg/s；最后第 4 类为 $G=(3\sim4)\times10^{-3}$ kg/s，并且压强达

5×10^5 Pa。当气流量不同时，测得的数据也不同；并且，气流量减半而部件中的热流则加倍。图6.43中的曲线Ⅰ是由方程(6.33)计算得到的，曲线Ⅱ是采用系数7.4×10^{-6}由同一方程计算得到的，曲线Ⅲ采用的系数为9.5×10^{-6}。不过，在所有情况下实验都并没有记录到热损失随气流量减小而增大的趋势。例如，当电流强度较小时，第3类数据点位于曲线Ⅲ上，而随着电流强度增大这些点趋向于曲线Ⅱ。这一点可从图6.44中看得更加清晰，该图中的曲线Ⅰ～Ⅲ与图6.43中的相同。该图给出了一个大直径电极间插入段($D=7\times10^{-2}$ m，第1、2类数据点)和直径为$d=3\times10^{-2}$ m的电极间插入段中的热流的测量结果。从图中可以看出，对于第1类数据，大直径电极间插入段中的热损失与曲线Ⅰ精确地一致。在其他情形中，对于相同的气流量和$(1\sim1.5)\times10^5$ Pa的气压，以及相同的通道几何结构，低电流强度下的热损失符合曲线Ⅱ，而当电流强度为600～700 A时则符合曲线Ⅰ，也就是说热损失几乎降低了1/3。与此同时，弧电压降低了100～150 V。显然，这些现象发生的同时电弧进行了重新调整，运行机制发生了改变。在第3类数据点对应的状态中也发现了类似现象。

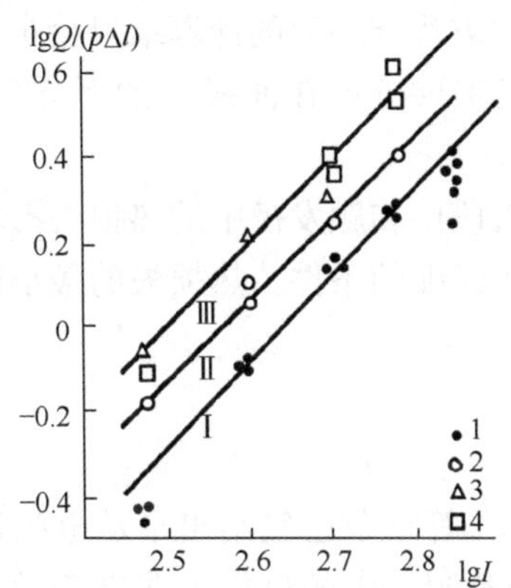

图6.43　对于不同的氢气流量，电极间插入段中的热损失与弧电流的关系

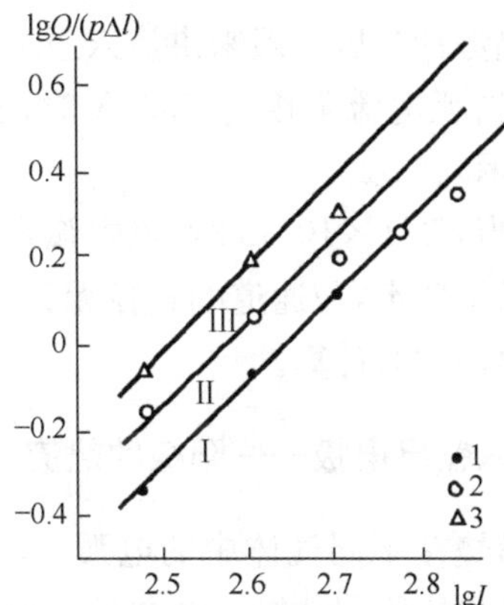

图6.44　电极间插入段中的热流与弧电流的关系
曲线Ⅰ～Ⅲ与图6.43中的数据一致；1，2. $D=7\times10^{-2}$ m，$G=(4.2\sim4.25)\times10^{-3}$ kg/s；3. $d=3\times10^{-2}$ m，$G=(5\sim5.5)\times10^{-3}$ kg/s

对于直径小于通道直径的触发极，流入其中的热流通常符合图6.45中的曲线Ⅰ。

因此，根据电弧室中的热交换情况，在所研究的参数范围内($d=(1\sim10)\times10^{-2}$ m，$G=(3\sim8)\times10^{-3}$ kg/s，$p=(1\sim6)\times10^5$ Pa，$I=300\sim700$ A)，氢气电弧至少存在两种燃烧形态。在第一种形态中，热损失沿着通道保持恒定，并由方程(6.33)确定；在另一种形态中，热损失沿着电极间插入段也保持恒定，但是随着

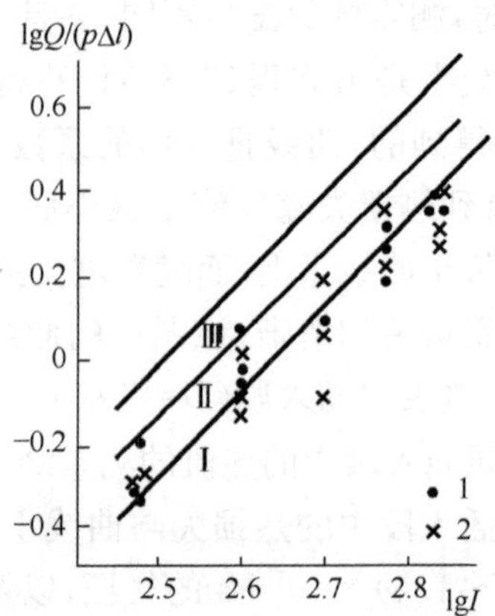

图 6.45 电极间插入段和触发极中的热流与弧电流的关系

曲线Ⅰ～Ⅲ对应于图 6.43 中的数据

1. 电极间插入段中的热流，$d=3\times10^{-2}$ m；2. 触发极中的热流，$d_{s.s}=1.4\times10^{-2}$ m

气流量的减小而增大。随着弧电流的增大，电弧的燃烧形态存在从第二种向第一种转变的趋势；并且，一般来讲流入通道壁的热流比方程(6.33)的计算结果会小一些。例如，当弧电流强度为 700 A 时，实验数据点主要分布在曲线Ⅰ的下方（如图 6.42 所示）。

因此，当 $d>1\times10^{2}$ m 时，氢电弧在电极间插入段中和触发极中的热损失沿着通道近似保持恒定，与通道的直径无关，而是取决于燃弧的条件。热损失的最小值可以用方程(6.33)计算。

6.6.3 流入输出电极——阳极的热流

对于燃烧在不同气体中的电弧，6.3.2 和 6.3.4 等章节已经给出了从电弧流入阳极的热流的研究结果。据文献[31]报道，圆管状阳极中的热损失取决于对流传热、电弧辐射和通过阳极弧斑的热流。在阳极上的电弧附着区中，即距离电极入口大于 $1z$～$2z$ 的通道壁上，辐射起着重要作用。在电弧与电极接触的区域内，流经阳极弧斑的热流非常重要。在这个区域中，局部加热非常剧烈；并且，只有使弧斑在电极上快速运动，才能够避免电弧附着范围内的电极表面发生熔化。根据文献[1]，流经阳极弧斑的热流为

$$Q_s=U_eI\,(\mathrm{W}) \tag{6.34}$$

这里 U_e 是阳极电位降的某个有效值。对于湍流空气流或者氮气流中的电弧，$U_e\approx6$ V。这个 U_e 值也适用于氢电弧[31]。

6.3.2 节表明，可以用方程(6.11)和(6.12)计算流入圆管状输出电极中的对流热流。实验值与计算值的比较如图 6.10 所示。从图中可以看出，在气体平均质

量温度直到 3000 K 的范围内，氢气中的计算值与实验值很好地保持一致。当温度更高时，实验值比计算值高 20%甚至更多。这很可能是由于当温度高于 3000 K 时，热导率的作用变得越来越重要；并且，温度为 3800 K 时氢气的热导率达到最大值，比 3000 K 时的热导率高一个数量级。热流密度可以达到 2 kW/cm^2 甚至更高，即可以达到实际冷却系统的极限值($q^* \sim 5$ kW)。在阳极长度为 $3\bar{z} \sim 4\bar{z}$、压强为$(5\sim6)\times10^5$ Pa 的条件下，流入阳极的热损失可以达到甚至超过电弧功率的 20%。显然，当阳极的热负荷很高时，为了维持等离子体炬的效率，对冷却系统进行优化就显得非常重要了。

本部分给出的流入带有电极间插入段的等离子体炬通道壁中的热流数据，使得我们能够计算等离子体炬所有部件中的热损失。与氢电弧能量特性的数据(参见第 5 章)相结合之后，这些数据就能够用于确定等离子体炬的热效率，以及对等离子体炬中的气体加热的效率。

6.7　水蒸气旋流等离子体炬的广义热特性

在处理含碳原料的工艺中，以及对有毒化学品、医疗垃圾和生活垃圾的销毁中，被用作反应剂和能量载体的水蒸气等离子体具有(与氢气相似的)重要作用。前文(尤其第 5 章)已经提到，水蒸气等离子体炬的发展充满了困难。其中的问题之一是如何使水蒸气在通道中流动而不会凝结在壁上[79]。然而从另一方面讲，用水或者水蒸气冷却工作部件的壁面，又为提高等离子体炬的热效率和对水蒸气等离子体加热的效率提供了诸多可能[80]。研究者对加热水蒸气的等离子体炬的热特性做了大量研究[79-81]。这些研究主要测量了流入等离子体炬部件的总热流，包括流入不同收缩角(中心角从 0°到 22°)的电弧室收缩段中的热流，以及流入带有台阶和没有台阶的输出电极——阳极中的热流(图 6.46)。

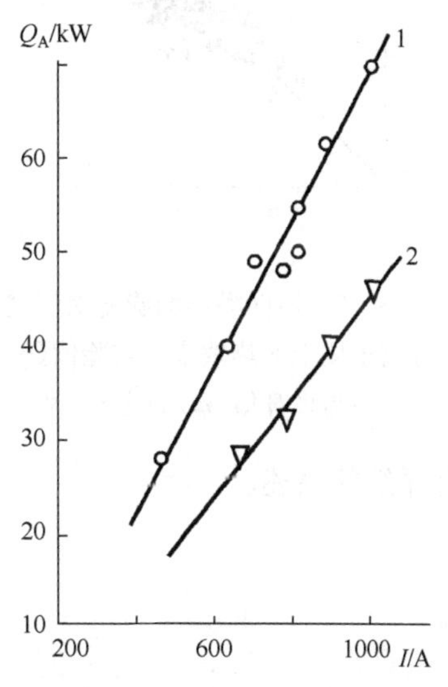

图 6.46　流入旋流水蒸气等离子体炬阳极的热流与弧电流的关系(水蒸气流量为 4×10^{-3} kg/s)

(1)阳极上有台阶；(2)阳极上无台阶

使用前述方法以相对热损失系数 $\tilde{\eta}=(1-\eta)/\eta$ 对主要准则复合量依赖关系的函数形式来处理水蒸气旋流等离子体炬热的特性的研究结果，得到如下方程：

$$\tilde{\eta}=3.02\times10^{-6}(I^2/GD)^{0.32}(G/D)^{-0.57}(pD)^{0.40}(1+1.2K_y)[1+\tan(\alpha/2)](\bar{l}/\bar{L})^{0.5} \tag{6.35}$$

这里$D=1/(L-L_0)\int_{L_0}^{L}d(z)\mathrm{d}z$和$\alpha=1/(L-L_0)\int_{L_0}^{L}\alpha(z)\mathrm{d}z$分别是电弧室直径的平均值和流动段的收缩角，台阶系数

$$K_y=\begin{cases}1, & \text{阳极上有台阶}\\0, & \text{阳极上没有台阶}\end{cases}$$

方程(6.35)已在准则复合量以及无量纲参数的如下变化范围内得到证实：

$$(I^2/GD)=(3\sim367)\times10^8\ \mathrm{A^2\cdot s/(kg\cdot m)},\quad pD=(1\sim4.9)\times10^3\ \mathrm{H/m}$$

$$G/D=(0.017\sim0.22)\ \mathrm{kg/(m\cdot s)},\quad \alpha=0\sim22^\circ,\quad \bar{L}=4.1\sim13.5$$

$$D/d_1=1\sim3.5,\quad \bar{l}/\bar{L}=0.3\sim0.52,\quad p=1\times10^5\ \mathrm{Pa}$$

计算值与实验值的一致性如图 6.47 所示。

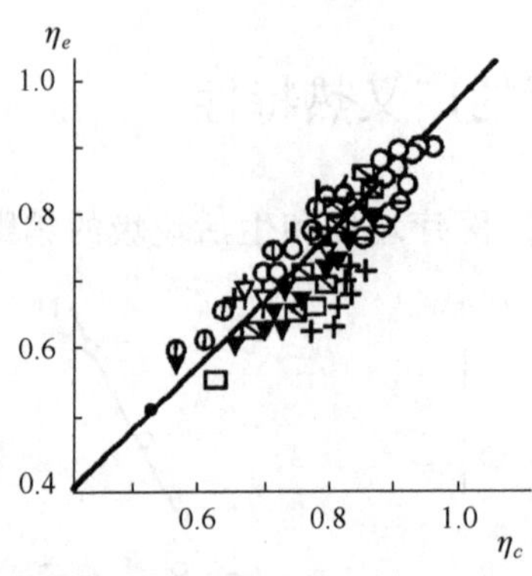

图 6.47　不同类型的旋流水蒸气等离子体炬的热效率的实验值(η_e)与计算值(η_c)的比较

本章给出了对不同类型等离子体炬的电弧室中的换热进行实验研究的结果，还给出了一些经验和半经验关系式，包括计算电弧辐射热流、受电弧加热的气体的对流热流，以及采用不同方法将工作气体从边界通入通道的效率等的公式。这样，我们就可以对等离子体炬的热特性进行工程计算，并对等离子体炬加热气体的效率进行计算。然而，我们并没有对一些具体问题给予足够关注，尤其是解析计算流入电弧室壁的辐射热流和总热流的方法、减少电弧辐射热流的方法，以及保护电弧室壁免受高温影响的一些方法。这些研究的解析计算方法在最近几年得到了非常快速的发展，“低温等离子体丛书”的前几卷对此有详细的描述。

第 7 章　直流轴线式等离子体炬

在进入本章第一节之前，先来讨论轴线式等离子体炬的概况，其中的部分内容在第 1 章中已经提到。不过这里仍然有必要重复这部分内容，因为这对于理解等离子体炬的选型、设计和制造都很重要。

轴线式等离子体炬的主要设计类型和一些特征已经以图片、示意图和曲线图的形式给出。这些资料具有不同的含义，人们的理解程度也不同。研究现有资料能够加深对所研究问题的理解，有助于形成研发新型等离子体炬和反应器的方法，以便使设备的等离子体工艺能够满足当前的需求。

电弧等离子炬——电弧气体加热器，或者说低温等离子体发生器，是这样一种设备，其中的发热要素（电弧）事实上是仅有的能够通过传导、辐射、对流等热交换方式最高效率地将电能转换成热能，使气体温度平稳升高的手段。电弧等离子体炬的优势在于它们能够有效地应用于许多工业领域，这些优势包括：

——利用现有类型的等离子体炬可以经济地将电能转化成热能，其特点是电热转换效率高；

——电弧设备运行的可靠性高、稳定性好；

——电极使用寿命较长，通常为几百小时，具体与等离子体炬的类型和应用方式、电弧功率（电流强度）、工作气体种类等有关；

——所设计的等离子体炬的功率范围很宽，可以从几百瓦到几兆瓦；

——几乎能够加热任何一种气体或混合气体，包括工业中广泛应用的还原性、氧化性和惰性气体；

——电弧运行状态的自动控制简单；

——尺寸小，对材料的需求较少。

等离子体炬之所以引发人们的兴趣，是因为它们能够有效地实现化学、冶金和其他工艺，能够建立起一种低废物排放工艺，形成复杂的原料加工工艺，来生产具有全新物理、力学和化学特性的材料，并实现工业设备的最小化。等离子体炬之所以具备上述优势，原因在于：在高温区，化学反应的速率是传统工艺应用温度下的许多倍。当然，反应速率高还与化学反应产物在等离子体反应器中的传递速度有关。

7.1 轴线式等离子体炬的分类

根据轴线式直流等离子体炬电弧室中所发生的基本物理过程，我们可以提出一种简单的分类。由于电弧与吹到电弧上的气体之间的相互作用的特性决定了弧长，我们就将这个参数作为分类的主要参数。由此，我们将设计方案完全不同的轴线式等离子体炬分成三大类[1]：

(1) 具有自稳平均弧长 L_a 的等离子体炬。L_a 取决于电流强度、输出电极极性、工作气体的种类和消耗量、电弧室的直径和其中的气压等因素。弧长由大尺度分流机制决定。这类带有整体式输出电极的等离子体炬的电弧具有下降的伏安特性(图 7.1，曲线 1)。

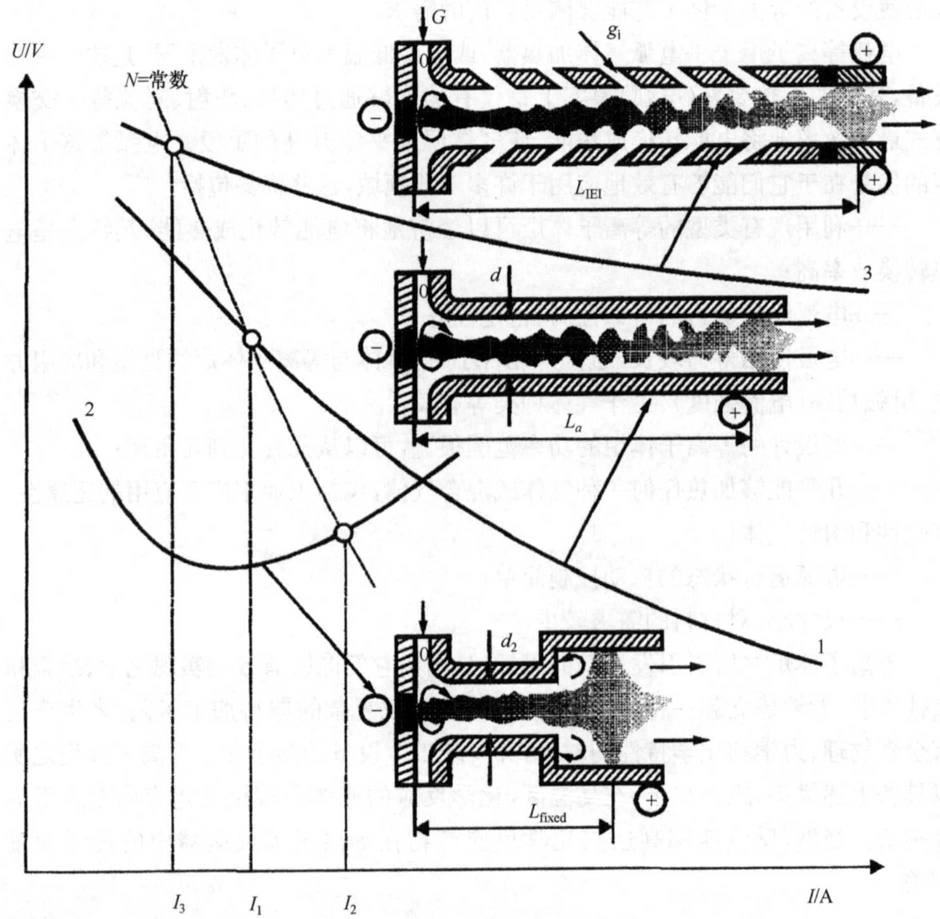

图 7.1　轴线式等离子体炬的分类，以及三类等离子体炬的伏安特性

(2) 具有固定平均弧长 L_{fixed} 的等离子体炬。所谓固定平均弧长是指当上述其他主要参数为常量时，在电流强度相对宽的变化范围内，电弧长度保持不变，并且对于相同的通道直径 d_2，通常有 $L_{fixed}<L_a$。这种等离子体炬的弧长由台阶下游气流的气动力特性决定。电弧的伏安特性呈 U 形(曲线 2)。

(3) 带有电极间插入段(IEI)的等离子体炬。对于这种情况，平均弧长 L_{IEI} 在电流强度相对宽的变化范围内也是不变的，但是因为选用了适当长度的插入段，所以有 $L_{IEI}>L_a$。在等离子体炬的主要结构中，电极间插入段由一组电绝缘部件构成。从各部件之间的间隙中通入电弧室的工作气体用来保护电弧室壁免受热对流损坏，并防止各部件之间发生电击穿。在这种等离子体炬中，电弧的伏安特性是轻微下降的(曲线 3)。

图 7.2 给出了三类等离子体炬的名称与型号。这些等离子体炬都是由俄罗斯科学院理论与应用力学研究所等离子体动力学研究室和西伯利亚化工机械制造联合体合作开发的[2]。

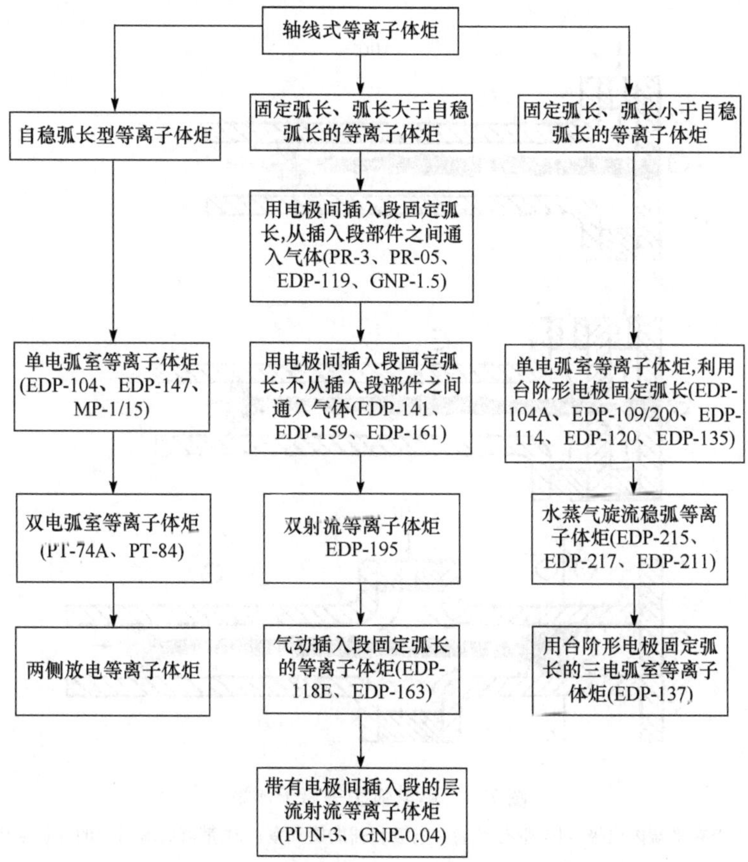

图 7.2　三类等离子体炬的名称与型号汇总

7.2 自稳弧长型等离子体炬

7.2.1 单电弧室等离子体炬

这一类等离子体炬设计最简单,运行可靠。单电弧室等离子体炬有以下几种变型方案:

——带有平端内电极和单旋气室型。对于这种类型,后端电极的材料和工作气体要互相匹配(例如,钨用于惰性气体,锆、铪用于含氧气体)(图 7.3(a))。

——带有辅助旋气室型。辅助旋气室用于通入适当的、不与阴极材料发生化学反应的保护气体,使阴极材料和工作气体隔离开来(图 7.3(b))。

——带有后端封闭的杯状铜电极型(图 7.3(c))。电弧径向段的转动平面 A-A 由管状电极中气体流动的特征、安装在电极上的螺线管的磁场以及其他影响因素决定。

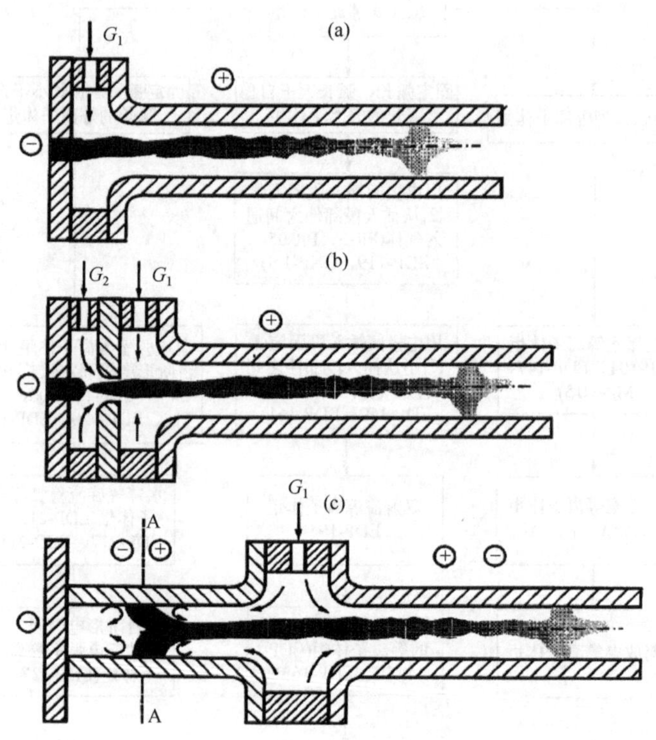

图 7.3 单电弧室等离子体炬

(a) 带有平端内电极;(b) 带有平端后电极和辅助旋气室;(c) 带有后端封闭的杯状电极

在所有这些变型中，输出电极通常都用铜制成。然而，对于有些工艺，有必要采用不同的电极材料，包括铸铁、无磁性钢和基于难熔金属的伪合金，例如钨与铜。

在这些应用中，管状电极的内径大多数情况下都沿长度方向保持恒定，尽管发展出了带有锥管状的电极方案。

对于所有的这些等离子体炬，其电弧的伏安特性都是下降的。这样，在使用具有硬特性伏安特性的电源时，需要在电弧电路中引入可调电阻来确保电弧稳定。

1. EDP-104 型等离子体炬

这是一种小型带有旋气稳定的单电弧室等离子体炬，由俄罗斯科学院理论与应用力学研究所研发(图 7.4)。这种等离子体炬的特征是电弧高度稳定，并且功率可以在 10～50 kW 范围内调节。

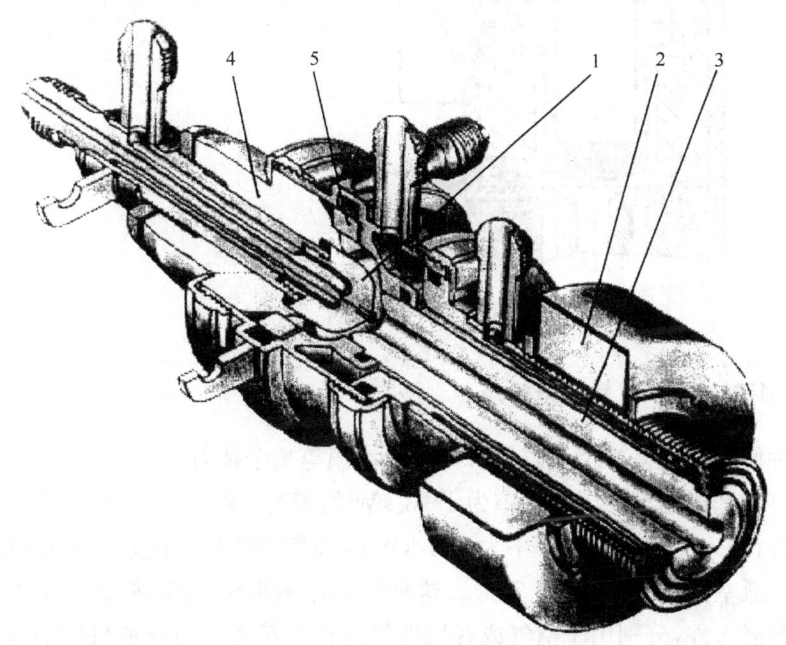

图 7.4　EDP-104 型等离子体炬

1. 内电极；2. 永磁体(或螺线管)；3. 输出电极(阳极)；4. 绝缘材料；5. 工作气体供应部件

这种等离子体炬有两种改进型：自稳弧长型和利用台阶固定弧长型。对于后者，形成电弧伏安特性上升段的主要原因取决于发生在较小直径 d_2 电弧室(图 7.1)中的过程。嵌入水冷铜套的柱状阴极由以下材料制成：钨，工作气体为氩气、氦气、氮气或氢气；锆或铪，工作气体为空气、二氧化碳或水蒸气。

在这种等离子体炬上还可以使用一种多阴极部件(图 7.5)。这个部件能大大延长等离子体炬的连续运行时间,可以应用于任何单电弧室等离子体炬[2]。多阴极部件的形状是一个水冷铜鼓 1,嵌入数个由电子发射材料 2 制成的嵌入件。这些嵌入件的外端与鼓的边缘平齐,并均匀分布在铜鼓的圆周上。嵌入件的数量和间距根据连续运行时间的要求确定,由此也确定激活下一个嵌入件的转动机构的步幅。

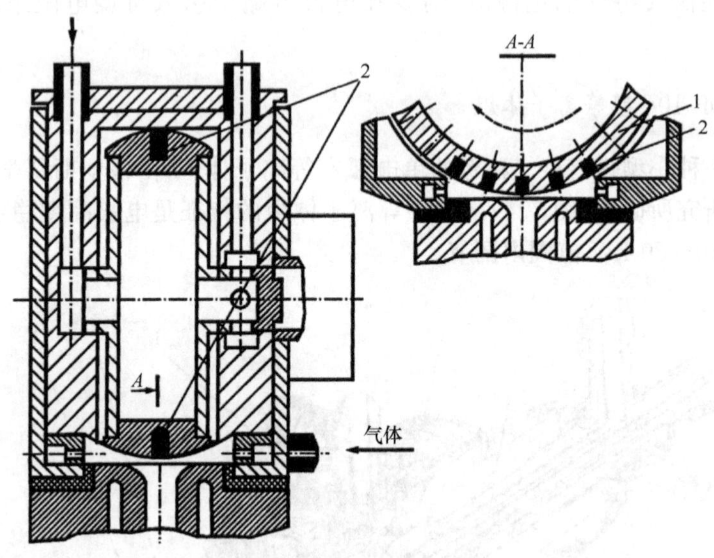

图 7.5 多阴极部件

2. MP-1/15 微型等离子体炬

这种微型炬用来产生小直径(≤1mm)高温等离子体射流。

许多工艺过程都要用到功率为 1~3 kW 的等离子体炬。例如,为了切割布料和薄片材料,人们研发了功率不大于 1 kW 的等离子体炬。这是一个带有旋气稳弧的单电弧室等离子体炬(图 7.6)。这种炬采用铜电极,铜阴极部件 1 上安装了铪或者钨嵌入件,分别用于空气或者惰性气体作为等离子体形成气体的情形。阴极部件采用工业水冷却。永磁体 3 用来移动电弧在阳极 2 内表面的附着段。等离子体射流由孔径为 1 mm 的水冷喷嘴 4(与阳极电绝缘)产生。改进的微型等离子体炬采用由 Cr18Ni10Ti 不锈钢制成的阳极,用水间接冷却(即通过水套冷却)。为这个低弧电压(图 7.7)的等离子体炬研发了一种新型电源(整流器),可以直接接入 220 V 的电网。

使用惰性气体运行时,等离子体炬电极的寿命可达 50 h;使用空气时,不小于

8 h。等离子体炬的热效率达到 0.7。

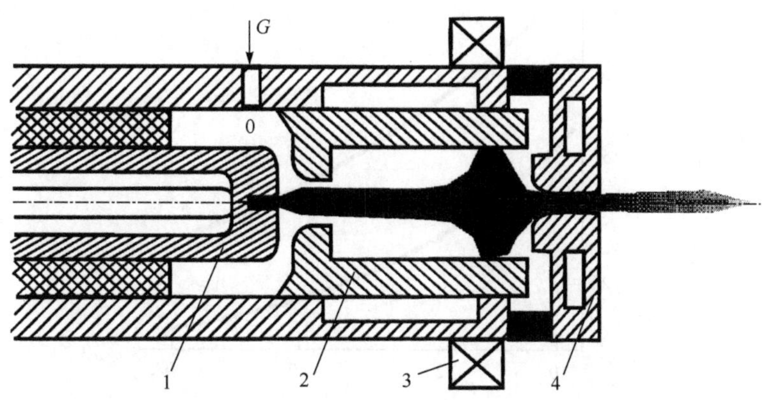

图 7.6　MP-1/15 型 1kW 微型等离子体炬

1. 阴极;2. 阳极;3. 永磁体;4. 喷嘴

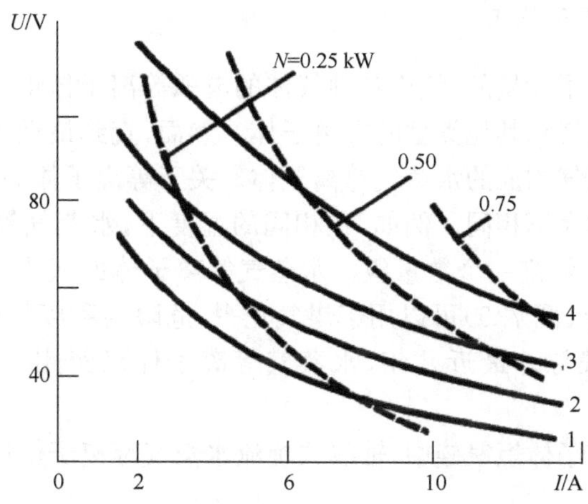

图 7.7　MP-1/15 型等离子体炬中电弧的伏安特性

等离子体形成气体:1,2. 氩气;3,4. 空气;

气体的流量(kg/s);1. 1×10^{-4};2. 1.4×10^{-4};3. 1×10^{-5};4. 4.2×10^{-5}

微型等离子体炬还包括功率达 3.5 kW、带有平端电极的单电弧室等离子体炬[3]。电弧室的示意图与 EDP-104 型等离子体炬相同。这种炬使用空气作为等离子体形成气体;其伏安特性如图 7.8 所示。这种等离子体炬可以运行在大气压下(曲线 1),也可以运行在高气压下(曲线 2)。等离子体炬的效率达 0.7,可以用于燃气涡轮发动机中液体和气体燃料的点火[3]。

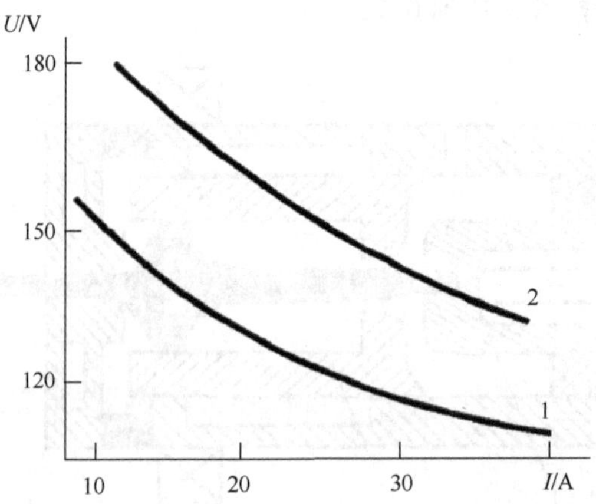

图 7.8 一种等离子体炬($N \leqslant 3.5$kW)中电弧的伏安特性

等离子体形成气体为空气,流量为 8×10^{-4}kg/s;电弧室中的压强(Pa):1. 10^5;2. 5×10^5

3. 水蒸气等离子体炬

世界上发展出了大量的、使用各种气体的电弧等离子体炬方案。这些方案产生了空气、氩气、氢气和其他类型的等离子体。然而,直到最近才有等离子体炬能够产生由氢气和氧气构成的水蒸气等离子体。关于等离子体的特性,这种等离子体与其他气体介质大不相同。例如,在相同的温度下,水蒸气等离子体的比热容几乎比空气等离子体高一个数量级。水蒸气等离子体的氧化-还原特性、生态效益以及高的比热容(图 7.9)可以用于煤气化[4]、危险物和废物处理,以及金属切割和耐热涂料的喷涂。最近几年,水蒸气等离子体已经用于核工业的核燃料生产。

在水蒸气等离子体炬家族中,轴线式旋流水蒸气等离子体炬得到了最充分的发展。

前文已经提到,在气体旋流等离子体炬中,有代表性的工作介质包括空气、氮气、氢气、氩气和其他性质接近理想气体的气体。为了减少水蒸气与理想气体的性质差异,在旋气等离子体炬中使用水蒸气就有必要:

——把水蒸气预热到 250~350℃;

——消除使水蒸气在电弧室冷壁面上凝结的因素,以及电弧室中的其他相关效应。

为了确保电弧燃烧稳定,旋流水蒸气等离子体炬的设计需要满足如下三个条件[5]:电弧室的壁是热的;电弧室为收缩形;在水蒸气等离子体系统的电弧室之前设置稳压器。

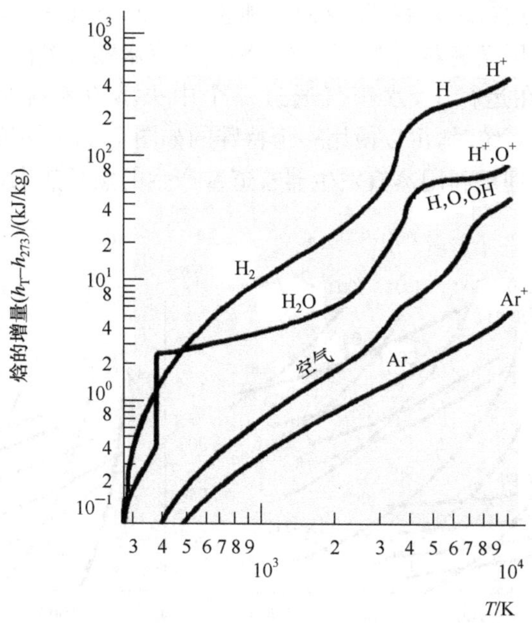

图 7.9 各种气体的焓值随温度升高的变化

俄罗斯科学院西伯利亚分院理论与应用力学研究所研发了一系列不同功率的单电弧室旋流水蒸气等离子体炬(表 7.1)。

表 7.1 旋流水蒸气等离子体炬的主要技术特征[4]

参数	等离子体炬			
	EDP-166、EDP215	EDP-217	EDP-211	EDP201
功率/kW	10～70	60～150	200～500	400～1000
水蒸气等离子体产量/(g/s)	0.5～3.0	1.0～5.0	5.0～30	10～60
最大电流强度/A	250	500	800	800
效率/%	50～70	60～70	60～75	70～80
保护气体(N_2)流量/(g/s)	—	0.5～0.7	0.5～1.0	0.5～1.0
阴极寿命/h	30	100	100	100
阳极寿命/h	300	300	300	300
质量/kg	1.25	12.5	42	82
尺寸/m	0.192×0.11×0.26	0.34×0.26×0.2	0.64×0.27×0.25	0.84×0.34×0.30

在利用水蒸气运行之前,等离子体炬电弧室壁的温度需要加热到水蒸气的饱和温度以上。对蒸汽的加热是先让等离子体炬采用空气中运行 2～3 min,然后平

稳切换成水蒸气。运行结束后，需要向电弧室中通入空气 3～5 min，完全去除湿气。等离子体炬利用振荡器引弧。不同功率的旋流水蒸气等离子体炬的伏安特性如图 7.10 所示。在运行中，水蒸气通过一个中央蒸汽系统将其预热到 250～350℃；当没有这个系统时，可以使用一个特殊的如图 7.11 所示的蒸汽发生器。蒸汽发生器的工作原理是利用蒸汽发生器管道壁产生的焦耳热来加热管道中连续流过的冷却水。

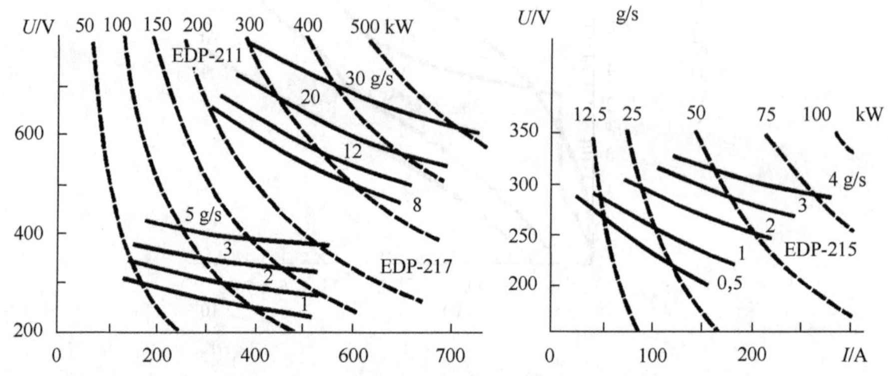

图 7.10　旋流水蒸气等离子体炬 EDP-217、EDP-211 和 EDP-215 在不同气体流量下的伏安特性

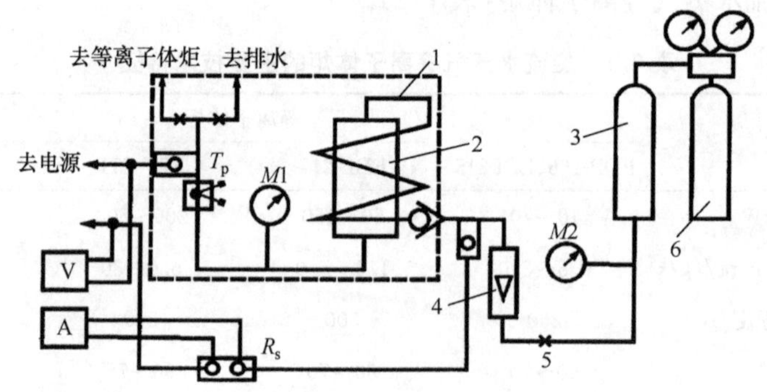

图 7.11　蒸汽发生器系统

1. 螺旋管；2. 稳压器；3. 储水器；4. 转子流量计；5. 调节阀；6. 压缩空气瓶

所用的电源是一台直流稳压电源，其功率和伏安比与给定的蒸汽发生器有关。直流电加热水蒸气发生器(PGPE-3)的主要技术参数如下：

初始工质	蒸馏水或者化学纯净水
螺旋管电阻/Ω	0.7
水蒸气产量/(g/s)	5～30

水蒸气温度/℃	≤400
水蒸气压力/10^5 Pa	≤20
功率/kW	≤100
尺寸/m	0.66×0.6×1.23
质量/kg	90

4. 重油点火用等离子体炬

在某些工艺中，例如对一个能源锅炉的重油射流进行等离子体点火，有必要同时使用几支等离子体炬。有些等离子体炬工作时间很短(至多 1 min)，另一些则要运行几个小时。为此，研发了一种先进等离子体炬。在该等离子体炬中，当运行时间长时，承受热负荷的部件采用水冷；当运行时间短时，采用空气冷却[6]。

图 7.12 是这种等离子体炬的示意图。对阳极 5 采用间接冷却，即只对包含阳极的套筒 6 进行水冷或者空气冷却。这样能够避免在阳极水套 7 中使用密封圈，而直接冷却时则需要。带有热化学嵌入件(标准件)的阴极 3 压入铜阴极座 1 中，同样不使用密封圈，从而提高了部件运行的可靠性。

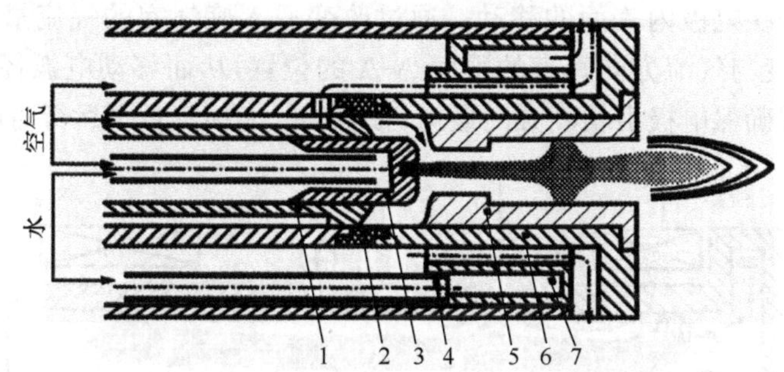

图 7.12　用于重油点火的等离子体炬(水或空气冷却)

1. 阴极座；2. 绝缘材料；3. 阴极；4. 给水管；5. 阳极；6. 阳极套；7. 水通道

用水冷却时，水通过给水管 4 流入阳极座的空腔 7 中。由于阳极冷却水消耗量小(不大于 80 g/s)，对重油射流点火时，水可以排入燃烧室内(尽管从其他管道通入冷却水时也可以以同样方式排放)。阴极的冷却采用传统的、对后端电极进行对流冷却的方法来实现。

利用空气冷却阳极时，空气围绕阳极固定器件的表面流动，然后通入燃烧室。空气以相似的方式沿阴极固定器件流动，部分空气进入电弧室，其余部分进入冷却阳极固定器的空气供应通道。冷却空气还通入阴极部件内部。

这种等离子体炬的阳极呈圆柱状，由铜制成，并带有台阶，因此电弧的伏安特性有上升段，如图 7.13 所示。用水冷却时，电极的运行时间可达 10 h。等离子体炬的热效率约为 0.75。

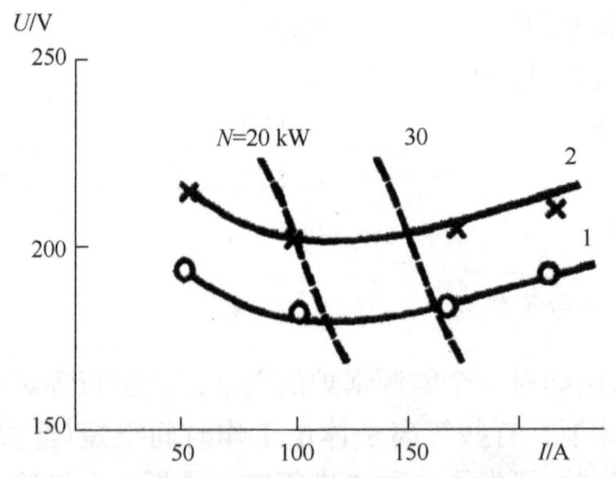

图 7.13　重油点火用等离子体炬中电弧的伏安特性

空气流量(kg/s)：1. 1.8×10^{-3}；2. 2.5×10^{-3}

7.2.2　双电弧室等离子体炬

在工业中，除了单电弧室等离子体炬之外，还使用了管状电极双电弧室轴线式等离子体炬(图 7.14)。为了降低电极的比烧蚀，等离子体炬的电极上安装了螺线管来强化弧斑在电极内表面的移动。通过改变通入旋气室的气流量 G_1 与 G_2 的比值，可以改变与气流方向垂直的平面 A-A 的位置，从而移动电弧径向段旋转的平面。这样就确保电极沿长度方向最均匀地消耗，大幅延长了运行时间。

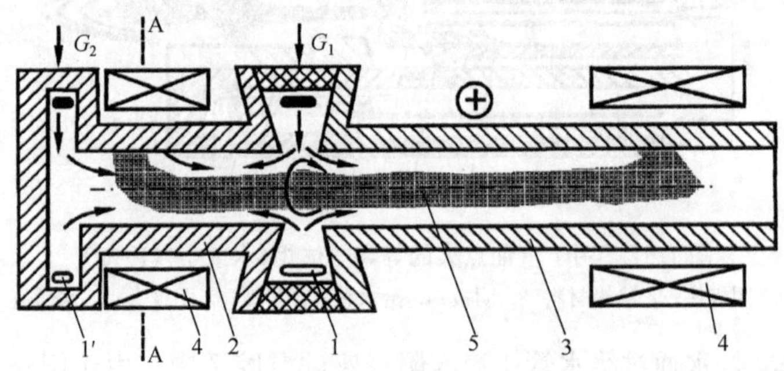

图 7.14　双电弧室等离子体炬

1,1′. 旋气室(G_1、G_2 是通入旋气室的气流量)；2. 圆管状阴极；3. 阳极；4. 螺线管；5. 电弧

双电弧室等离子体炬在选择工作气体种类和电流强度等方面的限制较少。根据工作气体的种类，阳极和阴极材料可以是铜、特殊铸铁、钨粉压制的材料、不锈钢或者其他材料。在这种等离子体炬中，电弧的伏安特性是下降的。

7.2.3　带有延伸电弧的双电弧室等离子体炬

EDP-212 型双电弧室等离子体炬[7]是 EDP-119 等离子体炬改进型[8,9]。这种等离子体炬的特点在于具有非同寻常的输出电极——阳极构型(图 7.15)。它的阳极是台阶形电极(参见图 1.8)的改进型。在这种阳极上,扩张角 $15° < \alpha < 90°$,这意味着气流可能会发生失稳。做出这种谨慎估计的原因在于通道的扩张段内产生热量,使无分离气流的角度可能大于 15°。此外,大部分锥面上的弧斑烧蚀形貌也表明不存在气流的分离。对于选定的这种设计方案,一部分旋转的电弧环被吹到开放空间中,提高了电弧与周围介质相互作用的效率。

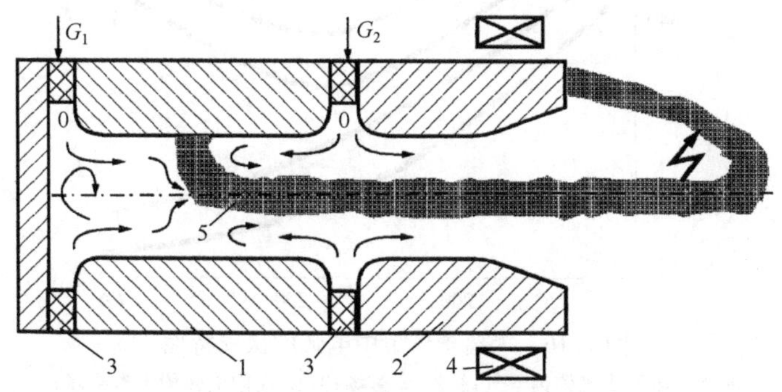

图 7.15 EDP-212 型双电弧室等离子体炬

1. 阴极;2. 阳极;3. 旋气室;4. 螺线管;5. 电弧

这种等离子体炬有两个用来通入等离子体形成气体的旋气室(3)和两个电极:管状内电极(阴极)(1)和改进型台阶形电极(阳极)(2)。两个电极都由铜制成。在流量分别为 G_1、G_2 的等离子体形成气体的旋流作用下,部分电弧被稳定在电弧室轴线上。在从旋气室流出的气流接触的区域内有电弧的径向部分(闭合部分)。在气动力作用下,弧斑在阴极表面沿角向转动。阳极弧斑除了在气动力作用下转动之外,还被与电弧串联的电磁螺线管(4)驱动。

没有采用磁力驱动时,电弧的伏安特性是下降的(等离子体形成气体是空气,如图 7.16 中的曲线 1 和 2 所示);施加磁场后,伏安特性变成 U 形(图中的曲线 3 和 4),并且伏安特性的下降段取决于弧长的缩短,这种缩短是由电流强度增大时电弧环中发生的分流造成的。因为气体的温度升高,电弧环的击穿电压随着电流强度的增大而降低。当螺线管与电弧串联时,可以观察到一些细微的差异。作用在电弧上的电磁力增大了电弧的近电极段和整个电弧环的转动速度,这样就增强了电弧单元对周围空间冷气体的作用,提高了电弧环中的电场强度和击穿电压,阻止弧长的减小,使伏安特性曲线出现上升段。在伏安特性的上升段,电弧稳定炽燃而电路中无需任何镇流电阻。施加磁场后,阳极的比烧蚀降低了。为了延长阴极的工作寿命,可以很方便地采取多种措施,这些在第 10 章中会有详细的描述。

EDP-212 型等离子体炬目前用于煤粉点火、锅炉无重油点火、液排渣锅炉中煤粉射流的稳燃和液态熔渣的稳定产生。考虑到该型等离子体炬结构复杂,在实际应用中输出电极上并没有安装电磁螺线管。该型等离子体炬在热电厂条件下长期实际运行的状况表明，阴极的工作寿命不低于 250 h，阳极的寿命是阴极的两倍。等离子体炬的热效率约为 0.8。

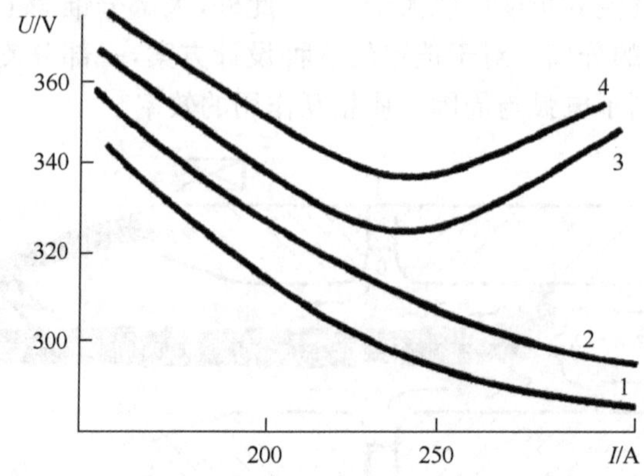

图 7.16　等离子体炬中电弧的伏安特性

等离子体形成气体为空气；1，2. 无磁场；3，4. 在阳极弧段上有磁场；

每个旋气室的空气流量：1. 3. 6×10^{-3}kg/s，2. 4. 8×10^{-3}kg/s

7.3　利用台阶形电极固定平均弧长的等离子体炬

图 7.17 是经过最简单变型的等离子体炬的示意图。这类装置的主要特点是具有台阶形输出电极——由两个直径不同的圆筒构成，其中 $d_3>d_2$，并且 $d_3/d_2=1.8$。

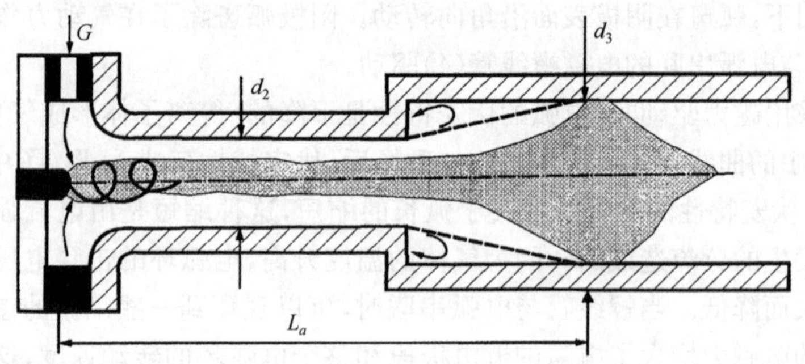

图 7.17　利用台阶固定平均弧长的等离子体炬

阳极通道的突然扩张在台阶后创造了气动力条件，使电弧直接在气流失稳区后面发生优先分流(第 2 章)。这样一来，平均弧长在决定性参数(如电流强度、气流量和气体消耗量)在相当宽的变化范围内就保持恒定(当 L_2 和 d_2 为定值时)。

在这种等离子体炬中，电弧的伏安特性呈 U 形。在实际应用中，我们感兴趣的是曲线的上升段(图 7.18)。这一段的特征是，即使电源为硬特性、电路中没有任何镇流电阻，电弧也能以接近于 1 的效率稳定地燃烧(U_s 为电源电压)。

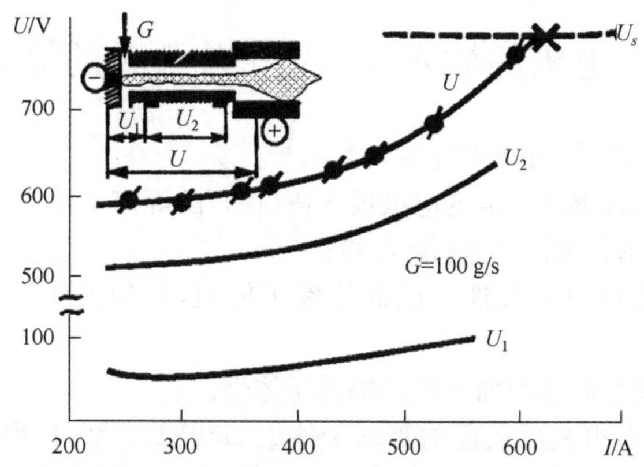

图 7.18 带有台阶形阳极的等离子体炬中电弧的伏安特性($U=f(I)$)

采用台阶形电极固定平均弧长的单电弧室方案应用在 EDP-107A、EDP-120 等类型离子体炬中，以及这些等离子体炬的诸多改进型中。

这些等离子体炬的主要部件与自稳弧长型相同，只是输出电极被分为两个独立的部分——台阶前的过渡段和阳极。这两个部分可以具有相同的电位，也可以彼此绝缘。

阴极材料采用钍钨或者镧钨，边缘平齐地嵌入铜座；或者采用钨棒，用夹头夹持。

这类等离子体炬用在中试工厂和试验系统中用来加热空气、氧气、氮气(EDP-107A、EDP-135)、氢气、氢气与甲烷的混合气(EDP-120)等，以及用于等离子体化工工艺中。图 7.19 是功率为 1000 kW 的 EDP-120 型等离子体炬(剖视图)。

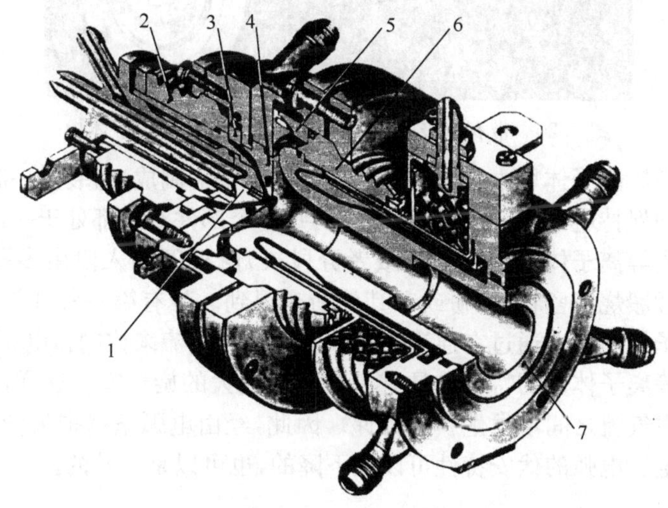

图 7.19 带有台阶形阳极、功率达 1000 kW 的 EDP-120 型等离子体炬的剖视图

1. 阴极；2，6. 绝缘材料；3. 保护气体通入部件；4. 电极间插入段；5. 工作气体通入部件；7. 阳极

7.4 利用电极间插入段固定平均弧长的等离子体炬

这类等离子体炬[10]可以细分为三类：

(1) 带有圆盘状部件组成的电极插入段(IEI)的等离子体炬，部分工作气体以流量 g_i 从插入段部件之间通入(图 7.1)；

(2) 带有多孔材料电极插入段的等离子体炬，部分工作气体从插入段孔中通入；

(3) 带有气动力电极间插入段的等离子体炬。

图 7.20 是带有电极插入段的等离子体炬 GNP-1.5 型，功率达 1500 kW。这种等离子体炬设计用来加热空气、氮气、氢气以及氢气与甲烷的混合气。电极和插入段都用水冷却。炬质量达 40 kg，总长度为 0.3～0.8 m。

图 7.20 带有电极间插入段的 GNP1.5 型等离子体炬

在第一类等离子体炬中，电极间插入段(通常由铜制成)组装在一起，彼此之间以及与电极间保持电绝缘。这样，插入段的每一个部件对地都处于一定电位。

在第二类等离子体炬中，(连续或者分段式)电极间插入段由多孔材料制成。多孔材料通过煅烧陶瓷粉、钨粉或者其他粉末得到。带有第一种和第二种电极插入段的等离子体炬可以通过在通道初始段产生湍流气流来控制弧电压。

第三类等离子体炬的特征是具有一个直径很大的旋气室。这样，电弧炽燃的轴向气流与主气流之间不发生质量传递。因此，经由电弧室壁损失的热量主要由电弧辐射决定。电弧的伏安特性可以是下降的，也可以是上升的。

模块化等离子体炬

上述三种等离子体炬的实验结果都被用于发展带有模块化电极间插入段的等

离子体炬的原型设计：一组电极间插入段模块用来形成功率为 1.5 M～10MW 的等离子体炬（对于功率小于 1 MW 的等离子体炬，推荐采用台阶形电极方案）。图 7.21 是带有电极插入段的模块化等离子体炬 GNP-10 型，功率达 10MW，用于冶金和化工工业。

第 5 章和第 6 章导出的方程可以用来对带有分段式电极插入段和沿插入段通入气体的等离子体炬进行工程计算，以及计算带有多孔电极插入段的等离子体炬。

利用第 5 章和第 6 章导出的方程计算了功率为 0.75 MW、1.5 MW、5 和 10 MW 的等离子体炬的伏安特性和热特性，计算结果与实验测量值符合得非常好。

图 7.21　功率达 10 MW 的 GNP-10 型模块化等离子体炬

7.4.1　加热氢气和含氢介质的等离子体炬

理论与应用力学研究所的研究者和新西伯利亚化工机械设计联合体的专家合作研发了一系列加热氢气和含氢气体的等离子体炬。他们研发的等离子体炬的功率范围很广，从 100 kW 到 10 MW。他们采用了两种轴线式等离子体炬方案：台阶形电极固定平均弧长的炬和带有电极插入段的炬。在本部分将关注这些等离子体炬的一些特征。

用台阶形电极固定平均弧长的等离子体炬：EDP-109/200 型、EDP-114 型、EDP-120 型。

EDP-109/200 型等离子体炬是单电弧室轴线式等离子体炬，带有台阶形输出电极，主要用于加热氢气和氢气与甲烷的混合气[11]。采用台阶型电极的设计方案是为了获得上升的电弧伏安特性，从而可以利用具有硬伏安特性的电源运行。

这类等离子体炬的示意图如图 7.22 所示。该型等离子体炬的主要部件包括：阴极 4、触发极 2、台阶形阳极 5、保护气体通入部件 3 和工作气体通入部件 1。钍钨或者镧钨阴极材料嵌入阴极 4 的铜座内，用钎焊工艺固定。触发极 2 是铜制圆盘，内径 $d-1.6\times10^{-2}$ m。铜阳极的尺寸为 $d_2=0.8\times10^{-2}$m，$d_3=1.6\times10^{-2}$ m，阳极长度 $l=l_2+l_3(9\sim15)\times10^{-2}$m。螺线管 6 安装在阳极上确保电弧在阳极输出段的工作表面上均匀运行。

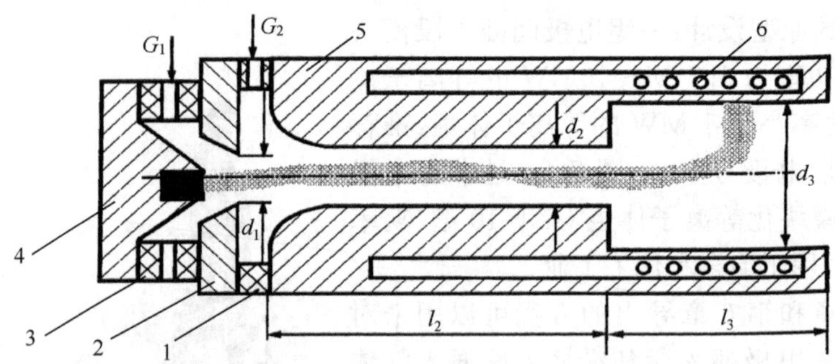

图 7.22　利用台阶固定平均弧长的 EDP-109/200 型等离子体炬

图 7.23 是氢电弧的伏安特性(曲线 1)。当 $l_2 \leqslant 3\times10^{-2}$ m 时,U-I 特性曲线是上升的,并且位于计算得到的自稳弧长电弧的特性曲线(曲线 2)上方;当电流强度大于 530 A 时,U-I 特性曲线的位置更高。这与台阶形电极等离子体炬中电弧的伏安特性的形成机制定性保持一致,文献[12]对这种机制进行了描述。进一步增大电流强度,会使曲线 1 和 2 重合。当 $l_2 < 3\times10^{-2}$m、电流强度在 300～600 A 的范围内时,电弧稳定运行,分流只发生在台阶后。

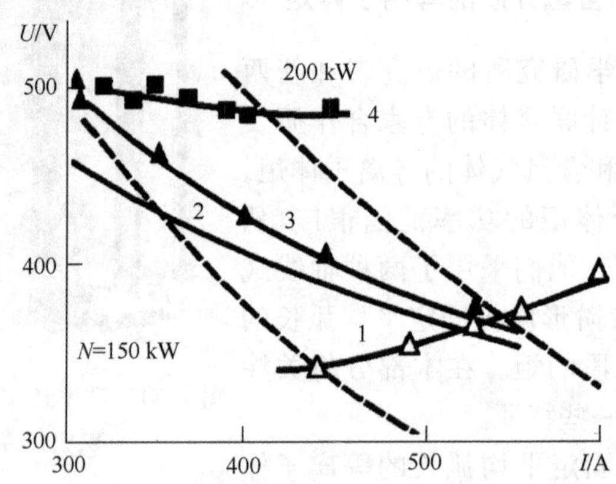

图 7.23　在用台阶形电极固定平均弧长的等离子体炬中氢电弧的伏安特性

等离子体炬的出口压强是 1.4×10^5 Pa,氢气流量为 1 g/s,$d_2 = 0.8\times10^{-2}$ m,$d_3 = 1.6\times10^{-2}$ m

1. $l_2 = 3\times10^{-2}$ m;2. 直径为 8×10^{-3} m 的圆管状阳极的等离子体炬的计算曲线;

3. $l_2 = 3.9\times10^{-2}$ m;4. 通入混合气体:0.83 g/s 的氢气+0.95 g/s 甲烷,此时 $l_2 = 5\times10^{-2}$ m

当 $l_2 = 3.9\times10^{-2}$ m 时,氢电弧的伏安特性(曲线 3)几乎完全与计算得到的曲线 2 重合,这是因为在电极直径为 d_2 的位置,即台阶前,发生了电弧分流。在这种情况下,弧电流和弧电压脉动的幅度自然就增大了。

如果工作气体是氢气和甲烷的混合气,在 $l_2 = 5\times10^{-2}$ m 的等离子体炬中电弧的伏安特性位于氢电弧伏安特性的上方(比较曲线 3 和 4),并且电弧是稳定的。

图 7.24 给出了等离子体炬的热效率与电流强度的关系。当 $l = 9\times10^{-2}$ m、电

流强度为 $I=400$ A 时，$\eta=0.72$(曲线 1)；氢等离子体射流的温度达到 3400 K。然而，当其他参数相同，阳极总长度为 $l=11.6\times10^{-2}$ m(曲线 2)时，等离子体炬的效率下降到 $\eta=0.6$。向工作气体中加入甲烷(气体总流量保持恒定)，η 的值会增加到 0.75(见曲线 2 和 3)。

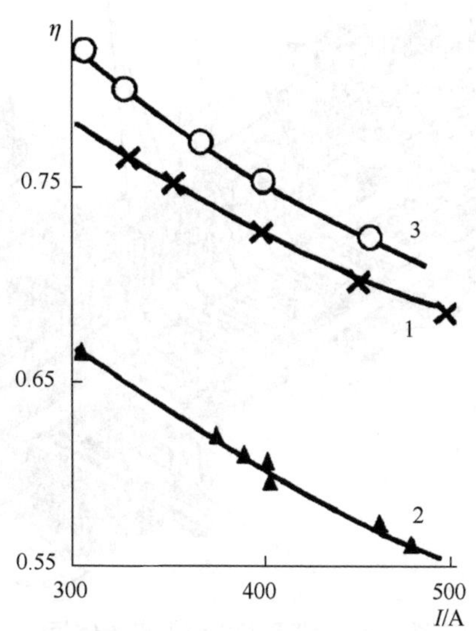

图 7.24　等离子体炬的热效率与弧电流的关系

$p=1.4\times10^5$ Pa，$d_2=8\times10^{-3}$ m，$d_3=1.6\times10^{-2}$ m，$l_2=5\times10^{-2}$ m；

1，2. $G_{H_2}=1$ g/s，l 分别为 9 和 11.6 cm；

3. $G=0.9$ g/sH_2+0.8 g/sCH_4，$l=11.6\times10^{-2}$m

根据文献[2]，在电流强度直到 500 A 的范围内，这类等离子体炬的阴极的持续运行时间不少于 100 h，阳极不少于 300 h。

EDP-114 型和 EDP-120 型等离子体炬的设计方案相同。EDP-114 型等离子体炬的特征是没有中间电极(触发极)和保护气通入部件。EDP-109/200 型和 EDP-114 型等离子体炬的工作参数相同。

EDP-120 型等离子体炬的特征是额定功率更高(高达 1 MW)。当氢气流量为 6～10 g/s 时，计算得到的(被加热后)氢气的温度达到 3200 K。这些等离子体炬的描述和特性可以在广告材料[2]中找到。

带有分段式电极插入段的 EDP-119 型等离子体炬

为了对炽燃在种类不同的气体湍流中的电弧进行物理研究，我们研发了 EDP-119 型等离子体炬。EDP-119 型带有分段式电极间插入段，在沿通道分布的插入段之间通入部分工作气体(图 7.25)。EDP-119 型的插入段是一组分别冷却的圆盘状部件，这些部件彼此之间以及与电极间保持电绝缘。这样，能够在很宽的范围内改变弧电压、确定电弧的局部电特性和热特性，以及进行各种光谱研究等。这种等离子体炬的设计方案被证明是可靠和成功的。该型等离子体炬作为中试装置的主要工作等离子体炬运行了多年,用于裂解汽油和碳氢化合物,以及处理有机氯生产工艺中的废物。EDP-119型等离子体炬还被用于许多氢电弧特性的研究过程。

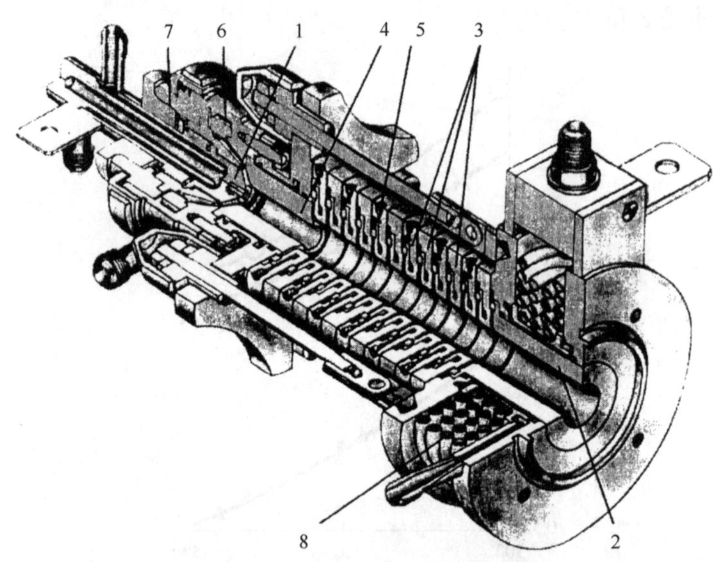

图 7.25　EDP-119型等离子体炬

等轴图:1. 阴极;2. 阳极;3. 电极间插入段;4. 触发极;5. 工作气体通入部件;6. 保护气体通入部件;7. 绝缘件;8. 螺线管

当平均质量温度比较低时,氢电弧的伏安特性呈硬特性或者轻微下降。在平均质量温度为3500~3800 K的范围内,氢电弧的特性曲线如图7.26所示。在此情形中,当电流强度为600~700 A时,等离子体炬工作在氢等离子体输运系数为反常值的范围内。向氢气中加入甲烷(体积含量达12%,见曲线4)之后,弧电压增加了10%~15%,电场强度也相应增大,而U-I特性曲线的形状几乎保持不变。

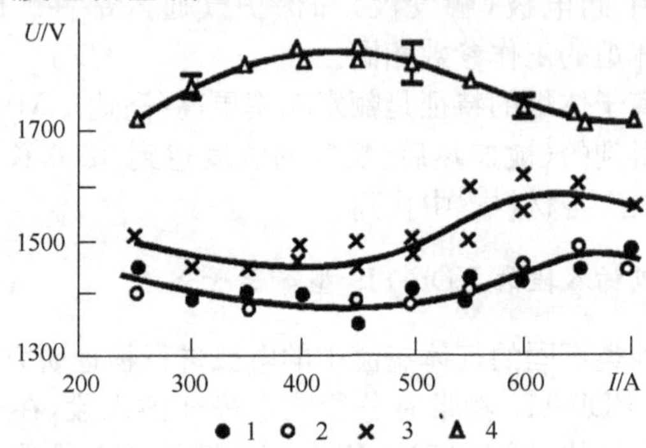

图 7.26　EDP-119型等离子体炬中氢电弧的伏安特性

G,g/s;p,$\times 10^5$ Pa:1.7,1.1~1.4;2.8,1.1~1.4;3.5,1.2~1.6;4.7,2

当电流强度为 300 A 时，该型等离子体炬的热效率为 0.92～0.96，700A 时为 0.8～0.9。这两种情形的热效率数据都是在氢气中添加了 8%(体积比)的甲烷之后获得的。

当电流强度达 700 A 时，根据实验结果，电极的持续运行时间为：后端钨阴极是 100～250 h，圆管状阳极是 200h。

该型等离子体炬的等轴图和技术特征见材料[2]。

带有分段式电极间插入段的 GNP-1.5 型等离子体炬

该型等离子体炬由应用力学研究所与新西伯利亚化工机械设计联合体合作开发。设计统一标准的工业等离子体炬——带有分段式电极间插入段的 GNP-1.5 (图 7.20)的目的是加热氢气和其他气体，以及混合气体，其功率范围为 300～1500 kW。这种等离子体炬的主要结构与 EDP-119 的并无不同。该型等离子体炬属于旋气稳弧的电弧气体加热器，由多阴极部件[13]、阳极和彼此电绝缘的部件组成的电极间插入段构成[14]。

当额定功率为 750 kW 时，GNP-1.5 型等离子体炬中的氢电弧的典型伏安特性如图 7.27 所示。可以认为，在所研究的参数范围内氢电弧的 U-I 曲线是硬特性的。为了便于比较，图中还给出了这种等离子体炬用氮气运行时的特性曲线(曲线 4)。从图中可以看出，氢电弧的电压是氮电弧电压的两倍多。

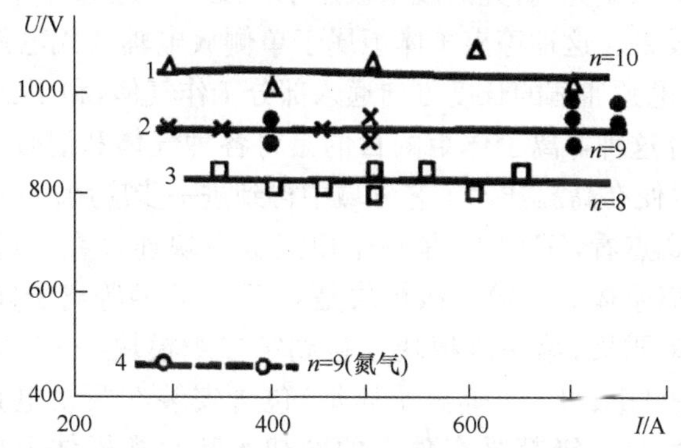

图 7.27　在 GNP-1.5 型等离子体炬中氢电弧的伏安特性

$d=2$ cm，$p=(1.2\sim1.5)\times10^5$ Pa，n 为电极间插入段的数目；

G(g/s)，G_0(g/s)分别为：1.4 和 1；2、3. 3.75 和 1；4. 12 和 3.5

GNP-1.5 型等离子体炬中的电场强度分布和热特性参见第 5 章和第 6 章。

多阴极部件的工作寿命超过 1000 h。GNP-1.5 的输出电极——阳极的工作寿命约为 200 h。

功率高达 5000kW 的 PR-0.5 型等离子体炬

设计这种等离子体炬的目的是用于工业等离子体化工系统中[2]。GNP-1.5

和 PR-0.5 这两种型号的设计都考虑了工业运行的要求：水、气供应系统中不采用多条软管，水和气通过等离子体炬本体中的内部通道通入等离子体炬的部件中。此外，还采取了一些措施来确保安全，譬如等离子体炬通过密封馈线与电源连接。图 7.28 给出了运行在 PR-0.5 型等离子体炬中的电弧的伏安特性。工作气体可以选用空气、氮气、氢气或者天然气。

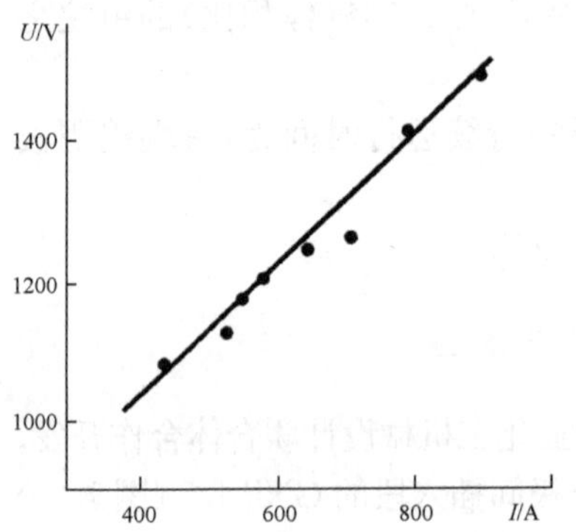

图 7.28　燃烧在 PR-0.5 型等离子体炬中的空气弧的伏安特性

$G=100\times10^{-3}$ kg/s；阴极保护气是氩气，流量为 $G_{Ar}=7$ m³/h；$d=30\times10^{-3}$ m，$\bar{a}=20$

高功率等离子体炬——GNP-10

在化工工业和冶金工业中，生产能力强大的工艺需要功率达几十兆瓦的等离子体炬甚至等离子体炬组。建造和测试这些等离子体炬需要解决许多科学问题和工程问题[15]。这些问题包括：使等离子体化学工艺中采用的长达几米的电弧在不同气体中成功引燃并稳定燃烧、保证等离子体炬的连续工作寿命足够长等。通过与新西伯利亚化工机械设计联合体合作，理论与应用力学研究所对带有分段式电极插入段的等离子体炬进行了深入研究，研究的成果被用于开发功率达 10 MW 的 GNP-10 型等离子体炬的原型设备。这种等离子体炬属于单侧放电轴线式电弧气体加热器，采用旋气稳弧，并沿电弧通道的长度方向通入部分工作气体，利用磁场驱动电弧的阳极部分旋转。设计这种等离子体炬的目的是将各种气体和混合气加热到 2000～6000 K 的温度，以便在高温技术工艺领域中得到进一步应用。

从设计者的观点看，GNP-10 是一个由三级模块连接在一起的、带分段式电极间插入段的等离子体炬。第一级模块是 GNP-1.5 型等离子体炬，这部分含有单个阴极或者转动阴极；第一级模块连接到第二级模块——GNP-5 型等离子体炬上；第三级模块（GNP-10 型等离子体炬）包含安装有驱动电弧的螺线管的阳极。这三级模块的每一级都具有独立的冷却水和等离子体形成气体供应系统（图 7.21）。

GNP-10 型等离子体炬的电源是标准的高压稳压整流电源。为了使等离子体炬能够可靠引弧，特别研发的 RC 启动电路通过电极间插入段的某些部件的接线端连接到等离子体炬的电路上。

采用氢气运行时，在 GNP-10 型等离子体炬中和各模块中电弧的典型伏安特性如图 7.29 所示。这时，由于等离子体炬没有运行在额定工况下（减小了电极间插入段的长度、降低了气流量，并且电流强度不高于 500A），最大功率只有 4 MW（曲线 3）。在同一幅图中的曲线 4 表示 GNP-10 型等离子体炬的热效率，等于 0.7～0.8。

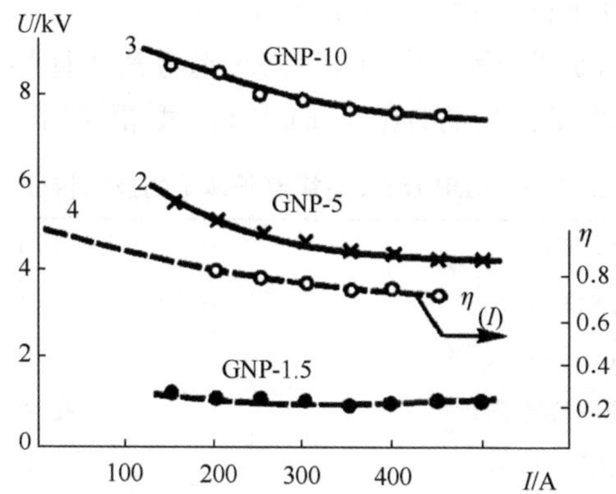

图 7.29　在 GNP 系列等离子体炬中燃烧的氢电弧的典型伏安特性曲线
$p=1\times10^5$ Pa；G，g/s：1. 4；2. 7. 5；3. 15；4. GNP-10 的热效率

我们在对这种等离子体炬试验的过程中研究了电极烧蚀。如前所述，转动阴极的持续运行时间大于 1000 h，阳极的预期寿命是 400 h。

在更高气压下加热空气的 EDB-185A 型等离子体炬

在一些等离子体化学工艺中，很适合使用运行在压强达 10^6 Pa 甚至更高的电弧氢气加热器。在 EDP-119 型等离子体炬上进行了更高气压下运行的初步试验[16]。为此，在这种等离子体炬的末端安装了喷嘴，以便于在$(2\sim6)\times10^5$ Pa 的范围内调节等离子体炬通道中的压强。

下面将讨论在这种等离子体炬中电弧的总体特性。电弧的伏安特性是轻微下降的。在这个带有 5 个电极间插入段部件（含触发极）的等离子体炬中，当电流强度增大到 300～600 A 时，弧电压下降了 100～150 V；当通道中气压增加$(1\sim5)\times10^5$ Pa 时，弧电压几乎加倍（800～1400 V）。当氢气流量为 $G=3\times10^{-3}$ kg/s 时，等离子体炬的热效率与电流强度和气压的关系见表 7.2。

表 7.2　EDP-119 型等离子体炬的热效率与电流强度和气压的关系

电极间插入段部件的数量	I/A	$p\times10^5$/Pa	η
5	300	2.56	0.87
	500	4.4	0.7
	600	5.3	0.54
10	300	2.9	0.7

由上表可知，随着等离子体炬通道中氢气压强的升高，等离子体炬的热效率大幅降低。当气压高于 5×10^5 Pa 时，电弧产生的热量高达 50%被通道壁吸收。这

样，通道内表面的热流密度达到了冷却系统的极限值。因此，当通道中的气压更高时，对等离子体炬部件进行有效的冷却是首要任务。

考虑了上述结果，研发、设计了 EDP-185A 型等离子体炬，运行在压强更高的氢气通道中。这种等离子体炬的方案与 EDP-119 型相同(表 7.3)。

表 7.3　EDP-185A 型等离子体炬的技术特征

额定功率/kW	750
额定电流强度/A	600
氢气流量/(g/s)	4
等离子体炬通道中的气压/Pa	高达 6×10^5
热效率	>0.5
插入段部件的数量 n	5

EDP-185A 型等离子体炬在两种气压下的伏安特性如图 7.30 所示。从图中可以看出，当 $I>400$ A 时，特征曲线几乎是硬特性或者略微上升。

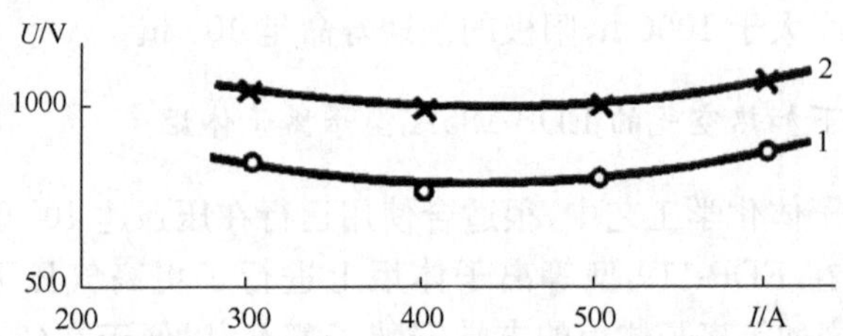

图 7.30　EDP-185A 型等离子体炬中的电弧的伏安特性

氢气流量 $G=4$ g/s，压强 $p=2.2\times10^5$ Pa(曲线 1)和 $p=3\times10^5$ Pa(曲线 2)

这种等离子体炬的热效率与输入单位体积气体的能量的关系如图 7.31 所示。当通道内的气压为 3×10^5 时，额定参数下的热效率不低于 0.6。

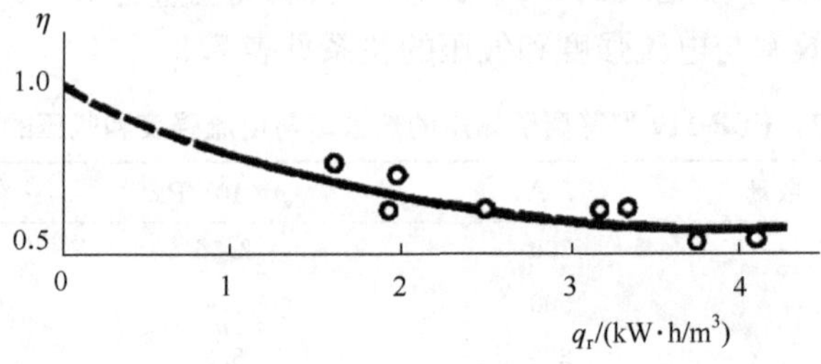

图 7.31　EDP-185A 型等离子体炬的热效率与输入单位体积气体的能量的关系

这种等离子体炬在给定的参数范围内运行稳定。然而，由于钨阴极在高气压下经不起长期运行，这就导致等离子体炬的持续时间不超过 1～2 h。为了发展在更高气压下运行的工业等离子体炬，必须解决阴极的可靠性问题。

7.4.2　喷涂用一体化等离子体炬(PUN-3)

这种等离子体炬设计用来在各种机械部件和设备上沉积涂层。PUN-3 型等离子体炬属于带有电极间插入段的轴线式电弧气体加热器。与现有的由俄国和国外生产的喷涂等离子体炬相比，插入段的存在使这种等离子体炬可以在低弧电流下获得所需的功率，并大幅降低等离子体炬喷射出的气流的速度和温度的脉动。PUN-3 型等离子体炬能够保证喷涂结果的再现性，可以用于自动化系统和流水作业中来生产有喷涂层的部件[2]。

PUN-3 型等离子体炬的技术参数

额定功率/kW	30
工作电流/A	170～200
工作气体/A	N_2、Ar、He 及这些气体的混合气
持续运行时间/h	40
粉末使用量/(kg/h)	
金属	13
陶瓷	5
复合材料	7
等离子体炬质量/kg	1.8

PUN-3 型等离子体炬安装在等离子体喷涂设备 UMP-7 系列产品上。

7.5　分裂弧等离子体炬

电弧等离子体技术应用范围的扩展迫切要求解决诸多问题。其中最重要的一项是在大幅增大弧电流的同时能够延长电极的工作时间。对文献资料的分析表明，一些由可能解决电极工作寿命问题的方法，与分裂电弧——把电弧或者部分电弧分裂成几个导电通道(电弧单元)——有关。每个导电通道的回路中不论有还是没有镇流电阻，均要求分裂的电弧燃烧稳定。

把电弧分裂开来，使电弧单元的弧斑附着到电极的不同部位上，这样能够：

——从总体上延长电极的使用寿命；

——控制一定容积内的等离子体产生的能量；

——提高等离子体炬的功率，因为总的电弧电流增大了，等等。

现在来研究这类等离子体炬的一些基本结构。

7.5.1　电弧阳极段沿纵向分裂的等离子体炬

从技术实现的角度看，这类系统比较简单，它是在发展带有电极间插入段的等离子体炬的过程中发展起来的。这种等离子体炬的典型方案如图 7.32 所示[17,18]。在该图中等离子体炬的阳极和电极间插入段的部件都通过镇流电阻连接到电源上。这样就能够分裂阳极中的电弧，通过改变镇流电阻的阻值及比例来保证放电的稳定性。

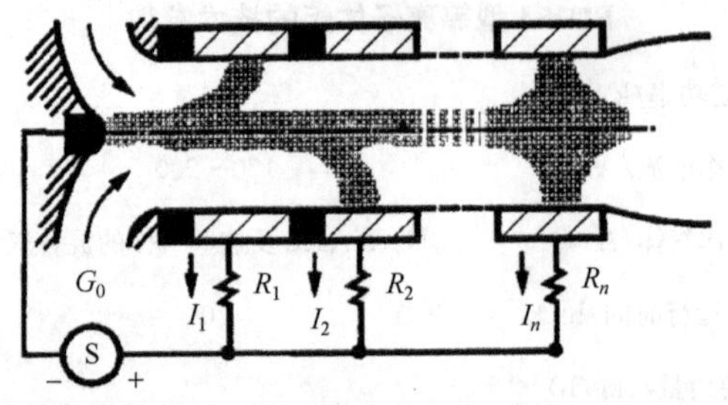

图 7.32　在输出电极中沿纵向分裂电弧的轴线式等离子体炬的原理图

n 段并联电弧的静态稳定性准则具有如下形式[19]：

$$K_n=(1/n)(\partial U_a/\partial I_i-\partial U_n/\partial I)$$

这里 U_n 是弧电压，I_i 是通过电弧某个分裂段的电流。假如每个电弧单元上的电压都相等，那么为了使分裂的(分散的)电弧稳定地运行，就必须保证每个电弧单元的伏安特性都是上升的。如果电弧单元的伏安特性呈现下降特性，其电路中就必须连接镇流电阻。这类等离子体炬最终并没有得到广泛应用，因为对电极间插入段的每个部件都通入电流的设计方案过于复杂；此外，镇流电阻的应用也大幅降低等离子体炬的效率。

7.5.2　电弧阳极段沿径向分裂的等离子体炬

与上述沿纵向分裂电弧的系统相比，采用这种沿径向分裂电弧的系统应用得更加广泛。第一个带有沿径向分裂电弧阳极段的装置是在 20 世纪 30 年代中期提出的[20]。这种等离子体炬的阳极呈纵向中空结构，阳极材料均匀地分布在圆周上，形成放电空间。棒状阴极位于电弧室入口的轴线上，等离子体形成气体从阴极一侧沿切向通入电弧室。阳极的外围安装有电磁螺线管，产生纵向磁场。电弧的径向部分与外磁场相互作用并围绕电弧室的轴线旋转。在阳极喷嘴的出口处形成比较均匀的等离子体射流。

20 世纪 70 年代初期曾研究过类似于图 7.33 的系统[21]。所研究的等离子体炬的输出电极由独立部件构成，这些部件与电弧阳极段相连接。各部件彼此之间保持电绝缘，并且部件的内表面上还存在与圆管状阳极相连接的补充电弧通道。每一个阳极部件都通过镇流电阻与电源连接。与前文所述的等离子体系统方案不同，这种等离子体炬的阳极部件中含有一个电中性喷嘴，电极间插入段安装在阳极与阴极部件之间。阳极的内径 d_1、电极间插入段的内径 d_2 和喷嘴的内径 d_3 相等或者存在如下大小顺序：$d_1 \geqslant d_2 \geqslant d_3$。阳极部件的形状可以有多种形式，如采用圆管的形式围绕电弧室的轴线对称分布。阳极和电极间插入段的部件主要由铜制成，阴极头主要由钨或者钨银、钨铜伪合金制成。

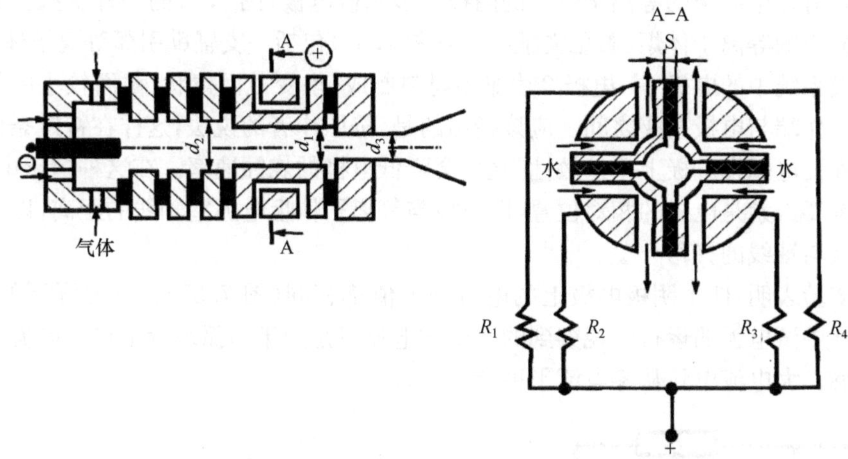

图 7.33　电弧阳极段沿径向分裂的等离子体炬的原理图

为了提高附着到电极上的近电极弧段的稳定性，有时必须采用围绕等离子体炬轴线呈放射状布置的棒状阳极。这些分散布置的阳极分别连接到各自的电源上，或者并联到电源的同一个端子上。每个阳极上的电流最大不超过 150 A。为了确保各个电弧段均运行稳定，正如前文所讨论的方案一样，每一根阳极棒都串联了镇流电阻。

在 20 世纪 70 年代，研究人员重点关注了采用分布式碳阳极的等离子体炬，这些阳极以 120°的夹角绕电弧室轴线呈放射状布置。工业上应用的这类等离子体炬由艾纳克冶炼公司(Ionarc Smelters Ltd)和汉弗莱斯公司(Humphries Corporation)等建造[22,23]。它们之间的主要差异在于把待处理物料送入电弧的方式。这些等离子体炬采用碳棒作为阳极，并绕阳极轴线转动，确保阳极均匀烧蚀，同时平稳地把还原介质送入物料处理区内。这类设备已用于由 $ZrSiO_4$ 制备 ZrO 的工艺过程建设。

7.5.3　电弧阴极段分裂的等离子体炬

这类等离子体炬与电弧阳极段分裂的电弧系统很相似。前者的特征是温度较低的等离子体形成气体吹到电弧的阴极段上，相对而言，阳极段接收到的则是温度较高的气流。

具有多电极的阴极系统是近些年来才建成的，系统采用一支等离子体炬作为辅助气体电离器[24]，通过连接到同一台电源上的镇流电阻[25,26]来产生具有一定特性的放电形式。例如，有时在反常辉光放电区域采用具有伏安特性上升段的等离子体炬进行激光激励。

具有多个阴极的等离子体炬的阴极是多阴极电极(图 7.5)的一种变型。具有多个阴极的等离子体炬(参见文献[24])(图 7.34)包括一支辅助引弧等离子体炬 1 和阴极系统中的电极 2。电极 2 由难熔材料制成，呈变截面棒状，截面较小的部分位于工作端与电极基座之间。应该指出的是，按照作者的说法，这样在特定条件下能够保证电弧在电极上呈扩散性附着，会降低电极的烧蚀速率。在这种情形中，另一个重要因素是电极的相对位置，即电极与等离子体炬电弧室轴线的距离，以及每个电极与轴线的夹角[28]。

实验表明，四个阴极电极上的电流强度值都相同(图 7.35)。需要强调的是，这是在中试电弧的运行中观察到的。中试电弧只是用于引弧装置主要大电流电弧的引燃。大电流电弧从零电流平稳渐增。

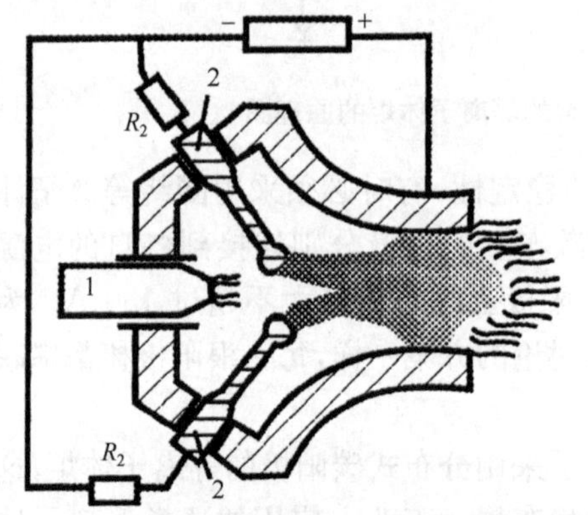

图 7.34　带有分裂阴极段(2)和辅助点火等离子体炬(1)的等离子体炬

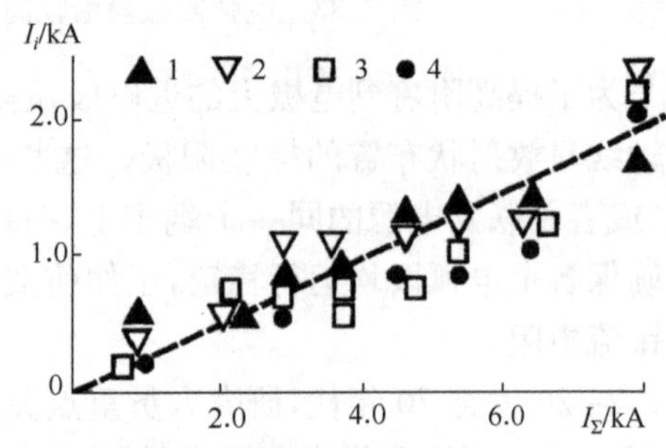

图 7.35　流经每个阴极棒的电流值

1～4. 电极的编号

如果采用氩气作为工作气体，电弧的稳定性最好，但电弧电路中镇流电阻的存在则降低了电效率。

在这种系统中，与主电弧的电流相比，阴极材料在多电极的每一个电极上发生烧蚀的电流强度更低。例如，对于热化学阴极，由于其比烧蚀随着电流按指数规律增大，即 $\overline{G} \sim e^{kI}$，因而把电弧分割到几个导电元件上之后，总的比烧蚀 $\overline{G} = \sum_i i\overline{G}_i = \sum_i e^{kI_i}$ 远低于在一个电极上通过所有电流时所发生的比烧蚀。

7.5.4 电弧阴极段扩散附着到管状电极表面的等离子体炬

图 7.36 给出了两种阴极部件的方案。文献[29]和[30]指出，大电流阴极 K_2 区域内的等离子体流的总体性质决定了电弧在阴极表面的扩散附着。

文献中还给出了多电弧电极更复杂的设计方案，而且它们差异非常大。

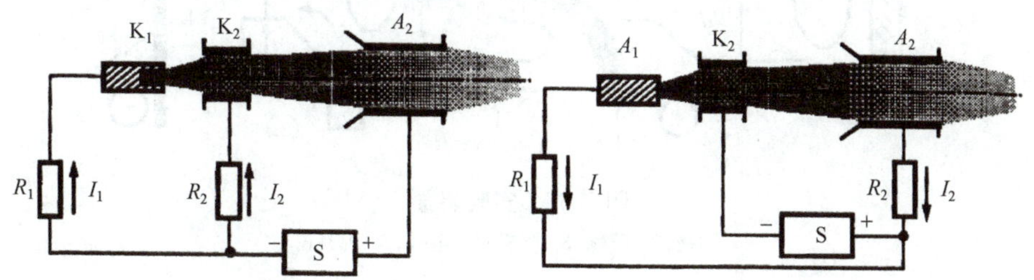

图 7.36 电弧阴极段扩散附着到管状电极表面的两种等离子体炬的示意图

7.5.5 电路中无镇流电阻的多电弧阴极

许多研究者研究了电弧的非稳态分裂过程，尤其是分流过程，原因在于放电通道同时存在的寿命仅在 $10^{-5} \sim 10^{-3}$ s 的范围内[25]。

显然，文献[31]是最初描述真正电弧放电分裂的研究之一。对氩气中双电弧室等离子体炬的圆管状阴极空腔中电弧的分流过程进行研究之后发现，电极空腔中形成了两个或者更多个径向导电通道，这些通道会汇合成一个通道，然后再次分开。对旋转气流的气体动力学研究以及旋转气流在管状电极中对电弧特性影响的研究发现，电弧可以在相同电位下在中空电极中分散成几个固定的、稳定可控的近电极段[32,33]。

研究电弧自发分裂现象的实验是在一支如图 7.37 所示的等离子体炬上进行的。等离子体炬的阴极是中空的铜制圆管，两端带有旋气室。阴极的一端用钢制圆盘覆盖。在实验中，这个钢圆盘换成玻璃片，以便于对电弧的近电极段进行观察和拍摄。管状阴极的输出段有一个喷嘴，电弧放电通过喷嘴闭合到输出电极——阳极上。在某个由通入的气流量 G_1 与 G_2 之比所决定的截面 A-A 上，两股气流汇合。当放电电流比较低时，电弧的一个径向段稳定地存在，并在于流体汇合的区域内做近似匀速的转动(图 7.38(a))。随着电流强度的增大，研究发现电弧非固定地分裂成两个(和更多个)径向部分的过程(图 7.38 中的(b)和(c))。有时候(如

图 7.38(b)),分裂产生的电弧段几乎是完全静止的并长时间存在;而有时候(图 7.38(c)),在电弧分裂开始之后一个电弧段保持静止,而另外一个继续运动并在一定的时间周期后赶上第一个与之融合,形成单一的导电通道。这直接证明了电弧的两个径向部分是位于同一平面内的。

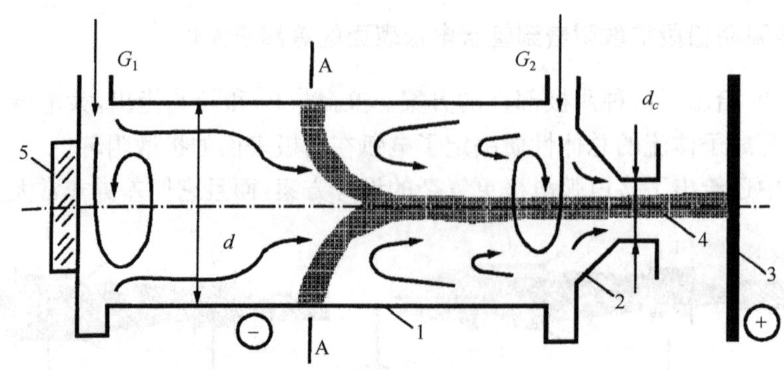

图 7.37　实验装置

1. 阴极;2. 喷嘴;3. 阳极;4. 电弧;5. 观察窗

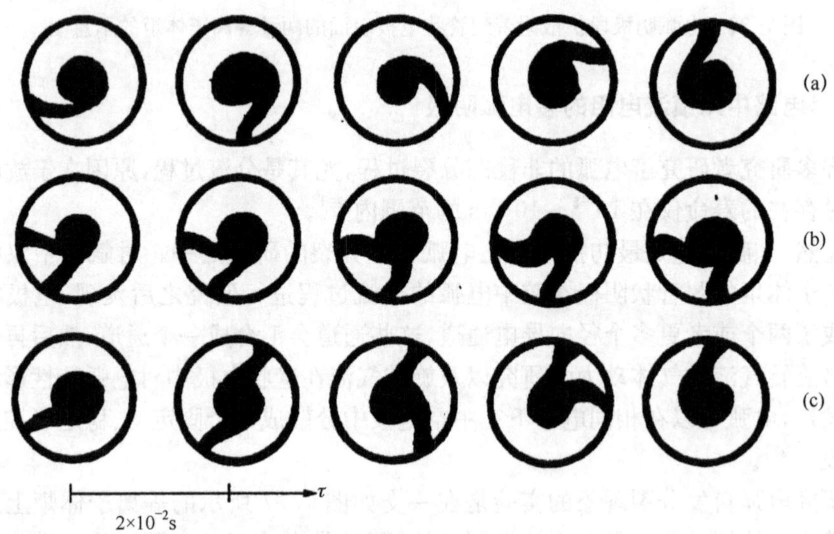

图 7.38　在管状铜阴极(d=50 mm)内的放电状况

$G_1=G_2=3\times10^{-3}$ kg/s;气体为空气;

(a) 电弧只有一个径向段,I=500 A;(b) 、(c) 电弧有两个径向段,I=650～750 A

具有几个不稳定的径向段的燃弧形态的特征是持续时间等于或者近似于0.1 s或者更长,这比一次单纯的分流行为的时间长得多。因此,在特定的实验条件下,观察到的放电的自发分裂现象都具有高度的稳定性[34]。根据测量的结果,在阴极空腔内，电弧的伏安特性(图 7.39)具有上升段和下降段。增大气体的流量，最小弧电压会向高电流方向偏移。因此，当总电流 $I>2I_0$ 时，由初始电弧自发分裂(假如分裂成两个部分)形成的平行放电的稳定炽燃只有在伏安特性曲线的上升段才有可能具有相同的伏安特性。因此，对于给定的气流量和阴极几何参数，知道了伏安特性曲线上的最小电流强度值，就可以利用总电流 I 确定稳定炽燃条件下径向电弧的数量：如果 $I\leqslant 2I_0$，只有一个径向部分；如果 $2I_0<I<3I_0$，就会形成两个径向部分。

严格来讲，图 7.39 中的伏安特性并不是对于每一个电弧段都是真实的，原因在于它们还包括电弧总体部分的伏安特性，这样会影响到弧电压最小值对于弧电流的位置。不过，实验发现，这些偏离不超过 15%～20%。

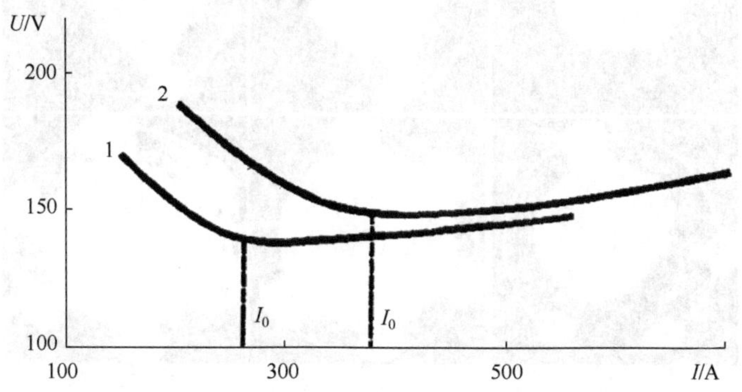

图 7.39　位于(喷嘴之前)阴极空腔中的电弧的伏安特性

$d=50\times10^{-3}$ m；$d_c=20\times10^{-3}$；1. $G_1+G_2=6\times10^{-3}$ kg/s；2. $G_1+G_2=7\times10^{-3}$ kg/s；气体为氮气

为了保证把电弧稳定地分裂成几段，就有必要在电极的内表面上电弧与气流接触的区域内形成电弧的局部优先附着区，例如在铜电极本体上嵌入热发射元件(图 7.40)；嵌入元件与管状电极的内表面平齐就足够了。

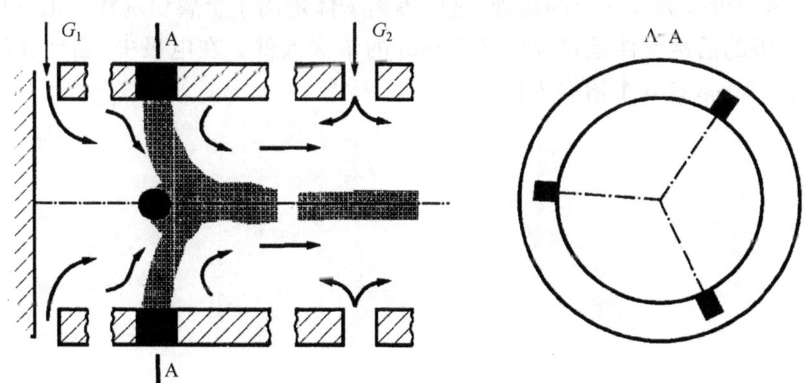

图 7.40　电弧的径向部分对热发射嵌入元件的优先附着

在使用铪作为嵌入件的实验中，铜电极的内径为 $d=8\sim12$ mm，气流量 $G_1+G_2=(0.8\sim2)\times10^{-3}$ kg/s。图 7.41 给出的照片表明，随着电流强度的增大，电弧形成两个、三个以及更多个径向部分。对流经电弧每一个径向部分的电流的测定是通过一个特殊电极来测量分流实现的，该特殊电极与电绝缘热发射元件连接在一起。实验数据以 10%的精确度表明，流过热发射元件的电流是相等的，因此伏安特性也是相同的。研究证明了在电弧的每一个径向部分稳定燃弧的状态下伏安特性都存在上升段(图 7.39)。

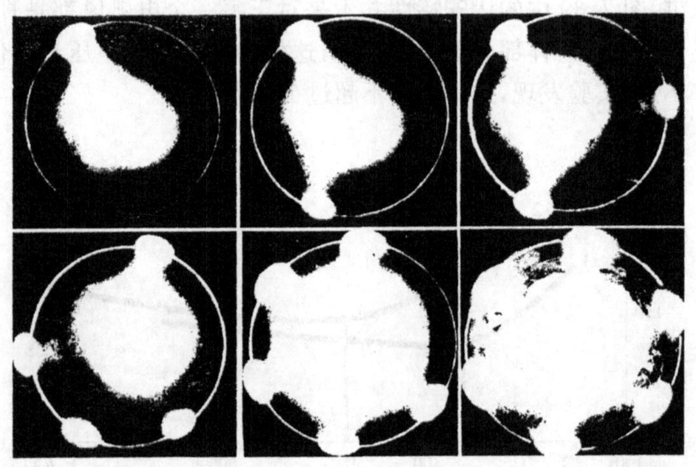

图 7.41　随着电流的增大电弧形成了两个、三个甚至更多个径向部分

在研发带有基于电弧自发分裂的多阴极的等离子体炬的过程中，由于需要通入两种流量的气体并分别进行控制，在许多情况下都会导致等离子体炬的结构复杂、工作条件苛刻。不过，由于电极中旋转气流的流体动力学与此前描述的相同，也可以通过适当选择电极内腔的几何尺寸在一端通入气流来形成。这被用作发展大电流、多阴极等离子体炬的基础，这些等离子体炬用于金属切割和其他一些常规应用。阴极的活性元件是直径为 2.5 mm 的铪嵌入件。在电极中，当计算的电流高达 1000 A 时，有 6 个铪嵌入件。

第 8 章　双射流等离子体炬

本章将讨论一种特殊的轴线式等离子体炬——双射流等离子体炬。这种等离子体炬的特殊之处在于，不论设计方案怎样更改，大部分电弧都处于电弧室之外。发展这种等离子体炬的原因是工艺过程领域发生了扩展。从能量的角度来看，在这些工艺中，采用电弧直接作用在加工材料上，或者作用在部件表面、粉末、气体和分散液体上，会很方便并且更有优势。与经典的轴线式等离子体炬相比，这种等离子体炬的燃弧条件，包括电特性，都取决于诸多自由参数：电极部件的相对分布（间距）、（电极部件）喷嘴的内径、作用在电弧室中的电弧段上的外磁场的磁感应强度，以及其他一些因素。这种等离子体炬的等离子体形成气体可以采用工艺中要求的任何一种。

双射流等离子体炬的特征不仅在于大部分电弧都转移到开放空间中，还在于等离子体炬的运行不依赖于通入电极部件和工作空间的气体种类。

第一批工业应用的双射流等离子体炬的方案之一（20 世纪 60 年代研发的）如图 8.1(a)所示[1,2]。还应当指出，双射流等离子体炬有过更早期的方案[3,4]，它们采用磁场稳弧，并带有等离子体流混合室（图 8.1(b)）。人们曾对大气压下、功率高达 7 MW的等离子体炬进行过工业验证。也有一些等离子体炬可以在高气压下工作。

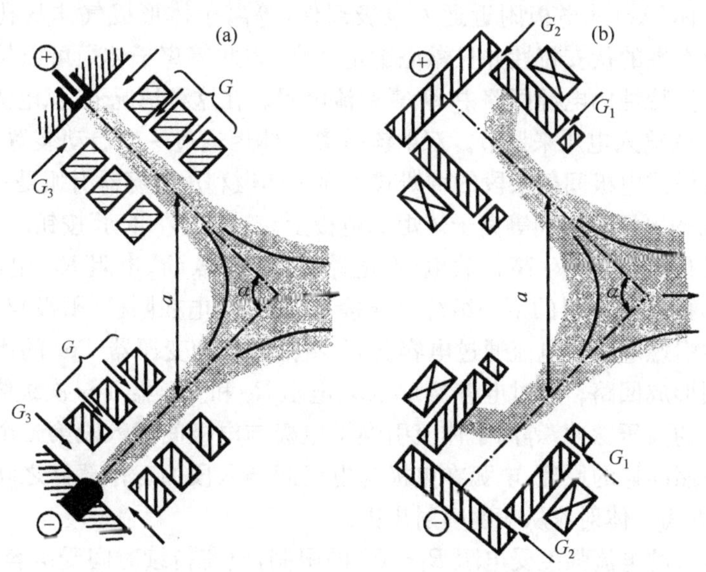

图 8.1　双射流等离子体炬示意图

(a) 参考弧斑固定；(b) 参考弧斑运动

对双射流等离子体炬的热物理、气体动力学、电特性和烧蚀特性进行研究的结果，使我们能够研发高效率、可以使用多种工作气体(H_2、空气、Ar、O_2 和 CH_4 等)的系统。

图 8.1(a)所示的等离子体炬的研究结果在文献[5]中有详细描述。这里我们仅简要描述这种等离子体炬的基本方案和主要特征。

8.1 固定弧斑的双射流等离子体炬

在 1972 年研发的 DGP-50 型等离子体炬[6]中，有弧斑固定的电极部件。这种等离子体炬的主要特征是：额定功率 5～50 kW；电流强度 50～250 A；保护气体(Ar)流量 0.03～0.05 g/s；等离子体形成气体(空气、Ar、H_2 等)流量 0.1～0.6 g/s。与轴线式等离子体炬一样，将保护气体通入到弧斑与电极表面作用的区域内，就能够沿气流方向使用任何一种等离子体形成气体，包括对电极具有化学活性的气体。除此之外，实验还表明，这种等离子体炬的电弧稳定性很高、电极连续工作寿命很长，这些内容在后面将详细讨论。

8.1.1 双射流等离子体炬的结构和电源

图 8.2 所示的等离子体炬由两个电弧部件构成，它们的轴线在同一平面上，夹角 α 小于或者等于 90°。每一个部件都具有一个电极和一个由三个孔板组成的喷嘴。保护气体(Ar)从电极附近通入电极部件，等离子体形成气体从孔板之间通入。电弧具有硬的伏安特性并且燃烧稳定性高，因此等离子体炬可以接到具有轻微下降的伏安特性的电源回路中，无需镇流电阻。在这种情况下，弧电流通过改变变压器 Tp_1 的输入电压来调节。双射流等离子体炬通过一个启动装置引燃电弧，这与带有分段式电极间插入段的轴线式等离子体炬利用电容器引弧是一样的。整流器 B 输出的电压施加到等离子体炬的电极上。当按下“启动”按钮时，在电极和距其最近的孔板之间产生高频放电(在电路中，电容器 C_1、电阻 R_1、电容器 C_8 与变压器 Tp_3 的次级绕组的第一组绕组连接)。高频放电在阴极(阳极)与第一个孔板的间隙中引燃电弧。电流通过电容器 C_1、电阻 R_1 和变压器 Tp_3 的次级绕组的第一组线圈形成回路。通过电容器 C_2、C_8、电阻 R_2 和变压器 Tp_3 次级绕组的第二组线圈产生的高压脉冲，等离子体流引燃了电极与电极间插入段第二个部件之间的电弧。按照同样的原理，电弧在电极与电极间插入段的工作部件之间形成闭合回路，然后等离子体射流从喷嘴喷射出去。

辅助电弧的电流强度受电阻 R_1～R_3 的限制，电流持续时间受电容器 C_1～C_3 的限制。电阻 R_4～R_6 用来接收电容器 C_1～C_3 中的电荷。当等离子体炬启动时，隔直流电容器 C_4～C_7 阻止在喷嘴的孔板之间出现放电和微弧。在等离子体炬电

源回路中使用了 LC_{10} 滤波器来降低电流和电压的脉动程度。电感 L 为 0.6 mH，电容 C_{10}～1000 μF。电源上装有开路电压不低于 300 V 的稳定电流的整流器，或者是不稳流而连接镇流电阻的整流器。

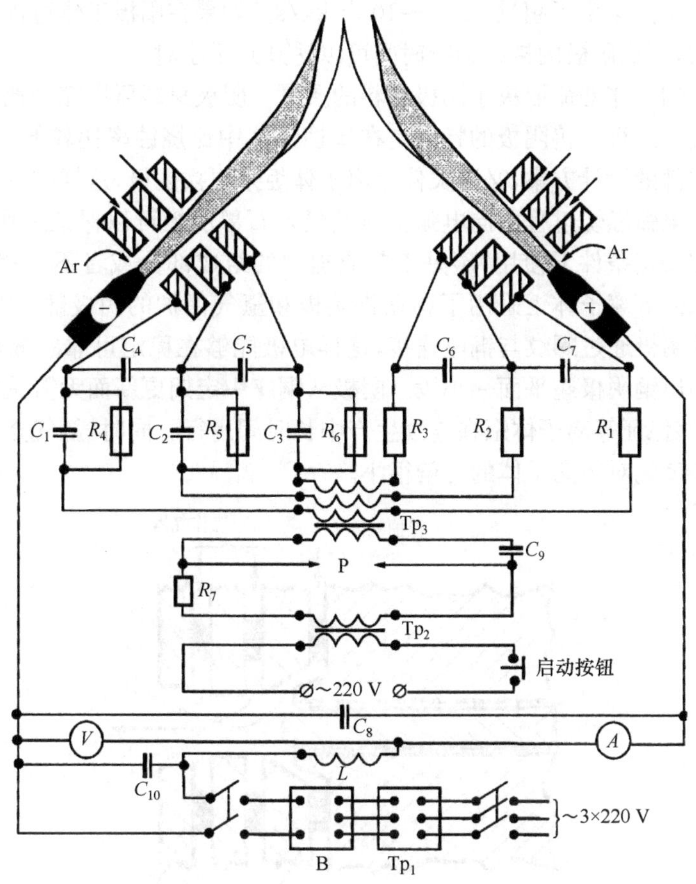

图 8.2　双射流等离子体炬及其电源

8.1.2　阳极部件和阴极部件

目前，这类等离子体炬采用了管状阳极，弧斑在阳极内表面快速运动[7]。不过，这种电极在用于一些要求功率高度稳定的工艺时会出现不少缺陷，尤其在构成低功率、小电流的等离子体炬时。主要的缺陷是由分流引起的弧电流和弧电压的变化造成的。同时，有报道称[8]，在惰性气体（如氩气）中，当弧电流达到几百安培时，在铜阳极表面形成电流密度较低（200～1000 A/cm^2）的稳定扩散区，此时弧斑静止不动。这样使有效冷却的电极的烧蚀速率变得很小。这项成果被用作制造内径为 10 mm 的中空圆管状阳极的基础，而电弧则闭合到阳极的平滑表面上。这种阳极的最佳工作壁厚为 3 mm,阳极表面到第一个孔板的距离为 $h=3\sim4$ mm,第一个孔板的厚度为 1 mm。之后的两个孔板的厚度均为 0.5 mm。这种铜阳极具有在 200 A 的电流强度下工作寿命很长的特征。具体的工作寿命难以确定,但是根据估算比烧蚀速率不超过 $10^{-13}\sim10^{-14}$ kg/s。如果在阳极工作过程中比烧蚀的速率不增大,那么阳极的持续运行时间可以达到几千小时。

钨阴极的工作寿命取决于阴极材料的质量。阴极材料可以完全耗尽并保持等离子体炬安全运行。钨阴极的特征是在惰性气体中比烧蚀率比较低,但是按照现有的阴极部件的设计方案,必须关停等离子体炬来更换阴极,这样在一定程度上很不方便。在电弧燃烧过程中向电弧室连续送入石墨阴极可以保证工作寿命长,然而这只能在特定条件下使用:碳是工艺流程中的组成部分或者不干扰工艺过程。图 8.3 所示的等离子体炬采用了移动钨阴极和氩气保护的阴极部件[19]。这种等离子体炬的阴极通过螺纹与铜座连接,这样电极能够在稳定可靠的散热条件下移动。钨棒伸出铜阴极座平面一小段。阴极从铜座中定期更新而无需关停等离子体炬,这样能够保证等离子体炬在连续生产中长时间运行。同时,氩气介质和钨的低烧蚀确保钨蒸气对等离子体的污染很小。

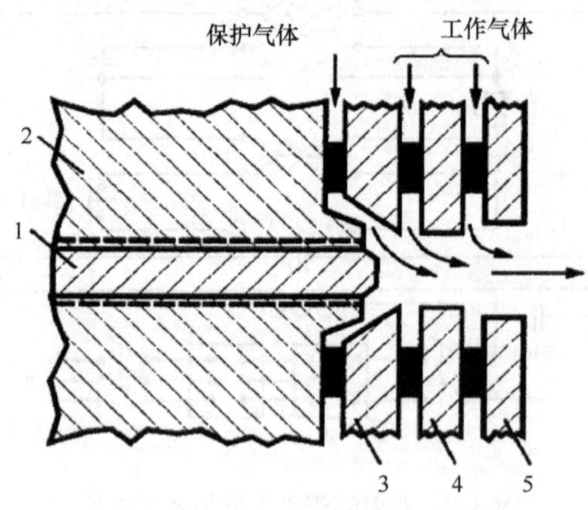

图 8.3　阴极部件

1. 钨阴极;2. 阴极座的铜套;3～5. 孔板

后来,人们又对阴极部件进行了优化。未活化的钨棒的直径是 4 mm,螺纹规格为 M 4×0.7,钨棒从铜座中伸出的长度 $I_c=0.5\sim1.5$ mm,保护气体流量为 0.03～0.05 g/s,等离子体形成气体(空气或者其他气体)的流量为 0.03 g/s,电流强度为 20～250 A。等离子体炬的部件采用去离子水冷却。

8.1.3　电极的使用寿命

对前述材料制成的电极进行了测试,以确定其使用寿命。利用最优参数测试了阳极，总电流为 200 A，测试时间为 1 h。测试中不可能通过称重的方法确定铜电极的损耗。当使用 H_2、空气、N_2、O_2 和其他气体作为工作气体时，没有发现阳极烧蚀。研究还表明，在电弧的炽燃和引燃过程中，电流的急剧变化对阳极表面的品质没有影响。当弧电流为 50～250 A 时，保护气体（氩气）的流量在给定范围内变化，不论等离子体形成气体的种类和流量怎样。

阴极部件寿命的确定是通过等离子体炬在 200 A 的弧电流下运行 200 h 来进行的，空气流量是 0.3 g/s，保护气体流量是 0.05 g/s。电极的最初形状是平头、顶锥角为 60°、直径为 2 mm（图 8.4）。每持续运行 25 h 就关停等离子体炬，确定阴极烧蚀的程度和外形。实验发现，阴极钨棒的比烧蚀随时间的变化很小，平均值为 5×10^{-12} kg/C。由于阴极弧斑实际上稳定地位于阴极的中心（电极熔融区的直径≤2 mm），钨在电极的整个端面上都均匀挥发，使阴极的形状随着时间的推移几乎保持不变。运行 200 h 后，电极长度的减少量小于 4 mm。这意味着，对于选定长度的钨棒连续运行时间可以达到几千小时。

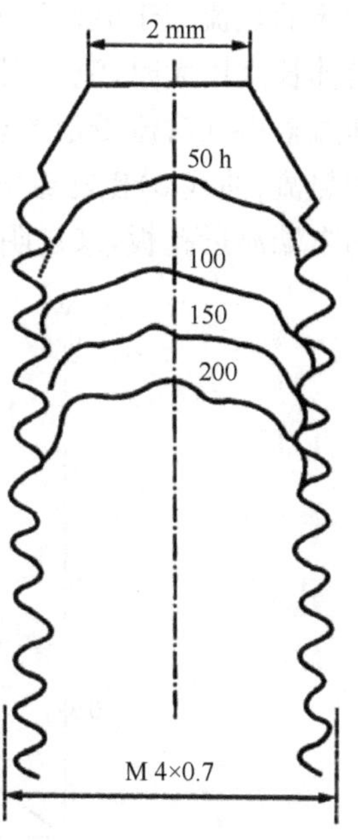

图 8.4　运行 200 h 后电极烧蚀带来的形状变化

8.1.4　热特性和电特性

流入等离子体炬电极部件的热流通过量热测量来确定。在阳极部件中的测量结果如图 8.5 所示。在获得图中的数据点的过程中，参数的变化范围为 $h=1\sim2$ mm，$G_{Ar}=0.03\sim0.024$ g/s，$G_{Air}=0\sim0.3$ g/s。第一个阳极孔板的直径为 3 mm。

对于一个直径为 8 mm、平齐钎焊入铜座的棒状钨阳极，实验得到了同样的结果[10]。这些结果用虚线表示。在两种情形中，在 40～600 A 范围内热流与弧电流的关系都是线性的；并且，尽管阳极由不同材料制成，实验数据仍然符合得很好。当参数在给定范围内变化时，流入阳极的热流与弧电流成正比，并几乎保持恒定。对于不同的弧电流，热流的等效电压均为 6 V 左右。对于热流值比较低的情况，原因可能是气体沿着电极表面流动到电弧底部，随后沿着电极底部流动，这样就缺乏接触传热。还可以这样解释：弧斑在电极表面驻留的过程中，阳极表面等离子体温度的升高造成了阳极电位降的减小。因此，在实验中只能通过弧斑测量热流。

在如下条件下确定了流入阴极铜座和喷嘴孔板的热流：氩气流量为 0.05 g/s、空气流量为 0.3 g/s（图 8.6）。当电极延伸长度 l_c 为定值时，热流随着电流强度的增大而按照线性规律逐渐增大(如曲线 1),并且当电流强度为 50～250A 时,流入阴极的热流大于流入压入铜座并与铜座边缘平齐的钨阴极[10]的热流。当阴极的延伸长度增大时,流入阴极铜座的热流减小了(如曲线 2),原因在于从阴极表面和通过辐射和对流带走的热量增大了,并且材料蒸发也会造成能量损失。流入孔板的热流(曲线 3)也随着电极延伸长度的增大而减小。这与如下事实有关,即阴极的末端靠近孔板,来自阴极的电弧对第一个孔板的小孔的填充程度降低了。

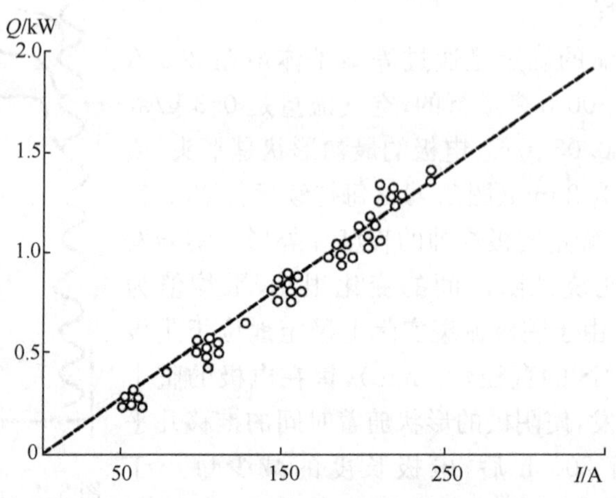

图 8.5　流入阳极的热流与弧电流的函数关系

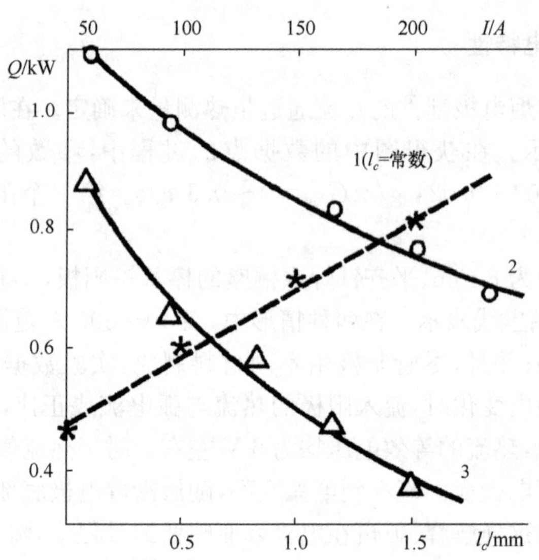

图 8.6　当 l_c=1.15 mm 时流入阴极铜座的热流 $Q=f(I)$(1);
当 I=200 A 时,流入阴极铜座(2)和第一个孔板(3)的热流 $Q(l_c)$

现在来讨论电弧的伏安特性和电极部件的效率。双射流等离子体炬做了两种改进，区别在于电极部件的孔板尺寸不同。下文将给出对改进后的等离子体炬的测量结果。表 8.1 给出了实验中使用的等离子体炬的两种改进型Ⅰ和Ⅱ的参数。这里的 Δl 是孔板的厚度。实验研究了改变等离子体形成气体的种类、流量以及弧根位置等运行条件时电弧的伏安特性。

表 8.1　实验中的两种等离子体炬的参数值

改进型号	孔板的直径和厚度/mm	孔板序号			等离子体形成气体流量 G/(g/s)	弧长 l_a/cm
		1	2	3		
Ⅰ	d	3.5	4.0	4.5	氩气 0.3	7.0
					空气 0.3	10.0
	Δl	1.5	5.0	5.0	氢气 0.018	11.0
Ⅱ	d	3.2	3.4	3.6	氮气 0.24	15.0
					氦气 0.06	12.5
	Δl	1.0	4.2	4.2	二氧化碳 0.015	10.5

图 8.7(a)给出了燃烧在第一种改进型(Ⅰ)等离子体炬中三种气体电弧的伏安特性。曲线 1 对应于纯氩等离子体；曲线 2 与 3 分别对应于空气-氩气和 H_2-Ar 等离子体，此时由于弧根位置分离造成弧电压较高。

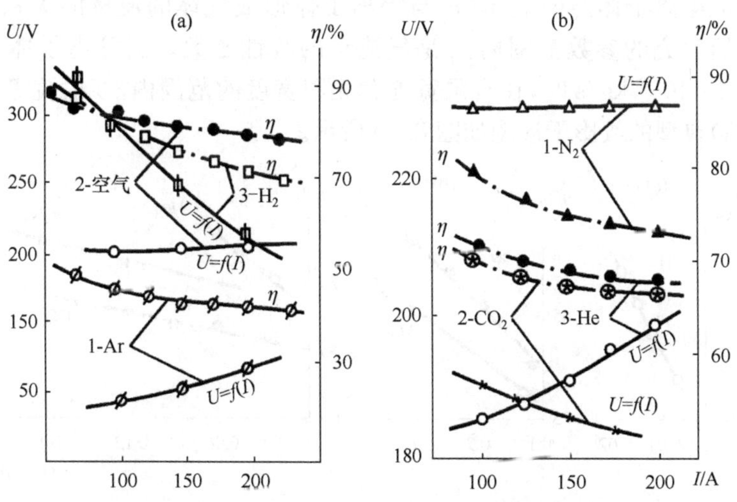

图 8.7　等离子体炬改进型Ⅰ(a)和Ⅱ(b)中电弧的伏安特性和热效率
气体种类：(a) 氩气、空气、氢气；(b) 氮气、二氧化碳、氦气

用另外三种气体运行第二种改进型(Ⅱ)等离子体炬的伏安特性,如图 8.7(b)所示。三条曲线分别对应于 N_2-Ar、CO_2-Ar 和 He-Ar 等离子体。

当等离子体形成气体的流量不同时,记录到的伏安特性曲线如图 8.8 所示。从图中可以看出,弧电压随着气流量的增大而升高,表明在这种等离子体炬中,气体射流的流量对开放电弧的燃烧状况影响很大。

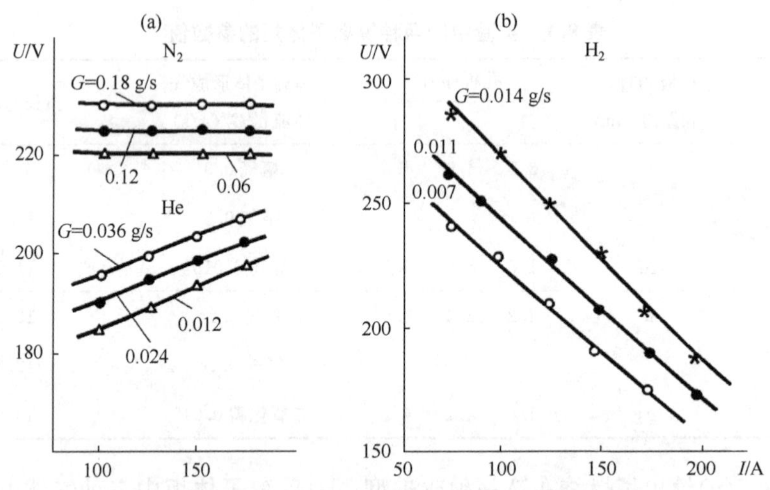

图 8.8 等离子体形成气体的流量不同时电弧的伏安特性

(a) 氮气、氦气;(b) 氢气

双射流等离子体炬的效率(η)与等离子体形成气体的流量的关系如图 8.9 所示。在所研究的参数范围内,η 是气流量的线性函数。当等离子体形成气体流量为 1.2×10^{-3} kg/s 时,在有限宽度和无限宽度的范围内,双射流等离子体炬($I=105$ A)典型的纹影干涉图如图 8.10 所示。

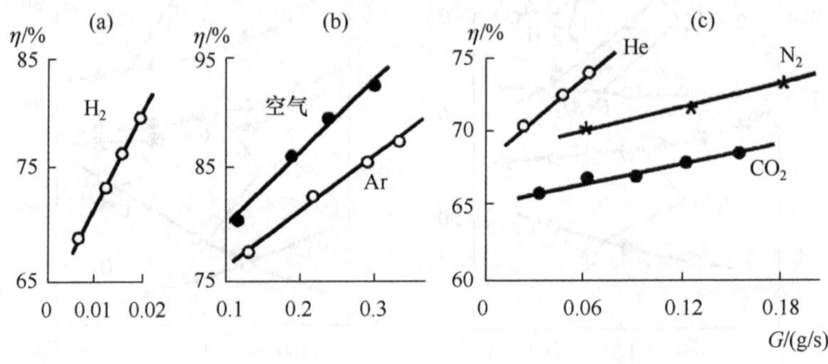

图 8.9 双射流等离子体炬的热效率与等离子体形成气体流量的关系

(a) 氢气;(b) 空气、氩气;(c) 氦气、氮气、二氧化碳

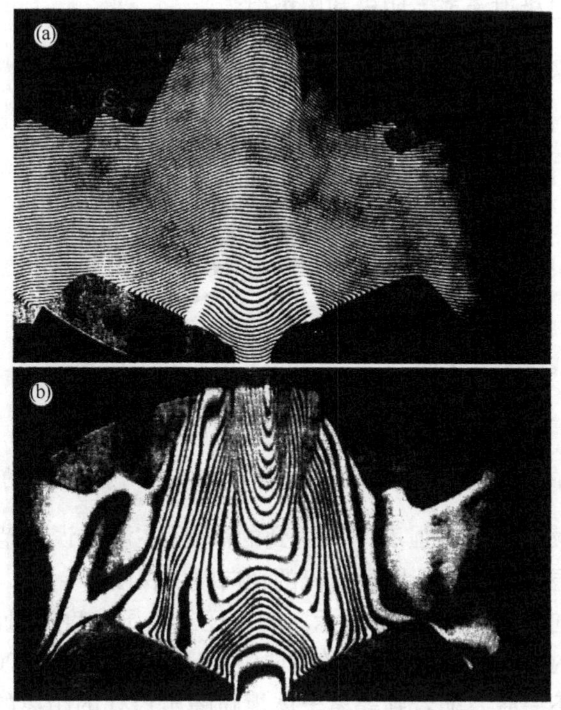

图 8.10　当等离子体形成气体流量为 0.12×10^{-3} kg/s 时，双射流等离子体炬(I=105 A)中等离子体流在有限宽度(a)和无限宽度(b)范围内的纹影照片(照片是首次发表)

8.1.5　等离子体流的温度场

实验测量了不同截面上的阴极和阳极射流的温度分布，这些截面到等离子体炬喷嘴出口处的距离分别为 2.5 mm、10 mm、15 mm、20 mm、25 mm 和 30 mm。温度的确定是通过标准方法对 ArⅡ 4806 Å 和 4810 Å 谱线的绝对强度进行测量实现的。实验中我们认为射流是轴对称的，因此可利用阿贝方程由总体辐射强度得到局部强度。在确定选定截面上的温度分布时，把等离子体炬置于射流轴线与光谱仪垂直的位置上，这样就把射流的弯曲效应考虑进来。

主流温度的计算是基于高温测量中得到的锡在 2495～2863 Å 范围内的 9 条细线的强度比。计算中还使用了总体辐射的强度值。这是因为两条射流的汇合造成主流的结构和形状很复杂，并且轴向流动不再是轴对称的。在温度测量中，我们认为气体放电的等离子体处于局域热力学平衡状态[11-13]。实验条件是：电流强度为 105 A，弧电压为 145 V，等离子体形成气体氩气的流量为 0.12 g/s，射流夹角 α=60°。

图 8.11 给出了沿 z 轴方向不同截面上测量等离子体炬的阴极(－)射流和阳极(＋)射流的径向温度得到的结果。从等离子体炬电极到汇流区域范围内的等离

子体射流被称为电极射流或者阴极和阳极射流。

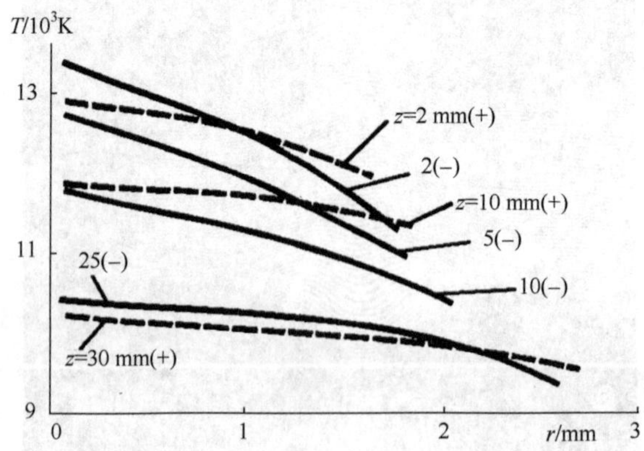

图 8.11　在沿 z 轴的不同截面上阴极(－)和阳极(＋)射流温度的径向分布

从谱线和连续谱的绝对强度计算得到的温度，在测量误差范围内是一致的。阴极射流的径向温度梯度大于阳极射流的径向温度梯度。

温度值的轴向分布如图 8.12 所示。图中还给出了温度测量的误差。该图表明，在 $z=2$ mm 的截面上，阴极射流的轴向温度比阳极射流高 600 K，这些值在测量误差范围内并不一致。随着到等离子体炬喷嘴出口处的距离的增大，这种差别减小了；在 $z=30$ mm 处，电极射流的轴向温度都相等。阴极射流温度梯度较陡、轴向温度较高的特征与文献中的数据符合得很好。

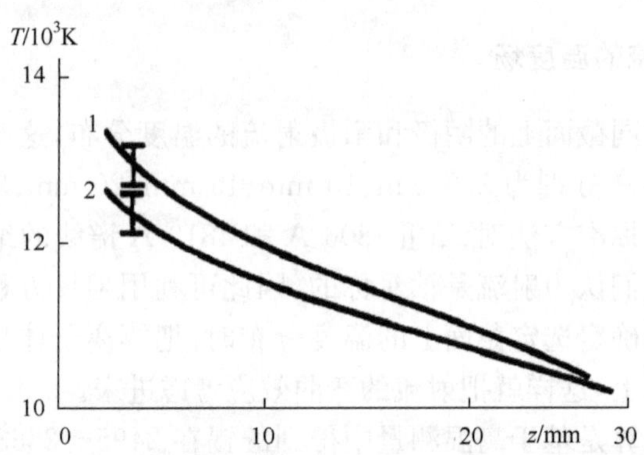

图 8.12　阴极射流(1)和阳极射流(2)温度的轴向分布

阳极射流的等离子体温度主要取决于电功率转换、热传导和等离子体辐射，因而强烈依赖于弧柱在阳极的压缩。对于金属阳极而言，在惰性气体和纯氮气中，电弧只有在低电流(<30 A)情况下才会出现阳极压缩现象。当电流高于 30 A 时，就不存在电弧的压缩，而是在阳极形成近似平坦的扩散附着区域[8]。

图 8.13 给出了双射流等离子体炬等离子体流的整体温度场。这个温度场基于测得的电极射流的实际温度和主流的有效温度建立。等离子体流的照片(图 8.10)表明,对于给定的等离子体炬的运行状态,两条等离子体射流一接近汇流区就开始平滑弯曲,并逐渐变得互相平行。当通过一个光学厚滤光片进行观察时,明亮、炽热的射流看起来是完全独立的(图 8.13 也表明了这一点)。测量结果表明,射流之间存在间隙;间隙中的温度低于所选截面上的射流温度。该间隙被来自等离子体射流的传导热流和对流热流加热,形成了电流通道的分布,从能量的观点看这是有利的。由于产生焦耳热进行了额外加热,电流通过的区域中温度有点高(7000 K)。

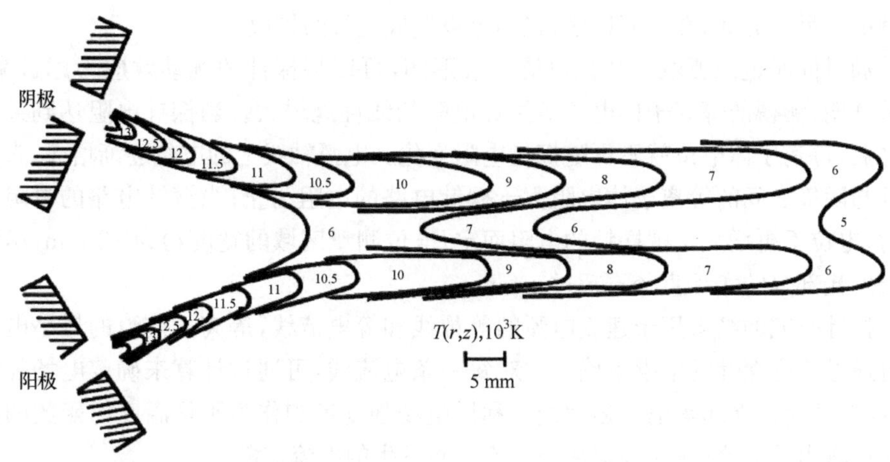

图 8.13　等离子体流的温度场

8.1.6　等离子体流的电场结构

我们采用探针法对双射流等离子体流的电场结构进行了研究。研究结果用于确定电流通过两束导电射流之间过程的物理模式。探针由直径为 0.2 mm 的钨丝构成。为了防止探针材料的受热和蒸发,探针以 1～5 m/s 的速度穿过等离子体,这样不会对气流造成与高速有关的动力学扰动。

当探针电路的电阻远大于探针与对应电极之间的等离子体电阻时,就可以测得等离子体的电位[14]。然而,后者取决于探针在电弧中的位置,因为等离子体的电导率从轴线到外围快速减小。因此,波形图上可以分成两个区域:电弧区——可以测量电位,外围邻近区——此处的探针与对应电极之间的等离子体电阻大于探针测量电路的电阻。

当探针的穿越速度大于 1 m/s 时,探针通过等离子体扰动区域内时的电流仅取决于等离子体电荷的载流子,由探针表面发射的离子和电子可以忽略。

在测量与阳极有关的等离子体电位时，探针与等离子体无扰动区之间的电阻小于测量与阴极有关电位时的电阻。这一点可以通过电子和离子的迁移率差异来解释。因此，当探针电阻给定时，测量与阳极有关的等离子体电位的区域通常大于与阴极有关的电位区域。

尽管探针测得的等离子体电位沿电弧半径变化，但是作为到电弧轴线距离的函数，这个电位与探针电流的变化关系却保持恒定。探针测得的是电弧内与探针接触的电导率最高的区域的电势。

在近电极区，存在很强的径向电场。在该电场的作用下，电子在近阴极区向着电弧轴线运动，破坏了电荷载流子正常的双极扩散机制。因此，在阴极附近电弧是收缩的。另一方面，在近阳极区，径向电场造成电弧的扩散。

通过同时记录弧电压和弧电流的波形图，可以将探针的扰动效应考虑进来。实验证明，测得的等离子体电位随探针电阻的线性地增大。当探针电阻达到某个值之后，等离子体电位就不再随探针电阻变化。电弧轴线上的电位逐渐增大，直到探针与阴极之间的等离子体电阻大于探针电路的电阻为止；当探针电路的电阻更大时，电位不再增大。视探针的电阻而定，电位测量区域的宽度约为 28 mm，尽管电弧发光部分的实际直径不超过 6 mm。

探针研究的结果用于建立电弧的等位线和等电流线，等离子体流的最小电阻区可通过改变探针的电阻来确定。对每一条电流线，可通过计算来确定电场强度的分布，从而建立起等电场强度线。利用电场强度值和作为平均温度的函数的电导率计算出总电流，从而确定两个射流之间发生的电流扩散。

探针信号通过一个水银开关送入示波器。为了改变探针的电流，在示波器的输入端并联了一个最大值为 1 Ω 的可变电阻，这个阻值等于示波器的输入电阻。

探针的线速度为 5 m/s。这个速度值的选定考虑了探针材料不存在热电子发射、材料蒸发以及对等离子体带来的动力学扰动最小等因素。电子和离子没有热发射是通过监测探针信号的对称性实现的。实验得到的是探针相对于阴极的电位。当探针与阳极相连接时，信号的幅度没有变化。图 8.14 以等电位场的形式给出了这些结果。所有测量条件都是 $I=105$ A，$U=145$ V，两个电极部件之间等离子体形成气体(Ar)的总流量为 0.12 g/s，夹角 $\alpha=60°$。对弧电压的监测表明，在探针与电弧的接触点上弧电压平均升高了 1～2 V。与总的弧电压值相比，这个变化可以忽略。在构建等位线时没有考虑探针与等离子体的接触电位差，这是因为对于氩气等离子体而言这个差值直接与温度成正比，并且不超过 6 V[15,16]。为了确定电流流过的区域，通过实验在等离子体流的每一个截面上选定了探针的最小电阻值。取这个值时，电位轴向值不变的条件仍然能够满足。

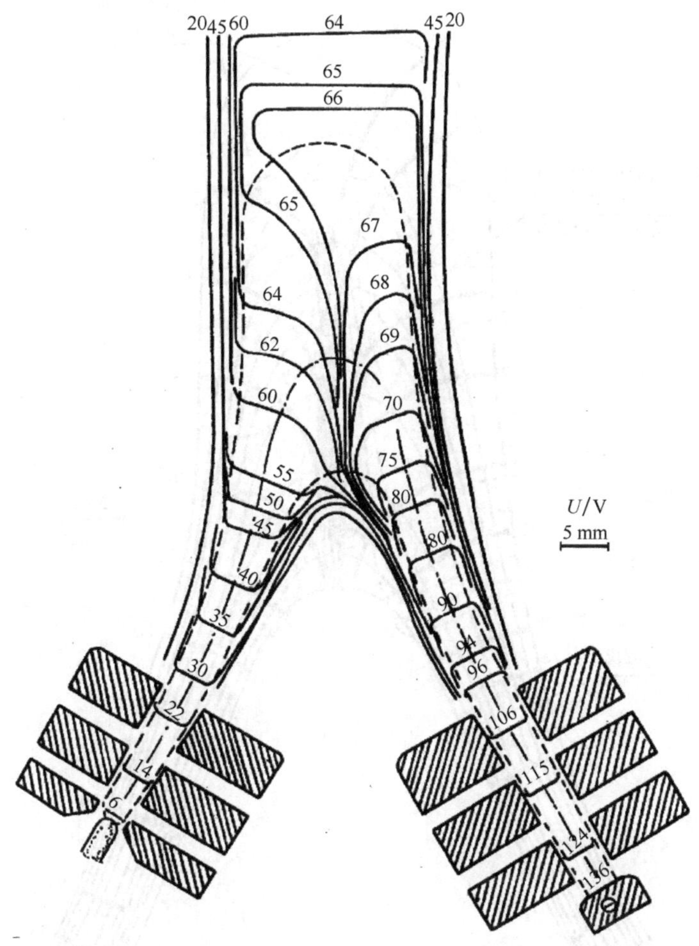

图 8.14　等离子体流中探针电位的分布(实线)

虚线为电流流经的区域;点划线为等离子体的最小电阻线

利用电流线确定了电流流过的区域。阳极射流和阴极射流以不均匀的径向步长分成任意多个环形区域。图 8.15 给出了射流的截面和等离子体沿轴向流动的形态。标记为(*11*)线的环形区域的边界通常被认为是电流的射流。通过探针测量得到了等电位线,沿等电位线的法向作出电流线。图 8.15 表明,得到的电流线沿电位变化方向上以及在两束射流的间隙中基本上是均匀分布的,但沿等离子体流动方向逐渐变得稀疏。沿每一条电流线计算了从阴极到阳极的电场强度的分布。细虚线表示射流与等离子体流中电场的等电场强度线。根据温度场和电场结构的研究结果,双射流等离子体炬的电弧可以归为非独立电弧放电。

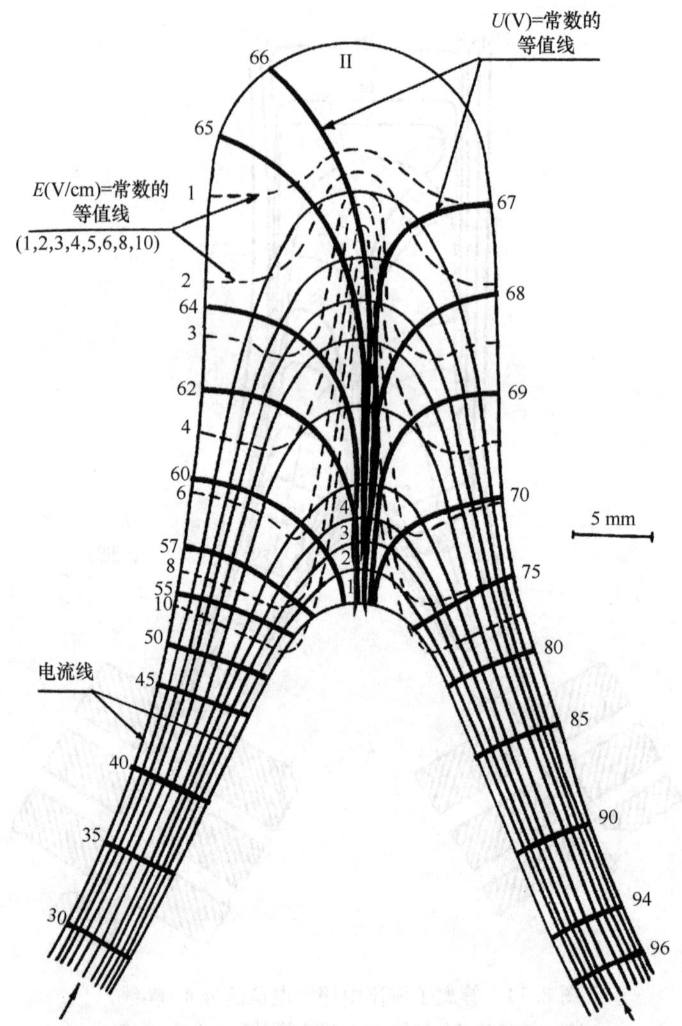

图 8.15 在利用探针测量电位的基础上得到的等离子体流的电流线(细实线)和等电场强度线(虚线);粗实线是等电位线

8.1.7 导电等离子体射流之间的相互作用

从成某一夹角的双射流等离子体炬的电极部件喷射出的开放电弧由阴极射流和阳极射流组成。这种开放电弧作为研究等离子体导体之间碰撞相互作用的性质与特征的对象是很有意义的。从实用的观点看,应该研究导电等离子体射流汇合的区域,来确保高效地引入和加热材料,以及确定在现有电弧系统中等离子体电极工作的条件。

向等离子体射流汇合区域加入尘埃颗粒或彩色烟气射流的实验表明,在等离子体炬的某些工况下,彩色烟气射流很容易被挟裹进主流并渗透到等离子体主流的中心区域内。

当两股冷气流以某一夹角发生碰撞时,通常会出现回流(逆流)。文献[17]研究了两股弱非等温环形空气射流以不同角度碰撞的问题,通过实验确定了在不同的碰撞角度下,回流脉动与主射流脉动之间的关系,证实了射流汇合区域具有静压大幅增大的特征。当两束射流以 30°角碰撞时,回流的脉动可以达到单束射流脉动的 4%。在这种情形中,向射流汇合区域中加入细的分散材料是无效的,因为这些材料会被回流吹向相反方向。

文献[7]研究了带有偏移弧的等离子体炬 PVD-2 之后认为,当两个电极部件的轴线之间的夹角为 $\alpha=90°$时,将稳定地形成等离子体流偏移区。当 α 角很小时,电弧的阴极部分和阳极部分会发生分离,并在它们之间出现了产生很少能量的区域。这个区域会频繁发生击穿;当 $\alpha>90°$时,这个区域的尺寸大幅减小。这项研究还证实了阴、阳极的等离子体流一旦接触,汇合区内就会产生横向等离子体流动,把引入等离子体中的材料“驱逐”出去[18]。值得一提的是,在 PVD-2 型等离子体炬的电极部件中,由于缺乏对等离子体流进行有效的稳定和控制,这种现象非常明显。

对 DGP-50 型等离子体炬的研究表明,在两束导电等离子体射流的碰撞中,磁场相互作用导致形成汇流的模式略有不同。图 8.16(a)表明,当气流量大于某一值(两个电极部件之间的角度 α 和距离给定)时,射流在大夹角条件下没有发生扭曲和碰撞。在这种情形中,很难将材料引入到主流的中心区域,因为很可能出现回流。减小气流量(图 8.16(b)),传输电流的等离子体射流逐渐弯曲,在汇流区域中碰撞角度几乎为 0。此外,主流由两条间隙很小的平行射流组成。进一步减小等离子体形成气体的流量,射流弯曲的幅度更大,主流由两条严重背离的射流组成(图 8.16(c))。通过光密滤光片观察时发现,两条闪亮的射流好像是完全独立的(图 8.16(a)~(c))。

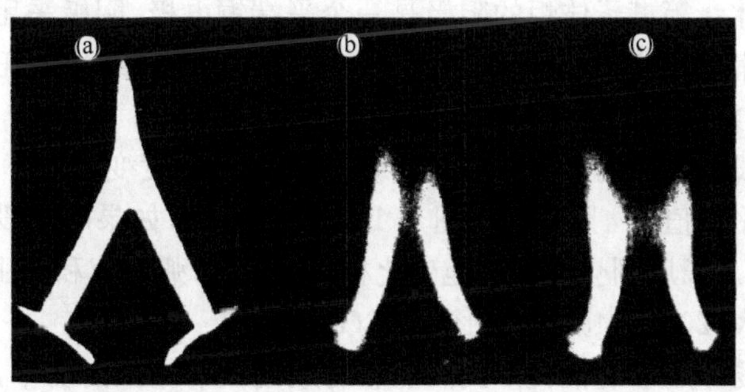

图 8.16　等离子体射流形状的变化与等离子体形成气体(氩气)流量的关系

$I=105$ A;(a) 0.36 g/s;(b) 0.12 g/s;(c) 0.09 g/s

对等离子体弧射流的有效稳定，以及它们的磁场的相互作用大幅改变了流动的形态。在等离子体炬的某些情形中，射流汇合区内的高气压范围中形成了稀薄区域，从而促成注入效应的产生；这种效应促进物质引入高温区。显然，这不仅是所选定的双射流等离子体炬设计方案的典型现象，还会在任何具有相同流动方向的多射流系统中表现出来，并决定这些系统的工艺效率。

8.2 具有旋转电弧和静止弧斑的双射流等离子体炬

在这种直流等离子体炬中，利用交变磁场使电弧段在电极之外转动。电弧的旋转使等离子体流的汇流区从电极部件中延伸出来，扩大了电弧与被处理材料或者其表面接触的面积。

8.2.1 电特性

在下面的几节中，对于在横向交变磁场作用下的双射流等离子体炬的电弧，我们将给出对决定其行为的诸多关系的研究结果，并描述电弧在空间运动过程中的能量特性和振幅-频率特性[19-21]。我们会特别关注外磁场的频率和周围介质的物理状态对旋转电弧的振幅及能量参数的影响，还将讨论电弧与固体表面之间热相互作用的特征弧，这些表面可能与电流的分流部分有关，或者流过被处理材料表面的全部电流有关。在很宽的频率范围内得到的双射流等离子体炬旋转电弧的热特性和动力学特性的研究结果，可以用于发展其他具有运动电弧的直流、交流以及脉冲电流的等离子体炬或者用于分析这些等离子体炬的运行。

下面来研究这样一种双射流等离子体炬系统(图 8.17(a))及其电弧行为，其中等离子体炬的阳极部件和阴极部件分别受到各自的横向交变磁场的分离作用。为做到这一点，这种等离子体炬的阳极和阴极部件上都安装了磁场系统，使二者通过电极部件纵向轴线的燃弧平面发生偏移(图 8.17(b))。实验中使用氩气作为等离子体形成气体。等离子体炬的阳极是一个平端铜电极，阴极采用钨棒。磁偏转系统包括两只串在磁路里、固定在等离子体炬外壳上的螺线管。正弦交流工频电压通过自动开合/关断电源施加到螺线管上。

当近电极段的电弧向某个方向发生偏转时，其总长度变化很小，弧电流和弧电压的脉动仅为平均值的 4%～9%(图 8.18(a))。不过，如果电弧段同时向相反方向偏转，电弧的总长度则会周期性地变化相当大的值，弧电流和电压的脉动幅度也相应地大幅增大(20%～45%)，如图 8.18(b)所示。

电弧在磁场作用下的偏转使我们能够有效地调节电弧的功率，控制电弧段在汇流区中的运动和分布。例如，实验中电弧功率从 13 kW 增大 24 kW；并且，发生这种变化时并没有使用复杂的、通常接入等离子体炬电源电路的电子调压器。在我们研究的等离子体炬中，电弧段和汇流区所发生位移的幅度达到了 80～100 mm。

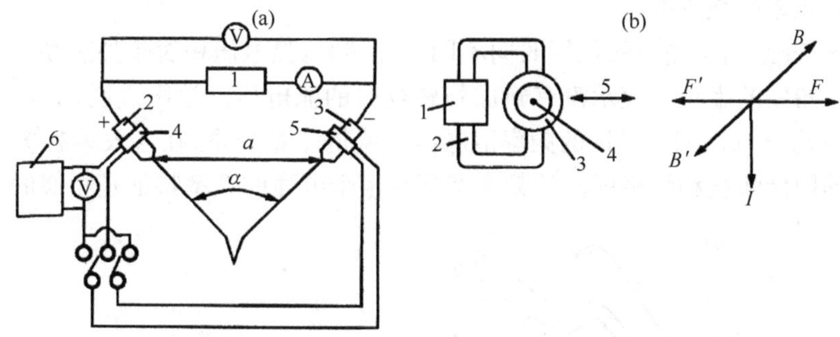

图 8.17　实验装置(a)和电磁系统(b)示意图

(a) 1. 专用电源；2,3. 阳极和阴极部件；4,5. 磁体系统；6. 电磁螺线管的电源；

(b) 1. 螺线管；2. 磁路；3. 电极部件；4. 电弧；5. 等离子体射流的运动方向；

B 为磁感应强度；I 为弧电流；F 为作用于电弧的力

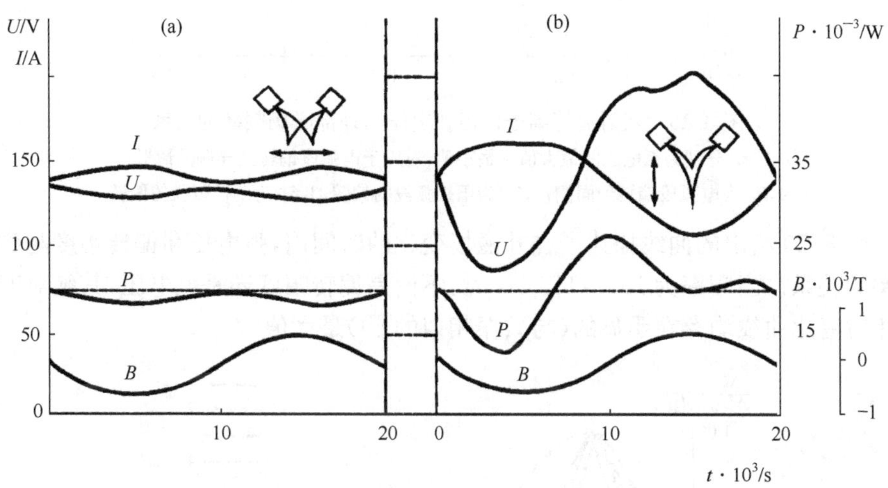

图 8.18　当电弧的近电极段在横向磁场作用下向某一方向(a)和相反方向(b)偏转时，弧电流、弧电压和电弧功率的变化

值得一提的是，弧电流的振荡可能对电极的烧蚀速率产生负面影响，尽管这些脉动与分流产生的脉动相比性质大不相同。在确定等离子体反应器的电路时，只要有可能，就必须尽量考虑这一因素并进行专门研究。

下面来研究外磁场的频率对旋转电弧偏转幅度的影响[20]。有研究者指出，燃烧在通道中的电弧的频率特性被其他效应和共振现象掩盖了，因而难以表达成纯粹的频率形式。进行研究的电流为 100 A 的量级，电压为 140 V，通过每一个喷嘴的氩气流量都是 0.12 g/s，输出喷嘴的间距为 $d=80$ mm，夹角 $\alpha=90°$。在两个磁偏转系统末端之间的间隙中，感应磁场保持 0.25 mT。实验设备(图 8.17(a))还包括一个 GZ-33 型音频发生器，向磁偏转系统的螺线管中通入 $20\sim20\times10^3$ Hz 范围内一定频率的交流电压。

图 8.19 给出了当电弧段同时向不同侧偏转时，弧电压相对于外磁场频率变化的曲线。图中的虚直线表示没有施加外磁场时的弧电压。该图表明，弧电压变化的最大值处于 105～115 Hz 的频率范围内。值得注意的是，在各段单独振荡条件下获取的阳极弧段和阴极弧段的频率特征与整个电弧的频率特征是相似的。

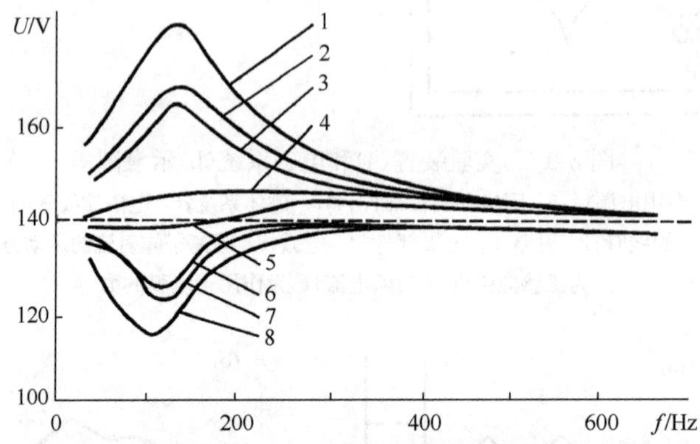

图 8.19　双射流等离子体炬弧电压与外部磁场频率的关系

1,8. 分别为弧电压的最大值和最小值，对应于电弧段偏转到异侧的情形；4,5. 为电弧段偏转到同侧；2,7. 为阳极弧段的偏转；3,6. 为阴极弧段的偏转

图 8.20 给出的曲线描述了在外磁场变化的时间内，弧电压和偏转幅度与磁场频率的关系。当频率为 105～115 Hz 时，不论是偏转幅度还是弧电压，其绝对变化和相对变化曲线均存在明显的(与共振相似的[22])最大值。

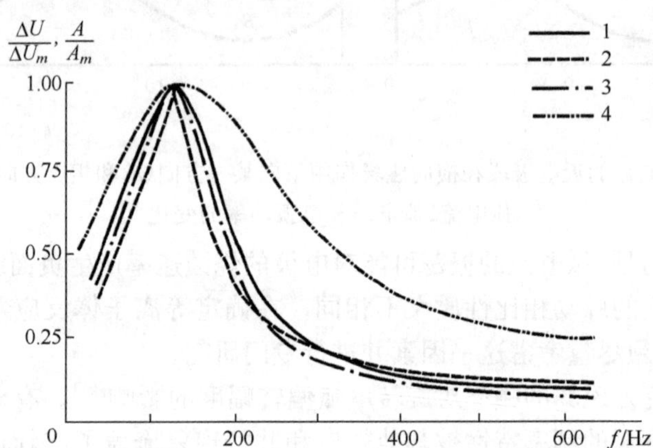

图 8.20　电弧中弧电压的相对波动和交变电磁场中弧电压波动的幅度与频率的关系

1. 电弧的阳极段和阴极段同时偏转到相反侧；2. 仅阳极段发生偏转；3. 仅阴极段发生偏转；4. 阳极段和阴极段同时偏转

除了上述实验之外，还进行了补充实验：外磁场的范围为 0.12～0.50 mT，等离子体形成气体的流量为 0.06～0.24 g/s，电流强度在 60～140 A 内变化，夹角 α 为 60°～120°。电弧段偏转的幅值和汇流区域的范围的变化与外部感应磁场的变化成正比，与弧电流的强度及等离子体形成气体的流量成反比。同时，研究还表明，弧电压和电弧段偏转幅度的绝对变化和相对变化的最大值的位置发生了偏移，即对于决定双射流等离子体炬的电弧燃烧的参数，在其给定变化范围内，这种振荡的频率特性几乎完全保持不变，与磁感应强度、等离子体形成气体流量、弧电流强度和电极间夹角等参数无关。

8.2.2　电弧与固体表面的相互作用

当我们采用不同类型的等离子体炬处理工件表面时，等离子体炬作用于固体表面的性质可能大不相同[21]。对于间接作用型(非转移弧型)等离子体炬，电弧在电弧室中燃烧，喷射出的等离子体射流的热流密度相对较低，为$(2\sim6)\times10^6$ W/m^2，见文献[7]，[23]等。同时，由于这种等离子体炬的高温射流具有高气体动压的特征，其应用通常较为麻烦。而直接作用型(转移弧型)等离子体炬的特征则是对基材传热的热流密度可高达$(1.5\sim2)\times10^7$ W/m^2。在这种等离子体炬中，电弧的阴极端或者阳极端停留在被处理表面上。然而，在电弧与被处理表面接触的区域内，电弧通常是收缩的。如前所述，这样会导致被处理材料的表面层失效，并且难以处理薄壁结构和保护性涂层。

有学者研究了稳定在转动的圆柱表面上的细等离子体电弧与固体表面的相互作用。在这种情形中，电弧发出的比热流可达 2×10^7 W/m^2[24,25]。

砖型和陶瓷盘型等非导电工程器件的处理是利用延伸压缩弧进行的。处理大型工程器件需要功率高达 70 kW、利用电磁场把电弧压缩到被处理表面上的等离子体炬[26-28]。

解决了这些问题之后，双射流等离子体炬就很有应用前途。采用这种等离子体炬，工件的表面就可以用汇流区内的阴、阳极射流等离子体来处理。在这个区域中，低热流密度是间接作用型(非转移弧型)等离子体炬具有的特征，而电弧与被处理表面的直接接触可能受到极高的热流密度的冲击，这是直接作用型(转移弧型)等离子体炬的特征。被处理表面可以是导电的或者绝缘的，平坦的或者凹凸不平的，致密的或者疏松的。

下面来研究双射流等离子体炬的电弧与表面的相互作用。热流通过一个直径为 110 mm 的水冷铜盘传感器来确定。

当使用电弧处理固体表面时，因固体与电弧的相互位置不同(图 8.21)，可以实现多种典型的处理工况。其中主要有三种，按照处理强度增大的顺序排列如下：①电弧与被处理表面没有直接接触；②电弧与被处理表面接触，但是工件表面没有电流流过;③直接或者主要用电弧处理,电弧的一部分或者全部电流流过工件的被处理表面。对于不导电的工件,只能使用前两种处理模式。

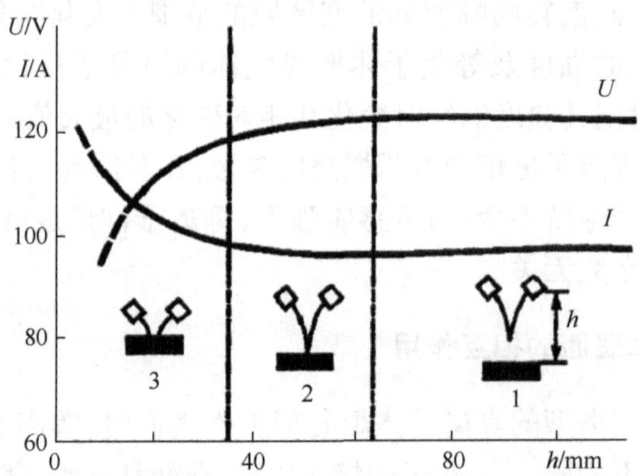

图 8.21 等离子体炬弧电流和电压的变化与等离子体炬相对于被处理表面的高度的关系

在电弧与被处理表面接触(1)之前,电弧的电特性(电流和电压)保持不变。从二者接触的那一刻(2)开始,阴极与阳极射流的汇合区分开了,造成电流增大而电压减小。从电弧的阳极段和阴极段发生分流穿过铜量热计的时刻(3)开始,这一点尤其明显。

对热流测量结果(图 8.22)的分析表明,这些结果与诸多因素都有很大关系。曲线 1 对应于电弧产生的功率,曲线 2 对应于从稳态电弧流入量热计的热流;曲线 3 和 4 是电弧在频率 f=100 Hz 的交变磁场中振荡时的功率。这些曲线的形状表明,对于电弧从与被处理表面无电流接触过渡到通过工件的被处理表面分流一部分电流的区域,电弧一接近量热计的表面,通过该区域的热流强度就快速增大并达到最大值。然后,热流强度随着弧长的减小而减小。

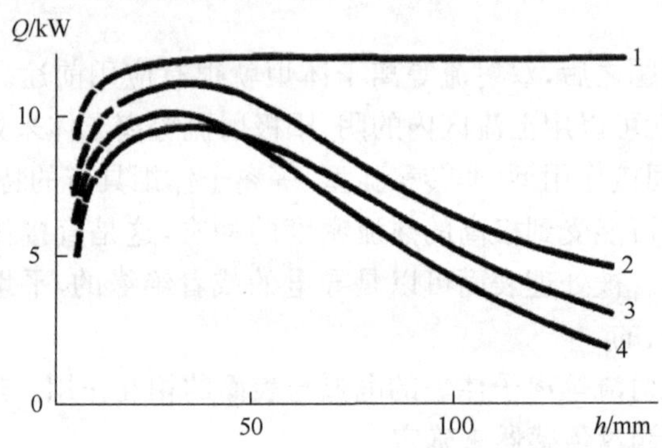

图 8.22 (1) 双射流等离子体炬电弧功率的变化;(2)～(4) 为流入量热器的热流与高度 h 的关系:(2) 电弧上无外加磁场;(3) 加上外磁场之后,阴极和阳极段同时偏转到异侧;(4) 阴极和阳极段同时偏转到同一侧;等离子体形成气体为氩气,G=0.12 g/s;f=100 Hz

对近电极弧段进行磁场偏转之后，由电弧流入到量热计的热流减少了(图 8.23)。与没有对电弧施加外部磁场(图中的虚线部分)时确定的热流值相比，最大偏差很小，不超过 10%，这是因为电弧的转动使热流在被处理表面上分布得更加均匀。

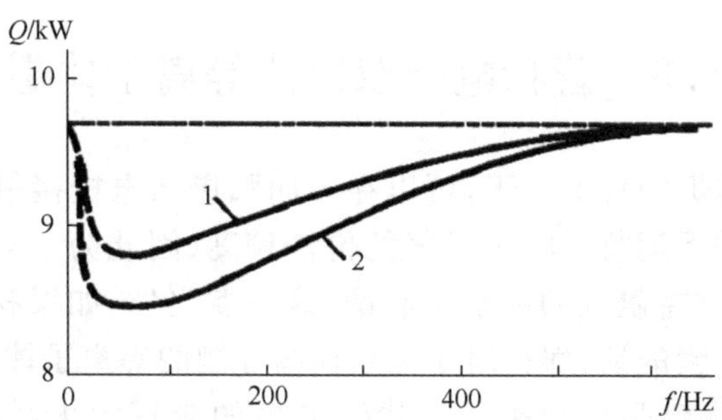

图 8.23　由电弧流入量热计的热流与电弧在外磁场中转动的频率的关系

1，2. 阳极和阴极弧段同时偏转到异侧或者同一侧

等离子体形成气体为氩气，G=0.12 g/s；h=60 mm

在对被处理表面进行热处理的过程中，电弧能量转变成流入固体的热流所占的比例，即效率因子，当经由工件表面分流弧电流时达到 90%～95%；当电弧与工件表面之间仅发生接触时为 70%～80%；当二者完全没有接触时只有 40%～50%。

为了继续讨论材料的表面处理这一主题，我们不妨简要回顾一下采用各种集中能量源，例如电子束、激光、高频以及脉冲淬火等，来对钢进行表面硬化处理的其他方法的发展。

这些方法都基于这样一个基本概念：将金属表层快速加热到高温(接近熔化)，然后对这一层以冷却速度不低于马氏体逆转变的速度快速冷却(自淬火)。

激光淬火的效率很低(约 7%～10%)，而等离子体淬火对表层加热的速度上限受相间传热的限制。与这两种淬火方法相比，电子束淬火法和高频脉冲淬火法(HPQ)则属于表面容积型，其在淬火层中产生的能量和加热速度仅取决于能量源的设计。

高频脉冲淬火法受到特别青睐。这种方法成本最低，可以利用标准的高频脉冲发生器，产能高且易于自动化操作。目前，已经发展出了采用高频发生器的工业系统，功率高达 200 kW，频率为 66 kHz 和 440 kHz。这些工业系统使人们可以在钢和铸铁工件上加工出厚度达几毫米、结构为细分散马氏体的硬化层[29]。

当高频脉冲的比功率高达 ~10^5 W/cm^2 时，就可以硬化任何结构钢、工具钢及其他碳[C]含量≥0.3%的钢材[30]，硬化层的罗氏硬度可以超过 60。对于低碳钢，已经发展出了采用高频脉冲淬火同时进行表面硬化的方法[31]。

高频脉冲淬火的应用很广泛。这种方法已被用于转动部件的本体和轴表面、钢套和圆筒的内表面、平坦工件(机械的导轨、板牙等)表面的硬化。由此引起的工件的变形极小(<8×10^{-5} m/m),这一点对于硬化长工件(棒、轴等)尤其重要。

近年来,高频脉冲淬火工艺已经在俄罗斯的许多工厂里得到了成功应用。

8.3 管状电极双射流等离子体炬

这种等离子体炬的特征在于,可以在不向弧斑与电极接触的区域内通入惰性保护气体的条件下运行。除了氩气的价格较高(因此为了有效控制电极的使用寿命,往往需要维持氩气的最小比流量)这一点之外,如果我们还必须考虑等离子体炬的维护因素的话,那么对于无须连续控制的等离子体炬的运行,这类等离子体炬的价值就会凸显出来。管状铜电极的应用大大扩展了工作电流的范围。

8.3.1 等离子体炬及其电路设计

这类等离子体炬(图 8.24)由两个完全相同的电极部件构成[32-36],每一个部件都示意性地表示为前述的双电弧室等离子体炬。电极部件包括:两个旋气室 2 和 4,沿相同旋转方向分别以流量 G_1 和 G_2 通入两路等离子体形成气体;电极 3 具有圆管状内表面,电弧 5 与 3 接触;后盖 1;喷嘴 6 与电极绝缘,并在等离子体炬启动时起到辅助电极的作用。

这种双射流等离子体炬的电极部件以如下方式布置:两支等离子体炬的轴线以某一角度 α 相交。在两个电极部件中,等离子体形成气体的气体动力学特性几乎都与双电弧室等离子体炬内电极中的相同。

图 8.24 还给出了可以为这种双射流等离子体炬供电的一种电路。该等离子体炬的引燃是利用一台独立振荡器同时对两个电极部件中的电极与喷嘴之间的间隙进行击穿。闭合开关 K 之后,引弧电流受到附加电阻 R 的限制。当引弧电流达到固定值后切断接触器 K,弧电流通过从喷嘴喷出的两条等离子体射流相互接触而闭合。实验还测试了与等离子体炬连接的其他电路。如果一台振荡器的功率不足以同时可靠地引燃两个平行的电弧,就有必要使用两台振荡器。两台振荡器引燃同一个电极部件中的电弧。电极部件中的电弧可以同时引燃,也可以依次引燃。当等离子体炬电源的电压低于所需电压时,将启用两台相同的晶闸管变压器。在这种情况下使用两台振荡器,电极部件的喷嘴连接到电源的公共端子上。

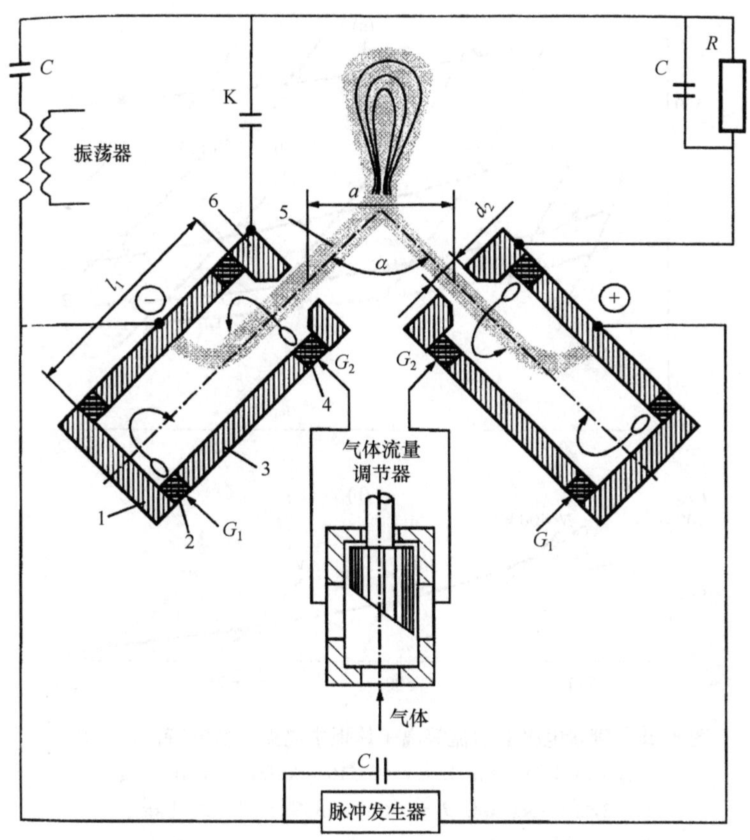

图 8.24　管状电极双射流等离子体炬及其电源

8.3.2　等离子体炬的特性

利用空气作为等离子体形成气体得到的双射流等离子体炬的伏安特性呈现轻微下降趋势(图 8.25(a))。图中的曲线 1～3 是在空气总流量 G_Σ 不同(对于两个电极部件)的条件下得到的:这里 d_2 是喷嘴孔的内径。弧电压受电极轴线夹角 α 和参数 d_2 的影响很大。曲线 2 与曲线 4 是在相同的气流量下得到的,区别在于曲线 2 的喷嘴孔径 d_2 是曲线 4 的 2 倍。对比这两条曲线表明,d_2 减小使弧电压升高了约 200 V,即近似为原来的 1.5 倍。这是可以理解的,因为 $E\sim1/d$。通过类比所研究的等离子体炬,我们发展出了功率更大的等离子体炬并进行了测试,其工作电流高达 800 A。其他特征参数有 $d_2=25\times10^{-3}$ m,气流量 $G_\Sigma=40\times10^{-3}$ kg/s。等离子体炬中电弧的伏安特性如图 8.25(b)所示。弧电压与喷嘴孔径 d_2 的关系如图 8.26 所示。对于使用空气作为等离子体形成气体的情况,可以利用如下方程来估算弧电压:

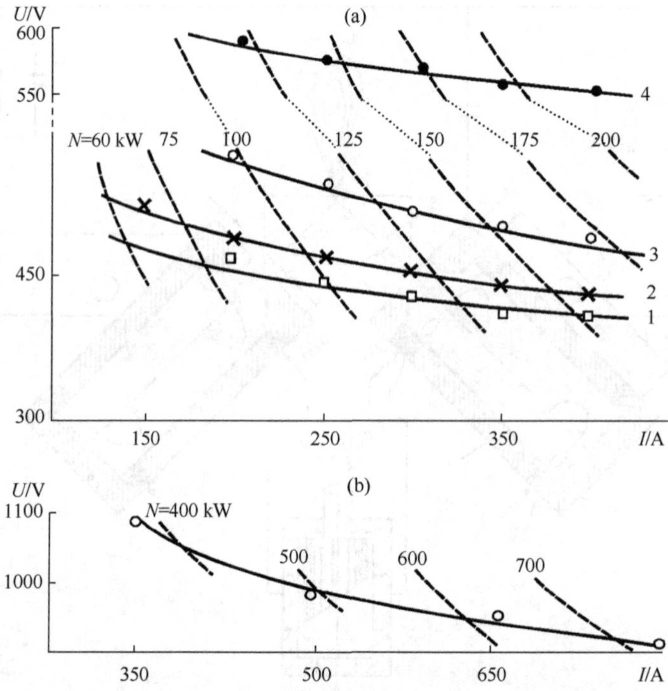

图 8.25 管状电极双射流等离子体炬中电弧的伏安特性($\alpha=90°$)

(a) $d_2=18.5\times10^{-3}$ m;1. $G_\Sigma=6\times10^{-3}$ kg/s,2. 8×10^{-3} kg/s;

3. 12×10^{-3} kg/s;4. $d_2=9\times10^{-3}$ m,$G_\Sigma=12\times10^{-3}$ kg/s;

(b) $d_2=25\times10^{-3}$ m,$G_\Sigma=40\times10^{-3}$ kg/s。虚线是等功率线

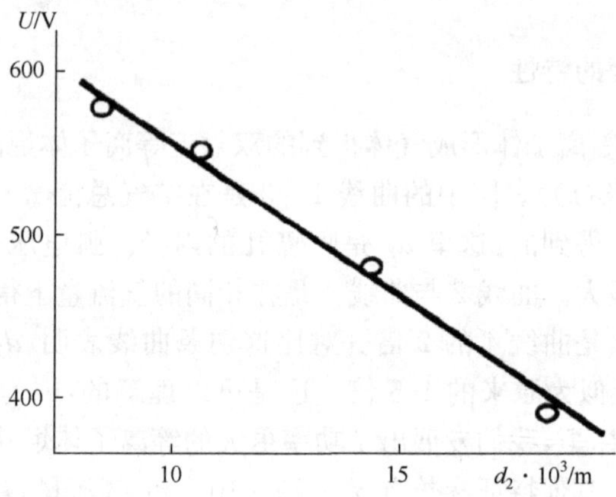

图 8.26 弧电压与喷嘴孔径 d_2 的关系

$I=300$ A,$G_\Sigma=12\times10^{-3}$ kg/s

$$U=2\times10^{3}(I^{2}/(G_{\Sigma}/d_{2}))^{-0.2}(G_{\Sigma}/d_{2})^{0.25}\cdot(p\cdot d_{2})^{0.35}[2+\alpha/(l_{1}\sin(\alpha/2))]$$

其中,几何参数 d_2、a 和 l_1 在图 8.24 中给出。

获得上述结果的条件是:等离子体射流从喷嘴喷射到静止的周围介质中,大部分电弧(约 60%)位于电极部件的通道之外。然而,在实际应用中,自由燃烧的这一部分电弧可能会被置于某种流动介质中,介质流动速度矢量相对于电极的轴线(以及由此带来的电弧的自由部分)所在的平面可能处于不同方向。外部气流对弧电压的影响会很明显。例如,通过扁平(宽度为 4×10^{-3} m)喷嘴把空气吹到等离子体射流汇合区域上,图 8.27 给出了弧电压与气流吹送速度的变化关系。这时空气速度矢量在等离子体射流的平面内。对于某些特定情形,弧电压的增幅并没有这么大。不过,当选择这类等离子体炬的电源参数时,还是应该考虑气流吹到电弧自由燃烧段的因素。在这里,我们再次强调,在大量的工艺过程中,重要的是把被处理物质(粉末、液体、气体)送入到电弧等离子体射流的汇合区。

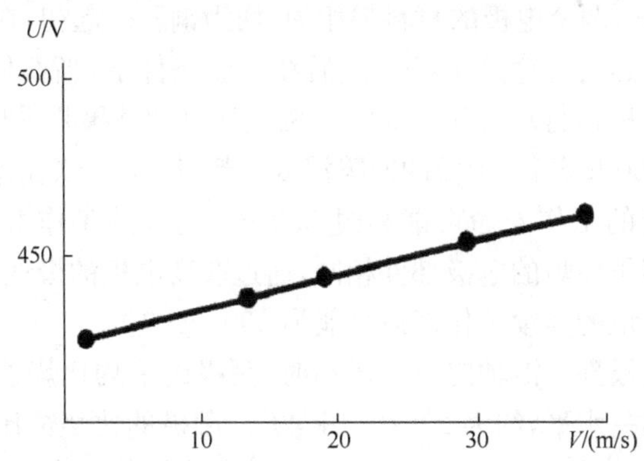

图 8.27　从扁平喷嘴把空气吹到等离子体射流汇流区时,弧电压与空气流速的关系

前文已经指出,由于这种双射流等离子体炬的大部分电弧都燃烧在开放空间中,流入阳极的热流远小于轴线式等离子体炬(如带有圆管状或者带有台阶阳极的等离子体炬)的值,因此这种双射流等离子体炬的效率通常远高于同功率的轴线式等离子体炬。在这类设计方案中,等离子体炬的效率达到了 0.9。

电极的比烧蚀和工作寿命

在双射流等离子体炬的电极部件中,等离子体形成气体在旋气室中旋转。在等离子体形成气体的气动力作用下,电弧与管状电极表面接触的区域沿角向运动(和双电弧室等离子体炬中的情况一样)。我们较精确地测量了电弧与电极接触的区域,并观察了通入“冷”气流的情况。对比这两者的结果可以发现,电弧对电极的附着发生在从两个旋气室流出的旋转气流互相接触的区域内。当旋气室中等离子体形成气体的流量比为定值时，电极上就会形成一个环状烧蚀区，其平均宽度等于(6～8)×10^{-3} m。阴极的比烧蚀为 $\bar{G}_c=2\times10^{-9}$ kg/C，阳极的比烧蚀为 $\bar{G}_a=10^{-9}$ kg/C[33,35]。如果通入旋气室的空气的流量比发生改变，那么气流在电极中接触的区域，以及由此带来的电弧附着到电极上的区域，都会沿某个特定方向移动。例如，如果气流量 G_1 增大而 G_2 减小(图 8.24)，电弧附着到电极上的区域会向喷嘴方向移动，反之亦然。

然而，实现气流量 G_1 和 G_2 的这种分配是比较困难的。图 8.24 中给出了一个更简单的解决方案，使电弧室中电弧的径向部分沿着电极的轴向前后移动。在这种方案中，两个电极中的气流量 G_1 都保持不变，而气流量 G_2 则周期性变化。从降低比烧蚀的角度看，这一过程的最佳频率是每分钟 2～3 个周期。

我们测量了电极上的弧斑沿角向旋转，同时又在前述方法的作用下沿轴向运动情形中两个电极部件的比烧蚀。实验中使用空气作为等离子体形成气体。工作电流选定为 300 A。两个电极的材料都相同，均为铜质。起初，在实验室条件下进行测试。电极总的运行寿命是 14 h。随后在工业条件下(新西伯利亚 TETs-2 热电厂)进行测试，电极运行总时间达 60 h。两次测试的结果几乎相同。

据估算，运行 60 h 之后，阳极的凹陷深度不超过 10^{-3} m(在保持比烧蚀水平相同的条件下)，阳极的工作寿命可能超过 500 h。阴极的工作寿命估计为 200 h。考虑到双射流等离子体炬的电极部件相同，通过改变电极的极性(如果满足上述条件)，这种等离子体炬的连续工作寿命可能为 300～400 h。

当电弧的近阴极部分沿轴向前后运动时，阴极的平均比烧蚀与阴极弧斑仅沿角向转动时处于同一水平，约为 2×10^{-9} kg/C。阳极的比烧蚀比常规值低一个数量级还要多，达到(4～5)×10^{-11} kg/C。电极的比烧蚀值存在差别的原因在于，在电弧弧斑之下的电极中，金属表面层的情况是不同的。这一点将在第 10 章中详细讨论。

第 9 章　工频交流等离子体炬

近年来，在各种等离子体化学工艺中，除了直流等离子体炬之外，交流（AC）等离子体炬也得到了越来越广泛的应用，尤其是在需要采用大功率等离子体炬的工艺中。在这种等离子体炬中，气体由工频交变电流的能量加热。与直流等离子体炬电路利用镇流电阻稳定直流电弧不同，在交流等离子体炬的电路中，运行工况通过电感（电抗器）来调节，这就大大简化了电源电路，降低了成本。如果有必要，电抗器中损失的无功功率还可以使用电容器或者同步补偿器（在高功率下）来补偿。电弧燃烧的物理过程在直流和交流电流中基本上相同，但是在许多情况下，人们都优先考虑交流等离子体炬。这是因为交流电更易于得到，更容易实现所需的电源参数并对其进行调节，而且交流电气设备的维护也更简单。

不过，交流等离子体炬目前还没有得到大规模应用。原因在于使用交流电会存在一些由电源的电参数随时间变化所造成的困难，主要有以下几个方面：①在轴线式等离子体炬中，如何保证当交变电流过零时燃弧能够持续。②（在未采取特殊措施时）电流曲线与电压曲线的形状不一致，这会降低电源功率的利用系数。③在单相系统中，提供的能量会随时间变化，导致被加热气体的参数出现时间脉动，从而需要解决两个问题：如何消除这些脉动，如何保证气体参数的稳定性，而后者通常是对应用于工艺和工业中的等离子体炬的重要要求。④当采用三相电流为等离子体炬供电时，为了避免对其他用电设备的运行产生负面影响，需要考虑如何确保各相负载之间的平衡。⑤某些三相等离子体炬在进行电气测量时，需要采用特定的诊断系统。

交流等离子体炬的优势之一可能与其持续运行时间长有关。其意义在于，在大多数直流等离子体炬中，电极的使用寿命差别极大，有时甚至达到几个数量级。然而，由于交流等离子体炬中电极的极性（阴极-阳极）随着电源的频率而交替变化，在同等条件下电极的烧蚀更加均匀。因此，可以想象，与直流等离子体炬相比，交流等离子体炬的电极使用寿命会更长。值得指出的是，电极极性的频繁变换也可能会对电极的使用寿命产生负面影响。这个问题需要进一步详细探讨。

对直流和交流电弧进行的大量研究结果[1-3]表明，如果电流过零时维持电弧燃烧的问题得到解决，那么几乎每一支直流等离子体炬都可以接到交流电路的其中一相上，成为线性相位交流等离子体炬。我们可以采用不同方法把等离子体炬连接到工频三相电源上。下面来讨论单相和三相等离子体炬的方案。

9.1 单相交流等离子体炬

9.1.1 对交流电弧供电的特征

在分析关于交流等离子体炬的研究结果之前，有必要分析在这类等离子体炬中引燃电弧的特点，以及向交流电弧供电的相关问题。

在直流等离子体炬中，电弧的初始引燃可以通过多种方法来实现：

——利用一根导线、一个可以移动的金属棒(触发极)使电极短路，或者采用其他类似的方法；

——通过两个电极之间的间隙发生自击穿的方式，如果电源的电压足够高(在许多情况下，尤其是当两个电极之间的距离很大、气压很高时，为了降低击穿电压，需要对电极的间隙进行辐照)；

——向电极施加振荡器产生的高频、高压脉冲，通过形成气体放电来缩短电极的间隙。

对于交流等离子体炬，如果不采取特殊措施保障电弧持续燃烧，第一种方法显然不适合。

引燃交流电弧的最常用方法是第三种。振荡器的原理图如图 9.1 所示，其基本要素是一个调压范围很宽的高压变压器。由电感 L_1、电容器 C 和火花放电器 P_3 组成的振荡电路连接到变压器的次级绕组上。电容器 C 从高压变压器充电，达到放电的击穿电压。在间隙击穿之后，L_1CR 放电电路形成电压和电流振荡，频率取决于电路的参数：

$$f_c=(1/2\pi)\sqrt{1/L_1C-R^2/4L_1^2} \tag{9.1}$$

其中，R 是电路的欧姆电阻。

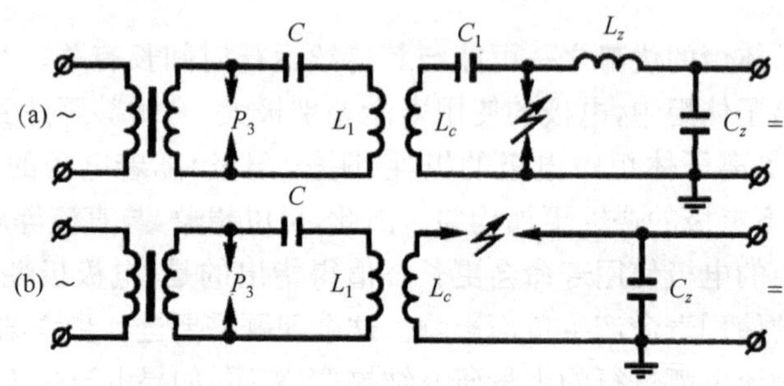

图 9.1 接入等离子体炬电弧的振荡器的原理图

(a) 并联；(b) 串联

充电电容器中的能量以等离子体炬和放电器中的热和电磁辐射的形式被耗散

掉。高频电压通过连接线圈 L_c 加载到等离子体炬上。

振荡器与等离子体炬的连接方法有两种可能的方式——并联或串联。图 9.1(a)给出了连接线圈 L_c 与电弧并联的原理图。在这种情形中，电路中通常加入下列元件：电容器 C_1，用于保护电源防止其通过连接螺线管短路；轭流线圈 L_z，根据电弧的总电流计算得到；电容器 C_z，用于保护等离子体炬的电源电路免受振荡器的高压冲击。尽管如此，这个系统仍有一项需要认真对付的缺陷。

事实上，当 L_1 和 C 给定时，根据公式(9.1)，L_1CR 放电电路的固有振荡频率取决于电路的欧姆电阻 R。该电阻包含电容器 C 和电感 L_1 的电阻，以及火花放电器中电弧的电阻，后者在放电过程中不断变化。正是这种变化使得振荡器产生了很宽的频谱，其中可能出现等于串联电路 L_zC_z 谐振频率的频率。这时，电路中就会产生电压谐振，使得更高的电压传递到电源，从而可能破坏电源的正常运行。对此我们可以用一只具有开关特性的阻值固定的元件来替换振荡电路中的放电器，以避免这种现象发生，也可以在放电器电路中串联一个阻值远大于放电器电弧电阻的电阻减弱这种不希望出现的效应。不过，这样会造成额外的功率损失，进而需要增大振荡器的功率。

在第二种连接方式(参见图 9.1(b))中，连接线圈 L_c 与电弧串联在电路中。连接线圈根据电源提供给电弧的总电流的通路计算得到。这种连接方式会稍微增大电路的复杂性，但是从电路中减去电容器 C_1 和轭流螺线管 L_z 弥补了这一点。这种电路可靠地保护了电源，使其不受振荡器的影响。

下面来讨论具有下降的静态伏安特性的交流电源电路。为了保证电弧的稳定燃烧，如前文所述，电源的特性应该是陡降的。在实验室操作中，通过在电弧电路中连续接入有效电阻(例如使用液体或者管状可变电阻器)或者电抗来产生这种陡降特性，这样能够确保平滑或者陡降地调节电弧的电流。在这种情况下，电源的大部分功率会消耗在镇流电阻中。

对于高功率等离子体炬，可以使用具有硬稳定电流特性的电源，因而无需考虑小电阻的变化关系，如采用具有饱和效应或者带铁芯的变压器。

当使用交流或者直流发电机作为电源时，陡降的外特性可以通过调节发电机的励磁电流来产生。

分析图 9.2 所示的弧电源的电路，很有意思。在该图中，燃烧在等离子体炬中的电弧是三相交流电路中一相的负载；其余两相的负载分别是电感和电容。这种连接方式使电路总的功率因数很高。当电路中 b 相有电感 L，而 c 相有阻抗相等的电容 C，即 $\omega L=(\omega C)^{-1}$ 时，该电路具有能够稳定负载电流(a 相电流)的特性。这时，a 相的电流与负载电阻无关，而负载的电压与其电阻成正比。因此，若将等离子体炬通过变压器连接到 a 相中，就能够通过改变变压器的变压比来调节流过电弧的电流。

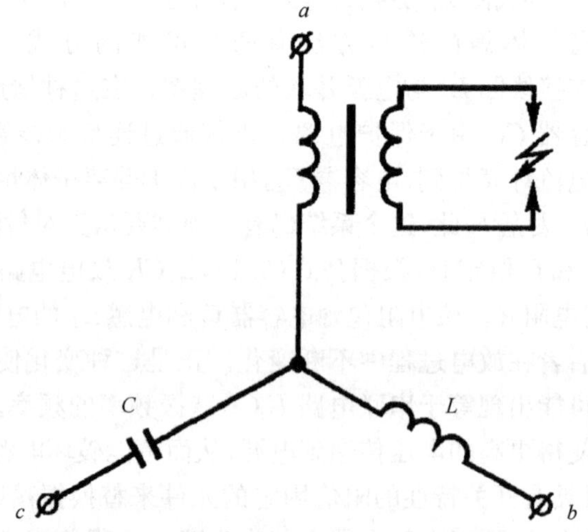

图 9.2　三相交流电弧的电源系统

在等离子体炬采用交流电弧运行时，除了需要采用具有陡降外特性的电源之外，还必须在电弧电路中接入电抗器。当电流过零时，电抗器将维持电弧的持续燃烧。这样会降低电路的功率因数 cosϕ，因此必须采取特殊措施来提高这个因数。对此，有必要研究如何产生主动充电的上升的静态特性，使电流过零时能够维持电弧的持续燃烧。当采用交流电源向等离子体炬供电时，在电弧电路中接入电感来保持电弧的继续燃烧并不是最好的解决办法。更有效的方案是并联一个低电流的高频发生器。

9.1.2　大电流电弧与高频电弧的联合燃烧

在现有的使用大电流交流电弧作为热源的电弧等离子体炬中，前文提到，通过在电源电路中接入一个合适的电感来确保电弧持续（不间断）燃烧。这时，电源的功率因数 cosϕ 不超过 0.6～0.7。

因此有必要解决这样一个问题：如何在交流轴线式等离子体炬的电弧室中形成合适的物理条件，使大电流电弧不仅能在没有任何电感的电路中持续燃烧，而且能够确保在特定条件下弧电压按照正弦规律变化。上述条件可以这样形成，例如除了大电流的主电弧之外，在等离子体炬的电极之间再燃烧一个高电压、低电流的辅助直流电弧[4]。从物理上看这是很清楚的，在这种情况下，等离子体炬的工作空间在任何时刻都存在导电通道。借助这些通道，大电流电弧放电可以随着时间持续发展。这项工作的复杂性在于需要分别设置直流电源和交流电源。

考虑到这一点，我们来考虑另一种可能性：采用一个高频、高压放电作为辅助电弧，以便保证任何时候电弧室中都存在导电通道，通过该通道可以形成大电流放电。很容易发现，在这种情况下，对于大电流的直流电源和交流电源，在任何大电流放电功率下都可以保护电源免受高频电压的损害。

在中断向弧柱供电之后，辅助放电的频率取决于气体的消电离时间。对于在空气中自由燃烧的电弧，消电离时间在 10^{-3}～10^{-4} s 的范围内。如果电弧燃烧在有气流的通道中，这个时间会更短。实验表明，当频率为 10^6 Hz 时，在对高频电弧进行旋气稳定和轴向通气的等离子体炬中，电弧能够稳定地持续燃烧。在低频率时发现了电弧的中断(熄灭)。因此，为了维持工频大电流交流电弧持续燃烧，为辅助电弧供电的发电机必须确保产生频率达 1 MHz 量级的电压。

实验表明，在旋气稳弧的等离子体炬中，几千瓦功率的辅助电弧就能够保证大电流交流电弧在电流和气流量的很宽变化范围内不间断地稳定燃烧。当使用高频高压电源时，希望能够将它作为引燃初始电弧的手段。在实际的轴线式等离子体炬系统中，气体流量和许可的径向速度所决定的电极间的最小间隙为 4～7 mm。为了初次击穿这个间隙，点火电压应该达到 20～30 kV。后面将表明，稍微增加电源的复杂程度就可能使高频发生器的开路电压达到所需的值。

图 9.3 是带有两个电源——工频大电流电源和高频低电流电源——的等离子体炬的电路示意图。通常情况下，大功率电源产生的(电弧的)电压会通过电感 L、附加欧姆电阻 R 和中空电感 L_z 施加到等离子体炬的电极 1 和 2 上；高频发生器通过电容器 C_{z_2} 连接到等离子体炬上，防止电源通过高频发生器振荡电路的中空线圈 L_k 短路。电容器 C_{z_2} 还起到限制通过等离子体炬的高频电流的作用。电感 L_z 和和电容器 C_{z_1} 组成高频电压分配器，把 C_{z_1} 上的电压传递给电源。如果有必要，例如为了确保电弧初次引燃，选择电容器 C_{z_2} 和电感 L_z，高频发生器的电压可以增大几倍，得到持续谐振(电压谐振)。在两个电极之间形成电弧放电之后，连续谐振条件便被破坏了，电弧由高频发生器的输出电压供电。如果电弧的熄灭与高频发生器的中断运行无关，那么电弧熄灭时就会自动恢复击穿条件。

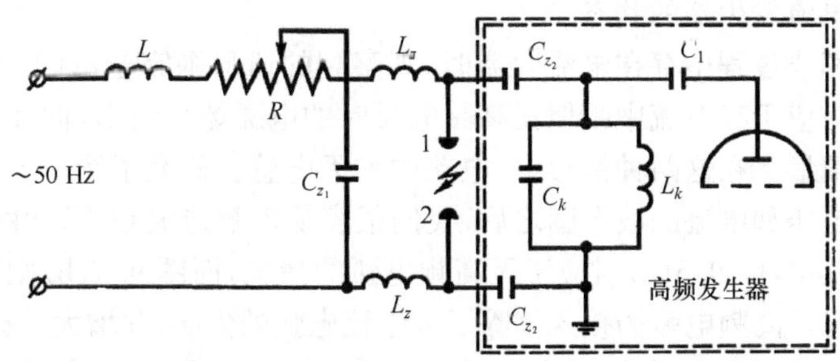

图 9.3　等离子体炬连接到大电流工频电源和小电流高频电源的电路原理图

在下面要讨论的实验中，当分别燃烧高频电弧和大电流电弧时，后者的弧长比较短。因为与大电流电弧相比，高频电弧的功率很小，能量贡献也很小，可以认为在使用高频电弧时,电弧室中的物理条件几乎保持不变,并取决于大电流电弧。交流电弧的伏安特性如图 9.4 所示。

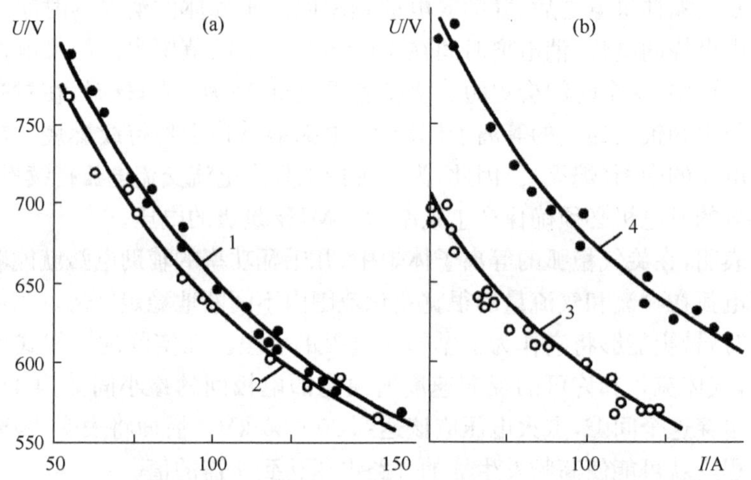

图 9.4　交流电弧的伏安特性($d=2\times10^{-2}$ m,$p=1\times10^5$ Pa)

(a) $G=7.45\times10^{-3}$ kg/s;1. 接上电感,无高频弧;2. 接上电感,有高频弧;

(b) $G=9.15\times10^{-3}$ kg/s;3. 无电感,无高频弧;4. 无电感,有高频弧

实验表明,有高频电弧和无高频电弧时大功率交流电弧(处于不间断燃烧状态,比如连接到电感上)的伏安特性的差别很小(如图 9.4(a)中的曲线 1 和曲线 2)。有高频电弧时获得的伏安特性 2 的位置稍低于无高频电弧时的特性曲线 1。在低功率($I\approx50$ A)下,二者的功率之差不超过 4%;当功率较高时($I\approx150$ A),差异小于 2%,这近似相当于高频电弧带来的功率增加。随着电流强度的增大,高频电弧导致的伏安特性的变化程度更小。值得一提的是,随着弧电流的变化(负载电阻从 0 到 10^3 Ω 变化),高频发生器产生的电流的变化幅度不超过 20%,这是因为后者运行在电流发生器的状态。

当电弧燃烧过程中存在电流间断时,观察到的情形则完全不同(图 9.4(b))。图中曲线 3 对应于有电流中断但无高频电弧时的电弧燃烧情形,曲线 4 对应于有高频电弧的情形。在这两种情形中,电路中均无电感。研究了图 9.5 所示的无电感条件下的电压和电流的波形图之后,我们很容易理解造成 U-I 特性差异如此之大的原因。其中,图 9.5(a)对应于无高频电弧的情况,而图 9.5(b)则对应于有高频电弧的情况。高频电弧的接入消除了大电流电弧的尖端,并增大了有效电压,这也反映在特性曲线中。因此,这些实验表明,当高频电弧与大电流电弧结合燃烧时,在电路中没有电感、$\cos\phi$ 接近于 1 的条件下也可以保证后者不间断燃烧。这种情况下的弧电压低于电源电压的幅值。

正如图 9.4 所表明的,交流电弧的伏安特性是下降的。因此,为了稳定燃弧,

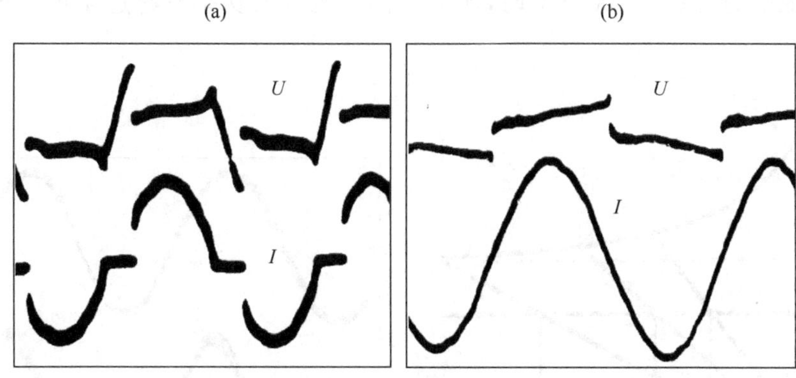

图 9.5 弧电压和电流的波形图

(a) 没有连接电感和高频弧；(b) 没有连接电感，但是连接了高频弧

在电弧的电路中接入一个镇流电阻。不过，在某些条件下，高频电弧不仅可以用于持续燃弧，还可以用于无镇流电阻时稳定燃弧。这时，为了有效地利用电源的功率，电流与弧电压的动特性在半周期内应该近似于正弦规律。

如果自稳弧长的交流电弧的伏安特性(如图 9.6 中的曲线 1 所示)满足 $U>U_m\sin\omega t$ 的条件，则等离子体炬的电弧无法自持燃烧，因为这时任一时刻的电压(图 9.6 中的曲线 2 与曲线 3)都低于所需的电压。接入高频电弧之后，这个电弧一直存在，并且弧电压 U 的数值和形状都与电源提供的电压一致，即电弧的电压是正弦的。这种电弧放电被称为非独立的。在这种情况下，电源提供的功率完全得到了利用。关于电弧的电流与电压存在正弦动特性的实验验证是在一支单相等离子体炬上进行的。这时等离子体炬处于独立燃弧状态，工作参数为 $U=400$ V，$I=250$ A，输出电极直径为 3.0×10^{-2} m，氩气流量为 7×10^{-3} kg/s，压力为 1×10^5 Pa。该等离子体炬通过一个 0.6 Ω 的有效电阻连接到电压为 380 V($U_m=537$ V)的工频交流电源上。接入有效电阻是为了把电源提供的电压降到远低于电弧独立燃烧所需的电压。

实验表明：主电弧只有当高频电弧存在时才燃烧，在动态情况下，电弧的电压和电流近似按照正弦规律变化(图 9.7)。

在给定的实验中，大电流电弧放电的功率是 52 kW($U=217$ V)，高频电弧的功率是 0.75 kW。电路的计算(考虑了电缆的电阻)表明，电压的计算值与测量值之间符合得很好。

在仅有一种工作气体(Ar)的等离子体炬中，也实现了相似的大电流电弧燃烧的条件。这支单相等离子体炬的输出电极内径为 5×10^{-2} m，氩气流量为 0.110 kg/s。等离子体炬直接连接到额定电流为 $I=2400$ A、电压为 380 V 的电源上。当弧电流 $I=1500$ A 时，独立燃烧电弧的电压为 270 V。非独立放电时的弧电压相同。

当电弧放电的功率为 300 kW 时，所需的高频电弧的功率不超过 4 kW，即不大于 1%。

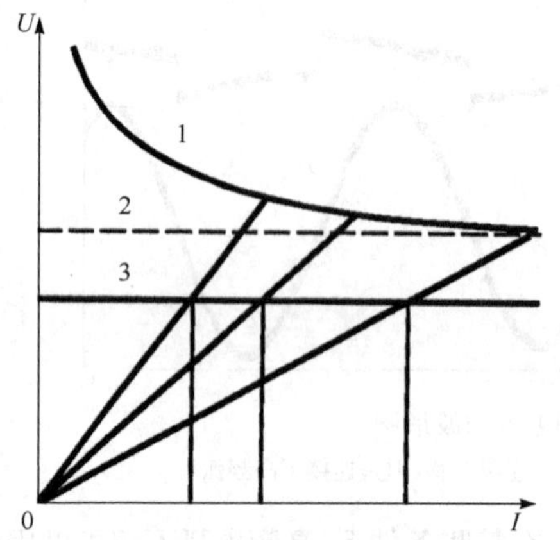

图 9.6 在非独立燃烧工况下电弧的静态伏安特性

1. 电弧的静态伏安特性；2. 电源电压的幅值；3. 弧电压的有效值

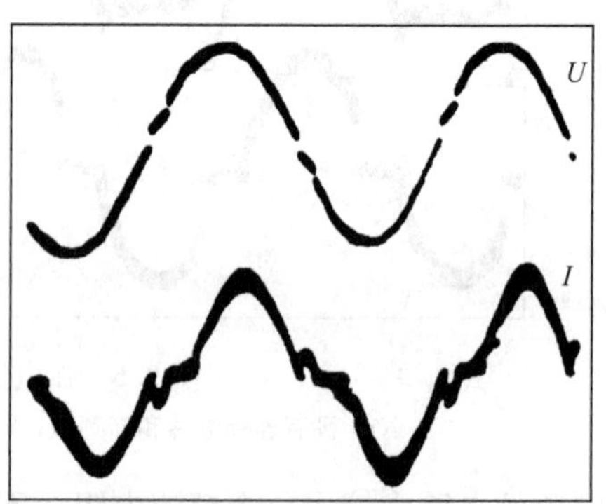

图 9.7 带有高频弧、非独立燃烧的电弧的电压和电流的波形图

在运行具有非独立电弧的等离子体炬时，可以通过调节高频发生器发出的流过电弧的电流，来调节提供给电弧的功率。这时，电源功率的利用效率为 100%。

显然，这种调节方式在直流和交流等离子体炬中都是可行的。实验证明，在旋转氩气稳定功率的等离子体炬中，高频电弧的功率从 2 kW 变到 4 kW 时，可使弧电流从 240 A 增大到 2500 A(氩气流量为 0.110 kg/s)。

因此，大电流电弧结合高频电弧的燃烧实现了如下过程：①即使电路中无电抗，电弧也能不间断燃烧；②弧电流和弧电压的动特性近似于正弦燃烧电弧。在后一种情形中，对于外特性为任意形状的电源，电路中无镇流电阻时电弧也能稳定燃烧。

9.1.3 燃烧在旋气稳弧单相等离子体炬中的交流电弧的伏安特性

对于利用旋气产生湍流的等离子体炬，其中燃烧的工频交流电弧和高频电弧缩短了电弧独立燃烧时电流间断的时间。为了计算这些交流低温等离子体炬，必须获得关于这些发生器的电特性和气流旋转特性的数据。

研究[5]是在一个输出电极直径为 $d=(10,20,30,50)\times10^{-3}$ m 的双室等离子体炬上进行的。参数准则 $\bar{d}=d_p/d$ 保持不变，等于 1.2。这里 d_p 是相电极(后端电极)的内径。比值 $\bar{l}=l_p/d_p$ 近似等于 10，其中 l_p 是相电极的长度。两个电极都由铜制成，并用水冷却。工作气体空气从主旋气室(流量为 G_1)和末端旋气室(流量为 G_2)通入电弧室，流量比例为 $\bar{G}=G_1/G_2=3$，在实验中保持恒定。电弧末端在内电极腔中的相对位置基于弧斑在电极内表面留下的痕迹确定。这个位置保持固定，并取决于内电极中两股气流接触的区域。

通过等离子体炬的气体的总流量 $G=G_1+G_2$ 在 $(5\sim120)\times10^{-3}$ kg/s 的范围内变化，弧电流强度为 40～200 A。研究输出电极内径为 30×10^{-3} m 和 50×10^{-3} m 的等离子体炬时，在电弧室压强为 $(1\sim10)\times10^5$ Pa 的条件下得到了伏安特性。实验中还拍摄了电流和电压的波形图。其中的一些图片对应于有高频电弧时等离子体炬的运行状态，此前在图 9.5 中已经给出。通过分析波形图观察到电弧的无中断燃烧。

当 $d=30\times10^{-3}$ m、$p=1\times10^5$ Pa 时，电弧的典型伏安特性如图 9.8 所示。在我们研究的等离子体炬中，就像在直流等离子体炬中一样，利用三个主要的有量纲复合量确定了发生在电弧室中的物理过程：

$$K_1=I^2/Gd,\quad K_2=G/d,\quad K_3=pd$$

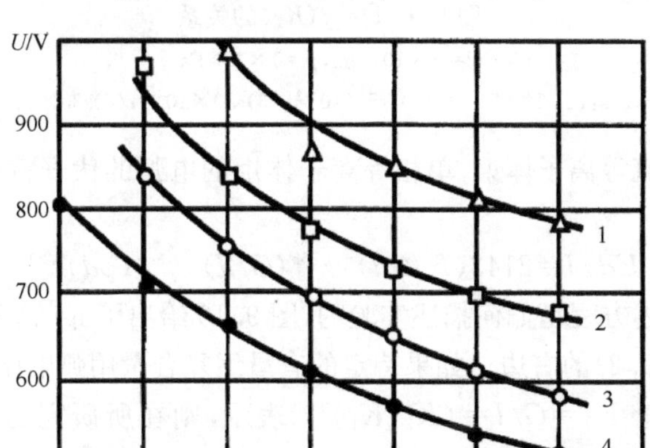

图 9.8　带有高频弧的交流电弧的伏安特性

$d=3\times10^{-20}$ m，$p=1\times10^5$ Pa；

G，kg/s：(1) 30×10^{-3}；(2) 20×10^{-3}；(3) 15×10^{-3}；(4) 10×10^{-3}

已经确定的复合量是 $\overline{U}=Ud/I$。这些都是适当的无量纲相似准则的有量纲部分。实验中，以国际单位制的主单位表达的复合量的变化范围如下：

$$5\times10^4\leqslant K_1\leqslant9\times10^8,\quad A^2\cdot s/(kg\cdot m)$$

$$0.5\leqslant K_2\leqslant12,\quad kg/(m\cdot s)$$

$$10^3\leqslant K_3\leqslant5\cdot10^4,\quad Pa\cdot m$$

作为一个例子，图 9.9 给出了对于 $K_3=3000$ 和几个 K_2 值的 $\overline{U}=f(K_1)$ 关系。该图表明，对于直流情况，$\overline{U}$ 和 K_1 之间是指数关系，并且在 K_1 的变化范围内可以把指数看成常量。此外，$\overline{U}$ 不仅取决于 K_1，还取决于 K_2 和 K_3。

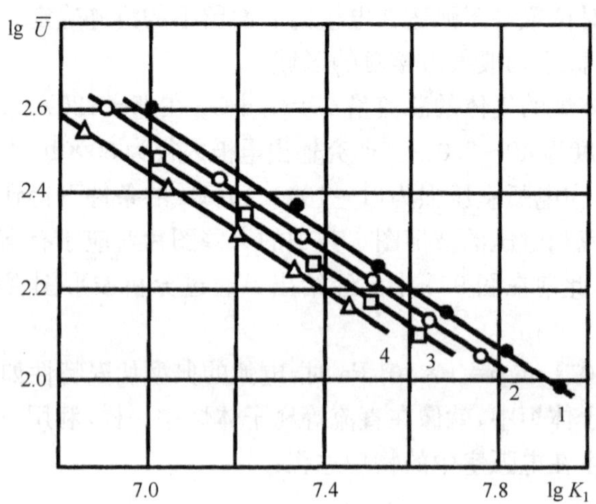

图 9.9　$\overline{U}=f(K_1)$的关系

$d=3\times10^{-2}$ m, $p=1\times10^5$ Pa

G,kg/s:(1) 10×10^{-3};(2) 15×10^{-3};(3) 20×10^{-3};(4) 30×10^{-3}

通过类比直流等离子体炬，单相等离子体炬的电弧的伏安特性可以表达成如下形式：

$$Ud/I=2143(I^2/Gd)^{-0.655}(G/d)^{-0.345}(pd)^{0.20} \tag{9.2}$$

为了表明上述方程是如何描述实验的，图 9.10 给出了 $\lg\overline{U}_{exp}$和$\overline{U}_{cal}$的关系，这里的$\overline{U}_{cal}$是方程(9.2)的右边。如果待定的有量纲复合量用弧电压表示$U=\overline{U}I/d$，参数K_1用复合量$K_5=G/I=(K_2/K_1)^{0.50}$表示，则在所研究的参数范围内，方程(9.2)就可以简化。值得指出的是，$K_4=I/d$也是无量纲准则的有量纲部分。

简化之后，对于在有辅助电弧的单相等离子体炬中燃烧的电弧，推荐使用如下简化后的方程计算弧电压：

$$U=2143(G/I)^{0.31}(pd)^{0.20} \tag{9.3}$$

方程(9.3)已经在参数的变化范围 $320\leqslant K_5^{-1}\leqslant40\times10^3$，$10^3\leqslant K_3\leqslant5\times10^4$ 内得到了验证。K_3 的指数 γ 的确定基于电极直径的变化对弧电压(等离子体炬喷嘴喷出的亚音速气体，$p=1\times10^5$ Pa)的影响。对有量纲准则的分析表明，γ 也可以通过保持 d 不变，改变电弧室末端的气压 p 来确定。这些研究是在直径 $d=30\times10^{-3}$ m 和 50×10^{-3} m 的等离子体炬上进行的。作为一个例子，图 9.11 给出了这些等离子体中电弧的伏安特性曲线。尤其注意一点，这些曲线表明，随着气压的升高弧电压也增大。当 G/I 的值保持恒定时，关系式 $U=f(K_3)$，以及由 p 和 d 的变化带来的 K_3 的变化范围如图 9.12 所示。

最后，可以得出如下结论：

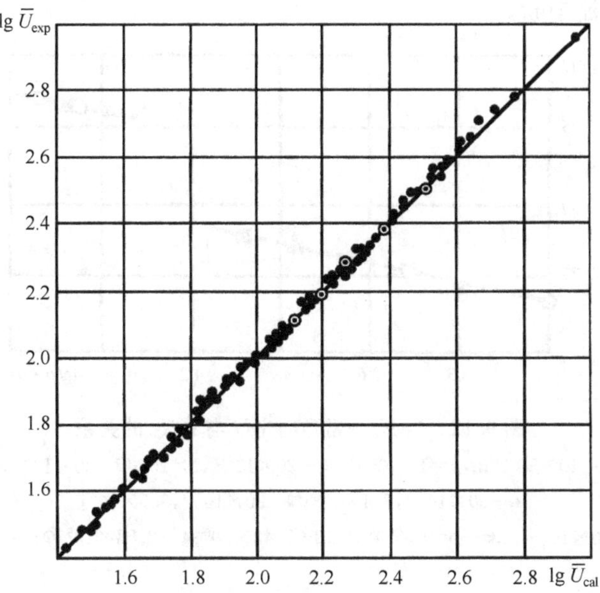

图 9.10　实验值与根据式(9.2)得到的计算值的一致性

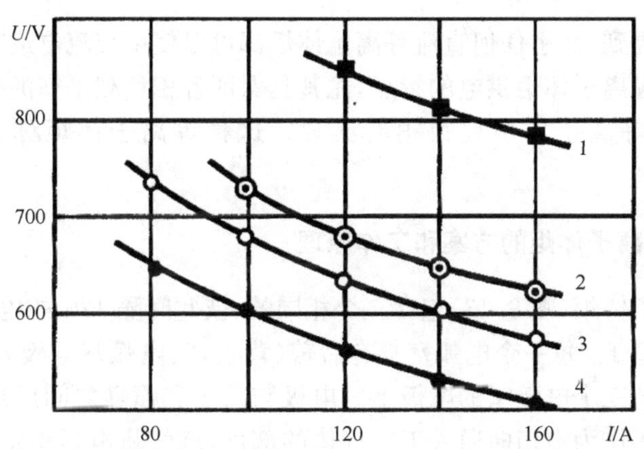

图 9.11　电弧的伏安特性($d=30\times10^{-2}$ m)

1. $G=15\times10^{-3}$ kg/s, $p=(3.4\sim3.5)\times10^5$ Pa; 2. $G=10\times10^{-3}$ kg/s, $p=(2.38\sim2.48)\times10^5$ Pa;
3. $G=15\times10^{-3}$ kg/s, $p=1\times10^5$ Pa; 4. $G=10\times10^{-3}$ kg/s, $p=1\times10^5$ Pa

(1) 对具有旋气稳弧的单相等离子体炬的研究，使我们能够在所研究的决定复合量变化范围内，以准则形式来确定计算电弧伏安特性的方程，该方程可以用于计算大功率等离子体炬。

(2) 在单相等离子体炬中，具有高频辅助电弧的大电流工频交流电弧可以稳定燃烧，而无电流中断。

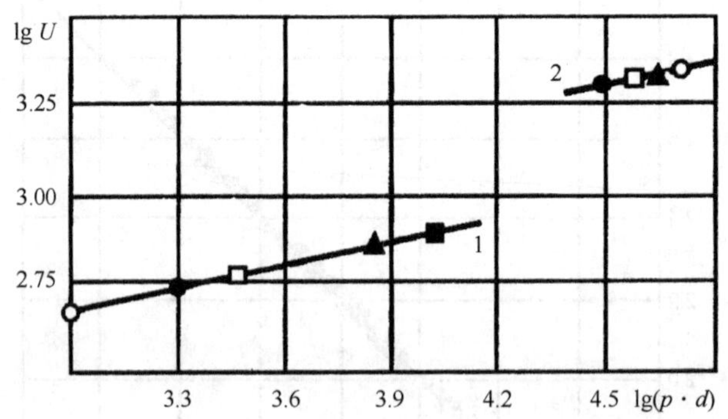

图 9.12 当 K_5=常数时 lg$U$ 与 lgK_3 的关系

1. ○—$d=10\times10^{-3}$ m，$p=1\times10^5$ Pa；●—20×10^{-3}，1×10^5；□—30×10^{-3}，1×10^5；▲—30×10^{-3}，2.4×10^5；■—30×10^{-3}，3.5×10^5；

2. $d=50\times10^{-3}$ m，●—$p=6\times10^5$ Pa；□—7.42×10^5；▲—8.58×10^5；○—9.83×10^5

9.2 星型三相等离子体炬

我们已经提到，几乎任何直流等离子体炬都可以使用交流电运行。然而，三相电源向大功率等离子体炬供电的特点，尤其是保证各相负载平衡的要求，使发展一种全新的三相等离子体炬变得很有必要。这种等离子体炬称为星型等离子体炬[3]。

9.2.1 星型等离子体炬的方案和工作原理

星型等离子体炬(图 9.13)包含三个相同的、彼此间隔 120°的电弧室和一个共用的电弧混合室 1。每一个电弧室都有后盖(背板)2、电弧室电极 3 和喷嘴 4。电源的三相连接到三个电弧室的电极上。电极与后盖和喷嘴之间用绝缘材料隔开。这些绝缘材料还作为沿切向通入工作气体的部件，旋气将电弧稳定在电弧室的轴线上。气体的主要部分从电极与喷嘴之间通入，其他较少的部分(不大于主要部分的 10%)从电极与后盖之间通入，这是为了防止电弧与后盖之间出现短路。被加热后的气体通过混合室的输出喷嘴离开等离子体炬，混合室的轴线垂直于图片所在的平面。

星型等离子体炬的每个电极上都安装有螺线管 5。螺线管的磁场使电弧的近电极(径向)部分旋转，从而延长电极的工作寿命。电极、喷嘴、混合室以及混合室的输出喷嘴均采用水冷。

星型等离子体炬的启动步骤如下。首先启动冷却水和工作气体供应系统。然

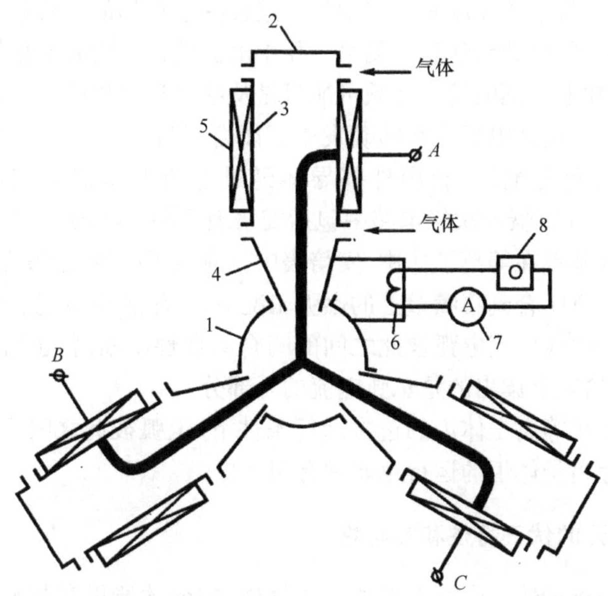

图 9.13　星型等离子体炬示意图

后,向电极施加电压;同时对于每一个电弧室用一个特殊电源引燃喷嘴与针状钨电极之间的辅助高频低功率电弧。高频电弧越过喷嘴与电极之间的绝缘件,延伸到电极中,距离电极内表面 5～7 mm。随后,高频放电覆盖了电极与喷嘴之间的整个间隙,在电极电压的作用下,间隙中发生击穿形成了主电弧。主电弧引燃之后,位于喷嘴中的电弧的闭合段在气流的气动力作用下向下游移动。由于三个电弧室的喷嘴通过电路连接在一起,在气流尽头电弧的末端以星型电路形式将三个喷嘴的金属本体闭合成“零点”。穿过喷嘴之后,电弧末端继续延伸,形成电弧环,并被气流吹入混合室,在混合室的中心区域形成闭合回路。这时,电弧的燃烧呈星形,零点在混合室的中心(这就是这种等离子体炬被称为“星型”的原因)。这时,喷嘴和混合室为电中性。

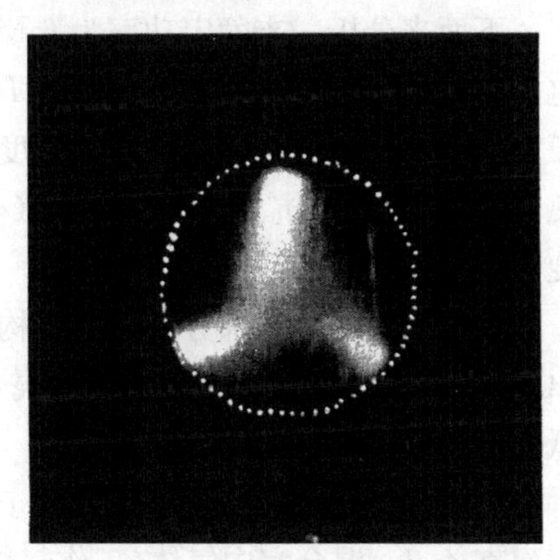

图 9.14　混合室中电弧放电的照片

由于电弧闭合成星形且零点在等离子体中是这类等离子体炬的主要特征,这种电弧之间相互作用机制可通过两种方法进行实验验证。第一种方法是利用高速摄像机对电弧预期闭合的区域进行拍摄,得到的照片证实电弧彼此之间的闭合(图 9.14)。应当指出，三条电弧放电的亮度是有差别的。这反映了对称的三相系统的普遍特征。根据亮度的差别可以判断，任意时刻每一相中电流的瞬时值并不相等。

然而，从图片上看到的发光区域可能只是从喷嘴喷射出的热气体的射流，而不是电弧放电。为了确认电弧之间的确发生了闭合，我们采用第二种验证方法。使喷嘴与混合室之间电绝缘，利用外部导体经过电流互感器 6 与电弧室相连接(图 9.13)。电流互感器的次级电路中包括安培表 7 和示波器 8。如果电弧彼此之间以星形闭合且零点在等离子体中，安培表中就应该无电流，示波器上则应该读出一条直线。在电弧闭合到喷嘴壁上的燃弧工况下，安培表应该记录到总弧电流，示波器记录到正弦曲线。当电弧彼此之间的闭合周期性中断时，也可能记录到中间情况。这时，安培表上读出的是总弧电流的一部分。

实验证实了在等离子体炬的正常运行条件下，电弧彼此之间是闭合的。这种方法对于监测等离子体炬的运行也非常有用。

9.2.2 星型电弧的伏安特性和热特性

对于星型等离子体炬中被电弧加热的气体，如何才能提高其温度而无需通过增大放电的电流密度来增大电流强度？把电弧封闭在一个小直径分段通道中是实现这一目标的常用方法。而对于星型等离子体炬，由于设计上存在较多困难，并且电弧放电形态也更加复杂，这种方法并不适用。因此，我们进行了如下实验：用最佳参数把电弧电压缩在喷嘴中，研究增大电弧电流密度的效果。

首先，喷嘴的形状应该能够压缩电弧，压缩的方式是为电弧提供最高比例的能量。其次，喷嘴的内 d_c 不能特别小，否则输出截面上会发生电弧向壁上分流，结果会破坏电弧按照“星型”方案相互作用的原则。为了解决这些问题，我们在单相模拟设备上进行了大量实验研究。

下面来分析一支额定功率为 6 MVA 的“星-6”型等离子体炬的特性。用额定电压为 $U_c=6$ kV、额定电流强度为 $I=600$ A 的三相电源为其供电。为了保证电弧能够稳定燃烧并能够调节电流强度的大小，在三相的每一相中都接入一个与电弧串联的、最大感抗为 6 Ω 的电感(电抗器)。通过脱焊使电抗器的阻值不连续变化。

等离子体炬过流部分的几何结构可以描述如下：电极内径 $d_e=50$ mm，喷嘴输出截面的内径 $d_c=20$ mm，圆管状混合室的直径相对较小，为 90 mm，这样可以降低热损失，获得比较高的热效率。

图 9.15 和图 9.16 给出了等离子体炬的最重要特性——对于喷嘴的不同临界截面直径 d_{cr}，混合室中气体(工作气体为空气)的平均质量温度 T、压强 p、提供给电弧的单位质量气体的能量 P_{sp} 和热效率 η 与气流量 G 的关系。通过能量平衡方

法确定了温度 T，误差在 5%以内。在混合室喷嘴的输出截面上流场分布均匀，混合室中的压强几乎完全没有波动，这些都表明在混合室喷出的超音速气体放电形态中采用这种方法是合理的。根据方程 $P_{sp}=N/G$ 计算出提供给电弧中单位质量气体的能量，这里 $N=3KUI$ 是所有放电的总功率，$K=2\sqrt{2}/\pi$ 是考虑了弧电压 U 的曲线为矩形的系数。

现在，我们可以解释 P_{sp} 曲线。下面专门来分析 $P_{sp}(G)$ 关系曲线。当 $d_{cr}=$ 常数时，G 的增大表明混合室中气压 p 几乎成比例升高。同时，众所周知，电弧的特性用 $U\sim p^n$ 关系描述，并且 $n<1$（在当前情况下，$n=0.34$）。因此，电压 U 增大的速度小于气流量 G 增大的速度，并且 P_{sp} 的降低会降低 T 并相应地提高效率 η。

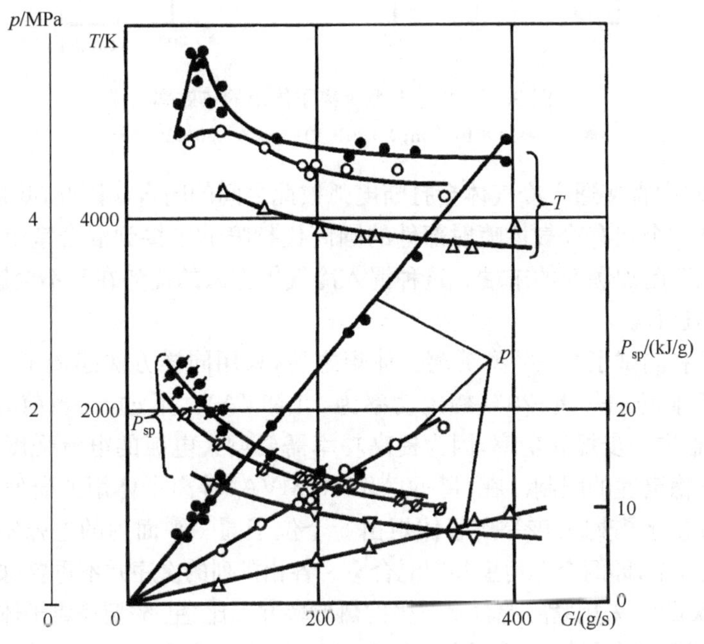

图 9.15 “星-6”型等离子体炬的性能

●,⌀—$d_{cr}=14\times10^{-3}$ m;○,⌀—20×10^{-3} m;△,▽—30×10^{-3} m

这样看来，降低 G 和减小 d_{cr} 都有可能使气体的温度越来越高。不过，实际上却无法实施，因为这样一来喷嘴中的每条电弧的 部分以及随后的整条电弧都会发生分流。电弧分流会中断等离子体炬的运行，在实验结果上表现为实验数据大幅离散、U 的降低以及随后 P_{sp} 和 T 的减小（图 9.15 中 T 曲线上的实心点）。

为了解决诸多科学和技术问题，必须保证气体的温度低于等离子体炬中产生的温度。降低气体温度的最适当和最有效的方法是用冷气体稀释热气体。实验表

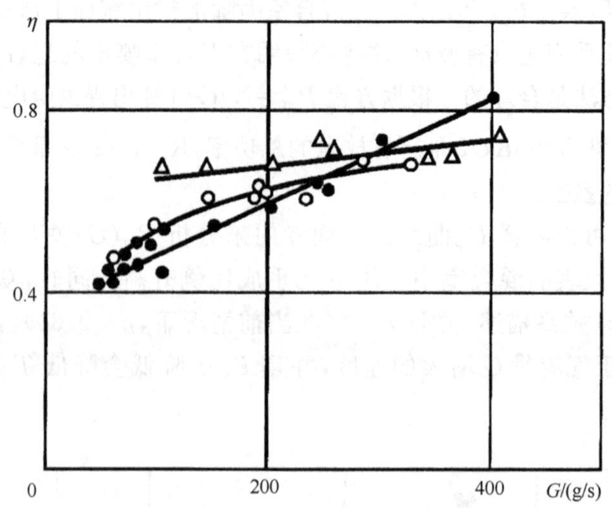

图 9.16 “星-6”型等离子体炬的热效率

●—d_{cr}=14×10^{-3} m;○—20×10^{-3} m;△—30×10^{-3} m

明,向混合室中直接通入冷气体会打断电弧彼此之间的闭合。因此,我们推荐的方案是用另外一个装有冷气体喷射部件的圆筒代替喷嘴连接到混合室上。这样,输出喷嘴就位于附加圆筒的末端。这种混入冷气体方法的优势在于不会影响等离子体炬的工作过程。

在发展和测试了“星-6”型等离子体炬之后,采用同样方法建造了一支功率更大的等离子体炬——“星-20”(额定功率为 20 MVA)。不过,在当前方案的框架内,我们很难进一步提高功率,因为提高功率需要增大电弧的电流强度,而这受到了电极工作稳定性的限制。在“星-50”型(50 MVA)等离子体炬的研发过程中,我们对主电路进行了改进:该等离子体炬由 6 个位于同一平面内的电弧室组成(6 角星),而不是 3 个,即两个 3 角星共用混合室。各相排列的次序并不重要(如 ABCABC 或者 AABBCC)。采用紧凑混合室产生的热效率并不比“星-6”型等离子体炬低。

“星-50”型等离子体炬采用电压为 10 kV(额定电流 I=1400 A)的三相电源供电,在混合室气压高达 20 MPa 的工况下稳定运行。

作为一个例子,图 9.17 给出了气压 p 和平均质量温度 T 与气流量 G 的关系。数据是在不同 d_{cr}值的“星-50”型等离子体炬上获得的,弧电流强度 I=700～900 A。需要注意的是,随着 d_{cr}的增大,$T=f(G)$仅有小幅升高。

“星-50”型等离子体炬是发展最大功率等离子体炬“星-100”(100 MVA)的基础。“星-100”型由两支“星-50”型等离子体炬组成。这两支等离子体炬共用混合室的输出喷嘴位于混合室的轴线上。“星-100”型等离子体炬的压强和气体温度与“星-50”型等离子体炬的相同,但气流量是后者的两倍。

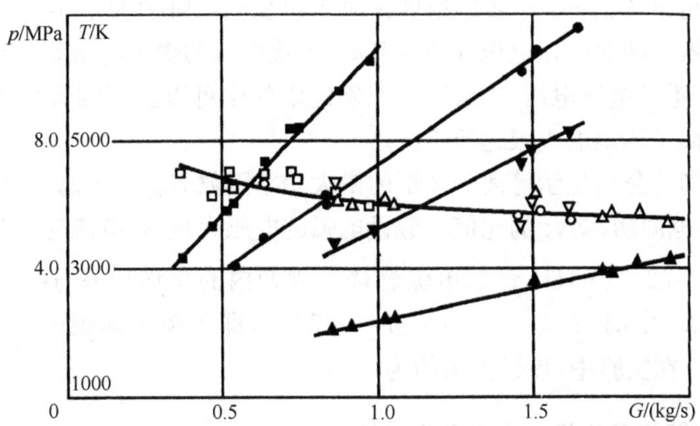

图 9.17　在电流 $I=700\sim900$ A 的范围内等离子体炬“星-50”的特性

空心符号表示温度 T,实心符号表示气压 p

□,■-$d_{cr}=14\times10^{-3}$ m;○,●-17×10^{-3} m;▽,▼-20×10^{-3} m;△,▲-30×10^{-3} m

前文的内容表明,当气流量小而电流强度大时,电弧会分流到喷嘴的壁上。下面将会解释增大气体流量、压强和减小电流强度对电弧行为的影响。实验结果表明,G 和 p 的增大和 I 的减小会受到弧电压 U 增大到某些值的限制,当 U 达到这些值时等离子体炬中电弧的燃烧状况就开始变得不稳定。

表 9.1 给出“星-6”中的电弧熄灭时弧电压的实验数据(熄弧电压 U_m)。由于随着气流量的增大,电弧的熄灭具有一定的概率性,因而难以准确确定 U_m 的值和相应的 G_m 值。因此,表 9.1 给出了这些值的范围。G 的下限值对应于电弧进入正常运行状态之前的情况,而 G 的上限值对应于电弧几乎一引燃就熄灭的情况。

表 9.1　对于不同的 G 和 d_{cr} 值时的熄弧电压

d_{cr}/mm	20	20	14	14
G/(g/s)	326～354	325～370	290～300	250～260
U_m/kV	2.5～2.6	2.1～2.3	2.8	2.7

表 9.1 表明,最大熄弧电压 $U_m\approx2.8$ kV。这个结果说明如下。

交流电弧理论表明,在串联了电感的单相电路中,只有当弧电压的有效值 U 不大于电源电动势 ε 的 0.7 倍时,电弧才会持续(无间断)地燃烧。在一个负载平衡的三相电路中,该电压可以提高到～0.84ε。在表 9.1 研究的情况中,$\varepsilon=3.5$ kV,不间断燃弧的条件应该是 $U\leqslant2.9$ kV。这个值接近于电弧熄灭时弧电压的最大值。因此,当 $U>U_m$ 时电弧熄灭的现象可以这样理解:在电流中断的时间内,放电间隙快速消电离同时电场强度却增大。结果,在电流(和电压)过零之后,就无法再次引燃电弧。

还应当指出,$U_m/\varepsilon \leqslant 0.84$ 的条件仅对于引弧电压峰值要求不高的电弧,即大电流电弧有效。随着引弧电压峰值的升高,燃烧电弧的熄灭电压 U_m 会降低。

因此,知道了电源电压,就可以近似确定电弧中可以达到的最大电压值,进而估算星型等离子体炬的极限运行工况。

下面来简要分析星型等离子体炬的最大功率因数 K_{max}。K_{max}是电弧放电产生的功率 N 与电源功率 N_s 的比值。假设电弧的电压为矩形、电流为正弦曲线,可以利用方程 $N=(2\sqrt{2}/\pi)UI$ 计算电弧燃烧半周期内的平均功率,这里 I 是有效电流。当 $U=0.84\varepsilon$ 时,$N_{max}=0.76 \cdot \varepsilon I=0.76N_s$,即等离子体炬的最大功率因数 $K_{max}=0.76$。在实验中,该最大值约为 0.7。

9.2.3 星型等离子体炬的广义工作特性

为了分析旋气稳弧星型等离子体炬的实验数据,文献[3]采用了广义的准则关系:

$$UI/Gh_0=f(I^2/Gd\sigma_0 h_0, pd^2/Gh_0^{1/2}) \tag{9.4}$$

这里 d 是特征长度,σ_0 和 h_0 分别是气体的电导率和焓的特征值。

将决定性准则相乘,就得到新准则 $\Pi=I^2pd/G^2\sigma_0 h_0^{3/2}$,这项准则包含了影响弧电压这一参数的所有参数。如前文所述,σ_0 和 h_0 可以认为是常数(至少对于单一种类的气体是这样的),因此可转化为系数。为了转化成有量纲的复合量,我们令 $K=UI/G, K_0=I^2pd/G^2$。这样,归纳后的伏安特性的表达式具有如下形式 $K=f(K_0)$。复合量 K_0 是之前提到的三个复合量的乘积,反映了能量准则、雷诺数和克努森数的乘积:

$$K_0=I^2pd/G^2=(I^2/Gd)(d/G)(pd) \tag{9.5}$$

反过来,复合量

$$K=UI/G=U\sqrt{(I^2/Gd)(d/G)} \tag{9.6}$$

也包括能量准则和雷诺数。在估算时,特征尺寸 d 用电极直径和喷嘴输出截面直径的平均值 $d_m=(d_e+d_c)/2$ 来代表。通过其中一相等离子体炬的气流量被认为是 $G_1=G/3$。

在归纳实验材料的过程中,使用了如下物理量的量纲:$|U|=[\mathrm{V}]$,$|I|=[\mathrm{A}]$,$|G_1|=\mathrm{g/s}$,$|p|=[\mathrm{MPa}]$,$|d_m|=[\mathrm{cm}]$。

在不同类型的等离子体炬中获得了实验数据,图 9.18 中给出了这些数据处理后的结果。实验用的等离子体炬包括星型等离子体炬、单相模拟等离子体炬和两支旋气稳弧、使用直流电、带有喷嘴通道、电弧长度近似固定的等离子体炬。从图中可以看出,所有数据点都非常准确地符合一条直线。大部分数据点偏离直线的程度都在 15%以内。决定性复合量 K_0 和 K_0 中包含的量的变化范围如下:

$$K_0=16\sim3.2\times10^5,\quad I=0.27\sim3.0\ \text{kA},\quad G_1=1\sim330\ \text{g/s}$$
$$p=0.01\sim12\ \text{MPa},\quad d_m=3\sim7.5\ \text{cm}$$

因此，复合量 K_0 充分反映了多种因素对弧电压的影响。

应当指出，图 9.18 中得到的关系也反映了其他类型等离子体炬运行的数据，包括使用空气和氮气、氦气，使用氮气、氦气与二氧化氮的混合气运行的星型等离子体炬，以及使用直流电和交流电的等离子体炬。这些现象表明，工频交变电流决定的非稳态，对旋气稳弧等离子体炬中的运行复合量没有产生显著影响。

图 9.18 中所示的关系可以表达为如下方程：

$$P_{sp}=1.84\times10^3(I/G_1)^{0.68}(pd_m)^{0.34} \tag{9.7}$$

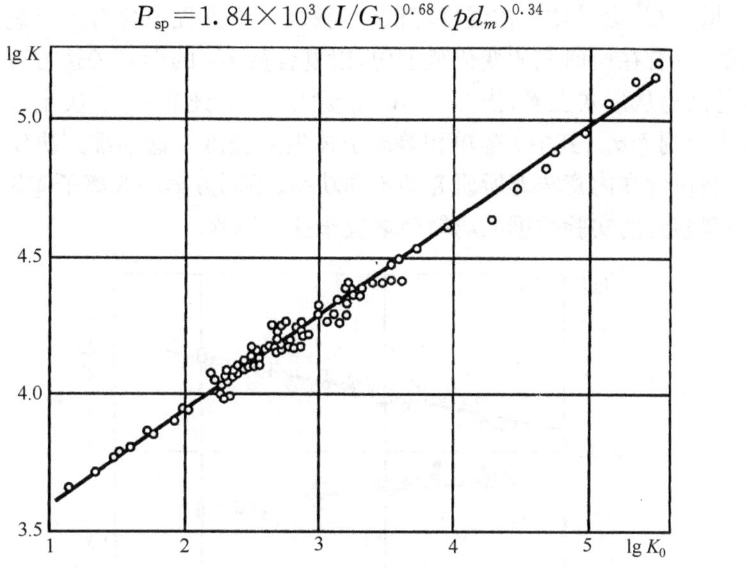

图 9.18　归纳出的伏安特性

这表明

$$U=1.84\times10^3(G_1/I)^{0.32}(pd_m)^{0.34} \tag{9.8}$$

方程(9.8)表明，电弧的伏安特性 $U\sim I^{-0.33}$ 是缓慢下降的，而电压与气压的关系形式是 $U\sim p^{0.34}$。文献[3]中专门进行的实验表明，对于一条稳定在通道轴线上的交流电弧，至少在气压高达 $p=100$ MPa 的范围内都能保持这样的 $U(p)$ 关系。如果继续采用第 5 章所用的主要准则复合量，关系式(9.8)可以转化成如下形式：

$$U=1.84\times10^3(I^2/Gd)^{-0.16}(G/d)^{0.16}(pd)^{0.34} \tag{9.9}$$

此外，如果使用国际单位制，方程(9.9)就可以用如下形式表达：

$$U=732.5(I^2/Gd)^{-0.16}(G/d)^{0.16}(pd)^{0.34} \tag{9.10}$$

显然，式中有量纲复合量的指数与 5.1 节中归纳交流和直流电弧的伏安特性时给出的那些指数很接近。这再次证实了直流电弧和交流电弧中的物理过程是相同的这一结论。

为了计算等离子体炬的输出参数(尤其是气体温度),仅使用一个伏安特性是不够的,知道热效率 η,即知道等离子体炬壁上的热损失占电弧放电功率的比例,也很重要。整理适当的实验数据之后发现,星型等离子体炬的效率也可以用复合量 K_0 的关系式表示(图 9.19)。图中数据点的离散程度大于归纳伏安特性时的情况,达到 20%~25%。热效率方程的形式如下:

$$\eta=(I^2 p d_m/G_1^2)^{0.09} \tag{9.11}$$

方程(9.11)表明只有通过增大 G_1 才能提高等离子体炬的热效率。然而,在同等条件下,增大 G_1 会导致气体温度降低。当然,对于方程中含有的有量纲复合量和它们的值,只有在所研究的变化范围内,以复合量 K_0 的形式表达方程(9.11)才有效。这是因为从形式上看,当 $G\to\infty$ 时 η 会大于 1。还有一点,决定性复合量不包括参数化准则 l/d_m,其中 l 是单相等离子体炬的长度。这项准则决定了总的热损失,它没被包含在内意味着所研究的不同功率、不同方案的等离子体炬是几何相似的,因为观察到的实验数据的离散就取决于这一因素。

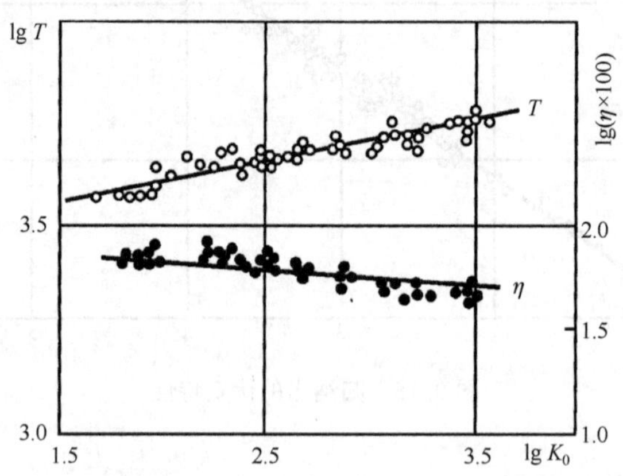

图 9.19 总结出的有关温度和热效率的实验数据

根据对三相等离子体炬的定义,$\eta=3G_1c_pT/N_\Sigma$,这里 N_Σ 是电源为电弧放电提供的功率,它的数值取决于 K_0。因此,可以认为不仅等离子体炬的效率,而且气体的温度也主要取决于 K_0。实验数据处理后的结果也在图 9.19 中一并给出。数据点的离散程度不超过±10%。在所研究的参数变化范围内,温度 T 的方程为

$$T=2.6\times10^3(I^2 d_m p/G^2)^{0.095} \tag{9.12}$$

这个方程表明,只有大幅增大复合量 K_0,才能大幅升高 T。例如,当 K_0 的值增大 10 倍时,温度仅升高了 25%。

9.3 三角形接法三相等离子体炬

如果能在一个电弧室中同时燃烧多个交流电弧,就可以制造出简单可靠的、能够将电能高效地(0.8～0.9)转化成热能的等离子体炬。为了得到这样的结果,俄罗斯科学院电物理研究所对此进行了大量科学研究和设计研究[6-12]。

所有开发和研究的等离子体炬在结构上都具有一个共同特征——在一个电弧室中有三个电极。这些方案的差别仅在于,在加热惰性气体、氮气和氢气时采用钨或者含钨材料制成的棒状电极,而在加热氧化性介质时则用水冷管状铜电极。

9.3.1 棒状电极交流等离子体炬

使用棒状电极的等离子体炬按照功率不同分成两个系列:功率达 140 kW 的 PPT 型等离子体炬,以及由额定功率分别为 2 MW、10 MW 和 80 MW 三个基本型号组成的 EDP 型等离子体炬。从设计角度看,这两类等离子体炬是相同的,都具有三个主要部件:壳体、电弧室(接管)和电极模块[8]。在 EDP 型等离子体炬中(图 9.20),密封壳和电弧室作为一个部件生产。电极由含有添加剂的钨材料制成。电弧室和电极用水冷却。在一些最新设计方案中,电极也有用气体冷却的。

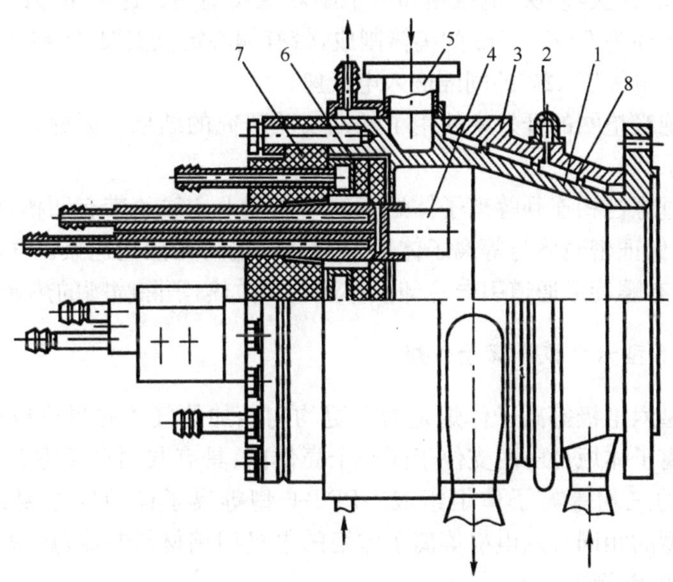

图 9.20 EDP-0.3-50 型三相电弧等离子体炬

1. 壳体;2. 波纹管接头;3. 冷却套;4. 电极;5. 气管;6. 绝缘插入件;7. 层压树脂玻璃板;8. 螺旋导流槽

在这种等离子体炬的电弧室中，存在三相燃弧机制，由于放电间隙中产生预电离，可以使用低电压反复引燃电弧。工作气体通过一系列切向通道通入电弧室。在某些情形中，也会通过靠近电弧室壁的特殊孔沿轴向通入气流。这些气流在电弧室壁上形成相对低温的保护层，防止电弧分流到电弧室壁上。电弧室的容积与其内表面面积的比值最佳使得等离子体炬的效率很高。电弧的引燃是利用一个电压为 2～50 kV 的高压脉冲发生器，或者用直径为 0.6～1.2 mm 的铜线或康铜线连接阴阳电极。除此之外，还使用了一个特殊的脉冲注入器，通过已经产生的等离子体团来使电极之间形成闭合回路。为 PPT 型等离子体炬提供能量是电压为 220/380 V 的工频三相交流电源，每一相中都连接有磁化电抗器。接入了电抗器就可以平滑地调节电流。EDP 型等离子体炬工作在很宽的电压变化范围内，利用带有汽轮发电机和变压器的电源为其供电。俄罗斯科学院电物理研究所开发的交流等离子体炬的一般特征参见表 9.2。

PPT-10/30 型等离子体炬[6]

这种设计用于额定功率为 3～50 kW 范围，用氮气、氢气和惰性气体来运行。该型等离子体炬主要由三个部件组成：壳体、喷嘴和电极模块。等离子体炬的壳体是圆筒状，带有冷却套和连接喷嘴的法兰。壳体上有一个空腔，用于沿切向通入工作气体。工作气体沿着三条螺旋通道直接通入电弧燃烧区。此外，壳体还包括由三根电极组成的电极模块、电极座和一个耐热绝缘垫圈。这种型号的等离子体炬的电极是由直径为 8～10 mm 的钨棒制成，带有偏心定位支架，能够调节两两电极之间的距离。电极以 120°的间隔嵌入电极座。

在耐热绝缘垫圈的开发中使用了长期实验研究的结果。因此，这种垫圈完全满足技术要求。

喷嘴通过螺栓相连到等离子体炬壳体的法兰上。法兰带有凹槽，凹槽内装有橡胶密封圈，保证密壳体与等离子体炬喷嘴部件之间无泄漏连接。喷嘴带有冷却套，冷却套内有螺旋形通道引导冷却液体流动和散热，消除喷嘴的热膨胀。

1. PPT-6 型六电极等离子体炬

PPT-6 型六电极等离子体炬是为了更均匀地加热气体并提升电功率而开发的。这种等离子体炬是由两支位于同一个壳体内、具有共同电弧室并共用工作气体供应系统的三相等离子体炬组成。PPT-6 型等离子体炬的主要组成部件与 PPT-10/30 型的相同。六电极等离子体炬的电极用钨材料制成，用银钎料焊入直径为 10 mm 的铜管中。

2. PPT-3/100 型和 PPT-3/100 M 型等离子体炬[7,8]

PPT-3/100 型等离子体炬的功率达 100 kVA，而 PPT-3/100 M 型等离子体炬

表 9.2 交流等离子体炬的特性

参数＼型号	PPT-10.30	PPT-3/100	PPT-3/100M	PPT-6	EDP-0.2	EDP-2	EDP-5	EDP-5M	EDP-80
功率/kW	≤50	≤100	≤140	≤100	≤200	≤2000	≤6000	≤10000	≤80000
实际电流/A	50～350	50～450	50～150	30～300	80～570	2000～6400	2000～9000	2000～9000	10000～26000
实际电压/V	25～100	35～140	40～150	25～200	20～240	250～450	400～1200	400～1200	500～2000
电弧室气压/MPa	≤0.6	≤0.6	≤0.1	≤0.6	≤0.1	≤0.25	≤3.0	≤5.0	≤2.5
工作气体	H_2、He、Ar、N_2	H_2、He、Ar、N_2	H_2、He、Ar、N_2	He、Ar、N_2	H_2、He、Ar、N_2	H_2、He、Ar、N_2	H_2、He、Ar、N_2	H_2、He、Ar、N_2	H_2、He、Ar、N_2
气流量/(kg/s)	≤0.02(Ar)	≤0.04(Ar)	≤0.05(Ar)	≤0.02(Ar)	≤0.04(Ar)	≤1.0(N_2)	≤3(N_2)	≤3(N_2)	≤20(Ar) ≤10(N_2) ≤0.5(He)
气体焓值/(MJ/kg)	2.4～5.4	1.2～4	1.2～4.5	2.0～5.8	2.0～6.0	1.2～3.3	1.2～5.4	1.2～5	1～11
效率/%	≤80	≤80	≤80	≤85	≤80	≤70	≤90	≤90	≤84
尺寸/cm	28×20×15	30×25×20	32×27×27	22×20×18	25×27×30	38×35×32	67.5×35×32	67.5×47×65	61×85×65
喷嘴内径/cm	2	5	5	2	2.5	14	18	18	20
电弧室长度/cm	15	12	12	10	13	18	28	28	25
电弧室容积/10^{-5} m^3	330	690	710	240	210	2600	5300	5300	12000
电弧室表面积/cm^2	1.46	2.85	3.10	1.25	1.50	7.4	12.5	12.5	18.8
电极类型	棒状	棒状	棒状(成对)	管状	管状	组合棒状	组合棒状	组合棒状	组合棒状
电极横截面积/cm^2	0.78	0.78	1.56	0.78	2.2	19.8	19.8	19.8	37.2
电源类型	三相电源	三相电源	三相电源	从独立轭流线圈引出的三相电源	三相电源	三相电源变压器发电机	三相电源变压器发电机	三相电源变压器发电机	汽轮发电机

的功率达 140 kVA。这两种等离子体炬的主要部件与 PPT-10/30 型的相同，与后者的差异在于电弧室和壳体的几何尺寸、沿切向通入工作气体的通道的截面积，以及电极部件的设计。为了增大等离子体炬电路中的工作电流，电极的横截面积也增大了。除此之外，还开发了一种电极座带冷却的电极部件。这种部件安装在一对电极上，每一对电极都由两根钨棒组成。

3. EDP 型等离子体炬(EDP-0.2、EDP-2、EDP-5 和 EDP-80)

这个系列的等离子体炬的功率分别为 200 kVA、2 MVA、5 MVA 和 80 MVA，设计用来稳定地加热惰性气体、氮气和氢气(图 9.20)。

与 PPT 系列相比，EDP 系列的特点是壳体的冷却套分成两部分，然后用波纹管连接。冷却套有两个接口，冷却水通过接口通到更接近电弧室上热负荷最大的部件——喷嘴的出口处。为了保护电弧室壁的内表面，必须通入另一路气流，方向沿电弧室的轴线并被压缩到壁面附近。在许多设计方案中，电极都是采用成组的钨棒或者钨丝。所有电极的后端都用水冷却，其中一些电极还用沿轴线方向的气流冷却。气流还吹到绝热的电极盘上。为了更好地抵御辐射热流和热冲击，一套端面采用水冷、带有气膜以防止电弧与电极表面发生短路的金属电极部件被开发出来了。因此，这种类型的等离子体炬除了主气流之外，还通过其他部件分别通入气体：电极、电极座的狭缝，以及电极部件的底部。气体在等离子体炬的电弧室中的流动是一个复杂的过程。通过电极通入气体升高了弧电压，当供电系统的参数给定时，这样可以获得尽可能高的功率。然而，在长期运行工况中，在电极损耗的同时会形成不稳定的放电形态。这些不稳定的形态显然是由电极长度减小(电弧趋近于电极组件端部)决定的。在等离子体炬长期运行的过程中，为了确保电极的几何参数和物理参数发生变化时电弧仍然稳定燃烧，电源电压必须留有裕量。

设计功率高达 80 MW 的 EDP-80 型等离子体炬是为了运行几秒钟(达到 5 s)。考虑到运行时间短，EDP-80 型等离子体炬的设计中电弧室、壳体和电极均未采取冷却措施。EDP-80 型等离子体炬包括由 0Cr18Ni10Ti 不锈钢制成的、壁厚18 mm 的电弧室和壳体。12 根销钉穿过壳体和电弧室的法兰，将它们固定在一起。利用铜垫片将带有气管接头的圆环装在两个法兰之间。圆环与等离子体炬的壳体构成一个环形室，用于通入工作气体。壳体上有两排沿切向布置的小孔，工作气体通过这些小孔通入等离子体炬的电弧室。耐热电绝缘插入段包括一个 Al_2O_3 圆盘和安装在另一个 Al_2O_3 圆盘上的绝热管。在等离子体炬的壳体中，绝热管中的圆盘通过高铝部分直接连接到一起。(圆柱形)铜电极座插入绝缘管中；电极座上带有表面平滑、用于固定导电母线的接线端子和用于安装电极的螺纹插孔。复合结构的电极包括一根直径为 10 mm、钎焊入杯形铜套中的钨棒。杯形铜套末端带有螺纹，用于和铜座连接。绝缘盘受到压力之后，固定到电极外套的法兰上。

9.3.2　带有导轨型管状电极的交流等离子体炬

与此前描述的那些等离子体炬相比，这类等离子体炬是设计用于加热氧化性介质的，尤其是加热空气。为此，开发了功率为 0.1～1 MW、带有管状铜电极的等离子体炬（图 9.21 所示）。这种等离子体炬包括四个基本部件：外壳 1、带有接管的喷嘴 2、电极系统 3 和注入器 4。外壳用不锈钢制成，形状是从圆柱体过渡到截锥体。外壳用水冷却。沿外壳的长度方向有三个带有切向小孔的圆环，工作气体通过小孔通入电弧室。对每一个圆环的气体供应都是独立的。喷嘴也由不锈钢（12Cr18Ni10Ti）制成，用来自壳体流经由橡胶圈密封的黄铜套的水冷却。电极为 U 形，由直径为 10 mm 的铜管或者直径为 20 mm、带有 8 mm 内孔的铜棒制成。黄铜接管钎焊到电极上，把电极固定到外壳上并通入冷却水。电极穿过陶瓷绝缘件和氟塑料套管穿过壳体。传输电流的电缆连接到靠近注入器的接头上。等离子体炬（图 9.21）外壳的后部有一个从截锥体一侧插入的注入器。注入器的喷嘴插入到两组电极之间的空隙（3～5 mm）中。

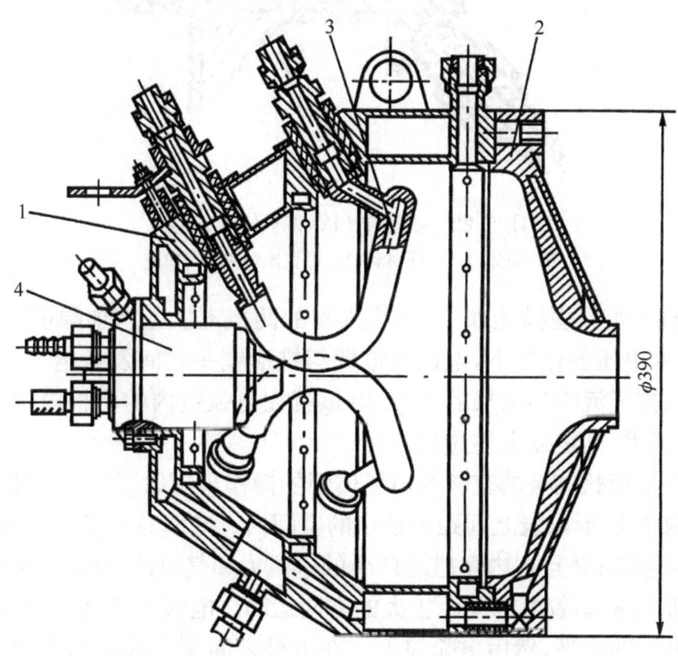

图 9.21　PPT 系列的三相等离子体炬

1. 壳体；2. 喷嘴；3. 电极；4. 注入器

注入器是一支高电压单相交流等离子体炬，功率达 3 kW（图 9.22）。注入器由壳体、陶瓷喷嘴和两根电极组成。壳体由不锈钢制成并通水冷却。壳体中有两条以 15°角在电弧室中汇合的圆管状通道。从共用腔室中沿切向通入的气体流过每一条通道。电弧室的后端通过螺栓与陶瓷喷嘴固定在一起。每一根电极都是由黄铜圆管中穿过一条黄铜棒构成。在黄铜棒与铜管内表面之间装有陶瓷套管。黄铜棒带有螺纹,与之连接的是一个锥形铜头。圆柱体嵌入件压入铜头中。嵌入件可以由不同材料制成(铜、金属陶瓷等)。

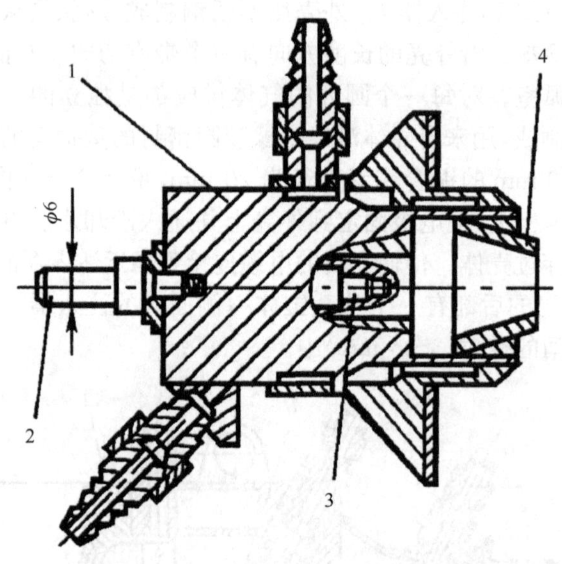

图 9.22　高压单相等离子体注入器

1. 壳体;2. 绝缘材料;3. 可更换电极;4. 喷嘴

注入器的工作原理描述如下:向注入器的两根电极上施加幅值为 6 kV 的交变电压,在交变电压的作用下,电极通道壁与锥形铜头之间发生电击穿;击穿产生的两条短电弧被气流吹到电极的末端,电弧就在电弧室内的两根电极之间燃烧起来;如果电弧熄灭,则重复上述过程。

带有导轨型管状电极的交流等离子体炬的操作步骤如下。注入器产生的等离子体维持在两个 U 形电极之间距离最小的空间内。向两只电极施加电压之后,在电极之间形成电弧;并且在内禀磁场产生的电磁力和气流产生的气动力的作用下,电弧沿着 U 形电极朝着电极间距扩大的方向运动。电弧长度增大之后,弧电压就提高到电源电压的水平,然后电弧熄灭。在电极之间距离最小的空间内又发生了一次新的击穿,并重复上述过程。在这样的工况下,电弧室空间中的电弧放电形态很复杂,从而大幅提高了电弧与周围气体对流换热的强度。实验中通入气体的量是这样选择的:要防止电弧分流到金属壳体上,并且尽可能保证电弧沿着电极表面持续运动,后者对电极的烧蚀影响很大。

9.3.3 大功率三相等离子体炬的电弧室中的主要物理过程

在所有等离子体炬中，包括交流等离子体炬中，电能被转化成了热能。从热力学观点看，发生这一过程的效率有可能等于 1。然而，由于在等离子体炬电弧室中，对气体的加热是通过气体与电弧放电之间的热相互作用进行的，不可避免地会产生各种损失。为了降低损失，在等离子体炬的每一种具体设计方案中，都有必要控制主要的能量流。这一点只有在等离子体炬电弧室中的主要物理过程的特性与等离子体炬的工作参数（如气体消耗量、气压、电流强度和弧电压）之间建立起明确关系后才有可能进行。为了解决三相等离子体炬中的这些问题，研究者开发了许多测量系统[9]。

为了分析电弧室中的辐射动态和性质、确定电弧的几何形状，研究者开发了一套用于记录电弧辐射的系统。这套系统包括一组中心部位有一个不透明圆形屏幕的特殊透镜。这套光学系统使研究者能够在分析等离子体炬电弧室中的辐射时消除射流辐射的影响，并确定电弧的几何形状。等离子体炬中的电弧辐射穿过喷嘴，通过这套光学系统投影到屏幕上。利用一个高速相机拍摄投影到屏幕上的电弧的照片。通过使用滤光片，又可以用同一部相机拍摄电极的照片和燃烧在两电极之间的电弧的照片（通过喷嘴的小孔拍摄）。

记录电子密度和等离子体温度的系统

电子密度通过连续光谱的强度确定，温度通过两条谱线的强度比确定。测量区域的空间定位利用前述的光学系统进行。除此之外，所测量的等离子体区域到电极表面的距离不能小于 $4\sim5\times10^{-2}$ m，当距离过小时电弧的图像会被电极辐射抵消。当距离过大时，等离子体弧振荡得过于频繁，在某些测量的时刻等离子体没有进入研究空间内。这就增大了确定电子密度的误差。

对电子密度和温度进行的所有测量都进行了足够长时间的扫描，这是为了及时弱化湍流造成的强度振荡。等离子体炬的辐射通过前述光学系统投影到特殊装置的输入端，该装置能形成等离子体炬内部等离子体辐射（对时间）的全谱，以及不同频率下辐射强度与时间关系。利用 SI-8-200 灯作为标准光源。在钨谱线的相对强度和连续谱的基础上，确定了等离子体炬内电子的密度和等离子体的温度。密度测量的误差是 50%，温度测量的误差是 15%。

前文已经提到，在所有等离子体炬的设计方案中，通入等离子体炬电弧室的气体在壁面形成相对冷的气流屏蔽，这里的电导率几乎为 0。因此，弧光正柱不会接触到电弧室壁。在工作气流和电磁力的作用下，电弧向电弧室下游延伸。

实验表明，电弧的燃烧存在两种形态：扩散型和收缩型（图 9.23）。

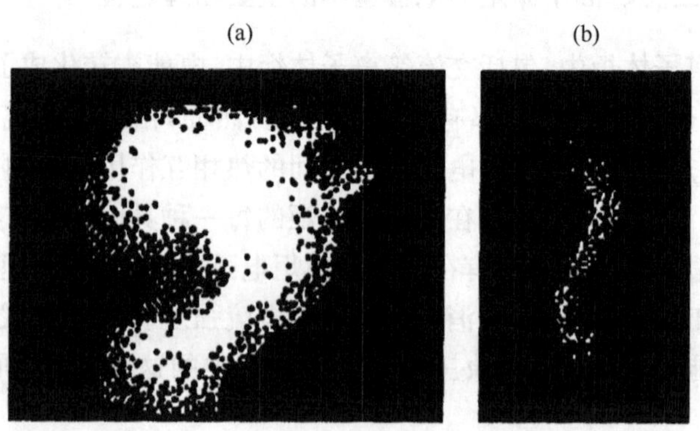

图 9.23　在三相等离子体炬中电弧燃烧的形态

(a) 扩散弧；(b) 收缩弧

处于扩散弧形态时，电弧占据了大部分电弧室空间，放电呈现明显的湍流态。放电中观察到了脉动等离子体泡及等离子体压强和电压的振荡。保持这种燃弧形态的条件是：电弧室内的压强为 0.1～0.35 MPa，气流量为 1～10 kg/s(氮气)(以上条件依等离子体炬的类型而定)。电流有效值的变化范围是 1～20 kA(在 EDP 型等离子体系统中)。在小功率等离子体系统(PPT 型)中，电流的范围是 0.1～0.5 kA，气体消耗量是 1～6 g/s。增大气压之后，放电转变成收缩型。例如，对于氮气，转变气压为 3.5 MPa。当放电形态转变时，等离子体弧的直径快速减小，接近于发射电极表面的直径。电弧中的电流密度增大，而弧电压降低。此时电弧的温度远高于扩散弧的温度。

存在两种燃弧形态的主要原因[1]与钨蒸气对电弧电导率的影响有关。在扩散弧形态中(与等离子体中加入碱金属相似)，等离子体的导电特性取决于钨蒸气的电离，而钨蒸气在较低气压下扩散到了电弧室的大空间中。随着气压升高，钨蒸气对电导率的贡献快速降低。同时，辐射吸收变得更加强烈。过热不稳定的特征条件形成了，这也会导致电弧的收缩。利用电弧的几何尺寸、电流和电压，基于能量平衡计算得到的等离子体的主要参数——温度和电子密度与实验结果符合得很好。计算和实验均表明，在收缩弧形态中，等离子体的温度和电子密度均远高于扩散弧形态，这是因为钨的电离电势远低于氮($U_{i,W}=7.8$ eV，$U_{i,N}=14.58$ eV)。例如，扩散型氮电弧的参数有 $I=(3\sim5)\times10^3$ A，$E=50$ V/cm，放电区域电流截面的面积 $S=50$ cm^2，$p=(0.2\sim0.3)$MPa：

$T\times10^3$/K	4	5	6	7
n_e/cm^{-3}	1.3×10^{15}	10^{15}	10^{15}	10^{16}

收缩型氮电弧的参数有 $I=(4\sim5)\times10^3$ A，$E\approx70$ V/cm；$S=1$ cm²，$p=0.6$ MPa：

$T\times10^3$/K	8	9	12
n_e/cm^{-3}	5.2×10^{16}	4.6×10^{16}	4.3×10^{16}

比较上述结果可以得出如下结论：在所研究的条件下，为了得到所需的 n_e 值，收缩型放电中的温度需满足 $T>10^4$ K，扩散型放电中的温度需满足 $T<7\times10^3$ K。

估算表明[9]，电弧与周围气体进行热交换的性质，在扩散弧形态中取决于湍流热传导和对流，在收缩弧形态中取决于热传导和辐射。

电弧的伏安特性在电流和气流量很小时是下降的，而随着电流的增大($I>10$ kA)，伏安特性变得上升(图 9.24 和图 9.25)。在所有工况中，导致弧电压升高的原因都是气流量的增大，而效率的提高则是气流量增大和功率提高带来的(图 9.26(a)和(b))。在大电流工况下形成上升的伏安特性的原因是，这时等离子体的温度已经达到电导率与温度关系不大(库仑散射)的程度。

气流量的增大提高了散热能力，然而温度和电导率却保持恒定。因此，要增大电流强度必须提高电压。

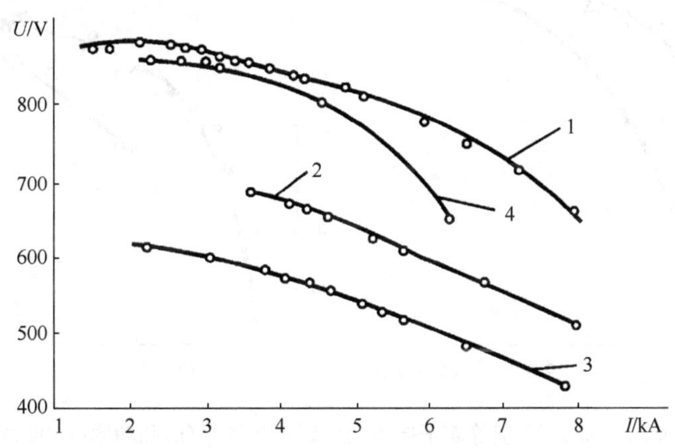

图 9.24　EDP-5 型等离子体炬的伏安特性

1～3 的工作气体为氮气；

1. $G=2.5$ kg/s，$p=1.7$ MPa；2. $G=2.1$ kg/s，$p=0.5$ MPa；

3. $G=1.9$ kg/s，$p=0.22$ MPa；4. 工作气体为氦气，$G=0.15$ kg/s，$p=1.1$ MPa

9.3.4　三角形接法三相等离子体炬的近电极过程

决定等离子体炬工业应用程度的最重要因素之一是等离子体炬的工作寿命。

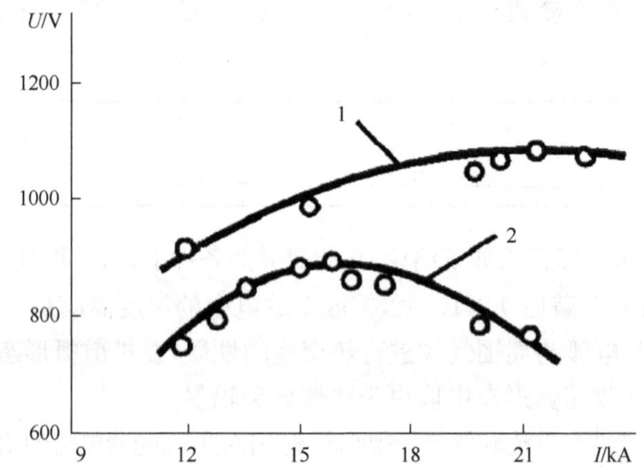

图 9.25　EDP-80 型等离子体炬的伏安特性(工作气体为氮气)

1. $G=10$ kg/s, $p=0.5$ MPa; 2. $G=5$ kg/s, $p=0.2$ MPa

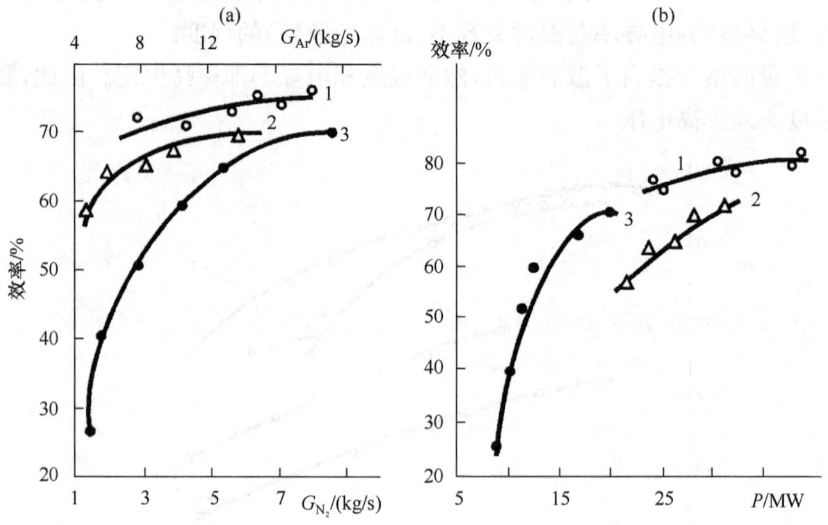

图 9.26　EDP-80 型等离子体炬的效率与气流量(a)和功率(b)的关系

1. $I=20$ kA,工作气体为氮气;2. $I=16$ kA,工作气体为氮气;3. $I=17$ kA,工作气体为氩气

与直流等离子体炬一样,决定交流等离子体炬持续运行时间的关键因素也是电极寿命,尤其是当电极在电弧接触区内承受了很高的热负荷时。根据电极材料、电流强度和冷却条件的不同,电弧对电极的附着可以是扩散型也可以是收缩型。当然,对于相同的电流强度值,收缩型电弧(弧斑)的电极承受的热负荷最大。对于阴极,电流附着的性质主要取决于阴极材料的功函数。

电极的烧蚀还受工作气体的化学性质的强烈影响。当工作气体中存在氧时会在例如铪和锆材料的表面形成强氧化层，降低烧蚀的程度，因为电子的功函数减小了。然而，当温度很高(电流很大)时，氧的存在会产生与燃烧相同的过程，对于同样的材料(铪、锆)会大幅增加烧蚀程度。在许多情形中，烧蚀不仅是由电极材料的蒸发造成的，还因为熔融金属被气流夹带。关于烧蚀过程的正确理论描述，目前还没有有效的数学模型。研究烧蚀的主要方法是实验法。实验确定出比烧蚀(g/C)与电流强度、电极材料和设计方案的关系。实验还研究了电弧对电极附着的性质和电极表面的温度。为了研究交流等离子体炬棒状电极的烧蚀，文献[9]提出一种利用光路测量电极表面温度的方法。在光路中，电极的放大图像被投影到屏幕上或者单色仪的狭缝中。当使用高温计时，投影到屏幕上的图像就可以用来确定电弧附着的性质和测定电极图像的亮度温度。为了确定电极的真实温度，在电极范围内放置一个已知温度的参考光源。然后，利用放在高温计测量范围内的高速相机在屏幕上对电极拍照。

为了将等离子体发出的线性光谱从电极辐射的连续谱中分离出来，必须利用一套滤光片和一个带不透明屏幕的透镜。此外，实验还在电流快速中断的时刻测量电极表面的温度(根据等离子体辐射强度的减弱)。

在使用不含氧介质的实验中，对钍钨、镧钨和钇钨电极进行了测量。结果表明，对于频率为 50 Hz 的交流电，当 $I \geqslant 200$ A 时，在电极表面上形成了弧斑。增大电流强度会使电弧向扩散形态(电子从整个电极表面发射)转变。这种转变仅取决于电极表面的温度，并具有突发性。当弧斑存在时，弧斑以外的温度等于 2000 K 甚至更低，并且在整个表面上几乎保持恒定，即弧斑之外的电极表面区域对发射电流的贡献可以忽略。弧斑的半径等于 0.6～0.8 mm。斑点的平均真实温度在 3200～3400 K 的范围内。在弧斑的中心有一个半径为 $r = 0.1 \sim 0.2$ mm 的熔融区域，这里的温度≥3800 K。

在这种情况下，最有可能的发射机制是热-自动电子发射(T-F 发射)，这样能够确保维持弧斑中所观察到的电流密度。

随着电流强度的增大，离子电流把电极表面加热到 2800～3000 K，电弧发生了从收缩型的弧斑向扩散型的转变。在转变过程中，通常都能观察到在同一个电极上形成两个弧斑。一旦达到适当温度，在所有类型的等离子体炬中都会发生向无弧斑形态(扩散型)转变。如果电极材料中含有增大电子发射能力的添加剂(钍、钇、镧)，向扩散型转变的温度就可能降低，这会大幅降低电极烧蚀的程度。使用这些电极的等离子体炬在运行中会表现出一些典型特征：电极表面温度的升高会导致电极表面发射失效(添加剂耗尽了)。然而，随着添加剂材料从更深层次中扩散出来，发射层又得到恢复。实验发现，存在一个添加剂消耗与扩散的速率达到平衡的温度范围，这会大幅降低电极的烧蚀程度(表 9.3)。表 9.3 中的数据表明，当工作电流不超过 200 A、电极表面不存在弧斑时，用含有添加剂的钨制成的棒状电极的比烧蚀很小，为 10^{-7}～10^{-6} g/C(工作气体中不含氧气)。

表 9.3 PPT 和 EDP 系列等离子体炬电极的烧蚀特性

等离子体炬	工作气体	电弧室内的气压/MPa	电极材料	电极直径	电极表面积/cm^2
PPT	N_2、Ar	0.15～0.25	钍钨 VT-10 1% Th_2O	1	2×10^{-2}
	同上	同上	同上	同上	0.8
	N_2	0.12～0.2	镧钨 VL 1% La_2O_3	5	0.8
EDP-5	同上	0.3～0.7	同上	5	0.8
	同上	0.65～1.2	同上	5	0.8
	同上	0.4～0.6	同上	5	0.8
EDP-80	H_2	0.2～0.7	同上	7	33
EDP-5	同上	0.12～0.32	同上	5	0.8
EDP-2	N_2	0.1～0.8	钇钨 SVI 2.01% Y_2O_3	5	0.8

表 9.3 PPT 和 EDP 系列等离子体炬电极的烧蚀特性(续)

电子发射表面、发射机制	实际电流/A	电流密度/(A/cm^2)	电极表面温度/K	电极比烧蚀/(g/C)
弧斑发射，T-F 发射	100～200	$(5\sim10)\times10^3$	3200～3800	$(1\sim3)\times10^{-7}$
Th_2O，T 发射	200～500	$(2.5\sim6)\times10^2$	2800～3000	$(0.6\sim2)\times10^{-7}$
La，T 发射	$(3\sim4)\times10^3$	$(3.5\sim5)\times10^3$	3400～3600	10^{-4}
W，T 发射	$(3.5\sim5)\times10^3$	$(4.5\sim6)\times10^3$	3500～3800	$(3\sim5)\times10^{-4}$
W，T 发射	$(2.5\sim3.3)\times10^3$	$(3\sim4)\times10^3$	3600～4000	$(5\sim7)\times10^{-4}$
W，T 发射	$(4\sim8)\times10^3$	$(5\sim10)\times10^3$	3900～4500	$(8\sim9)\times10^{-4}$
La，T 发射	$(10\sim15)\times10^3$	$(3.3\sim5)\times10^3$	3300～3400	10^{-4}
W，T 发射	$(3\sim5)\times10^3$	$(3.8\sim6.2)\times10^3$	3400～3700	$(3\sim4)\times10^{-4}$
Y，T 发射	$(2\sim3.5)\times10^3$	$(2.5\sim4.4)\times10^3$	3200～3400	$(1\sim5)\times10^{-5}$

如果利用空气作为工作气体，钨电极和含钨合金电极的烧蚀速率就会加倍。在这种情况下，使用水冷铜电极会很有效。电弧工作在收缩形态，弧斑沿着铜电极表面运动。这种运动是由轨道炮效应或者流体动力学效应决定[10]。弧斑沿着电极表面的连续运动限定了弧斑在特定区域内停留的时间，降低了阴极的烧蚀速率。对电弧与电极表面之间非稳态换热(考虑了蒸发与熔融过程)的计算表明，在电弧附着区域内，如果电弧停留的时间不超过把电极加热到熔融状态的时间，就能保证对阴极的烧蚀程度最低[11]。例如，当电流为 $I=10^2$ A、弧斑直径 $d_s=0.5$ mm 时，

这个时间等于 10^{-4} s。实验表明，在这些条件下，水冷管状铜电极的比烧蚀（I=500 A，空气流量为 30 g/s）为 10^{-6} g/C[12]。在实验室研究中，对于功率 N=300～500 kW 的等离子体炬，当比烧蚀取这个数值时电极就可以在更换前具备很长的工作寿命。由于等离子体炬的其他部件（电弧室、注入器）都能有效运行，这些研究成果被用于发展功率高达 1 MW 的长时间运行的交流等离子体炬。

9.4　高电压多电极交流等离子体炬

高电压多电极交流等离子体炬的主要特征如下：

——电源的高压（～10 kV）可以在低电流（～10～20 A）条件下实现单相电弧的燃烧条件，功率达～20～30 kW。对于这些较低的弧电流，在内禀电磁力作用下电弧脉动的频率很低。因此，电弧在气流中延伸的长度接近于 1 m，弧电压降低到～1～2 kV，并且电极的烧蚀速率很低。

——实现多电极（3 或者 6 个）电弧燃烧，增加了总功率和等离子体的体积，并且电弧之间的热相互作用也提高了燃弧的稳定性。

——使用工频交变电流可以采用比较简单的供电电源。

三电极等离子体炬的原理图如图 9.27 所示[13-16]。电极座 3 穿过氟塑料绝缘件 2 安装到壳体 1 上。电极座 3 上安装有铜电极 4 和锥状辅助电极 6。电极 4 的工作间隙为 δ_2，电极 4 与辅助电极 6 之间最窄处的击穿间隙为 δ_1。辅助电极 6 可以沿等离子体炬的轴线运动，改变其与铜电极 4 之间的间隙。通道 5 用于通入空气与燃料的混合物，7 是电弧的一条分支，8 是混合物的流动，9 是空气流。

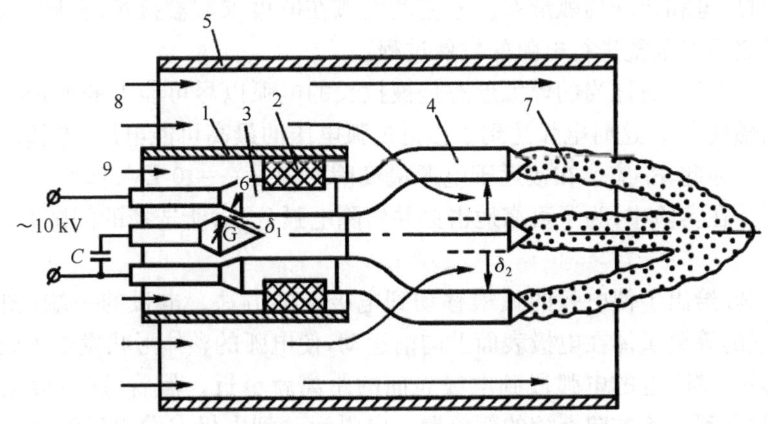

图 9.27　高电压等离子体炬示意图

采用一套功率为 400 kW、次级绕组的开路电压为 10 kV 的三相变压器 TM 400 10/04 为高电压多电极交流等离子体炬供电。为 6 电极等离子体炬供电的电路按照“星型”接法；对于3电极系统，变压器的次级绕组也是按星型方案连接，而且电路的中性点不接地。

弧电流的限制和电弧的稳燃通过感性镇流电阻实现，这样由于欧姆电阻较小，可以降低有功功率损失，从而在总体上提高系统的效率、简化系统的冷却，并有效地稳定弧电流[17]。

电极的几何特征对放电动力学以及所有等离子体参数都有重要影响。在所研究的多电极等离子体炬中，这些特征参数包括：电极的横截面积与长度、初始(击穿)间隙和放电(工作)间隙。实验表明，当电极的直径接近于电弧的直径(d_a～1 cm)时，在所研究的电流范围(I≈5～25 A)内电弧都是稳定的。电极工作部分的长度影响电弧沿电极持续运动的时间与在电极末端燃烧的时间之比，即影响电极的工作寿命。

电弧在两个电极之间运动的特征取决于放电间隙的形状，而间隙的形状又取决于棒状电极的形状和空间位置。放电间隙还包括锥状辅助电极与主电极之间的最窄间隙δ_1(图9.27)和最终工作间隙δ_2。初始击穿发生在δ_1中，而δ_2决定了电极末端之间的距离。如前文所述，电弧的引燃是通过电击穿间隙δ_1实现的。然后，电弧在辅助电极与另一条工作电极之间引燃，并被气流吹向存在一定间距的电极末端。

在电流强度为～10～20 A、空气流量为～10 m/s的工况中进行的研究表明，依δ_1值的不同，高电压电弧有多种燃烧形态。当间隙非常小(δ_1～1～2 mm)时，击穿之后电弧仍然存在于狭窄的间隙中。随着δ_1的增大，电弧逐渐向电极末端移动。但是，如果间隙较大(≤4 mm)，就需要提高电压才能击穿，同时还会发生电弧分流、短时放电和脉冲燃弧形态。分流使电弧在电极末端被拉长；在脉冲燃弧中，每次击穿之后都重复进行电弧的发展过程。

从电学上看，更适当的燃弧形态是被拉长的电弧以尽可能大的弧长在电极末端长时间燃烧[18]。这时电弧达到了接近熄弧电压的最高可能电压，电弧产生的能量也最高。为此，δ_1应取在接近于电源最高瞬时电压(～10 kV)作用下发生击穿的间隙值。在实验中，为了可靠地击穿并消除电弧分流，所选择的间隙是δ_1≈4～5 mm。

图9.28给出了使电弧的弧根移动到电极上的方法。电弧的一端(图中的下端)和附近的等离子体在电极表面上向前运动，使电弧的整体形状发生了改变。这时，电弧另一端附近的电弧段到电极表面的距离就更近。然后，这一段电弧被短路，弧根跳跃到气流方向上游的新位置。电弧运动到电极末端之后沿气流方向被拉长，弧长进一步增大到l_a～1 m。

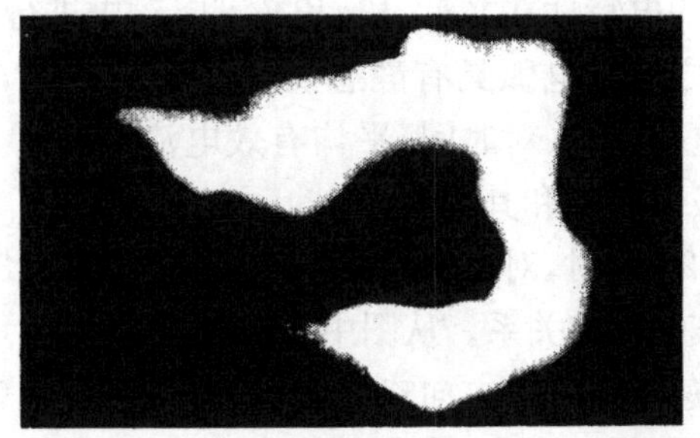

图 9.28　空气流中的高电压 6A 电弧

图 9.29 给出了一个三电极、6 A 电弧从击穿到达到最大弧长的整个变化过程的高速摄影照片。电极位于自由空间中的水平位置上，冷气流从电极出口以～5 m/s的速度沿水平方向吹送。在气流作用下，电弧被拉长到 1 m 左右，发光通道的平均横向尺寸为 $d_a \approx (0.8 \sim 1) \times 10^{-2}$ m。电弧以准稳态形态连续燃烧的持续时间为 2～4 s(图 9.30)。电弧熄灭之后开始了新的击穿，重复上述过程。

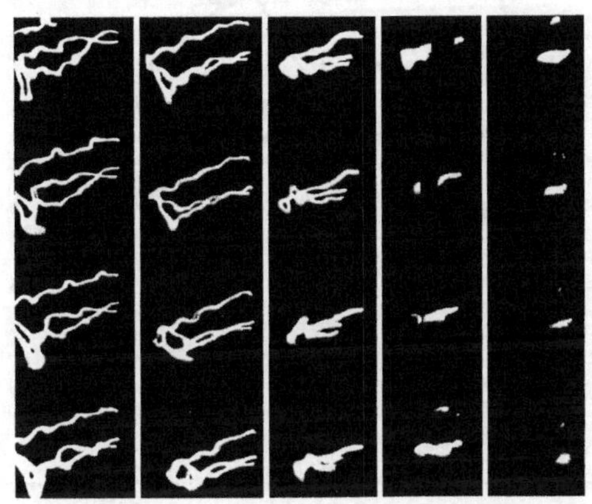

图 9.29　空气流中的三电极、6A 高电压电弧从击穿到最大弧长的动态过程

图 9.30　空气流中的六电极、20A 高电压电弧

准稳态燃弧状态的电特性在文献[13]和文献[17]中进行了研究。实验用等离子体系统的主要特征之一是电弧具有静态伏安特性(VAC),该特性决定了(对时间)平均有效(真实)电位降与(对时间)平均有效电流的关系。伏安特性的形状取决于空气的流量、电极的间距和其他参数。

当相电流幅值为 24 A 时,对于不同的电极间隙 δ_2,图 9.31 给出了三电极电弧的有功功率与空气流速 u_a 的关系。从图中可以看出,随着 δ_2 的减小,电弧功率曲线 $N(u_a)$ 的最大值向速度更大的方向略有偏移,这是因为电弧燃烧的稳定性提高了;但是,由于电弧长度减小了,N 的绝对值有所降低。当 $u_a\approx8\sim10$ m/s、$\delta_2\approx10$ cm 时,在所研究的参数范围内,三电极等离子体炬的最大功率是 50 kW,六电极的是 110 kW。

根据理论估算的结果,弧柱的温度为 7000~8000 K。

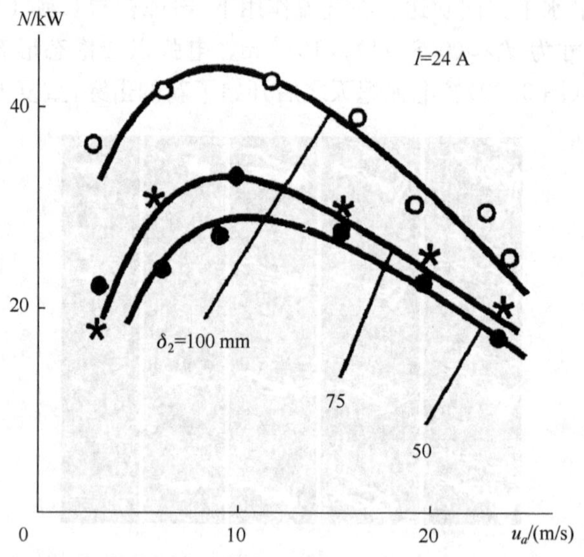

图 9.31 当弧电流为 24 A 时,对于不同的 δ_2 值,三电极电弧的有功功率与空气流速度 u_a 的关系

这种等离子体炬被用于发展对煤粉点火的高电压、多电极等离子体炬[19-21]。实验表明,当功率为~35~40 kW 时,可以点燃近似以 1 t/h 的流量通过等离子体炬的全部煤粉,相对能量损失为 $\overline{N}=N/N_t\approx0.3\%\sim0.5\%$。这里 N_t 是等离子体炬的功率。当电流强度为~20~25 A 时,无冷却电极的比烧蚀近似为 2.2×10^{-5} g/C,而电极长度为~15 cm,这样给出电极的预期寿命约为 500 h。

第 10 章　近电极过程和减缓电极烧蚀的方法

正如在前文章节中和大量出版物中所描述的那样，等离子体技术正在许多工业分支中占据越来越多的重要位置。出现这一现象的原因不仅在于等离子体技术具有广泛的适用性和突出优势，还在于研发出了能够满足工业运行条件的、功率等级和设计方案各异的高效率等离子体装备，开发出了等离子体炬电源和引弧电源，在于可以基于标准方程组对等离子体炬的电热特性进行初步计算。

随着电弧等离子体炬技术应用规模的扩展，对这些系统可靠性的要求愈加强烈，这就需要进一步延长承受热负荷最多的元件——电极——的工作寿命，尤其是对于大电流工况。

电极的使用寿命取决于发生在电弧放电的电极区、电极表面以及制造电极的金属材料的晶格中的电物理、气体动力学和热过程。解决电极使用寿命的途径千差万别，因为它还取决于使用条件、等离子体炬的应用目的(即工艺条件和等离子体炬中加热的气体类别)、电流强度和电弧室中的气压等因素。

始于 80 年代的理论研究和试验研究的成果大幅改进了钨阴极比烧蚀的量化参数，降低了直接压入水冷铜套中的钨棒的烧蚀率：在电流强度不大于 1 kA 的氩气介质中，弧斑固定的钨棒的烧蚀速率最低减小到 10^{-13} kg/C。对于运行在不同工作气体中、弧斑运动的管状铜输出电极——阳极，在降低其比烧蚀方面也取得了很大成就。$\overline{G}$ 值从 1×10^{-9} kg/C 降低到 4×10^{-11} kg/C。

一种基本现象——在静止的阴极弧斑区域内，电极材料离子会发生回流——于 1970 年被发现。这种现象在专著[1]和[2]中首次得到简要描述，之后进行了许多更深入的研究。本章将在适当章节中对这部分内容进行探讨。研究发现，在弧斑区域内或在深入弧柱的棒状阴极的侧面，蒸发了的部分阴极材料被电离之后在电场的作用下又返回到电弧附着区域的阴极表面。在文献[2]研究的情形中，这种阴极得到部分修复。

上述研究者只是局部研究了这种与热发射嵌入件持续修复的阴极部件的形成有关的未知现象，即阴极具有无限长使用寿命的现象。从 1973 年开始，有关描述大电流阴极运行在持续修复状态中的条件的文献，即确定有可能形成无限长工作寿命阴极部件的第一批实验结果，就已经出现。

然而，阴极热发射部件的自修复机理及其理论解释的问题远未解决。研究者对这种现象进行了大量研究来解释各种参数的影响，如气体介质的压强、阴极部件的几何形状、部件的冷却速率、混合气体的组成、阴极表面的温度以及其他诸多参数的影响。

在降低具有移动弧斑的水冷管状铜阳极的烧蚀速率方面已取得了巨大成功。通常，当电流强度为0.1～4 kA、压强为10^5 Pa、气体种类较多(空气、N_2、O_2和H_2)时，这种阳极的比烧蚀速率的平均值为10^{-9} kg/C。在双射流等离子体炬上实现了比烧蚀速率的大幅度降低，从而延长了管状铜阳极的使用寿命。在这种双射流等离子体炬中，电弧沿管状铜阳极的轴线的长度为6×10^{-2} m，电弧的径向段在气动力作用下沿着阳极的轴线以每分钟5～6次的频率扫描，气流(空气)的进气方式为旋流。当电流强度为200 A时，比烧蚀速率的平均值从1×10^{-9} kg/C降低到了4×10^{-11} kg/C，即几乎降低了两个数量级。

研究中有一项很重要的条件需要注意：在上述情形中没有发生大尺度分流。

我们还需要提到迄今仍未完成的研究：电弧的运动的阳极末端对阳极表面的“扩散型”附着。这种附着可以通过在轴线式等离子体炬的管状铜阳极内表面安装电极间插入段来实现。为了实现“扩散”附着，可使用少量氩气或者天然气(丙烷、丁烷)来保护阳极不受工作气体(工业氮气、空气)影响。结果，得到的比烧蚀速率为1×10^{-12} kg/C。然而，“扩散”附着的机理尚不清楚，因为阳极表面的均匀烧蚀也可以通过另外一种现象来解释，即存在大量的微弧。这些微弧在电弧炽燃的过程中形成于近阳极的空间中，并以很高的频率变换空间位置。

在氩气中静止阳极弧斑的扩散附着还可能与一种1985年观察到的独特现象[3]有关。当采用特殊的铜阳极表面成形工艺(如把一个半球压入一个平坦表面中)时，被气流稳定(利用其速度的切向分量)的电弧末端停留在阳极表面上，在电流强度为200～1000 A的范围内，比烧蚀速率(直接估算，因为测量的方法不能确定该值)不超过10^{-17} kg/C。

在20世纪70年代末，研究者注意到有可能通过纵向或者径向分裂电弧来延长电极的寿命。用于实现这项功能的设备的制造比较简单，并随带有电极间插入段的等离子体炬的发展同时出现。不过，实际上人们仅采用了具有分裂电弧功能的阴极部件(电路中无需接入镇流电阻)。

在20世纪末，人们将研究的关注点放在了承受电弧影响的铜电极材料的结构变化上。关于材料晶体结构和晶粒大小具有控制功能的假说得到了证实。电极材料失效过程的重要阶段是在其深处形成网状裂纹。毫无疑问，这种情况下电极失效的一种主要机制是材料的非均匀热膨胀产生了热弹性应力。裂纹的形成大幅降低了电极把热量向冷却剂传递的能力，从而导致电极工作表面温度升高，烧蚀速率也更高。在完整描述该问题的计算机模拟研究中，人们计算了阳极上的脉动温度场的特性，并模拟研究了电极工作表面以下的相应应力特性。这些研究的目的在于详细地解释所观察到的微观晶格结构，并尝试预测材料结构的变化，从而把脉冲热应力的影响降到最低[4]。

提高电极基材和分散材料的分散性与均匀性会降低晶格位错的形成和发展的速率。由单晶铜电极的验证实验表明，在极限工况下阴极本体内仍没有产生裂纹。

寻求改进铸铜材料结构的方法也很重要，通过使用粒度为 0.1～0.5 μm 的难熔超细粉末来改进材料性能，可降低电极材料的物理化学不均匀程度。

考虑到这项因素，研究者应该关注所收集到的、反映具体因素对烧蚀速率影响的研究资料。

需要强调的是，近电极过程的物理本质非常复杂，这些过程的特征取决于电极材料、形状、电极的冷却方法、气体压强、温度、流动性质和气体种类，还取决于在气体放电系统中产生放电的方法。除此之外，在高气压(大气压量级或者更高)下，近电极层的厚度非常小，当电流密度很大时，实验研究的难度将会大幅增加。因此，研究者除了实验研究之外，还采用理论方法来研究近电极过程，这就大幅提高了解释这些过程的性质、确定整个过程的具体特征的可能性。

因此，解决延长电极使用寿命的问题和研发具有宽泛的功率范围、使用多种工艺气体的等离子体炬(电弧等离子体发生器)这两者的突破，或许应该建立在综合研究各种解决多学科交叉问题的方法的基础上。

10.1　经弧斑流入电极的热流

电极的烧蚀主要是热烧蚀。在研究流入电极的热流强度这一问题之前，很重要的一项内容是讨论发生在电弧与电极接触区域内的主要过程。

要在发生电弧放电的两个电极之间存在(传输电荷的)电流，就要求阴极每秒钟向等离子体提供 I/e 个电子，或者每秒钟从弧柱接收 $I(N \cdot e)$ 个正离子，这里 N 是气体原子的电离度。相应地，对阳极而言，它应该从等离子体中收到 I/e 个电子或者向弧柱提供 $I(N \cdot e)$ 个离子。

等离子体炬使用的有效冷却的金属(通常为铜)阳极不向弧柱提供离子。这由等离子体炬的阳极的比烧蚀速率仅为甚至小于 10^{-9} kg/(A · s)可以看出。即使离开阳极的原子一次性被完全电离，由此形成的离子电流也仅占持续放电所需电流的很小部分。因此在近电极区，电荷传输主要由电子承担。相对于阳极而言，阴极应该提供带电粒子。如果采用的是热发射率高的材料，那么热电子(由于隧道效应)便足以保证在低于电极熔点的温度下维持放电的电流密度。降低电子离开阴极的势垒可通过各种掺杂或者形成表面膜来实现，这种表面膜是由阴极材料与周围气体介质发生化学反应产生的。

下面来研究阴极和阳极上的热平衡。对于阴极上发生的现象，存在三种解释理论：热电子发射、自动电子发射和离子电流。前两种主要从电子的角度来解释阴极与弧柱等离子体之间的电荷传递，第三种主要通过离子来解释。热平衡的研究要考虑电子发射和离子电流两种机制都有可能发生。

离子向阴极传递动能和势能。假设电极电位降区域的长度约等于等离子体中粒子的平均自由程，那么就可以认为离子在该区域中没有发生碰撞，而是以在阴极位降区内加速所获得的动能到达阴极表面。记阴极区的电位降为 U_c，离子电流为 I，我们得到单位时间内离子向阴极传递的动能：$U_cI_ia_i$。这里 a_i 是离子的累积系数，描述离子向阴极传递能量的程度，等于离子与阴极表面碰撞前后的能量差与碰撞前的能量之比。$a_i=0$ 表示离子从阴极表面完全反射；$a_i=1$ 表示离子动能被阴极完全吸收。因此，到达阴极表面的离子既可能被反射，将其能量传递给气体中的其他粒子来升高阴极区的温度，也可能被阴极表面吸收，将动能传递到阴极材料的晶格中升高阴极的温度。

在这两种情形中，离子都可能在阴极上释放复合能，即在电离过程中离子获得的势能。对于离子的复合，需要有电子到达阴极表面带走所产生的能量；该能量取决于阴极的特征，但通常小于等离子体原子的电离能。因此，复合过程的特征是产生能量$(U_i-\varphi)I_ia_{in}$，这里 a_{in} 是离子转化为中性原子的累积系数。

除了上述向阴极传递能量这一主要过程之外，通过常见的热传导方式向中性粒子传递热量也是一项重要因素。在这种情形中，粒子可能在阴极上释放离解能、结合成分子的能量(对于多原子分子)以及激发能。

阴极还能通过吸收等离子体的辐射升温，但是辐射加热在总能量平衡中所占的份额通常很小。

在阴极表面发生的能量损失，是阴极通过热传导 Q_c、热电子发射，以及与等离子体接触区域的辐射等过程把热量散发出去的结果。损失的部分能量被用于表面材料的蒸发。由辐射和阴极材料蒸发造成的热损失的份额通常较小，在热平衡中可不予考虑，尤其是对于大电流密度这种在等离子体炬阴极上常见的情况。

因此，阴极上的能量平衡方程可写成

$$Q_c=U_c\cdot I_ia_i+(U_i-\varphi)I_ia_{in}-I_e\cdot\varphi+Q' \tag{10.1}$$

这里 φ 是功函数，I_e 是热电子电流，Q' 是过程中没有考虑到的热流(主要是气体的传导热)。

令离子电流占总电流的比例为 $S=I_i/I$，假设 $a_i=a_{in}=1$，并考虑到 $I_e+I_i=I$，就可以得到流入阴极本体的热流的表达式：

$$Q_c=I[S(U_c+U_i)-\varphi]+Q' \tag{10.2}$$

这个简单的近似方程适用于分析，但是除了功函数和易于测得的 I 和 Q_c 值之外，其他还有待确定。不过，尽管存在一些困难，阴极电位降 U_c 还是能够测得的。

除了被加热气体的离子，从阴极表面蒸发的、由原子产生的阴极金属材料离子也参与电流传输过程。在近阴极区，由电极材料的蒸发和电离所传输的电流大小可根据阴极烧蚀的实验数据进行估算。由估算结果可以判断，对于当前的情形，金属离子的量远不足以维持电流传输。不过，还应该考虑到电极材料被电离的原子在阴极电场的作用下可能会返回阴极表面的情形[1]。这种现象被称为原子回流，曾在极低比烧蚀钨阴极的发展过程中起过重要作用。产生这种现象的原因在于，金属蒸气的电离电势低于周围工作气体的电离电势。例如，铜的电离电势 $U_i=7.72$ eV，钨是 7.8 eV，铁是7.90 eV，氧是 13.6 eV，氩是 15.8 eV。这样，金属蒸气发生电离的可能性远高于气体原子电离的可能性。

降落到阴极上之后，金属离子被复合然后蒸发、回流到放电的阴极区。结果，从阴极表面蒸发的原子数量可能远远高于根据烧蚀实验数据估算的量。在阴极区内，通过金属离子传输的电流可能占了离子电流的一大部分。当计算复合能的时候，这种影响导致难以精确计算（金属原子或者周围气体）电离电势的值。

对于热阴极，能量平衡方程中的 U_i 用电弧炽燃气体的电离电势值来表达会更有效。相反，对于“冷阴极”，采用与阴极材料蒸气相关的 U_i 值则较为精确。

对于不同种类的气体，尽管离子电流在阴极上所占的比例 S 有所差别（$S=0.03\sim0.3$ 或者更大），但通常比在弧柱中的比例（$S<0.01$）高得多。这样就在阴极前端产生了净剩的空间电荷，它决定了 U_c 的值（相对而言，弧柱的特征是准中性的，而在近阴极区，离子密度通常远高于电子密度）。

对于热阴极，总电流的作用是把阴极加热到某一温度，在该温度下导电电子具有的热能大于阴极边界的势垒。对于自动电子发射的“冷”阴极，离子的作用是形成电场，把电子从阴极中“拽”出来。这时，$I_e\cdot\varphi$ 项可从热平衡方程中消去，方程成为如下形式：

$$Q_c=IS(U_i-\varphi+U_c)+Q' \tag{10.3}$$

方程(10.2)和(10.3)表明，离子电流的比例对于决定带电粒子传递的能量的量非常重要。

将自动发射机理应用到电弧上曾受到许多研究者的质疑。据推测，对于“冷”阴极，更可能的机理是热自动发射，其中阴极材料的蒸气起了重要作用。蒸气的温度等于阴极材料的沸点，压强则高于周围介质的压强。

对于快速移动的空气弧的阴极弧斑，在测量 Q_c 时得到的实验数据给出了大气压下的电压当量值，为 13.5 V。根据方程(10.3)，当 $Q'=0$ 时，对于 $S=0.35$，电压当量仅为 4.1 V。由于 Q' 与离子对热平衡的贡献相比通常很小，为了弥补热平衡的缺陷，有必要认为离子电流的比例更大，或者是发射加热效应（诺廷汉效应，Nottingham effect）具有很大贡献。文献[5]中进行的实验表明，Q' 项只有在低电流情况下才起重要作用。

图 10.1 给出了对于工作在 N_2、Ar、He、H_2 和空气中的阴极，流入阴极的热流与电流强度的关系曲线[2]，其中还给出了固定在水冷铜座中的棒状阴极材料的示意图。

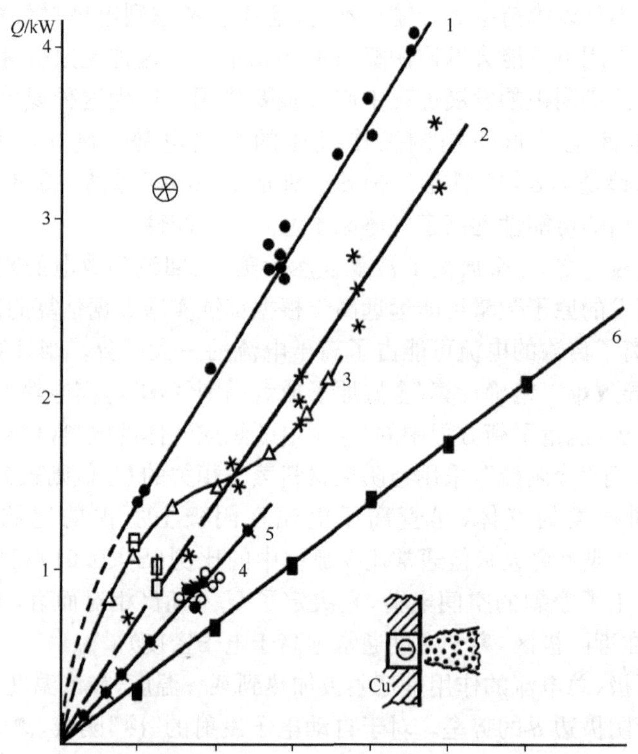

图 10.1　流入阴极本体中的热流与电流强度的关系

阴极基材为钨，1. 氮气，2. 氩气，3. 氦气，4. 氢气，5. 空气；

阴极基材为石墨：6. CH_4+CO_2 的混合气（关于阴极材料回流形态的计算结果[9]）；□—CH_4+Ar 的混合气，$G_\Sigma=6\times10^{-4}$ m³/s，$I=250$ A；$Q_c=0.9$ kW[34]；

阴极基材为铜：⊟—工作气体为 CH_4+Ar 的混合气，$G_\Sigma=2.2$ g/s，$I=200$ A；$Q_c=1.17$ kW[37]；

阴极基材为石墨：中—工作气体为 CH_4+Ar 的混合气，$G_\Sigma=2.2$ g/s，$I=250$ A；$Q_c=1.0$ kW[37]；

⊗为在电弧燃烧 30s 过程的最大热流；这里的参数与□的相同

使用 N_2 和 H_2 时发现，流入阴极本体的热流与阴极棒的直径和固定方法无关，主要取决于电流强度（实验中的压强约为 1 个大气压）。采用其他气体时，实验中棒的直径是恒定的。对于选定的阴极截面，从阴极部件带走的热流最能够反映出通过阴极弧斑的热流（氩气中进行的实验除外；该实验中由于阴极铜座发出辐射热流，造成通过弧斑的热流可能稍强）。

即使对电极上的热流和电极过程进行简要的研究也能够发现发生在这些区域内的物理现象的性质很复杂，需要详尽的实验来提高确定电极上的热平衡和控制参数（离子电流的比例、电子发射机理、离子的累积系数、温度分布等）的精确度。

在近阳极区，与电流传输有关的电物理过程与前述过程有所不同。

如果忽略等离子体与弧斑之间的热流，阳极上的能量平衡方程可以表达为如下形式：

$$Q_a = I[U_a + \varphi + 5kT_e/2e] + q_T \cdot f_a \tag{10.4}$$

第一项 IU_a 是电子在单位时间内传递给阳极的动能。第二项 $I \cdot \varphi$ 是势能，即电子到达阳极表面并与晶格中的金属正离子复合所产生的能量。降落在阳极表面的电子的焓与阳极电位降区域边界处的等离子体电子温度以及电子在该区域内运动所需的能量的总和有关。最后一类能量$(5/2) \cdot (IkT_e/e)$反映了电子热能的贡献[2]，与电子的热能$(3/2) \cdot (kT_e)$稍有不同，这是因为在邻近阳极电位降区，电子无法保持麦克斯韦分布。

最后一项包括电传导和粒子复合所产生的从弧柱等离子体流入阳极的能量。对于在近壁面区域内存在很大的温度梯度的情形（大多数情形中都存在这些梯度），它可以借助等离子体焓的差值来表示[1]：

$$q_T = (\lambda_w / c_{pw})[(h^* - h_w)/Z] \tag{10.5}$$

其中，h^* 用关系式 $\sigma^2(h)$ 进行近似时取电导率为 0 时等离子体的比焓，h_w 是壁面温度下气体的焓，Z 是从阳极表面算起沿法向的距离，在该距离上比焓从 h^* 变成 h_w。

如果方程(10.3)中最后一项的贡献很小，则流入阳极的热流与弧电流强度之间就存在线性关系。如果有必要，方程(10.5)中可以包括辐射热流。该热流是从等离子体辐射到阳极上并从阳极表面辐射到周围介质中。下面来讨论一些实验结果。

在大气压氩气中，通过阳极弧斑流入电极本体的热流强度可以从图 10.2 所示的实验结果中获得。在文献[6]的一个实验里，阳极是一块铜板，阳极表面到压缩通道的距离在 1～2 mm 内变化，通道的内径是 3～6 mm，氩气流量为 0.03～0.12 g/s。在第二项实验中[7]，阳极是一个直径为 8 mm 的铜棒，用黄铜直接焊入铜座中。氩气的流量不大于 2 g/s。两个实验都表明，Q_a 与电流强度 I 存在线性关系，且二者的实验数据符合得很好，不论阳极材料存在多大差异。在电流强度为 40～600 A 的范围内，热流的电压当量为 5.85 W/A。文献[8]中得到的结果表明，从阳极弧斑流入铜电极的热流的电压当量值稍小一些：在电流为 10～200 A 的范围内该值为 5 W/A。

因此，在接近于大气压的氩气中，方程(10.4)中最后一项的作用是很小的。

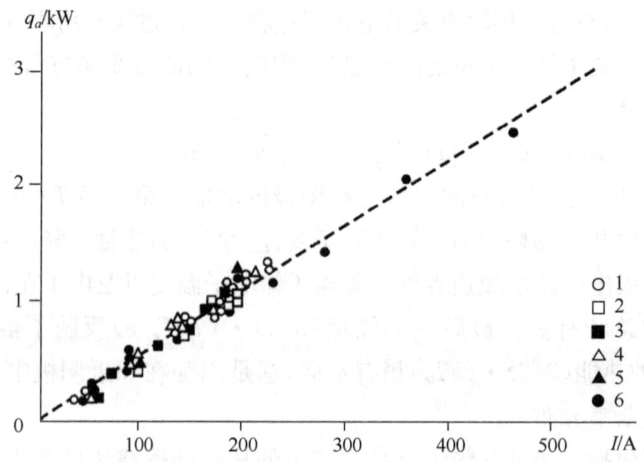

图 10.2 在氩气中流向阳极的热流与电流强度的关系

1～5 是文献[6]中的数据;6 是文献[7]中的数据

10.2 具有静止弧斑的棒状热阴极烧蚀表面的形成

从技术角度看,有关弧斑对电极工作表面的影响的最重要结果是表面比烧蚀的值。电极表面的烧蚀是电极表面和电极内部复杂的热、电、化学和其他过程在近电极区作用的结果。

为了更好地理解电极烧蚀的一些重要过程,首先来研究棒状钨阴极在较长时间使用后形成的烧蚀表面。

图 10.3 所示意的实验装置图用于研究在氩气中长棒状热钨阴极的烧蚀特性。钨棒(3)的直径为 $d=3$ mm,被压入水冷铜套 1 中。氩气的流量为 5 g/s,电流强度为 100 A。通过旋转气流把弧斑 4 稳定在钨棒末端的表面上。运行时间为 1 h,虚线 2 表示压缩通道的轮廓。

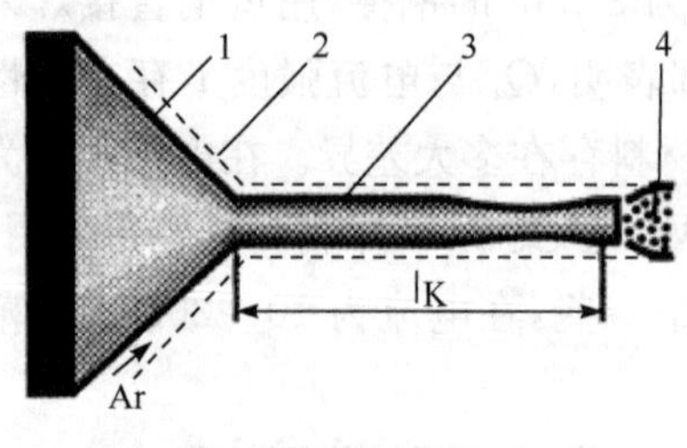

图 10.3 棒状钨阴极的实验装置示意图以及工作 1h 后的形状

弧电流为 100 A,工作气体为氩气

实验结果表明了两个特征:①烧蚀最严重的地方不是电弧留驻的位置——电极的末端,而是更远的位置,即图中清晰可见的“颈”状部分;②在运行了 1 h 后,阴极的初始长度 l_c 并没有减少,反而由于生成了“赘生物”而略有增加。

分析钨棒末端表面的结构发现,这里形成了一个表面不均匀、最大厚度达 0.6×10^{-3} m 的近似于半球的“赘生物”。半球的材料只能来源于钨棒侧面蒸发的一小部分钨原子。这些原子渗透到电弧中，电离后被电场引导到阴极末端的表面上。这些实验首次证实了一种有可能恢复阴极长度即实现低的比烧蚀的方法。同样的实验表明，棒状阴极在水冷铜座外的最佳长度应等于 0($l_c=0$)。事实上，当$l_c>0$ 时，电弧末端对阴极的附着可能是扩散型，表面温度低于阴极材料的熔点；但是，钨蒸发区域的范围比收缩的弧斑要大几个数量级，即比烧蚀应该更高。然而，如果弧斑是收缩的，在弧斑内钨的温度已经接近于沸点而不是熔点。不过，对于钨材料而言，温度每升高 100℃，单位面积的蒸发率就增大一个数量级，显然 $l_c>0$ 的形态是不合适的。还有一点也很重要，就是在沸腾过程中金属液滴可能溅射出来，这会进一步增大钨比烧蚀的值。

当 $l_c=0$ 时，情况则完全不同。弧斑被压缩，在空间中保持静止，不随时间变化。钨的表面温度很高，可能达到熔点的量级，但是由于对棒进行相对有效的冷却，温度并没有达到沸点。如后文将要表明的，当 $l_c=0$ 时比烧蚀的值是最低的，等于1×10^{-13} kg/C。为了达到这个值，必须确保钨棒与铜座之间保持有效的热接触。如果不满足这项条件，比烧蚀的实验值就会相对于这个值发生离散，程度高达2～3个数量级。

图 10.4(放大 300 倍)给出了铜与钨接触区域的一部分表面，这时两种材料接触的品质只取决于黄铜合金的焊接。显而易见，接触区域内还有相当大的空腔没有填满黄铜合金，这就会减弱把热量从钨棒导到铜座的能力，并把钨的比烧蚀增大到一定程度，具体程度视接触的品质而定。有效的热接触通过在特殊的无氧气氛中把钨棒压入铜座来实现，这时钨棒和铜座的间隙不超过 3×10^{-6} m(如图 10.4(b))。

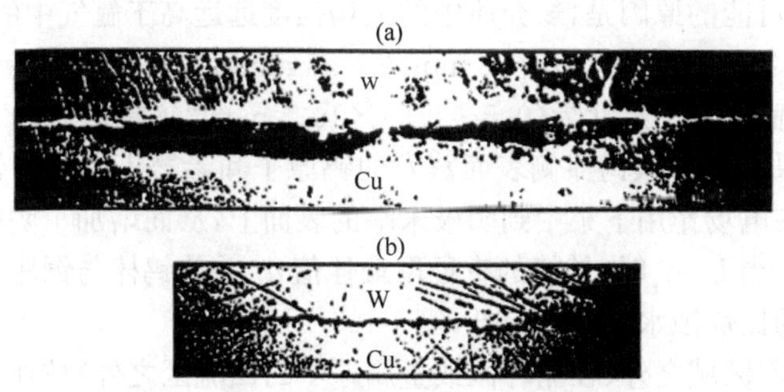

图 10.4　钨与铜接触区域内的断面

保证热接触质量的途径，(a)是仅用铜合金焊接；(b)是在特殊的无氧环境中压合

文献[9]和[10]研究了大电流下钨棒($I_c>0$)表面烧蚀的形状。图 10.5 为两个钨合金棒状阴极在 800～1000 A 的放电电流下，分别运行 10h(a)和 3h(b)之后的照片。第一种放电(a)的电弧在工业氮气中燃烧，弧斑是收缩的，末端的生长是

局部分布的，形成了 1～2 个大的凸起。

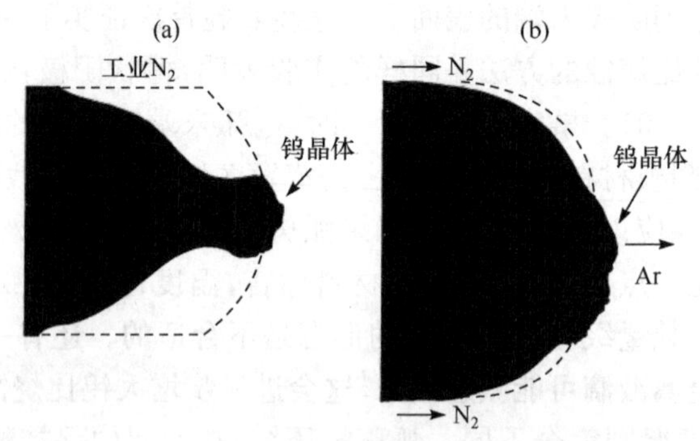

图 10.5　阴极钨棒表面的烧蚀形状

弧电流为 800～1000 A；(a)为工作 10 h 以后；(b)为工作 3 h 以后

应该说，烧蚀速率不仅取决于收缩弧斑区域内的高温以及与之同时发生的物理过程，还取决于在钨棒侧面更大范围内氧气对钨的强烈氧化形成挥发性的氧化物的过程(工业氮气中含有高达 1%体积的氧气)。

对于情况(b)，氩气(流量为 0.5×10^{-3} g/s)通过阴极上的一个小孔通到工作表面上，阴极的侧面用含氧量较低(体积含量不超过 0.2%)的工业氮气吹过。电弧附着在阴极小孔的轴线边缘($d_0=1.5$ mm)；在该区域内，钨生长出不规则的形状。根据光谱分析的结果，在两种情形中，凸起部分都是纯钨。两根阴极的工作表面的外形照片表明，在阴极上电弧附着的区域内，钨的生长超出了工作表面 $(1\sim2)\times10^{-3}$ m(即阴极变长了)。对于氮气中活化的钨阴极，凸起部分的生长尤其明显。最有可能的原因是，氮介质中的电场强度远远高于氩气中的。例如，在一个由 VL-10 钨制成的阴极上($d_c=3$ mm，$l_c=25$ mm)，电流强度为 $I=150$ A 时，在阴极末端的表面生长了尺寸为 $(0.5\sim1.5)\times10^{-3}$ m 的“须状物”[11]。

因此，如果 $l_c>0$，从钨棒侧表面蒸发的钨原子和渗透入电弧的钨原子就会被部分电离，并在电场作用下集中到阴极末端的表面上，从而增加了阴极的长度。

如前所述，当 $l_c=0$ 时，钨棒的直径取最佳值 d_c 并使钨棒与铜座产生有效的热接触，使阴极的比烧蚀水平降到最低，等于10^{-13} kg/C。

在电弧附着区域之外(在循环区或金属原子的回流区之外)被加热到高温的钨材料的表面积远小于钨棒的情况，结果电极的烧蚀程度也相当低。由于阴极设计的特征是 $l_c=0$，这种阴极通常具有实现电弧收缩附着的特征，在阴极表面通常会形成接近甚至高于钨的熔点的温度。在这种情况下，看起来应该导致阴极材料在气相和液相中烧蚀的增加。然而，事实上却没有发生这样的现象。因此，关于电弧的附着类型对热发射阴极工作效率的影响，文献[2]中给出的实验数据与现有观点是矛盾的。

那么,当 $l_c=0$ 时实际观察到的烧蚀形态是什么样的呢？这在文献[10]中已经表明,后文将会描述。阴极材料的损失主要在弧斑之外的区域内,而弧斑内阴极材料的量甚至有所增加。图 10.6 所示为有效冷却的阴极工作元件的截面(该示意图基于发表在文献[10]中的一张截面照片绘制而成),该阴极在 400 A 电流下在氩气中工作了 10 h。截面上有几个特征区域。

阴极 2 的中心是电弧的附着区,这里有直径为 d_m 的熔融区 1,这意味着这个区域内有很高的温度。熔融的深度达到了 $d_m/2$。然而,决定阴极烧蚀的阴极材料损失的过程不是发生在具有最高温度的阴极表面区域的中心,而是在距离阴极中心较远、温度较低的区域 3。在阴极运行的过程中,在距离电弧附着中心距离为 $d_a/2$ 的地方形成环形烧蚀区。形成该烧蚀区所需的时间、烧蚀区加深的速率,以及二者造成的阴极的比烧蚀在很大程度上取决于在阴极周围流动的气体中的活性成分(对钨而言)。阴极上还有钨珠沉积的环形区 4。

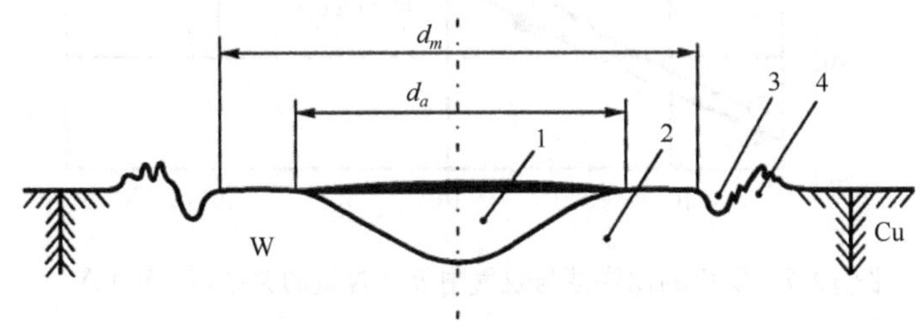

图 10.6　有效水冷的阴极工作元件的截面

1. 钨的熔化区;2. 钨的固态区;3. 材料烧蚀的环形区;4. 材料沉积的环形区

尽管在阴极弧斑中阴极材料的原子能够回流和再生,不过在阴极的长期运行中烧蚀还是会在弧斑区发生。发生这种情况与弧斑周围的环形区域内烧蚀深度的加深、导致从电弧附着区带走热量的效率降低有关;将热量从整个弧斑范围均匀带走的过程也被中断,造成电弧对阴极附着的失稳,从而增大了弧斑区内每一处的烧蚀速率。

当 $l_c=0$ 时,阴极的比烧蚀受氩气中存在氧气的剧烈影响。图 10.7 给出了快速冷却的阴极的比烧蚀值与围绕阴极表面流动的氩气中氧气浓度的实验关系。

阴极的工作元件是镧钨 VL-10 制成的棒,直径分别为 $d_c=5$ mm 和 6 mm。在两种情形中,工作元件的长度均为 10 mm,水冷座的直径均为 30 mm[10]。

图 10.7 清楚地表明,比烧蚀的值随着氩气中氧气浓度的增加而大幅增大;而且对于氩气中相同的氧气浓度,比烧蚀的值还会随着钨棒直径的增大而大幅增大,因为钨棒直径增大的结果是增加了氧化面积。

现在来简要地分析这些结果。基于物理分析,可以预料,通过弧斑边界的传质过程存在差异,因为在近阴极的弧斑区域内存在很强的电场,在该电场的作用下,离开阴极表面并被电离的金属原子返回到阴极表面。在金属原子的蒸发过程中，它们与工作气体中的活性成分发生相互作用、两种情况下离子的形成以及(弧斑外)不存在强电场等因素使这些原子在所有的情况下都能够离开阴极。

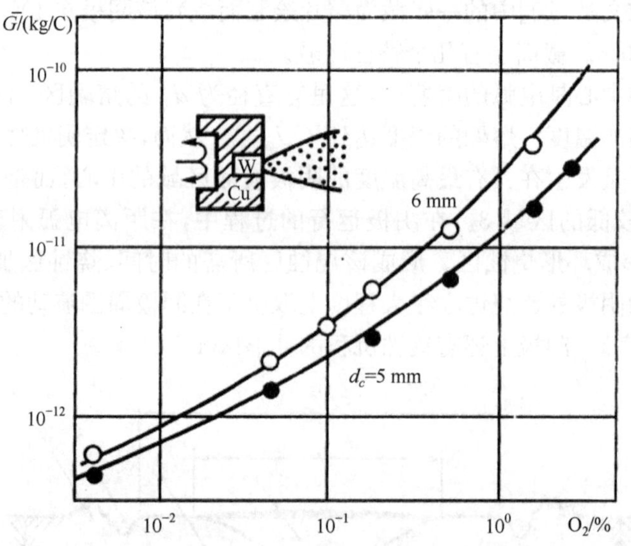

图 10.7 阴极的比烧蚀与氩气中氧气含量的关系(I=200 A)

或许还可以断言，热发射阴极的烧蚀取决于紧邻弧斑的阴极表面上的材料消耗；这个区域内的温度仍然足够高，因此原子有充分理由返回到阴极表面。最可能的情况是，弧斑内的阴极材料原子全部回流。然而，正如之前的实验所表明的，只有部分由于热运动处于弧斑之外的原子离开阴极表面，渗透到电弧放电的区域内，在这里被电离后又在电场力的作用下返回到弧斑区域内的阴极表面，从而决定了在弧斑范围内阴极材料质量的增加，文献[9]就曾观察到这一现象。

因此，通过分析热发射阴极的失效的机理能够得出这样的结论：阴极弧斑中存在阴极材料原子的回流现象；在弧斑区域之外，离开阴极表面的部分原子会重新沉积到阴极表面上。在近阴极区内发生的阴极材料原子的回流过程被文献[12]中的实验所证实。在文献[9]中，作者计算了燃弧过程中离开阴极表面的材料的量。计算结果表明，Q_c 与电流强度的关系是线性的，这与实验结果一致，但是明显小于实验数据。这个问题还需要进一步研究。

10.3 热钨阴极的比烧蚀

图 10.8 给出了在惰性介质中、不同工况下强烈冷却的棒状钨热阴极的烧蚀数据。当电流强度 I 为常数，但 l_c 值不同时，在氦气和氩气中的比烧蚀$\bar{G}$的实验数据

(分别标记为竖向矩形和实心圆形)表明钨棒的延伸长度 I_c 对烧蚀的影响很大[13,14]。在特纯氮气(氧含量≤0.001%)中,对于 $l_c \neq 0$、锥状阴极、电流强度约为 270 A 的情况,镧钨阴极材料的比烧蚀为(1.3～2.0)×10^{-12} kg/C(参见 Δ 标记)[15]。与使用工业氮气相比(氧含量高达 0.5%),比烧蚀降低到 1/3～1/2。

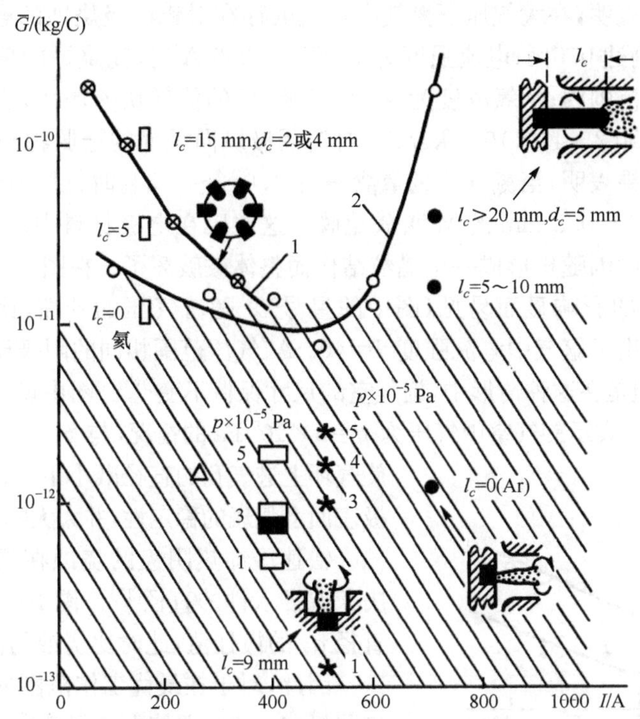

图 10.8　氩气中当 l_c 值不同时钨阴极的比腐蚀与弧电流的关系

下面来关注比烧蚀 $\overline{G}$ 随着电流强度的增大而减小的现象,如图 10.8 中的曲线 1 所示。这种现象与所研究的等离子体炬阴极部件的结构有关:作者采用了电流分布的概念,把电弧分成多个附着在钨棒(d_c=mm,l_c=mm)末端表面上的导电通道。电流的均匀分配是利用另外一个等离子体炬对阴极进行辅助加热实现的[16]。如第 7 章提到的,电弧的分裂只有当分裂段具有上升的伏安特性时才会发生。随着电流强度的增大,电弧会分裂成两个或者更多个导电通道。这样,随着电流强度的增大和导电通道的增多,每一个通道的电流值都比较小,并且这也是$\overline{G}$-I 特性曲线出现下降部分的原因。这种情形中,钨的总体比烧蚀水平仍然很高,尽管电弧的末端扩散附着到热阴极上。

当 I_c>0 时,得到了比烧蚀最小的最佳电流强度值(如图 10.8 中曲线 2[17])。在两种情形中(曲线 1 和曲线 2),电弧的附着类型都是扩散型,但是在 I_c=0 时钨棒较大面积的蒸发不可能得到较低的比烧蚀值。

当电极延伸长度为0($l_c=0$)时,在Ar、N_2和H_2中$\overline{G}$的实验值均具有大幅离散的特征,用图中的反斜线区域来描述(图10.8)。$\overline{G}$的值主要受钨棒与水冷压紧铜部件热接触的质量、等离子体形成气体中氧气含量以及在阴极区内钨蒸气的回流的影响。

文献[18]表明,在大气压下氮气中氧气的存在对钨阴极烧蚀的影响可这样描述:当氧浓度高达0.5%、电流强度为$I=250\sim300$ A时,比烧蚀的值在$(2\sim5)\times10^{-12}$ kg/C的范围内;从氧浓度为0.7%开始,$\overline{G}$的值就快速增大,当氧浓度增加到1.5%时达到$(2\sim4)\times10^{-8}$ kg/C。对钨阴极纵向截面的金属物理分析和X射线衍射分析结果表明,当氮气中的氧含量为1.0%~1.5%时,试样边界结构中形成了厚度为0.5~0.8 mm的WO_3氧化膜。这些膜在电极材料中产生了应力,导致某一块材料中因随机形成一个晶粒结构而整体被破坏了。在图10.8中,气压对电极比烧蚀$\overline{G}$的影响显而易见(图中的星号)。随着气压的升高,比烧蚀快速增大。图中还给出了氩气中电流强度$I=400$ A、气压范围相同的阴极比烧蚀的数据(横向矩形),但是在这种情形中,旋气室的尺寸保持不变[19]。图中横向实心矩形对应的实验数据点表示旋气室中气压为$p=5\times10^5$ Pa的情况,与$p=1\times10^5$ Pa相比,旋气环上进气孔的直径减小了。这样提高了阴极表面上弧斑的稳定性,并大大降低比烧蚀。

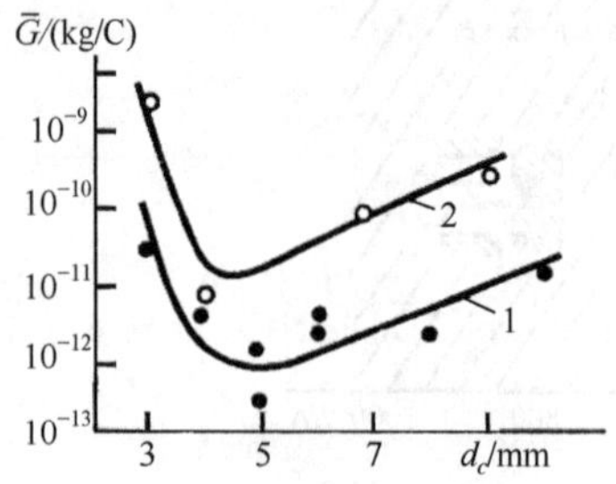

图10.9 $\overline{G}$与钨棒直径d_c的关系

1. $I=370\sim400$ A, H_2; 2. $I=1000$ A, N_2

快速冷却热阴极的烧蚀在很大程度上取决于钨插入件的直径[17]。图10.9给出了阴极直径d_c的最佳值,此时比烧蚀的值最小。

因此,对于在最优工作范围内的快速冷却热阴极($I_c=0$),即使电流强度高达1000 A,由于阴极材料原子回流的存在,也有可能得到低至$\overline{G}=1\times10^{-13}$ kg/C的比烧蚀值[17,20]。

10.4 热化学阴极的比烧蚀

在前面几节中,讨论了压入铜阴极座并与铜座表面平齐、工作在惰性介质中的钨阴极。然而,实践中还通常使用含氧气体。在这种情况下,被称为热化学阴极的锆阴极已经在各种用途的等离子体炬中使用了25年以上。由于这些材料的热导率低,用这些材料制成的阴极棒直径较小(1~3 mm),压入铜座并与铜座表面平齐,即延伸长度为0。标准锆阴极和铪阴极的最大允许电流强度不超过300 A,因为如果电流更大,阴极的烧蚀速率就会增加。工业中制造的空气弧切割炬[8,21]使用的标准(基础)锆(铪)阴极的实验数据$\overline{G}$如图10.10所示(图中曲线1)。

使用更加有效水冷[22,23](电弧在水蒸气中燃烧)的阴极部件,有可能降低比烧蚀。这对于大电流(曲线 2)工况尤其重要;随着电流强度的增大,比烧蚀$\overline{G}$的值也增大,但是增大的速率远低于基础阴极材料的工况。

图 10.10 中所示的数据对应于阴极长时间连续运行的情况。然而,正如实验所表明的,阴极的烧蚀在很大程度上取决于使用周期。图 10.11 给出了对于同样 1 h 的总运行时间,阴极的比烧蚀与引弧次数 n 的关系。分析该图可以发现,电极的烧蚀主要发生在电弧引燃的那一刻。

图 10.10 中的曲线 3 给出了对应于阴极部件 3 的实验数据。在这种阴极部件中,电弧除了收缩附着到阴极上之外,还向圆管状锆电极表面传输电流[24]。这种情形中的比烧蚀与对应于阴极部件 1 的基础曲线 1 相比也降低了。

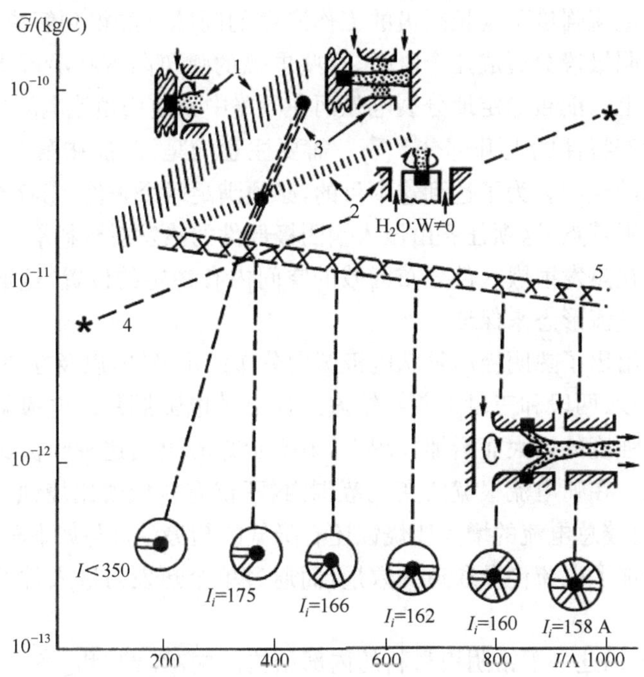

图 10.10　不同类型的热化学阴极的比烧蚀与弧电流的关系

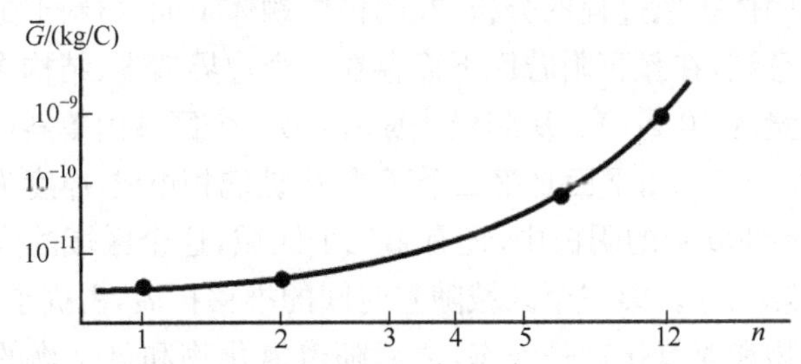

图 10.11　热化学阴极的$\overline{G}$与弧段数目 n 的关系

在用特殊粉末材料制造阴极热发射嵌入件领域,人们已经取得了相当大的成功。这些粉末材料都是基于元素周期表中钛副族元素的氧化物[25]。把粉末混合物压入水冷铜座的盲孔中。电弧首次引燃之后就发生混合物的烧结,形成粉末合金。这种合金具有熔点高、耐热性高、发射特性高、蒸发速率低和电导率足够高等优点,并且能够扩展电流强度的范围(10～1000 A),延长阴极的工作寿命(如图 10.10中的虚线 4)。在各种气体介质中都有很好的弧柱形状和稳定的电弧燃烧。

尽管取得了一些成绩,但所研究的阴极在电流强度 I=500～1000 A 范围内比烧蚀仍然很高,导致阴极的工作寿命因其质量小而无法达到足够长。

如何在高电流强度下延长阴极的工作寿命的问题已经得到解决:把圆管状电极中的电弧的阴极段分裂成几个电弧,这些电弧的弧斑附着在沿圆周向布置的多个热发射阴极上。能否稳定地分裂电弧而在电路中不使用镇流电阻主要取决于电弧径向段的伏安特性的上升部分[26,27]。需要注意的是,此前在第 7 章中,我们讨论了对分裂弧的控制。为了达到这个目的,必须满足两个条件:①存在电弧导电原件支撑弧斑的附着点,这项任务由压入铜阴极部件的热发射材料承担;②电弧径向段的旋转平面在热发射嵌入件分布区域的空间内有稳定的位置,这通过适当组织圆管空腔中的气流形态来保证。

图 10.12 给出了热阴极沿管状电极圆周分布的示意图,以及在空气中燃烧的、径向段分成一段、两段和三段附着到铪嵌入件上的电弧照片。电弧附着点的数量自然地随电流强度的增大而增加。图 10.10(曲线 5)给出这种阴极比烧蚀与总电流强度的关系。在弧电流很宽的变化范围内,不仅有较低的比烧蚀(10^{-11} kg/C),更有趣的是,随着总电流的增大比烧蚀还有降低的趋势。这与如下事实有关:电流强度的提升增加了电流传导通道的数量,而通过单个热发射嵌入件的电流强度反而降低了。

最后,简要描述一下锆阴极材料的内部结构。文献[26]和[28]研究了电弧稳定在锆阴极表面时弧斑之下的材料结构。根据温度场、化学反应和相变中气体从阴极向熔融体和固体扩散过程的分析,在阴极熔融体下面,材料形成了一种特殊结构。这些研究注意到,在弧斑附着区下面存在三个边界清晰、结构多层的特征区域(I=200 A,气流量为 10 g/s)。从阴极表面看,第一个区域由单斜晶系结构的锆晶体组成,厚度为 20～30 μm;下面是第二个区域,由玻璃相组成,厚度为 150～300 μm。在短时间运行(5～300 s)的阴极中,还有第三个区域,这个区域的大小可以用来估算弧斑附着的实际尺寸。第三个区域随着时间的推移扩展,占据了特定的一层,表明起初锆的氧化物和亚氧化物是液态,之后随着氮化物和氧化物的形成而改变其化学组成和相结构。

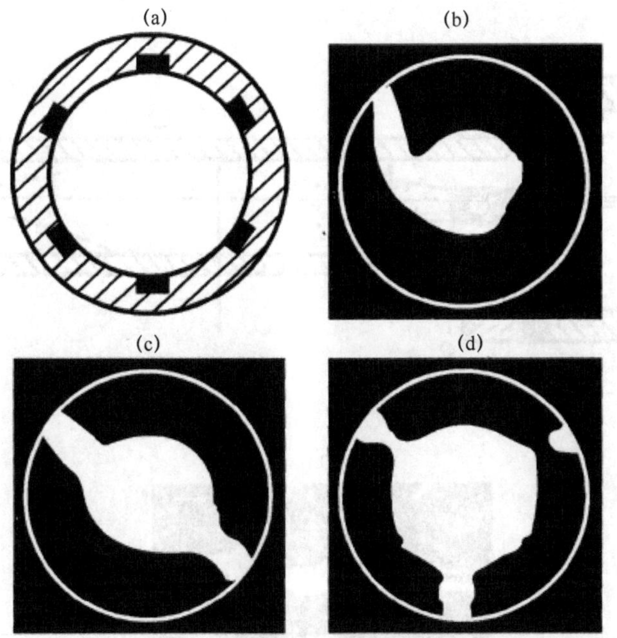

图 10.12　管状电极内部圆周上热阴极的位置示意图(a)及电弧的径向段分成一段、两段和三段附着到热阴极上的照片(分别对应于图(b),(c),(d))

10.5　圆管状中空钨阴极的内表面结构

这种阴极为圆形多晶钨管,壁厚为 1.5 mm,内径为 10 mm,长度为 90 mm (图 10.13(a))。放电在棒状钨阳极和管状阴极内表面之间进行,等离子体形成气体为 Ar,电流强度为 250 A,电弧室中的气压为 0.1 MPa。圆管外表面的温度分布与传统的工作在较低气压下的中空阴极表面的温度分布相同[29],即壁面的最高温度不是位于管道末端,而是位于距离末端 2~3 倍直径的位置。研究钨管阴极各段的内表面结构很有价值,研究范围上至阴极水冷段末端的电弧影响区(OA)和弧斑附着的影响区(AB)。

由于水的冷却,阴极表面 OA 段的温度与测量值一致,不高于 1000 K。参考弧斑没有到过这一段区域,高倍率放大(×170)的表面照片证实了这一点:这里只有加工痕迹和多晶钨的清晰边界。这符合阴极材料的最初结构。

在电弧接触的 AB 段的表面,则得到了完全不同的照片。这个区域承受的表面温度最高,约为 2700 K。

用扫描电子显微镜得到了 OA 段和 AB 段的阴极表面照片。照片表明阴极表面发生了很大变化:钨晶体结构清晰可见,裂纹被修复了,表面变得起伏不平。阴

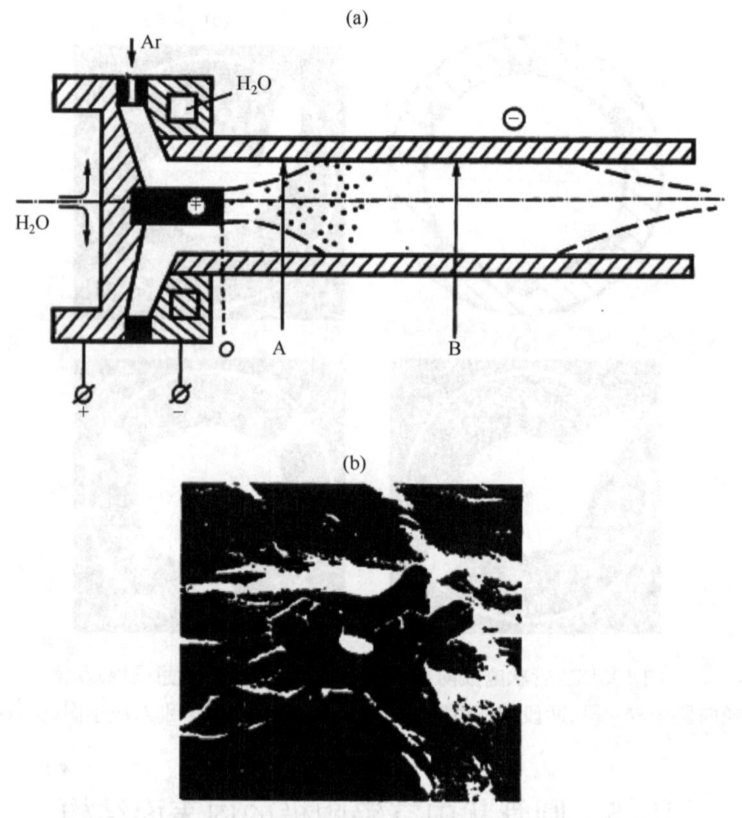

图 10.13　圆管状钨阴极

(a) 设备示意图；(b) 工作结束后在阴极表面形成的钨晶体照片

极表面上出现了一组一组的钨晶体，很可能是由钨从气相沉积形成的。图 10.13(b) 给出了一个晶体组的片段；照片的放大率为 1130 倍。

10.6　弧斑作用下的棒状钨阴极工作表面的结构特征

为了总结与热阴极持续运行的时间和信息有关的探讨，下面来描述不同气体中在弧斑作用下棒状钨阴极($I_c>0$)工作表面结构变化的几个特征。

如果有读者希望更多地了解这部分的内容，可以参阅文献[11]，[14]，[30]和[31]。

这里讨论的阴极部件是一根钨棒，用黄铜焊入水冷铜座中。钨棒的特征参数是延伸长度 l_c 和直径 d_c。这里来研究阴极在不同气体中和混合气中形成的表面特征。首先采用氮气作为等离子体形成气体，$d_c=3$ mm，$l_c=3$ mm，电弧室中的气压为 0.1 MPa，$I=120$ A。工作阴极的表面温度为 4000 K。运行 15 min 后，阴极表面的整体形状会变成什么样子？在受到弧斑影响的区域内，阴极的尖端被熔化了，表面呈半球形。随着离开尖端的距离增大，阴极表面的温度不断降低。在合金的边界存在球形生成物，形状与钨的费米面相同（它们可能代表了钨晶体）。在紧邻阴极根部的区域，阴极表面温度很低，这里有随机生成的钨的氧化物结构。

向氦气中加入了 25% 的氮气后，阴极末端表面熔融区的大小减小了，温度提高了，电流密度增大了。进一步提高氦气中氮气的含量（达到 75%），阴极表面熔融区的尺寸变得更小，温度进一步升高。完全使用氮气会产生电流密度更大、温度更高的收缩型阴极弧斑，同时会发生熔融金属“气泡”的形成、生长和破裂过程。

现在来研究氦气中的氧气对电弧放电的近阴极区结构变化的影响。实验设备的所有参数都与之前的相同。当氧气含量为 0.1% 时，阴极末端熔化了，熔融体的表面出现一个气泡，气泡随时间的推移而逐渐增大。然后气泡破裂，并在原来位置上产生一个新气泡。当氦气中的氧含量增加到 0.5% 时，熔融金属的液滴开始从阴极表面飞射出来。气泡再也无法生长。当氧气含量达到 5% 时，与之前的现象相比，阴极次表层的过程发生了定性变化。放电被径向压缩，熔融区仅占据阴极表面的一小部分。熔融区中心形成了向上膨胀的气泡。随着时间的推移，气泡发生破裂。流过凸起部分尖端的气体带走了大量阴极材料，极大地增加了阴极的烧蚀速率。被气体带走的熔融体围绕电弧室的轴线沿螺旋轨迹运动。进一步提高氧气的含量（达到 100%），则弧斑收缩得更严重，熔融区的大小减小了。这时，熔融的阴极材料以液滴形式脱离阴极。

如果氢气被用作等离子体形成气体，在阴极表面上会发生什么呢？在本实验中，$d_c=6$ mm，$l_c=0$ mm，电流强度为 400 A，运行时间约为 7 min，气压为 1.1 MPa。实验中几乎整个工作表面都处于熔化状态。弧斑是收缩型的，并且在运动。

实验还研究了氧含量为 1% 的工业氮气作为等离子体形成气体时对阴极末端表面形状变化的影响。实验使用了镧含量为 1% 的 VL-10 镧钨作为阴极，在电流强度为 150A、$d_c=3$ mm、$l_c=4$ mm 的条件下进行。所研究的阴极表面有一部分处于熔化状态，并且凝固后形成了多孔结构。在阴极中心的锥形凸起上出现了一个球形的“瘤”。燃弧结束之后，材料中的镧含量比起初增加了 50%。原因可能是镧从阴极的被加热表面（弧斑之外）蒸发之后，一部分被气流挟带进入弧柱，然后受到弧斑区域内阴极表面上的电场作用而电离、沉积。

前几节已经表明，在等离子体炬的电极上的高温条件下，电极材料的蒸发和氧化过程起着重要作用，因为惰性工作气体并不是完全纯净的。真空中材料的蒸发速率由朗缪尔定律决定：

$$P=m\sqrt{2\pi RT/M}$$

这里的 P 是饱和蒸气压，m 是蒸发速率，R、M 分别是气体常数和蒸汽的分子质量。

固相和液相的钨在真空中的蒸发速率如图 10.14 所示[32]。曲线 1 和 2 表明，在大气压的中性气体中，如氮气中，钨在 $T=3200$ K 的蒸发速率比在真空中降低了约 3 个数量级，这是因为钨蒸气在氮气中的扩散速率降低了。把这些数据与电弧存在时钨在氮气中的比烧蚀值(图 10.8)进行比较会发现，电极材料原子的循环在降低烧蚀速率中的重要性就变得很明显了。

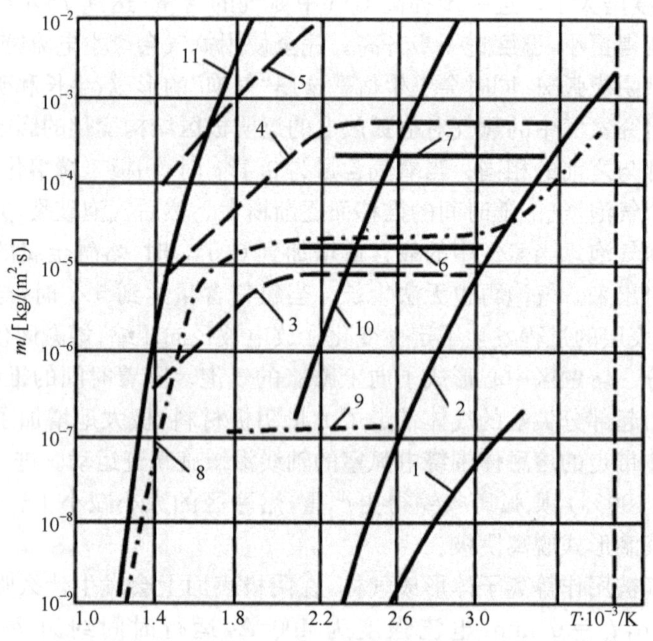

图 10.14　电极材料的质量损失速率与温度的关系

曲线序号	材料	工作气体
1	W	N_2($p=10^5$ Pa)
2	W	真空
3	W	O_2($p=0.1$ Pa)
4	W	O_2($p=0.1$ Pa)
5	W	O_2($p=10^3$ Pa)
6	W	Ar($p=10^5$ Pa)+Q_2($p=10^3$ Pa)
7	W	Ar($p=10^5$ Pa)+Q_2($p=10^3$ Pa)
8	VL-10 钨	He($p=10^5$ Pa)+Q_2($p=10^3$ Pa)
9	VL-10 钨	He($p=10^5$ Pa)+Q_2($p=1$ Pa)
10	ThO_2	真空
11	W_2O_3	真空

还有一项对烧蚀速率增加影响很大的重要因素，那就是氧化物的存在。

钨被氧化之后会生成 WO_2、WO_3 以及其他氧化物。WO_2 的熔点是 1540 K，WO_3 的熔点是 1750 K。此外，WO_3 的特征是蒸发速率很大，如图 10.14 中曲线 3～5 所示。从纯钨转变成 WO_3 之后，氧化物的体积增加了 3 个数量级以上，这会在氧化膜中产生应力，使氧化膜破裂并为氧气进一步接近纯金属提供了条件。与此同时，钨氧化的速率提高了。

在高纯大气压氦气（氧气杂质含量为～10^{-3} vol%）中，气流从 VL-10 镧钨上带走阴极材料的速率比真空中的蒸发速率高得多。由此可以推断，当 $T<$ 3000 K 时，阴极材料损失的主导因素是氧化过程（如图 10.14 中的曲线 8、9 和 2）。

温度与阴极材料损失速率之间关系的形式（图 10.14 中的曲线 9、6 和 7）取决于这一因素：当 $T>$3000 K 时，钨的氧化膜在钨表面形成了一层扩散屏障，阻止氧气接近电极表面。在这个温度范围内，阴极材料损失的量不随温度发生变化。

在空气中，在温度为 110～1400 K 的范围内钨发生强烈氧化。研究发现，在碳氢化合物中加热到 1400 ～1500 K 时，钨的表面形成了熔点在 2900～3150 K 范围内的半碳化物和碳化物。当温度 $T>$1900 K 时，钨的渗碳效应就非常强烈。

在高温下，钨不会与氮气形成稳定的氮化物。

钨电极的运行效率受材料的结构以及杂质在电极中的存在性质的影响很大。

对钨的行为进行这些详细研究的原因在于这种材料被广泛地用作等离子体炬的阴极，因为钨具有独特的性质——熔点和沸点最高、蒸发速率最小、熔化潜热高、强度特性好以及诸多其他优点。

用于生产电极的钨是一种多晶材料，其中包含大小不同、形状各异的晶粒。晶粒的边界聚集了各种杂质，如氧化物、氮化物、碳化物以及其他难熔成分，还有金属间化合物和其他杂质。还有一些杂质存在于晶粒中，在某些条件下，它们会起到副面作用。这种原理可以通过图 10.15(a)和(b)中的示意图来描述。

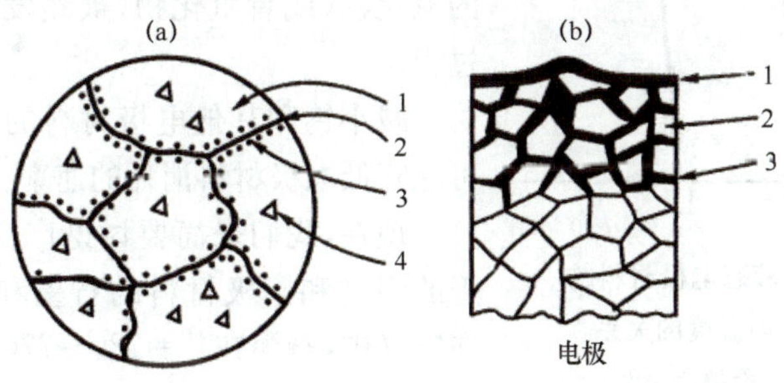

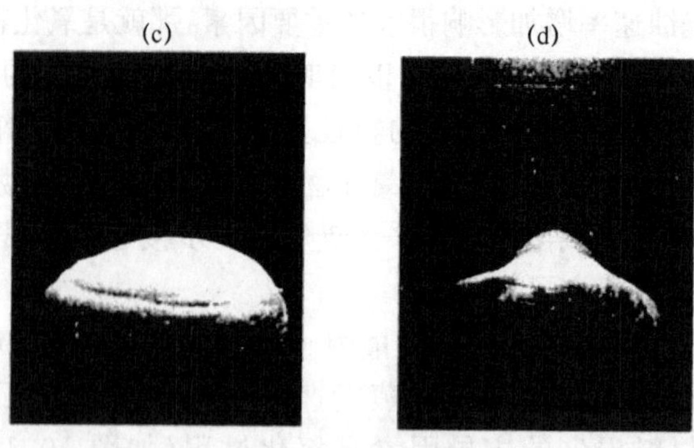

图 10.15 钨阴极结构的变化过程

(a) 晶体钨的结构：1. 钨晶粒；2. 晶粒边界；3. 杂质在晶粒边界处；4. 杂质在晶粒本体中；
(b) 钨电极的结构：1. 有气泡的液态金属膜；2. 钨晶粒；3. 削弱了的晶粒边界；
(c) 电极表面的熔融金属膜照片；(d) 金属泡形成

在阴极材料被加热到某一特定温度的过程中，杂质（钙、钾、铝、铁、硅等的氧化物）逐渐开始蒸发。WO_2的熔点为 1570 ℃，沸点为 1850 ℃，对于 WO_3，这些温度也近似相同。

气体的形成相当于熔融金属膜的体积增大约 10 倍。如果这是发生在固体中，就会形成高压。在金属熔体形成的初始时刻，在电极表面产生的液态金属膜并不会被气体胀破（图 10.15(c)），因为表面张力很大，随后膜开始弯曲，生成气泡（图 10.15(d)）。随着时间的推移，气泡的尺寸逐渐变大，最后破裂。在气泡原来的位置上又重新生成一个气泡。积聚的气体以非常高的速度穿过气泡，带走金属熔化的液滴和个别边界极其脆弱的晶粒。

氧气（氮气）沿着晶粒间的裂纹渗透到钨的晶格中，生成钨的氧化物（或者氮化物）。生成的氧化物（或者氮化物）被蒸发，然后重复上述过程。

减小钨和其他电极材料的晶粒的大小，有可能降低电极材料消耗的速率。

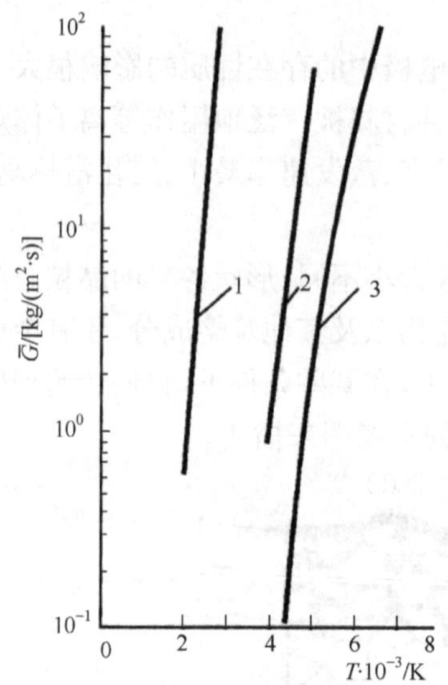

图 10.16 液态电极材料的蒸发速率与温度的关系

1. 铜；2. 石墨；3. 钨

现在，我们来简要讨论广泛用作等离子体炬的阴极和阳极材料的石墨和铜（图 10.16）。在空气中，石墨在 T=720～770 K 时开始氧化，

在 $T<870$ K 时生成 CO_2，在 $T>870$ K时生成 CO。在氮气中，当温度高达 3300 K 时碳仍然保持稳定。碳电极在空气中发生烧蚀，主要是由氧化物和氰化物的生成导致的。

铜(熔点 1356 K，沸点 2873 K)在空气中被加热后，表面会发生氧化：在 460～650 K 的范围内生成 CuO(黑色)，当 $T>1070$ K 时这种氧化物发生分解。在 650～1370 K 的范围内发生不完全氧化，特征是生成双层薄片。薄片的表面外层含有 CuO，内层是 Cu_2O(红褐色)，熔点为 1500 K。铜的氧化物 Cu_2O 的特征是电阻率高、耐热性好。即使在高温下，铜也不与氢气、氮气和碳反应，而 CO、CH_4 和 H_2 等气体则可以把 Cu_2O 还原成 Cu。

10.7 自恢复阴极研究综述

研究在氩气和氮气中钨阴极表面的烧蚀特征，可以确认在电弧附着区域内钨原子存在回流现象，部分钨原子沉积到该区域的阴极表面上。

历史上，这种现象是 1965 年在罗马尼亚伯罗斯基(Borzesti)的化学公司在检查失效的电极时首次观察到的。当时的电极用于电裂解天然气制取乙炔。检查中发现，在轴线式等离子体炬的管状铸铁内电极——阴极弧斑运动区域的表面上，有碳(高温碳)的随机生成(及后续增长)现象。随着时间推移，生成的高温碳厚度沿半径方向增大，直至电极轴线。电弧阴极段的近电极端通过高温碳的末端闭合到电极上。因此，这种高温碳一旦生成，电弧径向段末端的运动就被打断了。萨拉托夫(Saratov)化学公司在电弧裂解天然气制取乙炔时也观察到了类似现象。

在上述两种情形中，生成的高温碳厚度的增加都会带来负面结果——降低弧电压，从而降低等离子体炬的功率。此外，碳层厚度的增大还会减小电极的有效横截面积，改变电弧室中的气体动力学特性，增大系统的流阻，最终导致电极在运行中失效。后来才逐渐弄清楚，高温碳在铸铁阴极内表面的形成与碳离子从气相沉积到电极内表面上有关。

鉴于这种现象具有极高的实用意义，再结合其他一些在气体介质中形成自恢复阴极所取得的成果，给出对自恢复阴极研究综述将是很有价值的。

在 1973 年出版的文献[33]中，作者报道了在饱和烃中燃烧压缩型直流电弧时，从材料的气相中(对于给定的情况是碳)得到了持续恢复的阴极。最初安装的阴极仅起到基材的作用，在它上面沉积了后来形成阴极的碳。在电弧燃烧的初始阶段，阴极的厚度不断增大。当原子的蒸发速率与沉积速率相平衡时，阴极的厚度停止增长，流入阴极的热流变得稳定。图 10.17 给出了流入阴极的热流随时间的变化曲线[34]。

利用 X 射线衍射(XRD)研究了阴极中心和四周的碳含量。视觉观察已经发

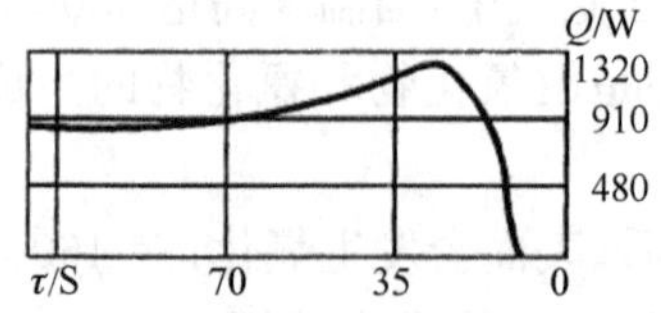

图 10.17　流入石墨阴极的热流随时间的变化

$I=250$ A;等离子体形成气体是甲烷和氩气的混合气($G_{\Sigma}=6\times10^{-4}$ m³/s)

现二者之间存在很大差异。如果中心部位的碳是直径为 3～4 mm 的粒状,四周的碳则呈大块的薄片状。XRD 研究表明,这两部分碳都具有石墨的特征结构。在阴极之外(在喷嘴中,在反应器壁上)的热解过程中沉积的碳具有近似无定形的结构,这是炭黑的特征。

文献[35]和[36]进一步研究了文献[2]提出的概念,即在棒状焊接电极表面的末端形成的钨的生长,很可能是钨氧化物从电极侧面蒸发形成的。氧化物的形成与工作气体(氩气与氧气的混合气)中氧气的存在有关。如前文所述,在同一温度下,钨氧化物的蒸发速率比钨高几个数量级。文献[35,36]认为,在 4～5 倍电极直径的蒸发范围内,电极的平均温度等于 1500 K。然而,在氧气中钨发生氧化的温度约为 600 ℃,并且,“赘生物”在纯氩气中也会形成[2]。XRD 精细分析表明[36],镧钨棒表面的“赘生物”由纯钨和复杂的杂质(钨与镧)组成。沿着高度方向,“赘生物”中含有的化学元素与钨棒相同。

使用非自耗电极(钨、钼、钛等)、在饱和烃与氩气的混合气体中[36]燃烧电弧的实验表明,在阴极活性表面(而不是阴极材料表面)形成了一个圆形杯状物,它由精细分散的、阴极材料中未含有的钨成分组成。文献[37]继续进行了类似研究,特别关注了由铜(阴极基材)、烃类混合物与氩气组成的体系。这种阴极在运行中表现出的特征是,在燃弧的第一阶段(30 s)内,流入阴极的热流很高(电流强度为 250 A 时为 3.6 kW);约 90 s 之后,阴极转变成持续恢复状态,热流降低到了 1.15 kW(图 10.17)。

在上述所有研究中,碳原子的回流和独特的“赘生物”的形成都不同程度地清晰可见。这意味着阴极在含碳气体中存在着自我恢复,从而无限延长了阴极的工作寿命。

文献[38]研究了持续恢复的免烧蚀阴极的方案。与之前一样,作者使用带有延伸长度为 0 的活性嵌入件 1 的复合阴极进行研究(图 10.18)。在这种情况下,活性嵌入件的形状仅在电弧引燃后的前几秒内保持不变,然后形成了由含碳气氛沉积而来的直径为 d_1、材料为石墨的真实阴极 2。这时,嵌入件 1 变成惰性的,像水冷铜套 3 一样,仅起到从阴极工作表面向冷却水传递热量的作用。

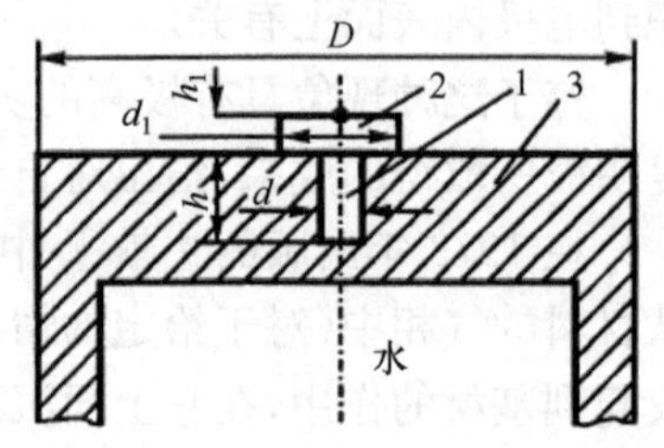

图 10.18　组合阴极以及在惰性阴极上形成“赘生物”的示意图

直接测量表明，在所研究的参数范围内（电流强度为 500～800 A，天然气和含碳气体的流量为 3～5 g/s，质量比为 1∶4～1∶6.5），工作在持续恢复条件下，真实阴极的厚度 h_1 和直径 d_1 均保持不变，分别约为 0.2 mm 和 3.0 mm。

对含碳气氛中电流强度高达 750 A 的可恢复阴极的进一步研究[39]表明，只有满足多种条件时，阴极的自我恢复才有可能发生。这些条件包括维持自由碳在电弧气氛中的一定浓度。这时，必须保证把碳输运到电弧的近阴极区并约束在阴极的工作表面上。此外，对等离子体形成气体的成分和流量，以及电源的特性也有一些要求。其中的必备条件是能够产生"真实"的阴极材料，以确保复合阴极总体上处于最佳工作状态。文献[39]、[40]等对这项概括性表述没有进一步具体化，也没有解释，但是阐明了需要确保在短时间内形成持续恢复的真实阴极，确保基材要与真实阴极中的碳强有力地结合在一起等；其中，基材应具有良好的热物理和热机械特性。按照文献[39]的观点，满足这些要求的必要性并不是很强，所研究的材料的范围局限在元素周期表中 IV 和 VI 主族中能形成碳化物的元素以及石墨材料。这些材料以直径为 1.5～2.0 mm、长度为 3～4 mm 的棒材形式使用。把棒材压入铜座，形成复合阴极。在使用中，复合阴极的热发射嵌入件有可能产生很大的热应力和应变[41,42]，导致热机械失效。对能生成碳化物的金属质嵌入件进行了分析。结果表明，在电弧引燃、形成真实碳阴极之前，嵌入件的一大块金属被熔化并渗入了碳，生成多种碳化物。然后，起初均匀的嵌入件变成层状，沿长度方向具有不同的化学成分和特性，这就会产生热应力和应变，最终导致插入件失效并脱离与铜座的热接触。

当使用铜阴极时（电弧末端闭合到铜座上），如前文所述，真实碳阴极的形成延后了几十秒，同时弧斑发生随机运动。这样导致在铜熔化的区域内形成了凹坑，降低真实电极与铜结合的强度，进而造成真实阴极脱离铜座，尤其是在过渡工况（电弧的引燃和熄灭、电流变化等）和阴极（在大电流条件下）瞬间失效的工况中。

带有石墨嵌入件的阴极中也含有层状结构，但是各层的化学组成是相同的。相同的成分，以及由此带来的相同的阴极特性，包括强度、线膨胀系数和体膨胀系数、热导率等，都防止形成热应力和应变。

石墨所具有的这些有利特性（从持续恢复阴极的形成和运行的观点看），使文献[39]推荐这种材料作为在含碳等离子体中燃弧的复合阴极的活性嵌入件。这一点已经被实验所证实。当电流强度为 500～700 A 时，用流量为 0.3～0.35 kg/s 的水冷却的石墨嵌入件在无烧蚀工况下连续运行了几十个小时，这时通过真实阴极的电流密度为(8～10)×10^3 A/cm^2。

因此，只有当电弧的气氛中含有足够量的碳（或者金属）时，石墨或者其他发射体的稳定持续恢复才有可能发生。碳(或者金属)的量要保证材料以阳离子和中性原子的形态沉积的过程,与以蒸发和化合物(如果能够形成的话)的形式消耗的过程相平衡。

当使用多组分化学活性(与复合阴极有关的)混合气体时,复合阴极部件的材料和冷却条件的选取应考虑工作气体与阴极表面之间可能发生的化学反应[43]。

文献[44]～[46]对由难熔化合物制成的热阴极工作在持续恢复状态的可能性进行了研究。设计用于这类自恢复阴极的工作介质包括四氯化钛($TiCl_4$)和其他难熔金属的氯化物。$TiCl_4$ 在室温下是液态,在 150 ℃以上是气态。

在文献[45]中,作者给出了由钨制成的自恢复阴极的电流密度的计算数据,电流强度的范围为 300～10 A。研究发现,阴极的温度随着电流强度的减小从 3555～3525 ℃升高到3815～3775 ℃。阴极的电流密度也从(7.6～4.1)×10^7 A/m^2 大幅增大到(52.8～19.2)×10^7 A/m^2,阴极上的饱和蒸气压 $p_{mc}(T_c)$也大幅升高。由 Ta、Hf 和 Zr 等阴极材料得到的结果与钨的上述结果相似。

对于石墨阴极,电流强度的减小会升高温度 T_c 和阴极上金属的饱和蒸气压。然而,这个压强比真实石墨阴极上碳的饱和蒸气压低 4 个数量级。相应地,当阴极处于持续恢复状态时,在电流强度为 10～1000 A 的范围内,等离子体中难熔金属的含量为 10^{-9}～10^{-7} kg/s,碳含量为 10^{-6}～10^{-4} kg/s。这意味着在电弧气氛中,在难熔金属化合物的极低压强下,难熔金属阴极有可能实现持续恢复;并且,与真实石墨阴极相比,难熔金属阴极的持续恢复事实上并不仅局限于低电流范围内。

文献[47]中的实验证实了钨阴极从气相中恢复的可能性。

到 20 世纪 80 年代末,解释回流过程,即对于一个 $l_c \geqslant 0$ 的棒状热阴极,发射材料的大部分原子返回到由于阴极溅射或者升华而离开的表面上的情形,人们已经积累了大量实验和理论资料。

文献[48]对工作在电弧放电状态的中空阴极中的离子回流进行了研究。对于大气压放电条件下的棒状阴极,作者提出了被蒸发颗粒以原子[49]或者离子[50]形式返回的一维模型。鉴于一维模型根本不适用于中空阴极,文献[48]采用了回流二维数学模型。所提出的数学模型能够计算发射体的原子在阴极溅射或者升华的作用下离开阴极表面之后返回到电极通道壁上的数量,并由此确定阴极表面上每一点对发射体所造成的烧蚀。

文献[51]研究了圆管状中空石墨阴极的恢复特点。在实验中,圆管的内径为 20 mm,壁厚为 5 mm,电流强度为 300 A,工作气体为 CH_4＋0.5O_2,阴极部件用水冷却。根据作者的研究,基材上碳的减少是一个比较复杂的过程。在烃的高温裂解中，不仅是单个离子和原子，而且还有晶体和聚合物也参与这个过程。作者指出，当阴极的比烧蚀水平很高，等于 2×10^{-8} kg/C 时，就不能考虑阴极的自恢复。

文献[52]提供了对自恢复状态的石墨阴极的少量实验研究信息。等离子体形成气体为烃的混合物(甲烷、丙烷、丁烷)和氧化剂(二氧化碳、氧气、空气)。

为了确定阴极完全恢复的所需条件，在带有阴极喷嘴的设备上进行了实验。阴极喷嘴上带有光学窗口以观察电弧放电的阴极区。电流强度的范围是 300～1200 A。研究得到了阴极弧斑直径与电流强度的关系 $d_s=0.25\times10^{-3}\cdot I^{0.34}$ m，以及通过弧斑的比热流 $q_s=0.36\times10^{8}I^{0.32}$ W/m^2。

对发射表面的金相学和 XRD 分析表明，弧斑下面的整个阴极表面都被各向异性的高温碳层所覆盖，厚度为 0.1～0.2 mm，或相当于石墨嵌入件厚度的 5%～10%。

此外，研究还发现，为了确保阴极能够长期工作，必须对阴极进行有效冷却，因此要保证石墨与水冷铜座之间可靠接触。这种有效的接触是通过使用一种铅-钛钎焊合金来实现。这种合金能够有效地浸渍铜和石墨。该合金的熔点比铜的熔点低。如果石墨中出现裂纹，合金就会填满裂纹，确保铜与石墨界面上保持稳定的热接触和电接触。

10.8　含碳介质中阴极质量的增加速率

基于在各种工况中运行的被有效冷却的棒状钨热阴极的烧蚀数据(图 10.8)，结合 10.7 节提供的数据，我们可以断定所给定的阴极具有无限长的使用寿命。除了已经提供的数据之外，我们将讨论一个直径为 $d_c=5$ mm、平齐压入水冷铜座的棒状石墨阴极的实验研究结果[53]。实验中的工作介质为四氟化碳(CF_4)，以旋流方式通入等离子体炬的电弧室，保证弧斑稳定地位于阴极棒的轴线上。在燃弧的第一阶段(图 10.19)，电流强度范围为 300～900 A，石墨阴极表面沉积了碳，生成了一层比较厚(约为 1 mm)的圆柱状焦石墨膜。这层膜具有很高的机械强度，牢固地附着在基材上(参见图 10.19 中的阴极部件图)。在多次启动等离子体炬的进一步运行过程中，产生的“赘生物”的厚度并没有变化，这表明碳在沉积到阴极上的量与从阴极表面蒸发的量之间快速建立了动态平衡。碳的沉积是碳离子受电弧电场的作用和碳原子扩散的共同结果。

当电流强度为 200 A 时，使用 CF_4、$CF_4+C_2F_6$ 的混合物(体积比为 1∶1)、纯 C_2F_4，在短时间(2～3min)的启动中也观察到了自恢复机制。

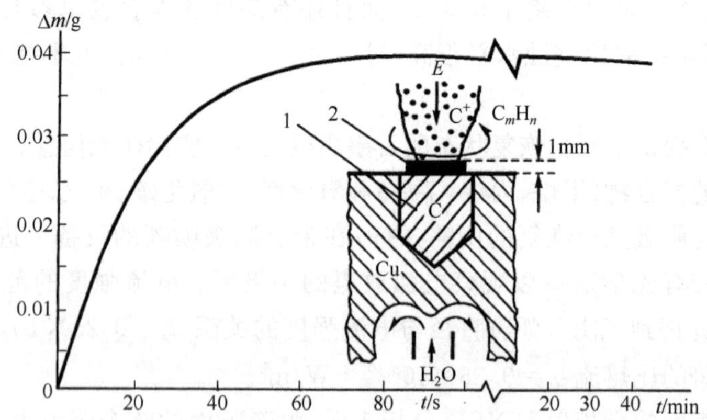

图 10.19 从气相 CF_4沉积到石墨阴极上的碳的质量与等离子体炬运行时间的关系

1. 石墨嵌入件;2. 由热解石墨(碳)重新形成的真实阴极

10.9 冷管状铜电极的烧蚀

本节将关注存在运动弧斑时决定电极烧蚀速率的因素。

在用低熔点材料制成的冷管状电极上,阴、阳极弧斑内都具有非常高的热流($10^6\sim10^7$ W/m²)。为了将电极的烧蚀速率控制在可以接受的范围内,电弧的近电极段受到人为因素影响在管状电极的内表面上运动,即在气动力和电磁力的驱动下,电弧作用在电极的表面上[54-56]。

实际使用这些电极的经验表明,它们的可靠性高、前景良好,尤其在加热含氧介质的领域中。

10.9.1 冷管状铜电极的比烧蚀与电流强度的关系

在轴线式等离子体炬中,电弧运动的最简单形态是电弧径向段的转动平面垂直于管状电极的轴线并在空间中保持固定。这样弧斑就沿着圆周方向运动,金属(铜)烧蚀面的宽度不超过几毫米。这种条件下阴极(阳极)的比烧蚀$\overline{G}=G_m/(I\cdot t)$与电流强度的关系如图 10.20 所示。

对管状铜电极的研究已经表明,电弧明显有两种燃烧状态。在第一种状态中,$\overline{G}$值实际上与电流强度无关。根据高速摄影的分析结果(如图 10.20 中的照片),电弧径向段的形状像个逗号(“,”),弧斑以较高速度(约 10～15m/s)沿圆周方向持续运动。这种状态的电弧对降低电极的烧蚀是最有利的。进一步增大弧电流(d_1为定值,其他参数也恒定)会遇到电流的阈值,被称为临界电流强度(I_{cr});大于该值,电极的烧蚀速率就会突然增大。产生这种现象的原因在于,当 $I>I_{cr}$时电弧径

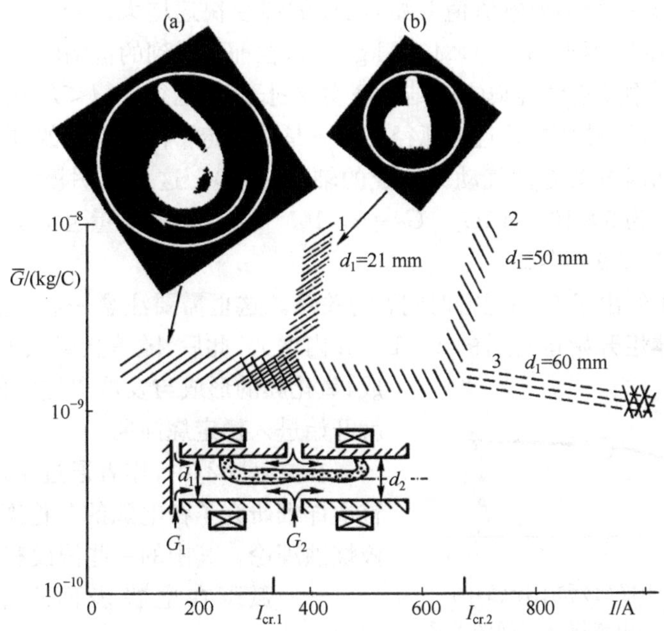

图 10.20　两种工况(1,2 分别对应于 d_1=21 mm 和 50 mm)下带有运动弧斑的管状阴极的比烧蚀与电流强度的关系,以及在 d_1=60 mm(3)时的数据

向部分的运动发生了重构,形成两个径向导电通道(如照片(b)),这两段电弧围绕放电通道的轴线做非匀速转动,某些情况下甚至还可以观察到短暂的驻留。在放电通道中,上述过程周期性持续进行,导致电极表面大面积被损坏。这种现象目前仍然没有得到清晰的解释。同时,众所周知,I_{cr}取决于电极直径 d_1。这一点已被图 10.20 中的数据明确地证明了。还有一点也很重要:电极材料的物理特性和力学特性以及气体的流量和性质也会影响 I_{cr}的值[29,31,57,58]。

再仔细观察亚临界燃弧条件下($I<I_{cr}$)电极表面的电弧照片,就能够看出这时弧斑已经发生了分裂,这意味着弧斑在气体转动方向上发生跳跃式的运动,这是由于电弧与电极表面之间的径向段的近壁面单元发生了小尺度分流。随着电流强度的增大($I>I_{cr}$),观察到有强烈的阴极(阳极)射流形成,这为电弧的轴向部分发生大尺度分流创造了有利条件,并且这时电弧已有的两个径向部分的运动形态也发生了很大变化。图 10.20 中照片(b)清晰地呈现了阴极射流的产生。

在电流强度的亚临界范围内,比烧蚀的平均值为$(1\sim3)\times10^{-9}$ kg/C,并随着电流强度的增大缓慢地减小。文献[59]表明,施加轴向磁场,并增大 $d_1=d_2$ 到 100 mm、增大气流量,会使 I_{cr}提高到 3～4 kA。

文献[60]提供了存在轴向磁场时同轴式等离子体炬的管状铜阴极的比烧蚀数据,该阴极的直径为 5×10^{-2} m,轴向磁场的磁感应强度 $B=0.025$ T。这些数据明确表明，从某一个临界电流值开始，阴极的烧蚀快速增大。当 $I<I_{cr}$ 时，$\bar{G}$ 的值与电流强度无关，等于 $(3\sim4)\times10^{-9}$ kg/C，即在前文提到的范围内。

文献[61]中发表的经典实验结果证实，在长时间运行中（$I<I_{cr}$）电极比烧蚀的最高水平基本保持恒定，并且电弧径向部分是在固定平面内转动的（电弧没有发生大尺度分流和因电动力及气动力造成的轴向位移）。这对于阴极和阳极都一样。当电极的内径为 3×10^{-2} m、$G_1+G_2=6\times10^{-3}$ kg/s、空气流量也恒定的时候，弧斑运动的速度 $W_s\leqslant9$ m/s。

图 10.21 给出了 $\bar{G}$ 与运行时间 t 的关系。这里需要注意一点：电极的比烧蚀仅在等离子体炬开始运行后的 1～1.5 h 内增大；此后，随着金属次表层结构的形成、氧化膜的形成与发展等过程的完成，电极就开始进入稳定烧蚀期。

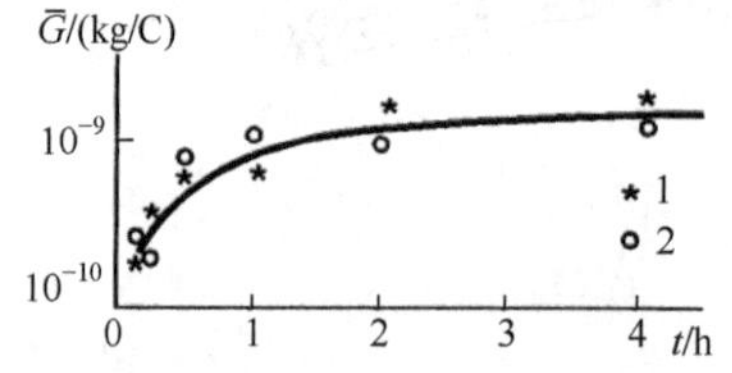

图 10.21 阴极(1)和阳极(2)的比烧蚀的变化与电弧燃烧时间的关系

$I=200$ A，$W_s=9$ m/s，$d_1=30$ mm，工作气体为空气；电流强度为亚临界工况

在文献[62]中，作者通过采用诸多假设，首次详细研究了在电弧的非稳态弧斑中的电极烧蚀理论。其中的一些假设有：

——弧斑在电极表面上沿闭环持续运动；

——电极被快速冷却；

——由于电极表面弧斑的热效应，电极的金属材料在弧斑区域内被加热到沸点，烧蚀是由电极材料的蒸发造成的（这是最强的假设，将来还要进一步详细研究）；

——假设等离子体与电极材料之间不存在化学相互作用而形成挥发性物质（这一点需要讨论，因为铜电极在大多数情况下是在氧化性介质中工作的）。

无论如何，这项工作都是首次试图揭示在这些假设的前提下比烧蚀所能达到的程度。

10.9.2 电弧径向部分的运动速度与其轴向部分的扫描速度对比烧蚀的影响

首先来研究第一种情况。这时电弧的转动平面是固定的。图 10.22(a)给出了铜阳极的比烧蚀与弧斑运动速度的关系 $\bar{G}=f(W_s)$。当 W_s 值很小（<9 m/s）时，比烧蚀的水平是 10^{-9} kg/C，与实际数据非常相符。随着速度 W_s 的增大，比烧蚀减小，当 $W_s>30$ m/s 时比烧蚀等于 $\sim2\times10^{-11}$ kg/C。

对于阴极，则是另外一种情况。$\bar{G}$ 的值几乎完全与弧斑的运动速度无关，其平均值为 10^{-9} kg/C（虚线部分）。这种烧蚀行为可以用简单的物理原理来解释。为了维持电弧持续燃烧，阴极应该向电弧供应电子，而这（对于铜阳极的情况）只有当温度接近于甚至高于铜的熔点时才有可能出现。

如果弧斑在转动过程中叠加了以 4～6 Hz 的频率相对于某一个垂直于电极轴

线的平面的往复平动，电极的烧蚀又会怎样呢？在这种情况下，弧斑沿电极轴线方向运动(扫描)的范围是通道直径的 2～3 倍；在弧斑沿圆周以 15 m/s 的速度绕轴线转动的过程中，转动一圈弧斑沿轴线方向发生的位移是 1～2 mm，即弧斑在沿螺旋线运动的过程中，以每转一圈平移 1～2 mm 的速度向电极表面较冷的部分发生位移。

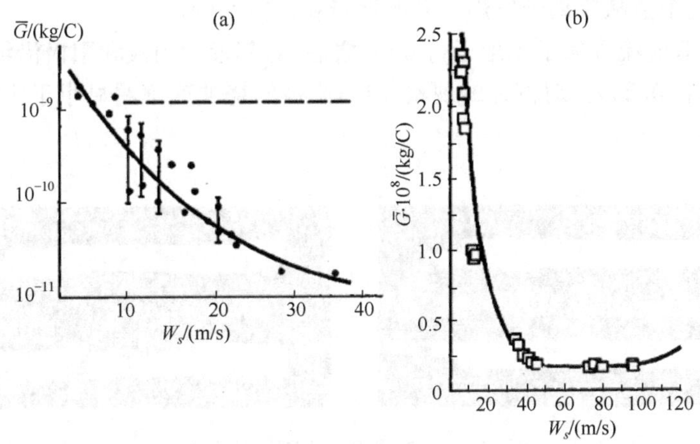

图10.22　(a) 管状铜电极的比烧蚀与弧斑转动速度 W_s 的关系(I～250 A)(实线是阳极，虚线是阴极)；(b) 管状铜阳极的比烧蚀与 W_s 的关系[64]

从图 10.23 中可以看出，在等离子体炬运行的前几个小时，(就阴极而言)$\bar{G}$ 存在增大的过程，从 10^{-10} kg/C 增加到 10^{-9} kg/C；达到 10^{-9} kg/C 之后，比烧蚀的值在等离子体炬随后运行的 60 多个小时内都保持恒定。这些结果与图 10.21 中所展示的结果是相同的。

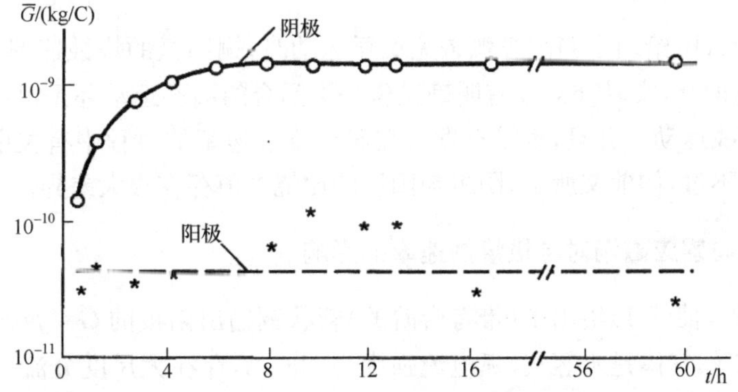

图 10.23　在双射流等离子体炬中电弧的径向段在气动力作用下往复运动(扫描)时 $\bar{G}$ 与电极工作时间的关系(I=250 A，W_s≈15 m/s)

在运行的前几分钟内，铜阴极的烧蚀速率($\overline{G}\approx10^{10}$ kg/C)显然是基本属性，无论如何提高电弧近电极段的运动速度 W_s 都无法减小，因为这个烧蚀程度取决于阴极弧斑的运动机制。

对阳极而言，情况就不同了。即使电弧的近阳极部分具有相同的平均运动速度 $W_s=15$ m/s，比烧蚀也降低了一个数量级还要多，达到 $\overline{G}\approx10^{-11}$ kg/C。还应该注意的是，这个值从等离子体炬一开始运行就保持不变。

在一个双射流等离子体炬运行 60 h之后，对其管状阴极和阳极沿纵剖面制作金相试片(图 10.24)。对试片的观察发现，阳极的烧蚀速率明显小于阴极，后者具有鼓形特征。

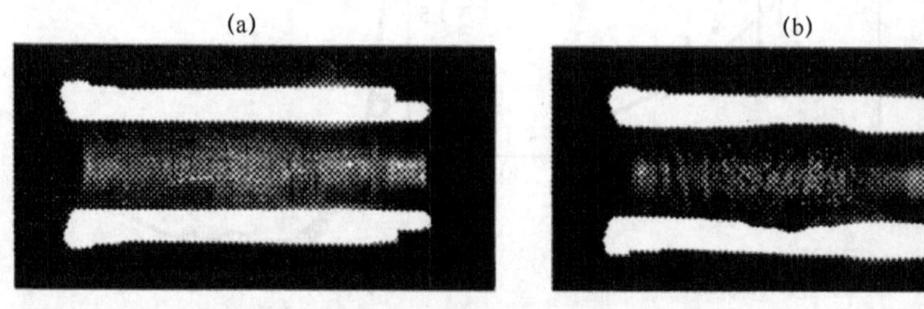

图 10.24 工作电极纵剖面的形貌

(a) 阳极；(b) 阴极；$d=30$ mm；$l=120$ mm

还有一点也很重要：与阴极相比，阳极烧蚀表面的氧化程度更低，这意味着阳极的表面温度较低。

在一项比较简要的研究[63]中，通过使用简单的一维或者准一维热传导模型[65,66]，研究者完成了在非稳态弧斑影响下冷电极烧蚀的实验材料令人满意的归纳。文献[63]研究了这些模型在弧斑连续运动和跳跃运动的情形中的应用情况。

图 10.22(b)给出了当阳极弧斑无跳跃运动时，铜阳极的烧蚀速率与 W_s 的关系[64]。遗憾的是，文献[63]没有明确弧斑是沿闭合的圆环运动还是沿电极表面温度恒定的直线运动。并且，也没有发表在确定烧蚀速率的过程中有关电极运行时间的报告。不过，如前文所示，阴极与阳极的比烧蚀值存在很大差异。

10.9.3 轴向感应磁场对电极烧蚀速率的影响

图 10.25(曲线 1)给出了(带有台阶的)管状铜输出阳极的 $\overline{G}=f(B_z)$关系，实验条件为：工作气体是水蒸气，弧电流强度为 400 A，存在大尺度分流[67]。不考虑电弧径向段在轴向的脉动以及轴向磁场对电弧径向段的影响，当磁感应强度达到 $B_z=0.1T$ 时比烧蚀仅降低为原来的 1/5。此外，随着 B_z 的进一步增大，$\overline{G}$ 有增大的趋势。原因可能在于电弧的径向(闭合)段发出的强辐射热通量作用在电极表面

上，造成电极表面温度升高；因为 B_z 的增大会导致电弧的径向段沿着电极表面向前延伸。大尺度分流的存在不能确保比烧蚀达到 $\overline{G}\approx 2\times 10^{-11}$ kg/C，这与无分流的双射流等离子体炬中的情况一样。

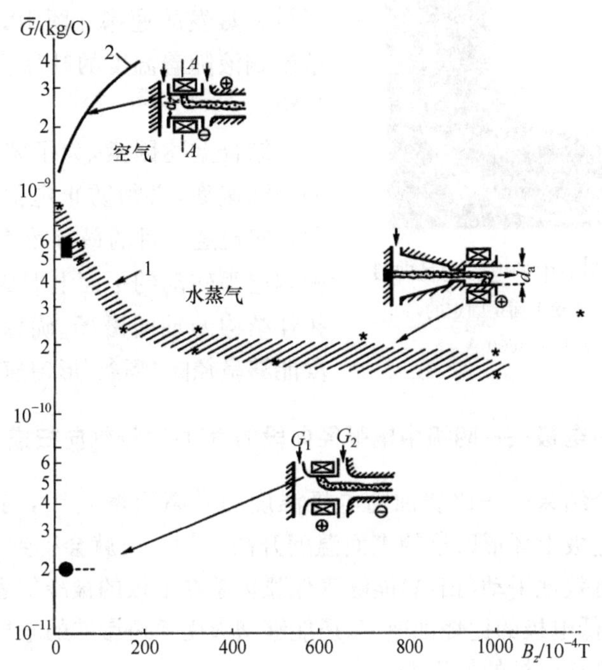

图 10.25　电极的比烧蚀值与 B_z 的关系

曲线 1-管状铜阳极的 $\overline{G}=f(B_z)$ 关系，等离子体气体是水蒸气，$G=5$ g/s，$d_a=18$ mm，$I=400$ A；

曲线 2-管状铜阴极的 $\overline{G}=f(B_z)$ 关系，工作气体是空气，$G=6$ g/s，$d_c=50$ mm；$I=600$ A

在使用干蒸气运行等离子体炬的过程中，受弧斑影响的区域内铜的表面仍然保持鲜亮的颜色，由此可见金属很可能没有发生氧化，因为电极壁附近缺少自由氧。不过，如果使用空气作为工作气体，这个区域的表面通常就是黑色的，因为形成了铜的氧化物 Cu_2O。

图 10.25 中的曲线 2 描述了管状铜阴极的比烧蚀与 B_z 的关系，这时电弧的径向段在固定平面内转动。由于磁场对电弧的影响，电弧近阴极段的转动速度增大了。与此同时，$\overline{G}$ 大幅增加。然而，对于气动力作用于电弧上并且 W_s 增大的情况，阴极的比烧蚀是保持不变的(图 10.22)。产生这种现象的原因是什么呢？因为施加磁场之后，与受气动力作用的情况一样，这时电弧的形状就像一个逗号。不过，在磁场的作用下，电弧沿电极表面延伸得更长，图 10.26[61] 清晰地表明了这一点。外部轴向磁场对电弧径向段的形状变化的影响在文献[67]做了描述。电弧形

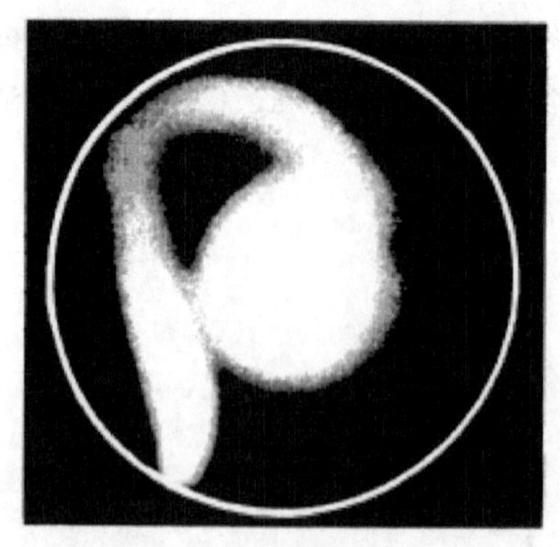

图 10.26 管状阴极中的电弧的径向段
电弧径向段的转动平面是固定的，
B_z=0.02 T，I=600 A

状的大幅弯曲增大了流入弧斑扫过的环形带状区域的热流强度。这就升高了弧斑作用区域内的铜电极的表面温度，从而加剧了材料蒸发的速率。图 10.16已经展示了熔融铜液随着温度的升高烧蚀速率增大的量级。

结合上述因素，为了降低管状铜阳极的烧蚀速率，必须防止电弧径向段发生弯曲。实现这一目的最有效途径是在管状电极内电弧转动的平面上形成一个具有合适拓扑结构的轴向磁场，确保所研究的电弧段能够呈径向“辐条”形匀速转动。

10.9.4 管状内电极——阴极中电弧径向段的气动-磁场轴向扫描

比较这两个结果——比烧蚀随电极温度的升高而增大[68]，与弧斑的周期性“到访”会造成电极上环形凹槽的表面温度升高[69,70]——就会得到如下结论：使弧斑在电极表面有效地平动(扫描)能够确保弧斑总在电极的被冷却表面上运动。这样，不仅可以降低电极的比烧蚀速率，还能够增大受弧斑影响的电极的表面积。这两项因素都将延长电极的使用寿命。

使弧斑发生扫描的最有效、最简单途径是对旋气决定的转动的电弧径向段施加轴向交变磁场。根据产生纵向平移的力的性质不同，使电弧发生扫描的方法可以分为三类：气流[1]、磁场[55,56]和气动-磁场[54]。通过改变电弧径向段的转动频率与扫描频率 z 之间的比例，我们在管状阳极表面得到了三种弧斑轨迹(图 10.27(c))。当 $\omega_\varphi>\omega_z$ 时，弧斑沿螺旋线轨迹运动；当 $\omega_\varphi<\omega_z$ 时，弧斑沿蛇形路径扫描。如果频率相等 $\omega_\varphi=\omega_z$，扫描过程就会中断，弧斑沿着狭窄的路径转动。由于不存在磁场，该路径不会是圆的，而是椭圆形的。这种可能性当然并不存在。我们特别感兴趣的是具有相似频率的情况 $\omega_\varphi=\omega_z\pm\Delta\omega$，其中 $\Delta\omega\ll\omega_\varphi\approx\omega_z$。在这种情形中，椭圆打开了并且以 $\Delta\omega$ 的频率绕着 z 轴转动。

在气动-磁场扫描的方案中(图 10.27(a))，电弧的径向段除了在气体的涡流场中发生转动之外，还沿电极的轴线进行平动。如果电弧在有质动力 F_m 的作用下移动到一侧，则会在轴向气动-磁场力 F_a 的作用下沿相反方向运动。F_a 取决于气体以 v_z 的轴向速度分量发生的循环流动，通常朝着 A-A 面的方向。发生扫描的区域位于气动力平面 A-A(两路循环流动的交汇处)和磁透镜场产生的平面 M-M 之间[54]。

只有当磁透镜与旋转气流匹配时，气动-磁场扫描才有效。分析这种情形我

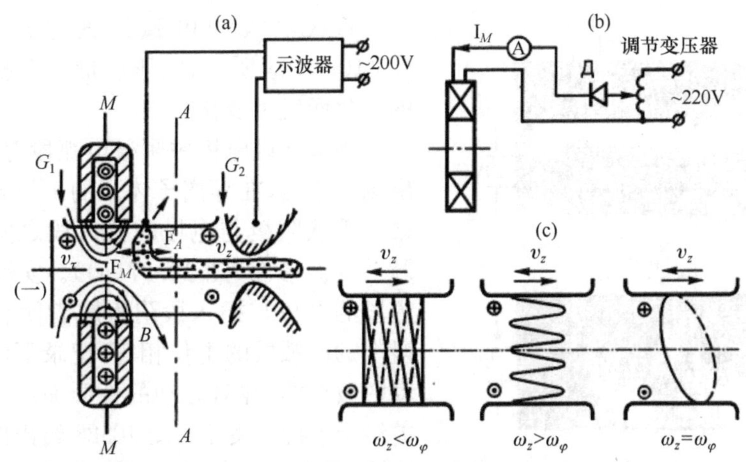

图 10.27　电弧阴极段的气动-磁场扫描

(a) 对电弧径向段进行气动-磁场扫描的阴极部件示意图：A-A 面是以流量 G_1、G_2 通入旋流室的两股气流交汇的气动平面，M-M 面是磁透镜的对称面；(b) 半波整流器电磁螺线管供电系统；(c) 弧斑在电极表面运动的轨迹

们就能够得到一项简洁的规则。对于管状阴极，该规则具有如下形式：磁透镜螺线管中的电流方向可以看作与旋转气流的转动方向相反。在图 10.27 中，气流和电流的方向采用⊕和⊙的标准方法标记。⊙表示方向朝向读者，而⊕表示指向纸面背后远离读者。如果方向不满足标记规则，磁透镜将排斥电弧的径向段而不是将其拉进磁透镜中。

对于管状阳极，为了使磁场的作用与旋转气流相匹配，磁透镜中的电流方向应该与气流旋转方向相同。

磁透镜由单相电源和半波整流器供电，以脉冲方式运行(图 10.27(b))。实验中电弧段的扫描频率是 50 Hz。扫描带来的结果是参考弧斑不再沿圆周运动，而是沿螺旋线，即管状电极的冷表面运动；电极的受热痕迹也呈现同样的分布。这样一来，不仅能够降低电极的比烧蚀，还使弧斑扫过的电极工作表面的面积增大了大约一个数量级。在气动-磁场扫描中，管状阴极连续运行所持续的时间大幅延长。对一个实验用的内径为 3×10^{-2} m 的铜阴极，当电流强度为 300 A、气体为空气时，得到的比烧蚀结果的数值为 $\bar{G}=(5\sim7)\times10^{10}$ kg/C。磁感应强度的平均值不超过50 Gs。在图 10.25 中，$\bar{G}$ 值用实心矩形标记。

对于几何参数与阴极相同的管状阳极，与自稳弧长型等离子体炬的铜阳极的平均比烧蚀程度相比，值几乎减小到 1/80，达到 2×10^{-11} kg/G(如图 10.25 中的圆点)。这可以与气动-磁场扫描中的 $\bar{G}$ 值(图 10.23)相媲美。在用于热电厂锅炉等离子体煤粉点火的双电弧室等离子体炬 EDP-212 中采用了气动-磁场扫描方法，大幅延长了设备的使用寿命。

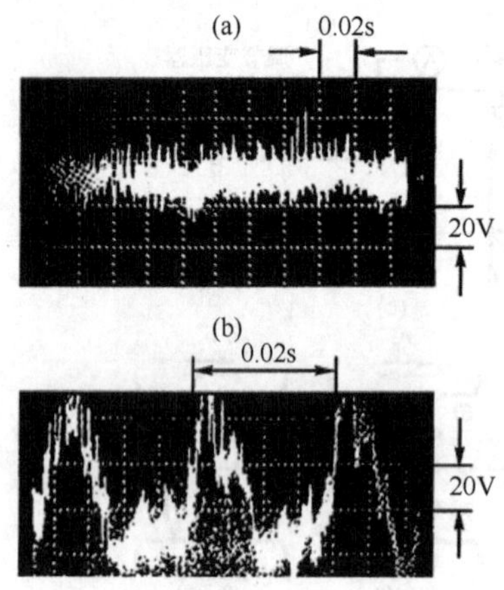

图 10.28 管状电极中弧电压的波形图
(a) 弧斑无扫描；(b) 弧斑存在气动-磁场扫描

管状电极中电弧段的电压波形图(图 10.28)表明，弧电压波形随着扫描频率的变化而发生变化。

当管状内电极中阴极电弧段存在气动-磁场扫描时，在等离子体炬的工作寿命内记录了管状阴极与电极间插入段之间电位差脉动的波形图(图 10.27(a))。实验假设插入段的电位与插入段附近或者闭合到插入段上的电弧段的电位相等，记录下电位差脉动的波形图，并对脉动的性质而不仅是电位差给予了特别关注。图 10.28 给出的波形图表明，弧电压变化的范围达到了 70～80 V。这种现象发生的原因在于在所测量的管状电极中电弧段的长度在时间为 $\Delta t\sim0.01$ s 内变化了 $\Delta l_z\approx32$ mm。

接下来讨论这种现象的其他方面。电弧沿电极平动的平均速度为 $\upsilon_z\approx l_z/\Delta t\approx3.2$ m/s。这样一来，电弧对电极的附着部分(弧斑)沿螺旋线运动的距离为 $\Delta z_0=\upsilon_z\cdot\pi d/\upsilon_\varphi\approx15$ mm($\upsilon_\varphi=20$ m/s)。为了进行有效扫描，只要扫描的步长不小于弧斑的直径就可以了，取 $\Delta z_{0\min}=d_s$。这种情况下，最低平动频率为

$$f=\upsilon_{z\min}/2\Delta l_z=0.4/(2\times32\times10^{-3})\approx6\ \text{Hz}$$

这里，$\upsilon_{z\min}=\upsilon_\varphi\dfrac{d_s}{\pi d}=20\cdot\dfrac{2\times10^{-3}}{\pi\cdot30\times10^{-3}}\approx0.4$ m/s，$d_s=2\times10^{-3}$ m，$d=30\times10^{-3}$ m。由此可以看出，估算出的扫描频率与实验数据符合得很好。

由于增大等离子体炬通道中工作气体的压强同时维持气体的流量不变会降低气体的流动速度，所以很难通过气动力学方法来影响电弧对电极的附着。对于这种情况，推荐采用磁扫描方法[55,56]，通过磁场产生轴向交变力来影响电弧在管状电极上的附着。此时的磁场由沿电极轴线布置、以特定顺序排列连接到电源上的磁透镜产生。

磁扫描可以是连续的，也可以是间断的。在间断扫描中，每一个磁透镜交替连接到电源上。可以采用单相或者三相连接方法。连续扫描的主要特征[55]是在两个透镜之间存在着 $\pi/2$ 的相位差，因而会产生电磁波；电磁波沿着电极的轴线进行连续的水平传播并推动电弧的径向段。这样使电极的烧蚀最均匀。

尽管在降低管状铜电极的比烧蚀速率中已经取得了一定的进展，但是更大程度(成数量级)地降低该参数的问题仍然没有得到解决。

10.9.5 铜电极表面温度对比烧蚀的影响

文献[68]的研究是在一个带有台阶、无磁透镜和螺线管的三电弧室等离子体

炬(图 10.29(a))上进行的。电极工作表面的温度 T_w 通过改变三层电极(图 10.29(b))的热阻来调节;三层电极由保护套 1、内部插入件 2 以及它们之间的空气夹层 3 组成。热电偶 4 插到电弧附着部位的中心区域。在研究中,电弧有两种工况。在其中一种工况(管状阴极)下,弧斑在一个狭窄的环形带状区域内中做圆周运动,这时电极的工作表面积很小;在另一种工况(台阶形输出电极)下,弧斑扫过的电极表面则大得多,因为电弧存在大尺度纵向分流。在第一种工况下,热电偶测量了阴极壁面上弧斑运动的狭窄带状区域内的平均温度,第二种工况则复杂得多。热电偶安装在分流区域的中心,分流区的长度如前所示等于通道直径的 2～3 倍。既然研究已经发现弧斑在分流区的中心存在的时间最长,那么热电偶测量到的应该是选定工况下的最高温度。这一点通过阳极烧蚀表面的照片(图 2.31)间接得到证实。

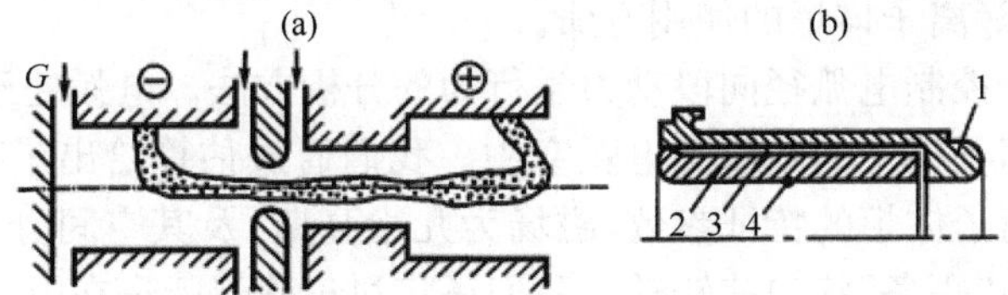

图 10.29　三电弧室等离子体炬(a)和三层电极(b)的示意图

图 10.30 所示为气压等于 10^5 Pa、电极温度不同时测量阳极(1)和阴极(2)比烧蚀的实验结果。当温度从 100 ℃升高到 600 ℃时,$\overline{G}$ 的值几乎成倍增加。阴极

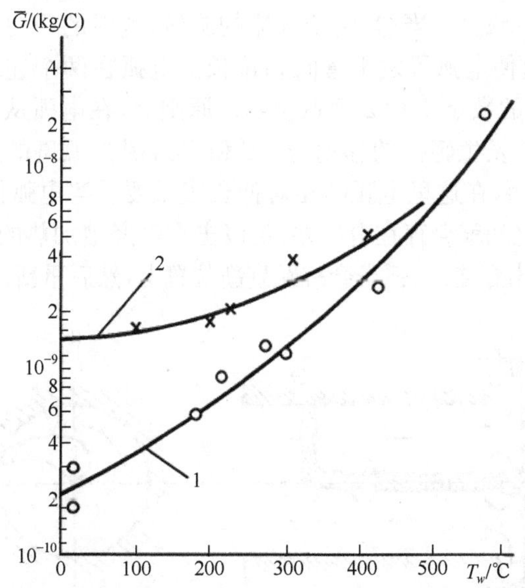

图 10.30　$\overline{G}$ 与铜电极表面温度 T_w 的关系(工作气体是空气)

1. 台阶形阳极,电弧在阳极中分流,d_a=26 mm,I=300 A;

2. 管状阴极,电弧的旋转平面固定,d_c=26 mm,I=120 A

的数据是在弧电流强度为 120 A 时记录到的。每一个实验数据点都是在等离子体炬运行了 30 min 后确定的。

因此,寻求一些方法强化对阳极壁面的冷却,或者阻止其壁面温度升高对于降低阳极的比烧蚀仍然很重要,包括降低微裂纹的产生率,以及缩短弧斑处于静止状态的时间等。

10.9.6 对等离子体炬中电弧径向段行为的磁控制

在等离子体炬中,电极表面的烧蚀速率或多或少地取决于电弧近电极段的动力学行为,以及弧斑在电极表面是跳跃还是连续的运动方式。据推测,作用在适当电弧段上的特定力[55,56]可以消除与弧斑非稳态行为有关的缺陷,从而大幅降低电极的烧蚀,延长等离子体炬的使用寿命。

下面来讨论控制电弧径向段动力学行为的分析方法。电弧处于由外部磁场和旋气稳弧的等离子体炬的圆管状电弧室中。我们通过估算给出了磁场的大小(对于所选定的等离子体炬的特征参数,磁场为几十高斯)及其空间分布,保证所研究的电弧段以径向"辐条"状匀速转动。我们还将讨论确保弧斑在电极表面上连续运动的机制。

等离子体炬的相关部件示意图如图 10.31(a)所示。这里,我们认为被稳定的电弧呈直线形,位于管状阳极的轴线上,通过被称为径向段的电弧段连接到阳极表面上。我们还认为电弧的径向段完全位于与对称轴垂直的平面内(在图 10.31(a)中,该平面标记为 $z=z_0$)。当然,由于气流的旋转,电弧的径向段不会是纯粹径向的,即电弧的转动迫使电弧段发生弯曲和拉长。电弧在两个连续时刻所占据的位置用图 10.31(b)中的数字 1 和 2 示意说明。原则上,在电弧从位置 1 运动到位置 2 的过程中弧斑也会发生轻微的移动(点 $1'$ 和 $2'$),因为弧斑的运动存在扩散和局部集中的机制。然而,在这里电弧的相对伸长很重要。当电弧长度足够大时,在电极与电弧上某一点之间就会存在电位差,足以击穿已经被加热的气隙(在图中,击穿处标记为数字 3)。击穿之后,弧斑会跳跃到新位置上,然后重新开始电弧的演变。

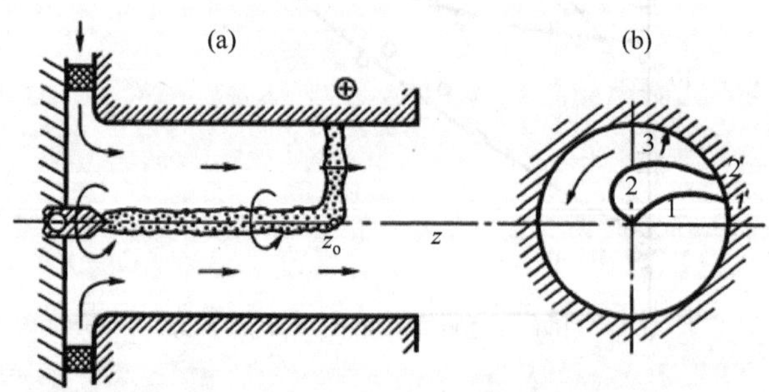

图 10.31 等离子体炬的示意图(a);无磁场时电弧径向段的动力学(b)

这种示意性描述的电弧段(在 $z=z_0$ 平面上)的跳跃和弯曲与我们所熟知的缺陷有关,而如何消除这些缺陷就是磁控研究的课题。首先,由于电极上存在冷边界层,弧斑在电极表面的连续运动只能以低速进行。这种扩散与局部集中的速度与电极通道中气流核心的转动速度没有丝毫关系,只能归因于电弧的连续分流带来的弧斑运动的机制。这种与弧斑在一个区域内迟滞有关的因素,造成了电极表面的熔融和烧蚀。其次,电弧的径向段几乎与电极表面平行,并且到电极表面的距离很小,这就产生了流向电极的附加热流,而这恰恰是不希望出现的。

为了消除这些缺陷,有人建议使用分布恰当的外部磁场,保证电弧的径向段在磁场作用下转变成匀速转动的、纯粹径向的辐条,其末端在电极表面连续滑动。

为了使电弧保持辐条的形状,施加磁场是必不可少的。为了近似确定磁场的大小,我们建议:

(1) 在等离子体炬电弧室中,在电弧径向段建立的平面 $z=z_0$ 上流体速度的纵向分量等于 0,即 $\upsilon_z|_{z=z_0}=0$;

(2) 在这个平面内,气体的转动由速度的切向分量 $\upsilon_\varphi(r)$ 的已知分布给出(在此处及本书后面的部分中,r,φ,z 是圆柱坐标系,$\upsilon_\varphi,\upsilon_z,B_z$ 是矢量场 υ 和 B 的分量);

(3) 可以认为从气体流动一侧作用在电弧元上的力,等于在所研究的流体中抵抗围绕某一直径的电弧柱横向流动的力。

因此,假设在从流体一侧施加的力和电磁力的共同作用下,电弧通道呈辐条状,并以某一角速度转动。为此,外部磁场在平面 $z=z_0$ 上应具有 z 向分量,该分量取决于 r,即 $B|_{z=z_0}=B(r)\vec{e}_z$。这里的 $\vec{e}_z$ 是 z 轴上的单位矢量。为了确定所需的磁场分布 $B(r)=B_z(r)$,需要转换到与转动电弧相关的非惯性系中。在该参照系中,径向电弧通道是静止的。惯性力沿径向,并被压力梯度所平衡。因此,为了确保每一个长度为 $\mathrm{d}r$ 的电弧元都处于静止状态,作用在电弧元上的力的总的角向分量应等于 0:

$$\mathrm{d}F_\varphi+\mathrm{d}f_\varphi=0 \tag{10.6}$$

这里 $\mathrm{d}F_\varphi=C_d(Re)\mathrm{d}(1/2)\rho(\upsilon_\varphi-\Omega r)^2\mathrm{Sign}(\upsilon_\varphi-\Omega r)\mathrm{d}r$,是作用在电弧元 $\mathrm{d}r$ 上的流体力学阻力;$\mathrm{d}f_\varphi=I_rB_z(r)\mathrm{d}r$ 是电弧元所受的电磁力。在这些方程中,$C_d(Re)$ 是阻力系数,取决于雷诺数;d 是等离子体通道的直径;$I_r=-I$ 是弧电流强度;ρ 是电弧外部气流的密度;$(\upsilon_\varphi-\Omega r)$ 是与等离子体通道相关的气流速度。需要注意的是,当对电弧施加比较强的磁场 B 时,电弧运动的速度本身就取决于磁场强度,这样阻力系数 C_d 就不应该被看作是与 B 无关的已知数。因此,如果(参见文献[71])$C_d=C_d(B)$,我们能够根据经验确定给定的关系式,并基于此确定电弧在磁场 B 中的转动速度。在本研究中,我们分析相反的情况,磁场 B 用来保证电弧以给定速度转动,那么系数 C_d 就可以看作是已知的。

从条件(10.6)我们得到保证电弧具有“辐条”形状并以一定角速度转动时所需

的磁场分布 B_z：

$$B_z(r)=\frac{d}{I}C_d(Re)\frac{\rho}{2}[\upsilon_f(r)-\Omega r]^2\mathrm{Sign}(\upsilon_f-\Omega r) \tag{10.7}$$

我们最初感兴趣的是所需磁场数值的量级。为了估算磁感应强度，把下列决定性待求量的数值作为特征参数：

$\upsilon_{\max}=20\ \mathrm{m/s}, I=300\ \mathrm{A}, d=4\times10^{-3}\ \mathrm{m}, \rho=1\ \mathrm{kg/m^3}, \upsilon=1.5\times10^{-5}\mathrm{m^2/s}$

这里，$\upsilon_{\max}$是气流的最大转动速度，υ 是气流的运动黏度。

围绕圆柱流动的流体的阻力系数取决于雷诺数，如文献[72]所述，对于 Re 从 10^2 变化到 10^5 C_d 的很宽范围内，阻力系数与 1 相差很小。对于我们所研究的参数

$$Re=\frac{\upsilon_{\max}\cdot d}{\upsilon}=5.3\times10^3$$

因此，可以认为 $C_d=1$。从方程(10.7)得到所需磁场的磁感应强度估算值：

$$B_0=\frac{d}{I}C_d(Re)\frac{\rho}{2}\upsilon_0^2 \tag{10.8}$$

用数值 $\upsilon_{\max}=20\ \mathrm{m/s}$ 来代替 υ_0，就可得到 $B_0=27\ \mathrm{G}$。由此可以看出，外加磁场极弱，但是产生的力足以与气动力相匹敌。因此，对电弧进行磁控的研究是非常有前景的。

现在来看函数 $B_z(r)$。假设方程(10.7)中的气体密度 ρ 在紧邻电极表面的区域内沿半径方向取一阶近似时为常数，因为在这里气体的温度梯度很小，要求磁场是集中的，并且因为马赫数很低，所以由气流转动决定的压强梯度也很小。这样，$B_z(r)$的分布就取决于气流转动速度的分布 $\upsilon_\varphi(r)$和“辐条”旋转的角速度 Ω。“辐条”的转动可以用准固体转动的形式表述，角速度为流体核心的角速度，边界层在电极表面；Ω 为自由参数，基于设计考虑确定。根据比值 Ω/ω 的不同，所需的磁场沿半径的分布将具有特定形式。在有些情况下 $\Omega=\omega$，即当“辐条”与气流的核心一起旋转时，磁场应该集中于紧邻电极表面的边界层区域中(图 10.32)。图 10.32(a)给出了函数 $\upsilon_\varphi(r)$和方程(10.7)中含有的量$|\upsilon_\varphi(r)-\Omega r|$(垂直剖面线)，图(b)示意了磁场 z 分量应该满足的沿半径的分布。磁场的最大值 B_*(阳极内表面上的磁场)根据方程(10.8)确定。在该方程中，υ_0^2 表达成$(\omega R)^2=(\Omega R)^2$，稍大于 $\upsilon_{\max}^2$(R 是阳极的内半径)。显然，B_* 与前文确定的 B_0 的量级相同。对于其他所有 $\Omega/\omega<1$(或者>1)的情况，以及 $\Omega/\omega<0$(电弧与气体的转动方向相反)的情况，所需的磁场在半径上远非均匀，并且在所有情况下对称轴上的 B_z 都等于 0(这是一项原则。当对称轴上存在很强的磁场时，电弧就无法实现“辐条”形态转动。取而代之的是，电弧的径向段将进行不规则振动，振幅随磁场强度的增大而增大)。因此，产生我们所需的磁场的系统不同于传统螺线管。无需特别关注这个问题，我们

已经知道在 z=常数的平面上，磁感应强度为几十高斯、具有给定分布形式的磁场 $B_z(r)$ 可以通过最简单的无铁磁体产生：磁体是一个短螺线管，电流密度沿螺线管的长度方向具有特定的分布。特别地，图 10.32 所示的 $B_z(r)$ 分布可以通过总电流为 0 的三匝环形线圈来实现。

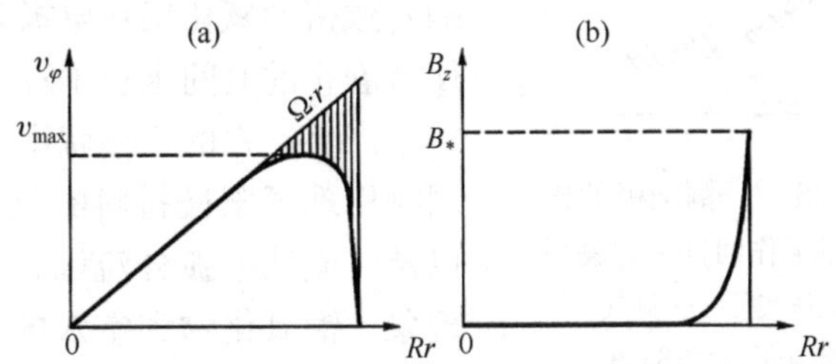

图 10.32　(a)函数 $v_\varphi(r)$ 和 $|v_\varphi(r)-\Omega r|$ 的定性变化；(b)当 $\Omega=\omega$ 时 $B_z(r)$ 的磁场分布

上述分析表明，使电弧的径向段保持近似直线的"辐条"状的问题可以通过比较简单的办法来解决。不过，对于所施加的磁场，还必须保证其具有使弧斑以所要求的速度连续运动的功能。在下文讨论的情形中就出现了这个问题。到目前为止，我们讨论的都是电弧的径向段以辐条状匀速转动的问题。此时，要牢记作用在电弧每一个电弧元上的力都是互相平衡的(参见方程(10.6))。不过，现在我们需要关注的是贴近阳极表面的电弧元。除了方程(10.6)中包括的力之外，该电弧元的末端还受到来自于固体电极表面、未被平衡的黏性力的作用。这个力使所研究的电弧元的运动迟于匀速转动的"辐条"状电弧，从而造成"辐条"在电极表面发生弯曲。当磁场不存在时，电弧弯曲末端的长度就会增大，产生前文提到的分流和弧斑"跳跃"的机制。然而，当方程(10.7)决定的近电极磁场存在时，在电极表面弯曲的电弧段就被挤压到电极上，恢复电弧的直线形状并驱动弧斑到所要求的位置上。

因此，驱动"辐条"状电弧的磁场能保证电弧稳定地呈直线形，而不会发生由电弧近电极段的迟滞导致的变形，还能够驱动弧斑以所需的速度在电极表面运动。

这一部分讨论的结果可以作为描述磁控电弧实验的原始资料。

10.9.7　氧在缩短电极使用寿命中的作用

管状铜电极的比烧蚀速率主要取决于工作气体中氧气的存在。这一点通过阳极的比烧蚀与运行时间的关系曲线(图 10.33)就可以清晰地看出来。随着实验的进行，实验开始时使用的工业氮气逐渐替换成高纯氩气。随着通入电弧室的气体中氧气含量的降低，阳极的比烧蚀程度也在降低。最终分析发现，比烧蚀的降低超过了一个数量级。在纯氮气中，实验记录到了管状铜阳极具有极低的比烧蚀[31]。

当在纯氧气介质中运行台阶形铜阳极[73]时，在电弧分流区内的铜电极表面上很快形成了 Cu_2O 膜和 CuO 膜等高效电、热绝缘材料。与空气中相比，电极在氧

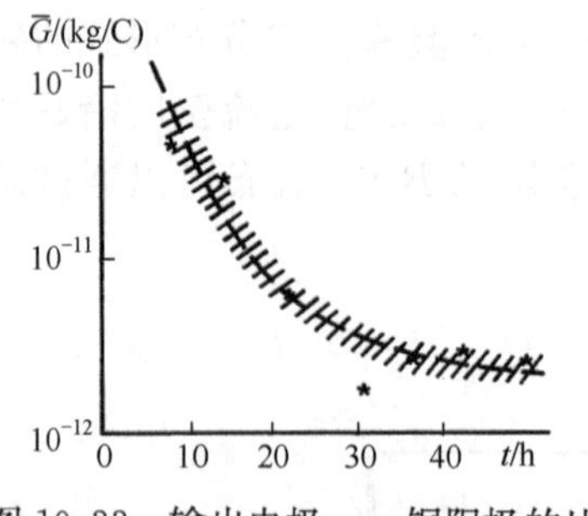

图 10.33 输出电极——铜阳极的比烧蚀与等离子体炬工作时间 t 的关系
工作中氧气在工作气体——氮气中的百分比逐渐降低，I=180 A

气中的烧蚀速率随着电流强度的增大而快速增加，在电流强度 I=700 A时达到$\overline{G}$=10^{-9}～10^{-8} kg/C。在等离子体炬最初运行的 40～60 h 内，出现了一些很重要的现象：随着致密的氧化层在电极表面的生长，弧斑保持静止的时间延长了；因而在电极金属材料中产生空穴的概率就增大，在空穴形成的同时出现了阳极材料的烧蚀速率快速增大以及气流从电弧分流区带走铜的氧化物的现象。铜氧化物和空穴的出现是燃弧稳定性下降——输出电极中电弧平均长度振动的振幅增大，弧电流和弧电压也增大——的原因。空穴的存在破坏了温度场和速度场的对称性。尽管存在上述缺陷，带有台阶形电极的轴线式等离子体炬在氧气介质中仍然表现出很高的效率。

超纯气体(Ar、N_2、He)通常是比较昂贵的。在降低铜阳极的比烧蚀方面有没有其他获取积极结果的方法？下面，我们给出一些实验数据，使我们能够在多数情况下通过另外一种途径来解决电极寿命的延长问题。

这些有价值的结果是在运行一台带有台阶形输出电极(阳极)的等离子体炬时得到的。其中的工作气体是氧气与其他气体的混合气[74]。在纯氧气中运行时，1h之后就在弧斑附着区域内形成了 CuO 膜，增加了电弧长度，升高了弧电压，最终电弧熄灭。为了防止阳极快速氧化，向氧气中加入了天然气。此时，在阳极表面形成近似于中性的介质。天然气从台阶后的拐角处以旋流方式通入。一旦加入少量($K=G_{CH_4}/G_{O_2}$=0.1～0.15，这里的 K 是体积流量之比)天然气，阳极的氧化速率就会快速降低；并且，当 K=0.35～0.4 时氧化过程完全中断，阳极的使用寿命大幅增加，在等离子体炬运行了 48 h 之后，电极上没有发现任何目视可以察觉的氧化痕迹。

接下来讨论通过向氧气中加入二氧化碳来降低管状铜阳极比烧蚀的研究结果。

文献[77]给出了运行一支带有电极间插入段的喷涂等离子体炬的研究结果。据该文献报道，向空气中加入热二氧化碳气体(遗憾的是没有给出气体的体积比)会快速增加阳极的抗氧化能力。当电流强度高达 300 A 时，在等离子体炬运行的最初 6～10 h 内阳极的烧蚀几乎可以忽略，这是因为在阳极表面形成了一层石墨(焦石墨)膜。在等离子体炬的阳极中，弧根的照片表明，当工作气体为混合气体时，阳极弧斑的附着形态从收缩型(在空气中)转变成近似扩散型。电弧或许并不是扩散附着到阳极上，而是由无数多阳极湍流段的微分流电弧同时作用到高温碳层上。这样，电弧与阳极壁之间的击穿电压就大幅降低了。

在等离子体炬的运行中,沉积的碳在降低铜阳极烧蚀速率方面具有积极作用在文献[40]中有所报道。这项研究中的阳极是带有台阶的圆管状,$d_3/d_2\sim1.6$。在阳极通道中,碳沉积在台阶之后,呈现出厚度固定的连续薄层,距离台阶$(0.5\sim0.7)d_3$。这个距离约等于台阶高度的 7 倍,它对应于台阶之后流体破裂区的长度;碳颗粒会沉积在这个区域内。根据作者提供的数据,在距离台阶之后更远的地方,连续的碳颗粒层转变成了石墨螺旋带(线)。

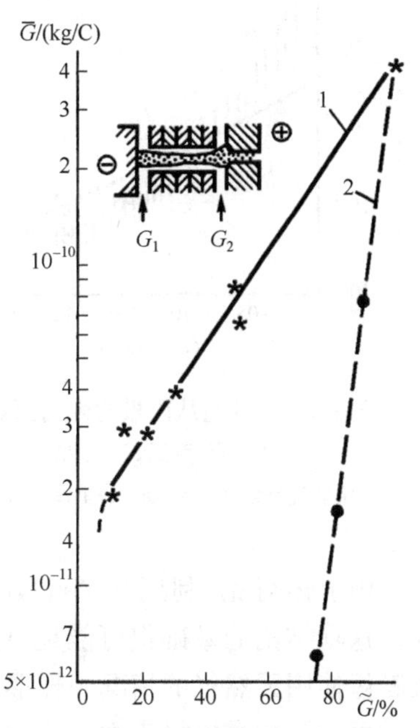

图 10.34　$\overline{G}$ 与参数 $\widetilde{G}$ 的关系
($\widetilde{G}$ 考虑了通入的保护气氩气的百分比)

我们已经知道,在台阶形管状电极中,击穿区之后的电弧分流区的长度比平滑管状电极中的小。除此之外,对于台阶型电极的情况,电极上还存在温度高于铜基底的石墨层。这两方面因素会造成弧电压的脉动从 100～120 V 大幅降低到 1～1.5 V,频率为 1.5～2.0 kHz。

在用 Ar 保护弧斑驻留区域内铜阳极表面的初始段时,也发现了比烧蚀大幅降低的现象。图 10.34 给出了具有这种阳极部件的等离子体炬的原理图。图中还给出了 $\overline{G}=f(\widetilde{G})$关系,这里 $\widetilde{G}=G_{N_2}\cdot[G_{N_2}+G_{Ar}]^{-1}\cdot100\%$。记录曲线 1 时,只通过阴极末端的主旋气室通入工业氮气与氩气的混合气($G_1=G_{N_2}+G_{Ar}$);曲线 2 对应于分别通入气体的情况:N_2 从主旋气室通入,Ar 以流量 G_2 从阳极之前的旋气室通入。分别通入气体时,电弧的阳极末端有时可能会扩散附着到阳极表面上。不过扩散附着的机制并没有得到证实,因为阳极表面的均匀烧蚀也可以通过其他现象来解释,例如同时存在大量微弧。这些微弧形成于在近阳极空间中燃烧湍动电弧的过程中,并以很高的频率(几十 kHz)在空间中变换位置。

如果把保护气 Ar 换成丙烷或者丁烷,用空气作为工作气体也得到了令人满意的结果。图 10.35 给出了铜阳极的比烧蚀 $\overline{G}$(圆圈)与从阳极通入的丙烷流量 G 的关系。为了便于比较,图中还给出了比烧蚀与从阳极通入的 Ar 流量的关系,当时的工作气体是空气。

图 10.36 给出了铜阳极的比烧蚀与通入保护气体的位置的关系,保护气体为丙烷。实验时间长达 1.5 h。

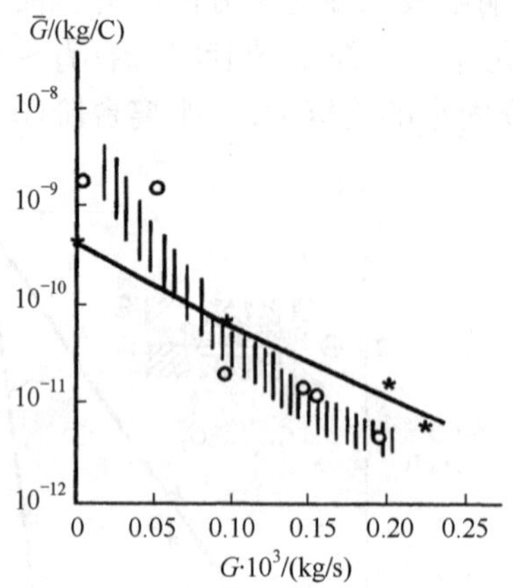

图 10.35 $\overline{G}$ 与从阳极通入的丙烷的流量 G 的关系，I=180 A

*—保护气是氩气，I=200 A，工作气体是空气

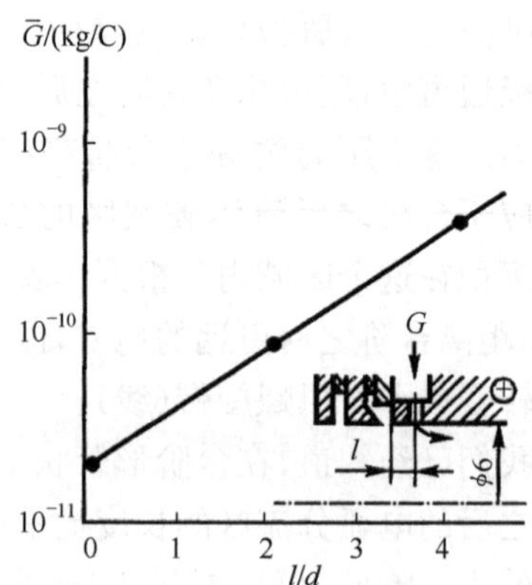

图 10.36 铜阳极的比烧蚀 $\overline{G}$ 与保护气——丙烷通入坐标的关系

($d_a=6\times10^3$ m；I=180 A，丙烷的流量 $G=0.1\times10^{-3}$ kg/C，工作气体是空气)

由上述可见，利用纯 Ar，N_2，He 或者天然气保护阳极表面会降低阳极的烧蚀。这项结论的基础很可能是 Ar，N_2 和 He 可以防止铜表面被氧化形成氧化膜，或者像使用天然气的情况一样形成碳层修复氧化膜。后一过程可能更加复杂，因为碳可能沉积在电极表面上，这会产生最重要的结果——彻底阻止烧蚀现象出现。

上述结果表明，氧气对电极的比烧蚀影响非常大。这一点已经获得其他研究者的大量数据的证实。

10.9.8 管状铜阳极的比烧蚀的总体特征

图 10.37 中给出了在多种气体(空气、H_2、N_2、水蒸气)中，铜阳极的比烧蚀与电流强度的关系的总体信息(斜阴影线区域 1 为空气中的数据)。实验数据点的离散性较大，原因有多方面，其中包括工作气体的物理化学性质的差异、电极材料的特性、电极结构以及电极冷却条件的差异，电流脉动的存在等。这些实验是在旋气稳弧的轴线式等离子体炬上进行的。在这种情形中，电弧径向段在空间中的运动取决于气动力的切向分量以及大尺度和小尺度分流过程。

研究铜阳极在水蒸气等离子体中的比烧蚀的实验是在一台 EDP-193 型旋流水蒸气等离子体炬上进行的，该等离子体炬装有热化学铪阴极。等离子体炬的阳极在台阶之后的工作段的直径 d_3 为 10×10^{-3} m，干燥过热水蒸气在等离子体炬入口处的温度为(300±50)℃、流量为 2.2×10^{-3} kg/s，阳极工作区域内的轴向磁感应强度为 0.026 T[67]。在图 10.37 中，阳极在水蒸气等离子体中的比烧蚀数据用空心三角形(△)标记。比烧蚀与弧电流的关系(曲线 2)可以近似归纳为方程：

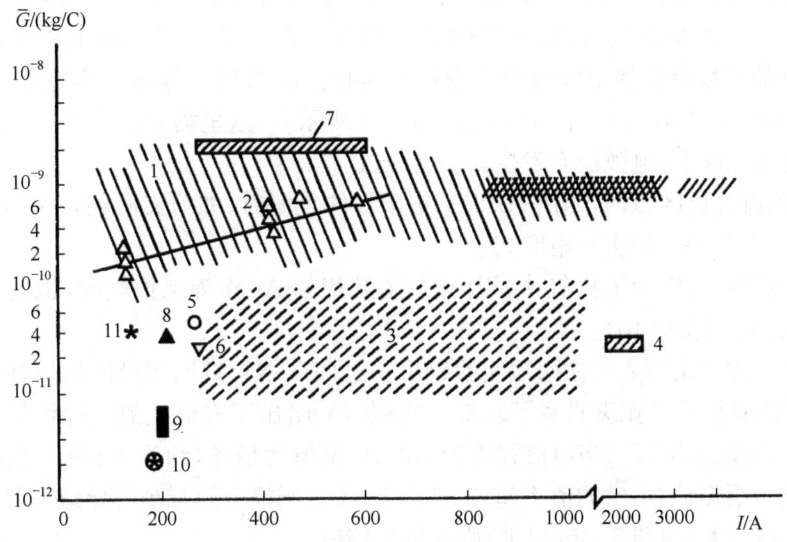

图 10.37　在不同气体中铜阳极的比烧蚀与电流强度的关系

1. 空气；2. 水蒸气；3. 氢气；4. Ar 和 He 的混合气；5. 工业氮气（O_2 含量小于 0.5%）；6. 特纯氮（O_2 含量小于 0.001%）；7. 空气（同轴式等离子体炬）；8. 空气（内部管状阳极带有气动-磁场扫描）；9. 空气，氩气作保护气；10. 空气，丙烷-丁烷作保护气；11. 空气（阳极由不锈钢制成）

$$\overline{G}=1.78\times10^{-10+\frac{I}{670}}\,(\mathrm{kg/C})$$

区域 3 用虚线标记，描述了管状铜阳极在电流强度为 $I=300\sim1000$ A 的范围内、在大气压氢气中的烧蚀特征。阳极内径的范围为 $2\times10^{-2}\sim4\times10^{-2}$ m。装在阳极上的螺线管的磁场范围为 0.06～0.1 T。在等离子体炬的这些工况下，铜阳极的比烧蚀范围为$(10^{-10}\sim10^{-11})$kg/C。

在 Ar 和 He 混合气体的实验中，当电流强度为 $I=1.9\sim2.3$ kA、存在轴向磁场时，对于内径为 2.8×10^{-2} 的台阶形铜阳极，$\overline{G}$ 的值为$(1.9\sim2.5)\times10^{-11}$ kg/C（如图 10.37 中带有阴影线的矩形 4）。

在 UMP-6 型、对铜阳极（通道直径为 8 mm）进行间接冷却的标准等离子体炬中，在标称工况下（$I=270$ A），电极在工业氮中（氧气含量达 0.5%）的比烧蚀为 4.8×10^{-11} kg/C（此值在图 10.37 中用圆圈 5 标记）；在特纯氮气（氧气含量不高于 0.001%）中，$\overline{G}=(2.4\sim2.6)\times10^{-11}$ kg/C，即比烧蚀的值并没有大幅减小（数据点 6）。一条重要的信息是，这种等离子体炬设计用于喷涂粉末，没有采用旋气稳弧。

在电弧部分偏转的同轴式等离子体炬中，电弧的末端保持在铜阳极的末端上。在对电弧的闭合段施加轴向磁场的过程中，比烧蚀在电流强度为 $I=300\sim600$ A 的范围内几乎是恒定的（长阴影矩形 7），平均值为$(1.5\sim2.05)\times10^{-9}$ kg/C[75]。

在同一幅图给出几类实验数据点，这意味着有可能进一步降低铜阳极的比烧蚀。例如，在存在空气旋流、电弧的径向段在长度为 6×10^{-2} m 的阳极段内以 5～6 Hz的频率沿管状阳极的轴线进行轴向扫描的双射流等离子体炬中，$\overline{G}$ 的值不超过 4×10^{-11} kg/C(如图中实心三角形 8 所示)。这里需要注意到一项重要因素，在这些工况下，电弧没有发生大尺度分流。

在弧斑驻留区域内，当用 Ar 保护铜阳极的表面时(如前文所述)，$\overline{G}$ 的值降低到 5×10^{-12} kg/C(如实心矩形 9)。

当使用空气作为工作气体、用丙烷-丁烷代替 Ar 作为保护气时，也能得到令人满意的结果(如⊗ 10)。

这里，我们还需要关注两项实验结果。这两项结果把铜阳极的比烧蚀与旋流 Ar 稳定的静止阳极弧斑联系了起来。文献[76]给出了有静止弧斑驻留的薄壁平滑铜阳极的烧蚀结果。当电流强度为 200 A、壁厚为最佳(约为 3 mm)，连续运行 10 h 之后，根据估算，$\overline{G}$ 的值不超过 10^{-14} kg/C。阳极壁厚减小会导致一起弧就烧穿；而壁厚增大(达到 5 mm 以上)则会导致熔融。

如果弧斑体停留在平滑阳极表面形成的半球上，铜阳极在氩气中可以记录到更低的比烧蚀数据[3]。在这种情形中，阳极部件可以在电流强度范围为 200～1000 A 内可靠地运行。据估算，当电流强度为 200 A 时 $\overline{G}$ 的值比平滑阳极的情况要低三个数量级甚至更低。

至此，降低铜阳极比烧蚀的问题仍然没有解决。解决这个问题需要提出改进烧蚀特性的全新的阳极方案，并且寻求新的使用方法。

10.9.9 等离子体炬电极中的温度场和应力场

因为等离子体炬的管状阳极通常被水快速冷却，因而被称为“冷”电极。然而，在弧斑作用的阳极内表面上，温度可能达到铜的熔点($T_m\approx1083$ ℃)甚至更高，接近于沸点($T_{\text{boil}}\approx2600$ ℃)。在熔融层之下是固相。当温度接近于熔点时，金属的结构通常会发生复杂的物理化学变化，产生空穴和裂纹，降低材料的热导率和机械强度。发生在金属中，并取决于合金元素、改性剂和杂质等存在的过程与 10.6 节所描述的相同。在单晶条件下，在高纯金属材料中没有发现广泛的破坏现象。但是，在高温下，这些材料的宏观结构发生了改变，因为微观杂质长期存在(就铜来讲，O_2 和 H_2 的影响最明显[70,78])。

此外，影响“冷”电极的效率的一个重要因素，就是由电极材料中沿长度方向或者在内部(r_1)受热面和外部(r_2)冷却面之间的温度梯度造成的应力状态的交替变化；由于弧斑运动造成电极中的温度场的变化也是导致应力状态变化的一个因素(图 10.38)[69,78-80]。弧斑的(受控或者随机的)运动通常会在电极中形成裂纹，并且裂纹在厚度方向上不连续，导致材料的平均热导率和内层蓄热性能降低。其结果是增大了弧斑作用区域内的熔融液体的厚度，加剧了因蒸发、氧化而带来的材料损失，降低了材料的效率[62]。

“冷”电极的热应力性质和裂纹的形成过程在文献[70]和[79]中通过计算机建模的方法进行了研究。这些研究的基础是著名的数学物理模型：傅里叶热传导方程、斯特藩熔融凝固方程、胡克材料应力状态方程等。

总而言之，求解电极温度场 $T(r,z,\varphi)$[70,78] 和应力场 $\sigma(r,z,\varphi)$ 的工作难度很大，因为这些问题在数学上是共轭和多连域的。除此之外，还必须研究实际中使用的材料，而这些材料的热物理性质和力学性质往往取决于温度。不开展这项工作就无法获得发生在电极材料中的过程的特征数据，这些材料通常持续工作在温度范围极宽、梯度极大的恶劣环境中。

我们将要研究的那些过程也是电弧的热流（热流为 $q_s(\tau)$）通过弧斑以脉冲和局部的方式作用在电极材料上的过程：在极短的停留时间 τ_0 内，弧斑处于静止状态。相应地，温度场 $T(r,z,\varphi)$ 和热应力场 $\sigma(r,z,\varphi)$ 在电极厚度方向也呈现出非稳态和三维分布。这种情形再加上需要考虑材料物性与温度的关系的因素，就必须采用数值方法求解变系数微分方程组，或者寻求其他计算机模拟方法。

以脉冲形式表达等离子体炬电极中的热过程的研究方法是最近才出现的[65,69,78,80]。更早期的研究总在试图求出电极材料的传热和蒸发过程的解析解（见文献[62]等）。尽管本节中所描述的研究工作[70,78] 近来才启动，并且这个问题总体上很复杂，需要逐步解决，这些研究结果仍然可以用于描述温度场 $T(\tau,r,z,\varphi)$ 和应力场 $\sigma(\tau,r,z,\varphi)$ 的动力学特征。这一点对于解决电极工作寿命的问题具有特殊意义。

下面来研究在沿闭环运动的弧斑脉冲加热作用下电极温度场的特征。这里给出的图片显示了对弧斑非稳态作用在电极材料上进行数值模拟的一些结果。研究对确定温度场 $T(r,\tau)$ 的空间一维问题进行了求解。在这个问题中，$q_s(\tau)$ 是周期性脉冲热源（图 10.38）。研究确定了两种工况下的温度场：1-电极材料无熔融；2-电极材料发生了熔融。对于这两种工况，$q_s(\tau)$ 都取方波。脉冲热流 q_s 的重复周期和持续作用时间通过弧斑的运动速度 w_s 和运动的距离 $2\pi \cdot r_1$ 来确定。然而，对于第一种工况，脉冲 q_s 持续的时间还要受附加条件的约束：对内表面加热的最高温度 T_{1h} 不能超过 T_m（图 10.39）。

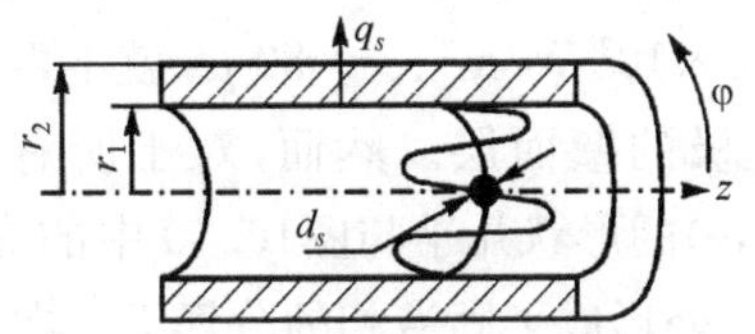

图 10.38　计算电极的温度场和热应力场时采用的等离子体炬的管状阳极示意图

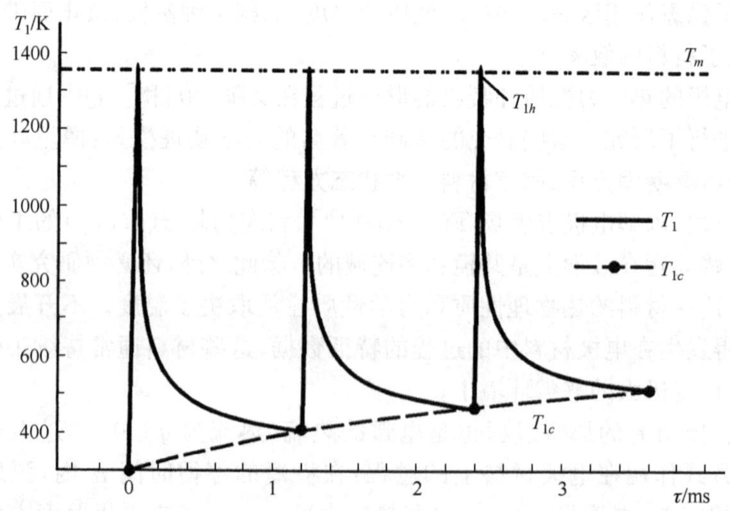

图 10.39 “无熔融”时电极在前三个模拟加热脉冲作用下的温度场与时间的关系

$T_1(\tau) \leqslant T_m, \tau_0 \leqslant \tau_{0\max}, q_s = 5 \times 10^9$ W/m

在电弧转动的第一周内，弧斑轨迹上所有点的初始温度都等于 $T_{1.0}=25$ ℃。轨迹上的每一个点的冷却温度 $T_{1c}>T_{1.0}$，并在弧斑的下一周转动中随着电弧对阳极整体的加热而升高(图 10.39)。温度脉冲的高点 T_{1h}(根据第一种给定工况)在达到 T_m 时保持恒定，因此固体材料的边界($r=r_s$)温度总等于 T_m。当电弧的转动速度为 $w_s=40$ m/s 时，$q_s=5\times10^9$ W/m^2 的脉冲热流[79]在第一个加热周期内不会造成铜电极的熔融(热流脉冲 $q_s(\tau)$ 作用在弧斑 $d_s=2$ mm 上的持续时间不超过阈值 $\tau_{0\max}=50$ μs)[62,79]。

在阳极壁上，温度脉冲 $T(\tau)$ 转化成温度波(图 10.40)。如果阳极是用高热导率的无缺陷纯铜制成，温度波就会快速衰减。

如图 10.39 中所表明的，T_{1c} 快速增大；电弧一进入第三周，第三个热流脉冲 $q_s=5\times10^9$ W/m^2、$\tau_0=50$ μs 就不再受到最大加热条件 $T_{1c}<T_m$ 的限制，开始熔融铜电极的壁面层。然而，对于所有 $r>r_s$ 的区域，材料仍然保持固态，温度波 $T(r,\tau)$ 的形状几乎与图10.40 中的完全一致。在这种情况下，在阳极的厚度内 $r=r_s$ 处形成了固液相的分界面。在这个界面上，温度不高于 T_m。

在第二种工况下，对温度高于 T_m 的阳极内表面进行加热和冷却的过程如图 10.41所示。图 10.41(a)给出了电弧转动的前三周，这时 T_{1h} 刚刚开始高于 T_m。电弧转动 16 周之后，铜阳极内表面的温度 T_1 仅在非常短的时间内低于 T_m(在 $T_1<T_m$ 处有单峰)；从第 17 周开始 T_1 就完全高于 T_m(图 10.41(b))。温度 $T_{1h}(\tau)$ 和 $T_{1c}(\tau)$ 的最大值的包络线(图 10.42)表明，弧斑从电极表面上所研究点扫过几次之

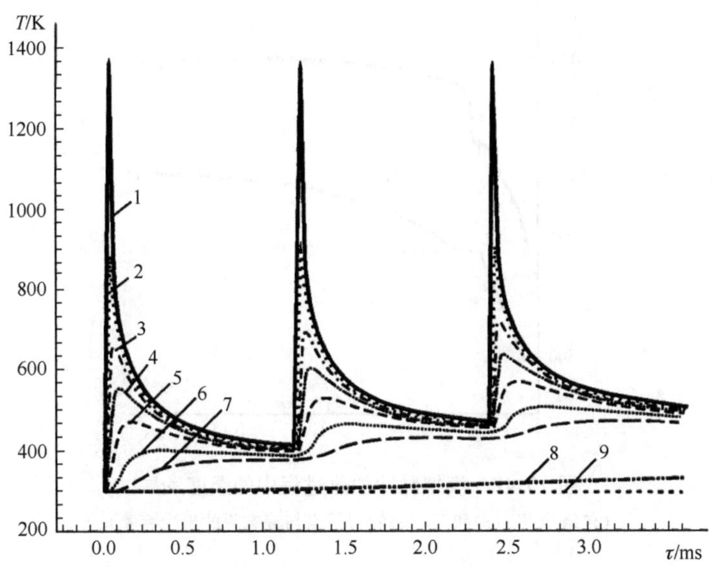

图 10.40　由图 10.39 的脉冲热流转化成的温度波在铜电极壁厚度上的分布

$\delta=r-r_1$：1. 0 mm；2. 0.04 mm；3. 0.08 mm；4. 0.12 mm；5. 0.18 mm；6. 0.28 mm；7. 0.38 mm；8. 1.31 mm；9. 3.57 mm

后，就出现 $T_{1h}>T_m$ 和 $T_{1c}>T_m$ 的情况。这样，在阳极的内表面上就形成了熔融区(液态膜)。因此，对于所研究的工况，当 $q_s=5\times10^9$ W/m^2、$w_s=40$ m/s 时，阳极表面受到弧斑影响的环形轨迹总是保持液态。如果这时熔融液没有发生蒸发，将会使液态膜的厚度仅增大 $\Delta l=r_s-r_1$(图 10.43)，并使热流脉冲 $q_s(\tau)$ 的幅度和形状发生其他变化，达到材料的固态层。

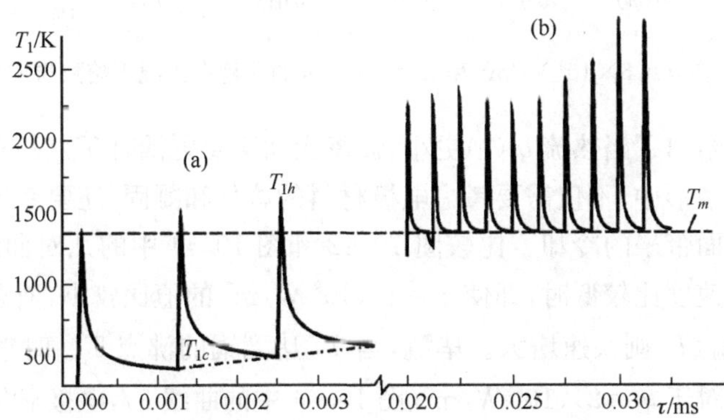

图 10.41　模拟熔融脉冲与时间的关系(脉冲强度和持续时间对应于图 10.39)

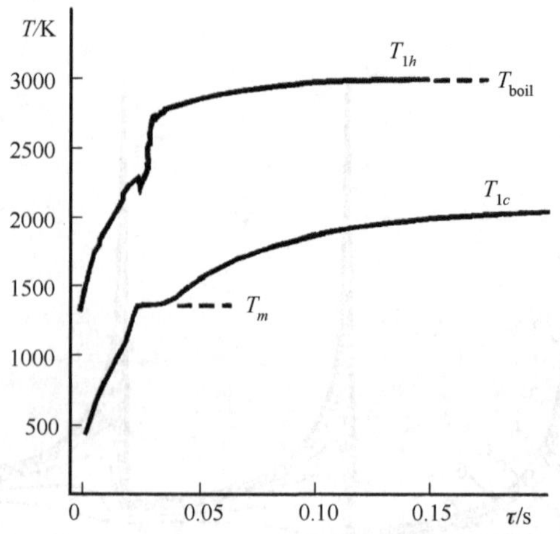

图 10.42　模拟脉冲加热过程中的温度发展

(包络线 $T_{1h}(\tau)$和 $T_{1c}(\tau)$的特征点与液态膜的出现有关)

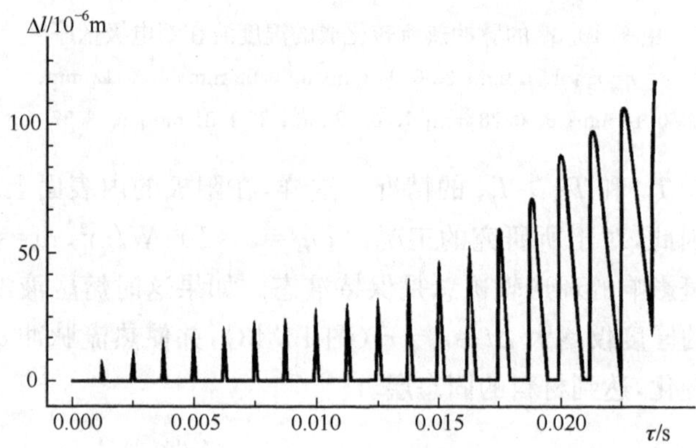

图 10.43　在 $q_s=5\times10^9$ W/m^2 和 $w_s=40$ m/s 的非稳态工况下熔融层厚度的变化

图 10.44 给出了当热流 $q_s(\tau)$更小、弧斑运动速度更低时 $T_{1h}(\tau)$和 $T_{1c}(\tau)$的包络线。在这些情形中,不仅需要考虑电极材料的熔化和凝固,还要考虑铜从液态膜表面蒸发对表面带来的冷却。比较图 10.42 和图 10.44 中的几对曲线可以发现,当弧斑的运动速度比较低时,即使 $q_s=1\times10^9$ W/m^2 的值比较小,液态膜的表面也无法冷却到 T_m,T_{1c}则快速增大。毕竟,当 T_{1c}达到铜的沸点 T_{boil}时铜的蒸发速率会大幅增大。对于 $q_s=2\times10^8$ W/m^2(图 10.44 中的曲线 3),电极显然没有发生熔化,可是这些热流更具有电弧扩散附着到阳极上的特征(研究这一过程在数学物理模型上需要采用另一种方式来表述边界条件)。

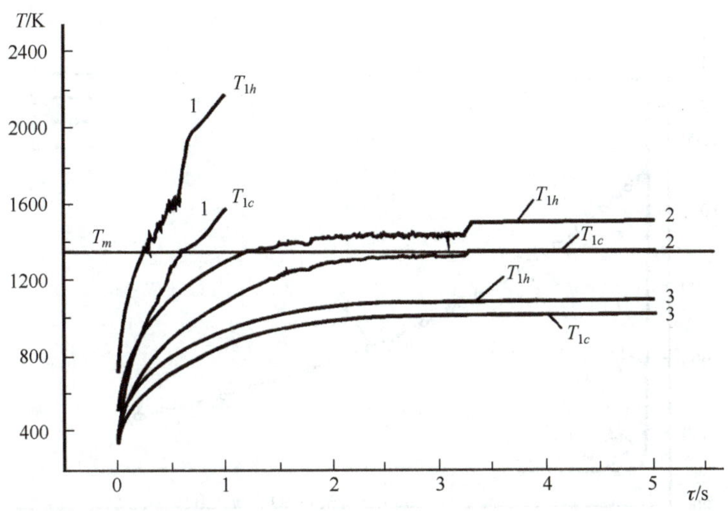

图 10.44　当弧斑转动速度 w_s=40 m/s、热流脉冲不同时的 $T_{1h}(\tau)$和 $T_{1c}(\tau)$的包络线

1. $q_s=1\times10^9$ W/m²；2. 5×10^8 W/m²；3. 2×10^8 W/m²

如图 10.41 表明,"熔融"温度脉冲 $T_1(\tau)$与"非熔融温度"脉冲的区别主要在于加热结束时的温度 $T_{1h}(\tau)$高于材料的熔点 T_m。电极材料表面的熔融和蒸发消耗了热流 q_s 中的一部分 Δq_m。当 $T_1\geqslant T_m$ 时,Δq_m 的值与脉冲 $T_1(\tau)$的面积成正比。相应地,电极壁的固态部分受到热流 $q_w=q_s-\Delta q_m$ 的加热;并且,与图 10.39 中的脉冲相比,热流脉冲具有平坦(不是尖端)的顶部 $T=T_m$,顶部的宽度与差值 $T_{1h}-T_m$ 成正比。因此,在材料内部传播的热波 $T(r,\tau)$的形状与图 10.40 相比发生了变化:最大值都变得更加平坦,位置更靠近 r_1 和 r_s 的界面。不过,边界 r_s 的位置取决于时间,主要取决于 $T_{1c}(\tau)$增长的速率。当达到 $T_{1c}=T_m$ 的条件时,在一段时期内边界 r_s 会重新变成 r_1。当 $T_{1c}>T_m$ 时(图 10.44),液态膜一直存在,即"固-液"边界位于阳极内部。不过,这对 $r>r_s$ 范围内 $T(r)$的分布影响甚微,$T(r)$的波形与图 10.40 中的几乎相同,仅仅变得更宽。图 10.40 中的曲线 2 表明也可能发生了准稳态过程,在该过程中边界 r_s 在电极壁内轻微振荡并持续移动。这样一来,温度 $T(r)$的分布就达到了稳态。稳态分布的特征是,在紧邻界面 r_s 的狭窄固态区域内 $\pm\Delta T_{1c}$ 比较小,但是梯度达 $\mathrm{d}T/\mathrm{d}r\approx1000$ K/mm(图 10.45)。具有这样温度梯度的空间区域温度应力也最大。

图 10.45 给出了阳极本体内的温度分布。这个分布用于计算在弧斑运动过程中等离子体炬电极上的热应力。电极材料中热应力的计算问题(在第一阶段)通过厚壁圆管(阳极的几何模型,参见图 10.38)的热弹性公式进行求解。假设材料中没有形成不可逆的应变,并且没有出现空穴、裂纹或者剪切现象(对于对紧邻弧斑

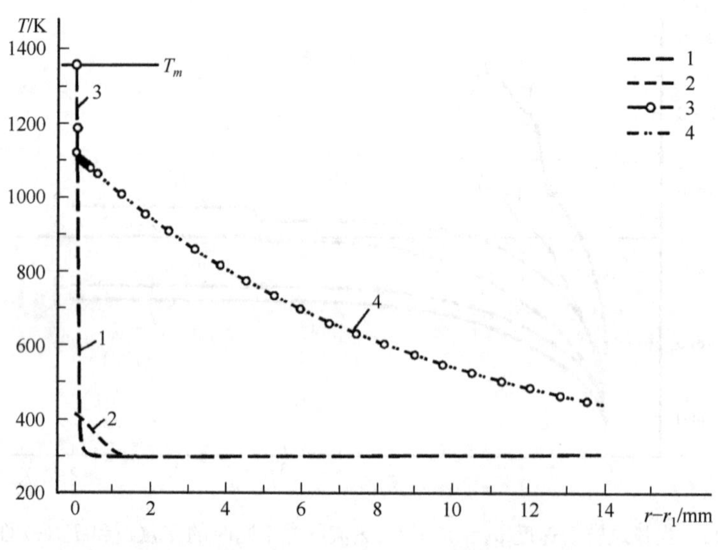

图 10.45　阳极中的温度分布

1. 在第一个加热脉冲的波振面的末尾；2. 在第一个加热脉冲后冷却阶段的末尾；3. 在准稳态工况（“无熔融”）加热脉冲之后冷却阶段的末尾；4. 在准稳态工况下的任意一个脉冲的波振面的末尾

并承受高应力的材料，描述材料力学行为的热弹性模型可能只是一阶近似，有必要转化成弹塑性模型）。然而，利用计算脉冲加热过程的第一批结果就能够得到重要结论。

为了分析应力场的主要特征，我们利用 $T(\tau)$ 和 $T(r)$ 的一维解对其进行了研究（图 10.39～图 10.45）。相应地，在紧邻表面 r_1 的材料薄层内发生的脉冲热弹性过程（图 10.46），在某一深度处转变成波动过程（如图 10.40 的情形）。如图 10.41～图 10.44 所示，在材料的固态部分中温度变化的幅度在波动过程开始之后快速减小，因为 T_{1c} 增大了。热应力波动的振幅也以同样的幅度减小。

准稳态温度场（图 10.45 中曲线 3、4）建立之后，阳极壁中的热应力 $\sigma(r)$ 的分布就与 $T(r)$ 有关了。如图 10.47 所表明的，在第一种工况，即电极受非熔融脉冲 $T_1(\tau)$ 的作用，与图 10.39、图 10.40 中一样，沿法向的径向应力 $\sigma_r(r)$ 通常是压缩的（$\sigma<0$），但是比较小。在阳极的应力状态中起主要作用的是环向应力 $\sigma_\varphi(r)$ 和轴向应力 $\sigma_z(r)$。在阳极壁厚方向上，应力符号的变化为：从阳极热侧的压缩应力 $\sigma<0$ 转变成冷侧的拉伸应力 $\sigma>0$。在热侧，应力 σ_φ 和 σ_z 大约比冷侧大三倍。

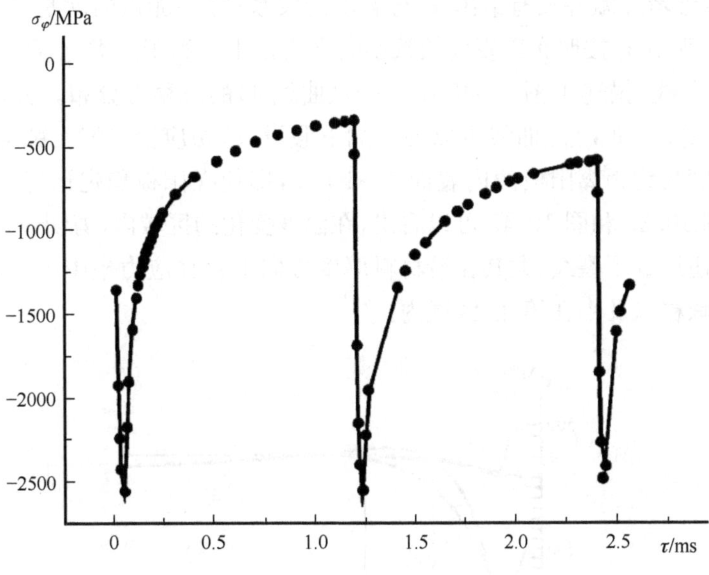

图 10.46　在 $r=r_1$ 处的首批应力脉冲 σ_φ

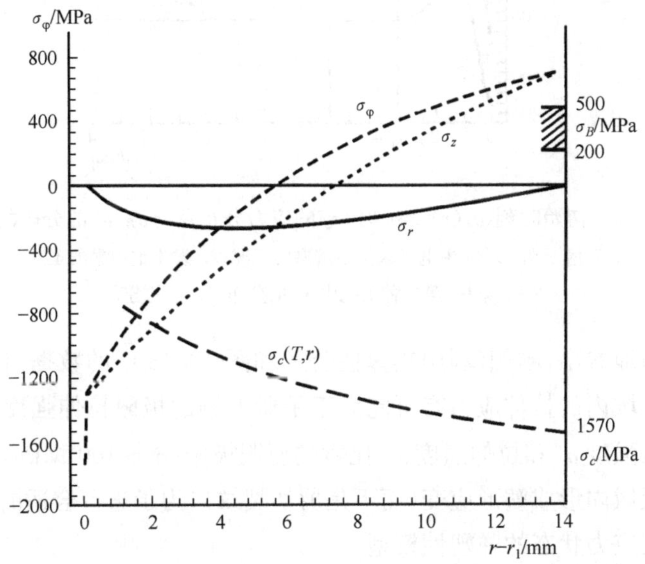

图 10.47　在准稳工况中的应力分布(对应于图 10.45 中的曲线 4)

通过比较 σ_r、σ_φ 和 σ_z 的作用以及断裂应力 σ_B、σ_c(图 10.47 和图 10.48),我们提出了电极材料力学失效的假设。尤其重要的是,保证在紧邻铜阳极内表面的区域内切向应力的水平应接近于手册中铜的极限抗压强度(σ_c)。很遗憾,有关铜的机械性能的参考文献并没有给出 σ_c 与温度的关系；唯一能做的就是进行假设，譬如在受热过程中 σ_c 按照布氏硬度数减小的方式减小。利用此类比，图 10.47 给出了 $\sigma_c(T,r)$ 曲线，描述了图 10.45 中 $T(r)$（曲线 4）的准稳态分布。分析图 10.47 中的 $\sigma_\varphi(r)$、$\sigma_z(r)$ 和 $\sigma_c(r)$ 曲线可以做出如下假设：剪切应变可能在弧斑下面的某处形成，深度大约距离阳极的内表面 $\delta\sim1$ mm，即使在阳极稳定运行的工况中也存在。从图 10.39 和图 10.45 可以看出，在温度变化的区域内，剪切应力是不可避免的，并且还形成了裂纹，尤其在沿材料厚度方向上存在应力集中因素（如纹理边界、氧化物颗粒以及小孔等）的区域内。

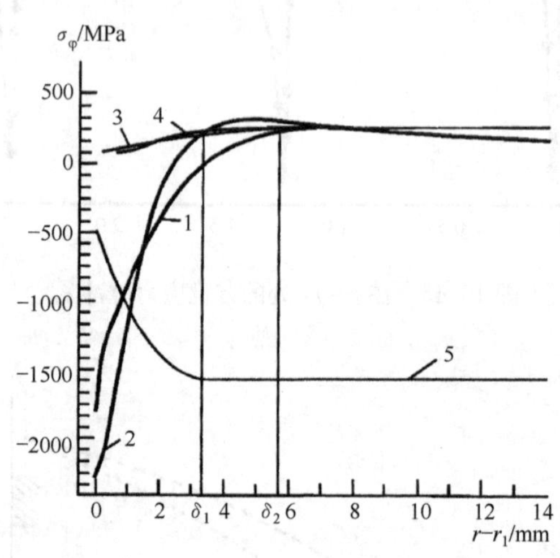

图 10.48　初始时刻（$\sigma_\varphi(r)\geqslant\sigma_B$ 时）σ_φ 的应力分布及与 σ_B、σ_c 的分布的比较

1. 对应于图 10.39 中电极未发生熔融的工况；2. 发生铜熔融的工况；

3,4. 第一、第二种工况中 σ_B 的分布；5. σ_c 的分布

可以清晰地看出，本例（利用热弹性公式和图 10.48 中的数据）计算得到的阳极壁上较冷区域内的拉伸应力有可能大于手册上铜的极限拉伸强度值 σ_φ。不过，由于铜的抗压强度 σ_c 和拉伸强度 σ_B 比铜的屈服极限（$\delta_s\sim100$ MPa）大得多，有可能在被加热区域内形成塑形应变（而不是剪切裂纹）（为了进行合适的计算，有必要提出关于阳极应力状态的弹塑性模型）。

显然，有一个例外，就是在电弧旋转的前几周中一开始加热阳极就出现高速脉动的现象（图 10.39 以及图 10.41～图 10.43）。根据计算结果（图 10.48），在电弧转动的前几十周中，$\sigma_\varphi(r)$ 的分布与准稳态过程（图 10.47）相比具有本质的差异。这与阳极加热之初温度场 $T(r)$（图 10.45 中曲线 1 和 2）的性质不同有关，该温度场与稳态工况（图 10.45 中的曲线 3 和 4）大不相同。

应力分布 $\sigma_\varphi(r)$ 表明，在 3～6 mm 范围内拉伸应力具有最大值(图 10.48)。图中除了 $\sigma_\varphi(r)$ 的曲线，还给出了 $\sigma_B(T,r)$ 曲线。曲线 $\sigma_\varphi(r)$ 和 $\sigma_B(r)$ 的交点表明，在脉动过程的初始阶段，在阳极的本体内存在拉伸应力大于抗拉强度 σ_B 的区域，这是因为在紧邻内表面($\delta_2-\delta_1$ 的范围内)的某处非常有可能出现了拉伸裂纹。

然而，脉冲过程的重要特征是随着对阳极进行加热，即 T_{1c} 的逐渐增大(图 10.41)以及 $T(r)$ 被拉直，$\sigma_\varphi(r)$ 曲线上拉伸应力的最大值变小并消失，曲线 $\sigma_\varphi(r)$ 和 $\sigma_B(r)$ 的交点向阳极的冷却表面移动到低温部分。之后，情况变得与图 10.47中给出的、阳极本体中具有准稳态温度分布(图 10.45 中曲线 3 和 4)时的情形大致相同。

图 10.47 和图 10.45 中的两种分布仍需要进一步解释。但是，由于在刚开始讨论这些问题的时候就已经说明了物性对温度的依赖关系，对脉冲过程中的主要特征已经进行了精确的描述。因此，有必要得出当阳极内表面熔融和蒸发时(图 10.41～图 10.44)关于准稳态过程的结论。

当阳极内的固态部分($r>r_s$)受到透过液态膜的脉冲热流 $q_w=q_s-\Delta q_m$ 的作用时，脉冲热流的最初形状与矩形大不相同:其形状与材料内 $r>r_1$ 范围内的温度波的形状(图 10.40)相似(在铜电极的高温侧形成了氧化膜，因而发生了类似但是更大的变化)。现有脉冲与“尖顶”(图 10.39)相比差异表现在前端曲率更小、温度波的衰减，以及起始振幅 T_m-T_{1c} 的值更小。因此，在 $\sigma_\varphi(r)$ 和 $\sigma_z(r)$ 曲线上，在前几个熔融的脉冲中，拉伸应力的最大值起初是增大的(如图 10.48 中曲线 2)，但是加热到稳态之后，最大值就消失了，并且曲线 $\sigma_{\varphi,z}(r)$ 和 $\sigma_B(T,r)$ 的交点向低温区移动，无法形成新的裂纹。然而，在初始脉冲加热中形成的裂纹(如图 10.40 中那样)不会再消失。一般来讲，在这种情况下，阳极材料不再是完好的，温度分布 $T(r)$ 也存在阶跃[70]。径向、轴向和环向应力的分布 $\sigma_r(r)$、$\sigma_z(r)$ 和 $\sigma_\varphi(r)$ 也相应发生变化。在研究阳极热应力状态的阶段，还没有研究这些现象。从已经完成的研究中得到的主要结论是从图 10.47、图 10.48 中给出的结果得到的:铜阳极次表层中的裂纹极有可能是在刚开始对阳极加热时产生的，是电弧的直接作用造成的，并且在之后的阶段不会消失;或许，这些裂纹会导致新裂纹产生，引起材料结构和温度的分布发生显著变化。

10.9.10　管状电极次表层材料的结构

对于受到在电极表面运动的弧斑的高比热流反复作用的管状铜电极，我们来研究次表层的结构特征。

研究是在双射流等离子体炬上进行的，这样能够在同等条件下研究阴极和阳极部件的烧蚀。电弧的径向段围绕管状电极的轴线旋转，还会在相应的气动力作用下以每秒脉动 4～5 次的频率沿着轴线(相对于某个平面)平动。

弧斑在电极表面运动的过程中，电极反复承受热冲击，往往会产生结构缺陷(裂纹)。在长期运行中，这会造成机械失效以及热导率和电导率的降低。

多晶铜阳极和铜阴极在弧斑作用下工作几十个小时之后，其断面的显微照片表明，在深度约为 2 mm 的范围内形成了高密度裂纹网络，并且电极材料在工作表面的薄层内发生了机械失效。

图 10.49 展示的是一块尚未从电极上剥离下来的碎片。在这个碎片的截面上有十几条裂纹。阴极上的结构变化尤其明显。最长的裂纹是在距离工作表面 1.6～1.8 mm 的地方形成，而不是在工作面上。图 10.50 所示为距离电极表面 300 μm 深处的单条裂纹。电极材料失效的最后阶段被高温次表层中的应力松弛缓解了。随着时间的推移，在电极半径方向上完成了位错的形成与发展过程，然后在电极上发生了固定烧蚀。这一过程的速度比起始过程快许多倍，因为具有裂纹的次表层的热导率很低，这会导致电极表面温度升高、烧蚀速率增大。

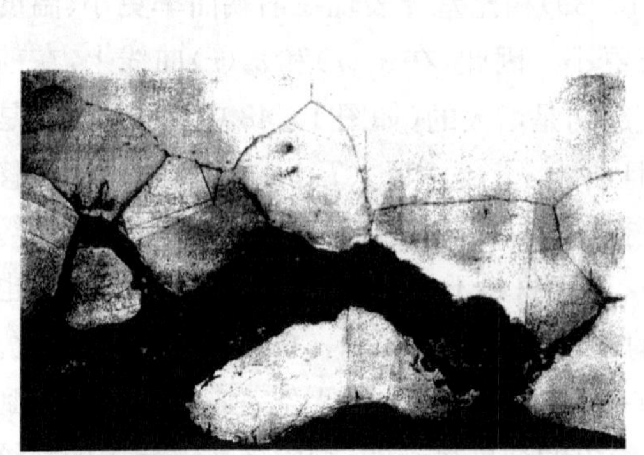

图 10.49　多晶铜阴极(碎片未从电极表面“脱落”，×200)

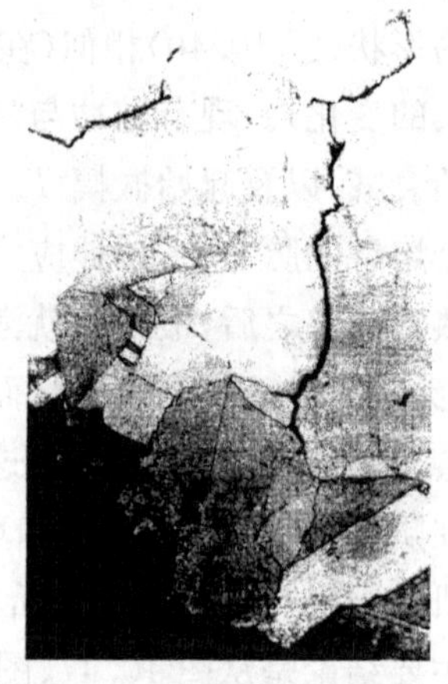

图 10.50　从电极工作表面延伸到 300 μm 深处的单条清晰裂纹

下面来更加详细地研究这一情况。首先重新审视弧斑在闭合带状轨迹上运动的情形。正如前文提供的实验和计算所表明的，在弧斑转动几周之后，在这条带状轨迹内，阴极和阳极的铜材料的温度就达到了熔点。我们很自然地预期两种电极具有相同的比烧蚀值，而且这也得到了实验的证实(图 10.21)。在电弧燃烧的前几分钟内，$\overline{G}$ 的值还比较低，因为这时电极材料的结构还没有被破坏。随着时间的推移，裂纹形成的过程完成了，电极固定烧蚀的运行机制开始实施，电极的比烧蚀达到了极限值。带状区域内的铜材料处于熔融状态，并且对于阴极和阳极情况几乎都是相同的。

对电弧的径向段施加引入附加的轴向扫描之后会得到什么结果呢？对于阴极，$\overline{G}$ 与电弧运行时间的关系保持恒定(图 10.23)，原因在于为了保证阴极表面产生所需的电子发射，这里的温度不能低于熔点。

对于阳极，关系式 $\overline{G}=f(t)$ 的性质则完全不同。当轴向扫描速度比较低(10^{-2} m/s 的量级)时，比烧蚀几乎完全与时间无关，并以约 1.5 的系数减小。受到弧斑作用的区域的表面温度低于铜的熔点。以电流强度 I=200 A 运行了近 60 h 之后，工作阳极纵向截面的轮廓如图 10.24 所示。对于阳极(a)，失效的程度很小，肉眼难以看出，而对于阴极则非常明显(b)。值得一提的是，在弧斑作用的区域内，铜含有的低熔点杂质转变成了熔融态。这就大幅降低连接单个晶粒的机械强度，因为在熔化过程中杂质的体积发生变化(膨胀)，并且单个晶粒的位置也发生了改变。在电弧附着弧斑的运动过程中，杂质在冷却和凝固过程中发生了收缩，使晶粒边界上出现了裂纹；随后，金属的热导率降低了，在弧斑到达同一位置时铜的晶粒可能发生分离，造成电极材料烧蚀速率的增大。

在弧斑附着时熔融区的出现也是在静止条件下延长弧斑驻留时间的原因。有希望解决这一问题的途径是使用在热负荷条件下稳定性高的复合材料，包括纤维增强复合材料和用粒径小于 1 μm 的超细粉末掺杂的材料[81]。

提高杂质与基体母材的分散性与均匀性会改进电流在电极表面分布的均匀程度，从而减小平均电流密度，降低电极表面烧蚀失效的程度，使得电极表面的烧蚀更加均匀。

使用单晶铜电极的验证实验表明，在这种情况下阴极本体中没有产生任何裂纹。只在距离阴极表面 0.5～0.7 mm 深处出现了斑点状杂质，这很可能是气孔。

因此，电极失效机制产生与发展的主要原因是，在电极的径向和轴向很陡的温度梯度产生了热应力，以及在晶粒边界上发生的电极氧化。在阴极本体中，位错形成的过程是最主要的。

10.9.11　降低管状铜电极烧蚀速率的方法

随着电极金属材料中结构成分的分散性和均匀性的提高，金属的物理性能和热机械性能得到了改善。极端的情况是电极材料中不含有任何化学杂质结构的单晶。这对于用此类材料制成的电极的工作特性影响很大。

考虑到延长电极使用寿命这一问题的重要性，就需要更加细致地研究改进多晶金属结构的新方法。大量旨在提高材料的分散性和均匀性的研究表明，通过向熔融金属中添加粒径小于 0.1 μm、质量为 0.01%～0.05%的超细粉末(UFP)或许可以得到所要求的结果。这一思路通过在钢、铸铁和铝合金中使用超细粉末改性剂的例子来进行研究，因为对铜样品进行的这类研究仍然处于起步阶段，尽管事实上有希望得到良好的结果。需要指出的是，在许多等离子体化学工艺中，基于所使用的气体选用适当的电极材料，例如当工作气体为 CO_2 时，管状阴极有时用铸铁制成。

引入超细粉末的目的在于确保材料能够承受长时间高温、机械负荷以及化学活性介质的作用。众所周知，铸态金属的品质取决于其初始结构[82,83]；仅通过热物理因素影响凝固过程来控制材料的结构无法保证材料达到所要求的特性。然而，使用昂贵的合金元素来改善材料的品质通常是不经济的。

近年来已经发展出了制备难熔化合物超细颗粒改性添加剂并引入熔融体的特殊方法。一种有希望生产分散粉末的方法是等离子体合成。这种工艺在氮气、氩气或者氦气等离子体流中进行，温度为 5000～8000 K 并且轴向温度梯度很陡。在高温作用下，起初处于凝聚相的物质转变成蒸汽状态。生成目标产物的反应在气相中高速发生，特定的凝聚条件使产物以化学上纯净的超细粉末的形式生产出来[84]。

我们来看一些在实验室和中试工厂中描述超细粉末对铸造金属特性影响的研究结果[83,84]。改性颗粒用难熔化合物如 Ti(CN)、Nb(CN)、SiC 等的超细粉末制成。超细粉末用等离子体化学方法合成。改性颗粒的分散性(基于比表面积估算)为 10～100 m^2/g。电子显微镜分析表明，Ti(CN)的平均粒径约为 0.05 μm，分散度是 0.01～0.10 μm。超细粉末被真空脱气、固相活化之后用保护性物质压制成块。

到在被称为第一和第二关键点的 1600～1650 ℃、1780～1830 ℃的范围内，熔融体在过热的同时其结构敏感特性(电导率、黏度等)会发生跳跃式变化。考虑到这项因素，研究了改性剂添加的温度对合金改性效率的影响。改性效率的估算是基于对粗晶粒的细化程度以及碳化物的形态和形貌。

在不同温度下对实验熔融物进行取样，分析结果表明，对于 1400～1600 ℃下的 ZhS-6K 型镍合金，成核条件有助于形成具有等轴晶粒的铸造结构。在这种合金的试样中，在 1400～1600 ℃范围内的任意温度加入超细粉末改性剂 Ti(CN)之后，与没有改性的合金相比晶粒的尺寸近似为后者的 1/4。对 1400 ℃改性后的合金进行过热会增大晶粒的尺寸，增大的速率是非改性的合金的一半。还有一点也很重要，在不同温度下改性的合金中晶粒的尺寸都很稳定，这表明给定的改性剂在熔融体中是高度稳定的，可以在高过热条件下浇铸合金而没有任何增大晶粒尺寸的风险。

对保温时间不同的改性合金中碳化物的形态进行了研究，结果表明，在这种情况下，碳化物变成等轴的，并且在晶粒的体积内比未改性的合金分布得更加均匀，在后者中碳化物被拉成直链，形状像“中国象形文字”。保温工艺持续的时间对碳化物 MeC 的形态影响很小，同样表明改性的效果具有稳定性。

铸铁的改性工艺主要基于分散度的变化和相组分的结构，这是因为向熔融体中引入少量分散的添加剂改变了熔融体凝固的性质。目前，有许多铸铁改性的方法和途径，不过其中的大多数都有某些缺陷。因此，在模拟铸造和工业铸造中，对难熔化合物的超细粉末对灰口铸铁的结构和力学特性的影响进行了实验研究[84,85]。

对超细粉末改性的试样进行了显微照相。显微照片的分析结果表明，改性除去了石墨杂质，改变了试样的形态。灰口铸铁的形态除了典型的盘状，还变成了薄片状或者球状。同时铸件的力学特性也得到相应的改善：拉伸强度 σ_B 增加 30%～50%，相对伸长率增加 20%～40%。

对标准铸件和改性铸件试样进行了热循环实验(50 个热循环)。研究试样截面的显微照片发现，改性铸铁具有石墨杂质生长速率更低的特征。因此，用超细粉末处理铸铁还提高了其结构组分和相组分抵抗高温作用的能力，从而可以预期铸件的机械稳定性和物理机械性能也会得到提升。

超细粉末对铝合金结构改性的效率是在铸造半连续铸锭的过程中研究的。铸块的直径为 420 mm，由 AMg6 合金制成。超细粉末的加入量不超过 0.05 wt%。研究铸锭横截面样板的结构发现，采用标准工艺铸造晶粒横截面的平均尺寸是 0.322 mm^2。然后，加入 SiC、BN 和 TiN 的超细粉末之后，该参数分别降低到 0.123 mm^2、0.146 mm^2 和 0.078 mm^2(即约为之前的 1/2.6、1/2.2 和 1/4.1)。图 10.51 给出了两个铝合金铸锭横截面的金相切片照片：第一张照片(a)是利用标准技术对铝进行改性的，第二张照片(b)是加入了适当的超细粉末。即使肉眼观察也能发现，第二种情况的晶粒尺寸更小，为第一种情况的 1/10～1/7。众所周知[86]，用 SiO_2 和 Al_2O_3 的超细粉末对铜改性会改善其高温特性的稳定性(尤其能够使铜在很宽的温度范围内保持高硬度)。

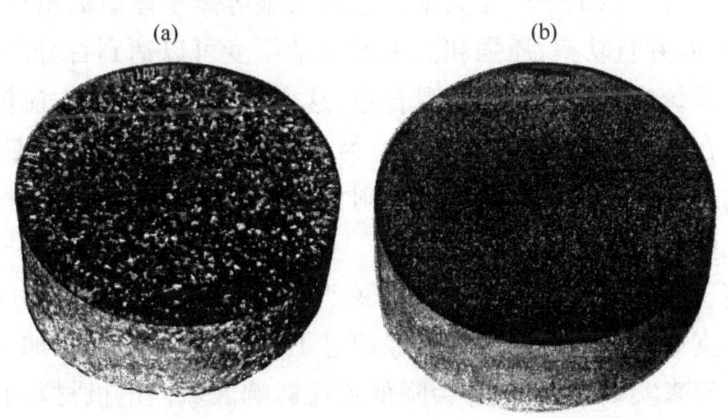

图 10.51　铝合金铸锭的断面

(a) 按照标准工艺改性的铸锭；(b) 用超细粉末改性的铸锭

第 11 章 等离子体反应器

在过去几十年中，世界许多国家的工业产业在进一步改进传统冶金、化工以及其他生产过程时遇到了危机。为了克服这些危机，有必要采用全新的工艺降低对金属和能源的需求，并在不增加生产环节的前提下提高从原材料到最终产品的加工深度。此外，还有必要大力改善经济环境，即采用新工艺降低对大气的有害物质排放，大大缩小存储生产废料的区域，并保证整个工艺循环实现完全自动化。解决这些问题的方法之一就是在新工艺中采用由电弧等离子体炬或者等离子工艺反应器产生的低温等离子体。

本章将讨论几种电弧反应器系统，它们之间略有差异。使用这些系统将会在化学、冶金和能源加工领域产生最大的经济、生态和社会效益。

11.1 多射流反应器

11.1.1 运动学系统

等离子体炬在化学工业、冶金工业、航天系统的热保护涂层测试、气体动力学研究，以及其他诸多领域的广泛应用中暴露出一些问题，包括需要建造大功率、长寿命的电弧反应器。这些反应器截面上温度分布和速度分布要均匀，同时还要具有很高的热效率和电效率[1]。

在轴线式等离子体炬——尤其是自稳弧长型等离子体炬的出口处，温度分布通常是不均匀的，并且功率、压强和温度的脉动幅度可以达到百分之几十。因此，等离子体化工系统中应该含有一个混合室，这样能够改进系统中流体的运动学和动力学特征。在等离子体化学反应器中，为了确保化工工艺发生在最优条件下，必须保证工作物质(化工原料)与等离子体射流实现有效的混合。这时，缺少高效混合室反应就无法继续下去。

随着等离子体炬应用领域的不断扩展，等离子体工艺系统的功率存在逐渐增大的趋势。单支等离子体炬的功率已经超过了几十兆瓦。目前，如此之高的功率只能通过大电流来实现，但是这样会降低弧斑影响区域内电极材料的抗热冲击能力。决定电极工作寿命的烧蚀速率在设计连续运行几百小时，甚至在某些情况下要达到几千小时的稳态系统中尤其重要。如果采用带有混合室的反应器，混合室上连接几支等离子体炬，就能够解决几乎任何功率等离子体工艺系统中的问题，使这些系统具有有效的温度分布和足够长的工作寿命。因此，在过去的 20 年中，研究者对发展多射流预热系统给予了特别关注。这种系统的总功率很高，而单支等离子体炬的功率与连接到混合室的等离子体炬数量成比例降低，这时的混合室已经成为系统的自然组成部分。

上述问题可以通过设计一个多射流预热系统来解决。这种系统有一个总混合室。其中，部分所需的气体由等离子体炬通入，另一部分（气体、混合气体或者气体与粉末的混合物）从混合室末端直接通入反应器。

采用这种动态供应气体的方案，能够利用比较简单的方法得到标准电源的电压与所需的弧电压之间的关系。从等离子体炬通入气体还会提供另外一种可能性——简化反应器参数的调整过程。带多射流预热器的等离子体炬以并联方式接入电源回路，这样就能够通过简单的办法调节加热气体的功率，同时在等离子体炬沿混合室圆周方向呈轴对称分布的前提下保持总气流量恒定。

接下来研究最简单的反应器方案——多射流预热器的圆筒状混合室，其运动学流动示意图如图 11.1 所示。一部分冷气体不经过等离子体炬直接通入混合室，其他气体通入等离子体炬加热。当高温气体沿径向供入时，为了确保冷、热气体之间能够充分混合，热气流必须透入到冷气流中（透入深度大于混合室的半径）。从等离子体炬喷嘴沿径向的运动的热气流的速度为 u_2，沿轴向运动的冷气流的速度为 u_1，热气流透入冷气流的深度由如下方程确定：

$$h=Kd_p\sqrt{\rho_2u_2^2/(\rho_1u_1^2)}$$

这里的 h 是径向（横向）射流达到的范围；d_p 是等离子体射流的直径，假设等于等离子体炬输出电极喷嘴的内径；K 是系数，取决于气流的接触角（实验中观测到当 $\alpha=90°$ 时 $K=2.0$）；ρ_1，ρ_2 分别是相应的冷气流和热气流的密度。假设该方程对于透入到受壁面约束的流体中温度更高的射流也成立，那么当 $\overline{T}>3$ 时可以发现，在这种情况下有可能满足如下条件：射流 h 的“远程”影响远大于混合室的半径 $D/2$（$\overline{T}=T_2/T_1$，T_1 和 T_2 分别是冷气流和热气流的温度）。当射流沿半径方向（假设 u_1 值很小）通入时，这些射流会在混合室的轴线附近接触（称为碰撞射流），在垂直于混合室的平面上形成了大范围的回流区，对气流进行强烈混合（图 11.1(b)）。因此，对于等离子体炬发出的射流，其温度场的高度不均匀性在沿流动方向向下游的混合过程中会快速消除。此外，在这些区域中，高温射流运动速度的切向分量也被抵消了，而这一点在许多工艺流程中非常重要。

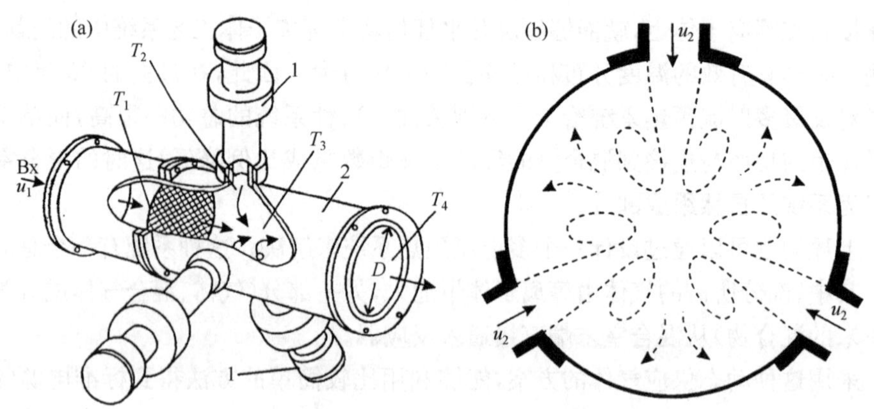

图 11.1　多射流电弧预热器(a)和多射流混合(b)的示意图

1. 周向布置的等离子体炬；2. 混合室；Bx. 冷气流进口

对混合过程的研究是在总功率为 300 kW 的多射流(三射流)预热器上进行的。实验中混合室的压强接近于大气压($p=1\times10^5$ N/m^2)。这种电弧预热器使用了双电弧室交流等离子体炬。预热器混合室的内径沿长度方向保持不变，等于 $D=0.115$ m，长度分别为 $L=0.23$ 和 0.46 m。在垂直于混合室轴线的平面上安装了三支成 120°夹角的单相交流等离子体炬。在热射流上游，经由直径与混合室相同的管道通入冷气流(图 11.1)。混合室的壁用水进行有效冷却。

前文已经提到，对多射流预热器混合室的要求之一就是混合效率要高，高温射流应以最短距离通入混合室，然后从射流接触区沿气流向下游流动。由于所研究的混合室中不发生化学反应，因此混合效率可通过测量混合室出口处(0.85D)气流中心温度场的均匀性来表示。均匀性用温度测量值的均方差 σ 评价。

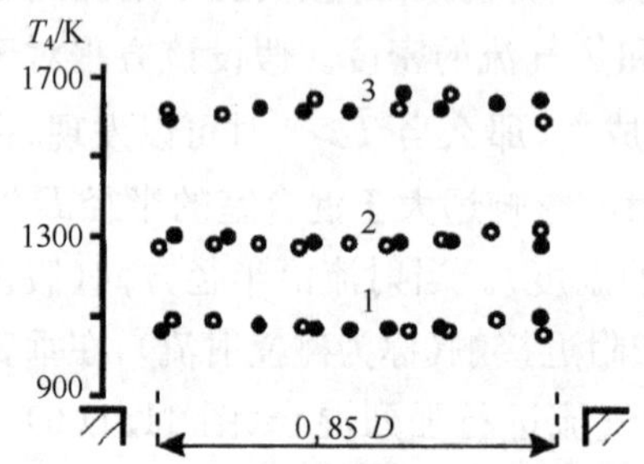

图 11.2　混合室出口处气流的温度场

$\overline{L}=2.0$；$G_2=30\times10^{-3}$ kg/s；

1. $\overline{T}=9.3$，$G_1=60\times10^{-3}$ kg/s；

2. $\overline{T}=11.3$，$G_1=60\times10^{-3}$ kg/s；

3. $\overline{T}=10.5$，$G_1=30\times10^{-3}$ kg/s

下面通过一个例子来研究对于不同的温度梯度和混合室归一化长度 $\overline{L}=L/D=2$，从混合室出口进入两个互相垂直的横截面上气体的几个典型温度场 T_4(图 11.2)。冷气体的流量 G_1 在 $3\times10^{-3}\sim60\times10^{-3}$ kg/s 的范围内变化，而高温气体的总流量 G_2 保持不变，等于 30×10^{-3} kg/s。根据图 11.2 所示的温度场，并结合对整个周期的研究，所采用的运动学方案的混合室是高效的。在混合室的整个容积内，两两射流之间的能量与质量交换的强度非常高，即使在 $\overline{L}=2$ 处温度场的均匀性仍然很高。进一步增大混合室的归一化长度($\overline{L}=4$)，就会强化壁面边界层的影响，增加混合室内的温度分布沿径向的不均匀性。混合室的归一化长度$\overline{L}=2$极有可能接近最佳值，因为当$\overline{T}=5\sim11$和冷气体与高温气体的流量比(G_1/G_2)在很宽范围内变化时，在选定的气流中心横截面上，均方差σ都不超过2%，这是一项有效的气体混合强度指标(图 11.3)。气体温度的升高并不会为混合过程的特征参数带来任何显著变化，这一点许多研究都已报道。这与之前做出的结论是一致的。对不同密度的冷气体(空气＋甲烷)射流进行了混合实验，分析结果也得到了相同的结论。

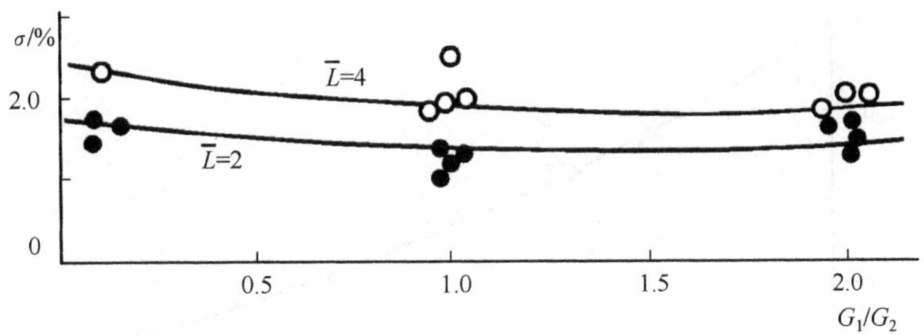

图 11.3　对于两个不同的$\overline{L}$值，气流温度的均方差与气流量之比的关系

因此，如果高温射流以碰撞形态运行，当透入深度$h>D/2$时，即使混合室的归一化长度较小也能实现有效的混合。

11.1.2　混合室的热效率

下面来研究混合室的第二个重要特征——热效率。热效率取决于通过混合室壁的热损失与入口处气流的能量之比。从理论上解决这一问题的难度很大，因为热气流与壁之间发生热交换时存在强烈的、非常复杂的初始湍流，并且从等离子体炬喷出、进入混合室的气流的速度场和温度场是高度不均匀的。利用相似准则来归纳实验数据，可使我们能够借助一定程度的近似来得到混合室的效率与决定准则之间的关系。分析表明，混合室的效率是两个准则的函数：雷诺数Re和无量纲长度$\overline{L}$。

雷诺数Re的值根据温度T_3的平均值、静压p_3(实验中等于一个大气压)和混合室入口处的平均速度u_3计算得到。在所研究的混合室中，热交换过程发生的条件对应于雷诺数$Re=5\times10^3\sim2\times10^4$，气流处于过渡流区。

一般来讲，换热过程应该受焓因子$\overline{h}_3=(h_3/h_w-1)$的影响。这里的$h_w$是壁面温度下气体的焓，$h_3$是气体的平均焓。当通道壁上的边界层不发生扰动，并且$h_w\ll h_3$时，斯坦顿数的局部值，以及由此产生的热效率在层流和湍流边界层区域内仅轻微取决于焓因子[2]。实验结果表明，对于更复杂的气体在管道中流动的情况，焓因子(从 3～17 变化)的影响很小。我们忽略了普朗特准则的变化和气体辐射，这是因为在给定的实验条件下它们对热损失的贡献很小。

对于，所需的关系式以如下形式确定：

$$\bar{\eta}=(1-\eta)/\eta=\alpha \overline{L}^{\alpha} Re^{\beta}$$

处理实验数据后得到近似方程

$$(1-\eta)/\eta=145\,\overline{L}^{0.50} Re^{-0.75}=\Psi$$

利用该方程计算得到的 Ψ 与实验值 η 之间的关系如图 11.4 所示。

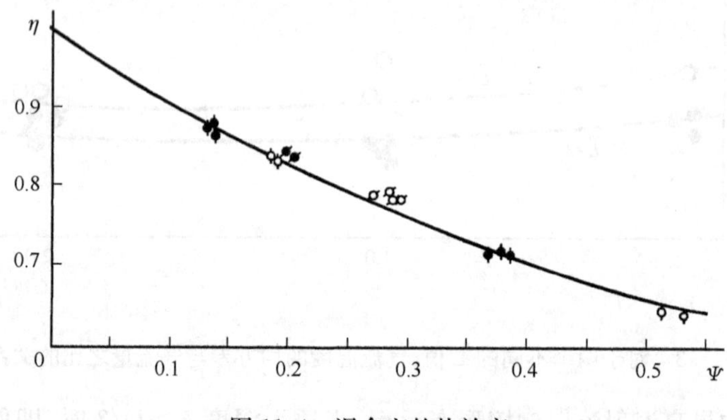

图 11.4　混合室的热效率

因此，当 $\overline{L}=2.0$ 时，采用所研究的运动学方案的多电弧预加热器的圆筒状混合室，在不同温度下对射流混合效率很高，混合室出口处温度场分布均匀。在特定条件下，这种方案也具有很高的热效率。

11.1.3　混合室中总气压的脉动

我们已经研究了自稳弧长型单相交流等离子体炬，在此基础上，分析混合室中总压脉动“平滑”过程的研究结果将很有意义。在混合室中，造成总压脉动的原因包括等离子体炬的功率与时间的关系、电流过零时弧电流的中断、电弧的分流、气流量的波动以及其他因素。

为了测量混合室总压的脉动，在系统的输出端设置一个装有电容传感器的总压管。该管-环脉冲系统预先在声学装置上校准，得到要解读波形图所必需的振幅-频率特性。

对于单相等离子体炬的两种不同燃弧工况，图 11.5 给出了混合室末端的总压 Δp_0、弧电压 U 和电流 I 脉动的波形图。工况 Ⅰ 的特征是电流中断时间长，因而功率也中断，这导致总压的脉动幅度很大，(脉动的最大值)达到 30%～40%。脉动频率为 150 Hz。如果把高频电流叠加到交流电弧上，电弧的中断时间就会缩短甚至完全消除。工况Ⅱ对应于中断时间大幅缩短的情况，电流与电压的波形图也表明了这一点。在这种工况下，总压小幅脉动，仅为 5%～7%，频率仍然保持相同的 150 Hz。在正常燃弧条件下，电流没有中断，单相等离子体炬的功率随着时间变化，甚至出现了由电弧分流造成的电压和电流的高频脉动(频率 $f\approx10^4$ Hz)，这时并没有发现总压出现脉动。

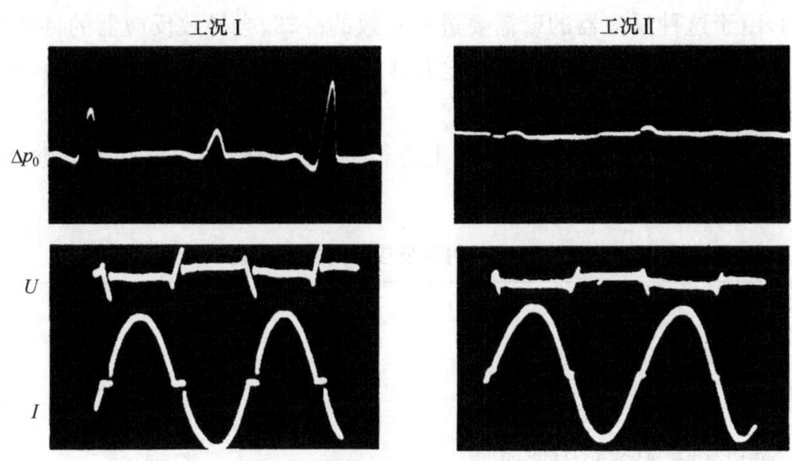

图 11.5　两种燃弧工况下混合室出口处总压 Δp_0 的脉动以及弧电压 U 和弧电流 I 的波形图

工况Ⅰ：电流有长时中断(无高频放电)；工况Ⅱ：电流仅短时中断(有高频放电)

由于实验中使用的脉动传感器只能采集到高于 1%的压强脉动，因此波形图的形状表明，当弧电流无中断时，混合室末端的压强脉动小于 1%[3]。

这些结果与其他研究者得到的结论是一致的。他们的研究是基于在一个电弧预热器上以星形布置 5 支同轴式直流等离子体炬，并且用很短的混合室运行。电弧激发的高频振荡在混合室中几乎被完全消除；由一支等离子体炬驱动的气流的旋转被来自于其他等离子体炬的射流的旋转抵消了；这时，压强变化的最大幅度比使用单支等离子体炬时大约低一个数量级。

这种混合室还消除了温度脉动和气体速度的脉动。

将冷气流沿径向通入到轴向等离子体流中，能够在圆柱形混合室内对不同温度的射流进行有效混合，还能在混合室出口处得到均匀性足够好的温度场[4]。如果这些射流在混合室轴线附近相遇，即它们处于碰撞状态，那么即使混合室的长度比较小也能实现有效的混合。不过,把气体混合得最好的情况应该是把热气流沿径向通入到轴向冷气流中。

11.2 三射流反应器的流体力学特性和热工特性

多射流等离子体化学反应器从形状上看是把多个混合室组合在一起。这种反应器被广泛应用于处理工业废物的化工工艺、超细粉末生产以及其他用途。

然而,由于这种反应器的壁需要进行有效的冷却,会导致反应器的特性与理想的单混合室反应器的特性有所差异,这加大了解决工艺设备工程问题的难度。因此,必须通过实验来研究这种反应器。

研究是在一个三射流化学反应器上进行的。反应器的主要几何参数、流体力学参数和热工参数见表 11.1。

表 11.1 三射流反应器的主要参数

内径/m	0.036;0.04;0.046
长度/m;归一化长度	1;15
容积/m^3	0.001～0.002
热气流的体积流量(氮气)/(nm^3/h)	9～23
反应器长度方向上的气体温度范围/K	5700～1600
反应器壁温度的范围/K	440～300
温度因数	6～15
气流的雷诺数 Re_D	750～1400

等离子体工艺流程是在氩气、氢气和氮气(的混合气体)[5]、天然气、水蒸气及其他气体中实现的。

这些气体被用作热载体,但它们的能量特性大不相同。因此,在选择等离子体形成气体时,有必要考虑如下这些因素:是否有可能获得高焓值,可否用作化学反应的反应物,相对于目标产物是否具有惰性。

焓是等离子体流的主要参数之一,在很大程度上决定了反应器的工艺能力。由于双原子分子会发生离解,因此在较低温度(4000～8000 K)下,氮气、氢气等气体也具有高焓值;其焓值比单原子气体(氩气、氦气)几乎高一个数量级。

高焓值的双原子气体很值得用作等离子体形成气体,因为这会使等离子体炬的效率很高(60%～80%);而对于使用氩气或者氦气工作的等离子体炬,该参数就大大降低了[6]。

相对于氮气而言,氢气的焓值和热导率更高,能够利用氢等离子体在复合过程中所产生的热能;并且,在许多工艺中,氢气还可以作为热载体和还原剂[7]。像氢气一样,氮气也可以用作热载体和化学反应剂,例如生产氮化物的氮化工艺[8],或者是生产碳化物和氮化物的碳化工艺[9,10]。

11.2.1　一些高温合成反应器的方案

下面来讨论生产难熔化合物超细粉末的反应器。这些设备方案面临的工程问题包括:反应器是否具有相当的重要性,以及如何选择最佳工艺参数。

所设计的设备应能够实现:

——将化学反应的主要起始原料引入到射流区域,使之被加热到最高温度,并实现最大程度的处理;

——在反应区域内参数稳定,并且当捕集系统开放时阻止高分散性产物逸出(对于氧化过程很有必要)。

不过,在现实等离子体系统的运行条件下,满足这些要求的难度很高。造成这些困难的因素包括:反应物粒径的分布范围较宽;水冷反应器壁与深入反应器中的射流之间因为热泳或直接接触,会在反应器壁上形成一层致密的沉积层,从而减小了反应器的横截面积;合成的高分散性材料与大气发生不可控的相互作用等。

这些问题和保持等离子体设备形式紧凑的天然要求一起催生了许多等离子体反应器设计方案。研究者已经对这些方案作了综述,例如文献[11]。

对于射流过程的多种工艺变型,这里只讨论所研究的反应器设计方案中的一部分:

(1) 带有平行射流的反应器(图 11.6(a)),在这种反应器中,几支等离子体炬位于同一平面上,保证有效处理多分散性起始原料;

(2) 带有流化层的反应器(图 11.6(b)),在这种反应器中,起始原料从周围流化层中送入射流的高温区;

(3) 与等离子体炬同轴连接的反应器,起始原料沿与射流相反的方向送入(图 11.6(c));

(4) 多电弧反应器,在这种反应器中,几条等离子体射流通入起始原料流中。利用这种方式有可以建立起高功率系统。

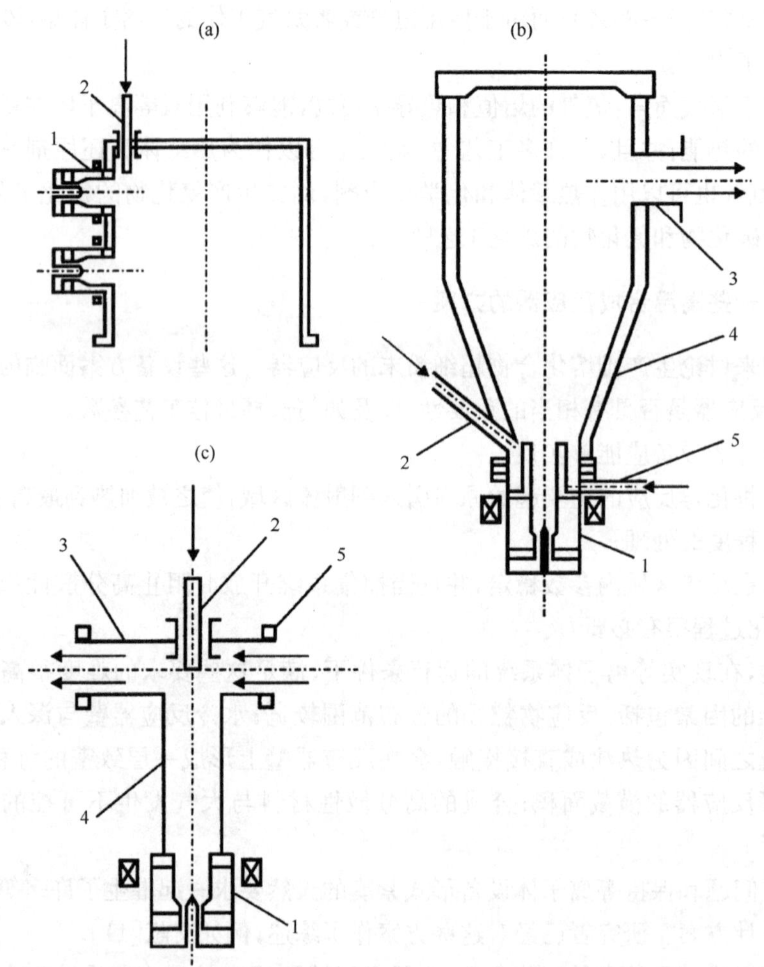

图 11.6 带平行射流(a)、带流化层(b)、逆向送入起始原料的反应器示意图(c)

1. 等离子体炬;2. 起始原料入口;3. 排气口;4. 反应器壳体;5. 冷气体入口

因此,采用等离子体射流加工的反应器可以在工艺系统中运行,并且已经成为传统化工工艺的一部分。然而,应用等离子体化学的一个主要问题,即建造等离子体化学反应器的基本科学原理的发展问题仍然没有得到解决。因此,反应器的选择或新工艺的设计、发展仍然只能依靠经验。一个例外是均相等离子体化工工艺反应器[12]。

文献[13]~[20]对异相反应器的设计问题进行了一定程度的研究,文献[21],[22]对其进行了概括。但是,这个问题的最终解决还需进一步做工作。异相过程的反应器的选择尽管缺乏统一的方法,但是可以断定,从技术上说,多电弧(多射流)反应器具有很大可能性。已经实现的电功率水平(150~300 kW)和生产能力

(从每年 0.3～0.5 t 难熔化合物粉末到每年 80 t 高分散性氧化物催化剂)表明,这些反应器已经在精细无机合成技术中占据了特别重要的位置。因此,研究这些反应器的设计特征和技术变型很重要。

11.2.2　基于多射流混合室的反应器

这种反应器的主要优势是设计简单。这种反应器存在明显缺陷:在壁面边界层中存在很大的径向温度梯度。这一缺陷降低了这些反应器在工艺系统中应用的可能性。尽管文献提到在两级组合加热的逆流反应器中已经消除了这种缺陷,但是文献没有给出它在实验室或者实验系统中应用的数据。文献也没有给出是否有可能改进直流反应器热工特性或(例如)采用热屏蔽的数据。

根据文献[22],多射流直流(multi-jet direct-flow)反应器由反应器以及与反应器轴线成不同夹角(15°～90°)的等离子体炬构成,这大大改变了反应器的流体动力学特性和热工特性。因此,当为设计这种反应器提供建议时,显然必须分析等离子体射流的夹角与反应器特性之间的关系。这里,我们给出关于多射流反应器流体动力学特性和热工特性的重要数据。

文献[23]～[28]对三射流反应器中等离子体流的流体动力学进行了研究。在文献[23]中,研究者在一个内径 D=0.08 m 的圆筒状冷态反应器模型上研究了气流的流体动力学。三股空气射流穿过反应器盖子,以彼此间成 120°、与反应器轴线成 30°和 45°的角度进入反应器。气流的雷诺数对应于从层流向湍流转变的数值。实验发现,在距离反应器顶盖 0.33D 处,轴向速度可以用三股射流的传播规律来描述。在这种情况下,与文献[27]中的数据不同,气流的最大速度偏移到近轴线区域内。作者认为这是由射流碰撞的对称性和射流碰撞区域内湍流发展的特征造成的。当射流与反应器的轴线成某一角度时,在射流碰撞点上面的近轴线区域内存在上升流区[29]。当射流的倾角减小到 30°时,这个区域就消失了。回流区在近壁范围中也有差异:湍流强度沿从轴线到腔室壁的方向上逐渐增大,而与气体——热载体——的流量和通入气体的角度关系不大;并且,旋转气流也会向下游运动。通过测量三股等离子体射流形成的无尘埃等离子体的速度和温度,在冷态模型上获得的研究结果基本上得到了证实。

在等离子体流入射角度为 45° 的条件下,文献[25]研究了三射流反应器中不同区域内的总压、静压和温度。文献[25]中反应器不同截面上的速度场的数据,以及图 11.7 和图 11.8 中动压、静压和温度沿反应器轴线方向和沿横截面上半径方向的变化表明,在反应器的初始横截面上存在大范围的回流区和再循环区,这是由高温气流的非等压性和非等温性决定的。在这两类平面上存在很大的温度梯度和速度梯度,再加上气流的高温,就产生了高强度的传热和传质;从而导致气流的横向尺度沿着流动方向快速增大,同时气流的流体力学参数的分布更加“平滑”。从距离反应器顶盖 1.5D 处向下游，温度与总压在横截面上的分布呈现出运动在圆管状通道中流体的典型形状。

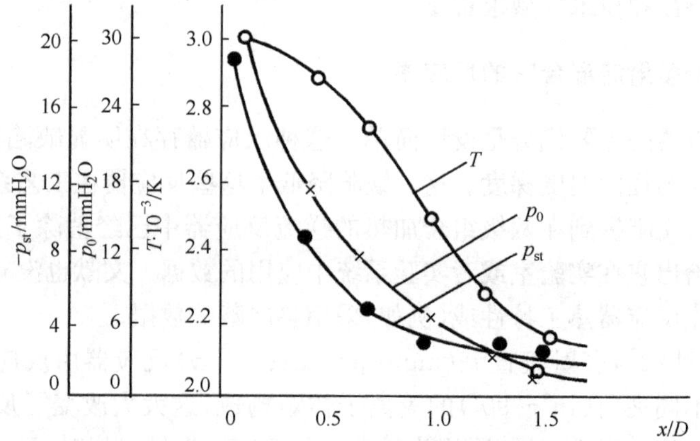

图 11.7 温度(○)、总压(×)和静压(●)沿反应器轴线的变化

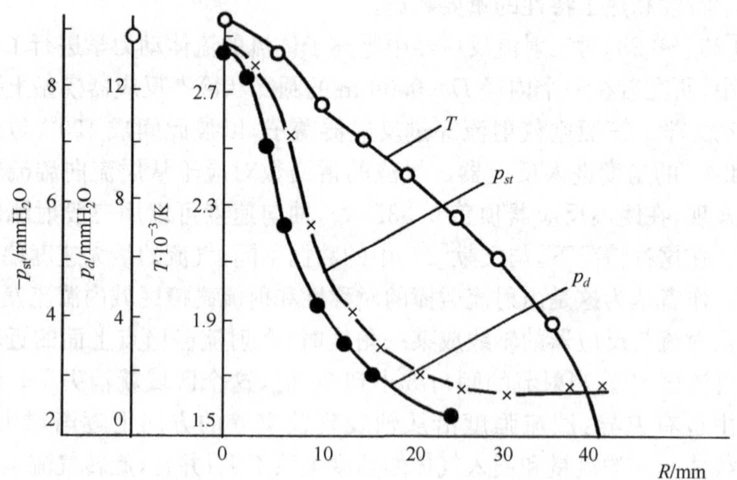

图11.8 温度(○)、静压(×)和动压(●)在反应器中 $x/D=0.8$ 截面上的分布

在文献[26]中，作者对反应器的温度场进行了研究，等离子体炬与反应器轴线的夹角为 90°，到反应器顶部的距离为内径的 2 倍，气流雷诺数的范围为 450～600。作者注意到，在反应器的中心区域不存在径向温度梯度，而存在大范围的壁面低温区。

下面来讨论直流三射流反应器通道中的换热特征。这种反应器中的热交换可以看作是等离子体分散的材料与反应器壁系统的相互作用，通常细分为等离子体流与反应器壁之间的热交换以及分散材料颗粒与等离子体流之间的热交换[21]。

文献[15,16,18,29,30]对层流条件下高温气流与圆管状通道冷却壁之间的换热进行了研究,确认了等离子体反应器通道中的热交换具有如下特征(在管道内轻微加热的气流中没有发现这些特征,或者不明显):

(1) 换热发生的同时形成了热边界层和流体力学边界层。因此,初始截面中的换热关系与确定的稳态流动中的换热关系大不相同。

(2) 换热发生的条件是,等离子体流的热物理和热力学特性在反应器的横截面上变化很大。这是因为气体平均质量温度的变化(对氮气而言)是在 6000～2000 K 的范围内,而壁面温度为 500～300 K,也就是说温度因数的值在 7～12 的范围内。

(3) 对于氮气和空气,当温度高于 4000 K 时,发生换热的条件是气体发生部分电离,使热物理特性变化很大。未电离("冻结")气体与平衡电离态气体的热容和热导率值相差超过 100%～300%。不过,在气流快速冷却的条件下几乎不可能确定气体偏离平衡态的程度,因为实验难度太大。

(4) 在距离反应器顶盖(6～8)D 的范围内,在湍流条件下通道内换热的强度增大了,原因在于等离子体炬发出的气流主要沿切向进入反应器,在反应器内产生了旋流[18]。同样重要的是,随着等离子体射流与反应器轴线的夹角从 0 到 90°不断增大,换热的强度也在提高。这时,努塞特数的值分别为 1(0°)、2(45°)、3.3(60°)和 4.4(90°)。

(5) 研究了现有计算得到的圆管状通道中高温气流的换热关系,结果发现,不存在计算这种换热的统一方法。在评价反应器的非直线通道中的换热时,一种合适的方法是采用文献[15]提出的方程:

$$St = 0.44 Re^{-0.53} Pr^{-0.67}$$

(6) 换热强度的降低可以通过拉直反应器的通道(这是文献[21]描述的,还没有关于这种情况的计算关系式的报道),或者向气流中添加质量浓度为 0～4.4% 的分散材料来实现[18]。这时,由于热量从等离子体向分散材料传递,从而降低了进入壁面的热流强度,还降低了等离子体流的温度以及等离子体与反应器壁之间的温度差。热流强度的降低可通过在计算斯坦顿数的关系式中加入修正系数 ε_μ 来体现。在分散材料的质量流量浓度 0.15%～0.2%的范围内,该系数通过下列关系式确定:

$$\varepsilon_\mu = 0.7\left[G_p/(G_t + G_g)\right]^{-0.128}$$

这里的 G_p,G_t,G_g 分别是分散材料、载气和等离子体形成气体的质量流量(kg/s)。

文献[32]对等离子体与分散材料颗粒之间的换热进行了充分详尽的研究,而文献[21]中研究了三射流等离子体化学反应器中的换热。根据这两份文献,组分间的换热效率和计算关系可以通过气流中的颗粒浓度、颗粒形状、表面粗糙度、相对速度、颗粒边界层中存在的温度梯度以及气流的流动形态等来确定。在文献[21]中,在等离子体流中运动的颗粒组分之间的换热利用如下准则关系计算:

$$Nu=2\lambda_e/\lambda_g+0.78Re^{0.5}Pr^{0.33}(\rho_g\mu_g/(\rho_s\cdot\mu_s))^{0.2}\varepsilon_\beta$$

修正系数通过下式确定：

$$\varepsilon_\beta=7.82\times10^{-8}\beta^{-2.1}$$

分散材料在反应器的计算截面 Δx_i 上的平均体积浓度可以由如下关系确定：

$$\beta=(\sum_0^{x_i}\beta_i\Delta x_i)/\sum_0^{x_i}\Delta x_i$$

局部体积浓度为

$$\beta_i=(G_p/G_g)(\rho_{gi}/\rho_{pi})(\upsilon_{gi}/\upsilon_{pi})(D^2/D_{ci}^2)$$

对单组分和双组分等离子体流与反应器壁之间以及组分之间的换热的分析表明，这类问题虽具有一定的复杂性，但却是科学和应用方面的有趣问题。详细分析这些问题需要掌握大量的实验和理论信息。这些问题有很多，例如对于不同的内衬材料，如何推导出计算单组分和双组分等离子体流与反应器之间换热的关系式。研究双组分气流、固相的成分和分散对气流与通道壁换热的影响的问题也很有必要。至于具体研究过程，仍然需要解决的问题是如何处理在 4000 K 以上使用氮气或空气作为等离子体形成气体和热载体换热时的实验数据。

分析等离子体工艺系统中与高温换热有关的文献数据，(从工艺角度看)我们能够最大程度地优化反应器设计的条件是：反应器上的等离子体炬与反应器轴线的夹角应取 30°或者 45°。

11.2.3 三射流直流反应器的热工特性

关于等离子体工艺设备的构形和气体选择的大量数据表明，利用等离子体加热来满足多种化工需求的反应器在设计上有多种变型。等离子体气体的选择也取决于待解决问题的性质，但是在所有情形中都优先选择分子气体——氮气或氢气(具体取决于其热物理特性)，或它们与惰性气体的混合气。热力学计算已证实，氮气在温度高于 2300 K 甚至 2600 K 时对许多难熔的碳化物和硼化物都表现出惰性。因此，对于通常吸热性强的起始原料，氮气以及类似气体被广泛用于处理这些分散的起始原料的工艺中。反应器的类型不仅取决于起始原料的物理化学特性(分散性、比质量、电磁特性、熔点、蒸发点、化学反应等)，还取决于工艺所需的功率水平。在功率水平以及由此带来的处理分散起始原料的生产能力方面，多射流直流反应器在各种反应器中当属翘楚，这种反应器已经发展到中试阶段甚至工业应用水平。

通过对这类反应器的运行数据、工作特性、流体力学和热工特性进行分析，我们可以就反应器设计要素的优化组合、热工与工艺可能性等方面得出如下结论，并确定了在改进反应器、发展反应器计算和设计的基本原理等方面需要特别关注的工作。

(1) 最佳设计方案是三射流反应器,其中等离子体炬沿反应器圆周方向均匀布置,等离子体射流与反应器轴线的夹角成 30°或 45°,并采用快速冷却对反应器壁进行热防护。这种反应器的优点是,在起始原料和热能的损失最小的前提下,混合室工作寿命最长,径向分布的温度场和速度场高度均匀。

(2) 为了改进这类反应器的特性,必须研究反应器中的换热特征和改进反应器壁热防护的方法。

下面讨论这些研究结果:

——就等离子体射流通入倾角为 30°、对壁面采用多种热防护方案的三射流直流反应器,来研究其热工特性;

——通过研究反应器绝热通道中的换热,来确定用于计算和设计的关系式。

实验目标如图 11.9 所示。等离子体射流由三支 EDP-104A 型电弧等离子体炬产生。每支炬功率为 50 kW[33],与反应器轴线成 30°角安装在混合室上。混合室与内径为 0.046 m 的圆筒状多段式水冷通道连接。

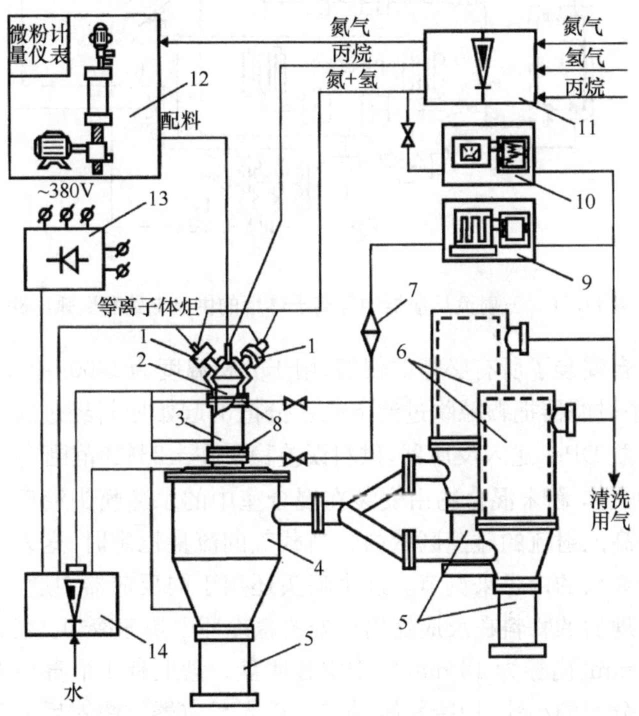

图 11.9　三射流直流反应器示意图

1. EDP-104A 等离子体炬;2. 混合室;3. 反应器部分;4. 沉降室;5. 收集仓;6. 袋式过滤器;7. 精细清洗过滤器;8. 取样探头;9. 色谱仪;10. 气体分析仪;11. 供气系统;12. 粉末计量仪;13. 等离子体炬电源系统;14. 供水系统

三支等离子体炬与混合室共用同一套电源，其电源电路和引弧电路如图 11.10 所示。电源由开关 K 和电源单元 P 组成。该电源单元 P 中有一台基于拉里奥诺夫(Larinov)电路设计的整流器。整流后的平均电压为 540 V。电能从整流器出发通过水冷镇流电阻 R_1～R_3、接触器 P_1～P_3 和电磁继电器 1S～6S 送到等离子体炬 PT_1～PT_3 上。每支等离子体炬都用引弧电路启动。引弧电路包括高压变压器(220 V/6 kW)Tp、BT，电容器 C_1～C_3，放电器 Pa，熔断器 F_1 和 F_2，以及启动按钮 K_1～K_3。使用电抗器 L 保护电源装置、控制与测量装置免受启动电路的高压冲击。等离子体炬的总功率通过平衡电阻逐步调节，范围为 30～140 kW。

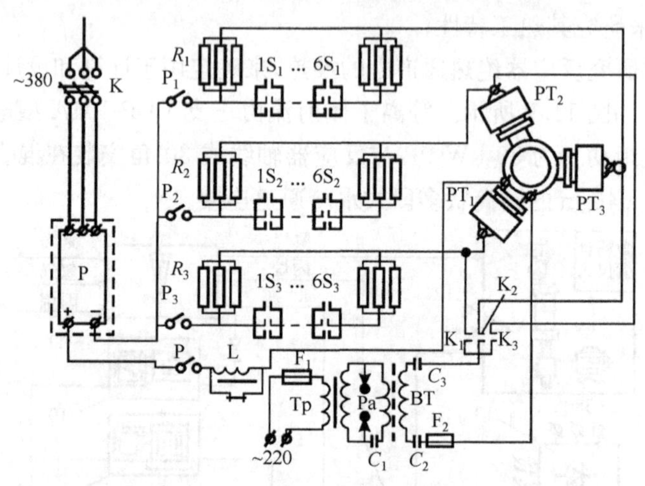

图 11.10　三射流反应器中等离子体炬的供电电路和引弧电路

该实验平台安装了所有必需的仪器，用于分析温度为 1400～3500 K 时排出的气体，还安装了过滤器把颗粒物过滤下来。分散的起始原料经过粉末与气体混合物定量给料装置 DP-1 送入反应器，供料误差稳定在±2%的范围内[34]。定量给料装置中形成的气体-粉末混合物由安装在混合室中的水冷喷头沿反应器轴线送入等离子体炬的高温射流的碰撞区域内。当载气的流量恒定时，送入反应器的粉末流量通过改变喷头的内径来调节。这个喷头还用于向反应器中通入气态还原剂。被等离子体处理后的物料在反应器出口处的急冷环中快速冷却。急冷环的形状是一个厚度为 8 mm、内径为 46 mm 的中空金属盘。盘上有 4 个直径为 1 mm、沿着圆盘周边均匀分布的小孔，把冷气体(氮气)送入反应器。浓缩后的处理产物由排出的气体夹带，被捕集在沉降室和两个袋式过滤器中。过滤器的滤布用斜纹编织的不锈钢丝网代替。沉降室的沉降表面积是 1 m^2，袋式过滤器的过滤面积是 3 m^2，过滤效率为 0.001～0.002 $m^3/(m^2 \cdot s)$。如果有必要，颗粒物与气流的混合物可用表面积为 1 m^2 的热交换器 TK 冷却到过滤器的工作温度(800～900 K)。

11.2.4　反应器的能量平衡

能量平衡研究是在一个总功率约为 70 kW 的反应器上进行的。反应器的工作表面上没有内衬材料。等离子体射流与反应器轴线的夹角可在 90°～30°范围内变化。在这个范围内，随着夹角的减小，流入混合室壁的热流密度近似降低到原来的 1/3，这会对反应器的使用寿命带来积极的影响。不过，除此之外，在两种情况下，在距离初始截面为(4～5)D 的地方，进入反应器壁面的热流密度很高，这降低了反应器加热和蒸发分散的起始原料的可能性。热损失的减少可以通过在反应器中内衬绝热材料来实现[14,20,21]。

下面来估算采用不同类别内衬时对反应器热防护的效率。根据生产过程的不同，绝热衬里被细分为天然的和人造的，后者也称凝壳，由熔体在快速冷却的壁面或者冷却套的内表面凝固形成[35]。在耐火材料日益短缺的形势下，使用凝壳衬里将更加经济，技术上也更加有效。

绝热层衬里的使用降低了进入反应器壁的热流密度，提高了反应器内表面的温度，从而保证实际反应器的特性尽可能地接近相应的理想反应器。由于石墨防护层的热导率很高，可以认为热导率比石墨更低的材料作为内衬会提高衬里内表面的温度[36,37]。事实上，当初始焓为 5.55×10^3 kJ/kg 时，把石墨换成刚玉后进入反应器壁的热流就会降低，反应器壁内表面温度平均升高了 10%～20%。然而，等离子体化学反应器的人造衬里的生产难度很大，尤其是那些基于熔融氧化物的材料；并且，根据实际使用经验，这些材料的稳定性还不是足够高。事实上，在反应器通道初始段中长度为通道直径几倍的范围内，也就是在反应器壁上的热流密度最高的区域内，人造衬里失效得非常快。在等离子体还原合成硼化物和碳化物的工艺中，铬、钒、钛、锆和硅的氧化物会被用作起始原料。基于这些氧化物制成的凝壳衬里，在等离子体还原合成碳化硼时的工艺效率在文献[19]给出了。

与装置中存在凝壳衬里的工艺相比，等离子体还原工艺的一项特征是可以在很宽的范围内控制凝壳的物相组成，并且根据由初始氧化物到目标产物(通常是碳化物或者硼化物)的工艺参数来调节这种组成。不过，比较凝壳中所包含物质的热物理特性发现，用氧化物产生凝壳会更加有效。等离子体射流倾角为 30°而且壁上有凝壳衬里的反应器如图 11.11(a)所示，图 11.11(b)则给出了等离子体炬倾角为 90°的反应器。这些反应器中形成的冠状物证实了前文提到的相似设计方案的反应器的流体力学特征，并预先判定这些反应器无法得到进一步的发展和应用。

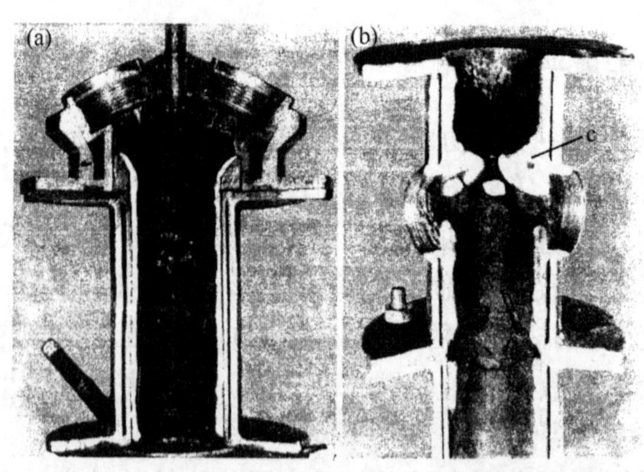

图 11.11　带有凝壳衬里的三射流直流反应器

等离子体射流与反应器轴线的夹角：(a)30°，(b)90°

对于等离子体炬与反应器轴线夹角不同的两种工况，图 11.12 给出了凝壳生长速度的纵向分布、无衬里反应器的壁面温度和凝壳层的内表面温度。x 坐标的起点是在圆筒状腔室入口处腔室的轴线与直径的交点。凝壳形成过程的完成取决于坐标为(7～8) D 处的最小速度(D 为反应器内径)。从图 11.12 可以看出，在所有情形中，凝壳的形成都升高了反应器壁的内表面温度，并且最大温升倍数 2～2.25 是在使用氧化锆作为凝壳材料时得到的(电弧功率为 80.0 kW)。在这些情形中，反应器壁内表面温度变化为 2500～1000 K；而反应器内壁没有采取热防护措施时的温度变化范围为 970～400 K。“热”壁的形成使反应器热负荷最大的区域具有了如下特征：热流密度平均降低 20%，温度因数降低 100%，载热气体的平均质量温度提高 15%。

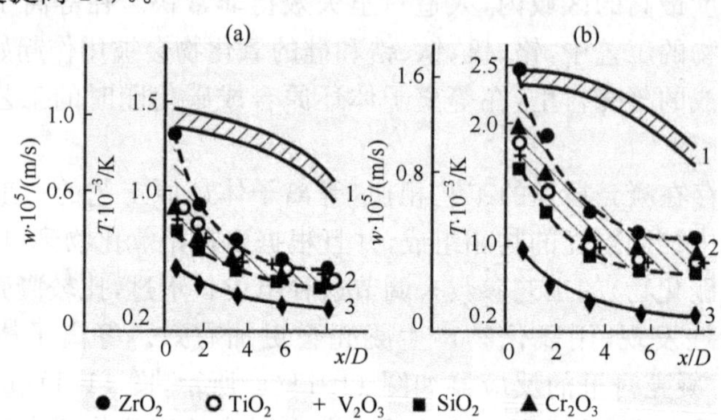

图 11.12　(1)凝壳层生长速度的轴向分布 w；(2)反应器衬里的内表面温度 T；(3)无内衬的反应器壁内表面的温度 T；电弧功率：(a)30 kW；(b)80 kW

在反应器的横截面上，载热气体的温度场表现为等间距曲线的形式(图 11.13)。这些曲线的形状表明，沿反应器的轴线向下游，在小于内径一倍的范围内就快速地完成了均匀气流的形成过程，并且随着离开反应器起始截面的距离的增大，气流中心路径上的温度梯度逐渐降低。

因此，采用钒、铬、硅、钛和锆的氧化物熔融体作为凝壳衬里对反应器壁进行热防护的三射流直流水冷反应器，对其热工特性的分析表明了在还原合成工艺中使用凝壳衬里的技术特征。

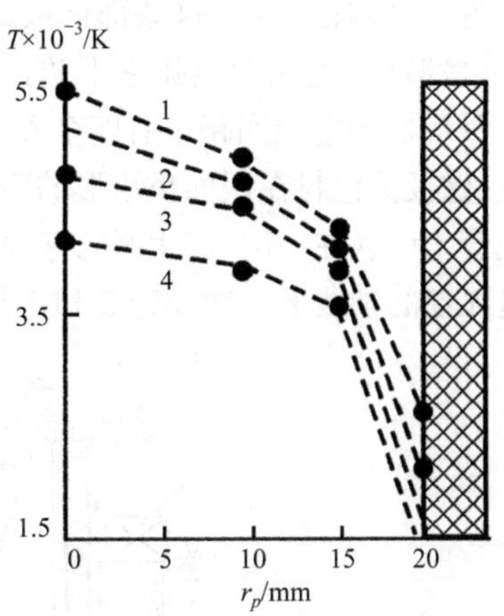

图 11.13　在反应器横截面上的载热气流的温度场

(1) $x/D=0.8$；(2) 1.8；(3) 3.5；(4) 5.8

电弧功率为 80.8 kW，内衬凝壳材料为 ZrO_2

在研究三射流直流反应器的过程中，我们详尽分析文献中报道的关于合理选择等离子体形成气体、选择射流等离子体工艺的设备与系统的数据，以及等离子体反应器的流体力学特性、热工特性和反应器中换热特性的数据，研究了采用不同类型衬里时对反应器通道的热防护效率，采用凝壳衬里被证明是有效的。我们还研究了当雷诺数为 750～1400 时等离子体流与通道壁之间的热交换，确定了用于计算传热系数的准则关系。

11.3　直流电磁控制联合反应器

自然资源品位的降低和设备产能的提高不仅要求研发多种等离子体工艺反应器，还需要研究电动力和气动力对加工材料的影响。这样，对特定的工艺流程就可以选择最佳反应器，确保从处理后的起始原料中高效率地提取有价值的成分。最佳反应器的概念包括：电极工作寿命长，反应器热效率高，能够有效处理起始原料，反应器运行状态的调节与自动控制简便，产率高而金属需求量小。还应提到的是，处理固体（粉末）材料的等离子体工艺反应器还需要满足另一项要求：相对于固相而言，工作气体的消耗量比较低，这样两相流的流量较低。

在本节研究的联合反应器[38,39]中，在反应器腔室的大容积内，有可能同时发生的化学过程和电物理过程被有机地结合起来，并且以足够高速度和低气流量在空间运动的电弧有效地“充满”了反应器的空间。

11.3.1　联合反应器的原理图

图 11.14 给出了这种反应器的示意图。请注意下列部件：

两条穿过顶盖上绝缘件的石墨电极 1；由纵向部件 10 组装而成的圆筒状（椭圆筒状）电弧室 2；带有四个送粉小孔的电弧室顶盖 9；电磁系统，包括直流螺线管

4 和交流螺线管 3、5；主磁极和副磁极 7、8；磁路 6。

圆筒状反应器 2 的高度为 250 mm，直径为 160 mm，用厚度为 1.5 mm 的不锈钢部件 10 装配而成。这些部件彼此之间保持电绝缘。采用分瓣式电弧室可以防止(或者减少)电弧向电弧室不锈钢壁上发生分流，防止电弧室损坏。

反应器的电磁回路中有四个磁极：两个主磁极 7 和两个副磁极 8。在反应器的外侧，磁极被包封在截面呈矩形的磁路 6 中。主磁极上装有四个螺线管，其中的两个螺线管 4 串联在一起，产生平行于轴线 Oz(图 11.15)的横向磁场 B_1，磁场的最大值在电弧室的轴线上。螺线管 3 和 5 与三相电路连接，产生强度变化的磁场 B_2。

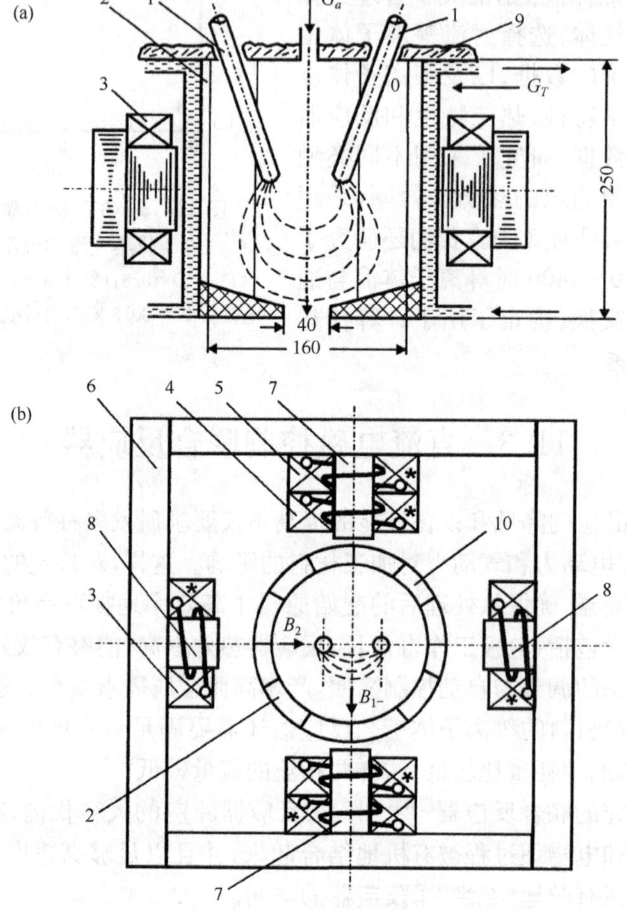

图 11.14　直流等离子体工艺反应器示意图，侧视图(a)及俯视图(b)

1. 电极；2. 分瓣式电弧室；3,5. 交流螺线管；4. 直流螺线管；

6. 磁路；7,8. 磁极；9. 反应器盖；10. 电弧室部件

在对这类型反应器的电物理特性和热特性的大多数研究中，工作气体都采用了空气。后来，利用同类反应器发展了熔融粉末材料的工艺。

11.3.2　电弧产生上升伏安特性的电磁控制方法

前文已经表明，螺线管在反应器中产生的磁场 B_1 垂直于电极所在的平面，因而也垂直于同一平面内的电弧[40]。

图 11.15 说明了磁场 B_1 与电弧元的相互作用原理。在电弧引燃的初始时刻，

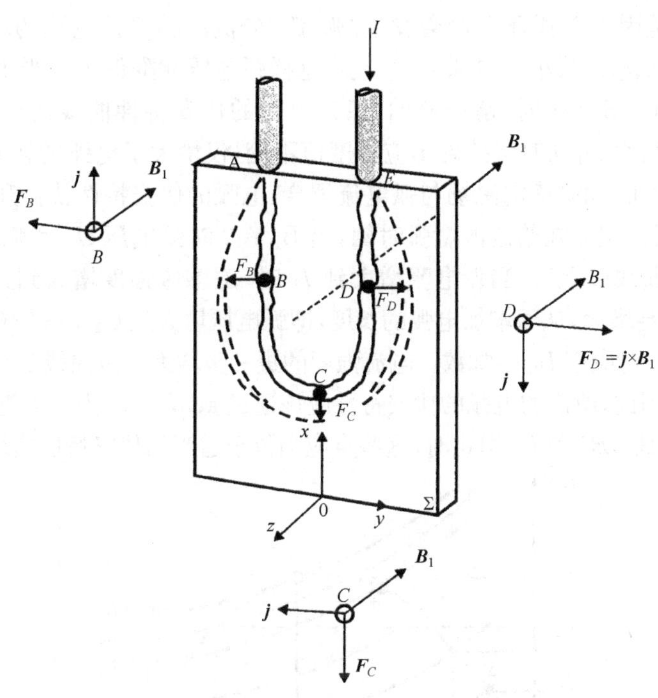

图 11.15　在特征点处横向磁场作用在电弧元上的力

电弧在两条电极的末端之间沿直线 AE 运行，随后磁场将电弧从电极之间“推了出去”。在电弧上三个特征点 B、C、D 处，电磁力 F 指向电弧的轮廓（用虚线表示）扩张的方向。如果感应磁场在平面 Σ 上的任一点都相同，而且反应器腔室的直径不是特别大，那么在某一时刻电弧就会很自然地运动到反应器的壁上，使反应器外壳短路，导致反应器快速损坏。电弧也有可能通过反应器壁产生短路（图 11.16），这是因为反应器壁事实上处于与电弧上某一点相等的漂移电位。为了防止出现这种现象，在电弧放电上叠加了交变磁场 B_2（图 11.14）。实验结果表明，增大 B_2 会使电弧环的形状变大（在工作反应器中观察到）；电弧的形状存在从

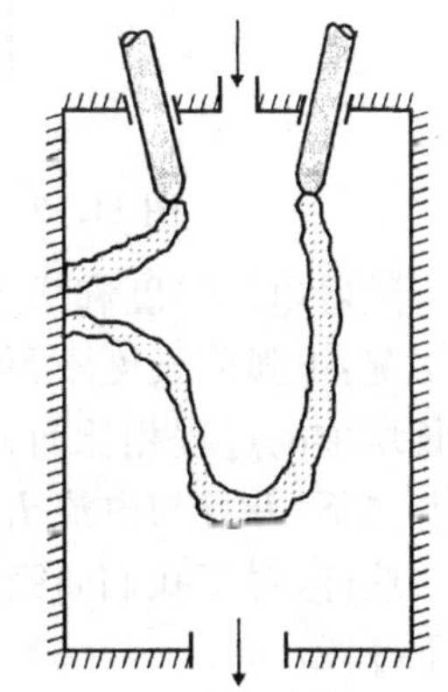

图 11.16　电弧在反应器壁上的分流和级联弧的形成

明显收缩型向非集中型大容积放电的转变，使电弧与周围介质之间的换热更加充分，提高了电弧的电压和功率，并且还使气体温度在腔室空间内形成均匀分布。

现在，我们来研究当电弧上叠加了与弧电流有函数关系的横向磁场(无交变磁场)时，电弧形成上升伏安特性的机理。

如果感应磁场 $B_1=B_{11}=0$，那么电弧的伏安特性是下降的(如图 11.17 中的曲线 1)。这是因为电弧环末端会发生“弧-弧”分流。随着弧电流的增大，电弧环中的分流强度增大，减小了电弧环的长度，这样弧电压就降低了。当 B_1 取特定值，如 $B_1=B_{11}, B_{12}, B_{13}, \cdots$ 时，情况照旧，只是电弧的伏安特性曲线的位置抬得更高了，这是因为增大 B_1 同时保持磁感应强度值不变，仅增大了电弧的初始长度，升高了弧电压。然而，如果横向磁场与弧电流配合，电弧的伏安特性就会升高。下面来研究这个过程。假设在给定的燃弧时刻，当 $B_{11}=0$ 时弧电压 U_1 和弧电流强度 I_1 对应于 a 点(曲线 1 上)。当弧电流增大到 I_2 时，磁感应强度增大到某一值 $B_{12}>B_{11}$ 时，电磁力会增大，从而增加电弧的长度，即弧电压增大到 U_2。b 点位于电弧下降的伏安特性上，对应于 $B_{12}=$常数。电流强度的进一步增大通过曲线 3、4、5 上的 c、d、e 点来描述。因此，所需的电弧的伏安特性应该通过 a,b,c,d,e 点。当感应磁场的强度值 $B_{11}, B_{12}, B_{13}, B_{14}$ 和 B_{15} 恒定时，这些点应当位于适当的伏安特性曲线上。

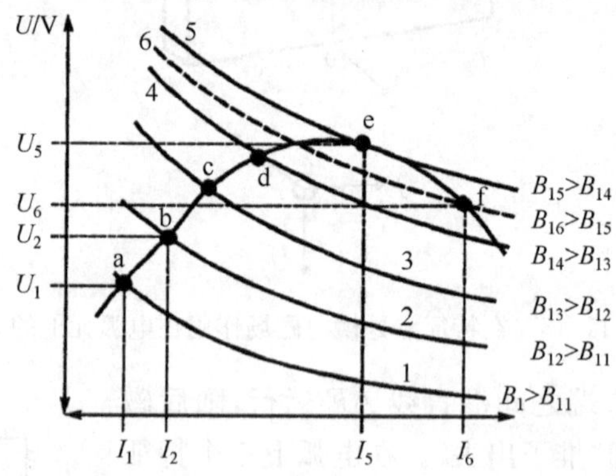

图 11.17　施加磁场 B_1 后电弧形成上升伏安特性的原理图

随着电流强度和磁感应强度的进一步增大($I_6>I_5, I_{16}>I_{15}$)，得到了这样一种工况：电弧的长度不再增加；并且，由于分流过程占主导，弧长受到限制，这样与弧长增加的过程相比而言弧长减小了。这时，电弧的伏安特性(曲线 6)下降到曲线 5 之下，并且与电流 I_6 对应的 f 点位于 e 点之下，也就是说 $I_6<I_5$。

这样，对于我们研究的这种联合反应器中的电弧，就形成了伏安特性的上升段和下降段。

为了使电弧充满反应器的工作空间，必须施加交变磁场 B_2(图 11.14(b))。该磁场的矢量可以平行于 Oy 轴和 Oz 轴。在这种情况下，作用在电弧元上的可变洛伦兹力驱动电弧以很高的速度在反应器腔室的整个空间内运动。

图 11.8 给出了对于两个初始值 $B_1 = B_{11}$ 电弧的伏安特性。B_1 取决于螺线管每厘米长度上的匝数。螺线管内部的磁感应强度(反应器中磁路的两个磁极之间，见图 11.14 中位置 7)利用方程 $B = 0.4\pi \cdot n \cdot I$ 计算得到，n 是螺线管的匝数。

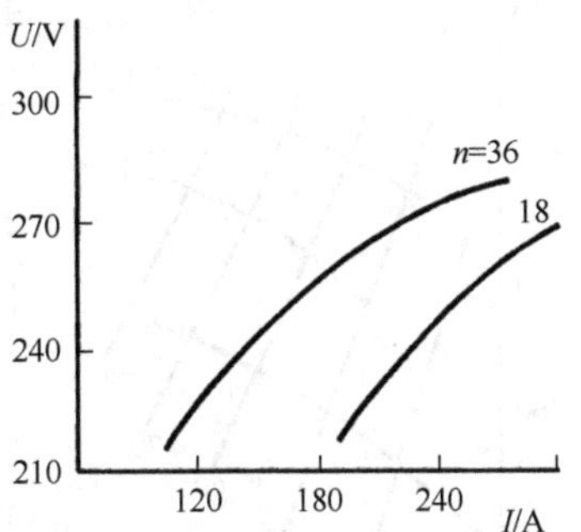

图 11.18　电弧的伏安特性与建立磁场 B_1 的螺线管匝数 n 的关系

等离子体炬的进气方式为切向，流量 $G_t = 2.6 \times 10^{-3}$ kg/s

在实验中，交变磁场的平均磁感应强度 $B_2 =$ 常数。图 11.18 表明，在电流强度很宽的变化范围内($I = 90 \sim 300$ A)，电弧的伏安特性都快速上升，并且弧电压随着匝数 n 的增大而增大。需要注意的是，实验中以 $G_t = 2.6 \times 10^{-3}$ kg/s 的流量沿切向通入气体。

研究还发现，电弧的伏安特性对螺线管末端相对于电弧室外表面的位置变化非常敏感。实验中气流沿切向通入反应器。当螺线管的末端与反应器的表面紧密接触时，图 11.19 中的虚线描述了电弧的伏安特性。当螺线管的末端从电弧室表面外移 20mm 时，磁通量的分散减弱了磁场对电弧放电的影响。因此，即使 $I =$ 常数、气流量相同，弧电压还是降低了。当电流强度较小时，电弧的伏安特性有出现下降段的趋势(参见图中的实线)。

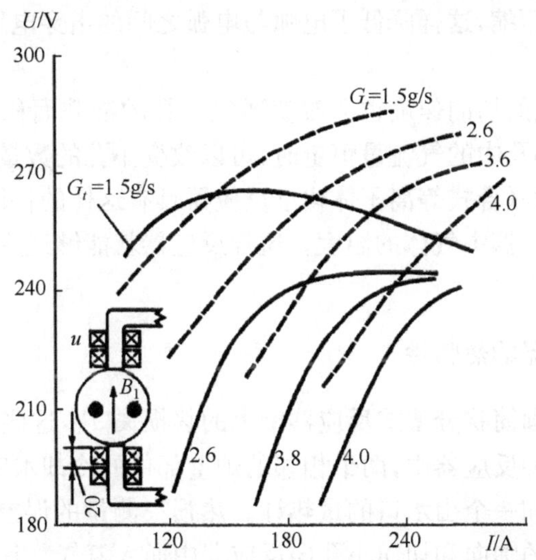

图 11.19　$n \approx 36$、沿切向通入空气时电弧的伏安特性

虚线表示螺线管的端部紧贴圆筒状反应器的表面，实线表示外移了 20 mm

11.3.3　向反应器中通入气体的方式和气流量对电弧伏安特性的影响

对于通过反应器顶盖上的小孔沿轴向通入气体的工况，我们很自然就会预想

到保持电流强度恒定时，弧电压会随着气流量的增大而升高，因为在电弧环中电弧击穿电压的升高使电弧环总体上拉长了(如图 11.20 中的两条实曲线)。随着气流量从 1.2×10^{-3} kg/s 增大到 1.8×10^{-3} kg/s(增加了 50%)，弧电压升高了，尽管幅度不大。这种现象主要与气流量小有关，因为反应器的横截面积很大。当气体的平均质量温度为 $T\sim3000$ K 时，气流的轴向速度远小于 1 m/s。然而，对于许多工艺而言低气流速度是必不可少的，因为这样能够确保对固相组分的加热更加深入，因而能够更加有效地处理材料，并且易于达到材料的熔点。

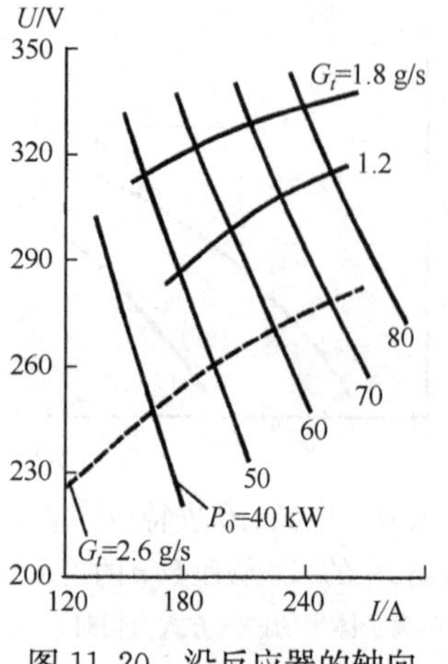

图 11.20 沿反应器的轴向(实线)和切向(虚线)通入空气时电弧的伏安特性(螺线管匝数 $n\approx36$)

向反应器中沿轴向通入气体 G_a，改变成沿切向通入 G_t，这种变化对电弧的伏安特性影响很大。为了便于比较，图 11.20 给出了沿切向通气和大气流量(2.6×10^{-3} kg/s)的电弧伏安特性(见图中的虚线)。不过，这一条曲线还是比上面的两条伏安特性曲线低。这种现象很容易理解。增大切向气流量就增加了气体的切向速度，结果浮力把高温气体和电弧元向反应器轴线压缩，这样降低了电弧与电弧之间的击穿电压，也就减小了电弧的长度和弧电压。

应该提到，气流的切向速度也会改变通气小孔的横截面积大小。这一点很容易实现。例如，当小孔中的气流量恒定时，可以改变小孔的数量。

因此，所研究的联合式等离子体化学反应器具有这样的特征：可以大范围地调节电弧的功率和反应器中气体的温度。这样反应器就能够适用于要求迥异的等离子体工艺流程。

11.3.4 联合反应器的热特性

下面来讨论在圆筒状分瓣式反应器壁上的热损失 T_1，这些参数通过普遍认可的步骤确定。在这种反应器中，两个相邻的炉壁部件的冷却水串联在一起，组成一个具有一个进水口和一个出水口的量热计。热损失测量的误差不超过 5%。实验进行时通过反应器的轴向和切向小孔向反应器中通入氮气。其中一些实验是通过反应器蝶形封头上直径为 $d=40\times10^{-3}$ m 的小孔通气的。

对于不同的电弧功率 P_0，电弧室壁上成对部件中的相对热损失 $P_i/\Sigma P_i$ 的分布如图 11.21 所示。这里的 $\Sigma P_i=P_l$，P_i 是通过成对部件的热损失。在±6%的误差范围内，这些相对热损失可以看作是相同的，均等于 0.14。这间接说明了在反应器的不同部件中，温度场分布很均匀。

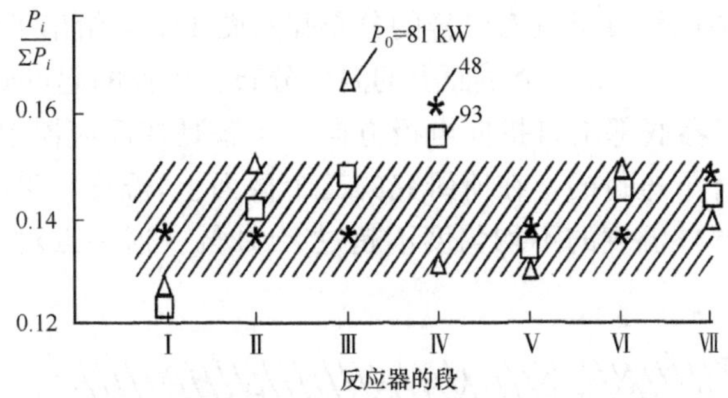

图 11.21　当气体流量 $G_t=1.8\times10^{-3}$ kg/s、$G_a=1.0\times10^{-3}$ kg/s 时，对于三个弧功率值反应器壁部件上的热损失分布

当 $G_a=1.0\times10^{-3}$ kg/s、$P_0=72$ kW 时，通过电弧室壁的相对热损失 P_l/P_0 与通过切向小孔通入反应器的气体流量 G_t 的关系如图 11.22 所示，其中 $P_l=\Sigma P_i$。相对热损失随着气流量G_t 的增大略有降低。产生这种现象的原因主要有两个：①气体的平均质量温度降低了；②由于沿反应器壁的切向通入了气体，在反应器壁和高温区域之间的冷气层的厚度增大了。

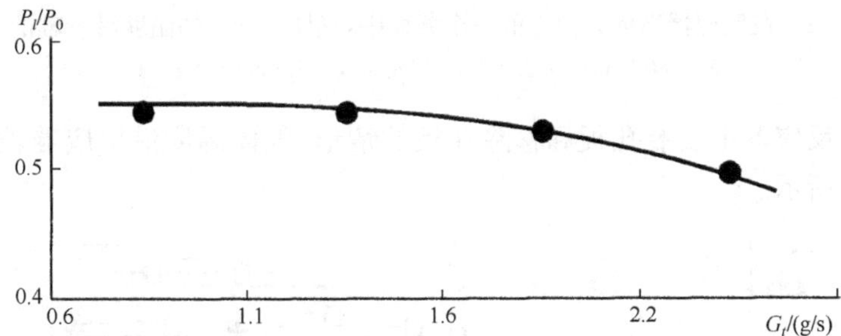

图 11.22　通过反应室壁的相对热损失 P_l/P_0 与通过切向小孔通入的气体的流量 G_t 的关系($G_a=1.0\times10^{-3}$ kg/s，$P_0=72$ kW)

研究图 11.23 得到了令人意外的结论，P_l/P_0 的值竟然不取决于通过电弧引入反应器的功率($G_t=1.8\times10^{-3}$ kg/s，$G_a=1.0\times10^{-3}$ kg/s)。出现这种现象的原因可能在于，反应器的热损失主要取决于大体积高温气体的辐射，而对流热损失很小，因为冷气流对反应器壁做了比较有效的保温。

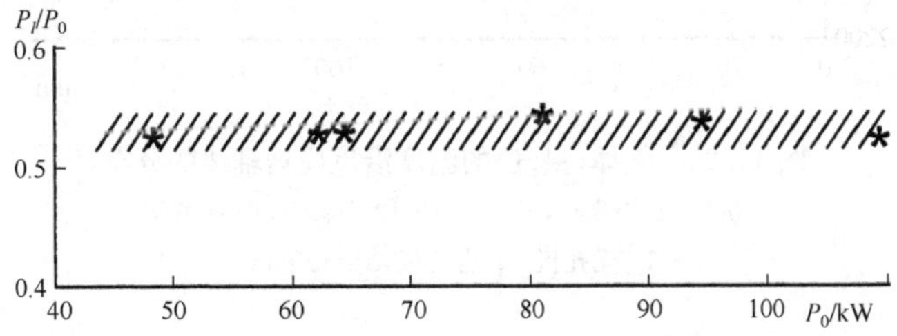

图 11.23　P_l/P_0 与电弧功率 P_0 的关系($G_a=1.0\times10^{-3}$ kg/s)

反应器中气体的温度场具有怎样的分布呢？图 11.24 给出了沿电弧室高度方向上 $x=10$,70 和 110 mm 三个截面上的温度分布。坐标的起点如图 11.15 所示：x 轴的正向从反应器底部出口指向电极方向。实验是在反应器上没有安装孔板、不通入气体的条件下进行的。在所研究的三个截面上，温度场沿径向的分布都比较均匀。截面上气体温度的不均匀度不超过 ±12%。这一点对于有效实现工艺流程特别重要。

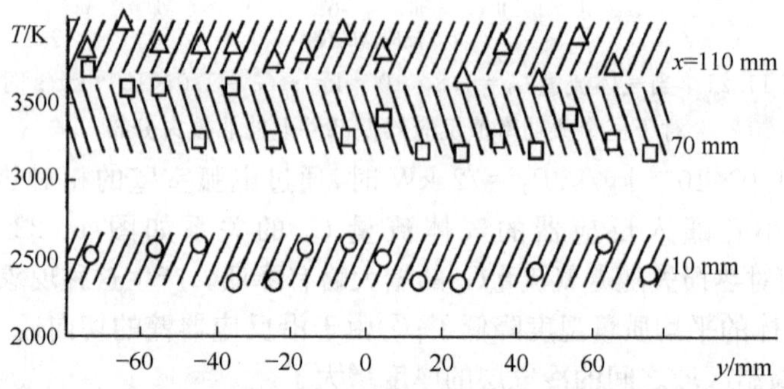

图 11.24　在反应器高度方向上的三个截面中，气体(氮气)的温度沿 y 轴的分布

$P_0=80$ kW, $G_a=0.8\times10^{-3}$ kg/s, $G_t=1.6\times10^{-3}$ kg/s

对于在反应器上安装孔板和移除孔板的情形，气体温度沿反应器轴线的分布如图 11.25 所示。

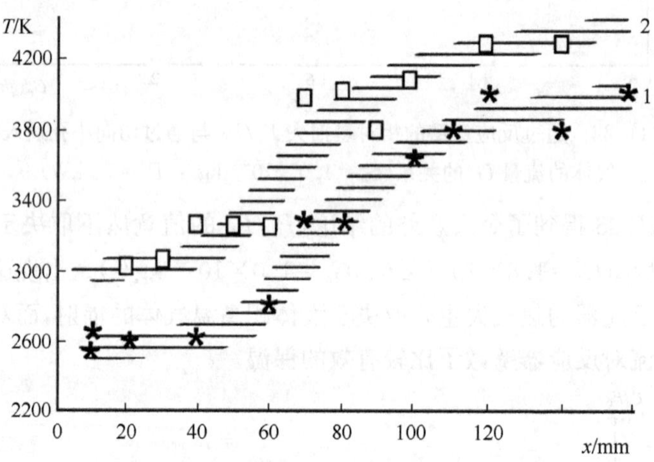

图 11.25　气体(氮气)的温度沿反应器轴线的分布

$G_a=0.8\times10^{-3}$ kg/s, $G_t=1.6\times10^{-3}$ kg/s, $P_0=80$ kW；

1. 无孔板，2. 有孔板，$d=40$ mm

在电弧室轴线上选定一点($x=70$ mm),研究这一点的温度与输入电弧的功率P_0之间的关系很有意义(图11.26)。在我们研究的功率范围内,二者之间呈线性关系。

下面来分析在反应器部件中的热损失,包括反应器壁、顶盖和电极给进机构。进行测量的同时以80~100 kg/h的质量流量向反应器电弧室中送入ZrO_2粉末。在反应器运行的90 min中,热损失的变化如图11.27所示。

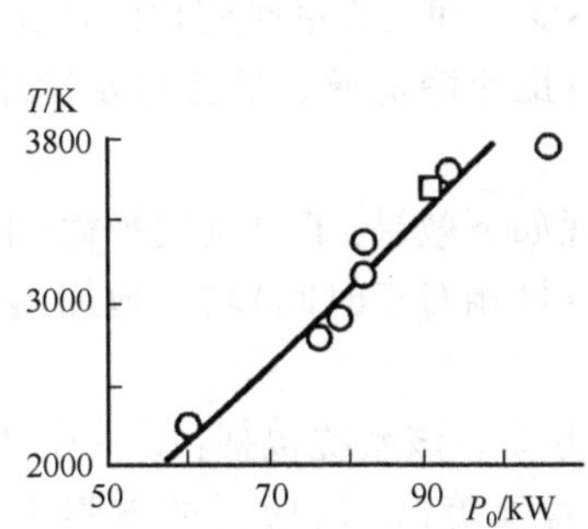

图11.26 在反应室轴线上$x=70$ mm处的气体温度与电弧功率的关系

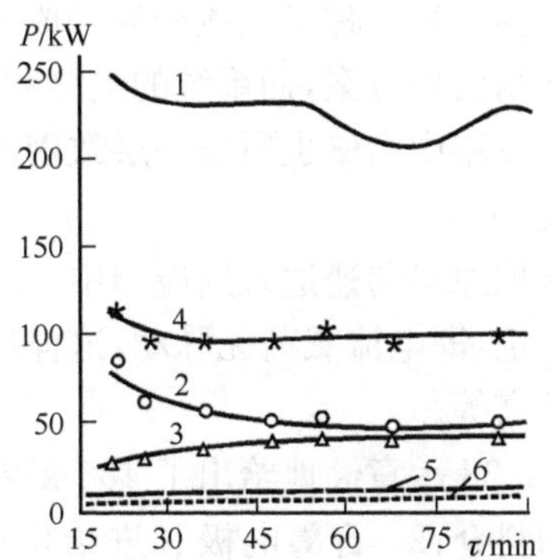

图11.27 通过反应器部件的热损失随时间的变化

1. 电弧功率;2~6. 热损失:2. 通过反应器的圆筒状壁,3. 通过顶盖,4. 总的热损失,5和6分别是通过阳极和阴极给进机构的热损失

对于图11.27,需要注意的是与熔融氧化锆对应的曲线的特征。曲线1反映了在长时间运行中,输入功率P_0在230~240 kW范围内的变化。曲线2是通过反应器壁的热损失。在熔融的初始时刻,反应器壁上没有凝壳,热损失约等于100 kW(~42%)。随着凝壳的厚度增大,热损失逐渐降低;并且运行30 min之后热损失就小于50 kW,即近似减半。在反应器运行的时间内,凝壳厚度达到了30~50 mm。凝壳厚度停止增加之后,系统达到了工作状态。顶盖中的热损失(曲线3)随着时间从25 kW增大到了40 kW。这一点显然可以这样解释:通过反应器壁的热损失降低了,使反应器空间内气体的平均质量温度升高了。阳极5和阴极6的给进机构内的热损失很小(5~6 kW)。曲线4描述了总热损失。

11.3.5 400 kW级熔融锆生产工业反应器

目前,氧化锆的熔融在400 kW级的炉子上进行[41,42]。炉子的熔融区内衬石墨板。在氧化锆块料熔融的过程中,用电压为80~90 V、电流强度为3000~3600 A的电弧加热熔炉。熔炉的总装载量为2.5~3.0 t。氧化锆块料不断融化,直至充满整个熔融区。在熔融结束前的30~40 min,把与氧化锆发生反应的原料装入炉子,开始融化新装料。氧化锆块料冷却后,人工清除块体表面未熔融的外壳。清除过程中物料损失了 40%～50%。接下来,熔融后的氧化锆先用螺旋式破碎机破碎成粒度为 40 mm 甚至更小的颗粒;然后在锤式破碎机中继续粉碎到粒度小于 8 mm。对于产生的颗粒,通过电磁分离和漂洗除去其中的铁。

利用等离子体方法用联合反应器熔融 ZrO_2 可以避免上述工艺中的诸多缺陷。等离子体工艺是一步法,并且在反应器出口处直接得到粉末形式的目标产物,不需要进一步粉碎。实验室研究的成果被用来发展功率为 400 kW 的装备熔化氧化锆和石英。从一种工艺流程改进成另外一种,只需要提出一个在反应器出口收集最终产物的新方案,而系统的电路和磁路仍保持不变。和实验室研究相同,反应器在工业应用中内壁也覆盖一层致密的凝壳层,这有助于降低通过反应器水冷壁的热损失。

如果把原料匀速送入反应器中,就可以确保实现如下效果:工况变化平稳;电弧运行稳定,即电流载荷无脉动,这样反过来会对进料(相对于时间)均匀地加热;熔融因数高等。

图 11.28 示意性地给出了 400 kW 装置的设计方案。该系统包括:1. 一个用于进料的料仓;2. 石墨电极和进给机构 5;3. 反应器顶盖;4. 反应器的电弧室;6. 电磁系统;8. 用于收集熔融体产物 9 的滚轮小车。图中还给出了装置在熔融准备过程中形成的凝壳 7。

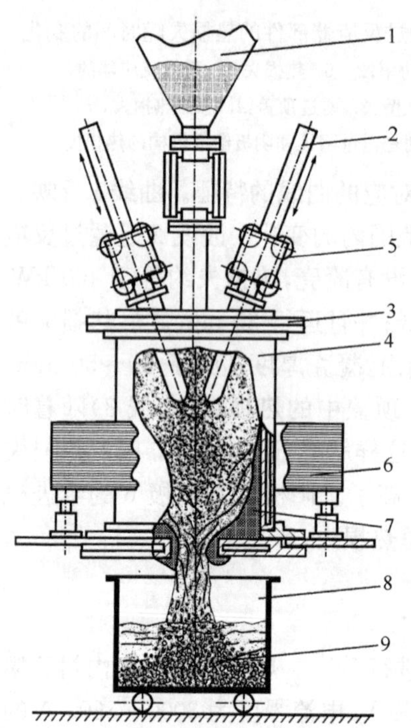

图 11.28　生产熔融二氧化锆的等离子体反应器

电弧在两只电极之间引燃之后,原料粉末通过鼓式送料器送入反应器中。在这里,粉末被熔化。当熔融体落入装满水的产物收集器后就破碎成颗粒状。在反应器最初运行的 30 min 内,为了在反应器内壁上形成厚度为 30～50 mm 的凝壳,以较低的速度送入原料。当凝壳厚度达到预设值之后,就中断凝壳的增长。装置的热状态也就稳定下来并且达到生产能力为 150 kg/h(对应于原料供应量)的工作状态。然后,熔融体开始流出反应器。通过设计反应器的顶盖,我们可以对电极末端的位置进行可视化控制并测量熔体的温度。

这项工艺的电参数和工艺参数如下:弧电流强度为 1200 A,弧电压为 300 V,功率为 360 kW,原料消耗量为 200 kg/h。对熔融体进行分析发现,这种装置对所有氧化锆碎块都具有完全熔融能力。熔融产物适合工业应用并满足相关技术要求。

熔融了大量氧化锆之后确定出的平均比能耗为 1.8 kW · h/kg，占炉子熔融能量损失的 2/7。在这项应用中，这种反应器的热效率为 0.6。

实验表明，石墨阳极的燃烧速度比阴极快 2 倍。因此，阳极送入反应器的速度比阴极快两倍。当电流为 1100 A 时，阳极的比烧蚀等于 2×10^{-7} kg/C，阴极的等于 1×10^{-7} kg/C，这与其他研究者发表的数据一致。

按照这种方案设计的系统在工业上得到了广泛应用。

11.4　同轴式等离子体反应器

与轴线式直流等离子体炬一样，同轴式等离子体炬在航天研究中的应用也非常频繁。最简单的磁稳弧同轴式等离子体炬的示意图如图 11.29 所示。这种等离子体炬中的电弧形状通常很复杂，随时间发生变化，并且电弧不是燃烧在电极之间的最短路径(沿半径方向)上。在轴线式等离子体炬中，“稳弧”这一术语通常指，利用旋转气流把电弧初始段的主要部分稳定在电弧室的轴线上(或者是近轴线区域内)。旋转气流能够对电弧起到稳定作用的原因在于，旋转气流产生的离心力使冷的较稠密的气体位于电弧室的壁上，把受热后较轻的气体，即电弧，挤压到电弧室的轴线上。

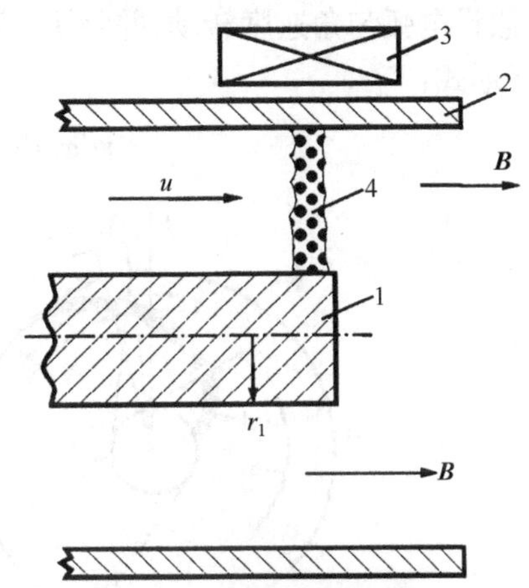

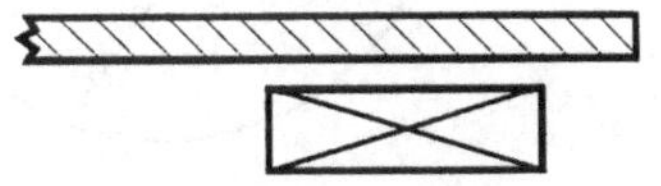

图 11.29　带电磁螺线管的同轴式等离子体炬的示意图

1,2. 同轴电极；3. 电磁螺线管；4. 电弧

在同轴式等离子体炬中，“磁场稳弧”是指利用两个同轴电极之间有限的(轴向)空间中的纵向磁场驱动电弧有序地转动。纵向磁场由电磁螺线管产生。电弧围绕中心电极转动，确保在气流通道的截面上气体温度场的分布高度均匀，并且能够降低电极的烧蚀速率。在大多数情形中，可以利用一根金属丝引燃两根电极之间的电弧。

11.4.1　同轴式直流电弧等离子体炬

在低温等离子体的许多工业应用工况下，都有必要在通道的截面上产生温度分布极其均匀的高温流体，并且气流和原料沿轴线方向流动的流量很小[43]。对于用旋气稳弧的轴线式电弧等离子体炬而言，它发出的等离子体射流中存在温度明显较高的核心区域。这样就存在温度场的均匀化问题——安装缓冲设备或者加大反应空间的容积,结果导致额外的能量损失或者需要更多的维护工作。

产生温度场充分均匀的等离子体流的装置之一就是磁场稳弧同轴式等离子体炬。

下面来分析这种等离子体炬的比较简单的方案(图 11.29):两个同轴电极 1、2 插入螺线管 3 中,3 在电弧燃烧的区域内产生磁场。在磁场作用下,电弧开始运动——转动。为了解释电弧的运动学,我们来研究不通入气体时的等离子体炬方案,这时 $u=0$(图 11.30(a))。图 11.30(b)给出了在带状电弧上距离等离子体炬轴线 r、厚度为 dr 的一段电弧元。在时刻 $t_1=0$,电弧元 a 受到与其垂直的电磁力($\boldsymbol{I}\times\boldsymbol{B}$)的作用,在 $t_2=t_1+\mathrm{d}t$ 到达位置 b,并且它在电弧上的位置被电弧元 c 占据,而 c 在 t_1 时刻处于位置 d。如果电弧元的实际运动速度为 w,那么在电弧范围内电弧元通过的路径为 $w\cdot\mathrm{d}t$,在切向(表观旋转方向)通过的路径为 $\omega\cdot r\cdot\mathrm{d}t$。在几何关系中,很容易发现电弧"旋转"的角速度 ω 与电弧通道的形状之间的联系(假设电弧匀角速度转动,并且 I=常数,B=常数,即 ω=常数)。这种关系具有如下形式:

$$r\mathrm{d}\varphi/\mathrm{d}r=\sqrt{(\omega\cdot r/w)^2-1} \tag{11.1}$$

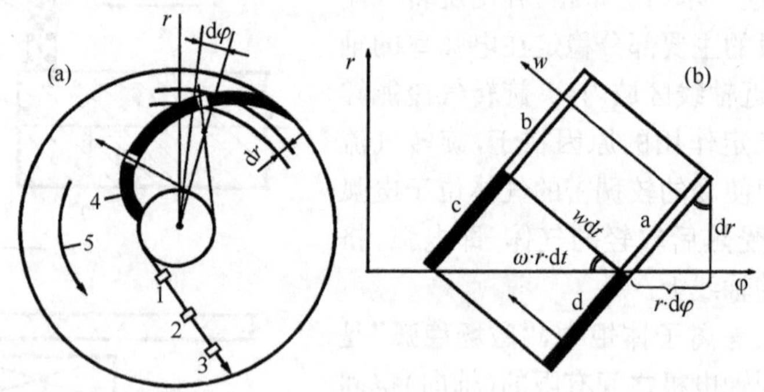

图 11.30 同轴式等离子体炬中存在轴向磁场时电弧元运动的说明图(a)和示意图(b)
1,2,3 为电弧元的连续位置;4 为电弧的瞬时位置;5 为电弧元的运动方向

积分上述方程,得到描述电弧形状的方程:

$$\varphi=\sqrt{(\omega\cdot r/w)^2-1}-\arccos(w/(\omega\cdot r))$$
$$-\sqrt{(\omega\cdot r_1/w)^2-1}+\arccos(w/(\omega\cdot r_1)) \tag{11.2}$$

从 $r=r_1$ 处开始计算,假设这里的角坐标值为 $\varphi=0$。得到的方程(11.2)描述了电弧的瞬时形状。固定的电弧元随时间的运动可以通过另外一项几何关系确定:

$$\sqrt{(\omega r)^2-w^2}\cdot\mathrm{d}t=\sqrt{1+(r\cdot\mathrm{d}\varphi/\mathrm{d}r)^2}\cdot\mathrm{d}t$$

这个方程利用前面的方程(11.2)对电弧匀角速度转动的情况,即 ω=常数进行积分。结果,我们得到

$$\omega \cdot t = \sqrt{(\omega \cdot r/w)^2 - 1} - \sqrt{(\omega \cdot r_1/w)^2 - 1} \tag{11.3}$$

计时从电弧元在半径 r_1 处的时刻开始。

研究表明，在具有均匀磁场的等离子体炬中，电弧元从内电极向外电极运动。假设在初始时刻，电弧的位置严格沿半径方向。施加磁场之后，假设整个弧柱具有相同的线速度，也就是说在内电极附近电弧的角速度一定更大。这样电弧就会围绕内电极发生扭曲。所以，描述电弧形状的线条的凸起方向是背离电极轴线的。形成这种形状的原因在于电弧元从内电极向外电极运动（参见图 11.30 中的示意图）。假设电弧应该垂直于内电极的表面，并设 r_1 为内电极的半径，从方程(11.1)可以得到：

$$\omega \cdot r_1/w = 1 \tag{11.4}$$

这就是确定电弧"转动"角速度的条件。

结合方程(11.4)，方程(11.2)和(11.3)可以转化成

$$\varphi = \sqrt{(r/r_1)^2 - 1} - \arccos(r_1/r) \tag{11.5}$$

$$r/r_1 = \sqrt{1 + (wt)^2} \tag{11.6}$$

方程(11.5)描述的形状得到了电弧照片的证实，结果非常令人满意。

电弧在同轴式等离子体炬中燃烧的最重要特征之一就是单个电弧元沿着弧柱由内电极向外电极运动。当等离子体炬通道中存在气流时，电弧的运动学虽变得更加复杂，但这种定性模式仍然保持不变[44,45]。电弧与电极壁之间的分流现象，尤其是在电极的外表面，修正了电弧的形状，并影响着电弧的近电极段沿电极表面运动的速度。

综合考虑上述因素之后发现，同轴式等离子体炬中电弧的电场强度受到外磁场的影响，当其他条件（电流强度、气流量、压强）相同时，这里的电场强度要高于气、水稳弧的轴线式等离子体炬的电场强度，尤其在电弧室的初始段中。这和电弧与周围介质之间的换热机制不同有关。在纵吹弧中，热量向气流的传递主要通过热传导实现；而在同轴式等离子体炬中，对流换热则更加重要。

有关单中心电极（阴极）的同轴式直流等离子体炬的研究，详细的表述发表在文献[1]，[43]～[45]中。

11.4.2　同轴式等离子体炬（等离子体反应器）

在许多原料加工过程中，都必须利用气体成分和流量可控的高温条件，以便不影响这种加热器所具有的功率密度更大、设备利用率更高的特性。这种工况可由无冷却石墨电极同轴式直流等离子体炬反应器[46]（图 11.31）来实现。外部电极——阴极 1 的下面是孔板，孔板和阴极 1 构成了处理物料的工作区。物料的给进以及向热工作气体区域的输送均通过阳极 2 内部的空腔。阴、阳电极之间的间

隙是 0.2 m。直流电弧受螺线管 3 产生的磁场 B_0 的轴向分量的作用。圆管状阴极 1 利用填充在非磁性耐热壳体 6 中的粉煤灰材料 4 和耐火黏土盖 5 来保温。在磁场的作用下,电弧在电极之间的空间中运动,并将电极加热到 2000～2600 K。文献[46]认为,这种设计方案除了对燃弧区域进行隔热之外,还能够保证形成大体积放电。放电的形貌根据探针 7 和导体 8 的信号记录下来。在放电电流收缩时,信号的振幅会发生变化(可能发生了分流)。实验中 B_0 从 0.01 ～0.02 T 变化。由于拉莫尔半径的范围是电子自由程长度的百分之几十到几倍,这就使大体积放电条件下的电子速度产生了切向分量。

在这项研究中,文献[46]把存在大体积放电的判断仅归因于探针信号的值不随时间变化这一事实。然而,还可能有另一种解释,那就是当阴极壁上温度很高时,电弧没有发生大尺度分流,这样弧电流和电压也就不会出现脉动。在第 2 章讨论电弧与壁之间的击穿电压时,得到了击穿电压随着阴极表面温度的升高而快速降低。在当前情形中,阴极由碳制成,并且被加热到很高的温度。那么最有可能的是,电弧仍然是收缩的,并且在磁场 B_0 的作用下在电极之间的空间中旋转。弧斑在电极表面无跳跃地连续运动,这样探针信号也不随时间变化。这种情况的伏安特性如图 11.32 所示。图中的伏安特性曲线是上升的,在电路中无任何镇流电阻的情况下电弧仍然稳定地燃烧,并且电效率接近于 1。

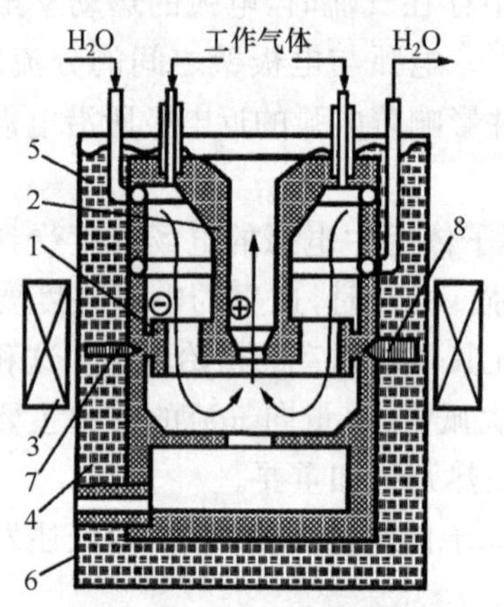

图11.31　同轴式等离子体工艺反应器

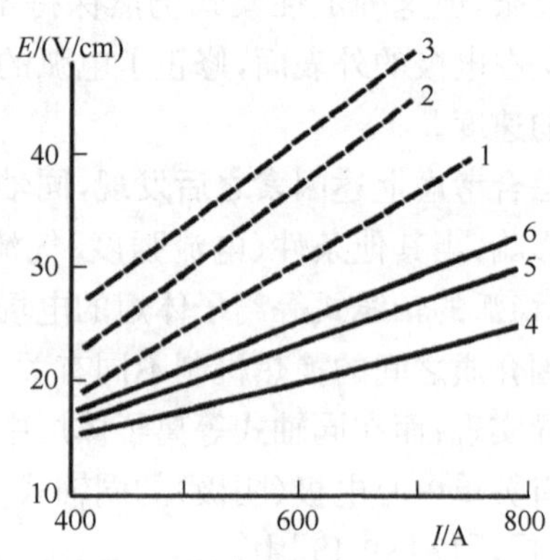

图 11.32　电弧的伏安特性

T=2300 K,B (T):1. 0.03;2. 0.06;3. 0.08;

T=2600 K,B (T):4. 0.03;5. 0.06;6. 0.08

实验中同轴式反应器的功率范围为 100～400 kW,放电的电流强度在 200～800 A 变化,工作气体(氮气,空气与甲烷的混合气)的流量从 0～10 mm^3/h 变化并且不影响电弧的伏安特性。装置的效率随着功率的增大而提高,达到了 0.9。电极的烧蚀速率仅取决于电极材料蒸发的速度。等离子体炬的运行很稳定,工作区域中气体的温度达到了 3000 K。

11.5　电磁控制同轴式交流反应器

下面来讨论利用三相交流电工作的反应器[47-50]。这些文献研究了三相同轴式反应器的两种不同电路构型:采用两条棒状电极,平行布置并且相对于圆筒状反应器的轴线呈对称分布,电极间保持一定的距离;采用三条棒状电极,各电极位于等边三角形的一个顶点上,三角形的中心位于反应器的轴线上。在两种变型中,其中的一条电极通常替换成一条细石墨条,或者在大多数实验中替换成由同种材料制成的整个反应器的内壁。在电极之间的电弧燃烧区域受到环绕在反应器外表面的直流螺线管产生的轴向磁场的作用。电弧通过一根金属丝引燃。

大多数实验都是在一个具有两条棒状电极的三相反应器上进行的。圆筒状腔室的直径为 $d = 100$ mm、150 mm 和 200 mm。棒状电极的直径分别是 20 mm、25 mm和 30 mm。腔室的高度为 $H = 200$ mm(图 11.33)。电弧按照一定次序在电极之间运行。

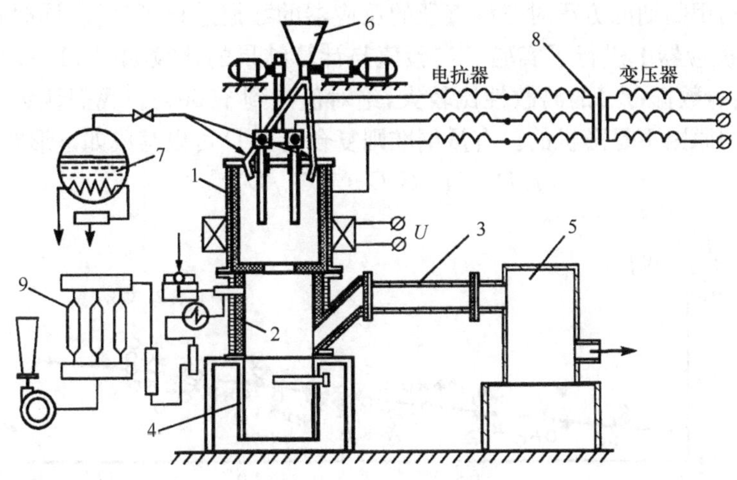

图 11.33　三相反应器

1. 反应器;2. 气体和熔渣接收容器;3. 引出气体的管子;4. 熔渣收集器;5. 气体冷却器;6. 给粉装置;7. 气体供应;8. 电源;9. 气体分析仪

在这种反应器的电路结构中,重要的是讨论电弧在垂直于反应器腔室轴线的平面上,或者在电磁场和空气动力作用下在圆锥面上的受约束转动。如果电弧只受磁场的影响,我们就不可能像对待经典的同轴式直流反应器(等离子体炬)那样来描述这种运动。我们研究的实验系统的总图如图 11.33 所示。

在单相反应器试验中,一条棒状电极沿反应器的柱面布置。粉末(库兹巴斯煤的气溶胶，粒径 $d=100\ \mu m$）从顶盖送入，同时形成了旋转气流。电弧在垂直于轴线的平面上和子午面上的转动使煤粉颗粒做圆周运动。煤粉颗粒的运动受到电弧的间接支撑，因为电弧中气体的黏度远高于周围介质。

粉末中的很大一部分不仅被高温气流加热到了熔融状态，还被旋转气流的离心力"甩"到反应器的壁上。在这里，熔融体一与水冷壁面接触就形成了凝壳。然后，粉末的熔融体沿着凝壳向下流动，进入熔渣收集器。在反应器的不同高度沿圆周方向测量了凝壳的厚度，发现变化都很小。这表明，在电极下方的选定平面上，气流的切向速度场具有足够高的均匀性。凝壳的存在延长了圆柱面石墨电极的使用寿命，提高了反应器的热效率。

基于文献[50]所进行的实验的结果，我们利用弧电压与电流强度 I、磁感应强度 B、反应物流量 G_p 和反应室直径 D 之间的准则关系计算了电弧的伏安特性：

$$U=1.79\times10^{-3}(I/D)\cdot(10I\cdot B/G_p)^{0.133} \tag{11.7}$$

起决定作用的有量纲准则复合量是 I/D 和 $I\cdot B/G_p$。后面的复合量描述了磁场与电弧相互作用的特征：$G_p=\rho vF$ 是被处理物料的质量流量，v 是物料的速度，F 是反应器的横截面积，ρ 是物料的密度。

我们利用归纳的方程对三种直径的反应器的数据进行了计算，同时在三种直径值 D 的反应器上进行了实验。实验值与计算结果的比较如图 11.34 所示。由图可见，实验数据（点）的离散性比较大，绝对值达到了 50%。我们认为造成这种离散程度的原因不是随机的。有量纲准则复合量 I/D 可以写成如下形式：

$$I/D=(I^2/G_pD)^{0.5}(G_p/D)^{0.5}$$

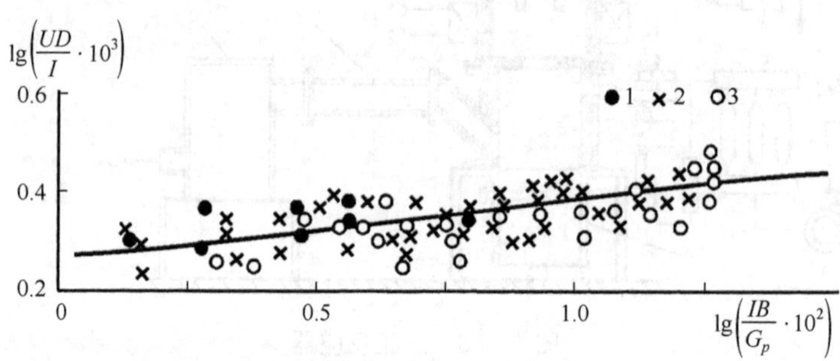

图 11.34 对于三种反应室直径 D 归纳出的 $UD/I=f(I\cdot B/G)$ 关系

D：1. 100 mm；2. 150 mm；3. 200 mm

也就是说，这个复合量与能量复合量及雷诺数有关。因此，不论电弧室中的气压是否恒定，都有必要考虑与克努森准则成正比的复合量（pD）。

如果归纳时分别考虑所有独立复合量，实验数据的离散性就会大幅下降，方程(11.7)具有另外一种形式。

现在给出反应器热效率的关系式 $\eta_r = P_t/P$，热效率取决于传递到物料的热能 P_t 与电弧功率 P 的比值。单位时间内输运气体的流量与被处理物料的质量相比是很小的。由于难以确定 P_t，因此在计算 η_r 时作者极有可能使用了反应器冷却水造成的热损失的实验数据。

对于几何形状类似的圆筒形反应器，实验材料处理之后给出了如下准则方程：

$$\eta_r = 1.4\ (10^2 I \cdot B/G_p)^{-0.266} \tag{11.8}$$

文献[50]指出，方程(11.8)仅在如下范围内成立：电流强度 $I = 100 \sim 500$ A，反应物流量 3～60 kg/h，并且 I/D 的比值为常数(图 11.35)。可以清楚地看出应用这个方程的限制范围，如 $B \to 0$ 或者 $G_p \to \infty$。

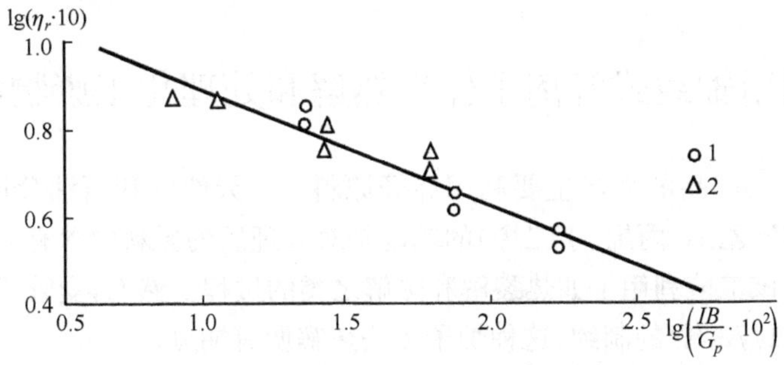

图 11.35　归纳出的反应器的热效率 η_r 与复合量 IB/G_p 的关系

G_p：1. 3.3kg/h；2. 8.7kg/h

文献[47]～[49]估算了由无量纲参数 $\overline{G}_{ef} = G_w/G_p$ 决定的生产率，其中 G_w 是凝固在反应器壁上和落入熔渣收集器的粉末的量，因为在这种工艺中粉末材料是最终产物。归纳实验数据并进行分析，结果表明所研究的反应器的工艺效率可以用下述方程描述：

$$\overline{G}_{ef} = G_w/G_p = 12.12\ (10^2 \cdot IB/G_p)^{0.433} \tag{11.9}$$

图 11.36 给出了单相和三相反应器工艺效率的实验研究结果。对于单相电弧，$G_p = 9.4 \sim 19.2$ kg/h，$I = 320 \sim 370$ A；对于三相电弧，粉末的消耗量是 19.2 kg/h，弧电流为 340 A。实验用的粉末在重力的作用下或者利用载气产生的分散射流通过喷嘴送入反应器的腔室内。结果发现，经验关系式(11.9)与实验符合得非常好，这表明对于所研究的组合型反应器，提出的方法能够有效地归纳实验数据[49]。

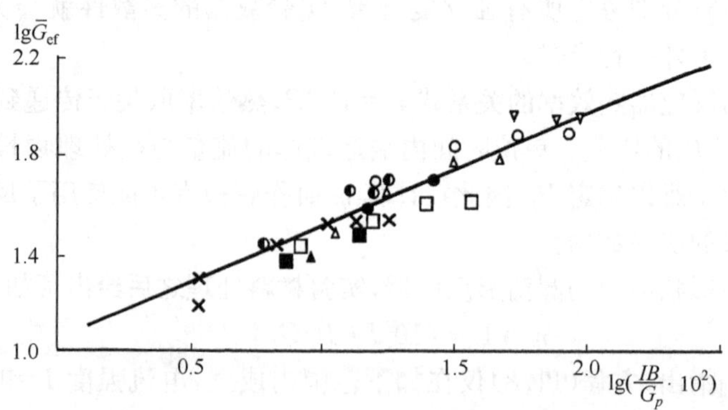

图 11.36 归纳出的单相和三相反应器的工艺效率$\overline{G}_{ef}$与复合量 IB/G_p 的关系

11.6 利用轴线式等离子体炬热解和处理化工废物的反应器

当前，化工产品的生产主要利用烯烃原料——天然气和石油分馏物来实现。工业生产烯烃(乙烯、丙烯、丁二烯)的基础是对处理后的原料中含有的碳氢化合物进行热分解，该工艺利用了如热裂解和热解之类的过程。然而，受管式炉所能达到的最高温度(1173 K)的制约，这种炉子无法热解所有馏分。

等离子体化工工艺却极有可能热解所有馏分，因为热载体的温度可以达到 3000～5000 K，并且这样的高温还加速了烃的化学转变过程。在这种工艺中，由反应气(氢气、氢气与甲烷的混合气)形成的低温等离子体的能量也破坏了有机物。

11.6.1 利用石油产品生产丙酮和乙烯

斯捷尔利塔马克(Sterlitamaksk)市的考斯迪克(Kaustik)公司的中试装置改进了氢等离子体热解低辛烷值苯的工艺，利用苯制取了乙炔和乙烯。在最优工况下，苯转化成乙炔的程度为 75 wt. %，生产乙炔的能耗为 7.8 kW · h/kg，而生产乙炔和乙烯的总能耗为 5.7 kW · h/kg。乙炔和乙烯的品质很好，满足合成氯乙烯、三氯乙烯和其他产品的要求。

实验研究的结果证明等离子体化学方法替代从苯制取乙炔和乙烯具有技术和经济可行性。下面来分析主要的论点和理由。

目前，乙炔是通过氧化裂解天然气、均相裂解轻质油以及利用碳化钙(电石)等途径来生产的。当前可采用的裂解法具有诸多缺陷：乙炔收率低、原料消耗大、反应器的比产率低等。利用碳化物生产乙炔的方法很耗时，并且 30%的原料碳以二氧化碳的形式被浪费掉。这种工艺还需要大量电能(10～11 kW·h/kg),并且污染环境(向大气中排放二氧化碳、粉尘和废水)。现有的所有乙炔生产方法的产率都低,这也增加了基于乙炔的化工产品的成本,并且破坏生态环境。在等离子体化工工艺中,单位产品的原材料消耗降低为原来的 1/2.8～1/2.2,而且二次有害产物的产率大大降低。根据估算,采用等离子体化学工艺,处理单位质量烯烃消耗的总能量与裂解过程的能耗处于同等水平[51,52]。众所周知,石油中的汽油、煤油和柴油馏分都是稀缺燃料,需要优先裂解石油的高沸点馏分(粗柴油、重油)。然而,由于受到热力学和动力学因素的限制,很难把这些馏分加工成烯烃。

为了把高沸点馏分转化成烯烃,进行了在氢等离子体中裂解粗柴油和重油的实验研究。结果表明,粗柴油转变成乙炔、乙烯和丙烯的比例之和为 75 wt.%,重油转变成乙炔、乙烯和丙烯的比例之和为 50 wt.%。这些结果均高于在均匀热载体流中高温热裂解的转化率[53]。

11.6.2　处理有机化工废物和含氯的有机化工废物

等离子体化工工艺允许利用各种各样的有机废物作为原料,因为这些废物中含有大量的碳氢化合物。例如,在采用现有工艺生产有机氯产品时,由于加工起始原料的工艺选择性很低,造成含氯有机废物仅占最终产物的 0.5%～60%。因此,废物利用并返回到工艺流程中就成为一项紧迫任务。采用高温的等离子体化学工艺能够分解(气相、固相和液相)任意一相的有机废物,以及可燃与不可燃(六氯苯油、六氯乙烷及其他类型的高氯化化合物)形成的废物。在氢等离子体中裂解含氯有机废物和其他有机废物时,得到了气体和炭黑。气体包括乙炔、甲烷、氢气和氯化氢。乙炔和氯化氢是生产氯乙烯的原料;氯乙烯还可以用乙烯和氯化氢生产。就品质而言,等离子体化学产生的炭黑不比热裂解得到的差。

液相含氯有机物的利用包括裂解阶段、气体净化除去乙炔的同系物和 C_3、C_4 烃阶段以及合成有机氯产物阶段(图 11.37)。废物的裂解是在主设备——等离子体系统中进行的。该系统包括等离子体炬 2、等离子体化学反应器 3 和淬冷装置 9。电源 1 为等离子体炬供(直流)电。

等离子体系统的运行过程如下。在等离子体炬 2 中,等离子体形成气体被电弧加热,平均质量温度达到了 3000～5000 K。处于低温等离子体状态的气体进入等离子体化学反应器 3,在这里与原料混合,接下来对原料进行加热和蒸发,随后进行裂解,生成了乙炔、氯化氢、甲烷和氢气。裂解气在淬冷装置 9 中被急剧冷却后在热交换器 8 中被再次冷却。冷却后的裂解气被压缩机 7 压缩,然后通入净化(洗涤)反应器 4。在这里,裂解气被净化,通过选择性氯化除去了乙炔的同系物和 C_3、C_4 烃。净化工艺在溶剂中的鼓泡系统中在催化剂存在的条件下实现。通过化学键与氯结合的不良杂质被返回到系统的裂解段。满足烯烃技术要求并可以用于有机物合成的洗涤气被导入合成反应器 5 中,反应产物从这里到达分离塔 6。最终产品从分离塔中分离出来。分离塔 6 排出的残余物又被用作裂解原料。

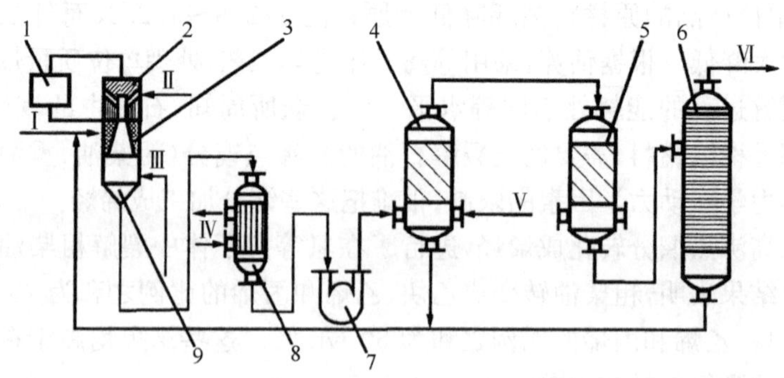

图 11.37　设备和工艺系统图

1. 电源;2. 等离子体炬;3. 反应器;4. 选择性洗涤反应器;5. 合成反应器;6. 分离塔;7. 压缩机;8. 热交换器;9. 淬冷设备;Ⅰ. 含氯有机废物;Ⅱ. 等离子体形成气体;Ⅲ. 淬冷剂;Ⅳ. 冷却剂;Ⅴ. 氯;Ⅵ. 有机产物

利用等离子体化学法处理废物的工艺产生的技术效益体现在下列方面:

——由于更加有效地利用了起始原料中的成分,目标产物的产率增加了;

——工艺流程是"闭环"的,不产生废物;

——利用氢等离子体作为热载体,与原料接触的时间短而分解速率高,这就保证了在反应容积内单位生产率很高,裂解设备可以微型化。

利用等离子体化学在氢等离子体中处理废物的技术在中试装置上得到了广泛验证。氢气转化为乙烯的比例估计有 70 wt. %。分解废物的能耗高达 2 kW · h/kg。试验中处理了 28 种有毒废物[54]。试验结果用于发展原料(废物)处理能力为 375 kg/h和 750 kg/h 的等离子体化学模块(PKh M-375 和 PKh M-750),包括:

——功率分别为 750 kW 和 1500 kW 的 GNP-0. 75 型和 GNP-1. 5 型等离子体炬;

——等离子体化学反应器;

——淬冷装置;

——用于从裂解气中除去炭黑的盘式过滤器。

GNP-0. 75 型和 GNP-1. 5 型等离子体炬属于旋气稳弧的轴线式等离子体炬,气体入口分散在电弧室长度方向上。GNP-1. 5 型等离子体炬的全貌如图 11. 38 所示。

图 11.38 带电极间插入段的功率高达 1500 kW 的工业等离子体炬 GNP-1.5 型(1)；为了便于比较，这里给出了镀膜用的等离子体炬(2)和切割厚金属用的大电流(达 1000 A)等离子体炬(3)的照片

这种等离子体炬具有多位置钨阴极，因而可以无需熄灭电弧就更换工作部件，这对于等离子体炬的无故障运行具有积极的意义。分段式电极间插入段安装在阴极和管状铜阳极之间，用于在很宽的范围内调节电弧的长度。这项技术解决方案被用作发展不同功率等离子体炬的统一设计[55,56]。标准的 PVT 2-800/8 整流器被用作等离子体炬的电源。

结　论

呈现给读者的这本专著基本上是对俄罗斯科学院西伯利亚分院理论与应用力学研究所等离子体动力学研究室 40 多年来研究成果的总结，其中的一些章节由其他研究所的科学家撰写，在征得他们的同意后在此发表。

本书重点关注了在高效率等离子体炬的发展中一系列非常重要的问题。高效率等离子体炬的概念包括：等离子体炬的热效率和电效率很高；可以根据具体的工艺要求结合电源的可用性选择最佳的等离子体系统；等离子体炬热负荷最大的部件，即电极的使用寿命长等。基于在弧斑静止的近阴极区域中存在电极材料原子再循环的现象判断，在弧电流高达 1 kA 和大气压条件下，有可能形成自恢复阴极。因此，发展具有无限长使用寿命的阴极已经成为可能。

特别重要的问题是延长管状铜电极的工作寿命，以及解释对这一参数产生负面影响的机理。目前，已经发现了几种机理：第一种与氧化膜的形成有关；第二种与材料的近表面工作层中由于热应力大而形成位错有关，这是由通过弧斑的热流很大以及弧斑周期性扫过电极表面造成的。初步的理论研究和实验研究表明，有两种方法可能解决第二个问题：①在不存在大尺度分流的情况下，在管状内电极的给定段中，使电弧的径向段以一定频率沿轴向扫描；②在铸造过程中，向电极金属材料中加入具有特定结构和成分的超细粉末，改善电极金属材料的物理特性和力学特性。按照计算和实验的结果，这样会把产生裂纹的程度和比烧蚀速率降低到原来的 1/2～2/3。对于阳极，如果考虑了两方面的因素，进一步降低烧蚀速率是完全现实的。

本书还关注了等离子体炬电弧室中的电物理和气动物理过程，这不仅与归纳实验经验结果有关，还关系到在提出提高轴线式等离子体炬的运行效率的有关新课题时，需要提供讨论的材料。在当前的一系列重要工作中，寻求有效的方法降低在台阶形输出电极——阳极中的热损失是其中的一项，因为热损失主要发生在回流区中。这个区域的特征还包括电极材料烧蚀最快。最初进行的评价研究就发现，在许多情形中只有可能降低阳极的烧蚀速率。本书重点讨论了具有台阶形输出电极的等离子体系统，原因在于这种等离子体炬燃弧稳定，电弧的伏安特性具有上升段，因而会产生 100％的电效率，以及设计简单、功率范围广等突出优点。

本书还讨论了轴线式等离子体炬的分类以及广泛研究的各种气体加热设计方案。书中还讨论了水蒸气等离子体炬。这些系统的应用范围越来越广，原因在于经济性好、工作介质廉价。

考虑到在过去几年中已经出版了几本关于交流等离子体炬的专著，本书仅简要描述了这类等离子体炬的主要特征。

本书最后安排了等离子体处理反应器一章。这是一个重要领域，在世界上许多国家的工业中，各类反应器都得到了广泛应用。

接下来，我们将提出一些亟待解决的问题。

(1) 在主要通过实验方法研究自恢复阴极的领域已经取得了一些成功，尤其是在含碳气体介质中。然而，这在发展长寿命阴极的道路上仅仅迈出了第一步，因为这个问题受到诸多参数的影响，并且还必须考虑在近电极区域中发生的化学反应。理论解决方案将确定形成自恢复机制的工作(保护)气体在近阴极区域内的最佳浓度值，而理解气压、电流强度、对阴极部件的冷却速度以及其他与自恢复过程不稳定性有关的参数的影响也很重要。

(2) 本书给出了理论研究和实验研究的材料，证明了在管状、棒状电极的次表层中形成的热应力具有决定性的作用。热应力导致与通过弧斑进入电极本体的热流密度、弧斑在电极表面运动的速度和性质等有关的晶格位错的形成和传播。研究工作已经表明，尤其对于管状铜阳极，通过选定弧斑的最佳运动速度和弧斑在电极工作表面上的运动轨迹，可以把电极的比烧蚀比平均值降低一个数量级甚至更多。

对电弧径向段进行的气动-磁场扫描，以及构建合适的磁场拓扑产生电弧的特定形状使电流高达 1～2 kA 时比烧蚀进一步降低。这是提高电极效率问题中的第二个问题。

(3) 第三个问题与第二个问题联系紧密，但是更与新型电极材料的发展有关：在非稳态、高强度热流的作用下，材料中形成的裂纹更少、传播更慢。在有色金属(钢、铸铁)领域中已经取得的理论和实验进展表明，向电极材料中加入粒径小于 0.1 μm 的超细粉末可以改善金属的物理性能和力学性能。下一步的工作是把这项理论应用于铜材料，并进行实验验证。

(4) 对于工作在氩气中、末端有稳定弧斑的受冷却棒状铜电极，解决保证烧蚀速率极低的电物理问题和气动力问题也很有必要。要解决这些问题，就必须从理论上结合给定作用扩展到气体和金属——铸铁、钢以及其他不形成非导电膜(例如，运行在空气中的铜表面形成了氧化类型的膜)的金属。

(5) 在管状阴极中，电弧的径向段可以稳定地分裂成几个径向导电通道，弧斑非常清晰、牢固地附着在热发射嵌入件(Zr、Hf、W)上。研究电弧平稳分裂的条件推动了满足不同应用需求的独特阴极部件的发展，譬如能够在空气、氧气、氮气和水蒸气等介质中长期运行的阴极。实验研究已经表明非自持放电对热发射嵌入件之间的铜座的影响。在进一步研究中，希望能够解释这种放电的性质。这或许会产生预想不到的成果：有可能扩展寻求延长阴极部件使用寿命解决方案的方向。

(6) 本书和许多其他研究提供了一些数据。这些数据是在研究等离子体炬的电弧室壁免受高强度对流热流损坏的过程中获得的,尤其是研究带有电极间插入段的等离子体炬。迄今为止,实际获得的成果很令人鼓舞。不过,如何保护电弧室壁免受电弧的辐射热流损坏仍然需要解决,尤其对于大电流的情况。并且,辐射热损失可能远远大于对流损失。

解决这些问题的途径之一极有可能与多孔材料的应用有关。这种用于制造等离子体炬通道壁的多孔材料具有热导率高、不腐蚀、不形成氧化膜的特征。解决这个问题将是非常有益的,因为在许多工业领域的工艺流程中,单支等离子体炬的功率已经超过了 1 MW。将来很有可能发生这种情况,随着导热、导电陶瓷的制造不断取得进展,答案在这个领域出现。

本书研究的问题大多出现在多学科交叉的领域中。这些问题的解决只有通过应用综合方法、采取多学科合作和实践才能实现。

参 考 文 献

英文版参考文献

第 1 章

[1] Zhukov M. F. ,et al,Applied dynamics of thermal plasma,Novosibirsk,Nauka,1975.

[2] Zhukov M. F. ,et al,Electric arc gas heaters (plasmatrons),Moscow,Nauka,1973.

[3] Koroteev A. S. ,et al,Plasmatrons,design,characteristics,calculations,Moscow,Mashinostroenie,1993.

[4] Zhukov M. F. (ed),Electric arc plasma torches,Novosibirsk,1980.

第 2 章

[1] Benkston K. A. ,Teploperedacha,1970,92,No. 4,569-579.

[2] Abramovich G. N. ,et al,Industrial aerodynamics,mechanics in the USSR in 50 years,Vol. 2,Moscow,Nauka,1970.

[3] Khalatov A. A. ,et al,IFZh,1977,33,No. 2,224-232.

[4] Zhukov M. F. ,et al,Electric arc generators with inter-electrode inserts,Novosibirsk,Nauka,1981.

[5] Sukomel A. S. ,et al,IFZh,1977,33,No. 5,816-821.

[6] Zas'shkin I. M. and Popok N. I. ,Izv. Sib. Otd-niya AN SSSR,No. 8,Ser. Tekhn. Nauk. ,1979,No. 2,50-56.

[7] Zhukov M. F. ,et al,Applied dynamics of thermal plasma,Novosibirsk,Nauka,1975.

[8] Vedernikov G. A. and Uryukov B. A. ,In:Problems of physics of low-tem-perature plasma,Nauka i Tekhnika,Minsk,1970.

[9] Dubrovni V. M. ,et al,PMTF,1971,No. 5,17-23.

[10] Grigaitis Yu. P. ,Arc as the sensor of turbulence of the flow,Proc. of 10th Nat. Conf. on Low-Temperature Plasma Generators,Vol. 1,Minsk,1986.

[11] Zhukov M. F. and Koroteev A. S. (eds),Theory of thermal electric and plasma,Vol. 2,Non-stationary processes and radiation heat exchange in thermal plasma,Novosibirsk,Nauka,1987.

[12] Olsen H. N. ,et al,J. Quant. Spectr. Rad. Transfer. ,1968,8,1419-1430.

[13] Benenson D. M. and Cenkner A. A. ,Trans. ASME. Ser. C. J. Heat Transfer,1970,92,No. 2,276-284.

[14] Benenson D. M. and Baker A. J. ,AIAA Journal,1971,9,No. 8,1441-1446.

[15] Mel'nikova T. S. and Pikalov V. V. ,In:Meteorological physics for measuring high temperatures and plasma parameters,Scientific Research Institute of Meteorology,Khar'kov,1979.

[16] In:Proceedings of 8th Nat. Conf. on Low-Temperature Plasma Generators,Institute of Thermal Physics,Vol. 2,Novosibirsk,1980,pp. 213-216.

[17] Sebald N. ,Appl. Phys. ,1980,21,No. 3,221-236.

[18] Plessl A. ,Appl. Phys. ,1981,21,No. 4,377-328.

[19] Tiller W. ,Appl. Phys. ,1981,25,No. 3,317-328.
[20] Filonin O. V. ,et al,In:10th Siberian Conf. on Spectroscopy,Tomsk State University,Tomsk,1981.
[21] Mel'nikova T. S. and Pickalov V. V. ,Randon inversion in emission tomography of non-stationary plasma,Novosibirsk,Nauka,1982.
[22] Mel'nikova T. S. and Pickalov V. V. ,Examination of the parameters of electrical arc using a plasma tomograph,Novosibirsk,Nauka,1983.
[23] Preobrazhenskii N. G. and Pickalov V. V. , Unstable problems of plasma di-agnostics, Novosibirsk,Nauka,1982.
[24] Melnikova T. S. and Pickalov V. V. ,Beitr. Plasmaphys. ,1982,22,No. 2,171-180.
[25] Biberman L. M. and Horman G . E. ,J. QSR T,1963,3,221-245.
[26] Schultz-Guide E. ,Z. Phys. ,1970,230,No. 5,449-459.
[27] Devoto B. S. ,ARL 71-0075,1971.
[28] Pakhomov E. P. ,Electrical arc,stabilised by the wall:shape,regions of existence,characteristics,dissertation,Moscow,1980.
[29] Shlikhting G. ,Theory of boundary layer,Moscow,Nauka,1974.
[30] Pakhomov E. P. and Yartsev I. M. ,Teplofizika Vysokikh Plazmy,1977,15,No. 5,949-957.
[31] Pickalov V. V. and Mel'nikova T. S. ,Plasma tomography,Vol. 13,Theories,low-temperature plasma,Novosibirsk,Nauka,1985.
[32] Lebedev A. D. ,Examination of the effect of the gas low conditions,the characteristics of the electrical arc,Dissertation,Institute of Thermal Physics,Novosibirsk,1972,pp. 160.
[33] Kolonina L. I. and Uryukov B. A. ,Siberian Division,AN SSSR,1968,No. 13,(3),23-25.
[34] Kolonina L. I. and Uryukov B. A. ,Siberian Division,AN SSSR,1968,No. 13,(3),28-32.
[35] Smolyakov V. Ya. ,PMTF,1967,No. 1,151-157.
[36] Dautov G. Yu. ,et al,PMTF,1969,No. 2,67-72.
[37] Mick G. and Krigs G . ,Electrical breakdown in gases,Moscow,IL,1960.
[38] Braun S. ,Elementary processes in gas discharged plasma,Gosatomizdat,1961.
[39] Dandaron G. -N. B. ,et al,PMTF,1970,No. 1,138-141.
[40] Dautov G. Yu. ,et al,ZhPS,1975,22,No. 4.
[41] Aleshin N. F. ,et al,Heat and mass transfer:investigations and development,Minsk,1981.
[42] Lukashov V. P. ,et al,In:9th Nat. Conf. on Low-Temperature Plasma Generators,Frunze,Ilim,1983.
[43] Zhukov M. F. ,et al,Siberian Division,AN SSSR,1987,No. 4,(No. 1),50-54.
[44] Gol'dshtik M. A. ,Vortex flow,Novosibirsk,Nauka,1981.
[45] Eaton J. K. and Johnston J. P . ,AIAA J. ,1981,19,No. 9,1093-1100.
[46] Etheridge D. W. and Kemp P . H. ,J. Fluid Mech. ,1978,86,No. 3,545-566.
[47] Makiola B. and Ruck B. , In: Proc. Int. Symp. Eng. Turbulence and Measurements, Dubrovnik,1990,pp. 487-496.

[48] Ota T. ,et al,Turbulence,Heat and Transfer,Vol. 1,New York,Begell House,1995.

[49] Driver D. H. ,et al,AIAA J. ,1987,25,914-919.

[50] Chzhen P. ,Detachment flows,Moscow,Mir,1973.

[51] Richardson P. D. ,Estimation on the heat from the rear of the immersed body to the region of separated flow,ARL 62423,Brown University,1960.

[52] Richardson P. D. ,Chem. Eng. Sci. ,1963,18,149-155.

[53] Ota T. and Nishiyama H. ,Int. J. Mass Trans. ,1987,30,No. 6,1193-1200.

[54] Yang J. T. and Tsai C. -H. ,Int. J. Mass Trans. ,1996,39,No. 11,2293-2301.

[55] Mori Y. ,et al,In:Proc. 8th Heat Transfer Conf. ,San Fransisco,Vol. 3,1986,1083-1088.

[56] Nishiyama H. ,et al,Warme-Stoffubertrag. ,1988,23,275-281.

[57] Kiya M. and Sasaki K. ,J. Fluid Mech. ,1983,137,83-113.

[58] Corin A. V. and Sikovsky D. Ph. ,Russian J. Eng. Thermophysics,1995,5,145-164.

[59] Gorin A. V. and Sikovskii D. F . ,PMTF,1996,37,No. 3,83-96.

[60] Bek,et al,Teploperedacha,1972,No. 1,124-133.

[61] Gadd G. E. ,et al,Arg R&M 3148,Oct. 1958.

第3章

[1] Engel'sht V. S. ,et al,Low-temperature plasma,Vol. 1,Theory of the column of the electrical arc,Novosibirsk,Nauka,1990.

[2] Zhukov M. F. ,et al,Theory of thermal electric arc plasma,Novosibirsk,Nauka,1987.

[3] Engel'sht V. S. ,et al,Mathematical modelling of the electrical arc,Frunze,Ilim,1983.

[4] Zhukov M. F. (ed),Theory of the electrical arc in the conditions of forced heat exchange, Novosibirsk,Nauka,1977.

[5] Granovskii V. L. ,Electrical current in the gas,steady current,Moscow,Nauka,1971.

[6] Kopansky J. , In: Proc. 10th Intern. Conf. Phenom. in Ionized Gases, Ox-ford, 1971, pp. 182-184.

[7] Nazarenko I. P. and Panevin I. G. ,Modelling and method of calculating the physical-chemical processes in low-temperature plasma,Moscow,Nauka,1974.

[8] Zhukov M. F. ,et al,Applied dynamics of thermal plasma,Novosibirsk,Nauka,1975.

[9] Raizer Yu. P. ,Teplofizika Vysokikh Temperatur. ,1972,10,No. 6,1152-1157.

[10] Peters Th. ,In:Proc. 5th Intern. Conf. Ionised Phenom. in Gases,Amster-dam,1962,pp. 885-896.

[11] Zarudi M. E. ,Izv . CO AN SSSR,1967,No. 3(1),8-14.

[12] Maecker H. and S tablein H. ,In:Proc. 10th Intern. Conf. Phenom. Ionised Gases,Oxford, 1971,p. 178.

[13] Whitman A. N. and Cohen I. M. ,J. Appl. Phys. ,1973,44,No. 4,1552-1556.

[14] Finkel'nburg I. and Mekker G . ,Electrical arcs and thermal plasma,Mos-cow,IL,1961.

[15] Gurovich V. Ts. ,et al,Teplofizika Vysokikh Temperatur. ,1980,18,No. 2,256-265.

[16] Zarudi M. E. ,Zhurn. Tekh. Fiziki. ,1971,41,No. 4,734-743.

[17] Mekker G. ,In:Moving plasma,Moscow,IL,1961,pp. 438-477.

[18] Belousova L. E. ,Teplofizika Vysokikh Temperatur. ,1971,9,No. 6,1 131-1138.
[19] Lowke J. J. ,J. Appl. Phys. ,1970,41,No. 6,2588-2599.
[20] Desyatkov G. A. ,et al,In:Proc. 13th Intern. Conf. Phen. Ionised Gases,Berlin,1977,pp. 513-514.
[21] Moizhes B. Ya. ,et al,Zhrn. Tekhn. Fiziki. ,1976,46,No. 7,1427-1431.
[22] Artemov V. I. ,et al,Izv . SO AN SSSR,1980,No. 13,No. 3,18-20.
[23] Levitan Yu. S. ,et al,In:S tability of the electrical arc,Novosibirsk,Nauka,1973.
[24] Kim D. Ch. ,Proc. of 8th Nat. Conf. on Low-Temperature Plasma Generators,Novosibirsk,1980,pp. 69-72.
[25] Gurovich V. Ts. ,et al,Proc. of 8th Nat. Conf. on Low-Temperature Plasma Generators,Novosibirsk,1980,pp. 16-23.
[26] Novikov O. Ya. ,Stability of the electrical arc,Leningrad,Ener giya,1978.
[27] Maecker H. H. and S tablein H. G. ,IEEE Trans. Plasma Sci. ,1986,PS-14,291-299.
[28] Desyatkov G. A. ,et al,In:Proc. 10th Intern. Symp. on Plasma Chemistry,Bochum,1991,pp. 1-6.
[29] Desyatkov G. A. ,et al,J. High Temp. Chem. Proc. ,1992,1,No. 3,291-298.
[30] Maecker N. ,Z. Physik. ,1955,141,198-216.
[31] Lelevkin V. I. and Otorbaev D. K. ,Experimental and theoretical models in the physics of non-equilibrium plasma,Frunze,Ilim,1988.
[32] Shoek P. A. ,In:Current problems of heat exchange,Moscow,Energiya,1966,pp. 110-139.
[33] Pfender E. and Ekker E. R. G . ,Izv. SO AN SSSR,1973,No. 13 (3),3-26.
[34] Olsen H. N. ,Phys. Fluids,1959,2,614-620.
[35] Busz-Peurkert C. and Finkelnbur g W. ,Z. Physik. ,1955,140,540-546.
[36] Sanders N. ,et al,J. Appl. Phys. ,1982,53,4136-4145.
[37] Kolesnikov V. N. ,In:Physical optics,Moscow,Nauka,1964.
[38] Asinovskii E. I. and Pakhomov E. P. ,Teplofizika Vysokhikh Temperatur. ,1968,13,No. 6,333-336.
[39] Incroperra F. P. ,IEEE Trans. Plasma Sci. ,1973,PS-1,3-9.
[40] Chen D. M. and Pfender E. ,IEEE Trans. Plasma Sci. ,1981,9,265-274.
[41] Uryukov B. A. ,SO AN SSSR,1981,No. 3(1) 87-88.
[42] Levitan Yu. S. ,SO AN SSSR,1984,10,117-137.
[43] In:Turbulence. Principles and applications,Moscow,Mir,1986.
[44] Numerical modelling of turbulent phenomena in electric arc plasma,Bishkek,Ilim,1993.
[45] Kurochkin Yu. V. ,et al,Teplofizika Vysokhikh Temperatur. ,1975,13,No. 6,1220-1224.

第 4 章

[1] Kirpichev M. V. and Mikheev M. A. ,Modelling of plasma devices,Publishing House of the Academy of Sciences of the USSR,Moscow and Leningrad,1936.
[2] Minaev A. N. ,Theory of similarity and its applications in thermal engineering,Moscow and

Leningrad, Gosener gonizdat, 1959.

[3] Minaev A. N. , Theory of dimensionality of quantities and similarity and their application in thermal engineering, N. K. Krupskaya Institute, Moscow, 1968.

[4] Gukhman A. A. , Introduction into similarity theory, Moscow, Vysshaya Shkola, 1983.

[5] Sedov L. I. , Similarity methods and dimensions in mechanics, Moscow, Nauka, 1977.

[6] Dautov G. Yu. and Zhukov M. F . , PMTF, 1965, No. 2, 97-105.

[7] Dautov G. Yu. and Zhukov M. F . , PMTF, 1965, No. 6, 111-114.

[8] Kutateladze S. S. and Yas'ko O. I. , IFZh, 1964, 7, No. 4, 25-27.

[9] Zhukov M. F. , et al, Applied dynamics of thermal plasma, Novosibirsk, Nauka, 1975.

[10] Koroteev A. S. , et al, Plasma torches: design, characteristics, calculations, Moscow, Mashinostroenie, 1993.

[11] Kutateladze S. S. and Yarygin V. N. , In: Selected studies of S. S. Kutateladze, Novosibirsk, Nauka, 1989.

[12] Kurosh A. G. , Lectures in high algebra, Moscow, Nauka, 1971.

[13] Kochin N. E. , Vector calculus and origins of tensor calculus, Moscow and Leningrad, ONTI, 1937.

[14] Mikhailov B. I. , Proc. of 4th Nat. Scientific and Technical Conf. : Application of low-temperature plasma in industry, Czestochowa-Kokotek, Poland, No. 5-8, 1979, 80-84.

第5章

[1] Dautov G. Yu. and Zhukov M. F . , PMTF, 1965, No. 2, 97-105.

[2] Dautov G. Yu. and Zhukov M. F . , PMTF, 1965, No. 6, 111-114.

[3] Kutateladze S. S. and Yas'ko O. I. , IFZh, 1964, 7, No. 4, 25-27.

[4] Zhukov M. F. , et al, Applied dynamics of thermal plasma, Novosibirsk, Nauka, 1975.

[5] Zhukov M. F. and Sukhinin Yu. I. , Izv. Sib. otd-niya AN SSSR, Ser Tekhn. Nauk, AN SSSR, 1969, No. 3(1), 55-60.

[6] Zhukov M. F. , et al, Izv . Sib. otd-niya AN SSSR, Ser Tekhn. Nauk, AN SSSR, 1970, No. 3 (1), 30-34.

[7] Zhukov M. F. (ed), Fundamentals of calculations of linear plasma torches, Novosibirsk Institute of] Thermal Engineering, AN SSSR, 1979.

[8] Kutateladze S. S. and Yarygin V. N. , In: Selected studies of S. S. Kutateladze, Novosibirsk, Nauka, 1989.

[9] Zhidovich A. I. , et al, In: Low-temperature plasma generators, Moscow, Energiya, 1969, pp. 219-232.

[10] Brilhac J. -F. , et al, Plasma Chemistry and Plasma Processing, 1995, 15, No. 2, 231-255.

[11] Brilhac J. -F. , et al, Plasma Chemistry and Plasma Processing, 1995, 15, No. 2, 257-277.

[12] Zhukov M. F. and Panin V. E. (eds), New materials and technologies. Ex-treme technological processes, Chap. 7, Plasma classification of coal, Novosibirsk, Nauka, 1992.

[13] Mikhailov B. I. , IFZh. , 1984, 16, No. 2, 325-326.

[14] Zhukov M. F. (ed), Electric arc plasma torches advertising literature, Institute of Thermal Engineering, Novosibirsk, 1980.

[15] Hadlestone R. , Plasma diagnostics, Moscow, Mir, 1967.

[16] Kolonina L. I. and Smolyakov V. Ya. , In: Low-temperature plasma genera-tors, Moscow, Ener giya, 1969, pp. 209-218.

[17] Maecker H. , Zeit. fur Physik. , 1960, 158, No. 4, 392-404.

[18] Edel's Kh. , and Kimblin S. V. , In: Low-temperature plasma, Moscow, Mir, 1967.

[19] Dautov G. Yu. and Sazonov M. I. , PMTF, 1967, No. 4, 127-131.

[20] Zhukov M. F. , et al, Electric arc generators with inter -electrode inserts, Novosibirsk, Nauka, 1982.

[21] Engel'sht V. S. , et al, Diagnostics of low-temperature plasma, Novosibirsk, Nauka, 1995.

[22] Zhukov M. F. , et al, Izv. Sib. otd-niya AN SSSR, Ser Tekhn. Nauk, 1987, No. 11(3), 25-51.

[23] Artemov V. I. , et al, Instabilities and turbulence in low-temperature plasma, Moscow Ener gy Institute, Moscow 1993.

[24] An'shakov A. S. , et al, Izv . Sib. otd-niya AN SSSR, Ser Tekhn. Nauk, 1970, No. 8 (2) 3-11.

[25] Zhukov M. F. and Timoshevskii A. N. , Izv. Sib. otd-niya AN SSSR, Ser Tekhn. Nauk, 1973, No. 13 (3), 66-70.

[26] Dautov G. Yu. and Sazonov M. I. , PMTF, 1967, No. 4, 127-131.

[27] Mustafin G. M. , PMTF, 1968, No. 4, 124-129.

[28] Asinovskii E. I. and Zeigarnik V. A. , TVT, 1974, 12, No. 6, 1278-1291.

[29] Zhukov M. F. , et al, In: Proc. 13th Intern. Conf. on Phenomena in Ion Gases, Berlin, 1977, Part 2, Leipzig, 539-540.

[30] Zhukov M. F. , et al, PMTF, 1979, No. 6, 11-16.

[31] Lukashov V. P. and Poednyakov B. A. , SO AN SSSR, 1976, No. 13(3), 103-107.

[32] Kutateladze S. S. and Leont'ev A. I. , Heat, mass exchange and friction in a turbulent flow, Moscow, Ener giya, 1972.

[33] Kolonina L. I. and Uryukov B. A. , Izv . Sib. otd-niya AN SSSR, Ser Tekhn. Nauk, 1968, No. 13 (3), 23-27.

[34] An'shakov A. S. , et al, In: Proc. 6th Nat. Conf. on Low-Temperature Plasma Generators, Frunze, Ilim, 1974, 86-89.

[35] Lukashov V. P. and Pozdnyakov B. A. , In: Problems of hydrodynamics and heat exchange, Novosibirsk, 1976, 231-237.

[36] Zhukov M. F. (ed), Theory of thermal electric arc plasma, Novosibirsk, Nauka, 1987.

[37] Engel'sht V. S. , et al, Theory of electrical arc, Novosibirsk, Nauka, 1990.

[38] Uryukov B. A. , Izv. Sib. otd-niya AN SSSR, Ser Tekhn. Nauk, 1975, No. 3 (1), 3-10.

[39] Shkarofksy I. P. , ARL 73-0133, 1973, p. 123.

[40] Frind G. and Damsky B. L. , ARL 70-0001, 1970, p. 76.

[41] Runstadler P. W. , Harward University, Dept. Eng. And Appl. Phys. , Techn. Rep. , No.

22,1965.

[42] Polaka L. S. (ed),Lectures on physics and the chemistry of low-temperature,plasma,Moscow,Nauka,1971.

[43] Uryukov B. A. ,Izv. Sib. otd-niya AN SSSR,Ser Tekhn. Nauk,1973,No. 13 (3),48-59.

[44] Kurochkin Yu. V. and Pustogarov A. V. ,Experimental investigations of plasma torches, Novosibirsk,Nauka,1977.

[45] Karabut A. B. ,et al,TVT,1979,17,No. 3,618-625.

[46] Arzamastsev A. N. ,et al,In:Proc. Of 8th Nat. Conf. on Low-Temperature Plasma Generators,Part. 3,Novosibirsk,1980,4-7.

[47] Bobrovskaya R. S. ,et al,Ibid,8-12.

[48] In:Proc. of 9th Nat. Conf. on Low-Temperature Plasma Generators,Frunze,Ilim,1983,pp. 80-81.

[49] Karabut A. B. ,et al,TVT,1979,17,No. 3,618-625.

[50] Pustogarov A. V. ,et al,TVT,1986,24,No. 4,639-643.

[51] Pustogarov A. V. ,et al,Proc. of 1 1th Nat. Conf. on Low-Temperature Plasma Generators, Vol. 1,Novosibirsk,1989,171-172.

[52] Ibid,169-170.

[53] Zhukov M. F. ,et al,TVT,1988,26,No. 1,1-9.

[54] Zasypkin I. M. ,et al,Proc. of 9th Nat. Conf. on Low-Temperature Plasma Generators,Frunze,Ilim,1983,pp. 76-77.

[55] Uryukov B. A. ,IIzv . Sib. otd-niya AN SSSR,Ser Tekhn. Nauk,1981,No. 3 (1),87-98.

[56] Kutaeladze S. S. ,Analysis of similarity in thermophysics,Novosibirsk,Nauka,1982.

[57] Steinberger S. ,Zeitschrift fur Physik,1969,223,No. 1,1-18.

[58] Nizovskii V. L. and Shabashov V. I. ,In:Proc. of 6th Nat. Conf. on Low-Temperature Plasma Generators,Frunze,Ilim,1974,pp. 102.

[59] Knyazev Yu. R. ,et al,ZhTF,1967,37,No. 3,523-532.

[60] Dement'ev V. V. ,et al,In:Physics,technology and application of low-temperature plasma, Alma-Ata,1970,pp. 334-338.

[61] Kushnarenko I. P,et al,In:Proc. of 6th Nat. Conf. on Low-Temperature Plasma Generators, Frunze,Ilim,1974,82-85.

[62] Zakharkin R. Ya. ,et l,In:Proc. Of 7th Nat. Conf. on Low-Temperature Plasma Generators, Vol. 1,Alma-Ata,1977,94-97.

[63] Yankovskii A. I. ,In:Examination of complicated heat exchange,Novosibirsk,AN SSSR, 1978,138-146.

[64] Zasypkin I. M. ,Electric arc hydrogen heaters. Thermal plasma and new materials technology,Vol. 1:Investigations and design of thermal plasma generators,Cambridge Interscience Publishing,1994,pp. 424-468.

[65] Barkov A. P. ,In:Proc. of 8th Nat. Conf. on Low-Temperature Plasma Generators,Vol. 3,

Novosibirsk, 1980, pp. 21-24.

[66] Grigor'ev M. A. and Rutber g F. G. , In: Powerful generators and low-temperature plasma methods of examining their parameters, Scientific Research Insti-tute of Electrical Engineering, Leningrad, VNIIelektromash, 1984, pp. 43-51.

[67] Grigor'ev M. A. , et al, In: Plasma generators and methods of diagnostics, Scientific Research Institute of Electrical Engineering, Leningrad, VNIIelektromash, 1984, pp. 129-133.

[68] Peinter J. Kh. and Kroutil J. K. , RTiK, 1980, 18, No. 3, 143-145.

[69] Kurochkin Yu. V. , et al, TVT, 1978, 16, No. 1, 195-197.

[70] Zasypkin I. M. , et al, In: Proc. of 9th Nat. Conf. on Low-Temperature Plasma Generators, Frunze, Ilim, 1983, pp. 117-119.

[71] Kravchenko S. K. , et al, In: Proc. of 10th Nat. Conf. on Low-Temperature Plasma Generators, Vol. 1, Minsk, 1986, 49-50.

[72] Mikhailov B. I. and Shatokhin V. G. , In: Proc. of 8th Nat. Conf. on Low-Temperature Plasma Generators, Vol. 3, Novosibirsk, 1980, 64-67.

[73] Mikhailov B. N. , Ibid, pp. 68-71.

[74] Zasypkin I. M. and Mikhailov B. I. , In: Physics of low-temperature plasma, Vol. 2, Proc. of 8th Nat. Conf. , Minsk, 1991, 67-68.

第6章

[1] Zhukov M. F. , et al, Applied dynamics of thermal plasma, Novosibirsk, Nauka, 1975.

[2] Dautov G. Yu. and Zhukov M. F. , PMTF, 1965, No. 2, 97-105.

[3] Zhukov M. F. and Sukhinin Yu. I. , Izv. AN SSSR, 1969, No. 3 (1), 55-60.

[4] German V. O. and Morozov M. G . , Teplofizika Vysokikh Temperatur. , 1965, 3, No. 5, 765-770.

[5] Zhukov M. F. (ed), Plasma torches. Investigations. Problems, Novosibirsk, Izd-vo SO RAN, 1995.

[6] Smith R. T. and Folck I. L. , AFFDL-TR-69-6, 1969, p. 67.

[7] Mortseva G. I. , et al, In: Proc. of 4 th Nat. Conf. on Low-Temperature Plasma Generators, Alma-Ata, 1970, pp. 413-416.

[8] Belyanin N. M. and Zyrichev N. A. , IFZh, 1969, 16, No. 2, 212-217.

[9] Yurevich F. B. , et al, IFZh, 1967, 12, No. 6, 711-717.

[10] Ganz S. N. , et al, In: Production of bonding nitrogen in plasma, Kiev, Naukova dumka, 1967.

[11] Zasypkin I. M. , Electric arc hydrogen heaters/Thermal plasma and new materials technology. Vol. 1: Investigations and design of thermal plasma generators, Cambridge Interscience Publishing, 1994, pp. 424-468.

[12] Zhukov M. F. , et al, Izv . Sib. otd-niya AN SSSR, Ser Tekhn. Nauk, 1970 No. 3 (1), 30-34.

[13] Zhukov M. F. (ed), Fundamentals of calculating linear plasma torches, Novosibirsk, 1979.

[14] Brilhac J. -F. , et al, Plasma Chemistry and Plasma Processing, 1995, No. 2, 231-255.

[15] Brilhac J. -F. , et al, Plasma Chemistry and Plasma Processing, 1995, No. 2, 257-277.

[16] Nutsch G. , In: 3 rd European Congress on Thermal Plasma Processes, 1994, Aachen, Dus-

seldorf, VDI-V erlag GmbH, 1995, pp. 201-209.

[17] Zhukov M. F., et al, Electrical arc generators with inter -electrode inserts, Novosibirsk, Nauka, 1981.

[18] Zhukov M. F., et al, Izv. Sib. otd-niya AN SSSR, Ser Tekhn. Nauk, 1980, No. 13 (3), 77-85.

[19] Dautov G. Yu., et al, PMTF, 1967, No. 1, 172-176.

[20] Zhukov M. F., et al, Izv. Sib. otd-niya AN SSSR, Ser Tekhn. Nauk, 1973, No. 3 (1), 18-24.

[21] Zasypkin I. M. and Urbakh E. K., In: Proc. of 9th Nat. Conf. on Low-Temperature Plasma Generators, Frunze, Ilim, 1983, pp. 74-75.

[22] Michael G. and Rothhardt L., Contributions to Plasma Physics, 1982, 22, No. 6, 477-484.

[23] Ivlyutin A. I., et al, In: Proc. of 5th Nat. Conf. on Low-Temperature Plasma Generators, Vol. 1, Novosibirsk, 1972, pp. 205-207.

[24] Zhukov M. F., et al, Electric gas heaters (plasma torches), Moscow, Nauka, 1973.

[25] Zhukov M. F., et al, Theory of thermal electric arc plasma, Vol. 2, Novosibirsk, Nauka, 1987, p. 287.

[26] Engel'shta V. S. and Uryukova B. A. (eds), Low-temperature plasma. Vol. 1, Theory of the column of the electrical arc, Novosibirsk, Nauka, 1990, p. 376.

[27] Ambrazyavichyus A., Heat exchange in quenching of gases, Vil'nyus, Mokslas, 1983.

[28] Shashkov A. G., et al, Heat exchange in electric arc gas heaters, Moscow, Energiya, 1974.

[29] Ambrazevicius A. and Zukauskas A., In: 6th Intern. Heat Transfer Conf., Toronto, Canada, 1978, Vol. 2, pp. 559-563.

[30] Marlotte G. I., et al, ARL 64-69, 1964.

[31] Zhukov M. F., et al, Izv. Sib. otd-niya AN SSSR, Ser Tekhn. Nauk, 1979, No. 8 (2), 61-66.

[32] Ambrazyavichus A. and Zhukauskas A. S., In: Generation of electric arc plasma flow, Novos ibirsk, 1987.

[33] Ambrazyavichyus A. B., et al, In: Proc. of 6th Nat. Conf. on Low-Temperature Plasma Generators, Frunze, Ilim, 1974, pp. 94-97.

[34] Zarudi M. E. and Edel'baum I. S., In: Transfer phenomena in low-temperature plasma, Minsk, Nauka i Tekhnika, 1969, pp. 82-87.

[35] Zhukov M. F., et al, Izv. Sib. otd-niya AN SSSR, Ser Tekhn. Nauk, 1975, No. 8 (2), 15-20.

[36] Lukashov V. P. and Pozdnyakov B. A., Izv. Sib. otd-niya AN SSSR, Ser Tekhn. Nauk, 1976, No. 3 (1), 8-11.

[37] Painter J. H., AIAA Paper, 1973, No. 74-731, 11.

[38] Kutateladze S. S., Fundamentals of heat exchange theory, Novosibirsk, Nauka, 1970.

[39] Kutateladze S. S. and Leont'ev A. I., Heat, mass exchange and friction in turbulent boundary layers, Moscow, Ener giya, 1972.

[40] Leont'ev A. I. and Volchkov E. P., In: Experimental investigations of plasma torches, Novo sibirsk, Nauka, 1977.

[41] Dyban E. P. ,et al,IFZh,1971,20,No. 2,294-298.
[42] Ambrazyavichyus A. B. ,et al,In:Heat exchange in high temperature gas flows,Vil'nyus,Mintis,1972.
[43] Vargaftik N. V. ,A handbook of the thermophysical properties of gases and liquids,Moscow,Nauka,1972.
[44] Zhukov M. F. ,et al,Fluid mech. ,Sov . Res. ,1982,11,No. 3,75-84.
[45] Painter J. H. ,et al,AIAA Journ. ,1971,No. 12,2307-2308.
[46] Lebsak V. A. ,et al,Obzor . TsAGI,No. 566,1979.
[47] Zhukov M. F. ,et al,Plasma chemical processing of coal,Moscow,Nauka,1985.
[48] Glebov I. A. and Rutber g F. G. ,Powerful plasma generators,Moscow,Energoatomizdat,1985.
[49] Fogel'son I. B. ,Transitor thermal sensors,Moscow,Sov. Radio. ,1972.
[50] Anyshakov A. S. ,et al,PMTF,1967,No. 1,161-166.
[51] Zheenbaev J. ,et al,In:Proc. of 5th Nat. Conf. on Low-Temperature Plasma Generators,Vol. 2,Novosibirsk,1972,pp. 60-62.
[52] Zhukov M. F. , et al, In: Authors certificate No: 430801 (USSR), 1974, Bulletin No. 19,1976.
[53] Zhukov M. F. ,et al,In:11th Intern. Conf. on Phenomenoa in Ionised Gases,Prague,1973,p. 226.
[54] Kharder and Kahn,R TiK,1970,8,No. 12,132-140.
[55] Kenon and Keis,Teploperedacha,1969,91,No. 2,127-132.
[56] Zhukov M. F. , et al, In: Proc. of 6th Nat. Conf. on Low-Temperature Plasma Generators, Frunze,Ilim,1974,108-111.
[57] Dobrinskii E. K. ,et al, Izv . Sib. otd-niya AN SSSR, Ser Tekhn. Nauk,1979,No. 8 (2), 42-49.
[58] Yankovskii A. I. ,Examination of complicated heat exchange,Novosibirsk,1978,138-145.
[59] Kosinov V. A. and Yankovskii A. I. ,In:Proc. of 7th Nat. Conf. on Low-Temperature Plasma Generators,Vol. 1,Alma-Ata,1977,203-206.
[60] Cann G. L. ,ARL 73-0043,1973,p. 131.
[61] Kurochkin Yu. V. and Pustogarov A. V. ,In:Experimental investigations of plasma torches, Novosibirsk,Nauka,1977,pp. 82-104.
[62] Karabut A. B. ,et al,Izv . Sib. otd-niya AN SSSR,Ser Tekhn. Nauk,1976,No. 8 (2),10-13.
[63] Pustogarov A. V. ,et al,Izv . Sib. otd-niya AN SSSR,Ser Tekhn. NaukR,1976,No. 8 (2),7-9.
[64] Kutateladze S. S. and Yarygin V. N. ,Experimental methods in dynamics of rarified gases, Novosibirsk,1974.
[65] Mironov B. P. ,Experimental investigations of plasma torches,Novosibirsk,Nauka,1977.
[66] Leont'ev A. I. ,et al,Thermal shielding of plasma torched walls. In:Low-temperature plasma,Vol. 15,Novosibirsk,1995.

[67] Heberlein J. ,et al,ARL 70-007,1970,p. 111.

[68] Kurochkin Yu. V. ,Izv. Sib. otd-niya AN SSSR,Ser Tekhn. Nauk,1977,No. 8 (2),97-102.

[69] Kutateladze S. S. , et al, Experimental examination of wall turbulent flows, Novosibirsk, Nauka,1975.

[70] Kutateladze S. S. and Mironov B. P. ,PMTF,1970,No. 3,162-166.

[71] Kutateladze S. S. ,et al,PMTF,1966,No. 5,123-125.

[72] Onufriev A. T. and Sevast'yanenko V. G. ,Zhurn. Prikl. Mekhaniki i Tekhn. Fiziki. ,1969, No. 2,17-22.

[73] Vetlutskii V. N. and Sevast;yanenko V. G. ,Zhurn. Prikl. Mekhaniki i Tekhn. Fiziki. ,1969, No. 1,136-138.

[74] Soloukhin R. I. ,et al,Optical characteristics of hydrogen plasma,Novosibirsk,Nauka,1973.

[75] Zhukov M. F. (ed),Properties of low-temperature plasma and methods of diagnostics,Novo sibirsk,Nauka,1977.

[76] Shidlauskas V. A. ,Radiation and complicated heat exchange in the hydrogen plasma arc, Dissertation,Kaunas,Moscow,1980.

[77] Kon'kov A. A. ,Tepolofizika Vysokikh Temperatur. ,1979,17,No. 4,678-684.

[78] Barkov A. P. ,et al,In:Proc. of 7th Nat. Conf. on Low-Temperature Plasma Generators,Vol. 2,Alma-Ata,1977,pp. 204-207.

[79] Mikhailov B. I. and Voichak V. P. , In: New materials and technologies, Vol. 1, Extreme technological processes,Novosibirsk,Nauka,1992.

[80] Mikhailov B. I. ,In:Proc. of 9th Nat. Conf. on Low-Temperature Plasma Generators,Frunze, Ilim,1983,pp. 336-337.

[81] Mikhailov B. I. ,In:Proc. of 9th Nat. Conf. on Low-Temperature Plasma Generators,Frunze, Ilim,1983.

第7章

[1] Zhukov M. F. ,et al,Applied dynamics of thermal plasma,Novosibirsk,Nauka,1975.

[2] Zhukov M. F. (ed),Electric arc plasma torches(advertising leaflet), Institute of Thermal Physics,Novosibirsk,1980.

[3] Romanovskii G. F. ,et al,Nikolaev,1981,No. 181,3-6.

[4] Mikhailov B. I. ,and Voichak V. P. ,In:New materials and technologies. Extreme technological processes,Novosibirsk,Nauka,1992.

[5] Mikhailov B. I. , In: 4 th Nat. Conf. : Application of Low-Temperature Plasma in Industry, Czestochowa-Kokotek,Poland,1979,pp. 79-82.

[6] Peregudov V. S. ,et al,Ener getik,1997,No. 2,13-14.

[7] Zhukov M. F. ,et al,Plasma mazut-free heating of boilers and stabilisation of burning of coal dust jets,Novosibirsk,Nauka,1995.

[8] Zhukov M. F. , et al, In: High temperature dust-laden jets in plasma technology, Utrecht, Tokyo,VSP,1990,pp. 531-541.

[9] Peregudov V. S. ,et al,Proc. of Int'l Conf. :High-Temperature Dusted Jets in the Processes of T reatment of Powder Materials,Novosibirsk,1988,pp. 167-173.

[10] Zhukov M. F . ,et al,Electric arc generators with inter-electrode inserts,Novosibirsk,Nauka,1981.

[11] Volodin I. L. ,et al,Khim. Prom-st',1975,No. 3,211-215.

[12] An'shakov A. S. ,et al,Izv . Sib. otd-niya AN SSSR,Ser Tekhn. Nauk,1970,No. 8 (2),3-11.

[13] Izinger Yu. V. ,et al,In:Proc. of 9th Nat. Conf. on Low-Temperature Plasma Generators,Frunze,Ilim,1983,pp. 174-175.

[14] GNP-1. 5/3M plasma torch. Service instructions,Novosibirsk,1982.

[15] Examination of the stability and reliability of operation of the section of 5-10 MW plasma torches, recommendations for construction of the industrial plasma torch, Novosibirsk,1984.

[16] Zasypkin I. M. ,et al,In:Proc. of 9th Nat. Conf. on Low-Temperature Plasma Generators,Frunze,Ilim,1983,pp. 118-119.

[17] Patent 31337 (East Germany).

[18] Dautov G. Yu. ,et al,In:Generators of low-temperature plasma,Proceedings,Vol. 2,Minsk,1986,pp. 13-14.

[19] Donskoi A. V. and Klubnikin V. S. ,Electric plasma processes and equipment in engineering,Mashinostroenie,Leningrad,1979.

[20] Patent 2052796 (USA).

[21] Patent 107369 (East Germany).

[22] Patent 3708409 (USA),1248595 (Great Britain).

[23] Patent 3661764 (USA),1317918,1317919 (Great Britain).

[24] Author's certificate No. 527843 (USSR).

[25] Zhukov M. F. ,et al,Thermochemical cathodes,Novosibirsk,1985.

[26] Egorov V. M. and Novikov O. Ya. ,In:Theory of the electrical arc in the conditions of forced heat exchange,Novosibirsk,1977,pp. 163-173.

[27] Patent 3666982 (USA).

[28] Gavryushenko B. S. and Pustogarov A. V. ,In:Near -electrode processes and erosion of electrodes with plasma torches,Novosibirsk,1977.

[29] Bolotov A. V. ,et al,In:Proc. of 8th Nat. Conf. on Low-Temperature Plasma Generators,Vol. 2,Novosibirsk,1980,pp. 28-31.

[30] An'shakov A. S. ,et al,Ibid. ,pp. 24-27.

[31] Dautov G. Yu. ,et al,TVT,1967,5,No. 3,500-504.

[32] Timoshevskii A. N. and Sudarev A. I. , In: Thermophysical investigations, Novosibirsk,1977.

[33] Sudarev A. I. and Timoshevskii A. N. ,In:Proc. of 8 th Nat. Conf. on Low-Temperature Plasma Generators,Vol. 2,Novosibirsk,1980,pp. 120-123.

[34] Novikov O. Ya. ,et al,Multi-arc systems,Novosibirsk,Nauka,1988.

第8章

[1] Product Engineering,1967,38,No. 16,62-68.

[2] Patent 3472995 (USA).

[3] Patent 20872 (USA).

[4] Patent 20873 (USA).

[5] Zheenbaev Zh. and Engel'sht V. S. ,Two-jet plasma torch,Frunze,Institute of Physics and Mathematics,1983.

[6] Konabko R. I. ,et al,In:Proc. of 6th Nat. Conf. on Low-Temperature Plasma Generators, Frunze,Ilim,1974,pp. 155-158.

[7] Donskoi A. V. and Klubnikin V. S. ,Electric plasma processes and equipment in engineering, Leningrad,Mashinostroenie,1979.

[8] Finkel'nburg V. and Mekker G. ,Electrical arcs and thermal plasma,Moscow,IL,1961.

[9] Zheenbaev Zh. ,et al,Izv . Sib. otd-niya AN SSSR,Ser Tekhn. Nauk,1976,No. 3 (1),17-20.

[10] Zhukov M. F. ,et al,Applied dynamics of thermal plasma,Novosibirsk,Nauka,1975.

[11] Gol'dfarb V. M. ,TVT,1973,11,No. 1,180-191.

[12] Ovsyannikov A. A. ,In:Physics and chemistry of low-temperature plasma,Moscow,Nauka,1971.

[13] Gol'dfarb V. M. and Dresvin S. V. ,TVT,1965,3,333.

[14] Abdrazakov A. and Zheenbaev Zh. ,In:Investigations of the electrical arc in argon,Frunze, Ilim,1966.

[15] Zheenbaev Zh. and Engel' sht V. S. ,Laminar plasma torch,Frunze,Ilim,1975.

[16] Rother W. ,Possibilities of probe measurements of oxygen in plasma jets at atmospheric pressure,Dissertation,Meiningen,1963.

[17] Nugmanov A. M. and Temirbaev D. J. , Tekhnicheskie Nauki, Alma-Ata, 1975, No. 19, 44-51.

[18] Author's certificate No. 683868. Class. V23K9/04,1979.

[19] Polyakov S. P. ,et al,IFZh,1984,46,No. 3,476-480.

[20] Polyakov S. P. ,et al,IFZh,1986,50,No. 2,245-249.

[21] Livitan N. V. and Polyakov S. P . ,IFZh,1986,50,No. 4,635-640.

[22] Physical encyclopaedic dictionary,Moscow,Sov. Entsiklopediya,1965.

[23] Zhukov M. F. ,et al,Plasma torches. Investigations. Problems. Novosibirsk,1995.

[24] Zolotovskii A. I. ,et al,IFZh,1982,46,No. 4,604-607.

[25] Demidovich A. B. ,et al,IFZh,1982,46,No. 3,461-466.

[26] Volokitin G. G. ,et al,In:Generators of low-temperature plasma,Proc. of 10th Nat. Conf. , Kaunas,1986.

[27] Volokitin G. G. ,Izv. Sib. otd-niya AN SSSR,Ser Tekhn. Nauk,1989,No. 13 (3),90-94.

[28] New materials and technologies. Extreme technological processes,Vol. 9:Plasma treatment of surface of engineering components,Novosibirsk,1992,pp. 1525-166.

[29] Zhukov M. F. ,et al,Fizika i Khimiya Obrab. Materialov,1994,No. 6,98-108.

[30] Kostylev V. P. and Marusin V. V. ,Russian Federation Patent No. 1708872,07. 06. 1993,A method of hardening steel components.

[31] Zhukov M. F. , et al, Russian Federation Patent No. 2057200, 08. 04. 1994, A method of treatment of components of low-carbon steels.

[32] Anyshakov A. S. , et al, In: Proc. of 11th Nat. Conf. on Low-Temperature Plasma Generators, Vol. 1, Novosibirsk, 1989, pp. 145-146.

[33] Urbakh E. K. , et al, In: Proc. of 11th Nat. Conf. on Low-Temperature Plasma Generators, Vol. 2, Novosibirsk, 1989, pp. 46-47.

[34] Zhukov M. F. , et al, In: High temperature dust-laden jets in plasma technology, Utrecht, Tokyo, VSP, 1990, pp. 531-541.

[35] Anyshakov A. S. , et al, In: Automated electric technological systems, Novosibirsk, 1991, pp. 39-44.

[36] Zhukov M. F. , et al, Plasma mazut-free firing of furnaces and stabilisation of burning of the coal dust jet, Novosibirsk, Nauka, 1995.

第 9 章

[1] Zhukov M. F. , et al, Electric arc gas heaters (plasma torches), Moscow, Nauka, 1973.

[2] Zhukov M. F. , et al, Applied dynamics of thermal plasma, Novosibirsk, Nauka, 1975.

[3] Koroteev A. S. , et al, Plasma torches. Design, characteristics, calculations, Moscow, Mashinostroenie, 1993.

[4] Bogatyreva V. A. , et al, PMTF, 1968, No. 3, 86-89.

[5] Botagyreva V. A. , et al, Izv . Sib. otd-niya AN SSSR, Ser Tekhn. Nauk, 1967, No. 13 (3), 159-162.

[6] Rutberg F. G. , In: Some problems of investigation of gas dischar ge plasma and the formation of some magnetic fields, Leningrad, Nauka, 1970.

[7] Kiselev A. A. and Rutber g F. G. , In: Generators of plasma jets and high-current arcs, Leningrad, Nauka, 1973.

[8] Kiselev A. A. and Rutber g F. G. , TVT, 1974, 12, No. 4, 827-834.

[9] Glebov I. A. and Rutber g F. G. , Powerful plasma generators, Moscow, Energoatomizdat, 1985.

10] Rutberg F. G. , et al, In: Physics of low-temperature plasma, Proc. of Conf. , Petrozavodsk, 1995, Vol. 3, 422-424.

[11] Goryachev V. L. and Khodakovskii A. M. , In: Physics of low-tempera-ture plasma, Proc. of Conf. , Petrozavodsk, 1995, Vol. 3, 186-188.

[12] Rutberg F. G. and Safronov A. A. , In: Fourth European Conf. on Thermal Plasma Processes, Athens, 1996.

[13] Engel'sht V. S. , et al, In: Plasma activation of combustion of coal, Proc. , Alma-Ata, KazNIIE, 1989.

[14] Desyatkov G. A. , et al, In: Plasma jets in Developm. New Material Techn. Proc. Intern.

Workshop, Frunze, 1990, Utrecht, Netherlands, VSP, 1990, pp. 499-509.

[15] Desyatkov G. A., et al, In: 20th Intern. Conf. Phenom. Ionised Gases. Contrib. Pap., II, Cioccco, Bar ga, Italy, 1991.

[16] Engel'sht V. S., et al, In: Physics of low-temperature plasma, Proc., Minsk, 1991.

[17] Trapitsin N. F., High-voltage AC arc as a source of light for emission spectrum analysis, Frunze, Ilim, 1986.

[18] Engel'sht V. S., et al, Plasma soldering iron, Author's certificate 1651041, USSR, No. 4700478/06, B. I. 1991, No. 19.

[19] Engel'sht V. S., et al, In: Problems of saving ener gy, Proc., Vol. 1, Kiev, 1991, 57-58.

[20] Engel'sht V. S., et al, Ignitor, Author's certificate No. 1483186 USSR, No. 4333663/28-06, B. I. 1989, No. 20.

[21] Desyatkov G. A., et al, Ignitor, Author's certificate No. 1636647 USSR, No. 4655409/06, B. I. 1991, No. 11.

第10章

[1] Zhukov M. F., et al, Electric arc gas heaters (plasma torches), Moscow, Nauka, 1973.

[2] Zhukov M. F., et al, Applied dynamics of thermal plasma, Novosibirsk, Nauka, 1975.

[3] Dandaron G.-N. V., et al, Author's certificate No. 1748616, Priority invention 24. 08. 1989.

[4] Basin A. S. and Ipat'eva O. S., In: Scientific Proc. of the Conf.: Electric Technology, Today and Tomorrow, Cheboksary, 1997, pp. 68-69.

[5] Mortseva G. I., et al, In: Physics, technology and application of low-temperature plasma, Alma-Ata, KazPTI, 1970, pp. 68-69.

[6] Zheenbaev Zh. Zh., et al, Izv. Sib. otd-niya AN SSSR, Ser Tekhn. Nauk, 1973, No. 3 (1), 3-6.

[7] Dandaron G.-N. B. and Urbakh E. K., In: Proc. of 5th Nat. Conf. on Low-Temperature Plasma Generators, Vol. 1, Novosibirsk, 1972, pp. 40-43.

[8] Bykhovskii D. G., Plasma cutting. Cutting arc and energy equipment, Leningrad, Mashinostroenie, 1972.

[9] Stenin V. V., In: Proc. of 9th Nat. Conf. on Low-Temperature Plasma Generators, No. 6, Frunze, Ilim, 1981, pp. 170-171.

[10] Stenin V. V., TVT, 1985, 23, No. 5, 858-862.

[11] Gordeev V. F., et al, Avt. Svarka, 1981, No. 6, 48-50.

[12] Zhukov M. F., et al, Dokl. AN SSSR, 1981, 260, No. 6, 1354-1356.

[13] Zhukov M. F., et al, Izv. Sib. otd-niya AN SSSR, Ser Tekhn. Nauk, 1978, No. 3 (13), 3-20.

[14] Gavryushchenko B. S. and Pustogarov A. V., In: Near-electrode processes and erosion of electrode plasma torches, Novosibirsk, 1977, pp. 85-122.

[15] Gonopol'skii A. M. and Korablev V. A., Izv. Sib. otd-niya AN SSSR, Ser Tekhn. Nauk, 1983, No. 3 (1), 69-71.

[16] Zakharkin R. Ya., et al, In: Proc. of 7th Nat. Conf. on Low-Temperature Plasma Generators,

Vol. 2, Alma-Ata, 1977, pp. 208-211.

[17] Zhukov M. F., et al, In: Near-electrode processes and erosion of electrode plasma torches, Novosibirsk, 1977, pp. 123-148.

[18] Vasil'ev R. A., et al, In: Proc. of 10th Nat. Conf. on Low-Temperature Plasma Generators, Vol. 1, Minsk, 1986.

[19] Stenin V. V., et al, In: Proc. of 11th Nat. Conf. on Low-Temperature Plasma Generators, Vol. 2, Novosibirsk, 1989, pp. 4-5.

[20] Dzyuba V. L. and Mazuraitis I. S., In: Proc. of 11th Nat. Conf. on Low-Temperature Plasma Generators, Vol. 2, Novosibirsk, 1989, pp. 18-19.

[21] Rossomakho Ya. V., Development of a thermochemical cathode based on hafnium for plasma cutting in oxygen, Dissertation, Leningrad, 1984.

[22] Zakshever O. P., et al, In: Proc. of 9th Nat. Conf. on Low-Temperature Plasma Generators, Frunze, Ilim, 1983, pp. 338-339.

[23] Zhienbekov G. R., In: Proc. of 9th Nat. Conf. on Low-Temperature Plasma Generators, Frunze, Ilim, 1983, pp. 156-157.

[24] Bolotov A. V., et al, In: Proc. of 8th Nat. Conf. on Low-Temperature Plasma Generators, Vol. 2, Novosibirsk, 1980, pp. 28-30.

[25] Paton B. E., et al, Avt. Svarka, 1988, No. 2, 43-46.

[26] Zhukov M. F., et al, Thermochemical cathodes, Novosibirsk, Nauka, 1985.

[27] Novikov O. Ya., et al, Multi-access systems, Novosibirsk, Nauka, 1991.

[28] Zhukov M. F., et al, Sib. Fiz.-Tekhn. Zhurn., 1991, No. 4, 113-117.

[29] Vashchenko S. P., et al, Sib. Fiz.-Tekhn. Zhurn., 1992, No. 1, 98-106.

[30] Zhukov M. F., et al, Near-electrode processes in arc discharge, Novosibirsk, Nauka, 1982.

[31] Zhukov M. F., et al, Plasma torches. Investigations. Problems, Novosibirsk, 1995.

[32] Fesenko V. V. and Bolgar A. S., Evaporation of refractory compounds, Moscow, Metallurgiya, 1966.

[33] Fridlyand M. G., TVT, 1973, 11, No. 2, 414.

[34] Fridlyand M. G., TVT, 1976, 14, No. 1, 21-25.

[35] Vykhovskii D. G. and Dryakov V. V., Fizika i Khimiya Obrab. Materialov, 1984, No. 6, 48-56.

[36] Bykhovskii D. G. and Kryakov V. V., Avt. Svarka, 1982, No. 8, 42-43.

[37] Fridlyand M. G., Avt. Svarka, 1977, No. 1, 16-18.

[38] Fridlyand M. G., et al, TVT, 1981, 19, No. 5, 1095-1097.

[39] Fridlyand M. G., Izv. Sib. otd-niya AN SSSR, Ser Tekhn. Nauk, 1981, No. 1 (3), 121-125.

[40] Fridlyand M. G., Avt. Svarka, 1980, No. 1 1, 60-62.

[41] Zhukov M. F. and Nikiforovskii V. S., In: Experimental investigations of plasma torches, Novosibirsk, Nauka, 1977.

[42] Fridyland M. G., Plasma torches with a constantly renewed cathode, Leningrad, 1986.

[43] Fridyland M. G. and Portov A. B. , Elektrotekhnicheskaya Promyshlennost'. Ser. Elektrosvarka, 1979, No. 5, 11-13.

[44] Moizhes B. Ya. and Nemchinskii V. A. , On the theory of high-pressure arc on a refractory cathode, ZhTF, 1972, 42, No. 5, 1001-1009.

[45] Fridyland M. G. , In: Proc. of 11th Nat. Conf. on Low-Temperature Plasma Generators, Vol. 2, Novosibirsk, 1989, pp. 86-87.

[46] Fridyland M. G. and Nemchinskii V . A. , On the theory of the cathode, constantly renewed from carbon-containing atmosphere arc. Izv. Sib. otd-niya AN SSSR, Ser Tekhn. Nauk, 1987, No. 13 (3), 52-58.

[47] Kryakov V. V. , The formation rate of the active part of the tungsten electrode in the form of a"build-up". Fizika i Khimiya Obrab. Materialov, 1988, No. 1, 72-78.

[48] Kovalev V. N. , et al, In: Proc. of 11th Nat. Conf. on Low-Temperature Plasma Generators, Vol. 2, Novosibirsk, 1989, pp. 143-144.

[49] Dokukin M. Yu. , et al, In: Proc. of 9th Nat. Conf. on Low-Temperature Plasma Generators, Frunze, Ilim, 1983, pp. 194-195.

[50] Moizhes B. Ya. and Nemchinskii V. A. , ZhTF, 1984, 54, No. 8, 1076-1084.

[51] Taran E. N. , et al, In: Proc. of 10th Nat. Conf. on Low-Temperature Plasma Generators, Vol. 1, Minsk, 1986, pp. 97-98.

[52] Chumakov A. N. , et al, In: Proc. of 10th Nat. Conf. on Low-Temperature Plasma Generators, Vol. 1, Minsk, 1986, pp. 99-100.

[53] Zhukov M. F. , et al, Thermophysics and Aeromechanics, 1997, 4, No. 2, 159-170.

[54] Mikhailov V. I. , et al, Russian Federation Patent No. 1641179: A method of controlling the displacement of the arc spot on the internal surface of the cylindrical electrode of the electric arc plasma torch.

[55] Zhukov M. F. , et al, Russian Federation Patent No. 1641179: Electric arc gas pre-heater.

[56] Mikhailov V. I. , et al, Russian Federation Patent No. 1503673: Equipment for electric arc heating of gas.

[57] An'shakov A. S. , et al, Izv. SO AN SSSR, 1988, No. 7(2), 65-68.

[58] VTimoshevskii A. N. , et al, In: Proc. of 11th Nat. Conf. on Low-Temperature Plasma Generators, Vol. 2, Novosibirsk, 1989, pp. 50-51.

[59] Koroteev A. S. , TVT, 1986, 24, No. 5, 980-983.

[60] Nevskii A. P. , et al, Interaction of the arc with plasma torch electrodes, Minsk, Nauka i Tekhnika, 1982.

[61] Urbakh E. K. , et al, In: Proc. of 11th Nat. Conf. on Low-Temperature Plasma Generators, Vol. 2, Novosibirsk, 1989, pp. 46-47.

[62] Uryukov B. A. , Experimental investigations of plasma torches, Novosibirsk, Nauka, 1977.

[63] Marotta A. , et al, Proc. of Conf. : Physics of Plasma and Plasma Technologies, Minsk, 1997, pp. 86-88.

[64] Szente R. N. ,et al,J. Phys. D:Appl. Phys. ,1987,20,754.

[65] Marotta A. and Sharakhovsky L. I. ,J. Phys. D:Appl. Phys. ,1996,29,2395-2403.

[66] Krylovich V. I. and Shabolts A. S. ,Izv. AN BSSR,1973,No. 1,93.

[67] Iokhimovich Ya. B. and Mikhailov B. I. , In:Proc. of 10th Nat. Conf. on Low-Temperature Plasma Generators,Vol. 1,Minsk,1986,pp. 111-112.

[68] Mikhailov B. I. , et al, Izv . Sib. otd-niya AN SSSR, Ser Tekhn. Nauk, 1985, No. 10 (2), 69-73.

[69] Mikhailov B. I. ,TVT,1985,23,No. 5,1000-1003.

[70] Basin A. S. ,et al,Teplofizika i Aerodinamika,1998,5,No. 4,583-592.

[71] Esipchuk A. M. ,et al, In:Physics of plasma and plasma technologies,Minsk,Vol. 1,1997, 89-91.

[72] Zhukauskas A. A. and Zhyugshda I. I. ,Heat transfer of the cylinder in the transverse flow of a liquid,Vil'nyus,Moksla,1979.

[73] Anyshakov A. S. , et al, Izv . Sib. otd-niya AN SSSR, Ser Tekhn. Nauk, 1976, No. 3 (1), 12-15.

[74] Andreev A. A. ,et al,In:Proc. of 10th Nat. Conf. on Low-Temperature Plasma Generators, Vol. 2,Minsk,1986,pp. 47-48.

[75] Ibraev Sh. Sh. and Sakipov S. B. ,Electric arc combined type reactors and methods of calculating them,Alma-Ata,Gylym,1991.

[76] Zheenbaev Zh. Zh. and Engel' sht V. S. ,Two-jet plasma torch,Grunze,Ilim,1983.

[77] Saakov A. G. , et al, In:Proc. of 11th Nat. Conf. on Low-Temperature Plasma Generators, Vol. 2,Novosibirsk,1989,pp. 16-17.

[78] Ipat;eva O. S. and Vasin A. S. ,Current problems of thermophysics and physical hydrodynamics,Novosibirsk,1998.

[79] Zhukov M. F. ,et al,Proc. of 2nd Intern. School-Seminar:Evolution of defective structure in metals and alloys,Barnaul,1994,pp. 109-110.

[80] Gellert B. and Egli W. ,J. Phys. D. :Appl. Phys. ,1987,21,1721-1725.

[81] Dorodnov A. M. ,et al,TVT,1970,8,No. 3,492-499.

[82] Babaskin Yu. E. ,Structure and properties of cast steel,Kiev,Naukova dumka,1980.

[83] Gol'shtein Ya. E. and Mizi V. G. ,Modification of cast iron and steel,Moscow,Metallurgiya,1986.

[84] Saburov V. P. ,et al,Plasmochemical synthesis of ultrafine powders and their application for modification of metals and alloys,Novosibirsk,1995.

[85] Sherepanov A. N. , et al, In: 3rd M. V. Mokhosoev memorial international seminar of new materials. ISMM-96,Irkutsk,Russia,1996,p. 9.

[86] Kana R. U. and Khaazena P . T. (eds),Physical metallurgy (translated from English), Edited by R. W . Kahn and P. T. Haasen,Vol. 2,Phase transformations in metals and alloys and in alloys with special physical properties,Moscow,Metallur giya,1987.

第11章

[1] Zhukov M. F. ,et al,Electric arc gas heaters (plasma torches),Moscow,Nauka,1973.

[2] Kutateladze S. S. ,Fundamentals of heat exchange theory,Moscow,Atomizdat,1979.

[3] Bogatyreva V. A. ,et al,PMTF,1968,No. 3,86-89.

[4] Mortseva G. I. , et al, In: Physics, technology and application of low-temperature plasma, Alma-Ata,1970.

[5] Polak L. S. (ed),Theoretical and applied plasma chemistry,Moscow,Nauka,1975.

[6] Dembovskii V. ,Plasma metallurgy (translated from Czech),Moscow,Metallurgiya,1981.

[7] Tsvetkov Yu. V. and Panfilov S. A. ,Low-temperature plasma in pre-conditioning processes, Moscow,Nauka,1989.

[8] Gavrilko V. P. , et al, In: Physics-chemistry and technology of discrete powders, Kiev, IPM AN USSR,1984.

[9] Pershin V. D. ,et al,Izv . Vuzov SSSR. Ser . Khimiya i Khim. Tekhnologiya,1981,24,11, 15-19.

[10] Galevskii G. V. and Krutskii Yu. L. , In: High intensity processes in chemi-cal technology, Proceedings,Lensoveta,1988,pp. 102-106.

[11] Krapivina S. A. ,Plasmochemical technological processes,Leningrad,Khimya,1981.

[12] Onis'kova O. V. , et al, Modelling reactors of plasma chemical homogeneous processes, Kiev,Naukova dumka,1982.

[13] Zhukov M. F. and Sukhinin Yu. I. ,Izv. Sib. otd-niya AN SSSR,Ser Tekhn. Nauk,1970,No. 8 (2),12-19.

[14] Galevskii G. V. , In: Investigations of plasma processes and systems, Minsk, 1978, pp. 117-125.

[15] Litvinov V. K. ,et al,In: Investigations of plasma processes and systems,Minsk,1978,pp. 126-138.

[16] Galevskii G. V. ,et al,In: Investigations of plasma processes and systems,Minsk,1978,pp. 36-41.

[17] Burov I. S. ,In: Investigations of plasma processes and systems,Minsk,1978,pp. 42-48.

[18] Burov I. S. ,In: Investigations of plasma processes and systems,Minsk,1978,pp. 49-61.

[19] Krutskii Yu. L. and Nozdrin I. V. ,Proc. :Production of ferroalloys,Novosibirsk,1986.

[20] Galevskii G. V. ,et al,Proc. :High-temperature and plasmochemical processes,Leningrad,1984.

[21] Mosse A. L. and Burov I. S. ,Treatment of dispersed materials in plasma reactors,Minsk, Nauka i Tekhnika,1980.

[22] Ambrazyavichus A. B. and Litvinov V. K. ,High temperature heat exchange in plasma technological systems,a textbook,Sverdlovsk,UPI,1986.

[23] Bolotov A. V. ,et al,In: Proc. :Electrophysics, electromechanics and applied electrical engineering,Alma-Ata,1982,pp. 17-25.

[24] Asanaliev M. K. ,et al,Fizika i Khimiya Obrab. Materialov,1977,No. 5,111-116.

[25] Soroka P. I. and Vereshchak V. G. , In: Investigations of plasma processes and systems, Minsk, 1978, pp. 62-67.

[26] Massier P. F. , et al, Trans. ASME, Heat transfer, 1969, No. 1, 77-85.

[27] Berbasov V. V. , et al, In: Plasmochemical processes, Moscow, 1979.

[28] Mosse A. L. , et al, Inzh. -Fiz. Zhurn. , 1987, 52, No. 3, 439-443.

[29] Mosse A. L. and Burov I. S. , In: Physics, technology and application of low-temperature plasma, Alma-Ata, KazPI, 1970, pp. 28-37.

[30] Burov I. S. , et al, Iz v. Sib. otd-niya AN SSSR, Ser Tekhn. Nauk, 1977, No. 13 (3), 21-32.

[31] Ambrazyavichyus A. B. , et al, Mokslas i Tekhnika, 1977, No. 2, 45-49.

[32] Panfilov S. A. and Tsvetkov Yu. V. , In: Physico-chemical investigations in metallurgy and metal science using computers, Moscow, Nauka, 1974.

[33] Zhukov M. F. (ed), Electric arc plasma torches, advertising literature, Novosibirsk, 1980.

[34] Rechkin V. N. and Gusev A. A. , Author's certificate No. 1204518 USSR. Equipment for dosing powder-gas mixtures, Otkrytiya. Izobret. , 1986, No. 2, 83.

[35] Ershova V. A. (ed), Electrothermal processes in chemical technology, a textbook, Leningrad, Khimiya, 1984.

[36] Kosolapovoi T. Ya. (ed), Properties, production and application of refractory compounds, Moscow, Metallur giya, 1986.

[37] Krzhizhanovskii R. E. and Shtern Z. Y u. , In: Thermophysical properties of non-metallic materials, Leningrad, Ener giya, 1973.

[38] Shevtsov V. P. and Voichak V. P. , In: Proc. of 9th Nat. Conf. on Low-Temperature Plasma Generators, Frunze, Ilim, 1983, pp. 362-363.

[39] Shevtsov V. P. , et al, In: Plasma metallur gy, Proceedings, Institute of Metallurgy, Moscow, 1985.

[40] Shevtsov V. P. , et al, In: Physics and chemistry of plasma metallurgical processes, Moscow, 1985.

41] Shevtsov V. P. and Zhumatov A. A. , In: Proc. of Nat. Conf. on Low-Temperature Generators, Minsk, 1994.

[42] Shevtsov V. P. , Thermal plasma and new material technology. Vol. 2, Cambridge Interscience Publishing, 1995, pp. 473-492.

[43] Uryukov B. A. , PMTF, 1969, No. 1.

[44] Koroteev A. S. , Electric arc plasma torches, Moscow, Mashinostroenie, 1980.

[45] Koroteev A. S. , et al, Plasma torches: design, characteristics, calculations, Moscow, Mashinostroenie, 1993.

[46] Yukhimchuk S. A. and Vovchenko S. I. , In: Proc. of 9th Nat. Conf. on Low-Temperature Plasma Generators, Frunze, Ilim, 1983, pp. 370-371.

[47] Sergeev P. V. , et al, In: Problems of thermal power engineering and applied thermophysics, Alma-Ata, No. 10, Nauka KazSSR, 1975, pp. 157-163.

[48] Ibraev Sh. Sh. , et al, In: Problems of thermal power engineering and applied thermophysics, Alma-Ata, No. 11, Nauka KazSSR, 1979, pp. 135-142.

[49] Ibraev Sh. Sh. and Sakipov Z. B. ,Electric arc combined type reactors and methods of calculating them,Alma-Ata,Gylym,1991.

[50] Ibraev Sh. Sh. ,Plasma technological processes and equipment of the combined type,Dissertation,Almaty,1996.

[51] Zhukov M. F. and Panin V. E. (eds),New materials and technologies. Extreme technological processes,Novosibirsk,Nauka,1992.

[52] Tukhvatullin A. M. ,et al,In:Proc. of 2nd Nat. Conf. on Plasmochemical Technology and Equipment Construction,Moscow,1977,pp. 244-246.

[53] Tukhvatullin A. M. and Izinger Yu. V. ,In:Proc. of 9th Nat. Conf. “Khimreaktor-9”,Vol. 2, Grodno,1986,pp. 51-55.

[54] Tukhvatullin A. M. ,et al,Plasma-chemical recycling of chemical products. Khim. Promst’. ,1986,No. 9,61.

[55] Zhukov M. F. ,et al,Electric generators with inter-electrode inserts,Novosibirsk,Nauka,1981.

[56] Zhukov M. F. (ed),Fundamentals of calculating linear plasma torches,Novosibirsk,1979.

[俄文版参考文献

[第1章

[1] Жуков М. Ф. ,Коротеев А. С. ,Урюков В. А. Прикладная динамика термической плазмы. - Новосибирск:Наука. Сиб. отд-ние,1975. -298с.

[2] Жуков М. Ф. ,Смоляков В. Я. ,Урюков В. А. Электродуговые нагреватели гоза(плазмотроны). - М. :Наука,1973. -232 с.

[3] КоротеевА. С. ,МироновВ. М. ,СвирчукЮ. С. Плазмонтроны. Конструкции,характеристики, Расчет. -М. :Машиностроенте,1993. -296 с.

[4] Электродуговые плазмонтроны /Под ред М. Ф. Жуков. -Новосибирск:ИТФ СО АН СССР, СКБ“Энергохиммаш”,1980. -83с.

第2章

[1] Бенкстон К. А. Переход от турбулентного к ламинарному течению газа в нагреваемой трубе// Теплопередача. -1970. Т. 92,№4. -С. 569-579.

[2] Абрамович Г. Н. и др. Промышленная аэродинамика//Механика в СССР за 50 лет. -М. : Наука. 1970. -Т. 2. С. 791-858.

[3] Халатов А. А. ,Шукин В. К. ,Летягин В. Г. Локальные и интегральные параметры закрученного течения в длинной трубе//ИФЖ. -1977. Т. 33,№2. С. 224-232.

[4] ЖуковМ. Ф. ,Аньшков А. С. ,Засыкин И. М. и др Электродуговые генераторы с межалектродными вставками. -Новосибирск:Наука. Сиб. отд-ние,1981. -219с.

[5] Сукомел А. С. ,Величко В. Н. ,Абросимов Ю. Г. ,Гуцев Д. Ф. Затухание турбулентности на выходном участке круглого и плаского каналов//ИФЖ. -1977. Т. 33,№5. С. 816-821.

[6] Засыпкин И. М. ,Попок Н. И. Оптические иследования электрической дуги в турбулентном потоке газа//Изв. Сиб. отд-ние,АН СССР. -1979. №8. Сер. техн. Вып. 2. -С. 50-56.

[7] Жуков М. Ф. ,Коротеев А. С. ,Урюков В. А. Прикладная динамика термической плазмы

Новосибирск ;Наука. Сиб. отд-ние,1975. -296с.

[8] ВедерниковГ. А. ,Урюков В. А. Численный расчет свойств электрическои дуги в потоке воздуха// Вопросы физики низкотемпературнои плазмы. -Миск:Наука и техника. 1970. -С. 155-159.

[9] ДубровинВ. М. ,ЛебедевА. Д. ,УрюковВ. А. ,ФридбергА. Э. Электрическая дуга в затопленной газовой струе//ИМТФ. 1971. -№5. -С. 17-23.

[10] Григайтис Ю. П. Дуга как дачик турбулентности потока//Тез. Докл. Ⅹ Всесоюз. Конф. по генераторам низкотемпературной плазмы. -Минск,1986. -Т. 1. -С. 35-36.

[11] Териятермической электродуговой плазмы. Ч. 2. Нестационарные процессы и радиационный теплообмен в термической плазме / Отв. Ред. М. Ф. Жуков, А. С. Коротеев -Новосибирск ; Наука. Сиб. отд-ние, 1987. -212-270.

[12] Olsen H. N. ,Maldonado C. D. ,Duckworth G. D. A numerical method for obtaining internal emission coefficients from externally measured spectral intensitices of asymmetrical plasma // J. Quant. Spectr. Rad. Transfer. -1968. -Vol. 8. -p. 1419-1430.

[13] Benenson D. M. ,Cenkner A. A. Effects of velocity and current on temperature distribution whthin crossflow (blown) electric arcs//Trans. ASME. Ser. C. J. Heat Transfer. -1970. -Vol. 92,N2. -p. 276-284.

[14] Benenson D. M. ,Baker A. J. Transverse magnetic field effects on a cross-flow arc//AIAA Journ. -1971. -Vol. 9,N. 8. -p. 1441-1446.

[15] Мельникова Т. С. , Пикалов В. В. Измерение локальных температур в трубулентной плазме//Метрологическое обеспечение измерений высоких температур и параметров плазмы. -Харков:НИН метрология. 1979. -С. 58-61. -(Тез. Докл.).

[16] Мельникова Т. С. Пикалов В. В. Поле температур винтовой дуги //Тез. Докл. Ⅷ Всесоюз. Конф. по генераторам низкотемпературной плазмы. -Новосибирск: ИТФ СО АН СССР, 1980. -Ч. 2. -С. 213-216.

[17] Sebald N. Measurement of the temperature and flow field of the magnetically stabilized cross flow N_2 arc//Appl. Phys. -1980,-Vol. 21. N 3. -p. 221-236.

[18] Plessl A. The flow mechanism in a bent, rotating arc//Appl. Phys. -1980. -Vol. 21, N4. -p. 377-389.

[19] Tiller W. Investigation on the radially free full circle arc//Appl. Phys. -1981. -Vol. 25,N3. -p. 317-328.

[20] Филонин О. В. ,Муркин Л. П. ,Левченко М. А. и дрЭксперементальные иследования параметров дуговой и лазерной плазмы методами томографин//10-е Сиб. Совещ. по спектроскопии. -Томск: ТГУ,1981. -С. 116. -(Тез. докл.).

[21] Мельникова Т. С. , Пикалов В. В. Инверсия Радона в эмиссионной томографии нестационарной плазмы. -Новосибирск. 1982. -51с. -(Препр. / АН СССР Сиб. отд-ние,ИТФ; № 80-82).

[22] Мельникова Т. С. , Пикалов В. В. Иследования параметров дуги с помощью плазменого томографа. -Новосибирск. 1983. -47с. -(Препр. / АН СССР Сиб. отд-ние, ИТФ; № 83-99).

[23] Преображенский Н. Г. ,Пикалов В. В. Неустойчивые задачи диагностики плазмы. -Новосибирск ;

Наука. Сиб. отд-ние，1982. -237с.

[24] Melnikova T. S. ，Pickalov V. V. Temperature field measurements of electric arc plasma in longitudinal magnetic field//Beitr. Plasmaphys. -1982. -Bd. 22，H. 2. -. 171-180.

[25] Биберман Л. М. ，Норман Г. Э. Рекомбинационное и тормозное излучение плазмы//J. QSRT. -1963. -Vol. 3. -P. 221-245.

[26] Schulz-Gulde E. The continuous emission of argon in the visible spectra range//Z. Phys. -1970. -Bd 230，H. 5. -S. 449-459.

[27] Devoto B. S. Transport coefficients of high pressure argon in magnetig field//ARI. 71-0075，1971.

[28] Пахомов Е. П. Электрическая дуга，стабилизированнфя стенкой；формы，области существования，характеристики：Дис. … д-ра техн. наук. -М. ：ИВТ АН СССР 1980. -414с.

[29] Шлихтинг Г. Теория пограничного слояМ. ：Наука，1974. -711с.

[30] Пахомов Е. П. ，Ярцов И. М. Эксперементальное определение длины и характеристики начального участка ламинарного потока в стабилизированной электрической дуге// Теплофизика высоких температур. -1997. -Т. 15，№ 5. -С. 949-957.

[31] Пикалов В. В. ，Мельникова Т. С. Томография плазмы. Т. 13. Серия “Низкотемпературная плазма”. -Новосибирск ；Наука. Сиб. отд-ние，1995. -221.

[32] Лебедев А. Д. Исследование влияния режимов газового течения на характеристики электрической дуги：Дис. Канд. Техн. наук. -Новосибирск：ИТФ СО АН СССР，1972. --С160.

[33] Колонина Л. И. ，Урюков В. А. Определение начала зоны взаимодействия электрической дуги，стабилизированной закрученным потоком газа с пристенным пограничным слоем//Изв. Сиб. отд-ние，АН СССР. -1968. -№13. Сер. техн. наук Вып. 3. -С. 23-25.

[34] Колонина Л. И. ，Урюков В. А. Напряженности электрической дуги в области взаимодействия с турбулентным пограничным слоем в плазмотроне с вихревой стабилизацией//Изв. Сиб. отд-ние，АН СССР. -1968. -№13. Сер. техн. наук. Вып. 3. -С. 28-32.

[35] Смоляков В. Я. Критерия приближенного подобия дуги с самоуставливающейся длиной，горящей в плазмотроне с гозовихревой стабилизацией//ПМТФ. -1967. -№1. -С. 151-157.

[36] Даугов Г. Ю. ，Жуков М. Ф. и дрИсследование электртческого пробоя промежутка плазма// ПМТФ. -1969. -№2. -С. 67-72.

[37] Мик Дж. ，Креге Дж. Электрический пробой в газах. -М. ：Изд-во иностр. Лит. ，1960. -601с.

[38] Браун С. Элементарные процессы в плазмегазового разряда -М. ：Госатомиздат. ，1961. -322с.

[39] Дандаром Г. -Н. Б. ，Даугов Г. Ю. ，Мустафин Г. М. Исследование влияния темперетуры газа на потенциал прабоя//ПМТФ. -1970. -№1. -С. 138-141.

[40] Даугов Г. Ю. ，Залялов Н. Г. ，Тухватулин Р. С. ，Хайрулин Р. М. Исследование распределения темперетуры в электрической дуге с учетом ее колебаний//ЖПС. -1975. -Т. 22. №4.

[41] Алешин Н. Ф. ，Бублиевсий А. Ф. ，Лизунов Г. П. и др//Тепло-и массоперенос：иследования и разработки. -Минск：ИТМО АН БССР，1981.

[42] Лукашов В. П. ，Поздняков Б. А. ，Щербик Н. М. Исследование пульсаций яркости дугового

столба, стабилизированной закрученным потоком//Тез. Докл. IX Всесоюз. Конф. по генераторам низкотемпеpетурной плазмы. -Фрунзе: Илим, 1983. -С. 90-91.

[43] Жуков М. Ф. , Лукашов В. П. , Поздняков Б. А. , Щербик Н. М. Автоколебания электрической дуги, стабилизированной закрученным потоком//Изв. Сиб. отд-ние, АН СССР. -198. . -№. 4. -Сер. техн. наук Вып. 1. -С. 50-54.

[44] Гольдштик М. А. Вихревые потоки. -Новосибирск : Наука. Сиб. отд-ние, 1981.

[45] Eation J. K. , Johnston J. P. A review of research on subsonic turbulent flow reattachment//AIAA J. -1981. -Vol. 19, N9. -p. 1091-1100.

[46] Etheridge D. W. , Kemp P. H. Measurement of turbulent flow down stream of a rearward-facing step. // J. Fluid Mech. -1978. Vol. 86, pt. 3. -P. 545-566.

[47] Makiola B. Ruck B. Experimental investigation of a single-sided backward facing step flow with inclined step geometries//Proc. Int. Sump. Eng. Turbulence and Measurement. -Dubrovnik, 1990. -P. 487-496.

[48] Ota T. , NakamuraB. , Hirayama T. Turbulent separated and reattachment flow around an inclined downward step//Turbulence, Heat and Transfer. N. Y: Begell House, 1995. -Vol. 1.

[49] Driver D. H. , Seegmiller H. H. , Marvin J. Time-dependent behavior of reattaching shear layer// AIAA J. -1987. -Vol. 25. -P. 914-919.

[50] Чжен П. Отрывные течения. -М. : Мир, 1973.

[51] Richardson P. D. Estimation on the heat from the near of the immersed body to the region of separated flow//ARI. 62423, Brown University, 1960.

[52] Richardson P. D. Heat and mass transfer in turbulent separated flow//Chem. Eng. Sci. -1963, Vol. 18. -P. 149-155.

[53] Ota T. , Nishiyama H. A correlation of a maximum turbulent heat transfer coefficient in reattachment flow region//Int. J. Heat Mass Trans. -1987. -Vol. 30, N6. P. 1193-1200.

[54] Yang J. -T. , Tsai C. -H. High temperature heat transfer of separated flow over a sudden-expansion with base mass injection//Int. J. Heat Mass Trans. --1996. -Vol. 39, N11. P. 2293-2301.

[55] Mori Y. , Uchida Y. , Sato K. A study of the time and spatial structure of heat transfer performance near the reattaching point of separated flow//Pros. 8th Heat Transfer Conf. , San Franciscko. -1986. -Vol. 3. -P. 1083-1088.

[56] Nishiyama H. A. , Ota T. , Sato K. Temperature fluctuation in a separated and reattached turbulent flow over a blunt flat plate//Warme-Stoffubertrag. -1988. -Vol. 23. -P. 275-281.

[57] Kiya M. , Sasaki K. Structure of a turbulent separated bubbles//J. Fluid Mech. -1983. -Vol. 137. -P. 83-113.

[58] Corin A. V. , Sikovsky D. Ph. Similarity laws of the transfer processes in the turbulent separated flows//Russian J. Eng. Thermophysics. -1995. -Vol. 5. -P. 145-164.

[59] Горин А. В. , Сиковский Д. Ф. Модель турбулентного тепломассопереноса в пристенной зоне отрывных течения//ПМТФ. -1966. -Т. 37. № 3. -С. 83-96.

[60] Бэк, Мфсье, Рошке. Течение и теплообмен в частично ионизированном газе в области отрыва,

повторного присоединенмя и последующего развития потока за внезапным расширением канала круглого сечения//Теплопередача. -1972. -№ 1. -С. 124-133.

[61] Gaodd G. E. ,Cope W. F. ,Attridge I. I. Heat Transfer and Skin-Friction Measurement at a Mach Number of 2. 44 for a Turbulent Boundary Layer on a Flat surface and in regions of separated flows//Arg R&M 3148,Oct. 1958.

第3章

[1] Энгельшт В. С. ,Гурович В. Ц. ,Десяков Г. А. и дрНизкотемперетурная плазма. Т. 1. Теория столба электрической дуги. -Новосибирск:Наука. Сиб. отд-ние,1990. -376с.

[2] Жуков М. Ф. ,Урюков В. А. ,Энгельшт В. С. и др Теория термической электродуговой плазмы. -Новосибирск:Наука. Сиб. отд-ние,1987.

[3] Энгельшт В. С. ,Асанов Д. С. ,Гурович В. Ц. и дрМатематическое моделирование электрической дуги. -Фрунзе:Илим,1983.

[4] Теорияэлектрической дуги в условиях вынужденнлого теплообмена//Под ред. М. Ф. Жуков. -Новосибирск:Наука. Сиб. отд-ние,1977. -311с.

[5] Грановский В. Л. Электрической ток в газе . Установившийся ток. -М. :Наука,1971. -544с.

[6] Kopansky J. Investigation of radiation transport in a high pressure arc//Proc. 10th Intern. Conf. Phenom. in Ionized Gases. -Oxford,1971. -P. 182-184.

[7] Назаренко И. П. ,Паневин И. Г. Расчет характеристики стабилизированных дуг с учетом переноса излучения и отрыва температур//Моделирование и методы расчета физико-химических процессов в низкотемпературной плазме. -М. :Наука,1974. -86-107с.

[8] Жуков М. Ф. ,Коротеев А. С. ,Урюков В. А. Прикладная динамика термической плазмы. -Новосибирск:Наука. Сиб. отд-ние,1975.

[9] Райзер ЮПО недостающем уравнении каналовой модели каторое заменяет условие минимума напряжения//Теплофизика высоких температур. -1972. -Т. 10,№ 6. -С. 1152-1157.

[10] Peters Th. Bogenmodelle und Steebeck's Minimumprinzip //Proc. 5th Intern. Conf. Phenom. in Ionized Gases. -Amsterdam,1962. -P. 885-896.

[11] Заруди М ЕМетоды расчета столба цилиндрической дуги в канале с учетом излучения//Изв. Сиб. отд-ние,АН СССР. -1967. -№3. Сер. техн. наук. Вып. 2. -С. 8-14.

[12] Maceker H. ,Stablein H. The channel model of the cylindric arc//Proc. 10th Intern. Conf. Phenom. in Ionized Gases. -Oxford,1971. -P. 178.

[13] Whitman A. H. ,Cohen I. M. Theory of the constant property arc//J. Appl. Phys. -1973. -Vol. 44. -P. 1552-1556.

[14] Финкельнбург И. ,Меккер Г. Электрические дуги и термеческая плазмаМ. : Изд во Иностр. Лит. ,1961. -370с.

[15] Гурович В. Ц. ,Десятков Г. А. ,Энгельшт В. С. Вариациононый принцип и каналовые модели в теории цилиндрической дуги//Теплофизика высоких температур. -1980. -Т. 18,№ 2. -С. 256-265.

[16] Зарудин М. Е. О влиянии нелинейных свойств плазмы на характер нестационных процессов

в ставоле каналовой дуги//Журн. Техн. Физики. -1971. -Т. 41, № 4. -С. 734-743.

[17] Меккер Г. О характеристиках цилиндрической дуги//Движушаяся плазма. -М. : Изд-во иностр. Лит. , 1961. -С 438-477.

[18] Белоусова Л. Е. Приближенное решение уравнения Эленаса-Хеллера и расчет характеристик дуги//Теплофизика высоких температур. -1971. -Т. 9, № 6. -С. 1131-1138.

[19] Lowke J. J. Characteristices of radiation dominated electric arcs//J. Appl. Phys. -1970. -Vol. 41, N 6. -P. 2588-2599.

[20] Desyatkov G. A. , Engelsht V. S. , Gurovich V. TsThe analogy method for Elenbaas-Heller equation investigation//Proc. 13th Intern. Conf. Phenom. in Ionized Gases. -Berlin, 1977. -P. 513-524.

[21] Мойжес Б. Я. , Немчинский В. А. , Перетц Л. Н. О неоднозначности решения уравнения Эленаса-Хеллера для сильноточных дуг//Журн. Техн. Физики. -1976. -Т. 46, № 7. -С. 1427-1431.

[22] Артемов В. И. , Синкевмч О. А. Нелинейное развитие контракции в неравновесных разрядах//Изв. Сиб. отд-ние, АН СССР. -1980. -№13. Сер. техн. наук. Вып. 3. -С. 18-20.

[23] Левитан Ю. С. , Назаренко И. П. , Паневин И. Г. Влияние теплофизических фактров на характеристики и устойчивость каналовых дуг//Устойчивость горения электрической дуги. -Новосибирск: ИТФ СО АН СССР, 1973. -С. 84-114.

[24] Ким Д. Ч. Численное иследование перегревной неустойчивности аргоновой дуги//Тез. Докл. Ⅷ Всесоюз. Конф. по генераторам низкотемперетурной плазмы. -Новосибирск: ИТФ СО АН СССР, 1980. -С. 69-72.

[25] Гурович В. Ц. , Десятков Г. А. , Спекторов В. Л. , Энгельшт В. С. Нелинейное модели нестационарной дуги//Тез. Докл. Ⅷ Всесоюз. Конф. по генераторам низкотемперетурной плазмы. -Новосибирск: ИТФ СО АН СССР, 1980. -С. 16-23.

[26] Новиков О. Я. Устойчивость электрической дуги. -Л. : Энергия, 1978. -160с.

[27] Maecker H. H. , Stablein H. G. What keeps an arc atanding a cross flow? //IEEE Trans. Plasma Sci. -1986. -Vol. PS 14. -P. 291-299.

[28] Desyatkov G. A. , Engelsht V. S. , Gurovich V. Ts. Theoretical investigation of evolution of a long arc in external fields//Proc. 10th Intern. Symp. On Plasma Chemistry. Bochum, 1991. -P. 1-6.

[29] Desyatkov G. A. , Engelsht V. S. , Gurovich V. Ts. , Spektorov V. L. Dynamics of low-current discharge in external magnetic fields//J. High Temp. Chem. Proc. -1992. -Vol. 1, N 3. -P. 291-298.

[30] Maecker H. H. Plasmastromumagen in Lichtbogen infolge eigenmagnetischer Kompression Maecker H. H. Z. Phyzik. -1955. -Vol. 141. -S. 189-216.

[31] Лелевкин В. И. . Оторбаев Д. К. Экспериментальные и теоретические модели в физике неравновессной плазмы. Фрузе: Илим. 1988.

[32] Шоек П. А. Исследование баланса энергии на аноде сильноточных дуг, горящих в атомосфере аргона//Современные проблемы теплообмена. -М. : Энергия, 1966. -С. 110-139.

[33] Пфендер Е. , Эккер Е. Р. Г. Исследование в области дуговой техники и теплопереноса в

плазме//Изв. Сиб. отд-ние, АН СССР. -1973. -№13. Сер. техн. наук. Вып. 3. -С. 3-26.

[34] Olsen H. N. Thermal electrical properties of argon plasma//Phys. Fluids. -1959. -Vol. 2. -C. 614-620.

[35] Busz-Peuket C. , Finkeluburg W. Die abhogigkeit des Anodenfalles von stromstarke und Bogenlange bei Hochtempeaturbogen//Z. Phyzik. -1955. -Vol. 140. -P. 614-620.

[36] Sanders N. , Etemdi K. , Hsu K. S. et al. Studies of the anode region of high intensity argon arc//J. Appl. Phys. -1982. -Vol. 53. -P. 4136-4145.

[37] Колесников В. Н. Дуговой разряд в инертных газах//Физическая оптика. -М. : Наука. 1964. -С. 66-157.

[38] Асиновский Э. И. , Пахомов Е. П. Анализ температурного поля в цилиндрическом симметричном столбе электрической дуги//Теплофизика высоких температур. -1968. -Т. 13, № 6. -С. 333-336.

[39] Incroperra F. P. Procedures for modeling laminar cascade arc behavior//IEEE Trans. Plasma Sci. -1973. -Vol. PS-1. -P. 3-9.

[40] Chen D. M. , Pfender E. Two-temperature modelling of the anode contraction region of high intensity arc //IEEE Trans. Plasma Sci. -1981. -Vol. 9. -P. 265-274.

[41] Урюков В. А. Теоритическое исследование электрической дуги в турбулентном потоке// Изв. Сиб. отд-ние, АН СССР. -1981. -№3. Сер. техн. наук. Вып. 1. -С. 87-88.

[42] Левитан Ю. С. Расчетно-теоритическое исследование электрической дуги в турбулентном потоке//Изв. Сиб. отд-ние, АН СССР. -1984. -Т. 10. Сер. техн. наук. -С. 117-137.

[43] Харша П. Модели переноса кинетической энергии//Турбулентность. принципыи применение. -М. : Мир, 1986.

[44] Киселев И. В. , Слободянюк В. С. , Энгельшт В. С. Численное моделированиетурбулентных явлений в электродуговой плазме. -Вишкек: Илим, 1993. -72с.

[45] Курочкин Ю. В. , Молодых Э. И. , Пустогаров А. В. Взаимодействие турбуоеного потока с эле ктритической дугой//Теплофизика высоких температур. -1975. -Т. 13, № 6. -С. 1220-1224.

第 4 章

[1] Кирпичев М. В. , Михеев М. А. Моделировае тепловых устройств. -М. : Л. : Изд-во АН СССР, 1936. -320 С.

[2] Конаков П. К. Теория подобия и ее применение в теплотехнике. -М. : Л. : Госэнергоиздат, 1959. -208с.

[3] Минаев А. Н. Теория размерности величин и подобия и их применение в теплотехнике. -М. : МОПИ им. Н. К. Крупскрй, 1968. -94с.

[4] Гухман А. А. Введение в теорию подобия. -2-е изд. , перераб. и доп. -М. : Высш. Шк. , 1973. -287с.

[5] Седов Л. И. Методы подобия и размерности в механике. -М. : Наука, 1977. -439с.

[6] Даутов Г. Ю. , Жуков М. Ф. Некоторые обобщения исследований электритических дуг//ПМТФ. 1965. -№ 2. -С. 97-105.

[7] Даутов Г. Ю. , Жуков М. Ф. Критериальное обобщение характеристик плазмотронов вихревой

схемы //ПМТФ. 1965. -№,. -С. 111-114.

[8] Кутателадзе С. С. ,Ясько В. Н. Обобщение характеристик электрических подогревателей//ИФЖ. -1964. Т. 7. №4. С. 25-27.

[9] Жуков М. Ф. ,Коротеев А. С. ,Урюков В. А. Прикладная динамика термической плазмы. -Новосибирск:Наука. Сиб. отд-ние,1975. -298с.

[10] КоротеевА. С. ,МирновВ. М. ,СвирчукЮ. С. Плазмонтроны. Конструкции,характеристики,Расчет. -М. :Машиностроенте,1993. -296 с.

[11] Кутателадзе С. С. ,Ярыгин В. Н. Электрические подогреватели для газодинамической установок низкой плотности//Академик С. С. Кутателадзе. Избранные труды/ Отв. Ред. Акад. В. Е. Накоряк ов. -Новосибирск:Наука. Сиб. отд-ние, АН СССР 1989. -246-259с.

[12] Крош А. Г. Курс высшей алгебры. -М. :Наука,1971. -431с.

[13] Кочин Н. Е. Векторое исчисление и начала тензорного исчисление. -М. :Л,:ОНТИ,1937. -436Сс.

[14] Михайлов Б. И. Условия стабильной работы паровихревого плазматрона//Referaty Ⅳ-tei krajowei konferebcji Naukowotechnicznej pt "zastosowanie niskotemperaturowei plasmy w peremysie". -Czestochowa-Kokotek,5-8 listopada. -1979. -S. 80-84.

第5章

[1] Даутов Г. Ю. ,Жуков М. Ф. Некоторые обобщения исследований электритических дуг//ПМТФ. 1965. -№ 2. -С. 97-105.

[2] Даутов Г. Ю. ,Жуков М. Ф. Критериальное обобщение характеристик плазмотронов вихревой схемы//ПМТФ. 1965. -№,. -С. 111-114.

[3] Кутателадзе С. С. ,Ясько В. Н. Обобщение характеристик электрических подогревателей//ИФЖ. -1964. Т. 7. №4. С. 25-27.

[4] Жук5ов М. Ф. ,Коротеев А. С. ,Урюков В. А. Прикладная динамика термической плазмы. -Новосибирск:Наука. Сиб. отд-ние,1975. -298с.

[5] Жуков М. Ф. , Сухинин Ю. И. Характеристики двухкамерного электрического нагревателей//Изв. Сиб. отд-ние,АН СССР. -1969. -№3. Сер. техн. наук. Вып. 1. -С. 55-60.

[6] Жуков М. Ф. ,Сухинин Ю. И. и дрОбобщение характеристик электродугового нагревателя водорода постянного тока// Изв. Сиб. отд-ние, АН СССР. -1970. -№3. Сер. техн. наук. Вып. 1. -С. 30-34.

[7] Основы расчета плазмотронов линейной схемы//Под ред М. Ф. Жуков. -Новосибирск: ИТФ С О АН СССР,1979. -148 с.

[8] Кутателадзе С. С. ,Ярыгин В. Н. Электрические подогреватели для газодинамической установок низкой плотности//Академик С. С. Кутателадзе. Избранные труды/Отв. Ред. Акад. В. Е. Накоряков. -Новосибирск:Наука. Сиб. отд-ние,АН СССР 1989. -246-259с.

[9] Жидович А. И. ,Кравченко С. К. ,Ясько О. И. Обобщение вольт-амперных характеристик электритических дуг, обдуваемой различными газами//Генераторы низкотемпературной

плазмы. -М. : Энергия, 1969. С. 218-232.

[10] Brilhac J. -F. , Pateyron B. , Fauchais P. Et al. Study of the Dynamic and Static Behavior of dc Vortex Plasma Torches: Pt Ⅰ: Button Type Cathode//Plasma Chemistry and Plasma Processing. -1995. -Vol. 15, N 2. -P. 231-255.

[11] Brilhac J. -F. , Pateyron B. , Fauchais P. Et al. Study of the Dynamic and Static Behavior of dc Vortex Plasma Torches: Pt Ⅱ: Well Type Cathode//Plasma Chemistry and Plasma Processing. -1995. -Vol. 15, N 2. -P. 257-277.

[12] Новыематериалы и техники. Экстремальные технологические процессы / Под ред М. Ф. Жуков, В. Е. Панин-Новосибирск: Наука. Сиб. отд-ние, АН СССР 1992. Гл. 7: Плазменная газификация углей / Б. И. Михайлов, В. П. Войчак-С. 127-142.

[13] Михайлов В. И. Обобщение вольт-амперных характеристик паровихревых плазмотронов// ИФЖ. -1984. -Т. 16, № 2. -С. 325-326.

[14] Элоктродуговыеплазмотроны. Рекламрый проспект / Под ред М. Ф. Жуков. -Новосибирск: ИТ СО АН СССР 1980. -84с.

[15] Хадлстоун Р. Диагностика плазмы. -М. : Мир, 1967. -515с.

[16] Колонина Г. Ю. , Смоляков В. Я. Продольно обдуваемая дуга в разных газах//Генераторы низкотемпературной плазмы. -М. : Энергия, 1969. С. 209-218.

[17] Maecrer H. Messung und Auswertung Von Bogencharakteristiken (Ar, N_2)//Zeit. Fur Physik. -1960. -Bd 158, H. 4. S. 392-404.

[18] Эдельс Х. , Кимблин С. В. Метод измерения нестациорной электропроводности плазменного столба//Низкотемпературная плазма. -М. : Мир, 1967. -С337-349.

[19] Даутов Г. Ю. , Сязонов М. И. Напряженность электрического поля в стабилизированной вихрем дуге// ПМТФ. -1967. -№ 4. -С. 127-131.

[20] Жуков М. Ф. , Аньшаков А. С. , Засыпкин И. М. и др. Электродуговые генераторы с меж электроднными вставками. -Новосибирск: Наука. Сиб. отд-ние, АН СССР 1982. -221с.

[21] Диагностика низкотемпературной плазмы. // В. С. Энгельшт, Ю. А. Лебедев, А. А. Овсяннников и др. -Новосибирск: Наука. Сиб. отд-ние, АН СССР 1995. -339с. -(Низкотемпературная плазма, Т. 12).

[22] Жуков М. Ф. , Засыпкин И. М. , Левитан Ю. С. Эксперементальное исследование электрическои дуги в трубулентном потоке газа// Изв. Сиб. отд-ние, АН СССР. -1987. -№11. Сер. техн. наук. Вып. 3. -С. 25-51.

[23] Артемов В. И. , Левитан Ю. С. , Сникевич О. А. Неустойчивости и турбулентности в низкотемпературной плазме. -М. : Изд-во МЭИ, 1993. -413с.

[24] Аньшаков А. С. , Жуков М. Ф. , Сязонов М. И. , Тимошевский А. Н. Исследование плазмотрона с восходящими вольт-амперым характеристиками плазмотрона//Изв. Сиб. отд-ние, АН СССР. -1987. -№11. Сер. техн. наук. Вып. 3. -С. 25-51.

[25] Жуков М. Ф. , Тимошевский А. Н. Напряженность электрического поля дуги при больших токах//Изв. Сиб. отд-ние, АН СССР. -1973. -№13. Сер. техн. наук. Вып. 3. -С. 66-70.

[26] Даутов Г. Ю. , Сязонов М. И. Напряженность электрического поля в стабилизированной вихрем дуге// ПМТФ. -1967. -№ 4. -С. 127-131.

[27] Мустафин Г. М. Характеристики стабилизированной дуги в канале с распределенной подачей газа//ПМТФ. -1968. -№ 4. -С. 124-129.

[28] Аснновский Э. И. , Зейгаршник В. А. Разряд высокого давления//ТВТ. -1974. -Т. 12. -№6. -С. 1278-1291.

[29] Zhukov M. F. , Zasypkin I. M. , Michne L. I. , Sazonov M. I. Voltage gradient of Electric arc in Fully Developed Turbulent of air//Proc. ⅩⅢ Intern. Conf. Phenom. in Ionized Gases. -Berlin, 1977. Contr. Pap. , Pt 2. -Leipzig, 1977. -P. 539-540.

[30] Жуков М. Ф. , Засыпкин И. М. , Мишне И. И. , Сязонов М. И. Напряженность электрического поля дуги в развитом турбулентном потоке воздуха//ПМТФ. -1979. -№6. -С. 11-16.

[31] Лушаков В. П. , Позняков Б. А. Напряженность электрического поля дуги в канале плазмотрона с распределенным вдувом//Изв. Сиб. отд-ние，АН СССР. -1976. -№13. Сер. техн. наук. Вып. 3. -С. 103-107.

[32] Кутателадзе С. С. , ЛеонтьевА. Н. Тепло, массообмен и трение в турбулентном пограничном слое. -М. : Энергия, 1972. -242с.

[33] Колонина Л. Е. , Урюков Б. А. Определение начала зоны взаймодействия электрического дуги, стабилизированной закрученным потоком газа с пристеным пограничным слоем. //Изв. Сиб. отд-ние, АН СССР. -1968. -№13. Сер. техн. наук. Вып. 3. -С. 23-27.

[34] Аньшаков А. С. , Гинал С. В. , Келбенский Я. Напряженность электрического поля дуги и тепловые потоки в плазмотроне с межсекционнымв дувом газа//Тез. Докл. Ⅸ Всесоюз. Конф. по генераторам низкотемпературной плазмы. -Фрунзе: Илим, 1974. -С. 86-89.

[35] Лушаков В. П. , Позняков Б. А. Некоторые особенности характеристики плазмотронов с распределенным вдувом// Некоторые задачи гидродинамики и теплообмена. -Новосибирск: ИТФ СО АН СССР, 1976. -С. 231-237.

[36] Теориятермической электродуговой плазмы Ч. 1 и 2 / Под ред М. Ф. Жукова. А. С. Коротеева. -Новосибирск: Наука. Сиб. отд-ние, 1987.

[37] Теорияэлектрического дуги / Энгельшт В. С. , ГуровичВ. Ц. , Десяков Г. А. и др Низкотемпература плазма. Т. 1. Теория столба электрической дуги. -Новосибирск: Наука. Сиб. отд-ние, 1990. -373с.

[38] Урюков В. А. Исследование турбулентных электрических дуг. //Изв. Сиб. отд-ние, АН СССР. -1975. -№3. Сер. техн. наук. Вып. 1. -С. 3-10.

[39] Shkarofsky I. P. Analysis of turbulent flow in wall stabilized arc discharge//ARL 73-0133, 1973. -123p.

[40] Frind G. , Dmsy B. I. Electric arc in turbulent flow, Ⅳ//ARL 70-0001, 1970. -76p.

[41] Runstadier P. W. Laminar and turbulent flow of an argon arc plasma//Harward Un. , Dept. Eng. and Appl. Phys. -1965. -Tech. Rep. N 22.

[42] Очеркифизики химин низкотемпертурной плазмы / Под ред. Д. С. Полака. -М. : Наука, 1971.

[43] Урюков В. А. Теориретическое исследование электрической дуги //Изв. Сиб. отд-ние, АН СССР. -1973. -№13. Сер. техн. наук. Вып. 3. -С. 48-59.

[44] Курочкин Ю. В. , Пустогаров А. В. Исследование плазмотронов с подачей рабочего тела через пористую межэлектродную вставку//Эксперементальные исследования плазмотров / Под ред. М. Ф. Жукова. -Новосибирск: Наука. Сиб. Отд-ние, 1977. -С. 82-104.

[45] Карабут А. Б. , Курочкин Ю. В. , Мельников Г. И. , Пустогаров А. В. Плазмотрон со стабилизацией разряда дувом газа через пористую стенку//ТВТ. -1979. Т. 17, № 3. -С. 618-625.

[46] Арзамасцев А. Н. , Бобровская Р. С. , Карабут А. Б. и дрЛокальные характеристики дугового разряда в проницаемом канале при интенсивном вдуве газа//Тез. Докл. Ⅷ Всесоюз. Конф. по генераторам низкотемперетурной плазмы. -Новосибирск: ИТФ СО АН СССР, 1980. -Ч. 3. -С. 4-7.

[47] Бобровская Р. С. , Карабут А. Б. , Молдавер В. А. , Пустогаров А. В. Эксперементальное исследование дугового разряда, стабилизированного интенсивным вдувом водарода черезпроницаемую стенку//Там же. . С. 8-12.

[48] Карабут А. Б. , Пустогаров А. В. , Курочкин Ю. В. и дрНапряженность электрического поля дугового разряда в проницаемом канале//Тез. Докл. Ⅸ Всесоюз. Конф. по генераторам низкотемперетурной плазмы. -Фрунзе: Илим, 1983. -С. 80-81.

[49] Курочкин Ю. В. , Поляк Л. С. , Пустогаров А. В. и дрТермохимическая неравновесность вплазме дуги, стабилизированной вдувом азота через пористую стенку канала. Эксперементальное исследование параметров дуговой плазмы// ТВТ. -1978. Т. 16, №3. -С. 485-491.

[50] Пустогаров А. В. , Курочкин Ю. В. , Карабут А. Б. Дуговой разряд в проницаемом канале с интенсивным вдувом газа//ТВТ. -1986. -Т. 24, № 4. -С. 639-643.

[51] Пустогаров А. В. , Мельников Г. И. , Перевалов А. М. , Спиридолов Ю. А. Некоторые особенности дугового разряда в канале с проницаемыми стенками при интенсивном вдуве газа //Тез. Докл. Ⅺ Всесоюз. Конф. по генераторам низкотемперетурной плазмы. -Новосибирск: ИТФ СО АН СССР, 1989. -Ч. 1. -С. 171-172.

[52] Пустогаров А. В. , Егоров В. Э. , Спиридолов Ю. А. , Мельников Г. И. Напряженность электрического поля в дуговом канале с проницаемыми стенками//Так же. . С. 169-170.

[53] Жуков М. Ф. , Засыпкин И. М. , Мишне И. И. Электрическая дуга в комбинированном канале плазмотрона с межэлектродной вставкой//ТВТ. -1988. -Т. 26, №1. -С. 1-9.

[54] Засыпкин И. М. , Мишне И. И. , Тимошевскй А. Н. Влияние интенсивного вдува газа на напряженность электрического поля дуги//Тез. Докл. Ⅸ Всесоюз. Конф. по генераторам низкотемперетурной плазмы. -Фрунзе: Илим, 1983. -С. 76-77.

[55] Урюков В. А. Теориретическое исследование электрической дуги в турбулентном потоке Обзор //Изв. Сиб. отд-ние, АН СССР. -1981. -№3. Сер. техн. наук. Вып. 1. -С. 87-98.

[56] Кутателадзе С. С. Анализ подобия в теплотехнике-Новосибирск: Наука. Сиб. отд-ние, 1982. -280с.

[57] Steinberger S. Messung von Temperaturverteilungen im H_2-Kaskadenbogen bis 27000 K// Zeitschrift fur Physik. 1969. Bd 223, H. 1. -S. 1-18.

[58] Низовский В. Л. , Шабашов В. И. Стабилизированная дуга для исследования свойств водародной поазмы//Тез. Докл. Ⅵ Всесоюз. Конф. по генераторам низкотемперетурной плазмы. -Фрунзе: Илим, 1974. -С. 102.

[59] Князев Ю. Р. , Боровик Е. С. , Митин Р. В. , Петренко В. И. Импульсная дуга высокого давления в гелин и водароде//ЖТФ. -1967. -Т. 37, № 3. -С. 523-532.

[60] Дементьев В. В. , Жилович А. И. , Ясько О. И. Сильноточная электрическая дуга в продольно вихревом потоке водрода//Физика, техника и применение низкотемперетурной плазмы. -Алма-Ата, 1970. -С. 334-338.

[61] Кушнаренко И. П. , Мишне И. И. , Рыков Ю. П. и др. Электрические и тепловые характеристики длинной сильноточной дуги в вадороде// Тез. Докл. Ⅵ Всесоюз. Конф. по генераторам низкотемперетурной плазмы. -Фрунзе: Илим, 1974. -С. 82-85.

[62] Захаркин Р. Я. , Карабуг А. В. , Куршунов В. Н. и др. Исследование характеристики плазмоиронов с порисным каналом МЭВ при работе на воздухе, азоте и водороде// Материалы к Ⅶ Всесоюз. Конф. по генераторам низкотемперетурной плазмы. Т. 1. -Алма-Ата, 1977. -С. 94-97.

[63] Янковский А. И. плазмотрон сгазовихревой межэлектродной вставкой для нагрева водорода и смеси водорода с метаном / / Исследование сложного теплообмена. -Новосибирск: ИТФ СО АН СССР, 1978. -С. 138-146.

[64] Zasypkin I. M. Electric Arc Hydrogen Heater//Thermal Plasma and New Materials Technology. Vol. 1: Investigation and Design of Thermal Plasma generator / Ed. O. P. Solonenko and M. F. Zhukov. -Cambridge Interscience Publishing. -1994. -P. 424-468.

[65] Барков А. П. , Засыпкин И. М. , Изингер Ю. В. и др. Напряженность электрического поля дуги в водороде //Тез. Докл. Ⅷ Всесоюз. Конф. по генераторам низкотемперетурной плазмы. Т. Ⅲ. -Новосибирск: 1980. -С. 21-24.

[66] Григорьев М. А. , Рутберг Ф. Г. Некоторые внешние характеристики трехфазных генераторов плазмы//Мощные генераторы низкотемперетурной плазмы и методы исследования их параметров / Под ред. Ф. Г. Рутберга. -Л. : ВНИИэлектромаш, 1979. -С. 43-51.

[67] Григорьев М. А. , Муравьев В. В. , Рутберг Ф. Г. Исследование сильноточнной дуги переменного тока в водороде//Генераторы плазмы и методы диагностики. -Л. : ВНИИэлектромаш, 1984. -С. 129-133.

[68] Пейнтер Дж. Х. , Кротил Дж. К. Моделирование условий входа в атмосферу Юпитера с использованием форсированного дугового подогревателя//РтиК. -1980. -Т. 18, № 3. -С. 143-145.

[69] Курочкин Ю. В. , Пустогаров А. В. , Уколов В. В. Электродуговной разряд в пористном канале при повышенном давлении газа//ТВТ. -1978. -Т. 16, №1. С. 195-197.

[70] Засыпкин И. М. , Изингер Ю. В. , Старков А. М. и др. Электрическая дуга в водороде при

повышенном давлении// Тез. Докл. Ⅸ Всесоюз. Конф. по генераторам низкотемперетурной плазмы. -Фрунзе：Илим，1983. -С. 118-119.

[71] Кравченко С. К. ，Лактюшин А. Н. ，Лактюшина Т. В. ，Ясько О. И. Особенности плазменного нагрева кислороднометановых смесей//Генераторы низкотемперетурной плазмы. // Тез. Докл. Ⅹ Всесоюз. Конф. по генераторам низкотемперетурной плазмы. Ч. 2. -Минск，1986. -С. 49-50.

[72] Михайлов Б. И. ，Шатохин В. Г. Электрическая дуга в водяном паре//Тез. Докл. Ⅷ Всесоюз. Конф. по генераторам низкотемперетурной плазмы. Ч. 3. -Новосибирск：1980. -С. 64-61.

[73] Михайлов Б. И. Анализ работы паровихревых плазмотронов// Там же. С. 68-71.

[74] Засыпкин И. М. ，Михайлов Б. И. Электрическая дуга в конфузоре//Физика низкотем-перетурной плазмы. Ч. 2：Материалы Ⅷ Всесоюз. Конф. -Минск：АНК，ИТМО им. А. В. Лыков АН БССР，1991. -С. 67-68.

第 6 章

[1] Жуков М. Ф. ，Коротеев А. С. ，Урюков В. А. Прикладная динамика термической плазмы. -Новосибирск：Наука. Сиб. отд-ние，1975. -298с.

[2] Даутов Г. Ю. ，Жуков М. Ф. Некоторые обобщения исследований электритических дуг// ПМТФ. 1965. -№ 2. -С. 97-105.

[3] Жуков М. Ф. ，Сухинин Ю. И. Характеристики двухкамерного электродугового нагревателя газа//Изв. Сиб. отд-ние，АН СССР. Сер. техн. наук. -1969. №3. Вып. 1. -С. 50-60.

[4] Герман В. О. ，Морозов М. Г. Плазмотрон постоянного тока и некоторые результаты исследований его работы// Теплофизика высоких температур. -1965. -Т. 3，№ 5. -С. 765-770.

[5] Плазмотроны. Исследования. Проблемы / Отв. Ред. М. Ф. Жуков. -Новосибирск：Изд-во СО РАН，1995. -203с.

[6] Smith R. T. ，Folck I. L. Operating characteristics of multimegawatt arc heater used with the air flight dynamics laboratory 50 megawatt facility//AFFDL-TR-69-6. -1969. -67p.

[7] Морцева Г. И. ，Полняков В. А. ，Смоляков В. Я. и др. Исследование вихревого плазмотрона при давлениях до 100 атм//Тез. Докл. Ⅵ Всесоюз. Конф. по генераторам низкотемперетурной плазмы. -Алма-Ата，1970. -С. 413-416.

[8] Белянин Н. М. ，Зыричев И. А. Обобщение характеристики двухкамерного электродугового нагревателя//ИФЖ. -1969. -Т. ⅩⅥ，№2. -С. 212-217.

[9] Юревич Ф. Б. и др. Вольт-ампер характеристики и к. п. д. электродугового нагревателя// ИФЖ. -1967. -Т. Ⅻ，№6. -С. 711-717.

[10] Ганз С. Н. и др. Получение связанного азота в плазме. Киев：Наука. Думка. -1967. -67с.

[11] Zasypkin I. M. Electric Arc Hydrogen Heater//Thermal Plasma and New Materials Technology. Vol. 1：Investigation and Design of Thermal Plasma generator / Ed. O. P. Solonenko and M. F. Zhukov. -Cambridge Interscience Publishing. -1994. -P. 424-468.

[12] Жуков М. Ф. ，Сухинин Ю. И. ，Малков Ю. П. и др. Обобщение характеристикиэлектродугового нагревателя водорола постоянного тока// Изв. Сиб. отд-ние，АН СССР. Сер. техн. наук. -1970.

№3. Вып. 1. -С. 30-34.

[13] Основырасчета плазмотронов линейной схемыПод ред. М. Ф. Жуков Новосибирск: ИТ СО СССР, 1979. -148с.

[14] Brilhac J. -F. , Pateyron B. , Delluc G. , Coudert J. -F. , Fauchais P. Study of the Dynamic and Static Behavior of dc Vortex Plasma Torches : Part Ⅰ: Button Tupe Cathode//Plasma Chemistry and Plasma Processing. -1995. -Vol. 15, N 2. -P. 231-255.

[15] Brilhac J. -F. , Pateyron B. , Coudert J. -F. , Fauchais P. and Bouvier A. Study of the Dynamic and Static Behavior of dc Vortex Plasma Torches : Part Ⅱ: Well-Tupe Cathode//Plasma Chemistry and Plasma Processing. -1995. -Vol. 15, N 2. -P. 257-277.

[16] Nutsch G. 250 kW Hydrogen Plsma Torch//VDIBerichte, 1166. 3rd-European Congress on Thermal Plasma Processes, Sept. 19-21, 1994. Aachen, Dusseldorf: VDI Vertag GmbH, 1955. -P. 201-209.

[17] Жуков М. Ф. , Аньшков А. С. , Засыкин И. М. и др Электродуговые генераторы с межэлектродными вставками. -Новосибирск: Наука. Сиб. отд-ние, 1981. -221с.

[18] Жуков М. Ф. , Засыкин И. М. , Мишне И. И. , Фокин В. Н. Теплообмен в канале плазмотронов с проницаемой стенкой//Изв. Сиб. отд-ние, АН СССР. Сер. техн. наук. -1980. №13. Вып. 3. -С. 77-85.

[19] Даутов Г. Ю. , Дудников Ю. С. , Жуков М. Ф. и др. Характеристики плазмотронов с межэлектродной вставкой//ПМТФ. 1967. -№1, -С. 172-176.

[20] Жуков М. Ф. , Засыкин И. М. , Сязонов М. И. Эффективность газовой завесы в плазмотронах осевой схемы// Изв. Сиб. отд-ние, АН СССР. Сер. техн. наук. -1973. №3. Вып. 1. -С. 18-24.

[21] Засыкин И. М. , Урбах ЭКХарактеристикиэлектритической дуги в осевом потоке газа// Тез. Докл. Ⅸ Всесоюз. Конф. по генераторам низкотемперетурной плазмы. -Фрунзе: Илим, 1983. -С. 74-75.

[22] Michel G. , Rothhardt L, Experiments on arc perturbation in turbulent gas flow//Contributions of Plasma Physics. -1982. -V. 22, N6. -P. 477-484.

[23] Ивлютин А. И. , Карабут А. Б. , Курочкин Ю. В, и др. Исследование теплообмена в дуговом канале //Тез. Докл. Ⅴ Всесоюз. Конф. по генераторам низкотемперетурной плазмы. Т. 1. -Новосибирск: 1972. -С. 205-207.

[24] Жуков М. Ф. , Смоляков В. Я. , Урюков Б. А. Электродуговые нагреватели газа (плазмотроны). -М. : Наука, 1973. -232с.

[25] Теориятермической электродуговой плазмы. Ч. 2. Нестационарные процессы и радиационный теплообмен в термической плазме / Отв. Ред. М. Ф. Жуков, А. С. Коротеев -Новосибирск ; Наука. Сиб. отд-ние, 1987. -212-270.

[26] Энгельшт В. С. , Гурович В. Ц. , Десяков Г. А. и дрНизкотемпературная плазма. Т. 1. Теория столба электрической дуги. -Новосибирск: Наука. Сиб. отд-ние, 1990. -376с.

[27] Амбразявичюс А . Теплообмен при закалке газов. -Вильнюс: Моклас. -1983. 191с.

[28] Шашков А. Г. ,Крейчи Л. ,Крылович В. И. и др. Теплообмен в электродуговом нагревателе газа. -М. :Энергия,1974. -152с.

[29] Ambrazevicius A. , Zukauskas A. Heat Transfer Experiments in Channel Flows of High Temperature Gases//Sixth Intern. Heat Transfer Conf.. -Toronto, Canada, August 7-11, 1978. -V. 2. -P. 559-563.

[30] Mariotte G. I. , Harder R. L. , Prichard R. W. Basic Research on gas Flow through Electric Arcs Column, part Ⅱ//ARI, 64-69. Dec. -1964.

[31] Жуков М. Ф. ,Засыкин И. М. ,Мишне И. И. ,Сязонов М. И. Теплообмен в выходном электроде плазмотрона с межэлектродной вставкой//Изв. Сиб. отд-ние, АН СССР. Сер. техн. наук. -1979. №8. Вып. 2. -С. 61-66.

[32] Амбразявичюс А. В. , Жукаускас А. А. Теплообмен в высокотемпературных устройствах// Генерация потоков электродуговой плазмы / Под ред. Б. Е. Накорякова. -Новосибирск: ИТФ СО АН СССР,1987. С. 200-207.

[33] Амбразявичюс А. В. , Валаткявчюс П. Ю. , Кежялне Р. М. , Юшклявичюс Р. А. Исследование теплообмена в плазмотроне с фиксированной длиной дуги//Тез. Докл. Ⅵ Всесоюз. Конф. по генераторам низкотемперетурной плазмы. -Фрунзе: Илим,1974. -С. 94-97.

[34] Заруди М. Е. , Эдельбаум И. С. Расчет дуги при ламинарном установившемся течении различных газов в канале с учетом излучения //Явления переноса в низкотемперетурной плазме. -Миск: Наука и техника,1969. -С. 82-87.

[35] Жуков М. Ф. , Засыкин И. М. , Мишне И. И. , Сязонов М. И. Влияние газовой завесы на теплообмен между турбулентной дугой и стенкой разрядной камеры// Изв. Сиб. отд-ние, АН СССР. Сер. техн. наук. -1975. №8. Вып. 2. -С. 15-20.

[36] Лукашов В. П. ,Поздников Б. А. Конвективный теплообмен при турбулентном течении газа в канале плазмотрона с распределенным дувом//Изв. Сиб. отд-ние, АН СССР. Сер. техн. наук. - 1976. №3. Вып. 1. VC. 8-11.

[37] Painter J. H. High Pressure arc Heater Electrode Heat Transfer Study//AIAA Paper. -1973. -N 74-731. -11p.

[38] Кутателадзе С. С. Основы теории теплообмена. -Новосибирск: Наука. Сиб. отд-ние,1970.

[39] Кутателадзе С. С. ЛеонтьевА. Н. Тепло, массообмен и трение в турбулентном пограничном слое. -М. :Энергия,1972.

[40] ЛеонтьевА. Н. , Волчков Э. П. Проблемы пленочного охлаждения в плазмотронах// Эксперементальные исследования плазмотров /Под ред. М. Ф. Жукова. -Новосибирск: Наука. Сиб. Отд-ние,1977. -С. 36-67.

[41] Дыбан Е. П. ,Попович Е. Г. ,Репухов В. М. Эффективность тепловой защиты плоской стенки при вдувании воздуха через щели под углом к защищаемой поверхности//ИФЖ. -1971. -Т. 20,№2. -С. 294-298.

[42] Амбразявичюс А. В. , Валаткявчюс П. Ю. , Жукаускас А. А. и др. Теплообмен при турбулентном течении высокотемпературного газа в трубе с охлажлаемыми стенками//

Теплообмен в высокотемпературном потоке газа / Под ред. А. А. Жукаускаса. -Вильнюс: Минтис, 1972. -С. 96-107.

[43] Варгафтик Н. Б. Справочник по теплофизическим свойствам газов и жидкостей. -М.: Наука, 1972.

[44] Zhukov M. F., Zasypkin I. M., Michne I. I. Effect of cooling gas injection arrangement on the effectiveness of film cooling of the wall of a plasma gun//Fluid mech. -Sov. Res., 1982. -Vol. 11, N 3. P. 75-84.

[45] Painter J. H., Emsen R. J. A 12MW, 200atm. Arc Heater for Re-Entry Testing//AIAA Journ. -1971. -N 12. -P. 2307-2308.

[46] Установкис элктродуговым нагревом для аролинамических исследований (по материалам открытой иностранной печати) / Сост. В. А. Лебсак, Г. Н. Мачехина, Ю. А. Тихомиров// Обзор ЦАГИ № 566, 1979. -147с.

[47] Жуков М. Ф., Қалинеко Р. А., Ливицкий А. А., Поляк Л. С. Плазмохимическая переработка угля. -М.: Наука, 1990. -200с.

[48] Глебов И. А., Рутберг Ф. Г. Мощные генераторы плазмы. -М.: Энергј-атомиздат. -1985. -153с.

[49] Фогельсон И. Б. Транзисторные термодатчики. -М.: Сов. Радио. -1972. -124с.

[50] Аньшаков А. С., Даутов Г. Ю., Мустафин Г. М., Петров А. П. Исследование пульсаций в плазмотроне с самоустанавливающейся дугойс межэлектродными вставками ПМТФ. 1967. -№1, -С. 161-166.

[51] Жеенбаев Ж., Қобцев Г. А., Қонавко Р. И., Энгельшт В. С. Оптимизация анодного узла с арг оновой защитой//Тез. Докл. Ⅴ Всесоюз. Қонф. по генераторам низкотемперетурной плазмы. Т. 2. -Новосибирск: 1972. -С. 60-62.

[52] А. с. СССР № 430801, 1974/ М. Ф. Жуков, Ю. И. Сухинин, С. В. Стороженко. Плазмотрон с межэлектродными вставками//Бюл. Изобр. -1976. -№ 19.

[53] Zhukov M. F., Suhinin Yu. I., Yankovsky A. I. Electric arc heater with gas interelectrode insert//Proc. 11th Intern. Conf. Phenom. in Ionized Gases. -Pragues, 1973. -P. 226.

[54] Хардер, Қани. Споставление результатов исследований дуговых подогревателей высокого даалення//РТиҚ. -1970. -Т. 8. №12. С. 132-140.

[55] Қенон, Қейс. Теплообмен жилкости в трубе вращающейся вдоль продольной оси//Теплопередача -1969. -Т. 91, №2. -С. 127-132.

[56] Жуков М. Ф., Сухинин Ю. И., Янковский А. И. Исследование аэродинамики плазмотрона с га зовихревой межэлектродной вставкой// Тез. Докл. Ⅵ Всесоюз. Қонф. по генераторам низкотемперетурной плазмы. -Фрунзе: Илим, 1974. -С. 108-111.

[57] Добринскй Э. Қ., Урюков Б. А., Фридберг А. Э. Исследование стабилизации плазменной струи гозовым вихрем// Изв. Сиб. отд-ние, АН СССР. Сер. техн. наук. -1979. №8. Вып. 2. -С. 42-49.

[58] Янковский А. И. Плазмотрон с газовихревой межэлектродной вставкой для нагрева

водорода и смеси водорода с метаном/ / Исследование сложного теплообмена. -Новосибирск:ИТФ СО АН СССР,1978. -С. 138-146.

[59] Косинов В. А. , Янковский А. И. Воздействие внешнего магнитного поля на дугу, стабилизированную вихрем// Материалы к Ⅶ Всесоюз. Конф. по генераторам низкотемперетурной плазмы. -Алма-Ата,1977. Т. 1. -С. 203-206.

[60] Cann G. I. An experimental investigation of a vortex stabilized arc in an axial magnetic field//ARL 73-0043,-1973. -131p.

[61] Курочкин Ю. В. ,Пустогаров А. В. Исследование плазмотрона с подачей рабочего тела через пористую межэлектродную вставку// Эксперементальные исследования плазмотров /Под ред. М. Ф. Жукова. -Новосибирск:Наука. Сиб. Отд-ние,1977. -С. 82-104.

[62] Карабут А. Б. , Курочкин Ю. В. , Корщунов В. Н. Электродуговой генератор с пористым охлаждением межэлектродной вставки мощностью 2 МВт//Изв. Сиб. отд-ние, АН СССР. Сер. техн. наук. -1976. №8. Вып. 2. -С. 10-13.

[63] Пустогаров А. В. ,Курочкин Ю. В. , Мельников Г. Н. и др. Плазмотрон с межэлектродной вставкой из пористой керамики//Изв. Сиб. отд-ние, АН СССР. Сер. техн. наук. -1976. №8. Вып. 2. -С. 7-9.

[64] Кутателадзе С. С. , Ярыгин В. Н. Э лектрические подогреватели для газодинамической установок низкой плотности//Эксперементальное методы в динамике разрежнных газов. -Новосибирск:Наука. Сиб. отд-ние,АН СССР 1974.

[65] Миронов Б. П. Пористое охлаждение электродуговых нагревателей//Эксперементальные исследования плазмотров /Под ред. М. Ф. Жукова. -Новосибирск: Наука. Сиб. Отд-ние, 1977. -С. 62-82.

[66] Леонтьев А. И. , Волчков Э. П. , Лебедев В. П. и др. Тепловая защита стенок плазмотронаТ. 15. Серия “Низкотемпературная плазма”. -Новосибирск ; Наука. Сиб. отд-ние,1995. -335с.

[67] Heberlein J. ,Pfender E. ,Eckert E. R. G. Study of a transpiration cooled constricted arc// ARL 70-007,1970. -111P.

[68] Курочкин Ю. В. , Пустогаров А. В. , Старшинов В. И. Указлов ВВИсследование эффективности пористого охлаждения стабилизирующего канала плазмотрона// Изв. Сиб. отд-ние,АН СССР. Сер. техн. наук. -1977. №8. Вып. 2. -С. 97-102.

[69] Кутателадзе С. С. ,Миронов Б. П. ,Накоряков В. Е. ,Хабахпашева Е. М. Эксперементальные исследования пристенных турбулентных течений. -Новосибирск ; Наука. Сиб. отд-ние, 1975. -166с.

[70] Кутателадзе С. С. ,Миронов Б. П. Относительное влияние температурного фактора на турбулентный пограничный слой при конечных числах Рейнольдса//ПМТФ. 1970. -№5,-С. 162-166.

[71] Кутателадзе С. С. ,Леонтьев А. И. ,Миронов Б. П. К расчету турбулентного теплообмена на полупроницаемой поверхности при вдуве инородного газа//ПМТФ. 1966. -№5,-С. 123-125.

[72] Онуфриев А. Т. ,Севастянненко В. Г. Расчет цилидрической электрической дуги с учетом

переноса энергии излучением. Дуга в водороде при давлении 100 атм// Журн. Прикл. механики и техн. Физики. -1969, №2. -С. 17-22.

[73] Ветлуцкий В. Н. , Севастянненко В. Г. Электрическая дуга в потоке водорода при высоком давлении//Журн. Прикл. механики и техн. Физики. -1969, №1. -С. 136-138.

[74] Солоухин Р. И. , Якоби Ю. А. , Комин А. В. Оптические характеристики водородной плазмы. -Новосибирск ; Наука. Сиб. отд-ние, 1977. -225с.

[75] Свойстванизкотемперетурной плазмы и методы ее диагностики /Под ред. М. Ф. Жукова. -Новосибирск: Наука. Сиб. Отд-ние, 1977. -295с. .

[76] Шидлаускас В. А. Радиационный и сложный теплообмен в дуге водородной плазмы. Автореф. Дис. ... канд. Техн. Наук. -Каунас: ИФТПА АН Лит. ССР. -1980. 21с.

[77] Коньков А. А. Излучение плотной водородной термической плазмы//Теплофизика высоких температур. -1979. -Т. 17, № 4. -С. 678-684.

[78] Барков А. П. , Дандарон Г. -Н. Б. , Смьшляев В. К. Эрозия вольфрамового катода в водороде// Материалы к Ⅶ Всесоюз. Конф. по генераторам низкотемперетурной плазмы. -Алма-Ата, 1977. Т. 2. -С. 204-207.

[79] Михайлов Б. И. , Войчак В. П. Плазменная газификация углей//Новые материалы и техники. Т. 1: Экстремальные технологические процессы/ Под ред М. Ф. Жуков, В. Е. Панин-Новосибирск: Наука. Сиб. отд-ние, АН СССР 1992. Гл. 7: Плазменная газификация углей / Б. И. Михайлов, В. П. Войчак-С. 127-142.

[80] Михайлов Б. И. Возможность регенерации тепла электродуговых вихревых плазмотронах// Тез. Докл. Ⅸ Всесоюз. Конф. по генераторам низкотемперетурной плазмы. -Фрунзе: Илим, 1983. -С. 336-337.

[81] Михайлов Б. И. Тепловой к. п. д. паровихревых плазмотрнов//Тез. Докл. Ⅸ Всесоюз. Конф. по генераторам низкотемперетурной плазмы. -Фрунзе: Илим, 1983. -С. 108-111.

第 7 章

[1] Жуков М. Ф. , Коротеев А. С. , Урюков В. А. Прикладная динамика термической плазмы. -Новосибирск: Наука. Сиб. отд-ние, 1975. -298с.

[2] Электродуговые плазмонтроны: Рекламный проспект /Под ред М. Ф. Жуков. -Новосибирск: ИТФ СО АН СССР, СКБ"Энергохиммаш", 1980. -83 с.

[3] Романовскй Г. Ф. , Матвеев И. Б. , Перегудов В. С. , Попенко В. Г. Некоторые исследования и усовершенствования опытного плазмотрона//Тр. Николаев. Кораблестроит. Ин-та Николаева, 1981. Вып. 181. -С. 3-6.

[4] Михайлов Б. И. , Войчак В. П. Плазменная газификация углей//Новые материалы и техники. Т. 1: Экстремальные технологические процессы/ Под ред М. Ф. Жуков, В. Е. Панин-Новосибирск: Наука. Сиб. отд-ние, АН СССР 1992. Гл. 7: Плазменная газификация углей / Б. И. Михайлов, В. П. Войчак-С. 127-142.

[5] Михайлов Б. И. Условия стабильной работы паровихревого плазмотрона//Referaty Ⅳ-tei krajowei konferencij Naukowotechnicehnicznej pt “ Zastosowanic niskotemperaturowej

plazmy w przemyssle", -CzestochowaKokotek, 5-8 listopada, 1979. -P. 79-82.

[6] Перегудов В. С. , Карпенко Е. И. , Буянтуев С. Л. Плазменный розжиг мазутного факела // Энергетик. -1997. -№2. -С. 13-14.

[7] Плазменная безмазутная растопка котлов и стабилизация горения пылеугольного факела / М. Ф. Жуков, Е. И. Карпенко, В. С. Перегудов и др. -Новосибирск: Наука. Сиб. отд-ние, АН СССР 1995. -301с. Т. 16. Серия "Низкотемпературная плазма".

[8] Zhukov M. F. Peregudov V. S. , Pozdnyakov B. A. Plasma treatment of coal powder in the process of interior coal burning//High Temperature Dust-Laden Jets in Plasma Technology. -Utrecht; Tokyo: VSP, 1990. -p. 531-541.

[9] Перегудов В. С. , Поздняков Б. А. , Волобуев А. Н. и др. Термообработка укольной пыли плазменной струей в условиях промышленного котлов// Тез. Докл. . Междунар. Раб. Совещ. "генераторам высокотемпературные запыленные струи в процессах обработки порошковых материалов". 6-10 Сентября 1988 г. -Новосибирск: ИТ СО АН СССР. -1988. -С. 167-173.

[10] Жуков М. Ф. , Аньшков А. С. , Засыкин И. М. и др Электродуговые генераторы с межэлектродными вставками. -Новосибирск: Наука. Сиб. отд-ние, 1981. -219с.

[11] Володин И. Л. , Дятлов В. Т. , Ерков В. В. и др. Исследование характеристик водородного плазмотрона мощностю 200кВт//Хим. пром-сть. -1975. -№3, -С. 211-215.

[12] Аньшков А. С. , Жуков М. Ф. , Сазонов М. И. , Тимошевский А. Н. Исследование плазмотрона с восходящими вольтамерными характеристиками дуги//Изв. Сиб. отд-ние, АН СССР. Сер. техн. наук. -1970. №8. Вып. 2. -С. 3-11.

[13] Изингер Ю. В. , Тухватуллин А. М. , Старков А. М. , Фокин В. Н. Ресуреные исследования водородного плазмотрона на опытно-промышленной установке// Тез. Докл. Ⅸ Всесоюз. Конф. по генераторам низкотемперетурной плазмы. -Фрунзе: Илим, 1983. -С. 174-175.

[14] ПлазмотронГНП-1, 5/3М. Инструкция по эксплуатации. -Новосибирск: ИТФ СО АН СССР, СКБ"Энергохиммаш", 1982. -37 с.

[15] Исследованиеустойчивости и надежности работы узлов плазмотрона мощностью 5-10 МВт, выдача рекомендаций по созданию промышленного плазмотрона: Отчет НИР(закл.). № ГР 01. 83. 0017306. -Новосибирск: ИТФ СО АН СССР, СКБ"Энергохиммаш", 1984. -61с.

[16] Засыкин И. М. , Изингер Ю. В. , Старков А. М. , и др. Электрическая дуга в водороде при повышенном давлении//Тез. Докл. Ⅸ Всесоюз. Конф. по генераторам низкотемперетурной плазмы. -Фрунзе: Илим, 1983. -С. 118-119.

[17] Патент31337(ГДР).

[18] Даутов Г. Ю. , Киямова Х. Г. , Сабитов И. Г. Характеристики плазмотрона с расщепленным анодным пятном//Тез. Докл. Всесоюз. Конф. по генераторам низкотемперетурной плазмы. -Минск, 1986. Ч. 2. -С. 13-14.

[19] Донскй А. В. , Клубинский В. С. Электроплазменеые процессы и установки в машиностроении. Л. : Машиностроение, 1979. -221с.

[20] Патент2052796(США).

[21] Патент107369(ГДР).

[22] Патент3708409(США),1248595(Великобритания)

[23] Патент3661764(США),1317918,1317919(Великобритания)

[24] А. с. 527843(СССР).

[25] Жуков М. Ф. ,Пустогаров А. В. ,Дандарон Г. -Н. Б. ,Тимошевский А. Н. Термохимические катоды. -Новосибирск:ИТФ СО АН СССР,1985. -130с.

[26] Егоров В. М. , Новиков О. Я. Некоторые задачи устойчивости горения электрической дуги//Теория электрической дуги в условиях вынужденного теплообмена. -Новосибирск: Наука. Сиб. отд-ние,1977. 163-173с.

[27] Патент3666982(США).

[28] Гаврюшенко Б. С. , Пустогаров А. В. Исследование электродов плазмотронов//Приэлектродные процессы и эрозия электродов плазмотронов. -Новосибирск,1977. С. 95-122.

[29] Болотов А. В. , Аньшаков А. С. , Дандарон Г. -Н. Б. и др. Особенности работы кольцевого термохимического катода с дополнитнльным подогревом//Тез. Докл. Ⅷ Всесоюз. Конф. по генераторам низкотемперетурной плазмы. Ч. 2. -Новосибирск:1980. -С. 28-31.

[30] Аньшков А. С. , Жуков М. Ф. , Дандарон Г. -Н. Б. и др. Исследование динамики прикатодной области дуги на вольфрамовом катоде в потоке плазмы//Там же. -С. 24-27.

[31] Даутов Г. Ю. ,Дудников Ю. С. ,Жуков М. Ф. ,Сазонов М. И. Плазмотрон вихревой схемы для работы на больших токах//ТВТ. -1967. -Т. 5,№3. С. 500-504.

[32] Тимошевский А. Н. , СударевА. И. Эксперементальное исследование эрозии цилиндрического катода в воздухе и азоте//Теплофизические исследование . -Новосибирск:1977. -С. 94-98.

[33] Сударев А. И. ,Тимошевский А. Н. Расщепление сильноточной дуги на несколько катодных пятен //Тез. Докл. Ⅷ Всесоюз. Конф. по генераторам низкотемперетурной плазмы. Ч. 2. -Новосибирск:1980. -С. 120-123.

[34] Многодуговыесистемы / О. Я. Новиков,П. И. Тамкиви,А. Н. Тимошевский и др. -Новосибирск: Наука. Сиб. отд-ние,1988. 133с.

第8章

[1] Plasma torchesand two legs to put their host foot forward//Product Engineering. -1967. -Vol. 38,N16. P. 62-68.

[2] Патент3472995(США).

[3] Патент2011872(США).

[4] Патент2011873(США).

[5] Жеенбаев Ж. , Энгельшт В. С. Двухструйный плазмотрон. -Фрунзе: Ин-т физики и математики АН КиргССР,1983. -199с.

[6] Конавко Р. И. ,Энгельшт В. С. ,Буранчиев Д. и др. Двухструйный плазмотрон// Тез. Докл. Ⅵ Всесоюз. Конф. по генераторам низкотемперетурной плазмы. -Фрунзе: Илим, 1974. -С. 155-158.

[7] Донскй А. В. ,Клубинский В. С. Электроплазменеые процессы и установки в машиностроении. Л. : Машиностроение,1979. -221с.

[8] Финкельнбург В. ,Меккер Г. Электрические дуги и термическая плазма. -М. :Изд-во иностр. лит. , 1961. -370с.

[9] Жеенбаев Ж. ,Конавко Р. И. ,Энгельшт В. С. Катодный узер плазмотрона// Изв. Сиб. отд-ние,АН СССР. Сер. техн. наук. -1976. №3. Вып. 1. -С. 17-20.

[10] Жуков М. Ф. ,Коротеев А. С. ,Урюков В. А. Прикладная динамика термической плазмы. -Новосибирск:Наука. Сиб. отд-ние,1975. -298с.

[11] Гольдфарб В. М. Диагностика дуговой плазмы//ТВТ. -1973. -Т. 11,№1. -С. 180-191.

[12] Овсянников А. А. Основные спектральные методы диагностики низкотемперетурной плазмы// Очерки физики и химии низкотемперетурной плазмы. -М. :Наука,1971. -С. 396-410.

[13] Гольдфарб В. М. , Дресвин С. В. Оптическое исследование распределение темперетуры и электронной концентрации в аргоновой плазмы//ТВТ. -1965. -Т. 3,-С. 333.

[14] Абдразаков А. , Жеенбаев Ж. Зондовые измерения в электрической дуге//Исследование электрической дуги в аргоне. // -Фрунзе:Илим,1966. -С. 31-44.

[15] Жеенбаев Ж. ,Энгельшт В. С. Ламинарный плазмотрон -Фрунзе:Илим,1975. -80с.

[16] Rother W. Uber dic Moglichkeit von Sondenmessungen an einem Stickstoff Plasmastrahl bei Atmospherenck:Dissertation. -Meiningen,1963. -60S.

[17] Нугманов А. М. ,Темирбаев Д. Ж. Исследование закономерностей распространения слившейся струи, образованной соударением двух слабоизотермических клуглых струй воздуха под различными углами//Технические науки. -Алма-Ата,1975. Выпу. 19. -С. 44-51.

[18] А. с. № 683868,кл. . B23K9/04,1979/ В. С. Клубинкин.

[19] Поляков С. П. ,Ливитан Н. В. Электрическая дуга двухструйного плазмотрона// ИФЖ. -1984. -Т. 46,№3. -С. 476-480.

[20] Поляков С. П. ,Ливитан Н. В. Влияние частоты внешнего магнитного поля на поведение дугидвухструйного плазмотрона// ИФЖ. -1986. -Т. 50,№2. -С. 245-249.

[21] Ливитан Н. В. ,Поляков С. П. Исследование взаимодействия алектрической дуги двухструйного плазмотрона//ИФЖ. -1986. -Т. 50,№4. -С. 635-640.

[22] Физическй энциклопедический словарь. Т. 4. М. :Сов. Энциклопедия,1965. -С. 395-397.

[23] Жуков М. Ф. ,Тимошевский А. Н. , Ващенко С. П. и др. Плазмотроны. Исследования. Проблемы. -Новосибирск:Изд-во СО РАН,1995. -203с.

[24] Золотовский А. И. , Шимонович А. Д. , Шипай А. К. Исследование нагрева поверхности керамических и силикатных материалов дуговым плазменным шнуром// ИФЖ. -1982. -Т. 46,№4. -С. 604-607.

[25] Димилович А. Б. ,Золотовский А. И. ,Шимонович В. Д. Исследование нагрева поверхности твердых тел электрической дуги//ИФЖ. -1982. -Т. 46,№3. -С. 461-466.

[26] Волокитин Г. Г. , Дедухин Р. О. , Шишковский В. И. Исследование процесса взаимодействия внешнего магнитного поля с плазменными потоком при обработке бетонных поверхности//

Тез. Докл. Ⅹ Всесоюз. Конф. по генераторам низкотемперетурной плазмы. -Минск, 1986. Ч. 2. -С. 109-110.

[27] Волокитин Г. Г. Исследование физических характеристик плазмотронов для большеразмерных изделий и теплообмен "плазма-материал"// Изв. Сиб. отд-ние, АН СССР. Сер. техн. наук. -1989. №13. Вып. 3. -С. 90-94.

[28] Новые материалы и техники. Экстремальные технологические процессы / Под ред М. Ф. Жуков, В. Е. Панин-Новосибирск: Наука. Сиб. отд-ние, АН СССР 1992. Гл. 7: Плазменная газификация углей / Б. И. Михайлов, В. П. Войчак-С. 127-142.

[29] Жуков М. Ф. , Щукин В. Г. , Неронов В. А. , Марусин В. В. Высокочастотная импульсная закалка сталей//Физика и химия обраб. Материалов. -1994. -№6. -С. 98-108.

[30] Патент(Россия). №1708872 от 07. 06. 93. Способ упрочения стальных изделий / В. П. Костылев, В. В. Марусин.

[31] Патент(Россия). №2057200 от 18. 04. 94. Способ обработки изделий из малоуглеродистых сталей / М. Ф. Жуков, В. А. Неронов, В. В. Марусин.

[32] Аньшаков А. С. , Урбах Э. К. , Янковскй А. И. и др. Двухструйный плазмотрон с цилиндрическими электродами// Материалы к Ⅺ Всесоюз. Конф. по генераторам низкотемперетурной плазмы. -Новосибирск, 1989. Т. 2. -С. 145-146.

[33] Урбах Э. К. , Тимошевский А. Н. и др. Ресурсные характеристики электродов двухструйного плазмотрона//Материалы к Ⅺ Всесоюз. Конф. по генераторам низкотемперетурной плазмы. -Новосибирск, 1989. Т. 2. -С. 46-47.

[34] Zhukov M. F. , Peregudov V. S. , Pozdnyakov B. A. Plasma treatment of coal powder in the process of interior coal burning//High Temperature Dust-Laden Jets in Plasma Technology. -Utrecht; Tokyo; VSP, 1990. -p. 531-541.

[35] Аньшаков А. С. , Быков А. Н. , Перегудов В. С. и др. Двухструйный плазмотрон технологического назначения//Автоматизированные электротехнологические установки. -Новосибирск, 1991. -С. 39-44.

[36] Жуков М. Ф. , Карпенко Е. И. , Перегудов В. С. и др. Плазменная безмазутная растопка котлов и стабилизация горения пылеугольного факела / М. Ф. Жуков, Е. И. Карпенко, В. С. Перегудов и др. -Новосибирск: Наука. Сиб. отд-ние, АН СССР 1995. -304с. Т. 16. Серия "Низкотемпературная плазма".

第 9 章

[1] Жуков М. Ф. , Смоляков В. Я. , Урюков В. А. Электродуговые нагреватели гоза(плазмотроны). -М. :Наука, 1973. -232 с.

[2] Жуков М. Ф. , Коротеев А. С. , Урюков В. А. Прикладная динамика термической плазмы. -Новосибирск: Наука. Сиб. отд-ние, 1975. -298с.

[3] КоротеевА. С. , МироновВ. М. , СвирчукЮ. С. Плазмонтроны. Конструкции, характеристики, Расчет. -М. :Машиностроенте, 1993. -296 с.

[4] Богатырева В. А. , Воробьева Н. Е. , Жуков М. Ф. , Сухинин Ю. И. Совместное горение

сильноточной и высокочастотной дуг в плазмотроне//ПМТФ. 1968. -№3, -С. 86-89.

[5] Богатырева В. А., Воробьева Н. Е., Жуков М. Ф., Сухинин Ю. И. Вольт-амперные характеристики дуги переменного тока в плазмотроне вихревой схемы//Изв. Сиб. отд-ние, АН СССР. Сер. техн. наук. -1967. №13. Вып. 3] -С. 159-162.

[6] Рутберг Ф. Г. Трехфазный плазмотрон//Некоторые вопросы исследования газоразрядной плазмы и создания сильных магнитных полей. -Л.: Наука. Ленигр. Отд-ние, 1970. -С. 8-19.

[7] Киселев А. А., Рутберг Ф. Г. Трехфазная плазмотронная установка//Генераторы плазменных струй и сильноточные дуги. -Л.: Наука. Ленигр. Отд-ние, 1973. -С. 31-39.

[8] Киселев А. А., Рутберг Ф. Г. Трехфазный плазмотрон большой мощности//ТВТ. -1974. -Т. 12, №4. -С. 827-834.

[9] Глебов И. А., Рутберг Ф. Г. Мощные генераторы плазмы. -М.: Энергоатомиздат, 1985. -153с.

[10] Рутберг Ф. Г., Сафронов А. А., Шираев В. Н., Кузнецов В. Е. Мощный плазмотрон переменного тока//Физика низкотемперетурной плазмы. ФНТП-95: Материалы конф. (Петрозаводск, 20-36 июня 1955 г.). -Петрозаводск, 1995. -Т. 3. -С. 422-424.

[11] Горячев В. Л., Ходаковский А. М. Тепловая модель эрозии электрода контрагированной дуги//Физика низкотемперетурной плазмы. ФНТП-95: Материалы конф. (Петрозаводск, 20-36 июня 1955 г.). -Петрозаводск, 1995. -Т. 2. -С. 186-188.

[12] Rutberg Ph. G., Safronov A. A. Power three-phase Plasma generator for Plasma chemistry and wastes destruction//4th Europen Conf. on Thermal Plasma Processes, Athens 14-17 July 1996.

[13] Энгельшт В. С., Гурович В. Ц., Десятков Г. А. и др. Высоковольтный трехфазный плазмотронный запальник

[14] Desyatkov G. A., Engelsht V. S., Gurovich V. Ts. et al. High voltage electric arc as the source for ignition of air-dispersed fuel flows//Plasma Jets in Developm. New Material Techn. // Proc. Intern. Workshop, Frunze, 1990. -Utrecht, Netherlands: VSP, 1990. -P. 49 9-509.

[15] Desyatkov G. A., Engelsht V. S., Musin N. U., Saichenko A. N. Experimental investigation and application of high voltage low current arc in gas flow//Proc. 20th Intern. Conf. Phenom. in Ionized Gases / Contr. Pap., Ⅱ, Ciocco, Barga, Italy, 1991. -Piza: Felici Editore, 1991. -P. 978-979.

[16] Энгельшт В. С., Десятков Г. А., Мусин Н. У., Сайчеко А. Н. Электрические характеристики высоковольтной трехфазной дуги в потоке воздуха//Физика низкотемперетурной плазмы: Материалы к Ⅷ Всесоюз. Конф. Минск, 1991. -С. 176-177.

[17] Трапицин Н. Ф. Высоковольтная дуга переминого тока как источник света для эмиссионного спектрального анализа. -Фрунзе: Илим, 1986. -150с.

[18] А. с. 1651041 СССР МКИ F 23 Q 5/00 Плазмотронный запальник /В. С. Энгельшт, Г. А. Десятков, Н. У. Мусин и др. -№ 47004478/06; Заявл. 06. 06. 89; Опубл. В Б. И., 1991, № 19.

[19] Энгельшт В. С. , Десятков Г. А. , Мусин Н. У. , Сайчеко А. Н. Экономия мазута при плазменной подсветке в пылеугольных котлов// Проблемы энергосбережения: Тез. Докл. Ⅹ Всесоюз. Науч-практКонф. -Киев, 1991. -Ч. 1. -С. 57-58.

[20] А. с. 1483186 СССР МКИ F 23 Q 5/00 Плазмотронный запальник /В. С. Энгельшт, Г. А. Десятков, Г. М. Окопник и др. -№ 4333663/28-06; Заявл. 27. 11. 87; Опубл. в Б. И. , 1989, № 20.

[21] А. с. 1636647 СССР МКИ F 23 Q 5/00 Запальник / Г. А. Десятков, Н. У. Мусин, А. Н. Сайченко, В. С. Энгельшт и др. -№ 4655409/06; Заявл. 27. 02. 89; Опубл. в Б. И. , 1991, № 11.

第 10 章

[1] Жуков М. Ф. , Смоляков В. Я. , Урюков В. А. Электродуговые нагреватели гоза(плазмотроны). -М. : Наука, 1973. -232 с.

[2] Жуков М. Ф. , Коротеев А. С. , Урюков В. А. Прикладная динамика термической плазмы. - Новосибирск: Наука. Сиб. отд-ние, 1975. -298с.

[3] А. с. № 1748616; приоритет изовретения от 24. 08. 89 г. ; В 1993 г. выдан патент “Анодныи узел электродугового плазмотрона” / Г. -Н. Б. Дандарон, С. П. Ващенко, М. Ф. Жуков и др.

[4] Басин А. С. , Ипятьева О. С. Импульсные температурные поля в проточных электродах// Тез. докл. Всесоюз. науч. конф. “Электротехнология: сегодня и зафтра”. -Чевоксары: Изд-во Чувашс. гос. ун-та, 1997. -С. 68-69.

[5] Морцева Г. И. , Поздняков Б. А. , Смоляков В. Я. и др. Исследование вихревого плазмотрона при давлениях до 100 атм//Физика, техника и применение низкотемпературной плазмы. - Алма-Ата: КазПТИ, 1970. -С. 413-416.

[6] Жеенбаев Ж. Ж. и др. Исследование тепловых, электрических и эрозионных характеристик плазменного анода//Изв. СО АН СССР. Сер. техн. наук. -1973. -№. 3, вып. 1. -С. 3-6.

[7] Дандарон Г. -Н. Б. , Урбах Э. К. Исследование теплового режима стержневого вольфрамового катода//Тез. докл. 5-Й всесоюз. конф. по генераторам низкотемпературной плазмы. -Новосиб ирск, 1972. -Ч. 1. -С. 40-43.

[8] Быховский Д. Г. Плазменная резка. Режущая дуга и энергетическое оборудование. -Л. : Машиностроение. Ленингр. отд-ние, 1972. -167 с.

[9] Стенин В. В. Эрозиа термоэмиссионного катода//Тез. докл. IX Всесоюз. конф. по генераторам низкотемпературной плазмы. -Фрунзе: Илим, 1983. —С. 170-171.

[10] Стенин В. В. Особенности эрозии термоэмиссионного катода//ТВТ. -1985. -Т. 23, №. 5. -С. 858-862.

[11] Гордеев В. Ф. , Пустогаров А. В. , Кучеров Я. Р. , Халбошин А. П. Особенность равоты вольфрамовых каодов в аргоне и гелии//Автомат. сварка. -1981. -№. 6. —С. 48-50.

[12] Жуков М. Ф. , Козлов Н. П. и др. Динамика паров металла в пристенных слоях плазмы// докл. АН СССР. -1981. -Т. 260, №. 6. -С. 1354-1356.

[13] Жуков М. Ф. , Козлов Н. П. , Аньшаков А. С. и др. Исследованния термоэмиссионых

катодов//Изф. СО АН СССР. Сер. тех. наук. -1978. -Вып. 3, №. 13. -С. 3-20.

[14] Гаврющенко Б. С. , Пустогаров А. В. Исследование электродов плазмотронов//Приэлектродные процессы и эрозия электродов плазмотронов. -Новосибирск: ИТ СО АН СССР, 1977. -С. 85-122.

[15] Гонопольский А. М. , Кораблев В. А. Экспериментальное исследование эрозии электродов серийных плазмотронов для напыления//Изв. СО АН СССР. Сер. тех. наук. -1983. -№. 3, вып. 1. -С. 69-71.

[16] Захаркин Р. Я. , Пустогаров А. В. , Халбошин А. П. Экспериментальное исследование многокатодного плазмотрона//Материалы VII Всесоюз. конф. по генераторам низкотемпературной плазмы. -Алма-Ата, 1977. -Т. 2. -С. 208-211.

[17] Жуков М. Ф. , Аньшаков А. С. , Дандарон Г. -Н. Б. Эрозиа электродов//Приэлектродные процессы и эрозия электродов плазмотронов. -Новосибирск: ИТ СО АН СССР, 1977. -С. 123-148.

[18] Васильиев Р. А. , Гонопольский А. М. , Кобелев, Ю. Н. Влияние концентрации кислорода в азоте на эрозиу вольфрамовых катодов дуговых плазмотронов при атмосферном давлении// Тез. докл. X Всесоюз. конф. по генераторам низкотемпературной плазмы. -Минск, 1986. -Ч. 1. -С. 119-120.

[19] Стенин В. В. , Кабанов А. И, Воронин И. Д. Влияние давления на эрозию катодов// Тез. докл. XI Всесоюз. конф. по генераторам низкотемпературной плазмы. -Новосибирск: ИТ СО АН СССР, 1989. -Ч. 2. -С. 4-5.

[20] Дзюба В. Л. , Мазурайтис И. С. Малоэрозионний катодный узел плазмотрона// Тез. докл. XI Всесоюз. конф. по генераторам низкотемпературной плазмы. -Новосибирск: ИТ СО АН СССР, 1989. -Ч. 2. -С. 18-19.

[21] Россомахо Я. В. Разравотка термохимического катода но основе гафния для плазменной резки в среде кислорода: Автореф. дис. . . . канд. техн. наук. -Л. , 1984. -18 с.

[22] Исследование плазмотрона с водяной стабилизацией дуги/ О. П. Закшевер, Л. В. Завадская, Д. О. Товояков, Л. А. Тонконогая//Тез. докл. IX всесоюз. конф. по генераторам низкотемпературной плазмы. -Фрунзе: Илим, 1983. -С. 338-339.

[23] Жиенбеков Г. Р. Влияние охлаждения составного термохимического катода на его эрозионную стойкость//Тез. докл. IX Всесоюз. конф. по генераторам низкотемператтурной плазмы. -Фрунзе: Илим, 1983. -С. 156-157.

[24] Особенности работы кольцевого термохимического катода с дополнительным подогревом / А. В. Болотов, А. С. Аньшаков, Г. -Н. Б. Дандарон и др. // Тез. докл. VIII всесоюз. конф. по генераторам низкотемпературной плазмы. -Новосибирск: ИТ СО АН СССР, 1980. -Т. 2. -С. 28-30.

[25] Патон Б. Е. , Лакомский В. И. , Ковальская Е. В. Электродуговой источник тепла с катодами новога типа//Автомат. Сварка. -1988. -№. 2. -С. 43-46.

[26] Термохимическиекатоды /М. Ф. Жуков, А. В. Пустогаров, Г. -Н. Б. Дандарон, А. Н. Тимошевский. -Новосибирск: ИТ СО АН СССР, 1985. -129 С.

[27] Многодуговые системи / О. Я. Новиков, П. И. Тамкиви, А. Н. Тимошевский и др. -Ново

сибирск: Наука. Сиб. Отд-ние, 1988. -130 С.

[28] Электрохимический механизм работы циркониевого катода в воздухе//М. Ф. Жуков, Т. В. Борисова, А. И. Мокрышев, В. В. Пак//Сиб. физ. -тех. журн. -1991. -Вып. 4. —С. 113-117.

[29] Ващенко С. П. , Дандарон Г. -Н. Б. , Жуков М. Ф. , Заятуев Х. Ц. Токо-и тепло-перенос на внутреннюю поверхность трубчатога цилиндрического термокатода//Сиб. Фих. -тех. Журн. -1992. -Вып. 1. -С. 98-106.

[30] Приэлектродные процессы в дуговом разряде / М. Ф. Жуков, Н. П. Козлов, А. В. Пустогаров и др. -Новосибирск: Наука. Сиб. отд-ние, 1982. -157 с.

[31] Плазматроны. Исследования. Провлемы / М. Ф. Жуков, А. Н. Тимошевский, С. П. Ващенко и др. -Новосибирск: Изд-во СО РАН, 1995. -203 с.

[32] Фесенко В. В, Болгар А. С. Испарение тугоплавких соединений. -М. : Металлургия, 1966. -180 с.

[33] Фридлянд М. Г. Исследование равоты стержневоо неплавящегося катода при горении дуги в углеводородах. // ТВТ. -1973. -Т. 11, №. 2. -С. 414.

[34] Фридлянд М. Г. , Нейматин А. М. , Косс В. А. Катод, формирующийся из газовой фази при горении сжатой дуги в углеводородах, как источник информации о прикатодных процессах//ТВТ. -1976. -Т. 14, №. 1. -С. 21-25.

[35] Быховский Д. Г. , Кряков В. В. Роль химического взаимодействия окислов W и РЗМ в процессе образования активной части электрода в виде "нароста"//Физика и химия обраб. Материалов. -1984 -№. 6. -С. 48-50.

[36] Быховский Д. Г. , Кряков В. В. Овразование "наростов" на вольфрамовых электродах формулируемой равочей поверхности//Автомат. Сварка. —1982. -№. 8. -С. 42-43.

[37] Фридлянд М. Г. Особенности работы катода, постоянно возобновляющегося из атмосферы сжатой дуги//Автомат. сварка. -1977. -№. 1. -С. 16-18.

[38] Фридлянд М. Г. , Живов М. Э. , Лебединская Н. А. Взаимосвязь температурного состояния и геометрии составного постоянно возобновляющегося катода сильноточной дуги//ТВТ. -1981. -Т. 19, вып. 5. -С. 1095-1097.

[39] Фридлянд М. Г. Условия работы катода сильноточной дуге в режиме постоянного возобновления//Изв. СО АН СССР. Сер. тех. наук. -1981. -Вып. 1, №. 3. -С. 121-125.

[40] Фридлянд М. Г. Электродуговая горелка с самовосстганавливающимся катодом// Автомат. сварка. -1980. -№. 11. -С. 60-62.

[41] Жуков М. Ф. , Никифоровский В. С. Особенности теплового и механическога состояния составных катодов//Экспериментальные исследования плазмотронов. -Новосибирск: Наука. Сиб. отд-ние, 1977. -С. 292-314.

[42] Фридлянд М. Г. Плазмотроны с постоянно возобновляющимся катодом. -Л. 1986. -22с.

[43] Фридлянд М. Г. , Портов А. Б. Состав многокомпонентной газовой атмосферы над неплавящимся торцевым катодом стабилизированной дуги//Элекротехническая промышленость. Сер. Электросварка. —1979. -Вып. 5. -С. 11-13.

[44] Мойжес Б. Я. , Немчинский В. А. К теории дуги высокого давления на тугоплавком катоде//ЖТФ. -1972. -Т. 42, №. 5. -С. 1001-1009.

[45] Фридлянд М. Г. О возможности работы в режиме постоянного возобновления катодов из тугоплавких металлов//Тез. долк. XI Всесоюз. конф. по генераторам низкотемпературной плазмы. -Новосибирск: ИТ СО АН СССР -1989. -Ч. 2. -С. 86-87.

[46] Фридлянд М. Г. , Немчинский В. А. К теории катода, постоянно возобновляющегося из углеродсодержащей атмосферы дуги//Узд. . СО АН СССР. Сер. тех. наук. -1987. -№. 13, вып. 3. -С. 52-58.

[47] Кряков В. В. Скорость образования активной части вольфрамого электрода в виде "нароста"//Физика и химия обраб. материалов. -1988. -№. 1. -С. 72-78.

[48] Ковалев В. Н. , Ляпин А. А. , Пехтерев С. В. и др. Математическая модель рецликинга в полом катоде//Тез. докл. XI Всесоюз. конф. по генераторам низкотемпературной плазмы. -Новосибирск: ИТ СО АН СССР. -1989. -Ч. 2. -С. 143-144.

[49] Докупин М. Ю. , Зимин А. М. , Хвесюк В. Н. О кинетике испарения стенки в газовую среду//Тез. докл. IX Всесоюз. конф. по генераторам низкотемпературной плазмы. -Фрунзе: Илим, 1983. -С. 194-195.

[50] Мойжес Б. Я. , Немчинский В. А. скорость испарения присадки и режим работы активированного катода плазмотрона//ЖТФ. -1984. -Т. 54, №. 8. -С. 1076-1084.

[51] Таран Э. Н. , Серегин С. М. , Присняков В. Ф. Особенности восстановления графитовога катода при горении дуги в углеводородах//Тез. докл. X Всесоюз. конф. по генераторам низкотемпературной плазмы. -Минск: ИТМО, 1986. -Ч. 1. -С. 97-98.

[52] Чумаков А. Н. , Бортничук Н. И. , Хобина А. В. и др. Экпериментальное исследование графитового катода в режиме регенерации//Тез. докл. X Всесоюз. конф. по генераторам низкотемпературной плазмы. -Минск, 1986. -Ч. 1. -С. 99-100.

[53] Жуков М. Ф. , Тимошевский А. Н. , Черепанов А. Н. Механизм эрозии электродов линейных плазмотронов//Теплофизика и аэромеханика. -1997. -Т. 4, №. 2. -С. 159-170.

[54] Пат. России №. 1641179 на изобретение "Способ управления перемещением пятна дуги на внутренней поверхности цилиндрического электрода электродугового плазмотрона "/Б. И. Михайлов, Я. Б. Иохимович, А. В. Балудин.

[55] Пат. России №. 1218909 на изобретение, МКИ Н 5 Н 1. 00. Электродуговой подогреватель газа / М. Ф. Жуков, Б. И. Михайлов, Г. М. Измаденов, В. П. Ефремов.

[56] Пат. России №. 1503673 но изобретение, МКИ Н 01 С 10/02. Установка для электродугового подогрева газа / Б. И. Михайлов, Я. Б. Иохимович, А. В. Балудин.

[57] Аньшаков А. С. , Тимошевский А. Н. , Урбах Э. К. Эрозия медного цилиндрического катода в воздушной среде//Изв. СО АН СССР. Сер. тех. наук. -1988. -№. 7, вып. 2. -С. 65-68.

[58] Тимошевский А. Н. , Урбах Э. К. , Быков А. Н. Динамика дуги и эрозия холодных электродов//Тез. докл. XI Всесоюз. конф. по генераторам низкотемпературной плазмы. Новосибирск: ИТ СО АН СССР. -1989. -Ч. 2. -С. 50-51.

[59] Коротеев А. С. Экспериментальные характеристики плазмотронов с газодинамической стабилизацией дугового разряда//ТВТ. -1986. -Т. 24, №. 5. -С. 980-983.

[60] Невский А. П. , Шараховский Л. И. , Ясько О. Н. Взаимодействие дуги с электродами плазмотрона. -Минск: Наука и техника, 1982. -150 с.

[61] Урбах Э. К. , Тимошевский А. Н. и др. Ресурсные характеристики электродов двухструйного плазмотрона//Тез. докл. XI Всесоюз. конф. по генераторам низкотемпературной плазмы. -Новосибирск: ИТ СО АН СССР, 1989. -Т. 2. -С. 46-47.

[62] Урюков Б. А. Теория эрозии электродов в нестационарных пятнах электрической дуги// Экспериментальные исследования плазмотронов. -Новосибирск: Наука: Сиб. отд-ние, 1977. -С. 371-383.

[63] Маротта А. , Шараховский Л. И. , Крылович В. И. , Борисюк В. Н. Обобщение эрозии холодных электродов на основе моделей теплопроводности//Материалы конф. "Физика плазмы и плазменные технологии". -Минск, 1997. -С. 86-88.

[64] Szente R. N. , Munz R. Z. , Dronet M. C. // J. Phys. D. : Appl. Phys. -1987. -Vol. 20. -P. 754.

[65] Marotta A. , Sharakhovsky L. I. A theoretical and experimental investigation of copper electrode erosion in electric arc heaters: 1. The thermophysical model//J. Phys. D. : Appl. Phys. -1996. -Vol. 29. -P. 2395-2403.

[66] Крылович В. И. , Шаболтас А. С. // Изв. АН БССР. Сер. энергет. наук. -1973. -Вып. 1. -С. 93.

[67] Иохимович Я. Б. , Михайлов Б. И. Эрозия электродов в водяной плазме//Тез. докл. X Всесоюз. конф. по генераторам низкотемпературной плазмы. -Минск, 1986. -Ч. 1. -С. 111-112.

[68] Михайлов Б. И. , Тимошевский А. Н. , Урбах Э. К. Влияние температуры цилиндрических электродов на их эрозию//Изв. СО АН СССР. Сер. тех. наук. -1985. -№. 10, вып. 2. -С. 69-73.

[69] МихайловВ. И. Нестационарное воздействие перемещаиюсчегося пятна дуги на температуру электрода//ТВТ. -1985. -Т. 23, №. 5. -С. 1000-1003.

[70] Басин А. С. , Ипатьева О. С. , Попов В. Н. Моделирование температурных полей в трубчатом элетроде плазмотрона от нестационарного воздействия пятна дуги//Теплофизика и аэродинамика. -1998. -Т. 5, №. 4. -С. 583-592.

[71] Есипчук А. М. , Шараховский Л. И. , Маротта А. , Карвелис Р. Скорость движения электрической дуги под действием магнитнога поля в плазматроне//Материалы конф. "Физика плазмы и плазменные технологии". -Минск, 1997. -Ч. 1. -С. 89-91.

[72] Жукаускас А. А. , Жюгжда И. И. Теплоотдача цилиндра в поперечном потоке жидкости. -Вильнюс : Мокслас, 1979. -240с.

[73] Резултаты исследований дугового плазматрона при длительной работе на кислороде / А. С. Аньшаков, М. Ф. Жуков, М. А. Горовой, А. Н. Тимошевский//Изв. СО АН СССР. Сер. тех. наук. -1976. -№. 3, вып. 1. -С. 12-15.

[74] Нагрев газокислородной смеси в электродуговом разряде / А. А. Андреев, А. В. Гурьянов,

Б. А. Поздняков и др. // Тез. докл. X Всесоюз. конф. по генераторам низкотемпературной плазмы. -Минск, 1986. -Т. 2. -С. 47-48.

[75] Ибраев Ш. Ш. , Сакипов З. Б. Электродуговые реакторы совмещенного типа и метода их расчета. -Алма-Ата: Гылым, 1991. -48 с.

[76] Жеенбаев Ж. Ж. , Энгельшт В. С. Двухструйный плазматрон. -Фрунзе: Илим, 1983. -200 с.

[77] Сааков А. Г. , Эсибян Э. М. , Петров С. В. Особенности функционирования электродов плазматрона, работающего на воздушно-газовых смесях//Тез. докл. XI Всесоюз. конф. по генераторам низкотемпературной плазмы. -Новосибирск: ИТ СО АН СССР, 1989. -Ч. 2-С. 16-17.

[78] Ипатьева О. С. , Басин А. С. Моделирование теплового и напряженного состояния анода при перемещении пятна дуги//Актуальные вопросы теплофизики и физической гидродунамики. -Новосибирск: ИТ СО РАН, 1998. -С. 324-333.

[79] Жуков М. Ф. , Басин А. С. , Черепанов А. Н. , Ипатьева О. С. Исследование дефектообразования в электродных материалах, работающих влизи точки плавления//Тез. докл. 2-и Междунар. школы-семинара "Эволюция дефектных структур в металлах и сплавах. ". -Барнаул, 1994. -С. 109-110.

[80] Gellert B. , Egli W. Melting of copper by an intense and pulsed heat source//J. Phys. D. : Appl. Phys. -1987. -Vol. 21. -P. 1721-1725.

[81] Дороднов А. М. , Ивашкин А. Б. и др. Эрозионные характерисики стационарного ускорителя //ТВТ. -1970. -Т. 8, №. 3. -С. 492-499.

[82] Бабаскин Ю. З. Структура и свойства литой стали. -Киев: наук. думка, 1980. -250 с.

[83] Гольштейн Я. Е. , Мизи В. Г. Модифицирование чугуна и стали. -М. : Металлургия, 1986. -271 с.

[84] Плазмохимическийсинтез ультрадисперсных порошков и их применение для модифицирования металлов и сплавов / В. П. Савуров, А. Н. Черепанов, М. Ф. Жуков, и др. -Новосибирск: Наука. Сиб. издат. фирма РАН, 1995. -344 с.

[85] Cherepanov A. N. , Polubojarov V. A. , Zhukov M. F. et al. Creation of ultra-dispersed powders of metal oxides for improvement of metal materials quality / The 3rd M. V. Mokhosoev memorial international seminar of new materials//ISMM-96, Irkutsk, Russia, June 27 -July 2, 1996. -P. 9.

[86] Физическоеметалловедение / Пер. с англ. под ред. Р. У. Кана, П. Т. Хаазена. Т. 2: Фазовые превращения в металлах и сплавах и сплавы с осовыми физическими свойствами. -М. : Металлургия, 1987. -624 с.

第 11 章

[1] Жуков М. Ф. , Смоляков В. Я. , Урюков Б. А. Электродуговые нагреватели газа(плазмотроны). -М. : Наука, 1973. 232с.

[2] Кутателадзе С. С. Основы теории, техника и пременение низкотемпературной плазмы. -Алма-Ата: Изд-во КазПТИ, 1970. -С. 531-534.

[3] Богатырева В. А. , Воробьева Н. И. , Жуков М. Ф. , Сухинин Ю. И. Совместное горение

сильноточной и высокочастотной дуги в плазмотроне//ПМТФ,-1968. -№. 3. -С. 86-89.

[4] Морцева Г. И. , Поздняков Б. А. , Смоляков В. Я. и др. Сместительная камера плазмотрона//Физика, Техника и пременение низкотемпературной плазмы. -Алма-Ата: Изд-во КазПТИ, 1970. -С. 531-534.

[5] Теопетичесаяи прикладная плазмохимия//Л. С. Полак, Л. А. Овсянников, Д. И. Словецкий, Ф. Б. Вурзель. Под. ред. Л. С. Полака. -М. : Наука, 1975. -637с.

[6] Дембовский В. Плазменная металлургия: Пер. с. чеш. -М. : Металлургия, 1981. -280 с.

[7] Цветков Ю. В. , Панфилов С. А. Низкотемпературная плазма в процессах восстановления. -М. : Наука, 1989. -359 с.

[8] Гаврилко В. П. , Галевский Г. В. , Круцкий Ю. Л. О механизме синтеза нитридов ниобия и тантала из хлоридов в высокотемпературном потоке азота//Физикохимия и технология дисперсных порошков. -Киев: ИПМ АН УССР, 1984. -С. 34-37.

[9] Першин В. Д. , Галевский Г. В. , Корнилов А. А. , Ламиков Л. К. Овразование карбида кремния в плазмохимическом реакторе//Исб. вузов СССР. Сер. химия и хим. технология. -1981. -Т. 24, вып. 11. -С. 15-19.

[10] Галевский Г. В. , Круцкий Ю. Л. Особенности процессов карбидообразования при газофазном восстановлении оксидов. // Высокоинтенсивные процессы химической технологии: Межвуз. сб. науч. тр. ЛТИ им. Ленсовета. -Л. , 1988. -С. 102-106.

[11] Крапивина С. А. Плазмохимические технологические процессы. -Л. : Химия, 1981. -248 с.

[12] Ониськова О. В. , Марцовой, Е. П. Чилсовский В. В. Моделирование реакторов плазмохимических гомогенных процессов. -Киев: наук. думка, 1982. -200 с.

[13] Жуков М. Ф. , Сухинин Ю. И. Камера смешения многодугового подогревателя//Изв. СО АН СССР. Сер. тех. наук. -1970. -№. 8, вып. 2. -С. 12-19.

[14] Галевский Г. В. , Корнилов А. А. , Круцкий Ю. Л. , Ламихов Л. К. Исследование энергетического валанса трехструйной плазмохимической установки//Исследование плазменных процессов и устройств. -Минск: ИТМО им. А. В. Лыкова АН БССР, 1978. -С. 117-125.

[15] Литвинов В. К. , Ясько О. Я. , Моссэ А. Л. Экспериментальное исследование теплообмена при течении воздушного плазменного потока в цилиндрическом канале//Исследование плазменных процессов и устройств. -Минск: ИТМО им. А. В. Лыкова АН БССР, 1978. -С. 126-138.

[16] Галевский Г. В. , Крюцкий Ю. Л. , Ламихов Л. К. , Репкин В. Д. Исследование теплообмена высокотемпературного потока газа с холодной стенкой в трехструйном плазмохимическом реакторе//Исследование плазменных процессов и устройств. -Минск: ИТМО им. А. В. Лыкова АН БССР, 1978. -С. 36-41.

[17] Буров И. С. Исследование Межкомпонентного теплообмена при обработке дисперсного материала в плазменном реакторе с многотрубной камерой смешения//Исследование плазменных процессов и устройств. -Минск: ИТМО им. А. В. Лыкова АН БССР, 1978. -С. 42-48.

[18] Буров И. С. Некоторые результаты исследования теплообмена однокомпонентных и двухкомпонентных плазменных потоков со стенками реактора//Исследование плазменных процессов и устройств. -Минск:

ИТМО им. А. В. Лыкова АН БССР, 1978. -С. 49-61.

[19] Круцкий Ю. Л., Ноздрин И. В. Восстановимость оксидов тугоплавких элементов в высок отемпературном газовом потоке//Производство ферросплавов: Межвуз. сб. науч. тр. КузПИ - Новокузнецк, 1986. -С. 32-35.

[20] Галевский Г. В, Круцкий Ю. Л., Щукин В. Г. и др. Исследование возможности повышения химической селективности и тепловых КПД плазменного реактора при его футеровке// Высокотемпературные и плазмохимические процессы: Межвуз. сб. науч. тр. ЛТИ ум. Ленсовета. -Л., 1984. -С. 142-148.

[21] Моссэ А. Л., Буров И. С. Обработка дисперсных материалов в плазменных реакторах. - Минск: Наука и техника, 1980. -208 с.

[22] Амбразявичюс А. Б., Литвинов В. К. Высокотемпературный теплообмен в плазменно-технологических аппаратах: Учев. посовие. -Свердловск: УПИ им. С. М. Кирова, 1986. - 89 с.

[23] Болотов А. В., Фильков М. Н., Мусолин В. Н. и др. Синтез карбонитрида титана в трехструйном плазмохимическом реаткоре//Электрофизика, электромеханика и прикладная электротехника: Межвуз. сб. науч. тр. КазПИ. -Алма-Ата, 1982. -С. 17-25.

[24] Асаналиев М. К., Жеенбаев Ж. Ж., Самсонов М. А., Энгельшт В. С. Двухструйныи плазмотрон для обработки дисперсных материалов//Физика и химия обраб. Материалов. - 1977. -№. 5. -С. 111-116.

[25] Сорока П. И., Верещак В. Г. Некоторые особенности взаимодействия плазменных струй в многодуговом плазмохимическом реакторе//Исследование плазменных процессов и устройств. -Минск: ИТМО им. А. В. Лыкова АН БССР, 1978. -С. 62-67.

[26] Массье П. Ф., Бэк Л. К., Рошке Е. Распределение теплопередачи и параметров ламинарного слоя во внутреннем дозвуковом потоке газа при температурах до 7700 °С//Тр. Амер. ов-ва инж.-мех. Теплопередача. -1969. -№. 1. -С. 77-85.

[27] Бербасов В. В., Лукашов В. П., Поздняков Б. А. и др. Особенности гидродинамики многоструйной камеры смешения//Плазмохимические процессы. -М., 1979. -С138-155.

[28] Моссэ А. Л., Кнак А. Н., Ермолаева Е. М. О структуре плазменного потока, формирующегося в многоструйных камерах смешения различного типа//Инж-физ. журн. - 1987. -Т. 52, №. 3. -С. 439-443.

[29] Моссэ А. Л., Буров И. С. Исследование теплообмена при течении плазменной струй в канале с охлаждаемыми стенками//Физика, техника и пременение низкотемпературной плазмы. -Алма-Ата: КазПИ, 1970. -С. 28-37.

[30] Буров И. С., ЛитвиновВ. К., Моссэ А. Л. Экспериментальное исследование локального теплообмена потока воздушной плазмы со стенками канала на начальном участке//Изв. СО АН СССР. Сер. тех. наук. -1977. -№. 13, вып. 3. -С. 21-32.

[31] Амбразявичюс А. Б., Кежялис Р. М., Валаткявичюс П. Ю. Влияние угла течения газа на высокотемпературный теплообмен в начальном участке трубы//Мокслас и техника. -1977. -

№. 2-С. 45-49.

[32] Панфилов С. А. , Цветков Ю. В. О применении методов математичского моделирования для описания процесса переработки диспесных материалов в газовом потоке//Физико-химические исследования в металлургии и металловедении с применением ЭВМ. -М. : Наука, 1974. -С. 37-47.

[33] Электродуговые плазмотроны: Рекламный проспест / Под. ред. М. Ф. Жукова. -Новосибирск: ИТ СО АН СССР, СКБ "Энергохиммаш", 1980. -83 с.

[34] А. с. 1204518 СССР, МКИ В65В1/16. Устройство для дозирования порошково-газовой смеси / В. Н. Речкин, А. А. Гусев (СССР) . №. 3775795/28-13; Заявл. 24. 07. 84; Опубл. 15. 01. 86 //Открытия. Изоврет. -1986. -№. 2. -С. 83.

[35] Электротермические процессы химической технологии: Учев. Посовие для вузов / Под. Ред. В. А. Ершова. -КЛ. : Химия, 1984. -464 с.

[36] Свойства, получение тугоплавких соединении : Справ. изд-е / Под. ред. Т. Я. Косолаповой. -М. : Металлургия, 1986. -928 с.

[37] Кржижановский Р. Е. , Штерн З. Ю. Теплофизические свойства неметаллических материалов. -Л. : Энергия, 1973. -330 с.

[38] Шевцов В. П. , Войчак В. П. Исследование тепловых храстеристик совмещенного плазмотрона-реактора постоянного тока//Тех. докл. IX Всесоюз. конф. по генераторам низкотемпературной плазмы. -Фрунзе: Илим, 1983. -С. 362-363.

[39] Шевцов В. П. , Войчак В. П. , Жуков М. Ф. Совмещенный плазмотрон-реактор с объемной зоной тепловыделения//Плазменная металлургия: Сб. тр. ИМЕТ им. А. А. Байкова АН СССР. -М. , 1985.

[40] Шевцов В. П. , Войчак В. П. , Жуков М. Ф. Харатеристики плазменного реактора с объемной зоной тепловыделения//Физика и химия плазменных металлургических процессов. -М. , 1985. -С. 126-135.

[41] Шевцов В. П. , Жуматов А. А. Плазменний реактор ПР-400 с электромагнитным управлением// Тез. докл. всесоюз. конф. по генераторам низкотемпературной плазмы. -Минск, 1994.

[42] Shevtsov V. P. Industrial technology of processing refractory materials in a plasma reactor with electromagnetic control//Thermal plasma and new materials technology Vol. 2. -Cambridge Interscience Publishing. -1995. -P. 473-492.

[43] Урюков Б. А. Теория идеальной электрической дуги в коаксиальном плазмотроне//ИМТФ. -1969. -№. 1.

[44] Коротеев А. С. Электродуговые плазмотроны. -М. : Машиностроение, 1980. -627 с.

[45] Коротеев А. С. , Миронов В. М. , Свирчук Ю. С. Плазмотроны: конструкции, характеристики, расчет. -М. : Машиностроение, 1993. -295 с.

[46] Юхимчук С. А. , Вовченко С. И. Плазмотрон-реактор//Тез. докл. IX Всесоюз. конф. по генераторм низкотемпературной плазмы. -Фрунзе: Илим, 1983. -С. 370-371.

[47] Сергеев П. В. , Ибраев Ш. Ш. и др. О несущей способности дуги, горящей в коаксиальном

нагревателе//Проблемы теплоэнергетики и прикл. Теплофизики. -Алма-Ата: Наука КазССР, 1975. -Вып. 10. -С. 157-163.

[48] Ибраев Ш. Ш, Сергеев П. В. и др. Характеристики электродугового реактора коаксиального типа, предназначенного для термической переработки пылей//Проблемы теплоэнергетики и прикладной теплофизики. -Алма-Ата: Наука КазССР, 1979. -Вып. 11. -С. 135-142.

[49] Ибраев Ш. Ш. , Сакипов З. Б. Электродуговые реакторы совмещенного типа и методика их расчета. -Алма-Ата: Гылым, 1991. -48 с.

[50] Ибраев Ш. Ш. Плазмотехнологические процессы и аппараты совмещенного типа: Автореф. дис. ... д-ра тех. наук. -Алматы, 1996. -56 с.

[51] Новые материаллы и технологии. Экстремальные технологические процессы//Отв. ред. М. Ф. Жуков, В. Е. Панин. -Новосибирск: Наука. Сиб. отд-ние, 1992. -С. 103-111.

[52] Тухватуллин А. М. , Володин Н. Л. , Рудзит Н. Р. и др. Освоение технологии получения ацетилена и этилена плазмохимическим пиролизм бензина на установке мощностью 1, 5 МВт//Тез. докл. II Всесоюз. совщ. по плазмохимической технологии и аппаратостроению. -М. , 1977. -С. 244-246.

[53] Тухватуллин А. М. , Изингер Ю. В. Плазмохимический реастор -эффективное оборудование для деструктивных процессов в нефтехимии//Тез. докл. IX Всесоюз. конф. “Химреактор-9”. -Гродно, 1986. -Ч. 2. -С. 51-55.

[54] Тухватуллин А. М. , Изингер Ю. В. , Береснева И. В. Плазмохимическая переработка отходов химических продуктов//Хим. пром-сть. -1986. -№. 9. -С. 61.

[55] Электродуговые генераторы с межэлектродными вставками / М. Ф. Жуков, А. С. Аньшаков, И. М. Засыпкин и др. -Новосибирск: Наука. Сиб. отд-ние, 1981. -221с.

[56] Основы расчета плазмотронов линейной схемы / Под овщ. ред. М. Ф. Жукова. -Новосибирск: ИТ СО АН СССР, 1979. -148 с.

索　引

《现代物理基础丛书》已出版书目

（按出版时间排序）

1. 现代声学理论基础	马大猷 著	2004.03
2. 物理学家用微分几何（第二版）	侯伯元，侯伯宇 著	2004.08
3. 数学物理方程及其近似方法	程建春 编著	2004.08
4. 计算物理学	马文淦 编著	2005.05
5. 相互作用的规范理论（第二版）	戴元本 著	2005.07
6. 理论力学	张建树，等 编著	2005.08
7. 微分几何入门与广义相对论（上册. 第二版）	梁灿彬，周彬 著	2006.01
8. 物理学中的群论（第二版）	马中骐 著	2006.02
9. 辐射和光场的量子统计	曹昌祺 著	2006.03
10. 实验物理中的概率和统计（第二版）	朱永生 著	2006.04
11. 声学理论与工程应用	朱海潮，等 编著	2006.05
12. 高等原子分子物理学（第二版）	徐克尊 著	2006.08
13. 大气声学（第二版）	杨训仁，陈宇 著	2007.06
14. 输运理论（第二版）	黄祖洽 著	2008.01
15. 量子统计力学（第二版）	张先蔚 编著	2008.02
16. 凝聚态物理的格林函数理论	王怀玉 著	2008.05
17. 激光光散射谱学	张明生 著	2008.05
18. 量子非阿贝尔规范场论	曹昌祺 著	2008.07
19. 狭义相对论（第二版）	刘辽，等 编著	2008.07
20. 经典黑洞与量子黑洞	王永久 著	2008.08
21. 路径积分与量子物理导引	侯伯元，等 著	2008.09
22. 量子光学导论	谭维翰 著	2009.01
23. 全息干涉计量——原理和方法	熊秉衡，李俊昌 编著	2009.01
24. 实验数据多元统计分析	朱永生 编著	2009.02
25. 微分几何入门与广义相对论（中册. 第二版）	梁灿彬，周彬 著	2009.03
26. 中子引发轻核反应的统计理论	张竞上 著	2009.03
27. 工程电磁理论	张善杰 著	2009.08
28. 微分几何入门与广义相对论（下册. 第二版）	梁灿彬，周彬 著	2009.08

29. 经典电动力学	曹昌祺 著	2009.08
30. 经典宇宙和量子宇宙	王永久 著	2010.04
31. 高等结构动力学(第二版)	李东旭 著	2010.09
32. 粉末衍射法测定晶体结构(第二版.上、下册)	梁敬魁 编著	2011.03
33. 量子计算与量子信息原理	Giuliano Benenti 等 著	
——第一卷:基本概念	王文阁,李保文 译	2011.03
34. 近代晶体学(第二版)	张克从 著	2011.05
35. 引力理论(上、下册)	王永久 著	2011.06
36. 低温等离子体	B.M. 弗尔曼,И.M. 扎什京 编著	
——等离子体的产生、工艺、问题及前景	邱励俭 译	2011.06
37. 量子物理新进展	梁九卿,韦联福 著	2011.08
38. 电磁波理论	葛德彪,魏 兵 著	2011.08
39. 激光光谱学	W. 戴姆特瑞德 著	
——第1卷:基础理论	姬 扬 译	2012.02
40. 激光光谱学	W. 戴姆特瑞德 著	
——第2卷:实验技术	姬 扬 译	2012.03
41. 量子光学导论(第二版)	谭维翰 著	2012.05
42. 中子衍射技术及其应用	姜传海,杨传铮 编著	2012.06
43. 凝聚态、电磁学和引力中的多值场论	H. 克莱纳特 著	
	姜 颖 译	2012.06
44. 反常统计动力学导论	包景东 著	2012.06
45. 实验数据分析(上册)	朱永生 著	2012.06
46. 实验数据分析(下册)	朱永生 著	2012.06
47. 有机固体物理	解士杰,等 著	2012.09
48. 磁性物理	金汉民 著	2013.01
49. 自旋电子学	翟宏如,等 编著	2013.01
50. 同步辐射光源及其应用(上册)	麦振洪,等 著	2013.03
51. 同步辐射光源及其应用(下册)	麦振洪,等 著	2013.03
52. 高等量子力学	汪克林 著	2013.03
53. 量子多体理论与运动模式动力学	王顺金 著	2013.03
54. 薄膜生长(第二版)	吴自勤,等 著	2013.03
55. 物理学中的数学物理方法	王怀玉 著	2013.03
56. 物理学前沿——问题与基础	王顺金 著	2013.06
57. 弯曲时空量子场论与量子宇宙学	刘 辽,黄超光 著	2013.10
58. 经典电动力学	张锡珍,张焕乔 著	2013.10

59. 内应力衍射分析	姜传海,杨传铮 编著	2013.11
60. 宇宙学基本原理	龚云贵 著	2013.11
61. B 介子物理学	肖振军 著	2013.11
62. 量子场论与重整化导论	石康杰,等 编著	2014.06
63. 粒子物理导论	杜东生,杨茂志 著	2015.01
64. 固体量子场论	史俊杰,等 著	2015.03
65. 物理学中的群论(第三版)——有限群篇	马中骐 著	2015.03
66. 中子引发轻核反应的统计理论(第二版)	张竞上 著	2015.03
67. 自旋玻璃与消息传递	周海军 著	2015.06
68. 粒子物理学导论	肖振军,吕才典 著	2015.07
69. 量子系统的辛算法	丁培柱 编著	2015.07
70. 原子分子光电离物理及实验	汪正民 著	2015.08
71. 量子场论	李灵峰 著	2015.09
72. 原子核结构	张锡珍,张焕乔 著	2015.10
73. 物理学中的群论——李代数篇(第三版)	马中骐 著	2015.10
74. 量子场论导论	姜志进 编著	2015.11
75. 高能物理实验统计分析	朱永生 著	2016.01
76. 数学物理方程及其近似方法(第二版)	程建春 著	2016.06
77. 电弧等离子体炬	**M. F. 朱可夫 等 编著 陈明周,邱励俭 译**	**2016.06**